Heike Weber
Das Versprechen mobiler Freiheit

Heike Weber (Dr. phil.) ist Technikhistorikerin und forscht und lehrt zurzeit an der TU Berlin. Ihre Arbeitsschwerpunkte liegen in der Technik-, Konsum- und Mediengeschichte des 20. Jahrhunderts.

HEIKE WEBER
Das Versprechen mobiler Freiheit
Zur Kultur- und Technikgeschichte
von Kofferradio, Walkman und Handy

[transcript]

Bibliografische Information der Deutschen Nationalbibliothek
Die Deutsche Nationalbibliothek verzeichnet diese Publikation in der Deutschen Nationalbibliografie; detaillierte bibliografische Daten sind im Internet über http://dnb.d-nb.de abrufbar.

© 2008 transcript Verlag, Bielefeld

Die Verwertung der Texte und Bilder ist ohne Zustimmung des Verlages urheberrechtswidrig und strafbar. Das gilt auch für Vervielfältigungen, Übersetzungen, Mikroverfilmungen und für die Verarbeitung mit elektronischen Systemen.

Umschlaggestaltung: Kordula Röckenhaus, Bielefeld
Lektorat: Susanne Schregel, Heike Weber
Satz: Sarah Dörries
Druck: Majuskel Medienproduktion GmbH, Wetzlar
ISBN 978-3-89942-871-1

Gedruckt auf alterungsbeständigem Papier mit chlorfrei gebleichtem Zellstoff.

Besuchen Sie uns im Internet: *http://www.transcript-verlag.de*

Bitte fordern Sie unser Gesamtverzeichnis und andere Broschüren an unter: *info@transcript-verlag.de*

Inhalt

1. **Einleitung** 9
1.1. **Mobilisierung und Raum- und Zeit-Überlagerungen:**
    Kernprozesse der Normalisierung des mobilen Technikkonsums 12
    Mobilität als Mobilisierung von Technik und Nutzer 13
    Miniaturisierung der Portables 17
    Individualisierung des Konsums bis hin zum Mensch-Technik-Cyborg 21
    Mobiler Technikkonsum und die Raum-Zeit-Regimes einer
    Gesellschaft 24
1.2. **Gegenstand, Ansatz und Leitfragen der Arbeit** 31
    Nutzerkonstruktionen als Untersuchungsperspektive für
    „anonyme" Technisierungsprozesse 32
    Leitlinien der Untersuchung 33
1.3. **Überblick zur Geschichte der Konsumelektronik** 35
    Skizzierung des (west)deutschen Konsumelektronik-Markts 36
    Forschungsbeiträge für eine Geschichte der Portables 39

2. **User de-signs – Eine neue Untersuchungsperspektive für historische Studien zur Technikentwicklung** 43
2.1. **Herleitung des *user de-sign*-Ansatzes** 44
    Ausgangspunkte: Consumption Junction, Mediating, reale und
    konstruierte Nutzer 45
    Der *user de-sign*-Ansatz – eine erste Annäherung 47
    Die Seite der praktizierten *user de-signs* (I):
    Zur Vielschichtigkeit der Konsumentenpraxen 49
    Die Seite der praktizierten *user de-signs* (II):
    Zur Normativität praktizierter *user de-signs* 51
    Die Seite der prospektiven *user de-signs* (I):
    Explizite und implizite Nutzerkonstruktionen der Produzenten 52
    Die Seite der prospektiven *user de-signs* (II):
    Zur Eigendynamik und Wirkmächtigkeit prospektiver *user de-signs* 57
    Produkte als Vermittler (I): Die Dinge und ihr Design im
    Spannungsfeld von Materialität und Dingsemantik 58
    Produkte als Vermittler (II):
    In den Dingen eingelassene Nutzerkonstruktionen 62
    Der Ansatz im Überblick 65

2.2. „Follow the users and user configurations!": Quellen für die Analyse von *user de-signs* 69
Verbraucher- und Populärmagazine als konsumentennahe Quellen 69
Fach(handels)zeitschriften, Produkt- und Versandhauskataloge als produzentennahe Quellen 74
Zwischen dem Erfassen vorherrschender und dem Erstellen zukünftiger Nutzerbilder: Nutzer- und Marktforschungsstudien 75
Werbung als Vermittler prospektiver *user de-signs* 78
Bilder und Objekte als Quellen 79
Abschließende Anmerkungen zu den Quellenbeständen der jeweiligen Fallstudien 83

3. Die Mobilisierung des Radios: Vom Reise- zum Alltagsbegleiter 85
3.1. Radioportables der „Röhren"-Zeit 87
Vom ortsbeweglichen Amateurgerät zum stationären Radiomöbel: Radiohören als häusliche Praxis 87
Tragbare Designs der frühen 1950er Jahre und ihre Nutzerbilder 90
Engpass Energieversorgung: Batterien und Hörkosten der Kofferradios 96
„Hinaus ins Freie": Kofferradios als saisonale Reisebegleiter 98
Leitlinien der Kofferradio-Gestaltung der 1950er Jahre 103
„Personal"-Designs vor dem Transistor-Taschenradio 105
3.2. Universal- und Taschenempfänger als Erst-, Zweit- und Drittgeräte 109
Eckdaten zur Produktion und Verbreitung von Radioportables 109
Die Transistorisierung des Kofferempfängers (1956 – 1960) 111
„1=3": Der „Universalempfänger" als Auto-, Reise- und Heimsuper 113
Die „Brücke zur Heimat": KW-Radios als Begleiter der Auslandsreise 117
Der Boom der Transistor-Taschenempfänger 119
Ein neuer Markt entsteht: Teenager und die Musik zum Mitnehmen 126
Der Rundfunk als Alltagsbegleiter – Zur Radiohörkultur der 1960er und frühen 1970er Jahre 133
3.3. Radios auf Rädern 142
Der fahrende Hörer der 1950er und 1960er Jahre 143
Verkehrsfunk: Das Autoradio als Sicherheitsfaktor 146
Radiomusik und das „Car-Cocooning" 149
3.4. Elektronik-„Wearables" der 1950er und 1960er Jahre 151
Miniaturisierte Bastler-Radios und Hörprothesen 151
„Hören ohne zu stören" oder „schwer" hören? Ohrhörer für den Massenmarkt 155
Elektronik in Brille, Armbanduhr oder Kleidung – Zum Leitbild der Wearability 157

4. Kassettenrekorder, Walkman und die Normalisierung des mobilen Kopfhörer-Einsatzes ... 161
4.1. Der Walkman im Produktkontext der Zeit ... 162
Zwischen „Musikbox" und HiFi-Turm: Musikhören in den 1960er und 1970er Jahren ... 163
Das Tonband für unterwegs: Von der *Compact-* zur *MusiCassette* ... 167
Der Radiorekorder für den Nebenbei-Hörer und den „Hit-Jäger" ... 170
Car-HiFi und Stereo-Sound am Henkel für den „mobilen" Lebensstil ... 172
Sonys erster Walkman: Der *TPS-L2* von 1979 ... 176
Die Pocket Stereos der Einführungsjahre ... 179
Sonys Produktmanagement ... 183
4.2. Zwischen Wahrnehmungserweiterung und Eskapismus – Deutungen des frühen Walkman-Gebrauchs ... 186
Der Kopfhörer-Träger außer Haus: Erste Momentaufnahmen ... 187
Das „Walkman-Gefühl": Der Walkman als Wahrnehmungsprothese ... 189
„Technik für eine Generation, die nichts mehr zu reden hat": Der Walkman als Inbegriff einer Atomisierung durch Konsumelektronik ... 191
Die „Disco für unterwegs": Zum Klischee des jugendlichen Walkman-Autisten ... 195
4.3. Vom „Autismus" zur „Autonomie": Der Kopfhörer als portabler Schutz- und Entspannungsraum ... 202
Die „feine Art des Musikhörens": Walk- und Discmans für Klangpuristen ... 202
Jugendlicher Walkman-Gebrauch am Ende der 1980er Jahre ... 207
Walkman und Kopfhörer am Ende des 20. Jahrhunderts ... 209
4.4. Die Kassettenkultur der 1980er Jahre ... 215
Kassetten und Rekorder für zu Hause, unterwegs und zwischendurch ... 215
Boombox und Walkman im deutsch-amerikanischen Kulturvergleich ... 219

5. Mobilfunk: Der lange Weg zum Westentaschentelefon ... 225
5.1. Kulturen der fernmündlichen Kommunikation vor der Liberalisierung des Telekommunikationssektors ... 227
Häusliches Telefonieren vor der Verbreitung von Drahtlosgeräten ... 228
Zum Leitbild der elitären Autotelefonie im A-, B- und C-Netz ... 231
„Jedermann-Funk": Zu den Nutzerkulturen des CB-Hobbyfunks ... 235
5.2. Telepoint, Pager, Schnurlostelefon – Erste Mobilisierungen der Alltagskommunikation der 1990er Jahre ... 239
Telepoint: Das Scheitern der öffentlichen Schnurlostelefonie ... 239
Ständige Erreichbarkeit als Fessel, Freiheit oder Fun? Funkrufsysteme der 1980er und 1990er Jahre ... 242
„Schnurlose Freiheit" beim Haustelefon ... 248
5.3. GSM und das multifunktionale Handy für „Jedermann" ... 250
5.3.1. GSM-Planungen und die Rolle des Handys um 1990 ... 252
Der GSM-Standard: Planungsarbeit und Hauptmerkmale ... 252
GSM-Dienste und ihre prospektiven Nutzer ... 256

	Gefangen im Netz? Handys in 1G-Mobilfunknetzen	258
	Zur Rolle des Handgeräts in den geplanten GSM-Netzen und in PCN	260
5.3.2.	**D- und E-Netze und die Handy-Ausbreitung in der BRD**	262
	Überblick über die deutschen GSM-Netze (1992 – 2000)	262
	GSM als europaweite professionelle Mobiltelefonie (1992 – 1994)	266
	Ein Massenmarkt entsteht: Vertragspakete, Tarife und Prepaid-Karten der zweiten Hälfte der 1990er Jahre	270
	„Schick" und „handlich": GSM-Handys um 1995	273
	Lifestyle, Ästhetik, Fun: Handy-Designs am Ende der 1990er Jahre	277
	Exkurs: Nokias Produktmanagement zwischen globaler Produktion und regionaler Nutzerorientierung	282
	Vom „Yuppie-Equipment" über die „Notrufsäule" zur „virtuellen Nabelschnur": Die Normalisierung des Handys um 2000	284
	„Jeder braucht ein Handy, eigentlich!" – Teenager und Handys	290
	Die SMS: Vom Kult zum Kommerz	292
	Mit dem Handy unterwegs: Zu den neuen Raum-Zeit-Regimes des „Handymenschen"	300
	Ausblick: „Any service, anywhere, at any time" im 3G-Mobilfunk	307
6.	**Zusammenfassung und Ausblick: „Mobil sein" in einer „Überall-und-Jederzeit"-Kultur**	**311**
	Erklärungswert der *user de-signs* und Forschungsausblick	312
	Spezifika der Mobilisierung von Rundfunk, Musik und Ferngespräch	315
	Die langzeitige „Evolution" der „mobilen Revolution"	323
	Portables als Ikonen einer neuen Mobilitätskultur	327

Literatur- und Quellenverzeichnis	**333**
1. Unveröffentlichte Quellen	333
2. Verwendete zeitgenössische Periodika	334
3. Literatur	334
4. WWW-Links	361
Abbildungsverzeichnis	**363**
Dank	**365**

1. Einleitung

Zu Beginn des 21. Jahrhunderts fungieren tragbare elektronische Geräte wie MP3-Player, Handy oder Laptop als stete Begleiter des Menschen. Viele Nutzer sehen sich kaum mehr im Stande, ihren Alltag ohne solche mobilen Mediengeräte zu meistern. Denn mit diesen ist das Versprechen einer „mobilen Freiheit" verbunden: Der Laptop beispielsweise wird mit dem Bild des zufriedenen Nutzers vermarktet, der auch am Urlaubsstrand oder im Grünen arbeiten kann. Tragbare Geräte sollen ihren Nutzern die Freiheit geben, die Grenzen ihres angestammten Wohn- oder Arbeitsraums zu überschreiten und auch abseits dieser hoch technisierten Orte Gleiches tun und leisten zu können. Die vermehrte Verwendung drahtloser Digitaltechniken in den Jahren um 2000 hat manche Autoren sogar dazu bewogen, eine „mobile Revolution" zu diagnostizieren; andere prognostizieren gar den Ausbruch eines neuen „nomadischen" Zeitalters.[1]

Das Versprechen einer mobilen Freiheit sowie die konstatierte „mobile Revolution" haben jedoch ihre historischen Vorläufer und Wegbereiter. Durch ein tragbares Design verloren bereits zahlreiche elektronische Mediengeräte der zweiten Hälfte des 20. Jahrhunderts ihre einstige Verankerung im Haushalt. Als so genannte „Portables" – der Begriff diente bereits zur Bezeichnung von Kleinstradios der 1950er Jahre – fanden sie ihren mobilen Platz in Transport- und Kleidungstaschen oder direkt am Körper ihrer Besitzer. Portables bilden damit einen Gegenstrang zur pauschal als „Privatisierung" oder „Verhäuslichung" beschriebenen Alltagstechnisierung. Indem die privaten Haushalte über mehr und mehr Technik verfügten, wurden nach dieser Beschreibung einst öffentlich-kollektiv ausgeübte Praxen durch den häuslichen Technikgebrauch ersetzt – das Hören öffentlich aufgeführter Musik beispielsweise durch das Hören am eigenen Radio, der Kinobesuch durch das heimische Fernsehen. Allerdings gerät in der Privatisierungsthese allzu leicht aus dem Blick, dass privat besessene Technik ebenfalls in den öffentlichen Raum drang. So wurde

---

1 | Vgl. z. B. Steinbock, Dan: The mobile revolution. The making of mobile services worldwide. London, Sterling 2005; Rheingold, Howard: Smart Mobs. The Next Social Revolution. Cambridge 2002; Reischl, Gerald; Sund, Heinz: Die mobile Revolution. Das Handy der Zukunft und die drahtlose Informationsgesellschaft. Wien, Frankfurt a. M. 1999. Vom nomadischen Zeitalter spricht: Makimoto, Tsugio; Manners, David: Digital Nomad. Chichester 1997.

mit Audioportables das Hören von Musik teils auch wieder zurück an die Öffentlichkeit „getragen". Portables wurden letztlich sowohl zu Hause als auch mobil und zudem zunehmend individuell eingesetzt; sie steigerten also die Technisierung und Medialisierung aller Lebensbereiche.

In der BRD verbreiteten sich in den späten 1950er und den 1960er Jahren zunächst Radios „ohne Schnur". Ihre Diffusionsrate liegt bis heute weit über derjenigen anderer Portables. Sie wurden üblich, um im Freien, im Auto oder zu Hause abseits des stationären Heimgerätes Radio zu hören, und hatten entscheidenden Anteil daran, dass der Rundfunk zum paradigmatischen „Begleitmedium"[2] des Alltags wurde. Dem folgten in den 1960er und 1970er Jahren der batteriebetriebene Kassetten- und der Radiorekorder. Schließlich wurden sogar einzelne Generationen nach jenen Portables benannt, welche die Zeit ihres Aufwachsens offensichtlich nachhaltig prägen: Der „Walkman-Generation" der 1980er Jahre folgte so die „Gameboy-Generation" der frühen 1990er Jahre, die um 2000 von der „SMS-Generation" abgelöst wurde.

Dieses Buch behandelt die Kultur- und Technikgeschichte solcher tragbaren Geräte. Dabei konzentriert es sich auf das Kofferradio, den Kassettenrekorder, und zwar insbesondere in seiner Sonderform des Walkmans, sowie auf das Handy samt seiner SMS-Funktion (Kapitel 3 bis 5).

Die Entwicklung der Portables und ihrer Aneignungsweisen war keineswegs geradlinig oder gar eine unabwendbare Folge technischer Inventionen wie etwa des miniaturisierten Transistors oder des Mikrochips. Vielmehr lassen sich sowohl die dominanten Produktformen als auch die vorherrschenden Verwendungspraxen als Ergebnis vielschichtiger gesellschaftlicher Aushandlungen beschreiben, an denen die Massenkonsumenten ebenso Anteil hatten wie die Anbieter einer Technik. Um diese gegenseitige Formung von Technik und Gesellschaft zu erfassen, verbindet das vorliegende Buch die Produktgeschichte der Geräte mit ihrer Aneignungsgeschichte, und zwar über den Blick auf so genannte „Nutzerkonstruktionen" („user de-signs") und deren Wechselwirkungen (Kapitel 2). Hiermit sind produzentenseitige Vorstellungen zum Nutzer, wie sie im technischen Angebot und dessen Vermarktung und Vermittlung an den Konsumenten zum Ausdruck kamen, ebenso gemeint wie jene „Konstruktionen" der Nutzer selbst, die sich durch die Nutzungen und Bedeutungen der Portables im Alltag der Konsumenten ergaben. Im Zentrum stehen also nicht die Erfindungen im Entwicklungslabor, und es fehlen Elemente einer klassischen Produktionsgeschichte wie etwa die Arbeitsbedingungen in der – inzwischen global verteilt produzierenden – Konsumelektronik-Industrie. Stattdessen geht es um den Wandel von Technik und Gesellschaft, nachdem eine Technik am Markt eingeführt wurde.

Die Rede vom „Nutzer" verweist darauf, dass Konsumieren immer auch ein aktiver Akt ist: Anders als der Begriff suggerieren mag, beinhaltet „Kon-

---

2 | Vgl. Kursawe, Stefan: Vom Leitmedium zum Begleitmedium. Die Radioprogramme des Hessischen Rundfunks 1960 – 1980. Köln 2004.

sum" nicht nur den Kauf eines Artefakts, sondern die mannigfaltigen Aneignungsformen in der alltäglichen Verwendung, die über einen funktional gedachten Zweck-Mittel-Einsatz weit hinausreichen und vor allem auch den Gebrauch von Dingen als Zeichen berühren.

Indem der technische Wandel aus der Perspektive der Nutzer heraus untersucht wird, wird auch deren Gestaltungsmacht – ihre Mitwirkung an der Technikformung und der Technikkultur – deutlich. So waren es in der Geschichte der Portables die Nutzer, welche die zunächst als temporäre „Reisebegleiter" konzipierten Geräte zu beinahe ubiquitär eingesetzten „Alltags"- oder gar „Lebensbegleitern" werden ließen. Als Pioniere dieser neuen Mobilitätskultur erwiesen sich dabei weniger die üblicherweise hierfür verantwortlich gemachten Geschäftsmänner, sondern die Großstadtjugendlichen, die mit ihren „objets nomades"[3] in die Öffentlichkeit zogen, um der Erwachsenenwelt ihre jugendspezifische Kultur entgegen zu setzen.

Die nachfolgende Darstellung verfolgt mithin zweierlei Ziele: Auf theoretisch-methodischer Ebene wird die Entwicklung technischer Konsumgüter als eine Wechselwirkung zwischen unterschiedlichen „Nutzerkonstruktionen" gefasst. An solchen Nutzerkonstruktionen richteten die Akteure ihr Handeln aus. Dem Historiker helfen sie im Rückblick, die überwiegend anonym verbleibenden Technisierungsprozesse beschreiben zu können. Auf empirischer Ebene geht es um eine erste Beschreibung der Entwicklung des mobilen Technikkonsums in der BRD, wobei jede der Fallstudien für sich gelesen werden kann.

Eine historische Untersuchung, welche die Entwicklung und Verwendung mehrerer Portables in Bezug zueinander setzt, fehlt bisher. In einer solchen Geschichte der Portables treffen Techniken der Beschleunigung in Form von Kommunikations- und Verkehrstechniken aufeinander. Verkehr und Transport, Kommunikation und die davon geprägten Raum-Zeit-Regimes einer Gesellschaft wurden bisher allerdings erst selten im Zusammenhang betrachtet.[4] Daher ist in Kapitel 1.1. zunächst eine Herausarbeitung jener Spezifika zu leisten, welche die Mobilitätskultur der Portables kennzeichnen, um die besondere Kombination von Mobilität, der Allgegenwart tragbarer technischer Geräte und ihrer körpernahen Verwendung zu fassen. Kapitel 1.2. stellt die Auswahl der Fallbeispiele und die Leitlinien der Untersuchung vor, und Kapitel 1.3. schließlich gibt einen Überblick zur Geschichte der Konsumelektronik.

---

3 | Vgl. Attali, Jacques: Bruits. Essai sur l'économie politique de la musique. Paris 2001 (1. Aufl. 1977), hier S. 199.
4 | Als erste Ansätze vgl. Sheller, Mimi; Urry, John (Hg.): Mobile Technologies of the City. London, New York 2006; Urry, John: Mobilities. Cambridge 2007; Kellerman, Aharon: Personal Mobilities. London, New York 2006. Für den Begriff des „Raum-Zeit-Regimes" vgl. Schroer, Markus: Räume, Orte, Grenzen. Auf dem Weg zu einer Soziologie des Raums. Frankfurt a. M. 2006.

1.1. Mobilisierung und Raum- und Zeit-Überlagerungen: Kernprozesse der Normalisierung des mobilen Technikkonsums

Tragbare Musik- wie auch weitere Unterhaltungs- und Kommunikationsgeräte sind im Laufe der zweiten Hälfte des 20. Jahrhunderts derart selbstverständlich geworden, dass die Veränderungen, die mit ihrem Gebrauch einhergingen, kaum mehr reflektiert werden. Die über die Zeit hinweg hergestellte Vertrautheit alltäglicher Routinen lässt das Hören von Musik im Garten oder das Tragen eines Walkmans in der U-Bahn „normal" erscheinen. Für solche Effekte der Gewöhnung an eine Technik hat die Techniksoziologie den Begriff der „Normalisierung" geprägt – auch, um darauf aufmerksam zu machen, dass ein „normaler" Technikgebrauch erst das Ergebnis eines längerfristigen und oft konfliktreichen Prozesses der gesellschaftlichen Aneignung und Aushandlung ist, in dessen Verlauf sich eine Gesellschaft über Technikform und -verwendung verständigt. Erst der historische Rückblick durchbricht das Selbstverständnis der „ordinary consumption";[5] das Neue oder Umstrittene eines Produktangebots sowie nicht genommene Wege geraten ebenso wieder in den Blick wie solche Aushandlungsprozesse.

Auch die Mobilitätsformen und Konsumpraxen, die mit der Portable-Verbreitung einhergingen, waren zunächst sehr wohl ungewohnt und teilweise auch umstritten, und sie restrukturierten auf lange Sicht manche gesellschaftlichen Koordinaten wie auch die jeweilige Technikkultur. Erst im Prozess der Normalisierung der Portables wurde ausgehandelt, wo und wann ein Gebrauch als sinnvoll oder als unangemessen galt. Solche gesellschaftlichen Aushandlungsprozesse bestimmten zum einen den Gebrauch der Portables, die längst nicht „überall und jederzeit", wie es die gängige Vermarktungsfloskel für Portables suggerierte, verwendet wurden; zum anderen beeinflussten sie auch das Gerätedesign und dessen Miniaturisierungsstufe.

Die tragbare Gestaltung von Technik ist zwar keine Erfindung des elektronischen oder digitalen Zeitalters. Verkleinerte Instrumente sind für wissenschaftliche Expeditionen stets unabdingbar gewesen; die Taschenuhr begleitete den Eisenbahnreisenden des 19. Jahrhunderts, und zu Beginn des 20. Jahrhunderts gelangte die Standardzeit mit der Armbanduhr an das Handgelenk eines Jeden.[6] Dennoch stellt der Gebrauch mobiler elektronischer Mediengeräte eine neue Qualität von Mobilität und Technikgebrauch in der zweiten Hälfte des 20. Jahrhunderts dar. In seiner Beschreibung mobiler Internet-Nutzer,

---

5 | Vgl. Gronow, Jukka; Warde, Alan (Hg.): Ordinary Consumption. London, New York 2001.
6 | Baudrillard sah die Armbanduhr gar als „bezeichnend für die irreversible Tendenz der modernen Gegenstände: Miniaturisierung und Individualisierung", vgl. Baudrillard, Jean: Das Ding und das Ich. Gespräch mit der täglichen Umwelt. Wien 1974, S. 121. Zur Armbanduhr vgl. auch Stephens, Carlene; Dennis, Maggie: Engineering time: inventing the electronic wristwatch. In: British Journal for the History of Science 33, 2000, S. 477–497.

die er „Smart Mobs" nennt, spricht so etwa Howard Rheingold von „blurred places", „softened time" und „colonized lives", um die Folgen der potentiell ubiquitären Verwendung von Computer und Internet zu kennzeichnen.[7] Der Blick zurück zeigt, dass bereits die vorhergehende Portable-Verbreitung an diesen grundsätzlichen gesellschaftlichen Ordnungskategorien – Raum-, Zeit- sowie Körper- und Identitätsvorstellungen – gerüttelt hat. Diese Veränderungen werden im Folgenden als einzelne Prozesse herausgearbeitet. Sie bedingten sich gegenseitig, werden hier aber analytisch getrennt und vor der Folie erster Forschungsergebnisse erörtert; aus ihnen ergeben sich die in Kapitel 1.2. gebündelt vorgestellten Leitlinien der Untersuchung.

Mobilität als Mobilisierung von Technik und Nutzer

Mobile elektronische Medien stehen am Schnittfeld von Transport- und Kommunikationstechniken: Portables wurden entwickelt, um in der Ferne oder während der Zeit des Fortbewegens Kommunikations- und Medientechniken nutzen zu können. Ihre Verbreitung fand entlang des steigenden Verkehrsaufkommens statt, und sie ergab sich in Teilen auch als Folge des wachsenden Stellenwerts von Transport und Tourismus, die am Ende des 20. Jahrhunderts die weltweit bedeutendsten Wirtschaftszweige darstellten.[8] Anhaltspunkte auch für die Mobilitätskultur der Portables geben daher die zahlreichen Studien zur Geschichte der Fortbewegungstechniken sowie die historischen, sozial- und kulturwissenschaftlichen Bestandsaufnahmen zur Überwindung von Zeit und Raum in der Moderne und zu den Beschleunigungserscheinungen der Postmoderne.[9] Darüber hinaus sind jene Strömungen in den Sozialwissenschaften von Belang, die „Mobilität" als eine zentrale Kategorie der Gesellschaftsanalyse zu etablieren suchen.[10]

Distanzen lassen sich am Ende des 20. Jahrhunderts im Vergleich zu vorhergehenden Dekaden mit mehr Transportmitteln, schneller und weniger kostspielig überwinden. Global gesehen kam es durch die Zunahme der Be-

---

7 | Vgl. Rheingold, S. 190.
8 | Nach Larsen et al. entfallen auf Verkehr und Tourismus 11,7 % der weltweiten Wirtschaftsleistungen, vgl. Larsen, Jonas; Urry, John; Axhausen, Kay (Hg.): Mobilities, Networks, Geographies. Aldershot 2006, S. 49.
9 | Vgl. u. a.: Märki, Christoph Maria: Der holprige Siegeszug des Automobils, 1895 – 1930. Zur Motorisierung des Straßenverkehrs in Frankreich, Deutschland und der Schweiz. Köln 2002; Schivelbusch, Wolfgang: Geschichte der Eisenbahnreise. Zur Industrialisierung von Raum und Zeit im 19. Jahrhundert. München u. a. 1977; Borscheid, Peter: Das Tempo-Virus. Eine Kulturgeschichte der Beschleunigung. Frankfurt a. M. 2004; Kaschuba, Wolfgang: Die Überwindung der Distanz. Zeit und Raum in der europäischen Moderne. Frankfurt a. M. 2004; Großklaus, Götz: Medien-Zeit, Medien-Raum. Zum Wandel der raumzeitlichen Wahrnehmung in der Moderne. Frankfurt a. M. 1995; Rosa, Hartmut: Beschleunigung. Die Veränderung der Zeitstrukturen in der Moderne. Frankfurt a. M. 2005.
10 | Vgl. v.a. Urry, John: Sociology beyond societies. Mobilities for the twenty-first century. London, New York 2000; Urry 2007.

völkerung, ihre vermehrte tatsächliche Bewegung und ihr verändertes Konsumverhalten zu einer geradezu explosionsartigen Zunahme an Personenverkehr und Gütertransport. Betrachtet man nur die BRD, so stieg die Verkehrsleistung recht kontinuierlich von durchschnittlich 1.754 Personenkilometern pro Einwohner 1950 auf 11.385 Personenkilometer pro Einwohner im Jahr 2000,[11] wobei die meisten Wege inzwischen auf die Freizeit und nicht auf den Beruf entfallen. Das tägliche Pendeln zur Arbeit ist in der zweiten Hälfte des 20. Jahrhunderts ebenso normal geworden wie das eigene Auto, das die Eisenbahn als wichtigstes Reisemittel verdrängte und mit dem stets höhere Strecken für Freizeit- als für berufliche Zwecke zurückgelegt wurden. Außerdem setzte sich die jährliche – seit den 1980er Jahren sogar mehrmals jährlich und teilweise auch per Flugzeug unternommene – Urlaubsreise durch. Das Städtische wurde zum bevorzugten Wohnort: Lebte 1955 rund ein Viertel der Westdeutschen in kleinen Gemeinden mit weniger als 2000 Einwohnern, so wohnten Mitte der 1980er Jahre nur noch rund 6 % in solchen ländlichen Strukturen, während der Bevölkerungsanteil der kleinen und mittelgroßen Städte stieg; der Anteil der großstädtischen Bevölkerung – als Einwohner von Städten mit über 100.000 Einwohnern – wiederum nahm nur schwach von unter 30 % auf 34 % zu.[12] Die von den Zeitbudget-Studien des Statistischen Bundesamtes erfassten Jugendlichen und Erwachsenen waren 2001/02 über zwei Stunden am Tag unterwegs, sei es für Einkäufe, Freizeitaktivitäten oder beruflich bedingt.[13] Dennoch dominierte in Deutschland – bedingt etwa durch die typische Ausformung von Eigenheimbesitz und Vereinsleben – eine eher auf Sesshaftigkeit denn steten Ortswechsel ausgerichtete Mobilitätskultur, und so wohnte um 2000 fast die Hälfte der 40- bis 54-Jährigen im Ort der Eltern und nur 17 % an einem Ort, der mehr als zwei Stunden Fahrtzeit entfernt war.[14]

Sowohl das Zurücklegen physischer Distanzen und die hierfür aufgebrachte Zeit als auch die jeweiligen Verkehrstechniken und hier insbesondere das weit verbreitete Auto und schließlich die spezifische Mobilität im dichten Stadtraum bilden damit wichtige Fixpunkte für den Portablegebrauch. „Mobilität", die zu erreichen bereits Bezeichnungen wie der *Reise*empfänger, der *Walk*man oder der *Mobil*funk versprachen, meint jedoch mehr als nur die physische Fortbewegung und damit mehr als die quantifizierbaren Verkehrsereignisse.

---

11 | Vgl. Kramer, Caroline: Zeit für Mobilität. Räumliche Disparitäten der individuellen Zeitverwendung für Mobilität in Deutschland. Stuttgart 2005, S. 122.
12 | Vgl. Statistisches Bundesamt (Hg.): Von den zwanziger zu den achtziger Jahren. Ein Vergleich der Lebensverhältnisse der Menschen. Wiesbaden 1987; Nolte, Paul: Jenseits der Urbanisierung? Überlegungen zur deutschen Stadtgeschichte seit 1945. In: Lenger, Friedrich; Tenfelde, Klaus (Hg.): Die europäische Stadt im 20. Jahrhundert. Wahrnehmung – Entwicklung – Erosion. Köln u. a. 2006, S. 477–492, hier S. 482.
13 | Ermittelt wurden 136 Minuten, vgl. Kramer, S. 195.
14 | Vgl. Schneider, Norbert F.; Hartmann, Kerstin; Limmer, Ruth: Berufsmobilität und Lebensform. Bamberg 2001, S. 18.

Zwar bezieht sich Mobilität – sieht man von der „sozialen" Mobilität als Auf- und Abstieg durch die sozialen Schichten hindurch ab – zunächst auf eine Bewegung von einem Ort zu einem anderen, sei es in Form von Verkehr, Tourismus, residentieller Mobilität oder Migration, und die dafür benötigte Zeit. Mobilität bezeichnet darüber hinaus jedoch auch die damit einhergehenden Erfahrungen und Bedeutungszuschreibungen, die historisch starken Veränderungen unterlagen.[15] Noch zu Anfang des 20. Jahrhunderts war Mobilität durchaus negativ konnotiert: Die Denkfigur des Nomaden beispielsweise stand für Chaos und zeigte einen kulturlosen Charakter an, der unfähig war, Wurzeln zu schlagen; Arbeiten zu Mobilität gingen außerdem implizit davon aus, dass der Mensch sich lieber nicht bewege, soweit er es vermeiden könne. Im Gegensatz dazu ist das Mobilsein inzwischen zu einem Leitbild geworden; „Mobilität" impliziert Vorstellungen von Autonomie und flexibler Anpassung an sich schnell ändernde Situationen, und die technischen Möglichkeiten der Raumüberwindung werden zugleich auch als Freiheits- und Emanzipationsversprechen wahrgenommen.

In der Umgangssprache meint der Begriff das körperliche sowie geistige „fit" und „flexibel Sein" und die Offenheit, aber auch die Verfügbarkeit eines Individuums für ungeplante und unplanbare Ereignisse, sei es in der Freizeit oder im Beruf.[16] Im untersuchten Quellenmaterial fungierten die Begriffe „mobil" und „Mobilität" am Ende des 20. Jahrhunderts als Schlagworte einer Zukunft unbegrenzter Möglichkeiten und dienten kaum mehr der Referenz auf eine physische Fortbewegung, die offensichtlich als selbstverständlich galt. Damit hat sich das Bedeutungsfeld des Begriffes weit geöffnet[17] und sich dem lateinischen Ursprung angenähert, wo „mobilis" „beweglich" und „biegsam", „mobilitas" „Schnelligkeit", aber auch „Beweglichkeit" und „Unbeständigkeit" bezeichnet.

Diese Ausdehnung des Mobilitätsverständnisses lässt sich auch in der Geschichte der tragbaren Konsumelektronik verfolgen. Die Form der mit Portables verknüpften „Mobilität" verschob sich von konkreten Reisesituationen hin zum Versprechen, die jeweilige Technik „überall und jederzeit" einsetzen zu können und den Besitzer damit aus allen möglichen Abhängigkeiten frei zu setzten. Diese einseitig-euphorische Interpretation von Mobilität als

---

15 | Vgl. dies u. Folgendes: Cresswell, Tim: On the Move. Mobility in the Modern Western World. New York, Milton Park 2006, S. 25 – 56 (Kap. 2).
16 | So wird Mobilität in einem Essay zum „Jobnomaden" der Zukunft sogar zum Imperativ, „(...) mental, sozial und emotional beweglich zu sein – Toleranz, Offenheit, Empathie und Mut an den Tag zu legen, nach neuen Erfahrungen zu suchen und zu neuen gedanklichen Horizonten aufzubrechen." Vgl. Englisch, Gundula: Das Ende der Sesshaftigkeit. In: Grosz, Andreas; Witt, Jochen (Hg.): Living at Work. München, Wien 2004, S. 186 – 191, hier S. 190.
17 | Dies kommt z. B. auch im Brockhaus zum Ausdruck: Wurde „Mobilität" 1955 in nur wenigen Zeilen und vor allem als residentielle Mobilität abgehandelt, waren dem Stichwort 1998 über fünf Spalten gewidmet; Mobilität wurde als eine anthropologische Grunderfahrung interpretiert.

„Freiheit" vergisst jedoch, dass jede Mobilität immer auch mit Momenten der Immobilität und Unflexibilität einhergeht. Paul Virilio sprach in seiner Dromologie-Lehre sogar von einem „rasenden Stillstand", in dem die gesteigerte Bewegung schließlich aufgehen werde.[18] So überwinden wir zwar erstaunliche Distanzen, verharren aber zugleich im Cyberspace elektronischer Welten auf der Stelle, und jede Zunahme an Verkehr und Verkehrstempo zeitigt auch eine Zunahme an Verkehrsstaus und zeitlichen Verzögerungen. Aufgrund dieses Mobilitätsparadoxes der Gleichzeitigkeit von Bewegung und Beharrung grenzt die Mobilitätsforschung inzwischen das Potential zur Beweglichkeit in sozialen und geographischen Räumen als so genannte „Motilität" von der physischen Bewegung ab und spricht außerdem von der „virtuellen Mobilität" etwa des E-Commerce-Geschäfts, bei der Distanzen ohne jeden Anspruch auf physische Bewegung vom heimischen Wohnzimmersessel aus überbrückt werden.[19]

Auch der mobile Portable-Gebrauch wird letztlich mit technischen Abhängigkeiten, starren Systemen und Zuständen von Immobilität erkauft. So sind die Geräte zum einen in durchaus starre, zeit-, forschungs- und kostenaufwändige technische Infrastrukturen eingebunden, die oft erst dann in den Blick geraten, wenn sie etwa in Form von Funklöchern oder nicht kompatiblen länderspezifischen Standards ihren Dienst versagen. Die angebliche Ortsunabhängigkeit währt also nur so lange, wie die Batterien reichen und eine lokale Rundfunk- bzw. Mobilfunkversorgung gewährleistet ist. Selbst die eigenbestimmte Musiktitelwahl beim Kassettenrekorder ist in starre Standards wie die genormte Philipskassette eingebettet. Zum anderen können die wachsenden Mobilitätsansprüche zugleich ein Zeichen von geistiger und kultureller Inflexibilität sein. So dienten Reise-Radios dazu, sich auch in der Ferne in die vertraute Klang- und Sprachwelt des „Heimat"senders einklinken zu können und Walkmans dienten nicht nur dem Hören von Musik, sondern der individuellen Ästhetisierung der durchschrittenen Räume, die mit der selbst gewählten Klangkulisse unterlegt wurden. In beiden Fällen kompensierte der mobile Portable-Gebrauch über die eigenkontrollierte Mitgestaltung der akustischen Sphäre auch die Unwägbarkeiten der Mobilität. Nehmen Fernreisende in Form von Souvenirs ein Stück der fremden Eindrücke der bereisten Lebenswelt mit nach Hause, um sich auch später an die gemachten Reiseerfahrungen erinnern zu können, so nehmen Portable-Nutzer mit ihren Geräten geradezu in umgekehrter Weise ein Stück ihrer eigenen, häuslich-intimen Lebenswelt als Wegbegleiter mit, um für die potentielle Fremde gerüstet zu sein und die durchkreuzten Räume mittels vertrauter Routinen und Medieninhalte zu domestizieren.[20] Entgegen seines historisch-ethnologischen Vorbilds

---

18 | Vgl. Virilio, Paul: Rasender Stillstand. Essay. Frankfurt a. M. 1997.
19 | Vgl. z. B. Kellerman, S. 7.
20 | Vgl. hierzu ausführlicher: Weber, Heike: Taking Your Favorite Sound Along: Portable Audio Technologies. In: Bijsterveld, Karin; van Dijck, Jose (Hg.): Sound Souvenirs. (Erscheint 2008, Amsterdam: Amsterdam University Press).

ist die Leitfigur des „digitalen" bzw. „urbanen" Nomaden, die den Globus und insbesondere seine Metropolen individuell mit Hilfe drahtloser Navigations- und Kommunikationsgeräte bereisen soll,[21] mithin von gewaltigen, erdumspannenden technischen Systemen abhängig, und der mitgeführte Gerätepark dient ihr zumeist dazu, gewohnten Routinen der Sesshaftigkeit auch auf der Reise nachgehen zu können.

Wegen der Ablösung der Portable-Nutzung von konkreten Bewegungssituationen zugunsten des Versprechens eines ubiquitären, selbst bestimmten Einsatzes von Portables wird im Folgenden nicht der Mobilitätsbegriff als analytische Kategorie genutzt, sondern von einer „Mobilisierung" von Technik und Nutzer gesprochen. Dieser Begriff entstammt dem militärischen Kontext der Aktivierung und Aufstellung menschlicher und technischer Ressourcen für den Kriegsfall; des Weiteren meint er die Aufwendung außergewöhnlicher Anstrengungen, um ein bestimmtes Ziel zu erreichen. Auch wenn der militärische Kontext, in dem Portables in der Tat immer wieder eine Rolle spielten, im Folgenden nicht berücksichtigt wird, so sensibilisiert der Begriff der „Mobilisierung" für die Ressourcenaufwendungen wie auch für die Totalität, die mit dem Mobilitätsversprechen der Portables verbunden sind.[22] Mobilisierung bezeichnet also den Prozess, in welchem Nutzer wie Technik zunehmend als „überall und jederzeit" verfügbar konstruiert wurden. Hierzu sind auf technischer Seite die *Miniaturisierung* der Geräte Voraussetzung, und auf Nutzerseite ging der Prozess mit einer tendenziellen *Individualisierung* des Technikgebrauchs einher, die bis zur Entstehung eines Mensch-Technik-*Cyborgs* reichte.

Miniaturisierung der Portables

Um als „mobil" bzw. als „Portable" zu gelten, muss ein Gerät „tragbar" sein, also ein für den Transport handhabbares Gewicht bzw. eine handhabbare Größe aufweisen. Außerdem muss es über eine angemessene Zeitspanne hinweg ortsungebunden funktionieren. Hier ergaben sich über den Untersuchungszeitraum hinweg erhebliche Veränderungen durch die – zunächst wesentlich vom Rüstungs- und Raumfahrt-Wettlauf des Kalten Krieges forcierten – Fortschritte der Mikroelektronik:[23] Die Vakuumröhre wurde im Zweiten Weltkrieg miniaturisiert und im Laufe der 1950er Jahre durch den

---

21 | Vgl. z. B. Schwartz-Clauss, Mathias: Das bewegte Wohnen der Moderne. In: Schwartz-Clauss, Mathias; Vegesack, Alexander von (Hg.): Living in Motion. Design und Architektur für flexibles Wohnen. o.O. 2002, S. 79 – 131. Weitere Autoren, welche die Metapher des Nomaden verwenden, nennt Urry 2000, S. 28f. Die Denkfigur des „urbanen" bzw. „digitalen" Nomaden ist außerdem stark männlich geprägt und blendet beispielsweise Fragen des Familiendaseins völlig aus.
22 | „Die ganze Welt in einer Hand" textete beispielsweise der Spiegel in einem Beitrag zu Handys, der nicht zufällig unter dem Titel „Die große Mobilmachung" erschien, vgl. Der Spiegel, 2002, H. 11, S. 100 – 104 („Die große Mobilmachung"), hier S. 100.
23 | Zum Zusammenhang von Mikroelektronik und Militär vgl.: Morton, David L.;

Transistor abgelöst. Dem Transistor als wichtiges mikroelektronisches Bauelement folgten im nächsten Jahrzehnt die integrierten Schaltungen, bei denen mehrere Schaltungen auf einem Chip mit seither exponentiell steigender Dichte untergebracht sind. In den 1970er Jahren entstanden schließlich die ersten Mikroprozessoren. Die Miniaturisierungserfolge der japanischen Elektronikindustrie basierten allerdings auf der intensiven Ausrichtung auf den Konsummarkt und dem effektiven Zusammenwirken von Konsumelektronik- und Halbleiterherstellung, die oft auch in einem Unternehmen gebündelt stattfanden.[24] Japanischen Herstellern gelang es, viele der zumeist in den USA gemachten, grundlegenden Erfindungen der Mikroelektronik in erfolgreiche Konsumelektronik-Angebote umzuwandeln, und durch ihre stärkere Kontrolle über die eingesetzten Elektronikbauteile kamen sie in den 1980er Jahren teils mit bis zu einem Drittel weniger Komponenten in Gerätedesigns aus als westeuropäische Hersteller. Ebenso innovativ wurden hier die Technologien der Halbleiterherstellung, der Bauelemente-Anordnung und der seit den 1970er Jahren bedeutend werdenden Display-Techniken zusammengeführt.[25]

Durch das besondere Streben nach Kleinheit und geringem Stromverbrauch kam den Portables innerhalb der Konsumelektronik eine Vorreiterrolle für die Verwendung mikroelektronischer Bauteile zu. So hatte der Transistor bis 1960 in den westdeutschen Kofferradios die Röhren ersetzt, und seitens amerikanischer und japanischer Anbieter waren bereits erste transistorisierte Kleinst-Fernsehgeräte erhältlich. Demgegenüber vollzog sich die Transistorisierung der Standard-Radios und -Fernsehgeräte erst im folgenden Jahrzehnt bzw. Anfang der 1970er Jahre. In ähnlicher Weise hielt die Fertigungstechnik der so genannten SMT-Bauweise („surface-mounted technology"), bei der die Bauteile nicht mehr auf durchbohrte Leiterplatten montiert und dann mit Drahtanschlüssen verbunden, sondern direkt auf die Oberfläche der Platine gelötet werden, zunächst in der Walkman-Produktion der 1980er Jahre Einzug. Am Ende des 20. Jahrhunderts schließlich bildeten die Handys einen Schlüsselmarkt für die Mikrochiptechnologie. Durch die miniaturisierte Elektronik verringerte sich ebenfalls der Stromverbrauch der Portables. Außerdem begannen durch die Digitalisierung am Ende des 20. Jahrhunderts Produktsparten, die zuvor getrennt waren – wie z. B. Fotoapparat und Handy – zu konvergieren.

Gabriel, Joseph: Electronics. The Life Story of a Technology. Baltimore 2004, S. 17f, S. 72 u. 75, S. 133f, S. 153f.
24 | Vgl. Johnstone, der außerdem argumentiert, dass Förderungen und Interventionen durch die Regierung wie z. B. durch das MITI (Ministry of International Trade and Industry) für den Erfolg keine größere Rolle spielten: Johnstone, Bob: We were burning. Japanese entrepreneurs and the forging of the electronic age. New York 1999.
25 | Vgl. Dicken, Peter: Global Shift. Industrial Change in a Turbulent World. London 1988, S. 316 – 354; Nakayama, Wataru; Boulton, William; Pecht, Michael: The Japanese Electronics Industry. London u. a. 1999, S. 61.

Dennoch waren Größe und Design der Portables keinesfalls einseitig technisch induziert. Vielmehr hingen der Grad und die Form der Verkleinerung auch von den dominierenden Vorstellungen zur Gerätenutzung und vom gängigen Technikappeal der Zeit ab – eine Miniaturisierung wurde erst über die Jahrzehnte hinweg nicht mehr als Zeichen einer potentiellen Qualitätseinbuße, sondern als Insignie des Technikfortschritts bewertet.

Was die allgemeine Bewertung von Technik betrifft, so wurde die Leistungsfähigkeit eines Gerätes noch in den 1950er und 1960er Jahren vom Durchschnittskonsumenten mit seinen materiellen Ausmaßen gleichgesetzt, so dass Kleinstgeräte als unseriöse Spielerei wahrgenommen wurden. Eine breite Wertschätzung der Miniaturisierung ergab sich erst nach und nach, als Computertechnik, Militär und Weltraumfahrt die Unerlässlichkeit und Überlegenheit miniaturisierter Bauelemente demonstriert hatten. Seit den Jahren um 1980 wurde die Miniaturisierung zunehmend auch von den Massenkonsumenten als ein eigenständiger und zudem auf ein Spitzenprodukt verweisender Wert gesehen, auch wenn sie gegenüber dem stationären Großgerät nach wie vor oft Abstriche in Qualität oder Funktionsvielfalt bedeutete. Wichtig für diesen Umschwung waren auch Strömungen der Populärkultur: Zum einen kulminierte die Weltraumbegeisterung des „Space Age" um 1970 in futuristischen Technikgestaltungen wie etwa einem Mini-Radio von Panasonic/ Matsushita, das als grellfarbiger Plastik-Armreif um das Handgelenk getragen wurde; schon zuvor war es außerdem das Genre der Science Fiction gewesen, das visionäre Portable-Designs und -Nutzungen popularisierte. Zum anderen hatte sich um die militärische Spionage, zu deren Handwerkszeug stets miniaturisierte Kommunikationsgeräte gehörten, ein Kult entwickelt, und das Genre des Spionage-Films fand seinen festen Platz in der Massenkultur. Sein populärster Held, James Bond, nutzte nicht nur Großtechniken wie Atomenergie, Raketen und schnelle Autos, sondern ebenso eine vielfältige Sammlung raffinierter Kleinstelektronik, die der exzentrische Mr. Q für ihn konstruierte.[26]

Auch die zeitspezifischen Praxen des Technikkonsums spielten für die Miniaturisierung eine entscheidende Rolle. Solange in geselliger Picknick-Runde mit mehreren Personen zusammen Radio gehört wurde, war ein Radioportable mit großem, leistungsfähigem Lautsprecher schlichtweg besser geeignet als ein Kleinstgerät. Viele Portables wurden außerdem nach dem Vorbild des Schweizer Taschenmessers mit Zusatzfunktionen ausgestattet – Kofferradios etwa mit Uhren, Taschenlampen oder Kameras –, was lange Zeit auf Kosten ihrer Klein- und Leichtheit ging. Im Zuge der Digitalisierung wurde eine sol-

---

26 | Z. B. benutzt Bond in Octopussy (1983) einen Funk-Hörknopf, um seine Gegner zu belauschen; der Sender wurde in ein falsches Fabergé-Ei eingebaut. Des Weiteren hatte Bond in den Filmen der 1980er Jahre eine Bildfunk-Uhr von Seiko, in den 1990ern dann auch Handys und PDAs.

che Multifunktionalität von Portables wieder stark forciert, da sie nun zwar mehr Software, aber kaum zusätzliches Gewicht erforderte.

Idealtypisch lassen sich für die Portables drei Gestaltungsstufen unterteilen, die mit unterschiedlichen Trage- und Bedienungsweisen einhergingen. War die Technik auf ein solches Maß geschrumpft, dass sie nicht mehr fest zu Hause oder in Transportmitteln wie Auto oder Eisenbahn verankert werden musste, bildete der allseits bekannte und mit einem Henkel oder einem Trageriemen ausgestattete *Koffer* zunächst ein gern kopiertes Designvorbild für die Gehäusegestaltung der Portables; die Geräte wurden entsprechend in der Hand oder über der Schulter getragen und zur Bedienung abgestellt. Von dieser Designform rührt auch der im deutschen Sprachgebrauch lange übliche Begriff der „Henkelware" her. Bereits in den 1930er Jahren hatte man Batterieradios in stabile Reisekoffer integriert, die zum Gebrauch teils noch geöffnet werden mussten. Auch solche Apparate wurden in kofferartige Konstruktionen gesteckt, die man wie etwa Schreibmaschine oder Diaprojektor nach dem seltenen Gebrauch wieder geschützt und ordentlich verstauen wollte. Allerdings wurden für die Portables bald kompakte Koffer-Designs entwickelt, die nur noch zum Wechseln der Batterien geöffnet werden mussten.

Als zweite Gestaltungsstufe lässt sich die „Pocketability" benennen: ein auf die *Kleidungstasche* – sei es die Jacken- oder die Hemdtasche – abgestimmtes tragbares Design. Im Falle des Radios wurden solche Geräte auch als „Personals" bezeichnet, was darauf verweist, dass sie auf den Gebrauch durch eine Person ausgelegt waren; im Falle des Mobiltelefons wurde von „Handhelds" oder von „Handgeräten" gesprochen, was auf die meist bei dieser Gerätegröße realisierte Einhandbedienung verweist. Wie ungewohnt dieses Design noch in den 1950er Jahren für die Bundesbürger war, zeigt sich daran, dass Taschenradios und ihre Trageweise immer wieder mit dem Fotoapparat verglichen wurden, der umgehängt oder ebenfalls in der Tasche getragen wurde.

Bei der dritten Stufe, der „Wearability", wurde die Technik am *Körper*, sei es in der Kleidungstasche oder am Gürtel befestigt, mitgeführt und wurde dadurch tendenziell selbst zur Kleidung. Bei der Nutzung lagen die Schnittstellen dieser – auch als Wearables bezeichneten – Geräte wie z. B. der Kopfhörer auf dem menschlichen Ohr oder im Falle des in die Brille integrierten Fernsehbildschirms auf dem Auge auf. Abermals orientierten sich die Designer an etablierten Vorlagen, nämlich der Armbanduhr, der Brille sowie Kleidung und Schmuckaccessoires. Schon in den 1950er Jahren träumten amerikanische Ingenieure von Radios im Armbanduhr-Gehäuse,[27] und mit der Quarzarmbanduhr der 1970er Jahre, die sich Geburtstage merkte, Reisewecker- oder Taschenrechnerfunktionen integrierte und ihre Nutzer mit der LCD (Liquid Crystal Display)-Technik vertraut machte, war das Weltraum-Zeitalter am ei-

---

27 | Hoffnung auf diese Miniaturisierung machte ihnen die sich dann nicht weiter durchsetzende Mikromodultechnik, vgl. Funktechnik, 1959, H. 22, S. 786 („Rundfunkgeräte in Micromodule-Technik").

genen Handgelenk angekommen.[28] Auch die Brille, die noch in den 1950er Jahren als unästhetisches Übel galt, wurde, zum schmückenden Accessoire geworden, bald ebenso wie Kleidungsstücke mit Radios und später auch weiterer Elektronik ausgerüstet. Zu Beginn des 21. Jahrhunderts wurde die Verschmelzung von Textilien und Elektronik im Forschungsfeld der „smart clothes" verfolgt,[29] und erste Handys und MP3-Player waren in Form von Halsamulett bzw. Ohrclip auf dem Markt erhältlich.

In allen Stufen waren sowohl die Designs als auch die Trageweisen geschlechts- und zunehmend auch altersspezifisch bestimmt. So wurden Taschenradios für die Frau auf ein Tragen als bzw. in der Handtasche hin ausgerichtet, jene für den Mann auf das Mitführen in der Rocktasche, und die Orientierung der Designs an geschlechts- und altersspezifischen Regeln, wie sie auch für den Mode- und Schmuckmarkt gelten, nahm zu, je näher die Portables dem Körper des Nutzers kamen.

Individualisierung des Konsums bis hin zum Mensch-Technik-Cyborg

Im Falle der Portables ging die Miniaturisierung der Geräte zumeist mit einer personalisierten Nutzung einher. Kleiner werdende Interfaces wie Mini-Lautsprecher und Kleinst-Displays waren nicht mehr auf den gemeinschaftlichen Konsum hin ausgerichtet. Außerdem führten verbilligte Portables dazu, dass in einem Haushalt mehrere Geräte eines Medientyps vorhanden waren. Ein solcher Mehrfachbesitz machte die gemeinsame Abstimmung der Familien- bzw. Haushaltsmitglieder über den gewünschten Medienkonsum überflüssig. Zweitgeräte wurden teils sogar explizit als Geräte beworben, mit denen sich der Familienstreit vermeiden ließe und man sich die eigenen Programmwünsche erfüllen könne.[30]

Dies bedeutet jedoch nicht, dass die Portable-Verwendung in einer Loslösung aus sämtlichen sozialen Bindungen geendet hätte. Vielmehr wurden mit Portables auch bestehende Bindungen gepflegt, etwa indem in der Ferne der vertraute Radiosender eingeschaltet oder der beste Freund angerufen wurde. Außerdem wurden durch die Portable-Nutzung neue soziale Beziehungsgeflechte etabliert. Entlang bestimmter Geräte oder Gerätemodelle bildeten sich

---

28 | Vgl. Hobby, 1979, H. 9, S. 72 – 75 („Weltraumtechnik für Zeitmesser: Der Uhren-Adel"); Funkschau, 1975, H. 21, S. 62 („Erstaunliches von Quarzuhren").

29 | Vgl. z. B. Marzano, Stefano: New nomads: an exploration of wearable electronics. Rotterdam 2000; Baumeler, Carmen, Kleider machen Cyborgs. Zur Geschichte der Wearable Computing-Forschung. In: Orland, Barbara (Hg.): Artifizielle Körper – lebendige Technik. Technische Modellierungen des Körpers in historischer Perspektive. Interferenzen. Zürich 2004, S. 221 – 237.

30 | „Sollte beispielsweise Ihre Tochter mal eine Party geben, so können Sie sich mit diesem handlichen Portable in einen ‚ruhigen' Teil der Wohnung zurückziehen", hieß es z. B. über das tragbare Fernsehgerät Graetz Lady electronic, vgl. Werbeprospekt „Graetz Radio Fernsehen", o.J. (ca. 1970). In: Deutsches Museum, Archiv, FS 002146, S. 10.

neue Zuordnungen und gruppenspezifische Zeichensysteme heraus, beispielsweise wenn Jogger sich über die Bevorzugung der Sony Walkmans der *DD*-Reihe definierten oder Teenager zu ganz bestimmten Handys griffen.

Diese Entwicklung folgt der Individualisierungsthese der Soziologie.[31] Sie behauptet die Zunahme individueller Gestaltungsmöglichkeiten in der Spätmoderne, während traditionale Sozialzusammenhänge wie Familie, Nachbarschaft oder Schichten weniger bindend geworden seien. Dieser auch als Verlust traditionaler Sicherheiten interpretierbaren Tendenz stehen jedoch neue Formen kollektiv geteilter Einbindungen gegenüber. So funktionierte die tragbare Konsumelektronik als eine Individualisierungsmaschine, die ihrem Nutzer eine größere Autonomie und eine stärkere Kontrolle über die jeweilige Situation verlieh. Für den einen Nutzer mag dies bedeutet haben, dass er sich durch das Hinzuschalten bekannter Medieninhalte eine vertraute Atmosphäre schaffen konnte, während andere – wie etwa manche Walkman- und iPod-Hörer – Gefallen daran fanden, jede Situation aufgrund der Musikbegleitung tendenziell als einmalig zu erleben. Zugleich wurde über den Technikkonsum aber auch stets die Zugehörigkeit zu einer Gruppe gesucht und die Abgrenzung zu anderen demonstriert.

Im Falle von Geräten, die stundenlang griffbereit in der Tasche umher getragen wurden oder mit denen der Nutzer sich sogar dauerhaft verkabelte, lässt sich nicht nur von einer Individualisierung des Technikgebrauchs sprechen, sondern die Technik beeinflusste die Identitätsgestaltung des Nutzers ebenso wie sein Verständnis von Mensch und Körper. Manche Portable-Nutzer sahen ihre Geräte sogar als eine Grundausstattung des Menschen an; sie waren zum Mensch-Technik-Cyborg geworden.

Der Cyborg-Begriff dient allgemein dazu, die Annäherung von Mensch und Technik bis hin zum Unkenntlichwerden der Grenzen zu markieren.[32] Allerdings wird der Begriff unterschiedlich benutzt, und manche Autoren interpretieren jede längerfristige Mensch-Maschine-Interaktion wie etwa die Computernutzung oder das Autofahren als cyborghaft.[33] Im Vorliegenden

---

31 | Vgl. Beck, Ulrich; Beck-Gernsheim, Elisabeth (Hg.): Riskante Freiheiten. Individualisierung in modernen Gesellschaften. Frankfurt a. M. 1994; Schulze, Gerhard: Die Erlebnisgesellschaft. Frankfurt a. M., New York 1992; Junge, Matthias: Individualisierung. Frankfurt a. M. 2002.

32 | Mit dem Cyborg-Begriff forderten amerikanische Weltraumforscher 1960 ein Mensch-Maschine-System ein, das die Körperfunktionen des Menschen hin zu seiner Weltraumtauglichkeit aufrüsten würde. Seit Donna Haraways Cyborg Manifesto (1985) verweist der wesentlich weiter gefasste Cyborg-Begriff in feministischen und techniksoziologischen Arbeiten auf das Verschwimmen der Grenzen zwischen Organismus und Maschine und zwischen Natur und Technik und dient auch dazu, die Auflösung weiterer traditionaler Dualismen zu fordern. Vgl. Gray, Chris Hables (Hg.): The Cyborg Handbook. New York, London 1995; Haraway, Donna J.: A Cyborg Manifesto: Science, Technology and Socialist Feminism in the 1980s. In: Dies., Simians, Cyborgs, and Women. The Reinvention of Nature. New York 1991, S. 149–181.

33 | Vgl. z. B. für den Autofahrer als Cyborg: Schmucki, Barbara: Cyborgs unterwegs?

bezieht sich der Begriff hingegen lediglich auf das am Körper stattfindende Bereithalten und Nutzen von Portables, um diese Stufe, die eine spezifische Identifikation der Nutzer über ihre Technikbegleiter nahe legt, als eine besondere Nutzungsform auszuzeichnen.

Ebenso wie Kleidung – ob gewollt oder ungewollt – die Geschlechts- und Alterszugehörigkeit sowie den Lifestyle ihres Trägers unterstreicht, so diente auch die tragbare Konsumelektronik der eigenen Identitätsgestaltung sowie der Körper- und Identitätsinszenierung gegenüber anderen Personen, und zwar umso stärker, je dauerhafter sie mitgeführt wurde.[34] Viele Portables wurden auch explizit als „persönliche" Begleiter vermarktet. Vermenschlichende Modellbezeichnungen wie etwa diejenige des *Partner*-Radios suggerierten eine starke emotionale Nähe zwischen Nutzer und Technik, die spätestens beim Walkman und Handy auch so von den Nutzern empfunden wurde. Dies hieß jedoch nicht, dass die geliebten Begleiter nicht ebenso wie Kleidungsstücke in regelmäßigen Abständen gegen neue, zeitgemäße Modelle ausgewechselt worden wären.

Viele „Wearable"-Träger definierten sich explizit über ihre Technik. So bewerteten manche Walkman- und Handy-Nutzer ihre Geräte als lebensnotwendige Erweiterung ihres Selbst oder gar ihres Körpers: Ohne sie, so einige Nutzerstimmen, könnten sie sich ihr Leben nicht mehr vorstellen.[35] Das Individuum ist hier keine geschlossene, autonome Instanz, sondern ein Mensch-Technik-Amalgam. Im Gegensatz dazu war eine solche Verschmelzung von Mensch und Technik in den Jahrzehnten zuvor nur das Leitbild weniger Futuristen. Beim Durchschnittskonsumenten stießen die entsprechenden Wearable-Designs mit ihrer ungewohnten Körpernähe auf Vorbehalte. Zu sehr gemahnten sie an Prothesen, die auf eine Unzulänglichkeit des menschlichen Körpers verwiesen und die Grenzen zwischen Mensch und Technik zu stark verwischten.

Verkehrstechnik und individuelle Mobilität seit dem 19. Jahrhundert. In: Technik und Gesellschaft 10, 1999, S. 87 – 119.

34 | Vgl. Fortunati, Leopoldina: Der menschliche Körper, Mode und Mobiltelefone. In: Höflich, Joachim R.; Gebhardt, Julian (Hg.): Mobile Kommunikation. Perspektiven und Forschungsfelder. Frankfurt a. M. u. a. 2005, S. 223 – 248; Fortunati, Leopoldina; Katz, James E.; Riccini, Raimonda (Hg.): Mediating the Human Body. Technology, Communication, and Fashion. Mahwah, London 2003; Tischleder, Bärbel; Winkler, Hartmut: Portable Media. Beobachtungen zu Handys und Körpern im öffentlichen Raum. In: Ästhetik und Kommunikation 32, 2001, S. 97 – 105.

35 | So z. B. an der Universität Lüneburg untersuchte Handy-Nutzer, vgl. Burkart, Günter: Handymania. Wie das Mobiltelefon unser Leben verändert hat. Frankfurt a. M. 2007.

Mobiler Technikkonsum und die Raum-Zeit-Regimes einer Gesellschaft

Durch den Portable-Gebrauch änderte sich die räumliche wie zeitliche Organisation von Handlungen entscheidend. Räume und Zeiten sind bestimmende und miteinander verwobene Bezugsysteme einer Gesellschaft. Raum- und Zeitbezüge wie etwa die Erfahrung der Durchquerung von Raum und des Ablaufs einer Zeit oder Regeln zur zeitlichen Koordination oder dem Verhalten an bestimmten Orten sind nicht abstrakt gegeben, sondern werden erst mit dem sozialen Handeln geschaffen und unterliegen folglich dem historischen Wandel. Wurden die modernen Transporttechniken zumeist als eine „Verdichtung" oder gar eine „Vernichtung" des Raumes interpretiert,[36] so wurde für massenmediale Techniken wie das Fernsehen eine „Raumlosigkeit"[37] konstatiert, denn solche Kommunikationstechniken entkoppelten die Nachrichtenübermittlung und das Verfolgen ferner Ereignisse vom Aufenthaltsort sowie vom Reisen. Solche Interpretationen setzten jedoch die Verbesserung der realen oder der medienvermittelten Erreichbarkeit zuvor voneinander getrennter Regionen letztlich mit der Aufhebung des dazwischen liegenden Raumes gleich. David Harvey hat, dies vermeidend, für beide Techniken den Begriff der „Raum-Zeit-Kompression" eingeführt.[38]

Die Raum- und Zeit-Veränderungen, die mit dem Gebrauch mobiler elektronischer Medien einhergingen, sind allerdings nicht umfassend als „Verdichtung" oder „Vernichtung" von Raum und Zeit zu beschreiben. Vielmehr wird, was zuvor räumlich oder zeitlich getrennt war, auf neuartige Weise vernetzt und überlagert, und Räume und Grenzziehungen werden neu konfiguriert. „Fernab vom Alltag und doch mittendrin", kommentierte das Verbrauchermagazin *Test* Ende der 1990er Jahre die frühen Erfahrungen der Bundesbürger, sich aus dem Urlaubsland per Handy bei den Zuhausegebliebenen zu melden.[39] „Fernab und doch mittendrin" kennzeichnet auch jene Überlagerung von Lebenswelten im Portable-Gebrauch: Die Möglichkeit, mobil Musik zu hören oder zu telefonieren, löst das soziale Leben des Nutzers teils von Abhängigkeiten zu seinem jeweiligen Hier und Jetzt. Außerdem verdichteten Portables Raum und Zeit insofern, als dass ferne Orte, Personen oder Ereignisse bzw.

---

36 | Vielfach wird hierzu die zeitgenössische Aussage von Heinrich Heine angeführt, mit der Eisenbahn werde „der Raum getötet, und es bleibt uns nur noch die Zeit übrig", vgl. Schivelbusch, S. 39.
37 | Vgl. Meyrowitz, Joshua: No Sense of Place. The Impact of Electronic Media on Social Behavior. New York, Oxford 1985. Meyrowitz brachte sogar das – dem digitalen Nomaden ähnliche, aber dystopische – Bild des „hunters and gatherers of an information age" (S. 316) auf: Die ortlose Fernseh-Gesellschaft falle möglicherweise auf die ortsungebundene Kultur der Jäger- und Sammler-Gesellschaft zurück.
38 | Vgl. Harvey, David: The Condition of Postmodernity. An Enquiry into the Origins of Cultural Change. Cambridge, Oxford 1990.
39 | Vgl. Test, 1999, H. 8, S. 56 – 59 („Telefonieren im Ausland. Abheben und sparen"), hier S. 56.

virtuelle Medienwelten zum Hier und Jetzt hinzugeschaltet werden und darüber hinaus gleichzeitig weitere Tätigkeiten – sei es das Autofahren, das Reisen oder auch diverse Erledigungen – ausgeübt werden können. Die räumlichen und zeitlichen Ebenen und Wirkungen sind mithin in der Praxis kaum zu trennen; dennoch werden im Folgenden zunächst die räumlichen, dann diejenigen der Zeit ausgelotet.

Raumüberlagerungen, Vernetzungen und mobile Technikräume

Um die räumlichen Aspekte des Portable-Gebrauchs zu beleuchten, ist es hilfreich, auf ein relationales Raumverständnis zurückzugreifen.[40] Raum ist dann nicht einfach ein abgegrenztes Territorium wie etwa jene Distanz, die ein Handy überbrückt, oder der Ort, an dem sich ein Nutzer gerade aufhält, sondern durch das Handeln entstehen Räume. An einem Ort können damit auch mehrere Räume unterschiedlicher Ausformung – beispielsweise akustische oder körperlich-haptische Räume – entstehen. Nutzer mobiler Mediengeräte „vernichten" in einer solchen Perspektive nicht den Raum, sondern sie erweitern ihren räumlichen Aktionsradius, indem sie erstens selbst Räume konstituieren und zweitens neue Raumbezüge herstellen.

Erstens kreieren Nutzer von Portables – ob gezielt oder unreflektiert – Räume. Durch den Technikgebrauch entsteht ein mobiler Erlebnisraum, der im Falle der akustischen Geräte auch als *soundscape* beschrieben wurde.[41] Als paradigmatischer Vorfahr eines solchen mobilen, eigenbestimmten Technikraums kann das Auto gelten. Seine Blechhülle schirmt den Fahrer jedoch als materiale Abgrenzung von der Außenwelt ab, so dass der Autoraum die Intimität der eigenen Wohnung auf vier Rädern abbildet.[42] Im Falle der Portable-Nutzung hingegen kommt es zu ungewohnten Überlagerungen, die traditionale Grenzziehungen in Frage stellen, und zwar vornehmlich die als Dichotomien konstruierten Sphären von privat und öffentlich sowie Arbeit und Freizeit.

Beide Polaritäten haben sich durch die Trennung von Wohn- und Arbeitsort seit der Industrialisierung sowie die spezifische Wohn- und Sozialisationskultur der bürgerlich-patriarchalen Gesellschaft des 19. Jahrhunderts etabliert,

---

40 | So definiert Löw Raum als eine „relationale (An)Ordnung von Lebewesen und sozialen Gütern an Orten". Räume entstehen in ihrer Perspektive durch „Spacing" als einer aktiven Anordnung und durch eine Syntheseleistung, welche die Anordnungen von Dingen und Menschen als Räume wahrnimmt oder erinnert, vgl. Löw, Martina: Raumsoziologie. Frankfurt a. M. 2001, S. 224.
41 | Vgl. Bull, Michael: Sound connections: an aural epistemology of proximity and distance in urban culture. In: Environment and Planning C: Society and Space 22, 2004, S. 103 – 116. Dabei stammt der Begriff der „soundscape" von Schafer, der damit auf sämtliche Klangkulissen und deren historische Veränderung hinwies. Vgl. Schafer, Murray R.: Our sonic environment and the soundscape. The tuning of the world. Rochester 1994.
42 | Vgl. Featherstone, Mike: Automobilities. An Introduction. In: Theory, Culture & Society 21, 2004, S. 1 – 24.

und zwar als stark geschlechtsspezifische und räumlich gebundene Dualitäten. Während die außerhäuslichen Sphären der Produktion bzw. der Arbeit und des Öffentlichen dem männlichen Geschlecht zugeordnet wurden, galt das eigene Zuhause als Revier der (Haus-)Frau.[43] Während Arbeit und Freizeit klassischerweise über das Kriterium des Erwerbs abgegrenzt werden, wird mit dem Begriffspaar „öffentlich/privat" oft Unterschiedliches bezeichnet.[44] Privatheit meint teils die räumliche Abschottung eines Individuums bzw. eines Wohnverbandes, teils dasjenige, was der eigenen Kontrolle unterliegt, teils das Intim-Diskrete und das Zulassen von Emotionen und Vertrautheit oder schlichtweg die Möglichkeit, „sich vor den Blicken und Ohren der Anderen zumindest vorübergehend schützen zu können".[45] Entsprechend wird mit „öffentlich" mal auf öffentliche Räume, mal auf die Herstellung einer kommunikativen Öffentlichkeit oder eben auf die Sicht- und Hörbarkeit für andere verwiesen.

Dies deutet bereits an, dass es sich bei „öffentlich" und „privat" um historische Konstrukte und oft normativ formulierte Leitbilder handelt, die dem Wandel unterliegen. Im Falle des Portable-Gebrauchs wurden sie ebenfalls neu ausgehandelt. Dabei schwingen im Quellenmaterial die unterschiedlichen Konnotationen der Polarität mit; in erster Linie ging es aber um die Frage, an welchen Orten der mobile Gerätegebrauch wie stattfinden solle. Das als „privat" Angesprochene bezeichnete in erster Linie das dem eigenen Zuhause Zugeordnete, dem Räume und Situationen außerhalb der eigenen vier Wände gegenüber gestellt wurden. Dies waren vorwiegend solche der außerhäuslichen Freizeit, teilweise auch der Arbeit; darüber hinaus Orte des Konsums wie Fußgängerzone und Einkaufspassage oder Orte des Transits wie U-Bahn oder Wartehalle, also Orte ohne besondere Kommunikationsfunktion, die vom zufälligen Zusammentreffen mit Fremden gekennzeichnet waren.[46] Als aber das Musikhören oder das Telefonieren zunehmend mobil stattfanden, gelangte etwas in solche Räume, was zuvor dem Häuslichen zugeordnet und daher als

---

43 | Vgl. Hausen, Karin: Die Polarisierung der ‚Geschlechtscharaktere' – eine Spiegelung der Dissoziation von Erwerbs- und Familienleben. In: Conze, Werner (Hg.): Sozialgeschichte der Familie in der Neuzeit Europas. Stuttgart 1976, S. 363 – 393.
44 | Die Ökonomie grenzt damit Bereiche staatlicher Administration von Unternehmen der freien Marktwirtschaft ab; das bürgerlich-liberale Öffentlichkeitsmodell von Jürgen Habermas wiederum meint mit „öffentlich" das kommunikativ-partizipative Zusammentreffen der Bürger; die feministische Perspektive konstruiert das Öffentliche als Gegenpol zum familiär-häuslichen Leben. Vgl. Weintraub, Jeff: The Theory and Politics of the Public/Private Distinction. In: Weintraub, Jeff; Kumar, Krishan: Public and private in thought and practice: perspectives on a grand dichotomy. Chicago 1997, S. 1 – 42. Vgl. für den Kontext von Mobilität auch: Sheller, Mimi; Urry, John: Mobile Transformations of ‚Public' and ‚Private'. In: Theory, Culture and Society 20, 2003, S. 107 – 125.
45 | Vgl. Rössler, Beate: Der Wert des Privaten. Frankfurt a. M. 2001; Zitat: Schroer, S. 235.
46 | Marc Augé hat solche Orte des Transits wegen ihrer uniformen Gestaltung als „Nicht-Orte" bezeichnet, vgl. Augé, Marc: Orte und Nicht-Orte. Vorüberlegungen zu einer Ethnologie der Einsamkeit. Frankfurt a. M. 1994.

Intim-Diskret wahrgenommen wurde. Die Zuschreibungen von „öffentlich" und „privat" gerieten dadurch in Fluss. Allerdings waren auch die vorherigen Zuordnungen bereits Ergebnis eines historischen Prozesses gewesen: Das Radio wurde erst in den 1930er Jahren im Zusammenhang mit der Elektrifizierung der Haushalte zu einem häuslichen Technikmöbel und verlagerte zusammen mit dem Grammophon das Musikhören von öffentlichen Paraden, Konzerthaus oder Gaststätte in den Wohnraum; das Telefon wiederum etablierte sich in der BRD erst in den 1960er Jahren als privat-intimer Kommunikationskanal. Auch die „Verhäuslichung" dieser Techniken bildete also eine spezifische historische Epoche, die durch die mobilen und drinnen wie draußen benutzten Mediengeräte nicht beendet, aber deutlich verändert wurde. Zudem war auch diese „Verhäuslichung" keine wirkliche „Privatisierung", sondern öffnete das Private für „öffentliche" Inhalte. Denn der Rundfunk- und Fernsehempfang oder das Telefon haben mit materiellen wie immateriellen Kabeln, wie es Vilém Flusser formulierte, das eigene Haus „wie ein Emmentaler durchlöchert".[47] Am Ende des 20. Jahrhundert traten Phänomene wie das öffentliche Aufstellen von Überwachungskameras, persönliche Webcams im Internet oder der telemediale Exhibitionismus in Sendeformaten wie Big Brother hinzu,[48] so dass nicht mehr nur um den Verlust des Privaten, sondern ebenso um eine Intimisierung des Öffentlichen gebangt wurde. Die Überschneidungen und Grenzverschiebungen, wie sie im Portable-Gebrauch stattfinden, sind also in solche vielschichtigen Wandlungsprozesse einzureihen.

Zweitens verknüpft der Portable-Gebrauch den Aufenthaltsort des Nutzers mit fernen Orten, Ereignissen oder virtuellen Welten. Jede Medientechnik leistet diese Verknüpfung, aber im Falle der Portables tritt ein neuer Aspekt hinzu: Der Nutzer befindet sich potentiell unterwegs, also an Orten, an denen auch andere präsent sind. Seine Gerätenutzung verändert die Normen des sozialen Verhaltens insofern, als dass er offensichtlich den ko-präsenten Anderen gegenüber weniger aufmerksam ist als gegenüber dem Fernbereich seines Gesprächspartners oder seiner Klangkulisse. Der Nahraum scheint nicht mehr jener Bezugspunkt zu sein, an dem er sich orientiert, jedenfalls gilt ihm nicht die volle Aufmerksamkeit.

Dies kann mit den von Georg Simmel beschriebenen Verhaltensweisen der Großstädter um 1900 verglichen werden: Um dem Übermaß an Begegnungen mit Fremden, die sich aus der Dichte der Stadt und der dortigen – über die omnipräsente Uhr bzw. Taschenuhr koordinierten – hohen Mobilität ergab, gewachsen zu sein, entwickelten die Städter eine emotionale, als „Blasiertheit" beschriebene Distanz zu den Personen des Nahbereichs. Erst in der Großstadt

---

47 | Vgl. Flusser, Vilém: Durchlöchert wie ein Emmentaler. In: Ders.: Vom Stand der Dinge. Göttingen 1993, S. 79 – 82, hier S. 80.
48 | Vgl. Weiß, Ralph; Groebel, Jo (Hg.): Privatheit im öffentlichen Raum. Medienhandeln zwischen Individualisierung und Entgrenzung. Opladen 2002; Imhof, Kurt; Schulz, Peter (Hg.): Die Veröffentlichung des Privaten – Die Privatisierung des Öffentlichen. Opladen 1998.

wurde es möglich, sich dem ko-präsenten Anderen indifferent gegenüber zu verhalten. In den Massentransportmitteln wurde laut Simmel ein Sehen – für die Sozialität der Großstadt sieht der Autor das Sehen der Anderen als wichtiger als das akustische Wahrnehmen an – eingeübt, das es zuließ, Fremde anzuschauen und fremde Blicke zu ertragen, ohne untereinander Worte zu wechseln. Schließlich fühlten sich die Städter selbst in engsten Transportmitteln aufgrund solcher schützenden Verhaltensweisen isoliert und anonym.[49] Jahrzehnte später wurden Portables in dichten Transiträumen ebenfalls genutzt, um sich emotional von den nahen Anderen distanzieren zu können.

Die durch den Portable-Gebrauch hergestellten Raumbezüge sind mannigfach und durchaus unterschiedlich: Der mobil Telefonierende vernetzt sich mit einem fernen Gesprächspartner; der durch das Gespräch unweigerlich kreierte Eigenraum grenzt ihn von den ko-präsenten Mitmenschen ab, zwingt diese aber dazu, die Hälfte des Gesprächs mit anzuhören. Der „simsende" Handy-Nutzer wiederum mag die Anonymität der Masse etwa in der U-Bahn leichter ertragen, weil er seine Finger und seinen Blick beschäftigt hält und sich so einen körperlich-haptisch bestimmten Eigenraum schafft. Die Gruppe Jugendlicher, die im Stadtpark laut Radiomusik hört, generiert eine jugendspezifische Soundscape, um ein öffentliches Territorium für sich zu reklamieren. Der Walkman-Nutzer wiederum schließt die Umstehenden aus seiner personalisierten Hörwelt aus, und oft dient Kopfhörer-Musik ähnlich wie die Musik im Auto dazu, durch die Rhythmen der Musik das kinästhetische Erleben von Geschwindigkeit und Beschleunigung zu intensivieren. Durch diese diversen Raumkonstitutionen und Raumvernetzungen verändert sich auch die Raumwahrnehmung der Portable-Nutzer: Räume erhalten andere Bedeutungen, sie werden in neuer Weise benutzt, und näher als der Nahraum scheint der- oder dasjenige in der Ferne zu sein, der bzw. das durch Technik problemlos erreichbar ist.

Die Fallstudien werden darüber hinaus zeigen, dass mobile Mediengeräte zwar das Verhältnis zum Aufenthaltsort lockern können. Zugleich muss der Nutzer aber gerade durch die „Ortlosigkeit" der Portables selbst darüber entscheiden, ob und wie er an dem jeweiligen Ort seines Befindens ein Gerät benutzt. Das heißt, er bedenkt zumeist die Verhaltensnormen mit, die für unterschiedliche Orte und soziale Situationen gelten – oder in Goffmans dramatologischer Sprache: er bewahrt eine passende „Fassade" für die jeweilige

---

49 | „Vor der Ausbildung der Omnibusse, Eisenbahnen und Straßenbahnen im 19. Jahrhundert waren Menschen überhaupt nicht in der Lage, sich minuten- bis stundenlang gegenseitig anblicken zu können oder zu müssen, ohne mit einander zu sprechen", so Simmel. Vgl. Simmel, Georg: Exkurs über die Soziologie der Sinne. In: Ders.: Soziologie. Untersuchungen über die Formen der Vergesellschaftung. Frankfurt a. M. 1992, S. 722 – 74, hier S. 727. Vgl. außerdem: Simmel, Georg: Die Großstädte und das Geistesleben. In: Die Großstadt. Vorträge & Aufsätze zur Städteausstellung. Jahrbuch der Gehe-Stiftung Dresden, Bd. 9, 1903, S. 185 – 206.

„Bühne" seines Handelns.[50] Werden solche ungeschriebenen Regeln übergangen, beginnt jedoch deren genaue Ausformulierung und ihre Neuverhandlung.

„Nebenbei" und „mal eben" zwischendurch: Neue Zeit-Regimes

Wie die räumlichen, so stellen auch zeitliche Ordnungsprinzipien wandelbare Konventionen dar. Auch Zeitordnungen und Zeiterfahrung haben sich dadurch stark verändert, dass es mit Kofferradio, Walkman und Handy üblich wurde, „beiläufig" oder „mal eben" zwischendurch Musik zu hören oder gar zu arbeiten.

Hierbei nahmen die Zeiten des Fortbewegens eine besondere Stellung ein. Solche Reisezeiten wurden in der Vergangenheit in der Mobilitätsforschung meist als unproduktive und mithin „verlorene" Zeit angesehen, die es zu vermeiden gelte. Dabei wurde übersehen, dass Reisende ihre Mobilitätszeiten durchaus nicht untätig verbringen.[51] Reisezeit als eine Zeit der Langeweile oder gar der „Leere" zu empfinden, ist zudem eine spezifisch moderne Erscheinung. Denn erst mit dem Eisenbahn-Zeitalter wurde das Reisen, das nun vergleichsweise komfortabel und vor allem auch berechenbar war, als purer Transport begriffen,[52] während das Reisen in der Postkutsche mit einem intensiven Erleben sowohl der Reisegemeinschaft als auch der durchfahrenen Landschaft, ihrer Gerüche und der vorliegenden Wetter- und Wegeverhältnisse verbunden gewesen war. Die Reise in der Eisenbahn entkoppelte den Reisenden vom durchquerten Raum, der zum vorbeiziehenden Landschaftspanorama wurde; sie setzte außerdem an die Stelle der traditionellen Reisegemeinschaft und ihrer Unterhaltungen im Falle des bürgerlichen Reisenden am Ende des 19. Jahrhunderts die Reiselektüre zur literarischen Zerstreuung.[53] Heutige Flugreisende nehmen das Fliegen nicht einmal mehr als eine Beschleunigung, sondern – ob des Blicks aus dem Fenster auf ein weites Wolkenmeer – als Stillstand wahr, auch wenn sie gleichzeitig Routinehandlungen wie dem Essen, Lesen oder Musikhören nachgehen.[54]

---

50 | Vgl. Goffman, Erving: The Presentation of Self in Everyday Life. New York 1959; ders.: Behavior in Public Places. Notes on the Social Organization of Gatherings. New York 1963. In Studien zur Mobilkommunikation werden Goffmans Gedanken derzeit wieder aufgegriffen.
51 | Vgl. für diesen Hinweis auch: Lyons, Glenn; Urry, John: Travel time use in the information age. In: Transportation Research Part A: Policy and Practice 39, 2005, S. 257–276.
52 | Vgl. dies und Folgendes: Schivelbusch.
53 | Vgl. Haug, Christine: Reisen und Lesen im Zeitalter der Industrialisierung. Die Geschichte des Bahnhofs- und Verkehrsbuchhandels in Deutschland von seinen Anfängen um 1850 bis zum Ende der Weimarer Republik. Wiesbaden 2007, S. 45–58.
54 | Vgl. Bourry, Thomas: Wie die Zeit im Flug vergeht. Stillstand und Beschleunigung beim Reisen in Jetgeschwindigkeit. In: Rosa, Hartmut (Hg.): fast forward. Essays zu Zeit und Beschleunigung. Hamburg 2004, S. 101–114.

Auch die Portables sollten dazu dienen, diese Warte- und Transitzeiten zu füllen; ein potentieller Zeitverlust sollte zum Zeitgewinn werden. Auch hier nahm das Auto als mobiler, leicht mit Technik aufzurüstender Raum eine zentrale Rolle ein, zumal die im Auto verbrachte Zeit enorm anstieg. Der Autofahrer war daher eine zentrale Nutzerfigur, entlang der die Frage, wie viel Aufmerksamkeit eine jede Tätigkeit erfordere, ausgehandelt wurde, zumal eine zu starke Ablenkung durch das Hören von Musik oder den Handygebrauch hier eine erhöhte Unfallgefahr bedeutete.

Von den Zeiten des Transits weiteten sich die mit Portables verfolgten Zeit-Regimes auf sämtliche Zeiten des Alltags aus: Parallel zum Shoppen wurde Walkman gehört oder während der Arbeit eine SMS getippt. Im letzten Viertel des 20. Jahrhunderts wurde ein solches Verhalten einerseits verstärkt mit Normen des Berufslebens und der neuen Manager- und Yuppie-Kultur wie der Devise „Zeit ist Geld" begründet. Andererseits bürgerte sich aber auch fernab von solch expliziten Wünschen nach Zeitverdichtung das beiläufige Erledigen ein, und zwar insbesondere bei Jugendlichen. Am Ende des Jahrhunderts stand mit der Rede von „Multitasking" auch ein neuer Begriff hierfür parat. Im Bereich der Computerarbeitsprozesse wurde damit ursprünglich das abwechselnd aktivierte Abarbeiten mehrerer Rechenprozesse durch einen Computer bezeichnet. Im Alltagsleben meinte „Multitasking", eine Zeitspanne für mehrere, sich überlagernde oder unterbrechende Handlungen zu nutzen – selbstverständlich „switcht" man zwischen unterschiedlichen Orten, Dingen oder Personen hin und her. Die Sukzession von Tätigkeiten wurde zur Simultanität.

Dabei weisen Zeitordnungen spezifische Geltungsbereiche auf und sind mit sozialräumlichen Ordnungsprinzipien verschränkt. So wurde das lineare Zeit-Regime der Sukzession kaum für die zu Hause stattfindende, feminin geprägte Haus- und Familienarbeit eingefordert, die nach wie vor von sich überschneidenden kleinteiligen Arbeiten geprägt ist. Nicht zufällig waren es daher auch die Hausfrauen, die das Radio seit den 1930er Jahren als Begleitmedium nutzten, um ihre häuslichen Arbeiten aufzulockern. Im Gegensatz dazu sahen das bildungsbürgerliche Ideal des Radiohörens ebenso wie dasjenige des männlich geprägten HiFi-Hobbys einen Hörer vor, der dem Gehörten über eine längere Zeitspanne hinweg seine volle Aufmerksamkeit widmen würde. Allerdings lässt sich auch im Falle der Zeit-Regimes gegen Ende des 20. Jahrhunderts ein allgemeiner Trend zur Entdifferenzierung ausmachen, und die neuerliche „Nonstop"- bzw. „24-Stunden-Gesellschaft" bricht in Form von stets erhältlichem Service und der Durchlässigkeit zwischen Arbeits- und Frei„zeiten" Rahmensetzungen wie den Feierabend und das erst am Ende der 1950er Jahre errungene lange Wochenende wieder auf.[55]

---

55 | Vgl. Adam, Barbara; Geißler, Karlheinz A.; Held, Martin (Hg.): Die Nonstop-Gesellschaft und ihr Preis. Stuttgart, Leipzig 1998.

1.2. Gegenstand, Ansatz und Leitfragen der Arbeit

Die vorliegende Studie untersucht die Produktkultur und Aneignungsgeschichte jener Portables, die sich als eine übliche Ausstattung eines Haushalts, ja teilweise sogar eines Individuums, durchgesetzt haben. Dies sind das Kofferradio, der Kassettenrekorder, wobei für diese Gerätegruppe insbesondere der Walkman wichtig ist, und schließlich das GSM-Handy. Es werden also ein Medium der Massenkommunikation, ein Tonträgermedium des selbstbestimmten Musikkonsums sowie ein Medium der interpersonalen Kommunikation untersucht. Der zeitliche Rahmen spannt sich folglich von den 1950er Jahren, als tragbare Radios als Massenkonsumgut auf den westdeutschen Nachkriegsmarkt kamen, bis zum Ende des 20. Jahrhunderts, als der Mobilfunk zum alltäglichen Kommunikationsmittel geworden war. Beruflich genutzte Portables wie Diktiergerät, Taschenrechner oder Laptop werden nur insoweit erwähnt, wie sie für die Entwicklung der behandelten Portables wichtig waren.

Die Geräte werden nicht nur in den jeweiligen gesellschaftlichen Kontext gestellt, sondern auch in den Zusammenhang des zeitgenössischen Angebots an stationären Geräten und technischen Alternativen. Denn der stationäre Gerätegebrauch beeinflusste die Portable-Entwicklung ebenso, wie er selbst durch diese verändert wurde. Nicht beschrittene technische Alternativen oder Nischenprodukte wiederum geben Aufschlüsse über Nutzerbilder, die nur in einer kleinen „Community" Rückhalt fanden wie etwa das Kopfhörer-Radio unter Radiobastlern oder das Walkie-Talkie unter CB-Hobbyisten. Teils setzten sich solche Alternativen in modifizierter technischer Form durch, und so ist die SMS beispielsweise ein Abkömmling des früheren Pagers. Außerdem werden Gerätevarianten berücksichtigt, die zwar tragbar waren, aber noch an externe Versorgungssysteme angeschlossen werden mussten. Solche „Pseudo-Portables"[56] standen oft am Beginn der Mobilisierung einer Technik. Häufig wurde hierzu der Autoraum – etwa in Form von Autobatterie oder Autolautsprecher – als mobile Versorgungsstation genutzt. Des Weiteren ist neben der „Hardware" die für sie produzierte „Software" zu beachten, die sich durch die Mobilisierung ebenfalls veränderte.

Untersucht wird die Geschichte der Portables für die BRD, wobei immer wieder ein Blick auf die Situation in den USA geworfen wird, um kulturelle Spezifika herauszuarbeiten. Damit bleibt die empirische Arbeit territorial eingegrenzt, denn trotz der zunehmenden Bedeutung von globalen Produktdesigns, pan-nationalen Standards und der Mobilität über das eigene Land hinweg blieben die Aneignungspraxen der Massenkonsumenten weitgehend lokal gebunden. Der U.S.-amerikanische Konsumkontext war aber wiederum bis in die 1980er Jahre hinein jener Bezugspunkt, mit dem sich die westdeutsche Branche hinsichtlich Angebot und vorherrschenden Konsummustern verglich.

---

56 | Vgl. Schiffer, Michael Brian: The Portable Radio in American Life. Tucson, London 1991, S. 109.

So führte die westdeutsche Funkfachpresse der 1950er Jahre die hohe Verbreitung von Radioportables und Autoradios in den USA als nachzuahmendes Ziel an. Die U.S.-Amerikaner galten als mobilste Nation der Welt, und das Segment der Audioportables erzielte hier auch tatsächlich höhere Umsatzanteile als in der BRD. 1982 entfielen in den USA allein auf tragbare und autoinstallierte Audiogeräte 34 % des Unterhaltungselektronik-Umsatzes, in Europa 19 %.[57] Erst innerhalb der Mobilfunkentwicklung wurden die USA um 1990 in dieser Leitfunktion abgelöst, und zwar zunächst von Großbritannien und Skandinavien und schließlich von südostasiatischen Ländern, so dass diese Regionen innerhalb der Handy-Fallstudie ebenfalls gestreift werden.

Nutzerkonstruktionen als Untersuchungsperspektive für „anonyme" Technisierungsprozesse

Gängigerweise wird in soziologischen und historischen Technikstudien von einem *mutual shaping* von Technik und Gesellschaft oder der *Ko-Konstruktion* von Nutzern und Technik gesprochen, um zu verdeutlichen, dass Technik nicht einseitig von den Produzenten vorgegeben ist.[58] Auf dieser Grundannahme baut auch die vorliegende Untersuchung auf. Jedoch ist es kaum nachvollziehbar, wie sich dieses gegenseitige „Formen" überhaupt abspielen kann: Die individuellen Aneignungsformen von Technik verschwinden als eine „anonyme Geschichte"[59] hinter dem Massenphänomen Konsum, die Produktvielfalt ist unübersehbar – um 1960 waren auf dem westdeutschen Markt rund 100 tragbare Radio-Modelle erhältlich und Mitte der 1990er Jahre mehr als 1.100 Radiorekorder- und 900 Walkman-Modelle – , und selbst die Produktionsseite ist von Komplexität und Anonymität gekennzeichnet: Innovationen sind vielschichtige, längst nicht mehr einzelnen Akteuren zuschreibbare Prozesse,[60] und die Produktions- und Distributionsketten haben globale Ausmaße angenommen. Das einzig unmittelbare Verbindungsglied zwischen Produktion und Konsum scheint nur noch das technische Produkt selbst zu sein, während zur mittelbaren Überbrückung der Kluft zwischen Produktion und Konsum – die Technikforschung spricht vom so genannten „Mediating" – zahlreiche professionelle Institutionen („Mediatoren") wie der Fachhandel, die Marktforschung oder auch Verbrauchervertretungen geschaffen wurden.

---

57 | Zahlen nach einzelnen Produktgruppen: 36 % des Umsatzes entfielen in den USA auf den Farbfernseher (Europa: 35 %; Japan: 37 %); 19 % auf Audioportables (Europa: 11 %; Japan: 13 %), 15 % auf den genannten Car-HiFi-Bereich (Europa: 8 %; Japan: 19 %). Vgl. Commission of the European Communities (Hg.): The European Consumer Electronics Industry. Luxemburg 1985 (durchgeführt durch Mackintosh Internat. Ltd.), S. 24.
58 | Vgl. als Übersicht: Oudshoorn, Nelly; Pinch, Trevor (Hg.): How Users Matter. The Co-Construction of Users and Technologies. Cambridge M.A., London 2003.
59 | Vgl. Giedion, Sigfried: Die Herrschaft der Mechanisierung. Ein Beitrag zur anonymen Geschichte. Frankfurt a. M. 1987 (amerikan. Original 1948), S. 20.
60 | Vgl. Braun-Thürmann, Holger: Innovation. Bielefeld 2005.

Hierauf reagiert der von Gwen Bingle und mir entwickelte Ansatz der *user de-signs*, der in Kapitel 2 entlang der relevanten Literatur aus der Technik- und Konsumgeschichte, der Technikforschung sowie den Material Culture-Studies ausführlich hergeleitet wird. Er betrachtet Nutzerkonstruktionen (*user de-signs*), wie sie auf Seiten der Produzenten, der Konsumenten, in den Produkten selbst sowie im Mediating zum Ausdruck kamen und die sich letztlich gegenseitig beeinflussten. Die Produzenten erstellen prospektive Nutzerkonstruktionen, und zwar zunehmend vor der Folie von Marktforschungsstudien; sie setzen diese in ihren Produkten und in medial geäußerten Nutzerbildern um; die Konsumenten wiederum reagieren hierauf und entwerfen in ihrem Konsum auch neue Nutzerbilder. Während der individuelle Konsum, seine Handlungen und Bedeutungszuweisungen im historischen Rückblick kaum zu fassen sind, sind hinsichtlich solcher Nutzerkonstruktionen zahlreiche Quellen wie etwa Produktkataloge, Gebrauchsanleitungen oder auch die Dinge selbst aussagekräftig, wie Kapitel 2.2. ausführen wird.

Leitlinien der Untersuchung

Tragbare Elektronikgeräte sind ein Sonderfall hinsichtlich ihrer Nutzerbilder, denn die jeweilige Technik war zumeist von stationären Vorgängern her bekannt, die eine solch weite Verbreitung gefunden hatten, dass die Konsumenten auch fernab der eigenen vier Wände nicht mehr auf sie verzichten mochten.[61] Nicht also das Hören von Rundfunk oder Stereomusik, der Gebrauch eines Kopfhörers oder das Telefonieren an sich war neu, sondern, dies nun mobil zu tun. Die Tragbarkeit bedingte ungewohnte Möglichkeiten der Nutzung, die jene konfliktreichen Prozesse der Mobilisierung, der Cyborgisierung und der Veränderung von Raum- und Zeitregimes auslösten (vgl. Kapitel 1.1.).

Die in der Portable-Entwicklung anzutreffenden Nutzungen und Nutzerkonstruktionen werden mithin auf folgende Leitfragen hin zu untersuchen sein: Warum wurden die Nutzer bzw. die Technik als „mobil" konstruiert? Und wozu diente die Mobilisierung schließlich? Welche Stufen der Miniaturisierung wurden aus welchen Gründen heraus als geeignet angesehen und welche setzten sich durch? Inwieweit ging die „mobile" Gestaltung mit einer individuellen Nutzung des Gerätes einher, wie es etwa die Rede vom „Personal" andeutet und es in der Vermarktung von Portables als „persönlichem Begleiter" auch explizit verbalisiert wird? Welche neuen, gruppenspezifischen Konsumkulturen, beispielsweise die spezifische Portable-Nutzung durch Business-Leute, lassen sich gleichzeitig ausmachen? Wie weit ging jeweils die Nähe zwischen Nutzer und Technik? Schließlich: Welche Raum- und Zeit-

---

61 | Bei einigen Geräten wie dem Grammophon oder dem Radio stand eine tragbare Variante am Anfang der Geräteentwicklung, die erst durch die Elektrifizierung der Haushalte „verhäuslicht" wurde. Einzig beim Handy wurde der Nutzer mit einer neuartigen technischen Funktionsweise (Funk- statt leitungsgebundene Übertragung) konfrontiert, kannte aber bereits das Prinzip des Telefonierens.

vorstellungen wurden mit den Nutzerkonstruktionen entworfen und welche neuen Raum-Zeit-Regimes wurden durch die Konsumenten verwirklicht? Zur Beantwortung der Fragen ist auch das Produktangebot aufschlussreich: Denn das Ergebnis unterschiedlicher Nutzervorstellungen sind so verschiedene Designs wie das mehrere Kilogramm schwere Kofferradio am Henkel, das nur mühsam über längere Zeit hinweg zu tragen ist, oder der direkt im Ohr zu platzierende Radio-Hörknopf. Außerdem wird darauf zu achten sein, inwieweit die Nutzerbilder oder Nutzungen von vorhergehenden Portable-Entwicklungen bestimmt wurden.

Jede Gerätegattung wird von den frühen Modellen oder ersten prospektiven Nutzervorstellungen bis hin zum „normalisierten" Konsum verfolgt. Diese Zeitspanne fällt nicht notwendigerweise mit jener zusammen, die ein Gerät benötigte, bis es zur Standardausstattung der Haushalte geworden war, also in mindestens 50 % der Haushalte vorhanden war. So war die Verwendung von Radioportables Anfang der 1960er Jahre weitgehend ausgehandelt. Zu diesem Zeitpunkt besaß laut Marktforschung jeder sechste Haushalt ein solches Gerät. Folgendes sind die Kernzeiträume: für das Radio die 1950er und 1960er Jahre; für den Walkman die 1980er Jahre; der Mobilfunk beinhaltet den jahrzehntelangen Vorlauf der exklusiven Autotelefonie und des Funkrufs, die erst um 1990 zu einer stärkeren Bedeutung gelangen, während die engere Geschichte der Mobilfunknutzung durch den durchschnittlichen Bundesbürger die zweite Hälfte der 1990er Jahre betrifft. Auch wenn die Bedeutung und Verwendung von Handys weiterhin in Aushandlung begriffen ist, wird in dieser historisch ausgerichteten Studie der Schlussstrich in den Jahren um 2000 – nun hatte die Hälfte aller Bundesbürger ein solches Gerät – gezogen.

Der Zeitpunkt, wann ein jeweiliges Portable in der Hälfte der Haushalte zur Verfügung stand, ist jedoch zumeist kaum genau zu datieren. Denn die offizielle Statistik wie beispielsweise die des Statistischen Bundesamts zur Ausstattung der privaten Haushalte mit ausgewählten langlebigen Gebrauchsgütern trennte in der Vergangenheit überhaupt nicht oder nur unpräzise zwischen stationären und tragbaren Gerätevarianten, und Markt- und medienpädagogische Studien verwendeten unterschiedliche Datenerhebungsmethoden, so dass auch keine diachron vergleichbaren Zahlenreihen zu Besitz und Nutzung von Portables vorliegen. Sämtliche im Folgenden angeführten Verbreitungszahlen sind also nur als Näherungen zu verstehen.

Wegen der gerätespezifischen Technikkulturen weisen die Fallstudien unterschiedliche Schwerpunktsetzungen auf. Für die Radioportables war die Ausweitung der Hörorte zentral: Lautsprecher-Radios wurden an zahlreichen Orten verfügbar gehalten, und fast nur Radiobastler und Jugendliche schalteten Geräte wirklich mobil auf Schritt und Tritt ein. Für die Aneignung des Walkmans wiederum waren die scharfen kulturkritischen Debatten zentral, die der mobile Kopfhörer-Gebrauch zunächst auslöste. Mit dem Handy schließlich traf am Ende des 20. Jahrhunderts die Vorstellung eines cyborghaften, personalisierten Technikbegleiters auf eine breite Begeisterung unter den Massenkonsumenten. Das Handy ermöglichte dem Nutzer allerdings nicht nur eine neuartige Autonomie, sondern mit dem Einschalten des Geräts machte er sich auch selbst für andere verfügbar.

1.3. Überblick zur Geschichte der Konsumelektronik

Als Konsumelektronik werden jene elektronischen Geräte bezeichnet, die dem Unterhaltungs- und Kommunikationsbedarf der Konsumenten dienen. Gängigerweise werden hierzu gezählt: die einst als „Unterhaltungselektronik" ausgewiesenen audio- und audiovisuellen Geräte (Fernseh- und Videogeräte, Stereoanlagen, tragbare Audio-Geräte, Car-HiFi); außerdem Satelliten-Empfangsanlagen, Videokonsolen und -spiele; schließlich Computer und Peripheriegeräte sowie Telekommunikationsgeräte, soweit sie sich in den Privathaushalten befinden; manche Statistiken zählen außerdem Kameras, unbespielte Bild- und Tonträger sowie die neu aufgekommenen Autonavigationssysteme hinzu.[62] Damit ist der Konsument bzw. der Konsum zum Definitionskriterium für eine Produktgattung geworden, die sich überhaupt erst in dieser Form gegen Ende des 20. Jahrhunderts herausbildete und die wesentlich mehr Produktgruppen als vorherige, den privaten Konsum betreffende, Dachbezeichnungen umfasst. So wurde noch in den 1970er Jahren von der „Unterhaltungselektronik" gesprochen, und der Computer- und Telekommunikationssektor war vorrangig auf den professionellen Markt konzentriert.

Es ist nicht zuletzt aufgrund dieser steten Veränderung der Produktklassifizierung schwierig, eine umfassende Darstellung über die Geschichte der Konsumelektronik zu geben. Die Aneignungsgeschichte ist selten für mehrere Produktgattungen im Überblick betrachtet worden,[63] und Studien der Technik- und Mediengeschichte konzentrieren sich zumeist auf die Entwicklung und Nutzung eines Gerätes. Aber auch zur engeren Entwicklung der Konsumelektronik-Industrie liegen nur wenige Überblicksarbeiten vor, denn diese sind mit weiteren Herausforderungen konfrontiert: Erstens sind die bestimmenden Unternehmen multinational geworden, und zur Fertigung der Produkte hat sich ein komplexes, globales System von Subkontrakten und Outsourcing an so genannte OEMs („original equipment manufacturer"), die oft in Niedriglohnländern operieren, herausgebildet.[64] Zweitens fertigt die überwiegend vertikal integrierte Elektronikindustrie gleichzeitig Konsumelektronik, mikroelektronische Bauelemente oder auch Computer-Hardware. Drittens ist die Entwicklung von Informations- und Kommunikationstechniken und damit auch der Bereich der Konsumelektronik entscheidend von staatlichen Inter-

---

62 | So z. B. gfu/GfK: Der Markt für Consumer Electronics. Deutschland 2006. Nürnberg, Frankfurt a. M. 2006.
63 | Vgl. Flichy, Patrice: Tele. Geschichte der modernen Kommunikation. Frankfurt a. M., New York 1994; Morton, David: A History of electronic entertainment since 1945. IEEE History Center 1999 (http://www.ieee.org/organizations/history_center/research_guides/ entertainment/toc.html, Zugriff: 4.4.2005).
64 | Vgl. Dicken.

ventionen geprägt worden. Bisherige, produktionszentrierte Arbeiten konzentrieren sich daher auf die umsatzstärksten Produktionsbereiche und die dort bestimmenden Firmen, auf ein Unternehmen oder nennen nur die wichtigsten Innovationen.[65] Außerdem liegen für die japanische Elektronikindustrie Darstellungen vor.[66]

Nur selten werden Produktion und Konsum zusammenhängend untersucht, und zum Spannungsverhältnis von globaler Produktion und lokaler Konsumtion liegen überhaupt nur für Walkmans von Sony und Handys von Nokia Studien vor.[67] Die für eine Geschichte der Portables relevanten Literaturbestände sind mithin aus unterschiedlichen Bereichen zusammenzutragen. Um zumindest aber einen knappen Überblick über die Veränderungen der konsumelektronischen Angebote über die zweite Hälfte des 20. Jahrhunderts hinweg zu geben, wird zunächst die Entwicklung der entsprechenden Marktsegmente für die BRD skizziert.

Skizzierung des (west)deutschen Konsumelektronik-Markts

In den 1950er und 1960er Jahren wurde zunächst von der „Funk- und Fernseh-Industrie" gesprochen, denn das Massengeschäft wurde durch den Verkauf von Radios und Fernsehen getragen, mit dem die Bundesbürger die öffentlich-rechtlich organisierten Funkprogramme empfangen konnten; Tonband- oder Phonogeräte bildeten demgegenüber ein Randgeschäft.[68] Der Begriff der Unterhaltungselektronik wurde erstmals in den 1960er Jahren benutzt, und er setzte sich im Folgejahrzehnt als umfassender Begriff für Fernseh- und Radiogeräte, Musiktruhen, Plattenspieler und Tonbandgeräte sowie die nun aufkommenden Videorekorder und Videospiele durch, wobei umgangssprachlich außerdem auch oft von der „braunen" in Abgrenzung zur „weißen

---

65 | Chandler bearbeitet die Firmen RCA, Philips, Sony, Matsushita, IBM sowie die umsatzstärksten Produktionsbereiche (Radio und Fernsehen; Videogeräte; Computer), wobei die Konsumelektronik für die späteren Dekaden unterbelichtet bleibt, vgl. Chandler, Alfred D.: Inventing the Electronic Century: The Epic Story of the Consumer Electronics and Computer Science Industries. New York 2001; Unternehmensdarstellungen, die in die Nachkriegszeit hineinreichen, sind u. a.: Dai, Xiudian: Corporate strategy, public policy, and new technologies: Philips and the European consumer electronics industry. Oxford u. a. 1996; Steiner, Kilian J. L.: Ortsempfänger, Volksfernseher und Optaphon. Die Entwicklung der deutschen Radio- und Fernsehindustrie und das Unternehmen Loewe 1923 – 1962. Essen 2005; Markteinführungsdaten benennt: Wiesinger, Jochen: Die Geschichte der Unterhaltungselektronik. Daten, Bilder, Trends. Frankfurt a. M. 1994. Zur Entwicklung der Mikroelektronik vgl. Morton/Gabriel.
66 | Vgl. Johnstone; Nakayama/Boulton/Pecht; Partner, Simon: Assembled in Japan. Electrical goods and the making of the Japanese consumer. Berkeley u. a. 1999.
67 | Vgl. Sanderson, Susan; Uzumeri, Mustafa: Managing product families: the case of the Sony Walkman. In: Research Policy 24, 1995, S. 761 – 782; Funk, Jeffrey L.: Global Competition Between and Within Standards. The Case of Mobile Phones. Houndsmill, New York 2002; Lindholm, Christian; Keinonen, Turkka; Kiljander, Harri (Hg.): Mobile usability: how Nokia changed the face of the mobile phone. New York u. a. 2003.
68 | Vgl. auch Steiner, S. 271 – 292.

Ware" der Haushaltsgeräteindustrie gesprochen wurde. 1973 gründeten elf im ZVEI (Zentralverband Elektrotechnik- und Elektronikindustrie e.V.) als Fachverband „Unterhaltungselektronik" organisierte Firmen die *Gesellschaft zur Förderung der Unterhaltungselektronik mbH*. Diese Fachinstitution, die seit 1986 unter dem Namen *Gesellschaft für Unterhaltungs- und Kommunikationselektronik* (gfu) firmiert, übernahm auch die Organisation der Internationalen Funkausstellung, der zentralen Präsentationsschau der Branche.[69]

Die 1980er Jahre waren aus Sicht der Konsumenten von einer Vervielfältigung der elektronischen Unterhaltungsangebote, die unter dem Schlagwort der „Neuen Medien" diskutiert wurden, und einer Digitalisierung geprägt. Letztere hatte in Form von Taschenrechnern, Digitaluhren oder mit Mikrochips ausgestatteten Geräten zwar bereits Einzug in die Haushalte gehalten, fand nun aber eine deutlicher sichtbare Fortsetzung etwa im Personal Computer oder im Speichermedium der Compact-Disc. Neuerungen beinhalteten unter anderem die Zulassung privater Rundfunk- und Fernsehsender und die Vervielfältigung der Empfangsmöglichkeiten durch Satelliten- und Kabeltechnik. Außerdem wurden Videotext sowie der – kaum nachgefragte – Bildschirmtext eingeführt, und PCs verbreiteten sich abseits der Berufswelt. Mit der Weiterentwicklung von Mikroelektronik, Digitaltechnik und LCD-Displays kamen in den 1980er und 1990er Jahren schließlich weitere Kleinstgeräte wie Taschenfernseher, Camcorder oder die Digitalkamera auf. Auch diese Ausweitung der Produktpalette führte zur Ablösung des Begriffes der Unterhaltungselektronik durch den der Konsumelektronik, in dem begrifflich der Konsum das Hauptdefinitionskriterium bildet. Zu diesem Marktsegment konnten Telefone freilich in der BRD erst hinzugerechnet werden, nachdem 1990 das Endgerätemonopol der Bundespost gefallen war.

War das westdeutsche Unterhaltungselektronik-Angebot der 1950er Jahre noch von einer Vielzahl von deutschen Unternehmen wie Grundig, Blaupunkt, Loewe oder Nordmende – um nur einige auch in der Kofferradio-Produktion tätige Hersteller zu nennen – geprägt, so drängten danach südostasiatische und insbesondere japanische Anbieter auf den Markt. Der gesamte Konsumelektronik-Markt wurde nicht nur zunehmend internationaler, sondern er war auch von einer steigenden Unternehmenskonzentration geprägt. So wurden 75 % des weltweiten Umsatzes der Konsumelektronik Anfang der 1980er Jahre von zwölf Konzernen getragen. Matsushita führte dabei mit 22 % Anteil am Umsatz der zwölf Großen, gefolgt von Philips mit 14 %, Sony, Hitachi und Toshiba mit je rund 10 %; die Unternehmen Sanyo, Thomson Brandt (das 1979 Nordmende und später Saba sowie Dual übernommen hatte) sowie RCA erreichten jeweils rund 6 bis 8 % Anteil, und die Firmen Zenith, Grundig, Pioneer und ITT (das Schaub-Lorenz übernommen hatte) bildeten mit je ca. 2 bis 4 % das Schlusslicht.[70] Im engeren Bereich der Unterhaltungselektronik waren auf dem deutschen Markt 1997 folgende Anbieter führend: Sony mit

---

69 | Vgl. Wiesinger, S. 30f sowie http://www.gfu.de (Zugriff: 27.8.2002).
70 | Zahlen nach: Commission of the European Communities, S. 68.

16 % Umsatzanteil, Panasonic mit 11,5 %, Philips mit 11,4 %, Grundig mit 10,4 % und Loewe mit 5,2 %.[71]

Ihren Markteintritt vollzogen die Produzenten aus Südostasien in der BRD Ende der 1950er Jahre mit dem Taschentransistorradio, und bereits Anfang der 1960er Jahre wurde der Weltmarkt der Transistorradios und der Fernsehgeräte von japanischen Herstellern dominiert.[72] Auch in der BRD entstanden nun Konzernfilialen, so 1962 von Matsushita Electric, das seine Produkte weltweit unter verschiedenen Markennamen wie Panasonic, Technics oder National vertrieb; Sharp, Hitachi, Kenwood und Toshiba folgten Ende der 1960er Jahre, Sony 1970, JVC 1975 und Aiwa und Mitsubishi Electric 1977 bzw. 1978.[73] In den 1970er und 1980er Jahren konnte die japanische Industrie ihre dominierende Stellung auf den gesamten Konsumelektronik-Markt ausweiten, wobei der Videorekorder, im Weiteren dann auch Portables wie der Walkman oder die Videokamera Schlüsselprodukte darstellten. Produktionsvorteile waren zum einen die im Vergleich etwa zur BRD geringeren Arbeitskosten sowie zum anderen mit vergleichsweise wenig Komponenten auskommende, innovative Produktionsverfahren und Designs.[74] Auf die Konkurrenz reagierten die europäischen Hersteller überwiegend mit einer Produktdiversifizierung – bereits im Falle der Radioportables wurde etwa eine Vielzahl an vergleichsweise gehobenen und großen Radiomodellen hergestellt – , um die Abhängigkeit von solchen Produkten, bei denen die japanische Konkurrenz besonders stark war, zu vermeiden.

Eine weitere einschneidende Verlagerung im Konsumelektronik-Markt betrifft die Absatzstruktur. Wurden die Geräte der 1950er Jahre vornehmlich über Fachhandelsgeschäfte abgesetzt, denen auch für die Vermittlung von Portables eine entscheidende Rolle zukam, weil sie etwa die Käufer zum Probehören kleinster Radiomodelle einluden, um deren Leistungsfähigkeit vorzuführen, so kamen vor allem im Billigsegment weitere Vertriebswege wie Versand und Versandhäuser mit eigenen Hausmarken hinzu. 1975 wurden im Rundfunk-Fernseh-Phonobereich rund 60 % der Geräte vom klassischen Fachhandel vertrieben; knapp ein Viertel entfiel auf Waren- und Kaufhäuser inklusive Verbrauchermärkte und Sortimentsversender, 15 % auf andere Einzelhandelssparten.[75] Seit Ende der 1970er Jahre breiteten sich außerdem Fachhandelsketten wie Saturn oder MakroMarkt,[76] die im Warenhausstil die

---

71 | Vgl. Focus (Hg.): Der Markt der Unterhaltungselektronik. Auf dem Weg in digitale Welten. München 1998, S. 2 u. 10.
72 | 58 % des Weltmarktes der Transistorradios und Fernsehgeräte waren laut Fickers 1963 in den Händen japanischer Firmen, vgl. Fickers, Andreas: Der „Transistor" als technisches und kulturelles Phänomen. Die Transistorisierung der Radio- und Fernsehempfänger in der deutschen Rundfunkindustrie 1955 bis 1965. Bassum 1998, S. 69.
73 | Vgl. Wiesinger, S. 128.
74 | Vgl. dies und Folgendes: Dicken.
75 | Vgl. Funktechnik, 1975, H. 8, S. 223 („Marktanteile und Sortimentsstruktur des Facheinzelhandels").
76 | Vorreiter waren der Kölner Saturn-Markt und der in München gegründete Media

Gesamtpalette der braunen und weißen Ware sowie Medienträger anbieten, aus. Der westdeutsche Unterhaltungselektronik-Markt hatte Anfang der 1970er Jahre einen Umsatz von umgerechnet ca. 4 Mrd. EUR, der bis 1989 allmählich auf 9,6 Mrd. EUR anstieg, um in den folgenden Jahren durch den Nachholbedarf der neuen Bundesländer auf über 12 Mrd. EUR zu klettern; in den Jahren 1997 bis 2002 pendelte er sich wieder auf einen Wert um 8 Mrd. EUR ein.[77] Werden die neuen Bereiche der Konsumelektronik wie PC und Zubehör, Telekommunikation und Videospiele hinzugezogen, so liegen die Zahlen für die zweite Hälfte der 1990er Jahre um rund 4 bis 6 Mrd. EUR höher, und bis 2000 überstieg dieser Bereich jenen der klassischen Unterhaltungselektronik.[78] Schaut man sich die Bedeutung einzelner Gerätegattungen an, so entfällt bis heute der größte Umsatzanteil auf das Fernsehgerät. 1996 wurden mit Farbfernsehgeräten ca. 5,8 Mrd. DM umgesetzt, mit HiFi-Geräten fast 3,9 Mrd. DM und mit Videorekordern fast 2 Mrd. DM. Auf den „Car Audio"- und den „Portable Audio"-Bereich entfielen ca. 1,9 Mrd. bzw. 1,2 Mrd. DM.[79] Allerdings standen die überwiegend billigeren Portables hinsichtlich der abgesetzten Stückzahl den stationären Geräten kaum nach: So griffen 1996 3,3 Mio. Deutsche zu einem Radiorekorder und ähnlich viele zum Walkman, während (stationäre) HiFi-Systeme mit 2,7 Mio. Exemplaren in deutlich geringerer Anzahl abgesetzt wurden. Discmans lagen mit 1,1 Mio. verkauften Stück nur leicht unter der Verkaufszahl von 1,2 Mio. stationären CD-Playern.

Forschungsbeiträge für eine Geschichte der Portables

Unterhaltungs- bzw. Konsumelektronik wurde in dem Maße verstärkt in historischen und kulturwissenschaftlichen Arbeiten zu Konsum und Freizeit berücksichtigt, wie die Bedeutung technischer Medien für die Lebensgestaltung und Strukturierung des Alltags zunahm.[80] Jedoch analysieren diese kaum

---

Markt. 1988 wurde der erste ProMarkt in Berlin eröffnet (seit 2003: MakroMarkt). 1990 gab es in Deutschland 30 Media Märkte bzw. Saturn-Läden, 2000 bereits über 180. Vgl. http://www.metrogroup.de/servlet/PB/menu/1000080_11/index.htm (Zugriff: 22.9.2004).
77 | Zahlen nach: Winkler, Werner: Innovationen bei Consumer Electronics: Technik Top – und was bringt der Markterfolg? In: Wildner, Raimund: Innovationen – Top oder Flop? Der Konsument entscheidet! Hrsg. von der Gesellschaft für Konsum-, Markt- und Absatzforschung e.V. Nürnberg. Nürnberg 2003, S. 22 – 35, hier S. 23.
78 | Vgl. Focus, 1998, S. 1; Focus (Hg.): Der Markt der Unterhaltungselektronik. Daten, Fakten, Trends. München 2001, S. 1.
79 | Vgl. diese und folgende Zahlen: Focus, 1998, S. 2 u. 10 (nach gfu/GfK).
80 | Vgl. als Plädoyer für eine Berücksichtigung des medialen Erlebens: Schildt, Axel: Das Jahrhundert der Massenmedien. Ansichten zu einer künftigen Geschichte der Öffentlichkeit. In: Geschichte und Gesellschaft 27, 2001, S. 177 – 206; Lindenberger, Thomas: Vergangenes Hören und Sehen. Zeitgeschichte und ihre Herausforderung durch die audiovisuellen Medien. In: Zeithistorische Forschungen/Studies in Contemporary History 1, 2004, S. 72 – 85.

die gesonderte Rolle der Portables, und Studien, die sich gezielt den tragbaren Geräten widmen, liegen lediglich für das amerikanische Radioportable und für den Walkman vor.[81] Umfassender als wissenschaftliche Arbeiten, wenn auch im populären Stil gehalten, haben Sammler und Liebhaber alter Geräte die Objektkultur von Radioportables, Kassettenrekordern oder Walkmans dokumentiert.[82] Dennoch bieten Technik-, Medien-, Design- und Konsumgeschichte wichtige Anhaltspunkte, um die Entwicklung und Aneignung von Portables zu kontextualisieren.

Als Leittechniken des Medienkonsums sind die Entwicklung von Radio und Fernsehen vergleichsweise gut aufgearbeitet.[83] Auch wenn in den entsprechenden Studien nur selten zwischen stationären und tragbaren Geräten unterschieden wird, so sind zumindest allgemeine Fragen des Wandels von Programmgestaltung und Rezeption gut aufgearbeitet. Weitere Mediengeräte sind vor allem seitens der Designgeschichte betrachtet worden; allerdings bleibt darin die billige Massenware, die letztlich den Portable-Markt dominierte, zugunsten von Design-Ikonen außen vor.[84] Zur HiFi-Anlage liegt bisher nur ein kurzer Aufsatz vor.[85] Eine empirisch gesättigte Aneignungsgeschichte des Festnetztelefons fehlt für die BRD, während zur Geschichte des Handys erste Arbeiten zur Aneignung sowie insbesondere zur technisch-ökonomischen Frage der Mobilfunkstandards vorliegen.[86]

---

81 | Vgl. Schiffer; du Gay, Paul; Hall, Stuart; Janes, Linda; Mackay, Hugh und Negus Keith: Doing Cultural Studies. The Story of the Sony Walkman. London 1997.
82 | Vgl. für Radios: Erb, Ernst, Radios von gestern. Luzern 1989; ders.: Radio-Katalog. Luzern 1998; Abele, Günter F.: Historische Radios. Eine Chronik in Wort und Bild. Bd. 1 – 5. Stuttgart 1996 – 1999. Für Walkmans und Boomboxes: http://www.pocketcalculatorshow.com (Zugriff 4.4.2005). Für Videospiel-Handhelds: Gielens, Jaro: Electronic Plastic. Berlin 2000.
83 | Vgl. Fickers; Ketterer, Ralf: Funken, Wellen, Radio. Zur Einführung eines technischen Konsumartikels durch die deutsche Rundfunkindustrie 1923 – 1939. Berlin 2003; Lenk, Carsten: Die Erscheinung des Rundfunks. Einführung und Nutzung eines neuen Mediums 1923 – 1932. Opladen 1997; Marßolek, Inge: Radio in Deutschland 1923 – 1960. Zur Sozialgeschichte eines Mediums. In: Geschichte und Gesellschaft 27, 2001, S. 207 – 239; Dussel, Konrad: Deutsche Rundfunkgeschichte. Konstanz 2004.
84 | Vgl. Attwood, David: sound design. classic audio & hi-fi design. London 2002; Polster, Bernd: BRAUN. 50 Jahre Produktinnovationen. Köln 2005; Kunkel, Paul: Digital Dreams: the Work of the Sony Design Center. Kempten 1999.
85 | Vgl. Gauß, Stefan: Das Erlebnis des Hörens. Die Stereoanlage als kulturelle Erfahrung. In: Ruppert, Wolfgang (Hg.): Um 1968. Die Repräsentation der Dinge. Marburg 1998, S. 65 – 92.
86 | Zur deutschen Telefongeschichte liegen vor: Baumann, Margret (Hg.): Mensch Telefon. Aspekte telefonischer Kommunikation. Heidelberg 2000; Jörges, Christel (Hg.): Telefone 1863 – 2000. Aus den Sammlungen der Museen für Kommunikation. Heidelberg 2001; Kaiser, Walter: Die Weiterentwicklung der Telekommunikation seit 1950. In: Teuteberg, Hans-Jürgen; Neutsch, Cornelius (Hg.): Vom Flügeltelegraphen zum Internet. Geschichte der modernen Telekommunikation. Stuttgart 1998, S. 205 – 226. Zur Mobilfunkgeschichte vgl. Agar, Jon: Constant touch. A global History of the Mobile Phone. Duxford, Cambridge 2003; Funk; Hillebrand, Friedhelm (Hg.): GSM and UMTS. The Creation of Global Mobile Communication. Chichester u. a. 2002.

Wichtige konzeptionelle Anregungen kann eine Geschichte der Portables nicht zuletzt aus medienhistorischen und kulturwissenschaftlichen Studien beziehen. Die Rolle des Medien- und insbesondere des Musikkonsums für die Gestaltung der persönlichen wie auch gruppenspezifischen Identität und für die (Re-)Konstruktion von Erinnerungen haben kulturwissenschaftlich orientierte Studien herausgearbeitet. Historische wie auch zeitgenössische, soziologische Forschungen zur Jugendkultur haben außerdem gezeigt, wie sich Jugendliche durch spezifische Verhaltens- und Konsumweisen gegenüber den dominierenden Gesellschaftsformen abgrenz(t)en.[87] Sie haben die Zentralität von Musik zur Formierung der Jugendkultur gezeigt, allerdings Geschlechtsspezifika einer diese dominierenden Jungenkultur, die sich möglicherweise stark von einer spezifischen Mädchenkultur unterscheidet, tendenziell außer Acht gelassen. Die Mediengeschichte wiederum hat mit dem Dispositiv-Begriff einen Ansatz vorgelegt, der Technik, Rezeptionspraxen und Medieninhalte zusammen bringt, indem er die räumlichen Anordnungen der Apparate und die damit verbundenen wahrnehmungstheoretischen sowie sozialen Aspekte der Rezeption und ihren performativen Charakter betrachtet. Das cineastische Dispositiv etwa operiert mit einem dunklen Saal, großem Screen und nach oben gelenkter Blickführung und unterscheidet sich damit fundamental vom häuslichen Fernsehen.[88] Dies deutet bereits an, dass sich stationäre und mobile Mediengeräten aufgrund verschiedenartiger Dispositive ebenfalls unterscheiden. Studien aus dem sich kürzlich formierenden Feld der Sound Studies schließlich machen darauf aufmerksam, dass sich langfristig nicht nur die Hörkultur, sondern auch die Geräuschkulisse gewandelt hat.[89] Indem tragbare Geräte auch unterwegs benutzt wurden, änderten sich mithin sowohl die jeweiligen Technikkulturen als auch die Geräuschverhältnisse an öffentlichen Orten oder in Transportmitteln.

---

87 | Vgl. Siegfried, Detlef: Time Is on My Side. Konsum und Politik in der westdeutschen Jugendkultur der 60er Jahre. Göttingen 2006; Maase, Kaspar: BRAVO Amerika. Erkundungen zur Jugendkultur der Bundesrepublik in den fünfziger Jahren. Hamburg 1992, sowie die in Kapitel 5 angeführten mediensoziologischen Studien zum Handygebrauch Jugendlicher.
88 | Vgl. Lenk, Carsten: Das Dispositiv als theoretisches Paradigma der Medienforschung. Überlegungen zu einer integrativen Nutzungsgeschichte des Rundfunks. In: Rundfunk und Geschichte 22, 1996, S. 5 – 17.
89 | Vgl. z. B. Sterne, Jonathan: The Audible Past. Cultural Origins of Sound Reproduction. Durham, London 2003.

2. User de-signs – Eine neue Untersuchungsperspektive für historische Studien zur Technikentwicklung

Einen nutzerzentrierten Ansatz zur Analyse von Alltagstechniken vorzuschlagen, scheint dem Unterfangen gleichzukommen, Eulen nach Athen zu tragen: Die Vorstellung der sozialen Konstruktion von Technik ist zum Allgemeinplatz geworden, und technikhistorische Arbeiten haben den Einfluss der Konsumenten auf die Technikgestaltung gezeigt. Konsum wird nicht mehr als eine von der Produktion abhängige Variable betrachtet. Der als passiv und ohnmächtig gedachte „Endverbraucher" wurde durch den aktiven „Nutzer" ersetzt.[1] Üblicherweise wird vom „mutual shaping" bzw. der „Ko-Konstruktion" von Technik und Gesellschaft oder gar von einer „Ko-Produktion" als Gestaltungsmacht der Konsumenten gesprochen. Auch wenn der Konsum in der zweiten Hälfte des 20. Jahrhunderts zum zentralen Selbstverständnis der „Konsum"gesellschaften und ihrer inzwischen auch so bezeichneten „Konsumbürger" geworden ist,[2] ist es jedoch keineswegs offensichtlich, wie sich eine solche Mitwirkung des Konsumenten an der Technikgestaltung über seine Kaufmacht hinaus vollziehen möge. Erst recht im Bereich der Konsumelektronik mag sie fraglich erscheinen, da die Machtverhältnisse zwischen „Produzent" und „Konsument" hier äußerst unausgewogen wirken. So waren die Walkmans der 1980er Jahre Angebote weltweit agierender und größten-

---

1 | Vgl. als Übersicht: Oudshoorn/Pinch 2003. Zur Notwendigkeit der verbindenden Betrachtung von Konsum und Produktion: Horowitz, Roger; Mohun, Arwen (Hg.): His and Hers: Gender, Consumption, and Technology. Charlottesville, London 1998; Wengenroth, Ulrich: Technischer Fortschritt, Deindustrialisierung und Konsum. Eine Herausforderung für die Technikgeschichte. In: Technikgeschichte 64, 1997, S. 1 – 18. Auch bereits frühere, am Kreislauf des Produktes orientierte kultur- und sozialwissenschaftliche Ansätze hatten auf das Zusammenspiel zwischen Konsum und Produktion verwiesen, vgl. z. B. Hörning, Karl H.: Vom Umgang mit den Dingen. Eine techniksoziologische Zuspitzung. In: Weingart, Peter (Hg.): Technik als sozialer Prozeß. Frankfurt a. M. 1989, S. 90 – 127; du Gay et al.; Mackay, Hughie; Gillespie, Gareth: Extending the Social Shaping of Technology Approach: Ideology and Appropriation. In: Social Studies of Science 22, 1992, S. 685 – 716.
2 | Vgl. Cohen, Lizabeth: A Consumers' Republic. The Politics of Mass Consumption in Postwar America. New York 2003; Wildt, Michael: Konsumbürger. Das Politische als Optionsfreiheit und Distinktion. In: Hettling, Manfred; Ulrich, Bernd (Hg.): Bürgertum nach 1945. Hamburg 2005, S. 255 – 283.

teils südostasiatischer – also kulturell wie räumlich weit vom westdeutschen Konsumenten entfernter – Firmen, und die hohen Investitionssummen für High-Tech-Gadgets wie Discman oder Handy konnten überhaupt nur wenige „Global Player" aufbringen. Diese Arbeit schlägt vor, die Mitwirkung des Nutzers an der Technikentwicklung über den Blick auf so genannte „Nutzerkonstruktionen" bzw. *user de-signs* einzufangen. Kapitel 2.1. wird herleiten, wie und warum Nutzerbilder und Nutzerkulturen den technischen Wandel in Massenkonsumgesellschaften entscheidend bestimmen. Die Entwicklung von Technik wird als ein Zusammenspiel von Produktion und Konsum skizziert, in dem die Nutzer – sei es als von den Produzenten lediglich konstruierte Größe, sei es als reale Konsumenten – eine zentrale Rolle einnehmen. Mögliche historische Quellen, um solchen Nutzerkonstruktionen nachzugehen, wie auch die für die vorliegende Studie herangezogenen Materialien werden in Kapitel 2.2. erläutert.

2.1. Herleitung des *user de-sign*-Ansatzes

Auch wenn bereits klassische Autoren wie Adam Smith oder Karl Marx auf die wechselseitige Bedingtheit von Konsum und Produktion verwiesen hatten, wurden diese in der historischen Forschung lange Zeit getrennt untersucht. In diversen Subdisziplinen wie der Alltags- oder der Geschlechtergeschichte geriet der Konsum zu einem wichtigen Untersuchungsgegenstand, ohne dass dieser jedoch an die Produktionsgeschichte zurückgebunden worden wäre, und auch die jüngste Vielzahl an konsumhistorischen Studien betrachtet vornehmlich die jeweiligen Konsumstile und -kulturen, ohne deren Auswirkungen auf die Produktion zu thematisieren.[3] Umgekehrt haben sich Technikhistoriker lange Zeit lediglich auf die Technisierung der Produktionssphäre konzentriert. Seit Ende der 1980er Jahre erschienen jedoch verstärkt technikhistorische und -soziologische Arbeiten, welche Produktion und Konsumtion in ihren Wechselwirkungen zueinander zu erfassen suchten. Zugleich weitete sich das Verständnis von Technik aus. Unter diesem Begriff werden inzwischen nicht mehr nur vom Menschen geschaffene Artefakte und Sachsysteme und ihre Herstellung gefasst, sondern ebenso deren Nutzung sowie die dazu nötigen Kenntnisse.[4]

Die vorliegende Arbeit knüpft an diese Annahmen an. Ihr Ansatz wird im Folgenden entlang markanter Überlegungen und Ergebnisse im Forschungsfeld von Technikgestaltung, -aneignung und -konsum entwickelt.

---

3 | Vgl. als wichtige Überblicksstudien: Siegrist, Hannes; Kaelble, Hartmut; Kocka, Jürgen (Hg.): Europäische Konsumgeschichte. Zur Gesellschafts- und Kulturgeschichte des Konsums (18. bis 20. Jahrhundert). Frankfurt a. M., New York 1997; König, Wolfgang: Geschichte der Konsumgesellschaft. Stuttgart 2000; Andersen, Arne: Der Traum vom guten Leben: Alltags- und Konsumgeschichte vom Wirtschaftswunder bis heute, Frankfurt a. M., New York 1997.
4 | Vgl. z. B. Horowitz/Mohun, 1998.

Ausgangspunkte: Consumption Junction, Mediating, reale und konstruierte Nutzer

Einen theoretischen Baustein zur Beachtung der Nutzer als Akteure der Technikentwicklung legte *SCOT* (social construction of technology). *SCOT* interpretiert die Technikgenese als einen Aushandlungsprozess zwischen so genannten „relevanten sozialen Gruppen", zu denen Ingenieure ebenso wie einzelne Nutzergruppen oder auch Noch-Nicht-Nutzer gehören können.[5] Ihre Relevanz beziehen sie dadurch, dass sie an der neuen Technik ein Interesse haben – und damit auch ganz spezifische Erwartungen an deren Funktionalität und Nutzungsweisen. Diese anfängliche „interpretative Flexibilität" der noch mehrdeutigen Technik mündet in einer Schließung („closure"), wenn sich die Gruppen auf ihre Gestaltung, Funktion und Bedeutung geeinigt haben.

Unter den ersten Technikhistorikern, welche die Erforschung des Nutzers offensiv einforderten, war Ruth Schwartz Cowan mit ihrem Ansatz der *consumption junction*. Damit bezeichnete sie jenen Schnittpunkt, an dem der Nutzer den verschiedenen Technikangeboten, nicht-technischen Alternativen, aber auch den gegebenen strukturellen Zwängen oder sozialen Bindungen gegenüber steht.[6] Erst wenn der Historiker die mannigfaltigen Abzweigungen der consumption junction kennt, kann er die vergangenen Konsumentscheidungen der Nutzer, deren Rationalitäten oft von jenen der Produktions- und Ingenieurswelt abwichen, erklären. Jedoch sagt die consumption junction nichts darüber aus, welche Rolle die Konsumenten über ihren Status als Akteure der Technikdiffusion hinaus innerhalb der Technikentstehung haben könnten.

Um die Macht der Nutzer durch ihren Konsum zu betonen, wurde der Begriff der *Ko-Produktion* geprägt. Er verweist auf jene historischen Situationen, in denen Konsumenten unvorhergesehene Nutzungen praktizierten, welche dann von den Produzenten in neuen Angeboten aufgegriffen wurden. So zeigten Trevor Pinch und Ron Kline für den ländlichen Technikkonsum in den USA, wie die Farmer beispielsweise die industrieseitig propagierten Anwendungen des Ford *Model T* oder des Telefons unterliefen: Die Hinterräder der Tin Lizzy versahen sie mit Transmissionsriemen, um sie als universelle Antriebsmaschine nutzen zu können; das Telefon, das als Mittel informativer, kurzer Mitteilungen galt, wurde von den Farmerfrauen für das Plaudern eingesetzt.[7] Die Autoren zeigten damit, dass auch bereits am Markt eingeführte Techniken eine interpretative Flexibilität besitzen. Weil die Hersteller auf die Modifikationen der Konsumenten sogar mit einem entsprechenden Produktangebot reagierten – es gab Autokits mit Transmissionsriemen, und das

---

5 | Vgl. Pinch, Trevor; Bijker, Wiebe: The Social Construction of Facts and Artifacts. In: Bijker/Hughes/Pinch, 1987, S. 17 – 50; Bijker, Wiebe E.: Of Bicycles, Bakelites, and Bulbs. Toward a Theory of Sociotechnical Change. Cambridge M. A. 1995.
6 | Vgl. Cowan, Ruth Schwartz: The Consumption Junction: A Proposal for Research Strategies in the Sociology of Technology. In: Bijker, Wiebe; Hughes, Thomas P.; Pinch, Trevor (Hg.): The Social Construction of Technological Systems: New Directions in the Sociology and History of Technology. Cambridge 1987, S. 261 – 280.

Telefon wurde schließlich als Mittel zwischenmenschlicher Kommunikation vermarktet –, lässt sich davon sprechen, dass die Nutzer das Produktangebot durch ihre Praxen hervorriefen.

Allerdings müssen solche Praxen ins Sichtfeld der Produzenten gelangen. Hierzu sind zahlreiche professionelle Institutionen entstanden, die in der technikhistorischen Forschung als *Mediatoren* gefasst werden. Mediatoren sind all jene Akteure, welche im Auftrag von Konsumenten oder Produzenten sprechen und deren unterschiedliche Agenden zum jeweils anderen Pol hin vertreten. Auf ihre Rolle bei der Technikvermittlung und -gestaltung machten zunächst feministische Technikstudien aufmerksam, welche die Mitwirkung von Hausfrauenverbänden und Hauswirtschaftlerinnen an der Technisierung der Haushalte aufzeigten und die damit auch das Stereotyp des „Man the Maker, Woman the Consumer" widerlegten.[8] Zum weiten Feld der Vermittlung bzw. des Mediating zwischen Konsumtion und Produktion gehören die zur Abwicklung des Massenabsatzes entstandenen Vertriebsstrukturen wie Versandhaus, Supermarkt oder Fachhandel,[9] weiterhin die Werbung als Kommunikation der Produzenten hin zum Konsumenten[10] sowie auch die Verbraucherverbände als Vertreter der Konsumenten gegenüber den Produzenten.[11] Darüber hinaus hat sich die Marktforschung als Profession etabliert, welche die Konsumentenbedürfnisse und Konsumtrends im Auftrag der Produzenten aufzuspüren sucht.[12] Designer wiederum verstehen sich als in der Produktionssphäre wirkende, zugleich aber den Konsumenten verpflichtete Akteure.[13]

Innerhalb vieler derzeitiger Technikstudien wird das *Mediating* als entscheidendes Glied, das Produktion und Konsumtion verbindet, konzipiert. In Anlehnung an Ruth Schwartz Cowan wird sogar von einer *mediation junction* als jenem Punkt gesprochen, „at which consumers, mediators, and producers meet to negotiate, articulate, and align specific technical choices and user

---

7 | Vgl. Kline, Ronald; Pinch, Trevor: Users as Agents of Technological Change: The Social Construction of the Automobile in the Rural United States. In: Technology and Culture 37, 1996, S. 763 – 95; R. Kline: Consumers in the Country. Technology and Social Change in Rural America. Baltimore 2000.

8 | Vgl. Oldenziel, Ruth: Man the Maker, Woman the Consumer: The Consumption Junction Revisited. In: Creager, Angela N.H; Lunbeck, Elizabeth; Schiebinger, Londa (Hg.): Feminism in the Twentieth-Century Science, Technology, and Medicine. Chicago 2001, S. 128 – 148; als zentrale Studie für Deutschland vgl.: Heßler, Martina: „Mrs. Modern Woman". Zur Sozial- und Kulturgeschichte der Haushaltstechnisierung. Frankfurt a. M., New York 2001.

9 | Vgl. zu Warenhäusern: Crossick, Geoffrey; Jaumain, Serge (Hg.): Cathedrals of Consumption: The European Department Store, 1850 – 1939. Aldershot u. a. 1999. Eine eigenständige Untersuchung für Supermärkte in Deutschland liegt bisher nicht vor; Forschungslücken bestehen ebenfalls für den Fachhandel seit der Nachkriegszeit.

10 | In Deutschland vollzog sich die Professionalisierung der Werbung später als in den USA; Ende der 1950er Jahre waren nur für weniger als ein Drittel aller Werbe-maßnahmen auch tatsächlich Werbeprofis zuständig, vgl.: Gries, Rainer; Ilgen, Volker; Schindelbeck, Dirk (Hg.): „Ins Gehirn der Masse kriechen!": Werbung und Mentalitätsgeschichte.

needs."[14] Da Nutzer immer Teil einer solchen *mediation junction* sind, werden sie in dieser Perspektive unausweichlich zu Ko-Produzenten.[15]

Der *user de-sign*-Ansatz – eine erste Annäherung

Demgegenüber wird hier ein Ansatz vertreten, der den Nutzerfokus insofern radikalisiert, als dass Nutzerkonstruktionen selber zum Gegenstand der Untersuchung werden: Neben der Beschreibung der Konsumenten und der Analyse der Art und Weise, wie diese sich selbst im Konsum „konstruieren", kommt die Produzentenseite vornehmlich über die von ihnen angenommenen Nutzerbilder und die daraus resultierenden Produktangebote vor; auch das Mediating wird in erster Linie hinsichtlich der darin enthaltenen Nutzerkonstruktionen betrachtet. Allerdings unterscheidet der Ansatz soweit als möglich kritisch zwischen unterschiedlichen Spielarten von „Nutzern": zwischen realen Nutzern in ihrem Alltagsleben; zwischen Nutzerbildern, die Kreationen und Projektionen von Produzenten, Marketing oder Werbung sind; zwischen Annahmen zum Nutzer, wie sie sich in den Produkten manifestieren, und schließlich auch solchen Nutzerbildern, die sich im öffentlichen Diskurs ergaben, ohne notwendigerweise im Produktangebot oder in den Konsumpraxen Rückhalt zu finden.

Darmstadt 1995, Einleitung (Fußnote 12). Als Literaturübersicht vgl.: Dussel, Konrad: Wundermittel Werbegeschichte? Werbung als Gegenstand der Geschichtswissenschaft. In: Neue Politische Literatur 42, 1997, S. 416 – 430.
11 | Vgl. Kleinschmidt, Christian: Konsumgesellschaft, Verbraucherschutz und Soziale Marktwirtschaft. Verbraucherpolitische Aspekte des „Modell Deutschland" (1947 – 1975). In: Jahrbuch für Wirtschaftsgeschichte 1, 2006, S. 13 – 28.
12 | Der Begriff der Marktforschung, der den älteren der „Marktanalyse" ablöste, wurde seit den 1930er Jahren verwendet. Vgl. Hellmann, Kai-Uwe: Soziologie der Marke. Frankfurt a. M. 2003, S. 107 – 124. Die führende deutsche Marktforschungsinstitution ist die 1934 bzw. 1950 neu gegründete „Gesellschaft für Konsumforschung" in Nürnberg.
13 | Vgl. Julier, Guy: The culture of design. London 2000. Zur Designgeschichte in Deutschland vgl. folgende zwei Arbeiten, welche diese Vermittlungsfunktion jedoch kaum explizit thematisieren: Buchholz, Kai; Wolbert, Klaus (Hg.): Im Designerpark. Leben in künstlichen Welten. Darmstadt 2004; Betts, Paul: The Authority of Everyday Objects. A Cultural History of West German Industrial Design. Berkeley, Los Angeles, London 2004.
14 | Vgl. Schot, Johan; Bruheze, Adri Albert de la: The Mediated Design of Products, Consumption, and Consumers in the Twentieth Century. In: Oudshoorn/Pinch, S. 229 – 245, hier S. 234; Oldenziel, Ruth; de la Bruhèze, Adri A.; de Wit, Onno: Europe's Mediation Junction: Technology and Consumer Society in the 20th Century. In: History and Technology 21, 2005, S. 107 – 139.
15 | So sprechen Oldenziel et. al. beispielsweise von den Nutzern als „co-producers of new technologies and products from kitchens to cars, and from cans of soup to computers", vgl. Oldenziel et al., 2005, S. 110.

Das Schema in Abb. 1 zeigt dies im Überblick. Es wird im Folgenden nach und nach erläutert. In Anlehnung an den weit verstandenen englischen Begriff des „design"[16] bezeichnet die Zusammensetzung *user de-sign* sämtliche Konzeptionen und Planungen in Bezug auf ein Artefakt und dessen Nutzer: Als ein Passiv gelesen, geht es um das „Konstruiertwerden" eines Nutzers, z. B. im Entwicklungslabor oder in der Werbung, als ein Aktiv gelesen, um das eigene „Konstruieren" der Nutzer und deren individuelle wie kollektive Technikpraxen. Die Nutzer sind stets die Produzenten ihrer eigenen *signs*; auf diese Dimension verweist der Bindestrich der *user de-signs*: Sie können die Bedeutungen von Konsumobjekten de-konstruieren und neu zusammensetzten. Mit dem deutschen Begriff der „Nutzerkonstruktion" kann dies nur ansatzweise wiedergegeben werden. Um den Sprachfluss zu wahren, wird dieser Begriff jedoch im empirischen Teil – zusammen mit jenem des „Nutzerbildes" – verwendet.

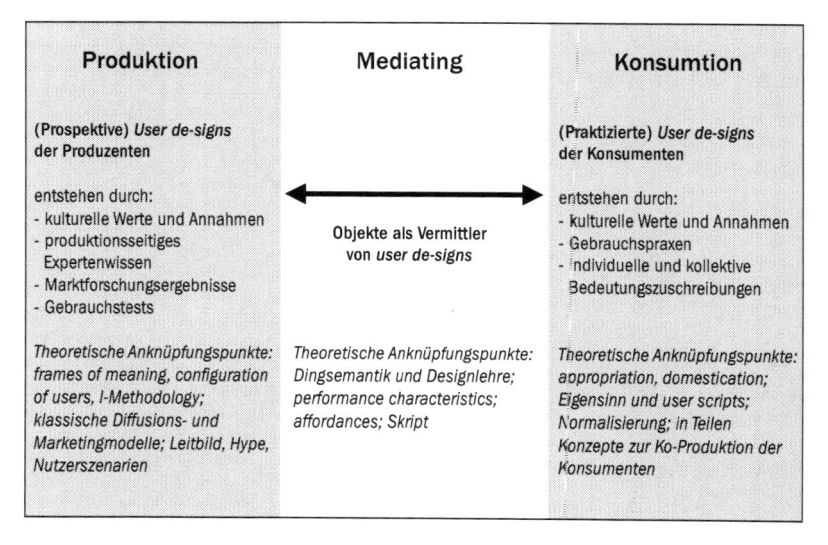

Produktion	Mediating	Konsumtion
(Prospektive) *User de-signs* der Produzenten		(Praktizierte) *User de-signs* der Konsumenten
entstehen durch: - kulturelle Werte und Annahmen - produktionsseitiges Expertenwissen - Marktforschungsergebnisse - Gebrauchstests	Objekte als Vermittler von *user de-signs*	entstehen durch: - kulturelle Werte und Annahmen - Gebrauchspraxen - individuelle und kollektive Bedeutungszuschreibungen
Theoretische Anknüpfungspunkte: frames of meaning, configuration of users, I-Methodology; klassische Diffusions- und Marketingmodelle; Leitbild, Hype, Nutzerszenarien	*Theoretische Anknüpfungspunkte: Dingsemantik und Designlehre; performance characteristics; affordances; Skript*	*Theoretische Anknüpfungspunkte: appropriation, domestication; Eigensinn und user scripts; Normalisierung; in Teilen Konzepte zur Ko-Produktion der Konsumenten*

Abb. 1: Technikentwicklung als Wechselwirkung zwischen user de-signs der Produktions- und Konsumtionssphäre (Schema nach Gwen Bingle und Heike Weber)

---

16 | Vgl. Katz, der Design als „conception and planning of the artificial" wiedergibt: Katz, Barry M.: Review essay: technology and design – a new agenda. In: Technology and Culture 38, 1997, S. 452 – 466.

17 | Damit lösten sich diese Disziplinen von ihrer Fokussierung auf traditionale Gebräuche bzw. auf die Industrie- und Arbeitssoziologie. Als Übersicht vgl.: Beck, Stefan: Umgang mit Technik. Kulturelle Praxen und kulturwissenschaftliche Forschungskonzepte. Berlin 1997. Als damalige Schlüsseltexte vgl. Bausinger, Hermann: Volks-

Statt wie SCOT („social construction of technology") einen Aushandlungsprozess zwischen „relevanten sozialen Gruppen" fassen zu wollen, geht der Ansatz von der Wechselwirkung unterschiedlicher Nutzerkonstruktionen aus, die idealtypisch – aber nicht immer in der empirischen Realität – größeren Interessensgemeinschaften oder einzelnen Unternehmen etc. zugeordnet werden können. Aus dem in letzter Zeit fast zur rhetorischen Floskel mutierten *mutual shaping of technology and society* wird mithin ein *mutual shaping of user de-signs*. Die Nutzer konstruieren ihre eigenen Praxen und Bedeutungen entlang der vorherrschenden Vorstellungen zum Technikgebrauch und der Angebote, in welchen die Produzenten ihrerseits versuchen, die eigenen Nutzerbilder, die vermehrt auf Basis von professionellen Nutzertests oder Marktforschungsstudien erstellt worden sind, einzulassen. Im Folgenden wird es darum gehen, zu klären, was es mit den *user de-signs* in den jeweiligen Sphären auf sich hat; die Anknüpfungspunkte zu vorliegenden Ansätzen der Literatur sind im Schema bereits angedeutet.

Die Seite der praktizierten *user de-signs* (I): Zur Vielschichtigkeit der Konsumentenpraxen

Die Nutzungen und Bedeutungszuschreibungen der Konsumenten werden im vorliegenden Ansatz unter dem Begriff der *praktizierten user de-signs* subsumiert. Dass Nutzer ihre eigenen „Konstruktionen" im Konsum verwirklichen, technische Artefakte also eigenbestimmt verwenden, haben inzwischen diverse Studien zum Umgang mit Technik gezeigt.

Technikaneignung bzw. „appropriation" und „domestication" wurden zu Leitbegriffen in der Betrachtung des alltäglichen Umgangs mit Technik, nachdem volkskundlich-ethnologische, soziologische und technikhistorische Studien unter dem Dachbegriff der „Technik im Alltag" Technisierungsprozesse abseits der Industriearbeit aufgegriffen hatten.[17] „Appropriation" und „domestication" betonen die Aktivität des Technikkonsums. Während der Begriff der „Aneignung" dabei eine vom Nutzer bestimmte und seinen Bedürfnissen angepasste Nutzungsweise nahe legt, beinhaltet der des „Domestizierens" das „Zähmen" einer Technik als wechselseitiges Annähern von Nutzer und Technik.[18]

---

kultur in der technischen Welt. Frankfurt a. M. 1986 (1. Aufl 1961); Joerges, Bernward (Hg.): Technik im Alltag. Frankfurt a. M. 1988. Für den domestication-Ansatz vgl.: Silverstone, Roger; Hirsch, Eric (Hg.): Consuming Technologies. Media and information in domestic spaces. London, New York 1992. Als Übersicht zum Ansatz innerhalb der Mediengebrauchsforschung vgl.: Haddon, Leslie: Information and Communication Technologies in Everyday Life. A Concise Introduction and Research Guide. Oxford, New York 2004.
18 | Vgl. Lie, Merete; Soerensen, Knut H. (Hg.): Making Technology Our Own? Domesticating Technology into Everyday Life. Oslo u. a. 1996, S. 8. Während viele Studien der „domestication" nur den häuslichen Konsum untersuchen, betrachtet dieser Sammelband auch Techniken der Arbeitssphäre. Das semantische Mitschwingen des „Häuslichen"

Oftmals wird der Aneignungsprozess in weitere Phasen unterteilt:[19] Der Erwerb ist von Vorüberlegungen zum späteren Technikgebrauch begleitet; danach geben die Nutzer bzw. Haushaltsmitglieder der Technik einen konkreten Platz und symbolischen Raum; mit der Zeit integrieren sie diese in ihre alltäglichen Abläufe; außerdem schreiben die Nutzer ihr spezifische Bedeutungen zu. Dies verweist darauf, dass der Umgang mit einer Technik sich über die Zeit hinweg wandelt; er ist einerseits von der sozialen Umgebung des Nutzers, andererseits aber auch von seinen sehr persönlichen Zuschreibungen an die Technik geprägt.

Gender-Studien haben in diesem Zusammenhang die unterschiedliche Bedeutung von Technik entlang der Kategorie Geschlecht verdeutlicht. Der von Michel de Certeau übernommene Begriff des Eigensinns wiederum betont, dass der Nutzer subversive, den allgemein geltenden Vorstellungen zuwider laufende und zuvor kaum erahnte Anwendungen verfolgen kann.[20] Zur Betonung der Handlungsmächtigkeit der Nutzer haben Heidi Gjøen und Mikael Hård außerdem den Begriff der „user scripts" geprägt:[21] Am Beispiel des Elektroautos zeigten sie, wie dessen Nutzer neue Fahrweisen entwickelten und ihre Autos abweichend vom durchschnittlichen Autofahrer für ein ökologisch sinnvolles, behutsames Fahren einsetzten.

Die Geschichte der Portables verdeutlicht außerdem, dass ästhetische, emotionale und sensuelle Qualitäten des Technikkonsums bestimmende Kriterien der Technikverwendung darstellen. Das Kofferradio wurde von seinen Nutzern als Modeaccessoire hergezeigt; der Walkman wurde als Emotionsprothese eingesetzt; Handys gaben ihren Trägern das Gefühl von Sicherheit, und Funkpager wurden von Jugendlichen für die gruppenspezifische Spaßkommunikation entdeckt. Entsprechend verzeichnen Soziologen eine „Ästhetisierung des Alltagslebens", die sich aus der Auskostung von ästhetischen

---

(„domestic") wird dort zum Problem, wo der Haushalt wie im Falle der tragbaren Geräte nicht mehr der primäre Ort des Konsums ist, vgl. auch: Haddon, Leslie: Domestication and Mobile Telephony. In: Katz, James E. (Hg): Machines that Become Us. The Social Context of Personal Communication Technology. New Brunswick, London 2003, S. 43–55.

19 | Vgl. Silverstone, Roger; Hirsch, Eric; Morley, David: Information and communication technologies and the moral economy of the household. In: Silverstone/Hirsch, S. 15–31.

20 | Mit spontanen, aber zum passenden Zeitpunkt ausgeführten Taktiken können die mit weniger Macht Ausgestatteten aus ihrer unterlegenen Position heraus die langzeitig wirkenden Strategien der Stärkeren unterlaufen. Vgl. Certeau, Michel de: The Practice of Everyday Life. Berkeley, Los Angeles, London 1984, S. XVII. Der deutsche Begriff des „Eigensinns" wurde von Alf Lüdtke innerhalb der Mikrogeschichte entwickelt, vgl. Lüdtke, Alf: Geschichte und Eigensinn. In: Berliner Geschichtswerkstatt (Hg.): Alltagskultur, Subjektivität und Geschichte. Zur Theorie und Praxis von Alltagsgeschichte. Münster 1994, S. 145–153.

21 | Vgl. Gjøen, Heidi; Hård, Mikael: Cultural Politics in Action: Developing User Scripts in Relation to the Electric Vehicle. In: Science, Technology, & Human Values 27, 2002, S. 262–281.

und sensuellen Dimensionen der Konsumangebote ergibt;[22] historische Studien widmen sich den Gefühlen und Empfindungen der Vergangenheit, und die Technikgeschichte analysiert das Technikerlebnis.[23]

Praktizierte user de-signs können mithin, um das obige knapp zusammenzufassen, heterogen sowie auch subversiv sein, und sie wandeln sich im Laufe der Zeit. Sie sind von sozialen Randbedingungen ebenso bestimmt wie von – nur schwer berechenbaren – ästhetischen und emotionalen Werten.

Die Seite der praktizierten *user de-signs* (II): Zur Normativität praktizierter *user de-signs*

Wird nicht der einzelne Nutzer, sondern die Zeitspanne von der Einführung eines Produkts bis hin zu seiner gesamtgesellschaftlichen Aneignung betrachtet, so lassen sich wiederum idealtypische Etappen einer oft so genannten „Nutzer-Produkt-Biographie" verfolgen: Die Innovationsphase ist durch begeisterte und teils utopische Nutzungsvorstellungen zum technischen Artefakt charakterisiert; ihr folgt die Routinisierung und Trivialisierung der Nutzungsweisen; in der dritten Phase altert das Produkt kulturell, und dies oft schneller, als es materiell altert; teilweise wird es nun re-interpretiert und neuen Anwendungen zugeführt,[24] beispielsweise wenn Walkmans in der Underground-Bewegung für „leise" Straßenpartys eines „Mobile Clubbings" benutzt werden.[25]

Dabei schränkt vor allem die Phase der Routinisierung oftmals durch nun geltende Nutzungsvorstellungen und kaum mehr hintergehbare technische Strukturen den Handlungsrahmen der einzelnen Nutzer ein. Diese Gewöhnungserscheinungen, durch welche Praxen im Zuge der Technikdiffusion „normal" und damit teilweise auch normativ werden, haben Studien betrachtet, die sich unter dem Dachbegriff der „Normalisierung" zusammenfassen

---

22 | Vgl. Featherstone, Mike: Postmodernism and the Aesthetization of Everyday Life. In: Lash, Scott; Friedman, Jonathan (Hg.): Modernity and Identity. Oxford, Cambridge 1992, S. 265 – 290; Schulze, Gerhard: Die Erlebnisgesellschaft. Frankfurt a. M., New York 1992.
23 | Markant wird die Zentralität des Technikerlebnisses beispielsweise in der Autogeschichte betont, vgl. als Übersicht: König, Wolfgang: Das Automobil in Deutschland. Ein Versuch über den homo automobilis. In: Reith, Reinhold; Meyer, Torsten (Hg.): Luxus und Konsum. Eine historische Annäherung. Münster u. a. 2003, S. 117 – 128.
24 | Vgl. für solche Stufen einer Nutzer-Produkt-Biographie u. a.: Löfgren, Orvar: Consuming Interests. In: Culture & History 7, 1990, S. 7 – 36; „technological regularization", „technological adjustment", unter anderem beispielsweise durch unterprivilegierte Nutzer, und eine „reconstitution" unterscheidend: Pfaffenberger, Bryan: Technological Dramas. In: Science, Technology and Human Values 17, 1992, S. 282 – 312. Phasen des „Spielzeugs", des „Instruments" sowie des „Kunstwerks" unterscheidend: Pantzar, Mika: Domestication of Everyday Life Technology: Dynamic Views on the Social Histories of Artifacts. In: Design Issues 13, 1997, S. 52 – 65.
25 | Vgl. www.mobile-clubbing.com (Zugriff: 5.8.2004). Ich danke Thomas Brandt für diesen Hinweis.

lassen.²⁶ So zeigten Elizabeth Shove und Dale Southerton den Bedeutungswandel der Tiefkühltruhe in Großbritannien auf:²⁷ Zunächst als Technik für die Landbevölkerung eingeführt, um die Erntefülle des Sommers vorrätig zu halten, war die Tiefkühltruhe ein Jahrzehnt später im Zusammenspiel mit der nun erhältlichen Angebotspalette an Tiefkühlkost ein Instrument zur Zeit sparenden Haushaltsführung; in den 1990er Jahren galt sie dann als Standardkomfort britischer Haushalte.

Insbesondere die Technikgeschichte hat auf die wechselseitige Bestimmung von Technik und sozialer Dimension hingewiesen: Technik ist als ein soziotechnisches System – in den Worten von Thomas P. Hughes als ein „seamless web" von Technik und Gesellschaft²⁸ – zu verstehen; Technikstrukturen wirken als soziale Tatsachen und sind an weitere Techniken geknüpft: Die Tiefkühltruhe geht mit dem Vorratskauf per Auto im Einkaufszentrum einher, der MP3-Player mit Computerbesitz und Internetnutzung. Nach der Normalisierung einer Technik ist es folglich oftmals nicht mehr möglich, diese wieder aus der jeweiligen Gesellschaft zu entfernen, worauf Martina Heßler mit dem aus dem medizinischen Kontext entliehenen Begriff der „Implantierung" einer Technik verweist.²⁹

Praktizierte user de-signs können mithin trotz ihrer grundsätzlichen Offenheit normative Züge erhalten, und solchen kollektiven Praxen und Normen kann sich der Einzelne nur noch mit einer de Certeau'schen Subversivität entziehen.

Die Seite der prospektiven *user de-signs* (I): Explizite und implizite Nutzerkonstruktionen der Produzenten

Entwickler, Designer und weitere von der Invention bis zur Markteinführung Beteiligte machen sich bewusst oder unbewusst Vorstellungen über die mögliche Zielgruppe ihrer Produkte; es entstehen also im Vorliegenden als „prospektiv" bezeichnete Nutzerkonstruktionen, die das Handeln der Produzenten beeinflussen oder gar lenken. Solche prospektiven Nutzerbilder können auf explizite und implizite Weise entstehen: Implizite Nutzerkonstruktionen beruhen auf subtilen Annahmen etwa der Designer oder Entwicklungsingenieure, die von eigenen Erfahrungs- oder Vorstellungswelten herrühren.³⁰ Weil

---

26 | Vgl. Gronow/Warde. Vgl. für weitere „Normalisierungsstudien" die Dokumentation des ESF-Projekts Consumption, Everyday Life and Sustainability, online unter: http://lancs.ac.uk/fss/sociology/esf/papers.htm (Zugriff: 18.5.2005).
27 | Vgl. Shove, Elizabeth; Southerton, Dale: Defrosting the Freezer: From Novelty to Convenience. A Story of Normalization. In: Journal of Material Culture 5, 2000, S. 301 – 319.
28 | Vgl. Hughes, Thomas P.: The Evolution of Large Technological Systems. In: Bijker/Hughes/Pinch 1987, S. 51 – 82. Mika Pantzar verwendet für Produktabhängigkeiten den Begriff der „ecology of goods", vgl. Pantzar 1997.
29 | Vgl. Heßler 2001.
30 | Vgl. Akrich, Madeleine: User Representations: Practices, Methods and Sociology.

solche Vorstellungen unweigerlich mit jeder Erfindung einhergehen, sprach Bernhard W. Carlson am in der Technikgeschichte inzwischen klassischen Beispiel des Phonographen von Thomas Edison von den „frames of meaning", die bei jeder technischen Konstruktion „miterfunden" werden:[31] Der geniale Erfinderingenieur Edison sah im Phonographen, auf die Arbeitswelt als Anwendungskontext fixiert, ein Diktiergerät und verkannte damit zunächst dessen Potential in der aufkommenden Unterhaltungsindustrie. Explizite Nutzerkonstruktionen sind solche, die durch spezielle Erhebungsmethoden wie das eingeholte Feedback des Fachhandels oder Konsumententests entwickelt werden und die dem Feld des Mediatings zuzuordnen sind.

So soll Marktforschung dazu dienen, Daten und Informationen über einen Markt, also hilfreiches Wissen über den Nutzer und seine Wünsche, bereitzustellen, auf die dann das unternehmensseitige Marketing zurückgreifen kann, um im Vorfeld der Innovation sowie marktbegleitend eine bessere Abstimmung mit den Nutzern zu ermöglichen.[32] Historische Überblicke zu Marketing und Marktforschung sind für Deutschland rar.[33] Die hier vorgelegten Fallstudien zeigen, dass Marktforschung im Falle der Kofferradios schon in den 1950er Jahren zum unerlässlichen Werkzeug der Produktentwicklung erhoben wurde, das als „Grundlage des Fortschritts" neben die Ingenieurstätigkeit zu treten habe.[34] Marktforschung und ein darauf reagierendes „marktgerechtes" Produktangebot wurden um 1960 zu einem wichtigen Werbeargument gegenüber Konsumenten sowie Fachhändlern.[35] Auch der für die Marktforschung der 1980er Jahre konstatierte Einschnitt findet sich wieder, als nicht mehr soziodemographische Basisdaten wie Klassen oder Schichten das Unter-

---

In: Rip, Arie; Misa, Thomas, J.; Schot, Johan (Hg.): Managing Technology in Society. The Approach of Constructive Technology Assessment. London 1995, S. 167 – 184.

31 | Vgl. Carlson, Bernhard W.: Artifacts and Frames of Meaning: Thomas A. Edison, His Managers, and the Cultural Construction of Motion Pictures. In: Bijker, Wiebe E.; Law, John (Hg.): Shaping Technology, Building Society. Studies in Sociotechnical Change. Cambridge, London 1992, S. 175 – 198, hier S. 176.

32 | Marketing (früher „Absatzlehre") und Marktforschung („Verbrauchsforschung") meinen Verschiedenes, werden aber oft mit dem englischen „Marketing" gleichgesetzt. Unter Marketing werden Planung, Koordination und Kontrolle sämtlicher auf den Markt ausgerichteter Unternehmensaktivitäten (z. B. Preis- und Werbeplanung; PR) gefasst; Marktforschung ist also ein mögliches Instrument von Marketing. Mit Institutionen wie der GfK gibt es darüber hinaus unternehmensunabhängige Marktforschungsunternehmen.

33 | Vgl. den erstmals solche Fallstudien zusammenstellenden Sammelband: Berghoff, Hartmut (Hg.): Marketinggeschichte. Die Genese einer modernen Sozialtechnik. Frankfurt a. M. 2007.

34 | Vgl. Funktechnik, 1954, S. 433 („Marktforschung, eine Grundlage des Fortschrittes").

35 | So z. B. in dem Werbeprospekt „Volltransistorempfänger 1964/65. Nordmende" (in: Deutsches Museum, Archiv, FS Nordmende), wo es heißt: „Das neue NORDMENDE-Programm entspricht, wie ständige sorgfältige Marktstudien beweisen, genau den verschieden geschichteten Käuferwünschen; es ist absolut marktgerecht". Vgl. auch FT, 1964, S. 353 („Lieschen Müller gibt es nicht!").

suchungsraster bildeten, sondern (teils darauf beruhende) Konsummuster und „Lebensstile", wie sie auch in der Soziologie zur Anwendung kamen.[36] Zur Zeit der Aneignung des Walkmans war die westdeutsche Gesellschaft bereits eine des post-industriellen Massenkonsums, in der sich die Konsumenten zunehmend so genannten postmaterialistischen Werten zuwandten, die Erlebniswerte und Werte der Selbstentfaltung umfassten.[37] Aus Sicht der Marktforscher war dieser „neue Konsument" ein komplexes, undurchschaubares Wesen, das sich nur noch schwer in Form von Zielgruppen und Marktsegmenten erfassen ließ.[38] Marktforschung wurde nun auch zur ethnologischen Gesellschaftsforschung, um den Konsumenten über den Kaufakt hinaus in den Blick zu bekommen. Seit den 1990er Jahren dokumentieren dementsprechend zahlreiche Anthropologen im Auftrag der Industrie den Konsumentenalltag,[39] und unter den Handyherstellern rühmt sich vor allem Nokia für diese neuartige Begleitforschung zum Nutzer.

Zu dieser Markt- und Nutzerforschung ist in den letzten Dekaden die Trend- und Zukunftsforschung hinzu getreten.[40] Sie ergänzt die am jeweiligen Konsumklima orientierte Marktforschung um Futurologie sowie um psychologische und semiotische Dimensionen des Konsums, um so die zukünftigen Bedürfnisse der Nutzer besser antizipieren zu können. Im Falle der Mobiltelefonie hatten solche Prognosen der Trendforschung starken Einfluss auf das technische Angebot.

Im Folgenden werden weitere Beispiele aus der innovationstheoretischen und techniksoziologischen Literatur herangezogen, um die Entstehung und den Einfluss *prospektiver user de-signs* weiter zu erhellen. Betrachtet man Untersuchungen der Technikforschung zur Rolle, welche die Nutzerkonstruktionen – im Englischen auch als „configuration of users" bezeichnet – innerhalb der

---

36 | Die Lebensstile basieren auf Faktoren des Konsumverhaltens und soziodemographischen Kriterien wie Alter und soziale Stellung, die berücksichtigt werden, aber nicht mehr zentral sind. Für den Bereich Technik und Konsum vgl. als soziologische Studie: Lüdtke, Hartmut: Lebensstile: Formen der Wechselwirkung zwischen Konsum und Sozialstruktur. In: Eisendle, Reinhard; Miklautz, Elfie (Hg.): Produktkulturen. Dynamik und Bedeutungswandel des Konsums. Frankfurt a. M., New York 1992, S. 135 – 155.
37 | Auf die Hinorientierung zu solchen postmaterialistischen Werten machte zuerst R. Inglehart aufmerksam, vgl. Inglehart, Ronald: The Silent Revolution. Changing Values and Political Styles among Western Publics. Princeton 1977; ders.: Modernization and Postmodernization. Cultural, Economic, and Political Change in 43 Societies. Princeton 1997. Andreas Rödder hat diesen Wandel für die BRD mit dem Begriff der Postmoderne und der Zeitspanne zwischen 1965 und 1990 korreliert, vgl. Rödder, Andreas: Wertewandel und Postmoderne. Gesellschaft und Kultur der Bundesrepublik Deutschland 1965 – 1990. Stuttgart 2004.
38 | Vgl. Hellmann, S. 122, S. 158 – 160.
39 | Vgl. Stern, Barbara B. (Hg.): Representing Consumers. Voices, Views and Visions. London, New York 1998.
40 | Folgt man den deutschen „Trendforschern" Matthias Horx und Peter Wippermann, so ist die Trendforschung in den 1980er Jahren gegründet worden, vgl. Horx, Matthias; Wippermann, Peter: Was ist Trendforschung? Düsseldorf 1996, S. 34f.

produzentenseitigen Technikentwicklung spielen, so bleiben die Ergebnisse uneindeutig. Innerhalb der frühen Phase der Produktentwicklung wird oft kein direktes Konsumentenfeedback gesucht.[41] Die Akteure verlassen sich auf ihr (produktionszentriertes) Expertenwissen und sehen sich oft als Kenner oder gar Stellvertreter der „Nutzer" („I-Methodology"), ohne dies weiter zu reflektieren.[42] Zudem glauben sie – wie auch ein Großteil der Wirtschaftsliteratur – nicht daran, dass Nutzer visionäre oder neuartige Produktideen generieren könnten.[43] Nur wenige Ökonomen haben demgegenüber in letzter Zeit auf das Innovationspotential der Nutzer verwiesen, und zwar vor allem im Falle von Extremsportlern, die ihr eigenes Equipment konstruieren.[44]

Während zur frühen Phase der Produktgenerierung tendenziell nur eine enge, als innovativ angenommene Gruppe von Nutzern (die „innovators" und „early adopters") von Unternehmen stärker beobachtet werden,[45] so sehen alle größeren Unternehmen inzwischen eine begleitende Marktforschung für die späteren Innovationsphasen vor. Dahinter stehen klassische Modelle der Marketing- und Innovationstheorie: So nimmt die Diffusionstheorie nach Rogers eine S-förmige Verbreitungskurve an, nach der sich zunächst nur wenige wagemutige und kosmopolitisch gesonnene Käufer (die „innovators") auf ein neues Produkt einlassen; ihnen folgen die „early adopters" als ähnlich technikaufgeschlossene, aber etwas breitere Nutzergruppe. Die Mehrheit der Konsumenten – als besonnene („frühe Mehrheit") oder gar skeptische Käuferschaft

---

41 | Vgl. z. B. britische Fallstudien zu der interaktiven CD, elektronischen Nachrichtensystemen und intelligenten Häusern: Cawson, Alan; Haddon, Leslie; Miles, Ian: The Shape of Things to Consume. Delivering Information Technology into the Home. Aldershot u. a. 1995.

42 | Der Begriff der „I-Methodology" stammt von: Oudshoorn, Nelly; Rommes, Els; Stienstra, Marcelle: Configuring the User as Everybody: Gender and Design Cultures in Information and Communication Technologies. In: Science, Technology, & Human Values 29, 2004, S. 30 – 63. Gender-Studien haben gezeigt, wie stark stereotype, kaum reflektierte Vorstellungen zu Geschlecht die Innovation bestimmen, so dass beispielsweise die an den Mann gerichtete Mikrowelle andere Funktionalitäten als jene für die Frau erhielt, vgl. Cockburn, Cynthia; Ormrod, Susan: Gender and Technology in the Making. London u. a. 1993.

43 | Ähnlich argumentierten auch die von Cawson/Haddon/Miles befragten Manager. Vgl. als Business-Klassiker, der darauf hinweist, dass Kundenorientierung nicht zu visionären Produktideen führt: Hamel, Gary; Prahalad, C. K.: Competing for the Future. Boston 1994, S. 99 – 103. Dass Nutzer „not inherently innovative" seien, betont auch die Technikforschung, z. B.: Hoogma, Remco; Schot, Johan: How innovative are users? A critique of learning-by-doing and -using. In: Coombs, Rod; Green, Ken; Richards, Albert; Walsh, Vivien (Hg.): Technology and the Market. Demand, Users and Innovation. Cheltenham, Northampton 2001, S. 216 – 233, hier S. 230.

44 | Vgl. von Hippel, Eric: Democratizing Innovation. Cambridge, London 2005.

45 | Vgl. Haddon, Leslie; Paul, Gerd: Design in the IT industry: the Role of Users. In: Coombs/Green/Richards/Walsh, S. 201 – 215. Sony gewinnt frühes Nutzerfeedback von der Beobachtung der early adopters in seinen Lifestyle-Verkaufsläden („Sony Centers"), und auf dem japanischen Markt ist es sogar üblich, dass die early adopters die Rolle der sonst der Markteinführung vorgelagerten Nutzertests übernehmen, vgl. Cawson/Haddon, 1995, S. 250 sowie Kunkel.

("späte Mehrheit") interpretiert – eignet sich das Produkt im Anschluss daran an, und eine kleine Gruppe traditional orientierter „Nachzügler" trottet diesen hinterher.[46] Ähnlich geht das Lebenszyklus-Modell des Marketing von einer Einführungs-, Wachstums-, Reife-, Sättigungs- sowie Schrumpfungsphase des Produktes aus.[47] Für jede Phase werden andere Nutzererwartungen angenommen und folglich auch unterschiedliche Vermarktungsstrategien und Produktmodelle konzipiert.

Paul Kunkel hat für zahlreiche Portables des Herstellers Sony gezeigt, wie implizite Nutzerannahmen innerhalb der verschiedenen Lebenszyklus-Stadien die Produkte bestimmen.[48] Während es Sony zunächst darum geht, eine Technik möglichst schnell auf dem Markt einzuführen, steht in der mittleren Phase eine Formgebung im Vordergrund, welche die essentielle Qualität und Funktionalität des Produktes widerspiegeln soll; dann beginnt die Produktdifferenzierung mit speziellen Modellen für Frauen, Sportler, Kinder, etc. Den Produktzyklus beschließen Modelle, die in erster Linie ästhetisches Accessoire und Ikone sind.

Obwohl also die Marktforschung im Laufe des 20. Jahrhunderts ausdifferenzierte Instrumentarien zur Steuerung des Produktangebotes herausgebildet hat, bleiben neben den expliziten auch die impliziten Nutzerkonstruktionen von Einfluss. Tania Kotro und Mika Pantzar haben am Beispiel von Suunto-Handgelenk-Computern, Nokia-Handys sowie Sony-Musikplayern zeigen können, wie stark die Gestaltung der jeweiligen Geräte beispielsweise davon geprägt waren, dass die Entwickler an der gleichen „Erlebniskultur" – dem Streben nach Abenteuer, Selbstverwirklichung und Spaß-Erlebnissen – wie die späteren Konsumenten partizipierten und daher implizit deren Bedeutungszuschreibungen erahnten.[49] Vor allem in der übersättigten Konsumgesellschaft, in der die produzierten, gesuchten und konsumierten Werte kaum mehr technikimmanent zu erklären sind, ist diese „Antizipation der Konsumentenkultur" zu einem wichtigen Innovationsbestandteil geworden.[50] Und trotz professioneller Hilfe scheint sie keinesfalls einfacher als im klassischen Beispiel des Edison'schen Phonographen geworden zu sein; vielmehr mögen auch die unübersichtliche Vielfalt und Vielzahl von Konsumentenstudien, zu der es Ende des 20. Jahrhunderts gekommen ist, selbst zum Problem geworden sein.

---

46 | Vgl. Rogers, Everett M.: Diffusion of Innovations. New York, London 1962, S. 169 – 192.
47 | Vgl. Meffert, Heribert, Marketing. Grundlagen marktorientierter Unternehmensführung. Wiesbaden 2000 (9. Aufl.).
48 | Vgl. Kunkel.
49 | Vgl. Kotro, Tania; Pantzar, Mika: Product Development and Changing Cultural Landscapes – Is Our Future in „Snowboarding"? In: Design Issues 18, 2002, S. 30 – 45.
50 | Vgl. Wengenroth, Ulrich: Vom Innovationssystem zur Innovationskultur. Perspektivwechsel in der Innovationsforschung. In: Abele, Johannes; Barkleit, Gerhard; Hänseroth, Thomas (Hg.): Innovationskulturen und Fortschrittserwartungen im geteilten Deutschland. Köln 2001, S. 23 – 32, hier S. 31.

Obige Studien bestätigen, dass während der Technikproduktion unweigerlich auch *prospektive user de-signs* entstehen, welche die konkrete Technikgestaltung bestimmen. Ob dahinter explizit oder implizit erhobene Nutzerkonstruktionen stehen, ist nicht immer klar. Spätestens nach der Produkteinführung sorgt jedoch eine intensive Marktforschung für die produzentenseitige Beobachtung der *praktizierten user de-signs*, um diese bei der weiteren Angebotsentwicklung berücksichtigen zu können.

Die Seite der prospektiven *user de-signs* (II): Zur Eigendynamik und Wirkmächtigkeit prospektiver *user de-signs*

Prospektive Nutzerbilder können eine Eigendynamik entwickeln, indem sie quasi zum Leitbild der ganzen Branche werden. Das „Leitbild" ist ein Begriff aus der sozialwissenschaftlichen Technikforschung und dient zur Bezeichnung kollektiver Vorstellungen zu Verwendung und Sinn einer neuen Technik, an denen die Produzenten ihr Handeln orientieren, die aber zugleich so übergreifend formuliert sind, dass sie unterschiedliche Akteure – z. B. Experten aus Wirtschaft oder Politik oder auch Laien – ansprechen.[51] Ein Beispiel für ein Leitbild innerhalb der tragbaren Konsumelektronik war etwa das der Taschentragbarkeit. Mike Schiffer spricht sogar von einem „cultural imperative", denn wenige Radiobastler schafften es durch ihre hartnäckige Begeisterung für das Taschenformat, dass aus dieser Idee später ein Imperativ für die Technikgestaltung wurde und mit Nachdruck die hierzu nötigen technischen Voraussetzungen geschaffen wurden, auch wenn die Massenkonsumenten längst noch nicht für diesen Designvorschlag offen waren. In ähnlicher Weise war die westdeutsche Mobilfunkbranche über Jahrzehnte hinweg am Leitbild der im Automobil verankerten Telefonie orientiert, und zwar auch, als bereits andere technische Möglichkeiten bereit standen.

Für neue Techniken sind Leitbilder unabdingbar, um die nötigen finanziellen Ressourcen mobilisieren zu können. Sie können aber auch den Gang der Technik in die von ihnen vorgezeichnete Richtung kanalisieren: „(F)utures are not only imagined but ultimately believed in and acted on", so J. Guice, der daher auch von „Trends", „Hypes" und „self-fulfilling prophecies" spricht.[52] Dabei handelt es sich um einen „Hype", wenn eine Technik, wie es beispielsweise beim Mobilfunk der Fall war, mit weitgehenden gesellschaftlichen oder wirtschaftlichen Umwälzungen in Zusammenhang gebracht wird.

---

51 | Vgl. Hellige, Hans Dieter (Hg.): Technikleitbilder auf dem Prüfstand: Leitbild-Assessment aus Sicht der Informatik- und Computergeschichte. Berlin 1996; Dierkes, Meinolf; Hoffmann, Ute; Marz, Lutz (Hg.): Visions of Technology. Social and Institutional Factors Shaping the Development of New Technologies. Frankfurt a. M., New York 1996; Tepper, August: Controlling Technology by Shaping Visions. In: Policy Sciences 29, 1996, S. 29 – 44.

52 | Vgl. Guice, Jon: Designing the Future: the Culture of new Trends in Science and Technology. In: Research Policy 28, 1999, S. 81 – 98, hier S. 94.

Zu solchen nicht zwingend explizit niedergelegten Leitbildern sind in den letzten Dekaden vermehrt Nutzerszenarien hinzugekommen, in denen Vorstellungen zur Zielgruppe, zur Funktion der Technik, den erforderlichen Vertriebsarbeiten etc. detailliert gegenüber den Herstellern dokumentiert werden.[53] Viele dieser Szenarien sind Visionen, die sich auf Markt- und Trendforschung stützen und als unumgängliche Zukunftsentwicklung dargestellt werden,[54] und zwar oft, weil sie suggerieren, die kommenden Wünsche der Nutzer zu kennen.

Prospektive user de-signs können mithin eine Eigendynamik und Wirkmacht entwickeln, auch wenn ihnen die Abstimmung mit realen Konsumenten fehlt. Das heißt, sie müssen sowohl in ihrer Eigendynamik wie auch in der Wechselwirkung mit den Nutzungen der Konsumenten betrachtet werden.

Produkte als Vermittler (I): Die Dinge und ihr Design im Spannungsfeld von Materialität und Dingsemantik

Die traditionell auf Schrift fixierten Geschichtswissenschaften tendieren dazu, auf Dokumente über die Dinge zurückzugreifen, statt diese selbst zu betrachten. Die vorliegende Arbeit bezieht die Artefakte des mobilen Technikkonsums in die Analyse mit ein und ordnet sich damit in neuere Strömungen ein, die der Dingwelt vermehrt Augenmerk schenkten.[55] Wenn Nutzerkonstruktionen die Realisierung eines technischen Angebots beeinflussen, so muss genauer danach gefragt werden, inwieweit Produkte eine genaue Umsetzung *prospektiver user de-signs* darstellen können bzw. inwieweit sie über ihre gegebene Gestalt Praxen nahe legen oder Freiraum für *praktizierte user designs* lassen. Um dies zu beantworten, werden im Folgenden zunächst in recht verdichteter Form semiotische, wahrnehmungs- und designtheoretische Dingbetrachtungen zusammen geführt. Dann wird auf die Konzeptualisierung von Dingen als „gegenständlichen Vermittlern" von *user de-signs* hingearbeitet.

Dass Technik nie nur ein materialisiertes Zweck-Mittel-Verhältnis darstellt, hatte der frühe Semiotiker Roland Barthes verdeutlicht, als er ihre angebliche instrumentelle Anwendung als „Mythos" der technisierten Gesellschaft entlarvte.[56] Die Wirkmächtigkeit des Zeichencharakters der Dinge zeigte er unter

---

53 | Vgl. Konrad, Kornelia: Prägende Erwartungen. Szenarien als Schrittmacher der Technikentwicklung. Berlin 2004, vor allem S. 146f.
54 | Vgl. Brown, Nik; Rappert, Brian; Webster, Andrew (Hg): Contested Futures. A sociology of prospective techno-science. Aldershot u. a. 2000.
55 | Vgl. als frühes Buch zur Materiellen Kultur aus Sicht der Technikforschung: Gorenstein, Shirley (Hg.): Knowledge and Society. Research in Science and Technology Studies: Material Culture (vol. 10). Greenwich, London 1996. Zur neuerlichen Beachtung der Dinge vgl.: Daston, Lorraine (Hg.): Things that talk. Object Lessons from Art and Science. New York 2004; Heesen, Anke te; Lutz, Petra (Hg.): Dingwelten. Das Museum als Erkenntnisort. Köln u. a. 2005.
56 | Vgl. Barthes, Roland: Mythen des Alltags. Frankfurt a. M. 1988.

anderem im Hinweis auf die „Grammatik" der Dinge, welche z. B. das Zusammenstellen von Kleidung, Möbeln oder Menüabfolge regelt.[57] Der Ökonom Baron Isherwood und die Anthropologin Mary Douglas forderten sogar, die dichotome Annahme von lebensnotwendigen Bedürfnissen, von denen solche mit Zeichencharakter („Luxus-Bedürfnisse") abgegrenzt wurden, zugunsten einer Lesart fallen zu lassen, die jeglichen Konsumakt als Kommunikation begriff.[58] Die Semiotik selbst hat sich inzwischen zu einer transdisziplinären Grundlagenwissenschaft entwickelt, die nicht nur Sprache, Dinge oder Werbung, sondern jegliche Zeichen der Kultur, der Kommunikation und Interaktion betrachtet.[59] Seit den 1980er Jahren wird sie auch systematisch von der Markt- und Konsumentenforschung rezipiert.[60] Technikstudien begannen ebenfalls zu dieser Zeit, die semiotische Seite der Technik herauszuarbeiten, und Karl Hörning wies darauf hin, dass die „nicht-funktionale" „Zeichenhaftigkeit" der Technik den Umgang mit dieser stärker bestimme als ihre „materiell-technischen Funktionalitäten".[61]

Solche Überlegungen wiesen mit Nachdruck auf die kulturelle Dimension von Technik hin. In Analogie zur Sprache wurde von Denotation und Konnotation als „praktischer Funktion" bzw. „primärer Bedeutung" auf der einen und „konnotativer" bzw. „sekundärer" Bedeutung auf der anderen Seite gesprochen. Allerdings ist diese Trennung rein analytisch, denn ein Konsumobjekt und dessen Gebrauch stellen ein Amalgam aus beidem dar und eine „primäre Bedeutung" ist lediglich sprachlich präzisierbar. Artefakte sind immer Zeichen, aber zugleich auch der eigene gegenständliche Zeichenträger, und sie bilden eine untrennbare Einheit von Zeichen und Materialität.

Derzeit sind es vornehmlich die Material Culture Studies,[62] welche ihren Erkenntnisgewinn aus der Betrachtung der gegenständlichen Welt beziehen. Einzelne Untersuchungen schildern illustrative Beispiele für den allerdings

---

57 | Vgl. Barthes, Roland: Die Sprache der Mode. Frankfurt a. M. 1985; ders.: Das semiologische Abenteuer. Frankfurt a. M. 1988, darin v.a. den Essay „Semantik des Objektes", S. 187 – 199. Bereits Saussure hatte die Analogie zwischen Sprache und Waren gezogen, vgl. hierzu Nöth, Winfried: Handbuch der Semiotik. Weimar 2000, S. 519.
58 | Vgl. Douglas, Mary; Isherwood, Baron: The World of Goods. Towards an Anthropology of Consumption. London 1996 (Erstveröffentlichung 1979), S. 40.
59 | Vgl. als klassischen Überblick: Eco, Umberto: Einführung in die Semiotik. München 1994 (8. Aufl.).
60 | Vgl. Umiker-Sebeok, Jean (Hg.): Marketing and semiotics. New directions in the study of signs for sale. Berlin 1987; Nöth, Winfried: The language of commodities. Groundwork for a semiotics of consumer goods. In: International Journal of Research in Marketing 4, 1988, S. 173 – 186. Marketing mit dem Gedankengebäude von Douglas/Isherwood kombinierend: Karmasin, Helene: Produkte als Botschaften. Was macht Produkte einzigartig und unverwechselbar? Die Dynamik der Bedürfnisse und die Wünsche der Konsumenten. Die Umsetzung in Produkt- und Werbekonzeptionen. Wien 1993.
61 | Vgl. Hörning, 1989, S. 92, 98.
62 | Vgl. Miller, Daniel (Hg.): Material cultures. Why some things matter. Chicago 1998. In Anknüpfung an die englischsprachige Material Culture formulierten Eisendle/Miklautz 1992 den Begriff der „Produktkultur".

nicht gänzlich beliebigen Zusammenhang zwischen Materialität und Bedeutung. So zeigte Andrea Pellegram für die Papierverwendung in einem Londoner Büro, dass die physische Beschaffenheit verschiedener Papierarten (Format, Farbe, Schwere und Dicke, Oberflächenstruktur) mit bestimmten Nutzungen korreliert:[63] „Post-it"-Klebezettel beispielsweise deuten in ihrer Buntheit und Kleinheit auf Informalität hin, während DIN A4 Papier eine solche Bedeutung erst durch Zusammenfalten und das handschriftliche Notieren einer Mitteilung erhält. Solche „latent" in den physischen und sensuellen Qualitäten der Dinge enthaltenen Bedeutungsinhalte scheinen die Nutzer teilweise intuitiv zu erfassen, und sie spielen für ihre Praxen eine entscheidende Rolle. Schiffer, ein Anthropologe, fordert daher, das Gebrauchserlebnis bzw. -ergebnis zu betrachten, sei es durch die eigene Benutzung der jeweiligen Technik oder mittels historischer Nutzerberichte.[64] Hierfür bietet er den Begriff der „performance characteristics" an: Gemeint sind jene Eigenheiten, die bei der performativen Verwendung der Technik offenbar werden wie z. B. akustische Eindrücke.

Die Annahme solcher in der Materialität der Dinge angelegten Bedeutungen kann mit wahrnehmungstheoretischen Ansätzen in Verbindung gebracht werden: So bezeichnen „affordances" in Anlehnung an den Wahrnehmungspsychologen J. J. Gibson die Möglichkeiten und Beschränkungen eines Dings, welche durch seine jeweiligen physischen Eigenschaften bedingt werden;[65] das Post-it beispielsweise ist schlichtweg zu klein für das Ausformulieren langer Briefmitteilungen. Zu ergänzen sind solche Beobachtungen allerdings um den Hinweis, dass der menschliche Körper und sein Wahrnehmungsapparat keine Konstanten sind.[66] Angesichts etwa sich wandelnder Körpermaße gelten „affordances" nicht zeitübergreifend, und dementsprechend erfahren die Grundlagenwerke zu Körpernormen, die einem „ergonomischen", also letztlich auf solche „affordances" abgestimmten Design zugrunde liegen, regelmäßige Neuauflagen.

Auch die Designtheorie beschäftigt sich mit solchen wahrnehmungs- und kognitionspsychologischen Fragen, um „gut" gestaltete, d.h. ohne viel

---

63 | Vgl. Pellegram, Andrea: The message in paper. In: Miller, 1998, S. 103 – 120.
64 | Vgl. Schiffer, Michael B.: Indigenous theories, scientific theories and product histories. In: Graves-Brown, P.M. (Hg.): Matter, Materiality and Modern Culture. London, New York 2000, S. 72 – 96; Skibo, James M.; Schiffer, Michael Brian: Understanding Artifact Variability and Change: A Behavioral Framework. In: Schiffer, Michael Brian: Anthropological Perspectives on Technology. Albuquerque 2001, S. 139 – 149.
65 | Gibson definierte „affordances" im Hinblick auf die tierische sowie die menschliche Wahrnehmung als „a combination of physical properties of the environment that is uniquely suited to a given animal – to his nutritive system or his action system or his locomotor system"; seine „ökologische Kognitionstheorie" beruht auf der Gestaltpsychologie der 1930er Jahre. Vgl. Gibson, James J.: The Theory of Affordances. In: Shaw, Robert; Bransford, John: Perceiving, Acting, and Knowing. Toward an Ecological Psychology. Hillsdale 1977, S. 67 – 82.
66 | Vgl. hierzu: Tenner, Edward: Our Own Devices. The Past and Future of Body Technology. New York 2003.

Lernaufwand zu benutzende, Dinge zu realisieren.[67] Zwar haben postmoderne Designer die Philosophie des „form follows function", also die Ansicht, Designer könnten eine jeweilige Dingfunktion vergegenständlichen, längst durch der Alltagsfunktionalität völlig entrückte Designs („form follows fiction") usurpiert. Dennoch ist die Designtheorie weiterhin damit beschäftigt, die Regeln einer „Produktsprache" genauer zu erforschen, wobei neben formalästhetischen und symbolischen Funktionen weiterhin von so genannten „anzeichenhaften" Funktionen ausgegangen wird, welche die Bedienung und Nutzbarkeit der Technik visuell andeuten sollen.[68]

Die technischen Artefakte des Massenkonsums sind allesamt gestaltete Dinge; ihre Formen und Funktionen sind absichtsvoll entstanden. Der Nutzer kommt vornehmlich mit jenen Gehäusen und Interfaces in Kontakt, die von Designern gestaltet wurden, und er geht inzwischen selbstverständlich davon aus, dass ein Gegenstand funktioniert, so dass über den Kauf oft Stilfragen entscheiden.[69] Umgekehrt dient den Herstellern das Design dazu, sich von der Konkurrenz abzuheben. Nichtsdestoweniger haben Technikforschung und Technikgeschichte den Designern als Vermittlern des Technikkonsums noch kaum Augenmerk gewidmet. Zwar ist klar, dass bei der Arbeit des Produktdesigns die Vorstellungswelten der Konstrukteure auf die diffusen Alltagsvorstellungen der Nutzer treffen.[70] Die Rolle der Designer wurde aber bisher zumeist als Zugabe gesehen. Allerdings sind gerade jene sinnlichen Produktfunktionen und damit das Design selbst als „Kreativindustrie" seit den 1980er Jahren sowohl im Wirtschaftsleben wie auch im Konsumentenalltag zentral geworden.[71] Firmen wie Sony oder Nokia verkauften mit ihren Produkten am Ende des 20. Jahrhunderts schließlich im Wesentlichen einen Lifestyle. – Designer und die Bedeutungen eines Dings sind mithin zu nicht vernachlässigbaren Akteuren bzw. Elementen der Technikentwicklung geworden. Im Hause Sony stellen die Designer sogar Hauptakteure des Innovationsprozesses dar, denn sie legen die Gestalt eines Portables fest, ehe die Konstruktionsingenieure ein darauf abgestimmtes technisches Innenleben realisieren.[72]

---

67 | Vgl. z. B. Norman, Donald A.: Dinge des Alltags. Gutes Design und Psychologie für Gebrauchsgegenstände. Frankfurt a. M., New York 1989.
68 | Vgl. Steffen, Dagmar: Design als Produktsprache. Der „Offenbacher Ansatz" in Theorie und Praxis. Frankfurt a. M. 2000; Reinmöller, Patrick: Produktsprache. – Verständlichkeit des Umgangs mit Produkten durch Produktgestaltung. Köln 1995; Fischer, Richard; Mikosch, Gerda: Anzeichenfunktionen. Grundlagen einer Theorie der Produktsprache. Offenbach 1984.
69 | Vgl. Steffen, S. 6.
70 | Vgl. hierzu allgemein: Meikle, Jeffrey L.: Ghosts in the Machine. Why It's Hard to Write about Design. In: Technology and Culture 46, 2005, S. 385 – 392. Als spezifische Studie: Fickers, Andreas: Design als ‚mediating interface' Zur Zeugen- und Zeichenhaftigkeit des Radioapparates. In: Berichte zur Wissenschaftsgeschichte 30, 2007, S. 199 – 213.
71 | Vgl. Julier.
72 | Vgl. Kunkel.

Produkte als Vermittler (II):
In den Dingen eingelassene Nutzerkonstruktionen

Die Technikgeschichte selbst hat eine längere Tradition, Artefakte als eigenständige Quellen und Untersuchungsgegenstände zu betrachten.[73] In Auseinandersetzung mit musealer Dingwelt, Designgeschichte und den Material Culture Studies entstanden außerdem Produktgeschichten sowie Ansätze zu einer expliziten „History from Things".[74] Diese Produktgeschichten beachten die Materialität der Dinge ebenso wie ihren Symbolwert, indem sie beispielsweise darauf verwiesen, dass allein schon die Materialauswahl sowohl von Rohstoffvorkommen und wissenschaftlich-technischen Stoffeigenschaften oder der angestrebten Langlebigkeit des Produktes bestimmt sei wie auch von der Stil- und Wertewelt, auf welche die Produzenten rekurrieren. In solchen Produktgeschichten, zu denen auch Arbeiten der Kultur- und Designgeschichte zählen,[75] wurde das Artefakt letztlich als ein Dokument angesehen, dem Aspekte seiner Produktionsgeschichte ebenso wie solche seiner Verwendungsgeschichte anzusehen sind.

Um die Dinge explizit als gegenständliche Vermittler von Nutzerkonstruktionen zu fassen, sind einige Konzepte aus dem Bereich der Technikstudien aufschlussreich. Bereits SCOT hatte den Blick nicht nur auf die Akteure als Mitgestalter der Technik gerichtet, sondern auch auf die jeweilige Gestaltung der Artefakte, welche – ohne dass dies näher ausgeführt worden wäre –

---

73 | Vgl. Kingery, David W. (Hg.): Learning from Things. Method and Theory of Material Culture Studies. Washington, London 1996; Pursell, Carroll W.: The History of Technology and the Study of Material Culture. In: American Quarterly 35, 1983, S. 303 – 315. Vgl. als Literaturüberblick: Heßler, Martina: Forschungen im Schnittfeld von Design- und Technikgeschichte. In: NTM 16, 2008, S. 243 – 256.
74 | Vgl. Lubar, Steven; Kingery, David W. (Hg.): History from things. Essays on Material Culture. Washington, London 1993; Kingery, 1996; Friedel, Robert: Some Matters of Substance. In: Lubar/Kingery 1993, S. 41 – 50.
75 | Vgl. als Überblick solcher Arbeiten: Heßler, 2008. Beispielsweise definiert Selle Produkte als „Materialisationen eines historisch definierten Entwurfs, der Technikentwicklung, Produktionsökonomie, Gestaltungsabsicht und kollektive Gebrauchserfahrung miteinander verbindet", vgl. Selle, Gert: Design im Alltag. Vom Thonetstuhl zum Mikrochip. Frankfurt a. M., New York 2007, S. 12. Ähnlich sollte der Begriff der „industriellen Massenkultur" des Kulturhistorikers W. Ruppert die Produktion der Dinge und die Dinge ebenso wie Distribution, Werbung, Marketing und Konsum umfassen, vgl. Ruppert, Wolfgang (Hg.): Fahrrad, Auto, Fernsehschrank. Zur Kulturgeschichte der Alltagsdinge. Frankfurt a. M. 1993; ders.: Plädoyer für den Begriff der industriellen Massenkultur. In: Siegrist/Kaelble/Kocka, S. 563 – 582. Als neuerliches Beispiel vgl.: Gries, Rainer: Produkte als Medien. Kulturgeschichte der Produktkommunikation in der Bundesrepublik und der DDR. Leipzig 2003. Gegenüber Fragen der Warenpräsentation und Werbung wird der physischen Erscheinung der Waren hingegen darin nur wenig Augenmerk geschenkt, was an den sich über lange Zeit kaum wandelnden Fallbeispielen (Deinhard bzw. Rotkäppchen Sekt; Echter Nordhäuser Doppelkorn; Nivea bzw. Florena Creme) liegen mag.

letztlich als Ausdruck des jeweiligen Nutzerbildes gesehen wurde: Sollte die Fahrradtechnik eher für kunstvoll-machohaftes oder für weniger gefährliches, schnelles Radfahren dienen, so war für die jeweilige Interessengruppe entweder die Form eines Hoch- oder die eines Sicherheitsrades günstiger. Da SCOT vornehmlich gegen heroisierte Erfindergeschichten und technikdeterministische Darstellungen argumentierte, ging es den Autoren allerdings darum, zu zeigen, dass unterschiedliche Gruppen einem jeweiligen Radmodell auch unterschiedliche Bedeutungen zugeschrieben hatten. Ein homogener Bedeutungsgehalt der Technik habe sich erst durch die „semiotic power" einzelner Akteure oder Gruppen herausgebildet – Materialitäten hingegen schienen keine Rolle zu spielen. SCOT löste also tendenziell den Zusammenhang von Bedeutung und Materialität auf.[76]

SCOT stand am Beginn einer „semiotischen Wende" der Wissenschafts- und Technikforschung,[77] in welcher diese sich den Methoden der Cultural Studies näherte. Diese Wende stellte mehrheitlich aber eher eine Mischung aus „linguistic" und „material turn" dar, denn trotz der Betonung der Wirkmächtigkeit von Sprache und Zeichen wurde und wird die Wirkmächtigkeit physischer Dinge und Strukturen nicht in Frage gestellt. So spricht Haraway vom „material/semiotic actor", und Bruno Latour bemüht sich um eine „symmetrische Anthropologie", in der neben Menschen auch Dinge als „Aktanten" Wirkmächtigkeit besitzen.[78]

Solche Ansätze betonen das „Mithandeln" der Technik, an welche die Gesellschaft quasi als nicht-menschliche „Stellvertreter" bestimmte Aufgaben, gesellschaftliche Konstellationen und Absprachen delegiert hat. So zwingt der von Latour angeführte „Berliner Schlüssel" seinen Benutzer, die Hoftür hinter sich abzuschließen; denn der Schlüssel kann nach dem Aufschließen nur auf der anderen Türseite und nach einem abermaligen Umdrehen entnommen werden.[79] Madeleine Akrich hat solche in der Technik eingelassenen Nutzungsanweisungen mit der Metapher des „Skripts" beschrieben: „a tech-

---

76 | Dieser schlich sich allerdings stillschweigend durch die Hintertür wieder ein, und zwar durch die so genannten „frames with respect to technology": Hinter den unterschiedlichen Technikgestaltungen und Bewertungen der sozialen Gruppen stünden ihre unterschiedlichen „frames", womit gemeinsame Ziele, Annahmen, tacit knowledge etc. gemeint waren. Ein „frame" entsteht, wenn die Interaktion der sozialen Gruppe mit dem Artefakt beginnt, und er beinhaltet sowohl Aspekte des Artefakts als auch solche des Umgangs damit oder seiner Herstellung. Vgl. Bijker 1995, S. 126.
77 | Vgl. Lenoir, Timothy: Was the Last Turn the Right Turn? The Semiotic Turn and A.J. Greimas. In: Biagioli, Mario (Hg.): The Science Studies Reader. New York, London 1999, S. 290–301.
78 | Vgl. Akrich, Madeleine; Latour, Bruno: A Summary of a Convenient Vocabulary for the Semiotics of Human and Nonhuman Assemblies. In: Bijker/Law, 1992, S. 259–264; Latour, Bruno: Technology is society made durable. In: Law, John (Hg.): A Sociology of Monsters. Essays on Power, Technology, and Domination. London 1991, S. 103–131.
79 | Vgl. Latour, Bruno: Der Berliner Schlüssel: Erkundungen eines Liebhabers der Wissenschaften. Berlin 1996.

nical artifact can be described as a scenario replete with a stage, roles, and directions governing the interactions between the actors (human and nonhuman) who are supposed to assume those roles".[80] Die in den Entwicklungslaboren gefassten Gestaltungsentscheidungen bestimmen das Skript, indem sie nämlich auch zugleich Entscheidungen darüber sind, „(...) what should be *delegated* to the technology and what should be left to the initiative of human actors".[81] Von den bereits erwähnten Nutzungsszenarien und Leitbildern unterscheiden sich die Skripts insofern, als dass sie Anweisungen auf Materialebene darstellen, die nur unter Aufgabe der Funktionalität hintergehbar sind. Davon abgegrenzt werden oft „weiche" Anweisungen, z. B. sprach Mika Pantzar von den Skripts für den „richtigen Konsum", die durch Werbung, öffentliche Meinung oder andere Mediating-Institutionen entworfen werden, oder Stefan Beck vom (kulturellen) „Ko-Text" der Technik mit „Nutzungsanweisungen" in Abgrenzung zum (harten, materiellen und institutionellen) „Kon-Text" und seinen „Nutzungsbedingungen".[82]

Latour hat die Skripts als „akteuriale Verschiebung", die jedes Artefakt aufweise, interpretiert; eine Technikanalyse habe folglich die Verkettungen an Akteuren und Stellvertretern, die an seiner arbeitsteiligen Entstehung mitwirken, zu betrachten.[83] Noch einen Schritt weiter gehend, hat die Akteur-Netzwerk-Theorie (ANT) die Trennung zwischen Ding- und Nutzerwelt aufgegeben und sieht ein Netzwerk aus Aktanten und Akteuren, aus hybriden Vermischungen von Natur/Technik/Kultur am Walten, das unseren Erfahrungs- und Handlungsraum bildet. Während bisher ein stringenter methodischer Werkzeugkasten für ANT fehlt, liegt der Erkenntnisgewinn vor allem in der Betonung der wechselseitigen Bedingung von Mensch und Technik. Während die oftmals in ihrer konkreten empirischen Ausführung hochkomplexen Ansätze hybrider Mensch-Technik-Netzwerke für die hier vertretene Perspektive keinen analytischen Mehrwert bringen, so verweisen sie aber auf die „Netzwerke" des Konsums – der Fernsehen schauende „couch-potato" beispielsweise ist nur im Netzwerk von Fernsehgerät, Fernbedienung, Nutzer und Kartoffelchips zu verstehen –,[84] sowie auf die rhizomhaften Transformationen,[85] durch welche die Dinge zwischen Konsument und Produzent „übersetzt" werden.

---

80 | Vgl. Akrich, Madeleine: Beyond Social Construction of Technology: The Shaping of People and Things in the Innovation Process. In: Dierkes, Meinolf; Hoffmann, Ute (Hg.): New Technology at the Outset. Social Forces in the Shaping of Technological Innovations. Frankfurt a. M. 1992, S. 173 – 190, hier S. 174.
81 | Vgl. Akrich, Madeleine: The De-Scription of Technical Objects. In: Bjiker/Law, S. 205 – 244, hier S. 216.
82 | Vgl. Pantzar, 2001; Beck, S. 169 u. 245.
83 | Vgl. Latour, Bruno: Über technische Vermittlung. In: Rammert, Werner (Hg.): Technik und Sozialtheorie. Frankfurt a. M. 1998, S. 29 – 81.
84 | Vgl. Michael, Mike: Reconnecting Culture, Technology and Nature: From Society to Heterogeneity. London u. a. 2000.
85 | Der Begriff „Netzwerk" suggeriert eine Eins-zu-Eins-Übertragung, so dass sich La-

Der Ansatz im Überblick

Der *user de-sign*-Ansatz operationalisiert die komplexen und überwiegend mittelbaren Wechselbeziehungen zwischen Konsum und Produktion, welche dem *mutual shaping* von Technik und Gesellschaft in Massenkonsumgesellschaften zugrunde liegen. Statt einzelnen Akteuren wird dem Wechselspiel der verschiedenen, mit einer Technik verknüpften *user de-signs* nachgegangen. Bei diesen handelt es sich um dynamische, über die Zeit hinweg wandelbare Nutzerkonstruktionen, und ihre Aushandlung endet nicht notwendigerweise in einer „closure" als einem „homogenen", einheitlichen Nutzerbild, das alle Gruppen vertreten würden. Der Ansatz betont also, dass Produkte umdefiniert werden können und dass eine Vielfalt von Nutzungsformen möglich ist.

Dass die Nutzerbilder nicht immer einer ganz bestimmten sozialen Gruppe zugeschrieben werden können, bedeutet nicht, Macht- und Strukturaspekte aus der Analyse außen vor zu lassen. Denn auch die Wirkmächtigkeit von Nutzerbildern ist an politische, ökonomische oder kulturelle Machtverhältnisse geknüpft.

Die *prospektiven user de-signs* beinhalten die Vorstellungen zu zukünftigen Nutzern, die bei jeder Innovation unweigerlich und inzwischen vermehrt auf der Basis professionalisierter Anwendertests, Marktforschungsstudien und Nutzungsszenarien mitkonstruiert werden. Sie werden aber auch subtil von kaum reflektierten Annahmen zum Nutzer geformt. Außerdem zählen solche Nutzerbilder dazu, die als Leitbild Wirkmacht über die zukünftige Technikentwicklung gewinnen, selbst wenn konkrete Angebote noch fehlen. *Prospektive user de-signs* versuchen letztlich, die Konsumentenkultur zu antizipieren. Sie sind im Schema (Abb. 1) als Ausgangspunkt links angeordnet, denn es sind die Akteure der Produktionssphäre, welche bestimmen, ob und in welcher Form eine Technik als Massenkonsumgut auf den Markt kommt.

Die *praktizierten user de-signs* betreffen die Gebrauchspraxen der Konsumenten sowie die mannigfaltigen Bedeutungen, die sie als Nutzer oder gar Nicht-Nutzer einer Technik mit dieser verbinden. Wie viele Studien zum Umgang mit Technik zeigen, kann der Gebrauch den von den Produzenten angedachten Anwendungskontexten entsprechen, aber auch einen subversiven „Anders-Gebrauch" der Technik oder ihre Ablehnung beinhalten; dann weichen die *user de-signs* von Konsumenten und Produzenten maximal voneinander ab. Des Weiteren kann es sein, dass die Konsumenten eigenständige *Designs* entwickeln – wie die Bastler von Radios oder Teenager, die sich das eigene Kassettentape herstellten. Der *user de-sign*-Ansatz betont weder einseitig den Eigensinn der Konsumenten noch die Normativität kollektiver Praxen, sondern integriert beide als wichtige Bestimmungsfaktoren des technischen Wandels.

---

tour gegen diesen Begriff ausspracht, vgl. Latour, Bruno: On recalling ANT. In: Law, John; Hassard, John (Hg.): Actor Network Theory and After. Oxford 1999, S. 15 – 25.

Die technischen Artefakte bilden das gegenständliche Verbindungsglied zwischen den Sphären der Produktion und der Konsumtion. In ihnen haben die Produzenten versucht, ihre Nutzerbilder zu verwirklichen; mit ihnen verwirklichen die Konsumenten aber zugleich auch ihre eigenen Praxen und Bedeutungen. Deutlich erkennbar sind Einlassungen von prospektiven Nutzerbildern in der Technik im Falle der Skripts: Mit ihnen soll eine bestimmte Nutzung erzwungen werden, und sie sind kaum und nur mit einer Art de Certeau'schen List auszuhebeln. Aber auch abgesehen von solchen Skripts sind Produkte immer absichtsvoll vorgenommene Umsetzungen der *prospektiven user designs* der Produzenten. Sie sollen eine bestimmte Funktionalität erfüllen, sind aber zugleich aufgrund der interpretativen Flexibilität der Dinge nie determinierend. Eine Funktion kann zwar nicht beliebig, aber auf unendlich viele Weise realisiert werden, und Dinge sind polysem. Das Produkt ist also offener und weiter als das *prospektive user de-sign*; und auch die *praktizierten user de-signs* der Konsumenten sind wiederum enger als das mit dem Produkt Mögliche. Die interpretative Flexibilität der Artefakte wird beispielsweise durch die geltenden „Grammatiken" des Dinggebrauchs bzw. den „Ko-Text" einer Technik eingeengt. Jedoch sollte betont werden, dass die physische Beschaffenheit und die kulturellen Bedeutungen in den Dingen selbst, in ihrem Design und ihrem Gebrauch eine unentwirrbare Verbindung eingehen.

Das Objekt zeigt in seiner Produktbiographie das *mutual shaping* der Nutzerkonstruktionen: Über lange Zeit betrachtet, werden Funktionen offenbar, die hinzugetreten sind oder weggelassen wurden; das Design wurde verändert, andere Modelle wurden in eine Produktgattung aufgenommen etc. Die über das 20. Jahrhundert hinweg zunehmende Vielfalt der Produktkultur legt darüber hinaus nahe, dass die homogene „closure" einer Technik in der ausdifferenzierten Konsumgesellschaft zugunsten eines vielfältigen Möglichkeitsrahmens für Technikdesigns zurückgetreten ist. In der Massenkonsumgesellschaft der Nachkriegszeit besteht geradezu die zentrale Vermarktungsstrategie darin, möglichst viele Ausformungen und Interpretationen einer Technik auf den Markt zu bringen, um „marktgerecht" unterschiedliche Nutzergruppen zu bedienen. Der Vorschlag vorliegender Arbeit lautet daher, die unterschiedlichen Produktvarianten als Verwirklichungen je leicht unterschiedlicher *prospektiver user de-signs* zu sehen.

Objekte sind wirkmächtige, aber letztlich „stumme" Teilnehmer im soziotechnischen Geschehen. Werbung, Gebrauchsanleitungen[86] und andere Kommunikate dienen den Produzenten dazu, die „Stummheit" der Produkte zu kompensieren und deren Interpretationsoffenheit auf die *prospektiven user de-signs* hin zu reduzieren. D.h., Nutzervorstellungen werden über das weite Zwischenfeld des *Mediating* ausgetauscht. Weitere Akteure bzw. Agenten

---

86 | Zur Gebrauchsanweisung vgl.: Schwender, Clemens (Hg.): Zur Geschichte der Gebrauchsanleitung: Theorien – Methoden – Fakten. Frankfurt a. M. u. a. 1999; eine detaillierte Auseinandersetzung mit der Textgattung gibt: Nickl, Markus: Gebrauchsanleitungen: Ein Beitrag zur Textsortengeschichte seit 1950. Tübingen 2001.

der Vermittlung sind Institutionen wie der Fachhandel, Marktforschung und Verbraucherorganisationen, welche die *user de-signs* des einen oder anderen Pols thematisieren, weiterleiten oder auch kritisieren. Die Unschärfe des Mediating-Begriffs kann das Schema nicht lösen. Statt jedoch von einer idealen „Agora", in der sich Akteure treffen, auszugehen, erscheint das Mediating als Gesamtpool der *user de-signs*, an denen sich die Akteure abarbeiten.

Zwar bleibt der Konsument auch im *user de-sign*-Ansatz eine anonyme Figur; er wird aber zusammen mit den Dingen des Konsums in den Mittelpunkt der historischen Analyse gerückt. Dabei behält der Ansatz die nötige kritische Schärfe bei, um z. B. Marktforschung als professionelles, produzentenseitiges Werkzeug zur effizienten Generierung von prospektiven Nutzerbildern auszuzeichnen, mit denen die zukünftige Konsumentenkultur beeinflusst werden soll, statt dies euphemistisch als eine „Ko-Produktion" der Nutzer einzustufen. Marktforschung erhebt Fakten zu den *praktizierten user de-signs* und dient zugleich der Erstellung *prospektiver user de-signs*; einerseits wird über den verstärkten Einsatz von Marktforschungsstudien versucht, Konsumentenwünsche stärker zu berücksichtigen, andererseits bedeutet dies auch ein zunehmendes Eindringen produzentennaher Akteure in die Privatsphäre der Konsumenten, etwa wenn ein ganzes Dorf als Testfeld für die Einführung neuer Produkte herhält.[87]

Konsumenten sind ohne Zweifel Hauptakteure der sich wandelnden Technikkultur. Bereits den Tatbestand ihrer Mitwirkung über den Konsum als „Ko-Produktion" anzusprechen, verwischt jedoch die Machtverhältnisse zwischen Konsument und Produzent. Im Vorliegenden wird daher nur dann von einer „Ko-Produktion" gesprochen, wenn eigensinnige Gestaltungen oder Bedeutungsgenerierungen der Konsumenten in *prospektiven user de-signs* aufgenommen wurden, wie es beispielsweise für die SMS der Fall war. Damit werden solche Fälle, in denen eigensinnige Konsumpraxen die Technikentwicklung in neue Bahnen lenkten und damit eine aktive Gestaltungsmacht der Konsumenten darstellten, deutlich von der unweigerlich durch den Konsumakt gegebenen Mitwirkung abgegrenzt. Ähnlich kritisch sollte man sein, wenn selbst der Zusammenbau eines Ikea-Regals oder das Durchrufen beim Kundentelefonen als „Ko-Produktion" bezeichnet wird[88] – Erscheinungen, die schlichtweg mit dem Hinweis auf produzentenseitige Kostenersparnis und Werbung zu erklären sind. Sie sind weniger ein Beispiel für einen aktiven, kreativen Konsumenten als dafür, dass Konsumenten zu „un-

---

87 | Seit 1986 führt die GfK in Haßloch, einem Städtchen mit 20.000 Einwohnern in Rheinland-Pfalz, Markttests durch: Die Haßlocher sind die ersten, bei denen Produktneuheiten in den Warenregalen stehen, ihr Kauf wird elektronisch über Chipkarten registriert; die teilnehmenden Haushalte empfangen zugleich ein gesondertes TV-Programm mit entsprechenden Werbespots. Vgl. Süddeutsche Zeitung, Nr.23, 29./30. Januar 2005, S. 28 („Das Haßloch-Experiment").
88 | Vgl. z. B. Wikström, Solveig: The customer as co-producer. In: European Journal of Marketing 30, 1996, S. 6 – 19.

bezahlten Mitarbeitern" der Hersteller werden, die nicht nur Arbeit und Zeit, sondern auch eine hohe Sachkenntnis einbringen müssen, um beispielsweise ihr Handy für den Gebrauch zu konfigurieren.[89]

Der *user de-sign*-Ansatz ist auch eine Reaktion auf die komplexen Vermittlungen zwischen Konsum und Produktion, bei denen reduktionistische Nutzerbilder eine zentrale Rolle spielen. Während die Produktion und Bereitstellung von Konsumangeboten zu hoch professionalisierten Tätigkeiten geworden sind, erscheint die Verwendung von Technik im Konsumalltag als geradezu trivial.[90] Eine ähnliche Trivialisierung lässt sich aber auch für die Produktionssphäre behaupten, denn den komplexen Konsumstilen widmen sich hoch professionalisierte Werbe-, Marktforschungs- und Umfrageinstitute, demgegenüber die Verwendung von Nutzerbildern im Entwicklungslabor ähnlich routiniert und auf wenige Hauptnutzungsaspekte hin trivialisiert stattfindet wie der Gebrauch hochkomplexer wissenschaftlich-technischer Artefakte im Alltag der Nutzer. So haben die Entwickler zwar ein ungeheures Wissen über die wissenschaftlich-technischen Aspekte ihrer Produkte; ihr Konsumentenwissen jedoch erschöpft sich in eigenen Konsumerfahrungen und den von Vermittlungsinstitutionen konstruierten Vorstellungen zum Konsumenten. Umgekehrt sind die Konsumenten zwar Experten ihrer eigenen Wünsche; jedoch fehlt ihnen eine Einsicht in die Produktionsabläufe und selbst in die wissenschaftlich-technischen Grundlagen der Konsumobjekte, die nur „gefiltert" über gestaltete Gehäuseoberflächen und Interfaces an sie weitergegeben werden. Nutzerbilder reduzieren in solchen Übersetzungsprozessen die Komplexität von Technik, Produktion und Konsumtion.

Die hier vertretene Perspektive reduziert die Technikaushandlung auch im historischen Rückblick auf solche Nutzerkonstruktionen. Als historisches Analyse-Instrumentarium kann sie sowohl für Langzeit- als auch für Detailstudien verwendet werden. Für eine Detailstudie wären entlang einer einzigen Produktbiographie die *user de-signs* im Entwicklungslabor, beim Designer, in der Werbung, etc. bis hin zum Konsumenten zu betrachten. Die Langzeitperspektive der vorliegenden Arbeit setzt allerdings erst dort ein, wo ein Technikangebot als *prospektives user de-sign* auf die Konsumenten stößt. Sie betrachtet für die zweite Hälfte des 20. Jahrhunderts, inwieweit die Praxen von Nutzern mobiler Mediengeräte in *prospektive user de-signs* eingeflossen sind und wie sich aus diesem Wechselspiel eine ganz spezifische Kultur des mobilen Technikkonsums ergab.

---

89 | Vgl. Voß, Günter G.; Rieder, Kerstin: Der arbeitende Kunde. Wenn Konsumenten zu unbezahlten Mitarbeitern werden. Frankfurt a. M. 2005.
90 | Vgl. Weingart, Peter: Differenzierung der Technik oder Entdifferenzierung der Kultur. In: Joerges, S. 145 – 164.

2.2. „Follow the users and user configurations!":
Quellen für die Analyse von *user de-signs*

Wo SCOT den methodischen Hinweis *Follow the actors* gab, um zu Aussagen über die „relevanten sozialen Gruppen" zu gelangen, gilt für die *user de-sign*-Perspektive der Imperativ *Follow the users and user configurations*: Es ist den Nutzern und den Nutzerkonstruktionen, mit denen eine Technik verknüpft wurde, nachzugehen. In einer historischen Analyse sind Nutzerbilder auch dort aufzuspüren, wo akteurszentrierte Quellen fehlen oder schwer zugänglich sind, aber Massenquellen des Mediatingfeldes vorliegen.[91] Im Folgenden werden – in Verbindung mit einer Vorstellung der für die vorliegende Studie herangezogenen Quellen – zunächst Verbraucherzeitschriften als konsumentennahe Quellen des Mediating besprochen. Dem folgen Fachzeitschriften, Produktkataloge sowie Versandhauskataloge als produzentennahe Quellen des Mediating. Dann wird der Quellenwert von Studien der soziologischen Nutzerforschung und der Marktforschung diskutiert, und Werbung wird als eine Quelle für prospektive Nutzerbilder vorgestellt. Abschließend werden Bilder und Objekte als visuelle bzw. gegenständliche Entwürfe von Nutzerkonstruktionen besprochen.

Verbraucher- und Populärmagazine als konsumentennahe Quellen

Hinsichtlich der *praktizierten user de-signs* sind sämtliche historische Alltagsdokumente der Konsum- und Populärkultur sowie zeitgenössische Untersuchungen und Statistiken zur Technikverbreitung ein Weg, Aufschluss über Konsummuster zu gewinnen. In populären Zeitschriften, Lifestyle-Magazinen oder auch der allgemeinen Medienberichterstattung werden Produzenten wie Konsumenten mit ihren jeweiligen Nutzungsvorstellungen erwähnt. Quellenkritisch ist jedoch zu unterscheiden, inwieweit es sich bei den Beiträgen um journalistische Eigenleistungen oder um quasi unredigierte PR-Informationen der Produzenten handelt, in der letztlich *prospektive user de-signs* dominieren.

Explizit als Vertreter der Konsumenten verstehen sich die Verbraucherzeitschriften: Sie bemängeln oder begrüßen die technischen Konsumgüter, die sie auch ausführlich beschreiben; es werden *prospektive* wie *praktizierte user de-signs* genannt und aus der Warte eines Konsumenten-Stellvertreters bewertet. Darüber hinaus finden sich in den redaktionellen Bearbeitungen Nebenbemerkungen zu Konsumpraxen und Bedeutungen einer Technik. Für alle Fallstudien wurden daher die Zeitschriften *DM* und *Test* herangezogen.[92]

---

91 | Diese sind zahlreicher, als die von Bijker genannten Quellen, mit denen sich der Konsument als relevante soziale Gruppe, bzw. präziser: der „typical consumer", verfolgen ließe, wobei er Werbung, das nur marginal vorhandene biographische Material einzelner Nutzer und Marketingstudien nannte, vgl. Bijker, S. 188.
92 | Vgl. zum Test: Lösenbeck, Hans-Dieter: Stiftung Warentest – ein Rückblick. Berlin 2002. Zu *DM*: Gries, S. 190ff sowie DM, 1966, H. 19, S. 7 („In eigener Sache"). Zu *DM*

Die *DM* wurde für die 1960er Jahre komplett, für spätere Zeit in Stichproben durchgesehen; der *Test* wurde vollständig ausgewertet.

Die *DM* war die erste, der Verbraucheraufklärung gewidmete Kiosk-Zeitschrift der BRD. Sie wurde 1961 als *Deutsche Mark. Erste Zeitschrift mit Warentests* von dem Journalisten Waldemar Schweitzer nach dem amerikanischen Vorbild der *Consumer Reports* gegründet. Sein erklärtes Ziel war es, ohne Hemmungen und Bestechlichkeit unangemessene Preise, missleitende Werbepraktiken und schlechte Qualität anzuprangern, wozu er auch ein eigenes Prüflabor einrichtete. Solchen Verbrauchertests stand die zeitgenössische Industrie ablehnend gegenüber, da sie darin unlautere Methoden der Marktbeeinflussung und Wettbewerbsverzerrung sah.[93] Die Warentests setzten sich allerdings ob der hohen Verbrauchernachfrage durch. So hatte die über Anzeigen sowie den Verkaufserlös (1 DM pro Heft) finanzierte *DM* schnell Erfolg und erreichte nach einer Startauflage von 60.000 Exemplaren eine durchschnittliche Auflage von 500.000 Exemplaren. 1963 stand sie mit 700.000 Exemplaren am Zenit des Erfolges und verlor dann allmählich ihre Bedeutung an die *Test*-Hefte. Angesichts dieser Konkurrenz sowie mancher Industrieklagen und interner Probleme wurde das *DM*-Redaktionskonzept mehrmals geändert.[94] Seit ca. 1970 wurden schließlich auch kaum mehr eigene Warentests durchgeführt, sondern jene der *Stiftung Warentest* übernommen, und in den 1980er Jahren trat die *DM* als eine technikfixierte und auf den gehobenen Markt ausgerichtete Männerzeitschrift auf.

Die *Stiftung Warentest* ging aus einem Beschluss des Deutschen Bundestages 1962 hervor, nachdem ein Gericht im Zusammenhang mit den Klagen gegen *DM* eine sachkundige Kritik an Waren für zulässig erklärte. Sie wurde 1964 als eine Stiftung des privaten Rechts gegründet und erhielt für ihren Auftrag der Verbraucheraufklärung auch Zuwendungen des Bundes. Für die vergleichenden Warentests, die seit 1966 in den monatlichen *Test*-Heften veröffentlicht werden, wurde auf verschiedene Prüfinstitute zurückgegriffen. 1978 gründete die Stiftung zusammen mit der – unter Verbrauchern bisher kaum bekannten – *Arbeitsgemeinschaft der Verbraucherverbände*[95] das Ver-

---

und *Test*: Ditgen, Peter: Der vergleichende Warentest als Instrument der Verbraucherinformation. Köln 1966, S. 64 – 71 u. S. 234.

93 | So der Bundesverband der Deutschen Industrie, der die Meinung vertrat, die Verbraucher seien durch Werbung ausreichend unterrichtet, vgl. Kleinschmidt, S. 24.

94 | Schweitzer verkaufte das Blatt, u. a. nach einem schwerwiegenden Gerichtsstreit mit VW; es wurde danach von wechselnden Verlagen geführt. Vgl. Lösenbeck, S. 11; Gries, S. 192f.

95 | Zur *Arbeitsgemeinschaft der Verbraucherverbände (AgV)* hatten sich 1953 wichtige Verbände der Konsumentenvertretung (z. B. Hausfrauenbund, Zentralverband deutscher Konsumgenossenschaften) zusammengeschlossen. Sie errichtete seit 1961 Verbraucherzentralen in einzelnen Bundesländern und begann nach der Initiative Schweitzers ebenfalls mit Warentests. Ihr Sprachrohr, die *Verbraucherrundschau*, erschien in einer maximalen Auflage von 10.000 Exemplaren. Vgl. Müller, Edda: Grundlinien einer modernen Verbraucherpolitik. In: Aus Politik und Zeitgeschichte, B 24/2001, S. 6 – 15.

braucherinstitut in Berlin als bundesweite Beratungseinrichtung für Verbraucherorganisationen.

Nach einer Startauflage von über 200.000 Exemplaren hatte das *Test*-Heft 1968 lediglich eine Gesamtauflage von 20.000 Exemplaren, die zwischenzeitlich nur an feste Abonnenten abgegeben wurden. Ein *Test*-Heft, das zunächst lediglich zwei Warentests enthielt, kostete 1.50 DM. Bekannt wurde die *Stiftung Warentest* schließlich, weil sie Presse, Hörfunk und Fernsehen die kostenfreie Übertragung ihrer Ergebnisse ermöglichte und den Lokalzeitungen hierzu sogar fertige gesetzte Maternseiten zur Verfügung stellte.[96] Anfang der 1970er Jahre hatten mehr als 100.000 Leser den *Test* abonniert; um 1980 überstieg die an Kiosk und per Abo abgegebene Heftzahl 600.000 Exemplare. Diese wurde um 1990 angesichts des Mauerfalles weit überschritten, jedoch pendelte sich die Auflage um 2000 wieder auf dieses Niveau ein.[97]

Bis heute ist fast allen Bundesbürgern die Stiftung, zumindest aber deren Logo mit dem Urteil, bekannt. Die Wirkung von Warentests wurde in den 1980er Jahren in zahlreichen Studien untersucht:[98] In einer Befragung von über 2.000 Teilnehmern kannten Anfang der 1980er Jahre 91 % die Institution. Für ihre Kaufentscheidung von Unterhaltungselektronik stützten sich 5 bis 10 % der Käufer unmittelbar auf die *Test*-Hefte (*DM*: ca. 2 bis 5 %);[99] weitere rund 15 % hatten zwar vor dem Kauf nicht selbst in die *Test*-Hefte geschaut, aber von Bekannten und Freunden Informationen über deren Ergebnisse erhalten. Wurde der unmittelbare und mittelbare (über Presse, Freunde etc.) Einfluss des *Tests* berücksichtigt, so lagen die Zahlen immerhin zwischen ca. 20 bis 30 % der Käufer, die vor ihrer Kaufentscheidung Kenntnis über die *Test*-Ergebnisse hatten. Diese Studien konstatierten außerdem einen starken Einfluss

---

96 | Vgl. Lösenbeck, S. 17 f, S. 124, S. 128 – 132. Es gab seit 1967 auch Fernsehkooperationen.

97 | Vgl. Lösenbeck, S. 213.

98 | Bereits eine GfK-Studie von 1974 zeigte, dass 10 bis 20 % aller Produktkäufe getesteter Warengruppen auf Grundlage von *Test*-Urteilen vorgenommen wurden, die aus den *Test*-Heften sowie aus Presse und Fernsehen bekannt waren, vgl. Raffée, Hans; Silberer, Günter (Hg.): Informationsverhalten des Konsumenten. Ergebnisse empirischer Studien. Wiesbaden 1981, S. 290. Auslöser weiterer Studien waren die seit 1977 vom Bundesministerium für Forschung und Technologie geförderten Verbund-Projekte „Empirische Verbraucherforschung", vgl. Lösenbeck, S. 160. Für folgende Ausführungen vgl.: Silberer, Günter; Raffée, Hans: Warentest und Konsument. Nutzung, Wirkungen und Beurteilung des vergleichenden Warentests im Konsumentenbereich. Frankfurt a. M., New York 1984; Raffée, Hans; Silberer, Günter: Warentest und Unternehmen. Nutzung, Wirkungen und Beurteilung des vergleichenden Warentests in Industrie und Handel. Frankfurt a. M., New York 1984; Silberer, Günter; Fritz, Wolfgang; Hilger, Harald; Raffée, Hans: Zur Nutzung von Gütertestinformationen beim Kauf verschiedener Konsumgüter – Ergebnisse einer breitangelegten Konsumentenbefragung. In: Raffée et al., 1981, S. 283 – 312.

99 | Gefragt wurde nach Käufen der letzten zwölf Monate und nach den hierfür herangezogenen Informationsquellen. So benutzten fast 9 % der Kassettendeck-Käufer ein Test-Heft; bei den wesentlich billigeren Kofferradios und Stereo-Radiorekordern waren es nur 5,6 %.

der Werbung: Werbung wurde von 10 bis 15 % der Befragten als Informationsquelle genannt, womit ihre Bedeutung ähnlich hoch lag wie der Austausch mit Bekannten. Insgesamt hatte sich der *Test* in knapp zwei Jahrzehnten „zu einem machtvollen Instrument nicht nur der Verbraucher-, sondern auch der Wettbewerbspolitik und der Angebotssteuerung" entwickelt.[100] Denn bei Produzentenbefragungen über geprüfte Artikelgattungen gaben zwei Drittel der Befragten an, die Prüfkriterien der Warentests bei der Produktentwicklung zu berücksichtigen; Fachhändler stimmten ihr Sortiment fast in der Hälfte der Fälle mit den *Test*-Ergebnissen ab, und 90 % der befragten Kaufhauskonzerne nahmen solche Waren aus dem Sortiment, welche schlechte Noten eingefahren hatten. Derzeit schätzt die *Stiftung Warentest*, dass ein Drittel aller Käufer sich bei wichtigen Käufen an ihren Urteilen orientiert.[101]

Laut Satzung ist es die Aufgabe der *Stiftung Warentest*, die Öffentlichkeit über „objektivierbare Merkmale des Nutz- und Gebrauchswertes" zu unterrichten, wozu Mitte der 1980er Jahre die Umweltverträglichkeit hinzugenommen wurde. Um zu objektivierbaren Merkmalen zu gelangen, ließ der *Test*, wie zuvor die *DM*, technische Laborprüfungen und praktische Gebrauchsprüfungen durchführen. Das Produktangebot wurde gegenüber dem Konsumenten auf mehrfache Weise in seiner Komplexität reduziert:[102] Zum einen wurde für eine jeweilige Gerätegattung ein Kriterienkatalog bestimmt, den man als nutzerrelevant betrachtete und der den Bedürfnissen der Konsumenten möglichst nahe kommen sollte; objektivierbare Merkmale für eine Tauglichkeit bzw. einen Mangel waren z. B. die Ausgangsleistung bei Kofferradios oder das Bandrauschen bei Walkmans. Diese Bewertungsmaßstäbe wichen durchaus von jenen der Fachwelt ab, und zu Beginn der Tests beklagte die Fachpresse unter anderem die damit einhergehende Simplifizierung.[103] Des Weiteren wurden nur rund ein oder zwei Dutzend Modelle ausgewählt, deren Hervorhebung aus dem Gesamtangebot begründet werden musste. Dadurch geben die Hefte eine schnelle, auf die angenommenen Verbraucherwünsche hin reduzierte Produkt- und Preisübersicht über die getestete Produktgattung. Aufgrund dieser Reduzierung lässt sich sehr gut ablesen, was die Warenprüfer im Sinne ihrer Stellvertreterfunktion jeweils als unerlässlich, was als entbehrlich oder gar überflüssig erachteten. Das Testraster sowie die getroffene

---

100 | Zitat aus: Raffée, et al., 1984, Warentest und Unternehmen, S. 11; folgende Zahlen: S. 16–18.
101 | Vgl. http://service.warentest.de/online/bildung_soziales/meldung/1226096.html (Zugriff: 3.12.2004). Vgl. auch Lösenbeck, S. 70.
102 | Leider liegen – laut telefonischer Auskunft von Herrn Nadler (22.8.2002), Abteilungsleiter bei der *Stiftung Warentest* (Bild und Ton) – allerdings keine gerätethematisch gebündelten historischen Unterlagen bei der *Stiftung Warentest* vor, um die entsprechenden Entscheidungsprozesse genauer dokumentieren zu können.
103 | Vgl. FS, 1962, H. 13, S. 355 („Verbraucher-Zeitschrift testet Transistor-Empfänger"): Hier wurde der *DM*-Test zu Reiseempfängern (H. 12, 1962) kritisiert, bei dem jeweils das billigste UKW-Modell getestet worden war. Der Autor empörte sich über die laienhafte Erklärung der technischen Größen, auch wenn er die unparteiische Verbraucherberatung begrüßte.

Auswahl und die Kommentierung der Modelle geben folglich wieder, was als „sinnvolles" *user de-sign* galt.

Den „Durchschnittskonsumenten" konstruierte der *Test* dabei lange Zeit als einen rational kaufenden Menschen, der sich an technischen Kriterien sowie an Qualitätsmerkmalen wie Halt- und Belastbarkeit orientierte. Diesem gab das Heft quasi ein Set an „Rationalitätsfiktionen"[104] an die Hand, mit denen er seinen Konsum als „gut begründet" gestalten konnte. So wurde beispielsweise in den frühen Walkman-Tests der Rat gegeben, für das gleiche Geld doch besser einen HiFi-Kassettenrekorder anzuschaffen, denn diese entsprächen dem Qualitätsniveau der HiFi-Norm, während der Klang der Walkmans größtenteils als mangelhaft bewertet wurde. Den gleichen Rat hätte vermutlich jeder Erwachsene zu der Zeit vertreten, während für die Konsumpraxen der Jugendlichen die technische HiFi-Norm nicht die zentrale Rolle spielte. Allerdings wird die Fallstudie zum Mobiltelefon zeigen, dass solche technisch-rational gefärbten Gründe bei der Handy-Bewertung im *Test* durch einen ästhetisch-emotionalen und letztlich nur noch individuell zu bewertenden Kriterienkatalog ergänzt wurden.

Neben den Verbrauchermagazinen haben sich im letzten Drittel des 20. Jahrhunderts so genannte Special-Interest-Zeitschriften am Zeitschriftenmarkt etabliert. Entlang der Diffusion von hochwertiger Elektronik etwa im Bereich von HiFi-Audio oder Car-HiFi bzw. der Diffusion von Palmtop oder Handy wurden Magazin-Titel konzipiert, die sich an eine technikversierte Nutzergruppe richteten. Beispielsweise konnte der HiFi-Fan in den 1970er und 1980er Jahren zu Zeitschriften wie *HiFi, Audio* oder *HiFi-Stereophonie* greifen, die Auflagen in Zehntausenderhöhe hatten. Solche Special-Interest-Magazine wurden in Stichproben durchgesehen, denn über den Abgleich mit den Verbrauchermagazinen lassen sich Unterschiede in den *user de-signs* von Durchschnittskonsumenten und spezifisch interessierten Nutzergruppen wie etwa High-Tech-Anhängern aufzeigen.

Für die 1950er Jahre, in denen keine Verbraucherzeitschrift bestand, wurde die populäre Technikzeitschrift *Hobby* durchgesehen. Um Aufschluss über den Konsum Jugendlicher zu erhalten, wurden außerdem *Twen* und *Bravo* hinzugezogen. Seit den 1960er Jahren war *Bravo* das Sprachorgan für Teenagerkultur schlechthin. 1971 hatte sie eine Auflage von wöchentlich über 1,1 Mio. Exemplaren, womit sie auch das Feld der auf Pop-Musik ausgerichteten Publikumszeitschriften weithin anführte.[105] Da sie kein Inhaltsverzeichnis

---

104 | Zu den „Rationalitätsfiktionen" vgl. Wengenroth, Ulrich: „Gute Gründe". Technisierung und Konsumentscheidungen. In: Technikgeschichte 71, 2004, S. 3 – 18.
105 | Die zehn Mal jährlich erscheinende *Musik-Boutique* hatte Anfang der 1970er Jahre eine Auflage von 500.000 Exemplaren; weitere monatliche Zeitschriften blieben weit darunter (*Popfoto*: 160.000, *Pop*: 150.000, *musik express*: 100.000; *Musikparade* (nur bis 1967 erschienen): 300.000), vgl. Kleinen, Günter: Zeitschriften und Zeitungen als Werbeträger. In: Helms, Siegmund (Hg.): Schlager in Deutschland. Wiesbaden 1972, S. 315 – 326, hier S. 317.

hatte und wöchentlich erschien, wurde sie nur stichprobenweise für die 1950er und 1960er Jahre sowie die Jahre um 1980 untersucht. Die zwischen 1959 und 1971 erschienene *Twen* wurde bis 1965 komplett durchgesehen. *Twen* hatte mit einer unter 100.000 Exemplaren liegenden Auflage eine wesentlich geringere Leserschaft. Die im Vergleich zur *Bravo* (50 Pf) teure, aber nur monatlich aufgelegte *Twen* (Preis: 1 DM, später 3 DM) richtete sich an ältere Jugendliche aus einer gehobenen Bevölkerungsschicht, welche an Lebenslust sowie gehobenem Konsumgeschmack interessiert waren.[106]

Fach(handels)zeitschriften, Produkt- und Versandhauskataloge als produzentennahe Quellen

Auskunft zum Produktangebot sowie den damit industrieseitig verknüpften Vorstellungen zum Anwender geben produzentennahe Fach- und Fachhandelszeitschriften. Für den Konsumelektronikmarkt ist die seit 1927 bestehende *Funkschau* relevant; sie richtete sich in den 1950er Jahren an Funktechniker und danach zunehmend auch an ein übergreifendes Fachpublikum.[107] Als Mitteilungsorgan der Bundesfachgruppe Radio- und Fernsehtechnik im Zentralverband Elektrotechnik- und Elektronikindustrie e.V. (ZVEI) fungierte die *Funktechnik*.[108] Durch die Umstrukturierungen der Absatzkanäle und die Internationalisierung der Produktangebote büßte dieses Mitteilungsorgan jedoch seine Bedeutung ein und erschien 1986 zum letzten Mal. Die Veränderungen des Marktes spiegelten sich auch in der mehrmaligen Abänderung der Untertitel von *Funktechnik* und *Funkschau* wieder, die damit die Ausweitung der Branche von einer Funk- zu einer Konsumelektronik-Industrie nachvollzogen.[109] Dem Fachhandel gab außerdem das *Handbuch des Rundfunk- und Fernseh-Großhandels* eine – allerdings mit Lücken behaftete – jährliche

---

Bravo kam 1956 als „Zeitschrift für Film und Fernsehen" auf den Markt und wandelte sich schnell von einer Funk- zu einer Teenager-Zeitschrift, vgl. Maase; Herrwerth, Thommi: Partys, Pop und Petting. Die Sixties im Spiegel der BRAVO. Marburg 1997.
106 | Vgl. Koetzle, Michael: Twen – Revision einer Legende. München 1995; Siegfried, S. 283 – 294.
107 | Im Folgenden abgekürzt als „FS". Die *Funkschau* erschien im auf technische Fachliteratur spezialisierten Franzis-Verlag, später in der WEKA Firmengruppe, einem Anbieter von Computer- und Elektronikzeitschriften, vgl. FS, H. 19, 1997, S. 10 („70 Jahre Funkschau. Fachzeitschriften"). Die Paginierung der *Funkschau* ist uneinheitlich und bezieht sich teils auf die Seitenzahl im Heft, teils auf die Seitenzahl des Jahres; im Folgenden tauchen daher beide Zählungen auf.
108 | Im Folgenden abgekürzt als „FT".
109 | So lautete der Untertitel der *Funktechnik* Mitte der 1970er Jahre *Fachzeitschrift der Rundfunk-, Fernseh- und Phonowirtschaft*, 1980 *Fachzeitschrift für die gesamte Unterhaltungselektronik*. Die *Funkschau* begann als *Zeitschrift für Funktechniker*; spätere Untertitel waren *Fachzeitschrift für Radio- und Fernsehtechnik, Elektroakustik und Elektronik* sowie *Fachzeitschrift für elektronische Kommunikation* und um 2000 schließlich *Magazin für Telekommunikation und Unterhaltungselektronik*.

Übersicht über das Produktangebot an die Hand;[110] diese Übersicht wurde allerdings in den 1970er Jahren eingestellt, als eine steigende Modellvielzahl und Produktdiversifizierung sowie die zunehmende Bedeutung der Importe eine solche Übersicht usurpierten.

Auch wenn die Gerätebesprechungen solcher industrienahen Fachzeitschriften technisch orientiert sind, werden beiläufig – und oft kaum weiter reflektiert – Vorstellungen zu Nutzern geäußert. Im Falle von Produktneuvorstellungen werden hingegen zumeist auch Nutzungsweisen und neue Nutzergruppen besprochen, soweit diese als neu und ungewohnt wahrgenommen wurden. Bis in die 1960er Jahre hinein wurden darüber hinaus Artikel, in denen die Entwicklungsingenieure der Forschungslabore von ihrer Konstruktionsarbeit berichteten, sowie auch Bastelanleitungen zum Nachbau von Radios abgedruckt.

Einen Überblick über das technische Angebot im Billigsegment bieten die Kataloge der großen Versandhäuser *Quelle* und *Neckermann*, welche ihre Hausmarken direkt über den Katalog und ohne Zwischenschaltung des Einzel- oder Fachhandels absetzen und sich in den ersten Nachkriegsdekaden zu den wichtigsten Versandhäusern für den Vertrieb billiger Elektrowaren entwickelten.[111] Die Versandhauskataloge geben nicht nur Einblick, welche Produkte den Status von Massenkonsumgütern erreicht hatten, sondern die knappen Katalogtexte stellen ebenfalls ein komprimiertes und nun handelsseitig definiertes Raster von Nützlichkeitsaspekten dar. Durch die Reduzierung der Produktbeschreibungen auf wenige Zeilen wurden nur jene Kriterien genannt, die seitens des Vertreibers als absolut grundlegend und kaufbestimmend erachtet worden waren.

Zwischen dem Erfassen vorherrschender und dem Erstellen zukünftiger Nutzerbilder: Nutzer- und Marktforschungsstudien

Direkte Beobachtungen von Akteuren oder Interviews mit diesen eignen sich, um mehr über zeitgenössische Nutzer und Nutzerbilder zu erfahren. Solche soziologisch oder ethnographisch angelegte Studien dienen nicht nur der aktuellen Gesellschaftsbeobachtung, sondern bewahren auch der Nachwelt ansonst verloren gehende Alltagserfahrungen. Nutzerstudien, die allerdings erst gegen Ende des 20. Jahrhunderts vermehrt durchgeführt wurden, sind Quellen

---

110 | Im Folgenden abgekürzt als „HB". Das Handbuch trug vor 1953/54 den Titel: *Katalog des Rundfunkgroßhandels*. Aufgenommen wurden jene Geräte, zu denen die Industrie Informationsmaterial an das Katalogunternehmen geliefert hatte.
111 | Anfang der 1950er Jahre gab es noch 3.000 Versandunternehmen in der BRD, darunter aber auch viele kleinste wie z. B. Postkartenversender. Vgl. Gries, S. 163. Zu Neckermann vgl.: Wiede, Patricia: Josef Neckermann. München 2000. Zu Quelle vgl. den Jubiläumsband: Reubel-Ciani, Theo: Der Katalog. Konsumkultur, Zeitgeist und Zeitgeschichte im Spiegel der Quelle-Kataloge 1927 – 91. Dokumentation zum 80. Geburtstag von Frau Grete Schickedanz. Fürth 1991.

für *praktizierte user de-signs*, und sie zeigen zudem an, was im zeitgenössischen Kontext als wesentlich für den Technikkonsum erachtet wurde. Des Weiteren geben demoskopische Umfragen, die für die gesamte zweite Hälfte des 20. Jahrhunderts vorliegen und bei denen es sich oft um Auftragsstudien handelt, weitere Anhaltspunkte zur Konsumkultur.[112]

Problematisch in ihrem Quellenwert sind explizit als Marktforschung durchgeführte Nutzungsstudien, deren Stellung zwischen Konsum und Produktion, wie in Kapitel 2.1. angedeutet, nicht eindeutig ist. An sich haben solche Studien den Auftrag, fundierte Konsumentenbilder an die Produzenten weiter zu geben, und sollten daher detaillierte soziologisch-ethnographische Momentaufnahmen von Nutzungspraxen, aggregierte Nutzerdaten und Nutzerwünsche an zukünftige Produkte enthalten. Ob die Marktforschung tatsächlich dieser vermittelnden Aufgabe der Erfassung von *praktizierten user de-signs* für die Produktionsseite nachkommt, wird in der Literatur konträr beantwortet. Während de la Bruheze und de Wit Marktforschung tendenziell als eine Möglichkeit der Einflussnahme der Nutzer bewerten, sieht Madeleine Akrich ihren Auftrag darin, „to persuade the higher decision-making authorities to support the project".[113]

Bei den im Folgenden benutzten Marktforschungsstudien handelt es sich vornehmlich um Analysen ganzer Industriezweige. Während solche Studien für die historische Arbeit zugänglich sind, werden differenzierte Marktanalysen zu einzelnen Produkten noch Jahre nach ihrer Erstellung als Geheimnis gehütet oder nur zu hohen Preisen verkauft. Benutzt wurden überwiegend Studien der Kölner Unternehmensberatung *BBE* sowie solche des 1961 gegründeten amerikanischen Unternehmens *Frost & Sullivan*, das inzwischen als global agierender Herausgeber von Analysen und Prognosen zu High-Tech-Märkten bekannt ist.[114]

---

112 | Sie sind von Axel Schildt für die 1950er Jahre hervorragend aufgearbeitet worden, vgl. Schildt, Axel: Moderne Zeiten. Freizeit, Massenmedien und „Zeitgeist" in der Bundesrepublik der 50er Jahre. Hamburg 1995.
113 | Vgl. Akrich 1995, S. 170.
114 | Folgende, vor Ort in Köln eingesehene BBE (Betriebswissenschaftliche Beratungsstelle für den Einzelhandel GmbH)-Studien waren relevant: BBE (Hg.): BBE-Branchenreport. Unterhaltungselektronik. Marktvolumen und -Prognosen, Distributionswege und Marktanteile, Handels-Szene, Kooperations-Szene. Bearbeitet von Peter Clevenz. Köln 1984; BBE (Hg.): BBE-Branchenreport. Unterhaltungselektronik. Marktvolumen und -Prognosen, Distributionswege und Marktanteile. Handels-Szene. Kooperations-Szene. Bearbeitet von Peter Clevenz. Köln 1988; BBE (Hg.): Multimedia II/ Consumer Electronics. BBE-Trend- und Zukunftsforschung. Chancen und Perspektiven für die Neupositionierung der Konsumelektronik-Branche im 21. Jahrhundert. Köln 2000; BBE (Hg.): Consumer Electronics. BBE-Branchenreport. Bearbeitet von Peter Clevenz. Köln 2001.
Das Hagley Museum und Library hat einen hervorragenden Bestand von Marktforschung auf dem Pager- und Mobilfunk-Bereich, der teils noch der Sperrfrist unterliegt. Einsehbar waren: accession 2225: Records of the MCI communications Corporation. Series IX: Marketing and Sales: Subseries B: Marketing/Commercial Studies and Analyses, Box 358, 359 und 360: Frost and Sullivan, Inc.: U.S. Cellular and PCS Tele-

In beiden Fällen analysierten die Marktforschungsstudien eher die Industrie und deren Vertreter, als die Konsumenten selbst. Allgemeine Angaben zur Marktsituation (wie Produktionskapazitäten, Verkaufs- und Verbreitungszahlen) ergänzend, werden vor allem Expertenmeinungen von Marktanalysen und Industrieführern zum Zukunftsmarkt eingeholt und um Informationen aus aktuellen Ausstellungskatalogen, Firmenberichten oder Konferenzpapieren erweitert.[115] Noch dazu sind viele Marktforschungsstudien in einem Tenor gehalten, der die Nutzer als passiv erscheinen lässt. Der hier konstruierte Nutzer stellt den Sinn des neuen technischen Angebotes fast nie in Frage und kauft nach entsprechender Aufklärung willig jede Neuheit. Damit sind solcherart angelegte Marktforschungsstudien als Dokumente der *prospektiven user designs* zu verstehen, die kaum Rückbindung zum Konsumenten suchen.

Teile der Marktforschung haben selbstverständlich auch Methoden entwickelt, um den Praxen und Wünschen der Konsumenten nahe zu kommen. Differenziertere Studien, welche den Nutzer befragen oder gar in seinem Alltag beobachten, sind jedoch immer auch Auftragsstudien, die von Produzenten gesetzten Leitfragen nachgehen. Seit den 1980er Jahren und mit Nachdruck auch durch die seit Ende der 1990er Jahre übliche, allgegenwärtige Betonung, der Konsument sei Dreh- und Angelpunkt für den Erfolg von Produktinnovationen, ist es sogar innerhalb der Käuferforschung zu einer wahren Explosion von Daten zum Konsumenten gekommen,[116] ohne dass dies jedoch in eine genauere Kenntnis der kommenden Konsumkultur resultierte. Außerdem gelangten seitdem von diversen selbsternannten „Experten" und „Marktforschungsinstituten" Daten zu Techniknutzern in das Mediating, welche allerdings oft nicht die Reliabilität und Validität ihrer Studien offen legen.

---

phone, Pager, and Accessory Markets. Time to Focus on Applications. New York u. a. 1994 (box 358); Dies.: U.S. Consumer Telephone Equipment and Associated Product Markets. New York u. a. 1998 (box 358); dies.: Equipment and Services for the Virtual Office market. Changing American Work Habits Spur Growth of New End-User Demand. New York u. a. 1992 (box 359); Dies.: European Personal Communications Service (PCS) Markets. Silicon Valley u. a. 1997 (box 359); Dies.: European Cordless Telephony Markets. New York u. a. 1998 (box 359); Dies.: Global System for Mobile Communications Digital Cellular Infrastructure Markets. New York u. a. 1998 (box 359); Dies.: Mobile Communications Service Markets. Enhanced Offerings Expand User Base. New York u. a. 1993 (box 360).

115 | Zwar betonte Frost&Sullivan 1998, entgegen der üblichen „top-down"-Strategie die Nutzer zu berücksichtigen; jedoch wurden in keiner der eingesehen Studien Nutzer befragt, sondern lediglich ökonomische und demographische Nutzerdaten zusammengetragen, vgl. Frost & Sullivan, U.S. Consumer Telephone Equipment, 1998, S. 2/13 u. 2/15. Zugleich empfahl man der Produktentwicklung im Bereich Mobilfunks, 5 % des Budgets in Nutzerstudien zu investieren, da diese oft abseits der realen Marktbedürfnisse agiere, vgl. Frost & Sullivan, European Personal Communications Service (PCS), 1997, S. 12/17 u. S. 2/19.

116 | Vgl. hierzu auch: Silberer, Günter; Büttner, Oliver: Geschichte und Methodik der akademischen Käuferforschung. In: Berghoff, S. 205 – 230.

Werbung als Vermittler prospektiver *user de-signs*

Werbung ist eine zentrale Quelle für *prospektive user de-signs*. Werbekommunikate sind zumeist Text-Bild-Zusammenstellungen; mithin gelten hier auch die weiter unten für Bilder angeführten Überlegungen. Nachdem der Verdacht, Werbung manipuliere einen ihr passiv ausgelieferten Konsumenten, ausgeräumt war, haben Historiker Werbekommunikate seit den 1980er Jahren verstärkt als Quelle und Untersuchungsobjekt aufgegriffen.[117] Üblicherweise wird für die Interpretation von Werbung auf das semiotische Verfahren der „Decodierung" zurückgegriffen, welche die Verknüpfung des beworbenen Produktes mit Symbolen – beispielsweise der Strand als Ort der Wonne in Kofferradio-Anzeigen – herausarbeitet.[118] Die historische Analyse muss diese Decodierung um den Kontext der zeitgenössischen Werbe- und Produktgeschichte sowie der Kultur- und Sozialgeschichte erweitern.[119]

Der Quellenwert von Werbung wurde von Historikern mit Metaphern wie dem „Zerrspiegel" der Gesellschaft oder einem „Kulturkonzentrat" beschrieben, um zu betonen, dass die Inhalte weniger die soziale Realität, denn die Erwartungen von Produzenten, Werbetreibenden und Konsumenten bzw. vorherrschende Idealbilder einer Kultur wiedergeben.[120] Da Werbung zum bedeutendsten Medium der produzentenseitigen Technikvermittlung geworden ist, sind Werbekommunikate letztlich für eine am Nutzer orientierte Technikgeschichte unverzichtbar. Sie zeigen zum einen, welche Produkte wann mit welchen Funktionalitäten und mit welchen Bedeutungszuschreibungen verkauft wurden, wobei die Werbung, über das 20. Jahrhundert hinweg betrachtet, immer weniger das Verstehen einer Technik zu vermitteln suchte, sondern abstrakte Kenndaten und emotionale Erlebniswerte betonte. Werbeanzeigen geben in diesem Sinne leichten Zugriff zu dem, was die Anbieter zu einer bestimmten Zeit als von den Konsumenten wertgeschätzte Funktionalität einer Technik ansahen. Zum anderen gibt Werbung gerade auch dadurch, dass bestimmte Aspekte der Technik unerwähnt bleiben, Aufschluss darüber, was aus dem Sichtfeld der Konsumenten gehalten werden sollte.

Werbeanzeigen legen letztlich offen, welche Verwendungsweisen die Produzenten für ihr Angebot vorschlagen. Darüber hinaus verdeutlichen sie, welche gesellschaftlich-kulturellen Werte mit einer Technik verknüpft wurden, die teils auch zu ihrer Legitimation herangezogen wurden. Im Falle der tragbaren Konsumelektronik waren dies etwa „Freiheit" und „Unabhängigkeit".

---

117 | Vgl. als Literaturüberblick: Dussel 1997.
118 | Vgl. als Klassiker der semiotischen Werbeanalyse: Williamson, Judith: Decoding Advertisements: Ideology and Meaning in Advertising. London 1978.
119 | Vgl. Gries/Ilgen/Schindelbeck; Di Falco, Daniel; Bär, Peter; Pfister, Christian (Hg.): Bilder vom besseren Leben. Wie Werbung Geschichte erzählt. Bern u. a.
120 | Vgl. Marchand, Roland: Advertising the American Dream: Making Way for Modernity, 1920 – 1940. Berkeley, L.A. 1985; Bonacker, Kathrin: Hyperkörper in der Anzeigenwerbung des 20. Jahrhunderts. Marburg 2002. Als Dokumente einer „Mentalitätengeschichte" beschreiben Gries/Ilgen/Schindelbeck Werbung.

Auf subtiler Ebene zeigen sie außerdem kaum hinterfragte Stereotype oder Ideale einer Zeit, etwa wenn der Handy-Nutzer lange Zeit als elitärer, männlicher Business-Reisender porträtiert wurde.

Bilder und Objekte als Quellen

In der vorliegenden Arbeit wird Objekten sowie Bilddokumenten ein eigenständiger Quellenwert eingeräumt, wie ohnehin dafür plädiert wird, Bilder, Dinge und Praxen ebenso wie Diskurse als wirklichkeitsstrukturierend anzuerkennen.[121] Nichtsprachliche Quellen „funktionieren" jedoch anders als Texte: Im Gegensatz zur linear gebundenen Sprachsyntax sind Bilder und Objekte nicht an eine bestimmte Abfolge der Sinneinheiten wie beim Schreiben und Lesen gebunden. Darauf verwies auch die Philosophin Susanne Langer, die die „diskursiven" von den „präsentativen", eine simultane Präsentation bildenden Symbolen trennte; letztere lassen es dem Betrachter offen, welche Elemente er wann und als wie wichtig wahrnimmt.[122] Bilder – und gleiches ließe sich auch über das Objekt sagen – argumentieren mithin anders als das Wort: Sie haben eine höhere Suggestionskraft als Texte, kennen nicht deren „Nein" und werden außerdem assoziativ sowie trotz ihrer Dichte und Polysemie blitzschnell entschlüsselt. Während sich die Geschichtswissenschaft durch die Diskussionen zum „iconic turn" der Bildproblematik umfassend gestellt hat,[123] sind objektanalytische Ansätze nach wie vor selten, so dass der Objektinterpretation im Folgenden mehr Raum als der Bildinterpretation gewidmet wird.

Visuelle Kommunikate bilden ebenso wenig wie Werbung die soziale Realität „ab", auch wenn sie im Falle von Fotografien von Historikern lange Zeit unkritisch als realienkundliche Dokumente benutzt worden waren.[124] Bilder der Vergangenheit sind nach Peter Burke „Zeugnisse gesellschaftlicher Übereinkommen" sowie „Zeugnisse vergangener Seh- und Denkweisen"; weitere Autoren betonen, dass Bilder das „Imaginäre" einer Gesellschaft zeigen.[125] Dabei bringen sie häufig das zum Ausdruck, was nicht explizit in Worten niedergelegt wurde. So kommen in Bildern des Mediating – seien es

---

121 | Vgl. für ein solches „Aufsprengen des Zusammenhangs von Geschichte und Schrift" auch: Tanner, Jakob: Historische Anthropologie zur Einführung. Hamburg 2004, hier S. 83.
122 | Vgl. Langer, Susanne K., Philosophie auf neuen Wegen. Das Symbol im Denken, im Ritus und in der Kunst. Frankfurt a. M., Mittenwald 1979 (2. Auflage), S. 86 – 108.
123 | Vgl. als Überblick: Heßler, Martina: Bilder zwischen Kunst und Wissenschaft. Neue Herausforderungen für die Forschung. In: Geschichte und Gesellschaft 31, 2005, S. 266 – 292; Paul, Gerhard (Hg.): Visual History. Ein Studienbuch. Göttingen 2006; Pandel, Hans-Jürgen: Bildinterpretation. Die Bildquelle im Geschichtsunterricht. Bildinterpretation I. Schwalbach 2008.
124 | Vgl. Jäger, Jens: Photographie: Bilder der Neuzeit. Einführung in die Historische Bildforschung. Tübingen 2000.
125 | Vgl. Burke, Peter: Augenzeugenschaft. Bilder als historische Quellen. Berlin 2003, hier S. 214; Pandel, S. 24.

Werbebilder, PR- oder Agentur-Fotografien oder Fotografien aus dem Konsumentenalltag – Bedeutungsinhalte zum Ausdruck, die in den Texten von Fach- oder Verbraucherzeitschriften fehlten, da sie entweder kaum reflektiert wurden, unbewusst vorgenommen wurden oder sich schlecht in Worte fassen ließen, vielleicht aber auch nicht in eindeutige Wortbotschaften gegossen werden sollten.

Bilder beinhalten dadurch zwei Erkenntnispotentiale: Zum einen waren es vornehmlich Bilder, welche die „Erlebnisdimension" einer Technik betonten, die in Textdokumenten oft nicht zu fassen ist. Denn der Text wiederum war der primäre Ort, um Nutzungsansprüche über technische Diskurse zu rationalisieren. Zum anderen machen Bilder, insbesondere, wenn sie in eine historische Reihung gebracht werden, die sonst kaum wahrnehmbaren schleichenden Veränderungen in der Lebensführung, in den Einstellungen und Zielen einer Gesellschaft „sichtbar".[126] Beispielsweise zeigt eine serielle Analyse von Werbebildern zu Kofferradios oder Handys, wie die Portables nach und nach an immer mehr Orten des Alltagslebens genutzt wurden.

Auch Objekte haben eine eigene Qualität; als gegenständliche Zeugen der Vergangenheit ermöglichen sie einen anderen Zugang zur Vergangenheit und sie machen die andere Kultur bzw. Zeit sinnlich erfahrbar. Wie die Ausführungen zu den Dingen in Kapitel 2.1. gezeigt haben, haben sich in der materiellen Kultur manche sozialen Bezüge ebenso wie technische Möglichkeiten, ökonomische Verhältnisse oder kulturelle Dispositionen einer Gesellschaft „verewigt", die es gilt, anhand der überlieferten Dinge zu rekonstruieren.

Methoden der Objektanalyse wurden bereits länger in der – zunächst an kunstgewerblichen Gegenständen orientierten – Museologie,[127] den Material Culture Studies[128] sowie in Forschungsarbeiten im Schnittfeld von Technik- und Designgeschichte[129] entwickelt und angewendet. Wie bei der Bild-, so handelt es sich auch bei der Objektanalyse um einen mehrstufigen Prozess, der hier wie dort kaum in dieser Vollständigkeit zu dokumentieren ist, und zwar auch, weil die idealtypischen Schritte in der Praxis ineinander übergehen.

Am Beginn der Objektanalyse steht bei diesen Methoden die deskriptive Objektinventarisierung, in der die physischen Merkmale festgehalten werden (Größe, Material, Oberfläche, Konstruktion, Form, Ornamente; sich dadurch ergebende Skripts und „affordances"). Dem folgt eine Ableitung der Funk-

---

126 | Vgl. hierzu ausführlicher: Weber, Heike: Von „Lichtgöttinnen" und „Cyborgfrauen": Frauen als Techniknutzerinnen in Vision und Werbung. In: Heßler, Martina (Hg.): Konstruierte Sichtbarkeiten. Wissenschafts- und Technikbilder seit der Frühen Neuzeit. München 2006, S. 317–344.
127 | Vgl. für Schlüsseltexte der Objektanalyse: Pearce, Susan M. (Hg.): Interpreting Objects and Collections. London 1994.
128 | Vgl. hierzu die um Daniel Miller entstandenen Arbeiten.
129 | Vgl. als Schlüsseltext für die Analyse technikhistorischer Objekte: Maquet, Jacques: Objects as instruments, objects as signs. In: Lubar/Kingery, 1993, S. 30–40. Seitens der Designlehre vgl. z. B. Steffen.

tionen und der Objekt-Nutzer-Beziehung, in der das Objekt auch benutzt werden soll; auch sensuelle Eindrücke und Assoziationen sollten gesammelt werden. Abschließend ist das Objekt vor der Folie der Technik-, Design- und Konsumkultur seiner Zeit zu kontextualisieren: Weitere Modelle der Produktgattung sowie Produktalternativen sollten als Vergleich dienen; zeitgenössische Nutzerberichte, Verbraucherhefte, Gebrauchsanleitungen, Kataloge oder ähnliche Produktdokumente können die selbst erhobenen „performance characteristics" ergänzen oder korrigieren; außerdem sind das soziotechnische System, in dem das Artefakt seinen Platz fand, ebenso zu berücksichtigen wie die Produktionsgeschichte und konsumhistorische Zusammenhänge.

Ähnlich wie die bildlichen Zeugnisse, so geben die Objekte insbesondere in ihrer historischen Reihung Hinweise zu *user de-signs*: Die Objektveränderungen lassen auf veränderte Ansprüche an sowie einen veränderten Umgang mit Technik schließen,[130] wenn die jeweiligen Interfaces, Funktionen, Formen und Oberflächen, mit denen der Mensch in Berührung kommt, gezielt betrachtet werden. Vergleicht man z. B. eine erste Produktgeneration mit einer zeitlich späteren, so lassen sich die Aufladung um sensuelle Erlebniswerte und der Trend zur so genannten „Featuritis",[131] der Eingliederung von mehr und mehr Neben- und Sonderfunktionen in ein Gerät, aufzeigen. Allerdings sollte einschränkend betont werden, dass angesichts der über 50 westdeutschen Kofferradio-Modelle um 1960 oder der weit über 1000 Radiorekorder-Modelle Anfang der 1990er Jahre und schneller Modellwechsel keine vollständige Erfassung der Objekte anzustreben ist.[132] Was diese Produktvielfalt jedoch eindrücklich dokumentiert, ist die Wichtigkeit inkrementeller Innovationen, die vor allem auf Lifestyle-Überlegungen zurückgehen.

Außerdem sollten auch solche Produkte, die sich nicht durchgesetzt haben, sondern zum „Flop" wurden, betrachtet werden. In ihnen verdichtet sich, was von manchen Produzenten als mögliche Produktalternative angesehen worden war und was von den Konsumenten aber, sei es aus ökonomischen oder anderen Gründen, als eine solche abgelehnt wurde.[133] Dass die Produkte scheiterten, verweist darauf, dass die damit verbundenen *prospektiven user de-signs* unter den Konsumenten keinen Rückhalt fanden, und solche Flops

---

130 | Für Rasierer (*Philishave* und *Ladyshave* von Philips) haben dies gemacht: van Oost, Ellen: Materialized Gender: How Shavers Configure the Users' Femininity and Masculinity. In: Oudshoorn/Pinch, S. 193 – 208; für Einwegrasierer: Retallack, Bruce G.: Razors, Shaving and Gender Constructions: An Inquiry into the Material Culture of Shaving. In: Material History Review 49, 1999, S. 4 – 19.
131 | Begriff geprägt von: Norman, Donald A.: The Design of Everyday Things. New York 1988.
132 | Wiesinger gibt an, dass 1994 auf dem deutschen Markt 1.160 Boombox-Modelle unter 99 Markennamen und 918 Walkman-Modelle unter 79 Markennamen erhältlich waren. Vgl. Wiesinger, S. 129 (Zahlen nach: GfK, gfu).
133 | Vgl. zum Aussagewert von Flops: Lipartito, Kenneth: Picturephone and the Information Age. The Social Meaning of Failure. In: Technology and Culture 44, 2003, S. 50 – 81.

unterstreichen, dass Technikentwicklung eine Aushandlung von Konsument und Produzent ist.

Umstritten war in der Vergangenheit oft der Stellenwert der Objekte: Während manche Autoren erst dann mit der Analyse des konkreten Objekts begannen, wenn sie bereits ein fundiertes, kontextuelles Wissen um seine Geschichte und Herstellung zusammengetragen hatten, plädierte der Pionier der amerikanischen Material Culture Studies, Jules Prown, dafür, eine „unwissende" Reaktion auf den Analysegegenstand zuzulassen, die einen „affective contact" mit der Vergangenheit ermögliche.[134] Nach Prown sollte zu der Objektbeschreibung sogar eine spekulativ-assoziative Auflistung aller nur denkbaren Bedeutungsinhalte und Verwendungsformen des Objekts gehören, die erst am Schluss durch den Abgleich mit externen Quellen auf die validierbaren Aspekte hin zusammenzukürzen sei. Dies berührt die Frage, inwieweit Objekte einen eindeutigen, für alle Menschen verstehbaren Nachrichtenwert haben, wie es beispielsweise Jacques Maquet annimmt:[135] Für technikhistorische Artefakte unterscheidet er zwischen Bedeutungen, die in der menschlichen Wahrnehmung begründet seien – so sei der „instrumentelle Charakter" wie etwa das Schneiden der Messerklinge von jedem Mensch aufgrund allgemeingültiger Körper- und Welterfahrung entschlüsselbar –, und solchen, die kulturspezifisch seien und daher als arbiträre Zeichen decodiert werden müssten.

Wie in Kapitel 2.1. ausgeführt, sind solche Trennungen analytischer Natur und in den Dingen selbst so nicht anzutreffen. Zudem zeigt die Geschichte der Portables, dass sich der Aussagewert der Dinge einhergehend mit dem technischen Wandel verändert hat. Schon das elektronische Zeitalter hat das direkte Verständnis von technischen Prinzipien im Gegensatz zu mechanischen, dem bloßen Auge meist offen liegenden Funktionen unmöglich gemacht; Form und Material digitaler Geräte schließlich lassen nicht mehr auf ihre Anwendung schließen.

Dies sollte Historiker jedoch nicht daran hindern, Dinge als Quellen zu benutzen. Wie jede Schriftquelle auch, so sind auch Objektquellen zum einen erst durch die Kontextualisierung mit weiteren historischen Überlieferungen zuverlässig interpretierbar und halten zum anderen in dieser spezifischen Form sonst nicht erfahrbare Hinweise oder Fragestellungen bereit. So verloren die auf Digitaltechnik basierenden Dinge keineswegs an Wert für den Konsumenten und auch nicht an Aussagewert für Objektanalysen. Vielmehr hat es erheblichen Aussagewert, danach zu fragen, was – wenn nicht mehr technische Vorgaben – die Gestaltung der Dinge bestimmt.

---

134 | Vgl. Prown, Jules: Mind in Matter. In: George, Robert St. (Hg.): Material Life in America, 1600 – 1860. Boston 1988, S. 17 – 37; ders.: The Truth of Material Culture. In: Lubar/Kingery, S. 1 – 19. Für erstere Tendenz vgl. Fleming, E. McClung: Artifact Study. A Proposed Model. In: Winterthur Portfolio 9, 1974, S. 153 – 173.
135 | Vgl. Maquet.

Abschließende Anmerkungen zu den Quellenbeständen der jeweiligen Fallstudien

Wie es die vorhergehenden Ausführungen nahe legen, hat sich der Bestand an Quellen zur Erfassung des Technikkonsums über die zweite Hälfte des 20. Jahrhunderts hinweg stark verändert. Folglich unterscheidet sich der Quellenkorpus der jeweiligen Fallstudien.

Die Radio-Fallstudie beruht auf einer Analyse von Fachhandelszeitschriften, Werbeprospekten und dem Geräteangebot, ergänzt um das populäre Technikmagazin *Hobby* und um Teenager-Zeitschriften. *Funkschau*, *Funktechnik* und das *Handbuch des Rundfunk-Großhandels* wurden für diese Fallstudie komplett durchgesehen. Die *Funktechnik* erwies sich jedoch als völlig unergiebig für den Bereich der Audioportables der 1970er und 1980er Jahre. Denn im Gegensatz zum Kofferradio, Tonband- oder Phonogerät der 1950er Jahre oder dem Kassettendeck der 1970er Jahre galten sie als minderwertige Massenware, der auch die *Funkschau* nur geringen Platz einräumte, während die *Funktechnik* sie gänzlich ignorierte. Erst Anfang der 1960er Jahre stehen darüber hinaus Verbraucherzeitschriften zur Verfügung.

Gezielte soziologisch-ethnologische Nutzungsstudien für technische Geräte setzten Ende der 1980er Jahre ein, so dass solche Studien für die Geschichte des Walkmans und insbesondere für diejenige des Handys vorliegen. Die weitere Quellenbasis für diese Fallstudien bildeten die Verbraucherzeitschriften, Special-Interest-Magazine sowie populäre Zeitschriftentitel und die allgemeine Zeitungspresse.[136] Über Kassettenrekorder und Walkman wurde kaum in Fach(handels)zeitschriften, dafür aber umso mehr in den Verbrauchermagazinen berichtet. Die Special-Interest-Zeitschriften des Audio-Bereiches wiederum thematisierten diese Geräte – im Gegensatz zum Car-HiFi-Bereich – zunächst kaum. Sie berichteten erst seit ca. Mitte der 1980er Jahre regelmäßig über Audioportables, als diese nämlich den HiFi-Ansprüchen der Leserschaft genügten. Im Falle des Handys wiederum lieferte die *Funkschau* eine wichtige Grundlage. Außerdem wurde über die bereits genannten Quellen hinaus die schnell wachsende Ratgeberliteratur konsultiert.

Objektbeispiele für tragbare Konsumelektronik und sie begleitende Schriftdokumente wie Werbebroschüren oder Gebrauchsanleitungen wurden in Museen eingesehen;[137] Objektübersichten ergaben sich außerdem durch die Dokumentationen von Privatsammlern sowie durch Produktkataloge und andere zeitgenössische Produktzusammenstellungen.

---

136 | Die Zeitungsberichte wurden mit Hilfe des seit 1974 bestehenden *Zeitungsindex* ermittelt.
137 | Und zwar in folgenden Häusern: Deutsches Technikmuseum Berlin (abgekürzt als DTMB); Deutsches Museum, München, dort auch die Sammlung Firmenschriften (abgekürzt als FS); Heinz-Nixdorf-Forum, Paderborn (HNF); National Museum of American History (NMAH). Das Grundig-Archiv blieb der Verfasserin trotz mehrmaligem Bemühen verschlossen; das Siemens-Archiv München war nur wenig ergiebig.

Der Vergleich mit dem amerikanischen Produkt- und Konsumkontext beruht auf einer gezielten Recherche nach Artikeln in populären Magazinen, Technikzeitschriften, Tageszeitungen und Verbrauchermagazinen.

3. Die Mobilisierung des Radios:

Vom Reise- zum Alltagsbegleiter

Radiohören gilt heute als typische „Nebenbei"-Tätigkeit, der an unterschiedlichsten Orten nachgegangen wird. Mit dem Radiowecker, dem Badezimmer-Radio oder dem Tuner im HiFi-Turm oder Handy sind die Geräte hierzu in zahlreichen Räumlichkeiten präsent und auch mobil verfügbar. Der durchschnittliche deutsche Haushalt besaß um 2005 schätzungsweise sechs bis sieben UKW-Empfänger, von denen die Hälfte tragbar war; außerdem waren die Pkws beinahe durchgängig mit Radios ausgestattet.[1] Ein solcher Mehrfachbesitz von Radios wurde in den westdeutschen Haushalten zwischen den 1950er und 1960er Jahren üblich, als das selbstverständlich gewordene „Erst"gerät durch ein – zumeist tragbares – „Zweit"- oder gar „Dritt"gerät ergänzt wurde. Die Verbreitung von Radioportables fiel damit zeitlich weitgehend mit dem bis zum Rezessionsjahr 1967 anhaltenden Wirtschaftsaufschwung zusammen, zu dem die Unterhaltungselektronik mit hohen Wachstumsraten beitrug.[2] Der zunehmende Absatz der so genannten „Koffer"- bzw. „Reise"empfänger demonstrierte also auch den Umschwung von der Mangelgesellschaft der unmittelbaren Nachkriegszeit in eine Gesellschaft des Massenkonsums mit zunehmenden Konsum- und Freizeitmöglichkeiten. Durch die Nutzung einer Vielzahl örtlich verteilter Geräte wurde der Rundfunk im Laufe der 1960er Jahre zu einem allgegenwärtigen Medium, das nicht mehr nur den familiären Alltag im Wohnzimmer oder die Reise begleitete, sondern das parallel zu vielen verschiedenen häuslichen wie außerhäuslichen Aktivitäten und zunehmend auch am Arbeitsplatz gehört wurde. Dabei stand in der Regel seine Unterhaltungsfunktion im Vordergrund, während bei Taschenradios und Autoempfängern vornehmlich der Nachrichtenempfang betont wurde.

Im Folgenden (Kapitel 3.1.) wird zunächst die Zeitspanne bis ca. 1957 betrachtet, als die Rundfunktechnik noch auf der Elektronenröhre basierte und tragbare Radios lediglich in der wärmeren Jahreszeit vermarktet wurden. Das

---

1 | Vgl. Breunig, Christian: Mobile Medien im digitalen Zeitalter. Neue Entwicklungen, Angebote, Geschäftsmodelle und Nutzung. In: Media Perspektiven 2006, H. 1, S. 2 – 15, hier S. 5.
2 | Vgl. Steiner, S. 271.

prägende Design dieser Zeitspanne war das kofferförmige Gerät am Henkel, das auf dem westdeutschen Markt zumeist den Batterie- und den Netzbetrieb vorsah: Das tragbare Radio sollte das Rundfunkhören im Hotel ebenso wie bei Sport oder Spiel im Freien ermöglichen, wobei die Besitzer ihre Geräte immer auch zur Vergrößerung des häuslichen Hörradius einsetzten.

Chronologisch hieran anschließend, zeigt Kapitel 3.2., wie die Vorstellung vom „Reisebegleiter" Ende der 1950er Jahre mit der Verbreitung des so genannten „Universalempfängers" von jener des „Alltagsbegleiters" abgelöst wurde. Dieser war auf eine „universale" Nutzung sowohl im Freien als auch im Häuslichen und im Auto hin ausgelegt. Das Radio im Hosentaschenformat sollte den Heim- und den Universalempfänger als handliches Drittgerät für Sondersituationen erst jetzt ergänzen. Diese Transformation der dominanten Nutzerbilder ging mit weiteren Veränderungen einher: Die Transistorisierung der Radioportables senkte die Batteriekosten; mit dem Taschentransistor-Boom gelangten auch vermehrt japanische Angebote auf den westdeutschen Markt, und Teenager wurden zu einer wichtigen Käufergruppe. Bis zu Beginn der 1970er Jahre schließlich bildete sich jenes allgegenwärtige und zwischendurch wie nebenbei stattfindende Radiohören heraus, wie es bis heute üblich ist.

Kapitel 3.3. und 3.4. sind thematisch gegliedert. Kapitel 3.3. behandelt die Entwicklung der Autoradios. Fest im Auto installierte Radios wiesen andere Konstruktionsmerkmale als die tragbaren Geräte auf. Sie machten noch Mitte der 1950er Jahre quantitativ den größten Anteil im Absatz der abseits von einer Steckdose zu betreibenden Radios aus und wurden stets als eine eigene Produktgattung geführt. Bereits ehe sich ein Hören im Gehen durchsetzte, wurde mit dem Autoradio ein wirklich „mobiles" Hören praktiziert, bei dem die Radiomusik die eigene Fortbewegung begleitete. Dies brachte dem Autofahrer neue Geschwindigkeitserlebnisse, führte aber auch zu Diskussionen, ob das Radiohören parallel zum Lenken eines Wagens bedenklich oder nützlich sei. Das Kapitel endet mit der Etablierung des Verkehrsfunks zu Beginn der 1970er Jahre, durch den das Autoradio für den Fahrer die Bedeutung eines unabkömmlichen Lotsen erhielt.

In Kapitel 3.4. wird abschließend gesondert aufgearbeitet, welche Rolle die Miniaturisierung der Technik und die Körpertragbarkeit der Designs für die Radioportables der 1950er und 1960er Jahre spielten. Besondere Aufmerksamkeit muss dabei der Kopfhörer bzw. der zeitgenössisch übliche, einseitige Ohrhörer erhalten. Das leise Hören mittels einer solchen Verkabelung von Radio und Ohr ermöglichte kleinste und problemlos mitzuführende Radiokonstruktionen. Diese gemahnten jedoch an Hör-Prothesen und wurden daher nur von wenigen Zeitgenossen benutzt, zumal offensichtlich auch kein Bedürfnis danach bestand, während des Gehens Radio zu hören. Lediglich die Radiobastler setzten, wie dieses Kapitel zeigt, eine Miniaturisierung bis hin zur „Wearability" um, wozu sie oft auch auf mikroelektronische Bauteile der Hörgeräte-Industrie zurückgriffen.

3.1. Radioportables der „Röhren"-Zeit

Im Folgenden wird der Zeitraum von 1949/50, als die westdeutsche Radioindustrie die Portable-Produktion wieder aufnahm, bis ca. 1957 betrachtet. Die Produktkultur der noch röhrenbestückten Radioportables war zu dieser Zeit von der Idee des Reisebegleiters bestimmt. Kofferradios wurden zu Massenkonsumgütern und demonstrierten die steigenden Konsummöglichkeiten der westdeutschen Aufbaugesellschaft ebenso wie den wachsenden Drang der Bürger zu einer mobileren Freizeit. Am Ende des Jahrzehnts besaßen ca. 10 bis 15 % der Haushalte ein Radioportable. Dabei bevorzugten die Käufer den kombinierten Batterie-/Netz-Empfänger im kofferförmigen Gehäuse: Diesen konnten sie auch zu Hause an der Steckdose betreiben, und die größeren Modelle lieferten eine am Heimgerät orientierte, hohe Klangqualität. Die klanglich unterlegenen taschengroßen „Personals" der „Röhren"-Zeit hingegen scheiterten auf dem westdeutschen Markt.

Vom ortsbeweglichen Amateurgerät zum stationären Radiomöbel: Radiohören als häusliche Praxis

Die 1950er Jahre waren in der BRD ein „Radiojahrzehnt":[3] Der durchschnittliche Rundfunkteilnehmer hörte bis zu drei Stunden täglich Radio. Radiogerät bzw. Radiohören waren jedoch erst in den 1930er Jahren zu einer häuslichen Technik bzw. Praxis geformt worden. Die ersten Radios der 1920er Jahre waren nämlich ortsunabhängig verwendbar – vorausgesetzt, man befand sich in einer Entfernung von weniger als 30 km zu einem der noch auf die Großstädte konzentrierten Radiosender: In den frühen Detektorempfängern fungierte ein Kristall als Gleichrichter und ein Kopfhörer zur Wiedergabe; es war keine externe Stromquelle vonnöten, um die Signale zu verstärken, denn die an der Antenne induzierten Ströme der elektromagnetischen Sendewellen reichten aus, um die Membrane der Kopfhörer in Schwingung zu versetzen. Manche Radioenthusiasten verbrachten daher bereits in den 1920er Jahren ihr „modernes Weekend" mit der neuen Technik im Freien.[4] Allerdings waren ihre Empfänger keinesfalls während des Hörens manövrierfähig, denn sie mussten erschütterungsfrei aufgestellt und mit einer langen, geerdeten Drahtantenne verbunden werden. Das eigentliche Hören war also ortsgebunden, auch wenn die Technik innerhalb der Reichweite eines Senders ortsbeweglich zu nutzen war.

Mit dem technischen Wandel vom Detektor zur Röhre, vom Kopfhörer zum Lautsprecher und von der schlichten Schaltung eines so genannten „Einkreisers" hin zu den komplexen Schaltungen des so genannten „Superhets"

---

3 | Vgl. Schildt, Axel: Hegemon der häuslichen Freizeit: Rundfunk in den 50er Jahren. In: Ders.; Sywottek, Arnold (Hg.): Modernisierung im Wiederaufbau. Die westdeutsche Gesellschaft der 50er Jahre. Bonn 1993, S. 458 – 476; Schildt 1995.
4 | Vgl. Lenk.

mit einer hohen Trennschärfe setzte sich das netzbetriebene Heimgerät durch, dessen Gehäuse als wohnliches Möbel gestaltet wurde.[5] Das Radio verlor dadurch seine männliche Konnotation als technisches Amateurgerät und entwickelte sich nun zum „Hausfreund" vor allem der Hausfrauen.[6] Die Verbreitung des Mediums fiel in Deutschland in die Zeit seiner nationalsozialistischen Instrumentalisierung:[7] 1933 hatte ein Viertel und 1941 hatten 65 % der Haushalte ein Radio. Im internationalen Vergleich blieb dieser Zuwachs hinter anderen Ländern zurück, was zugleich auch heißt, dass die Nationalsozialisten ihr Ziel der umfassenden „Rundfunkerfassung" nicht erreichten. Auch blieb die Kofferradio-Produktion unbedeutend, wenngleich das Regime mit Initiativen wie dem „Olympiakoffer" von 1936 um eine Mobilisierung des Rundfunks bemüht war. In den USA hingegen wurden Radioportables seit 1938/39 in Masse hergestellt und waren teils bereits für den Gegenwert eines Arbeiterwochenlohns erhältlich.[8]

Aufgrund der Erfahrungen in der NS-Zeit wurde der westdeutsche Rundfunk nach 1945 neu strukturiert: Getragen wurde er nun von regionalen Landesrundfunkanstalten, die als selbstverwaltete Körperschaften des öffentlichen Rechts agierten; die Finanzierung erfolgte über die von den Hörern entrichteten Rundfunkgebühren, während Werbung im öffentlich-rechtlichen Hörfunk kaum eine Rolle spielte. Erst 1986 nahmen mit der Einführung des so genannten „dualen Rundfunksystems" und der Erschließung des UKW-Frequenzbereiches zwischen 100 und 108 MHz auch private Hörfunksender, die sich ausschließlich durch Werbeeinnahmen finanzierten, den Betrieb auf. Jede Landesrundfunkanstalt sendete zu Beginn der 1950er Jahre ein MW-Programm und einige auch bereits ein UKW-Programm.[9] Mitte der 1950er Jahre produzierten sieben Rundfunkanstalten 14 Hörfunkprogramme, die mit Kirchen-, Bildungs-, Land-, Frauen- oder Jugendfunk auch zielgruppenspezifische Inhalte sendeten. Gehört wurde meist der örtliche „Heimat"-Sender, wobei sich der Trend abzeichnete, vermehrt weitere Sender zu hören.

Die UKW-Technik prägte die weitere Radioentwicklung. Auch stellte sie im internationalen Vergleich eine Besonderheit dar. Die in der BRD vergleichsweise früh eingeführten UKW-Programme waren eine Reaktion auf

---

5 | Beim Superhet wurde die Eingangsfrequenz zur Erhöhung der Trennschärfe mit einer geräteseitigen Mischfrequenz überlagert. Zum Radiogehäuse vgl. Friemert, Chup: Radiowelten. Stuttgart 1996; Ketterer (Kap. 3).
6 | Vgl. Schmidt, Uta C.: Vom „Spielzeug" über den „Hausfreund" zur „Goebbels-Schnauze". Das Radio als häusliches Kommunikationsmedium im Deutschen Reich (1923 – 45). In: Technikgeschichte 65, 1998, S. 313 – 327; Pater, Monika; Schmidt, Uta C.: „Vom Kellerloch bis hoch zur Mansard' ist alles drin vernarrt" – Zur Veralltäglichung des Radios im Deutschland der 1930er Jahre. In: Röser, Jutta (Hg.): MedienAlltag. Domestizierungsprozesse alter und neuer Medien. Wiesbaden 2007, S. 103 – 116.
7 | Vgl. König, Wolfgang: Mythen um den Volksempfänger. In: Technikgeschichte 70, 2003, S. 73 – 102.
8 | Vgl. Schiffer 1991, S.120f.
9 | Vgl. hierzu und zum Folgenden die Veröffentlichungen von Schildt.

den 1950 umgesetzten „Kopenhagener Wellenplan", der dem westdeutschen Rundfunk zu knapp bemessene MW-Frequenzen zugeteilt hatte. UKW wurde nicht in der bis dahin üblichen Amplitudenmodulation (AM), sondern in Frequenzmodulation (FM) ausgestrahlt, was zu einer erheblichen Verbesserung der Klangqualität führte. Die UKW-Technik kam also auch der Orientierung der westdeutschen Hörer an einer hohen Klangqualität entgegen: Gewünscht wurde ein „naturgetreuer Klang", womit die möglichst getreue Wiedergabe des Klangs des Konzertsaals bzw. der Originalaufführung gemeint war. Als „Welle der Freude" vermarktet, war ein UKW-Empfangsteil bereits Mitte der 1950er Jahre in den Heimgeräten und am Ende des Jahrzehnts auch in den Portables üblich geworden. Allerdings setzte sich das Hören von UKW-Programmen erst verzögert zu dieser geräteseitigen Ausstattung durch.

Anfang der 1950er Jahre war das Radio neben dem Bügeleisen das in den westdeutschen Haushalten am häufigsten anzutreffende Elektrogerät: 80 % der Haushalte besaßen 1953 einen Rundfunkempfänger, wobei ein Ausstattungsgefälle zwischen den Schichten sowie zwischen Stadt und Land vorherrschte; diese ungleiche Verteilung sollte am Ende des Jahrzehnts eingeebnet sein.[10] Dabei blieb der bevorzugte Aufstellungsort des Heimempfängers über die 1950er Jahre hinweg relativ unverändert: So hatte die überwiegende Mehrheit der vom Süddeutschen Rundfunk befragten Hörer (64 %) das Radio im Wohnzimmer platziert, ca. ein Drittel in der Küche, also am zentralen Arbeitsort der Hausfrau, und lediglich 2 % im Schlafzimmer; 4 % der Haushalte standen als Untermieter nur ein Raum zur Verfügung.[11] War bei durchschnittlich 50 Quadratmetern, die einer vierköpfigen Familie in der Frühzeit der BRD zur Verfügung standen, das eingeschaltete Radio leicht in den anderen Winkeln der Wohnung zu hören, so war dies in größeren Wohnungen nicht mehr der Fall; 1960 betrug die durchschnittliche Wohnfläche einer Familie 70 Quadratmeter.[12]

Über die 1950er Jahre hinweg wurde rund drei Stunden pro Tag Radio gehört, wobei insbesondere die Vielhörer das Gerät gezielt nach Programm einschalteten. Erst um 1960 sollte die Hörzeit durch die Konkurrenz des Fernsehmediums auf zwei Stunden sinken. Abgesehen von den Nachrichten – der meistgehörten Sendungsform – bevorzugten die Hörer Unterhaltungsmusik; programmseitig überwogen die musikalischen Darbietungen allerdings die Wortsendungen nur knapp.[13] Deutliche Schwerpunkte der Hörfunk-Nutzung

---

10 | Vgl. Schildt 1995, S. 104 (Zahl nach einer Studie des DIVO-Instituts).
11 | Vgl. Eberhard, Fritz: Der Rundfunkhörer und sein Programm. Ein Beitrag zur empirischen Sozialforschung. Berlin 1962, hier S. 71, S. 75 (Zahlen der 1950er Jahre).
12 | Zur Wohnfläche vgl. Schildt, Axel: Die Sozialgeschichte der Bundesrepublik Deutschland bis 1989/90. München 2007, S. 39.
13 | Vgl. Magnus, Kurt: Der Rundfunk in der Bundesrepublik und West-Berlin. Entwicklung, Organisation, Aufgaben, Leistungen. Eine Materialsammlung. Frankfurt a. M. 1955, S.74f: Musik überwog mit ca. 52 – 59 % der Sendezeit. Insgesamt nahm beispielsweise beim NWDR Ernste Musik 13,8 % der Sendezeit in Anspruch, Unterhaltungsmu-

lagen am frühen Vormittag und am Abend: So wurden morgens nach dem Aufstehen oft Nachrichten gehört, und der Tag endete mit dem geselligen Hören im Familienkreise. Zwischen 19 und 21 Uhr erreichte der Rundfunk seine höchsten Einschaltquoten, ehe die Mehrheit der Bevölkerung um 22 Uhr zu Bett ging; lediglich am Sonntagmittag lagen die Einschaltquoten noch höher.[14] Dabei wurde mehrheitlich nebenbei gehört. Hausfrauen, für die spezielle Sendungen wie das SDR-Vormittagskonzert „Mit Musik geht alles besser" ausgestrahlt wurden, hörten während der Hausarbeit Radio, und der Rundfunk begleitete die Mahlzeiten der Familie ebenso wie Hand- und Hobbyarbeiten oder die morgendliche Körperpflege und das Ankleiden.[15] Ohne Nebentätigkeit hörte Mitte der 1950er Jahre nur eine Minderheit Rundfunk, und selbst zur abendlichen Haupthörzeit um acht Uhr führten die Hörerinnen weitere Beschäftigungen aus, während sich Männer zu dieser Zeit am ehesten ausschließlich dem Radiohören widmeten.[16] Der Rundfunk war mithin fest in den häuslichen Routinen verankert. Eine tragbare Gestaltung von Empfängern sollte es nun auch ermöglichen, das lieb gewonnene Medium auch abseits des Heimradios nicht mehr missen zu müssen.

Tragbare Designs der frühen 1950er Jahre und ihre Nutzerbilder

Nur wenige Prozent der westdeutschen Haushalte besaßen Mitte der 1950er Jahre ein zweites oder gar drittes, stationäres oder mobiles Radio.[17] Dass bei zahlreichen Radiohörern dennoch der Wunsch bestand, den Hörradius über das eine Heimgerät hinweg auszuweiten, zeigt sich in der Radio- und Hobbypresse: Regelmäßig druckte diese Konstruktionsanleitungen ab, die beschrieben, wie ein schlichtes Kofferradio gebastelt werden könne oder wie ein Zweitlautsprecher für das Radiohören in einem weiteren Zimmer herzustellen sei.[18] Wie verbreitet solche Eigenkonstruktionen waren, lässt sich im Nachhinein nicht quantifizieren; sie stellten aber zu einer Zeit, als die bundesrepublikanische Gesellschaft noch nicht vom Konsum, sondern von der

---

sik 31,8 %, Tanz- bzw. Jazz-Musik 8,5 %, die so genannten bunten Sendungen 2,7 % und sonstige musikalische Unterhaltung 2 %; die restliche Zeit entfiel auf Wortsendungen (politischen Inhalts: 15,1 %, Kultur: 11,8 %, Nachrichten 4,4 %, Schulfunk 5 %, Sport 2,6 %, Hörspiel 1,3 %, Kirchenfunk 1 %).
14 | Vgl. Schildt, 2007, S. 27.
15 | Vgl. Schildt, 1995, S. 236; Meyer, Michael: Hauptsache Unterhaltung. Mediennutzung und Medienbewertung in Deutschland in den 50er Jahren. Münster 2001, S. 116–118.
16 | Vgl. die SDR-Statistiken eines Novembertages 1954 in: Eberhard, Fritz: Der Rundfunkhörer und sein Programm. Ein Beitrag zur empirischen Sozialforschung. Berlin 1962, S. 75 u. 292f.
17 | So nennt eine Emnid-Studie von 1953 7 % für den Zweit- bzw. Drittgerätebesitz, eine DIVO-Studie von 1958 bezifferte die Portable-Verbreitung auf 3 %, vgl. Andersen, S. 113 bzw. Schildt 1995, S. 221.
18 | Vgl. z. B. Hobby, 1956, H. 1, S. 101 („In jedem Zimmer Radio"); H. 2, S. 112–115 („Netzanschluss für Batterieempfänger").

Überwindung des Mangels gekennzeichnet war, eine preiswerte Alternative zum gekauften Kofferradio dar. Portables der Mittelklasse waren in der ersten Hälfte der 1950er Jahre für 200 bis 300 DM erhältlich. Demgegenüber betrug der durchschnittliche monatliche Nettolohn eines Arbeitnehmers Mitte der 1950er Jahre rund 315 DM, und von dieser Summe wurden noch dazu große Anteile für Erstanschaffungen wie das eigene Auto, das Eigenheim oder bald auch das Fernsehgerät zurückgelegt. Da Heimradios rund 200 bis 500 DM und Musiktruhen oft weit über 1000 DM kosteten, war das Radioportable im Falle des kombinierten Netz-/Batterie-Empfängers aber umgekehrt auch eine billige Lösung für jene Haushalte, die über keinen Heimempfänger verfügten.

Die Massenproduktion von Radioportables setzte in (West-)Deutschland um 1950 ein,[19] nachdem die Radioindustrie die Einschnitte des Zweiten Weltkriegs überwunden hatte. Die jeweiligen Jahresmodelle kamen im Frühjahr in den Fachhandel, um zu Beginn der Ausflugssaison erhältlich zu sein und den über den Sommer hinweg schrumpfenden Absatz an Heimempfängern – in der dunklen Jahreszeit wurde mehr Radio als im Sommer gehört – zu kompensieren. 1950/51 stellten neun Unternehmen zehn tragbare Modelle, ein Jahr später zehn Unternehmen 19 Modelle her. Angesichts der einsetzenden Massenproduktion berichtete die *Funk-Technik* enthusiastisch, die deutsche Radioindustrie sei „auf dem besten Wege, das Zweitgerät, das in allen anderen Ländern, besonders aber in Amerika, eine Selbstverständlichkeit geworden ist, auch bei uns durch billige und gute Konstruktionen populär zu machen."[20] Allerdings hinkte man den USA noch weit hinterher, denn dort besaß Mitte der 1950er Jahre bereits jeder dritte amerikanische Haushalt zwei Radios.[21] Aber auch gegenüber dem einheimischen Markt der stationären Geräte war die Portable-Produktion noch bescheiden:[22] Anfang der 1950er Jahre gab es in der BRD rund 60 Radiohersteller, die über 300 Heimradio-Modelle produzierten. Die hohe Zahl der Hersteller hatte sich zum einen durch die starke Radionachfrage nach dem Zweiten Weltkrieg ergeben, denn die meisten Empfänger waren, auch wenn sie unbeschädigt geblieben waren, wegen der neuen Sendestruktur veraltet. Zum anderen erforderte die Geräteproduktion nur geringe Investitionen, so dass es zu zahlreichen Unternehmensgründungen gekommen war. Mit der Etablierung der UKW-Technik vollzog sich jedoch eine erste Konsolidie-

---

19 | Auf der Technischen Messe 1949 (Hannover) war neben rund einem Dutzend Autoradios erst ein Kofferradio vorgestellt worden (*Camping* von Akkord); 1950 waren es dann bereits mehrere Modelle, vgl.: FT, 1949, H. 11, S. 310f („Rundgang durch die Messehallen").
20 | Vgl. FT, 1950, H. 11, S. 347 („Grundig ‚Boy' jetzt mit eingebautem Netzteil").
21 | Vgl. Klemp, Horst: Die Käufermentalität als Element der Wirtschaftsstruktur dargestellt am Strukturwandel der Radionachfrage. Köln 1956 (Inaugural-Dissertation an der Wirtschafts- und Sozialwissenschaftlichen Fakultät der Univ. Köln), S. 46.
22 | Die ersten Radioportables waren folgende Modelle: von Akkord: *Offenbach*; Apparatebau Backnang: *Star Trabant* (Superhet mit Tragetasche), Braun: *Piccolo*, Grundig: *Boy*; Himmelwerk AG: *Zauberkoffer*; Metz: *Baby*; Nora-Radio: *Noracord* und *Noraphon*; Schmidt-Corten mit drei Modellen; Telefunken: *Bajazzo*. Für die folgenden Angaben zur allgemeinen Radioindustrie vgl.: Andersen, S. 112; Steiner, S. 285f.

rung. 1953/54 entfielen auf die sieben führenden Unternehmen der Radioindustrie – dies waren Grundig, Mende, Loewe, Saba, Telefunken, Graetz und Philips – 80 % des Umsatzes; auf dem Portable-Markt war außerdem die seit 1948 in Offenbach produzierende Firma Akkord von Bedeutung. 1952 wurden – bei insgesamt ca. 2,6 Mio. produzierten Radios (ohne Autoradios und ohne Exportgeräte) – ca. 120.000 Portables und darüber hinaus 65.000 Autoradios, 1956 bei über 3 Mio. produzierten Radios fast 250.000 Portables und 265.000 Autoradios gefertigt.[23] Damit machte die Sparte des Radioportables einen Anteil von ca. 8 % der Gesamtgeräteproduktion für den Inlandsmarkt aus, wobei der Wert höher läge, rechnete man auch die Autoradios hinzu.[24]

Die Portables der frühen 1950er Jahre waren zumeist in einem robusten, kofferartigen Gehäuse untergebrachte 5- bis 10-Kreis-Superhets. Die Superhet-Schaltung bewirkte eine gute Trennschärfe, und die um 1950 noch vereinzelt angebotenen Portables mit schlichteren Schaltkreisen sollten sich am westdeutschen Markt nicht halten können. Standard war der MW-Empfang (mittels Rahmenantenne); einige Radioportables integrierten außerdem LW oder KW (mittels Rahmenantenne bzw. Stabantenne) oder waren gar als Dreibereichsempfänger ausgelegt. Manche Geräte sahen auch die Möglichkeit zum Anschluss einer externen Antenne vor, um die Empfangsqualität während des häuslich-stationären Hörens erhöhen zu können. Miniaturröhren ausländischer und bald auch westdeutscher Fertigung ersetzten nach und nach die Stahlröhren und führten zu leichteren und kompakteren Koffern. Die größeren Modelle ermöglichten den Batterie- wie auch den Netzbetrieb, und so genannte „Allstrom"-Geräte eigneten sich für das Wechselstrom-Netz wie auch für die verschiedenen Gleichstrom-Netze, die in manchen Regionen noch betrieben wurden. Die Ausgangsleistung der Lautsprecher betrug zwischen 160 und 350 mW, was als ausreichend für die Beschallung eines Zimmers angesehen wurde; Hochleistungsmodelle erreichten bis zu 500 mW.[25]

Das Werbefoto in Abb. 2 zeigt beispielhaft die Blaupunkt-Portables von 1951: den 3 kg schweren *Lido* für den MW-Empfang und den 7,4 kg schweren Dreibereichsempfänger *Riviera* zum Preis von 243 DM bzw. 319 DM.[26] In die stromlinienförmigen Kunststoff-Gehäuse waren die Bedienelemente derart eingearbeitet, dass sie für den Transport nicht hinderlich hervorstanden. Die Skala des *Lido* befand sich im Tragegriff, und die Drehschalter waren seitlich

---

23 | Zahlen nach: FT, 1957, H. 15, S. 504f („Zahlen sprechen für sich. Eine statistische Übersicht").
24 | Einen Wert von 8 % nennt bereits für einige Jahre zuvor: Magnus, Kurt (Hg.): Der Rundfunk in der Bundesrepublik und West-Berlin. Entwicklung, Organisation, Aufgaben, Leistungen. Eine Materialsammlung. Frankfurt a. M. 1955, S. 14. Darin dürften die Autoradios enthalten sein.
25 | So beim *Bajazzo* (Telefunken), vgl. FT, 1951, H. 5, S. 136f („Technische Randbemerkungen zu den deutschen Reiseempfängern").
26 | Vgl. dies und Folgendes: FT, 1951, H. 5, S. 116 – 120 („Leistungsfähige und preiswürdige Reiseempfänger"); HB, 1951/52, S. 122f.

Abb. 2: Ausschnitt aus einer Werbeanzeige für den Lido für die Frau und den Riviera für den Mann (1951). Die Namensgebung spielte auf die zeitgenössische Sehnsucht nach einem Italienurlaub an, während der Werbetext die Geräte als robuste, wetterunempfindliche Sport- und Spielbegleiter auswies (FT, 1951, S. 136 u. 137).

in das Gehäuse eingelassen; beim *Riviera* konnte ein Skalenvisier über die Senderanzeige heruntergezogen werden, das zugleich als An- und Ausschalter diente. Solche Klappen und Visiere schützten die Geräte beim Transport oder während Phasen des Nichtgebrauchs. Der *Riviera* empfing nicht nur mehr Wellenbereiche als der *Lido*, sondern wies auch eine höhere Ausgangsleistung sowie eine dreistufige Tonblende zur Klangregulierung auf. Diesen technischen Charakteristika lagen geschlechtsspezifische Nutzerbilder zugrunde: Ein Mann würde an die Technik höhere Ansprüche stellen als eine Frau, der wiederum nur ein geringeres Tragegewicht zugemutet wurde. Das Werbebild legt darüber hinaus sogar eine geschlechterdifferente Praxis des Greifens und Tragens nahe: Der mit Sakko gekleidete Mann, von dem nur Rumpf und Arm sichtbar sind, hält das Radio in seriös wirkender Pose am ausgestreckten Arm; die Frau dagegen trägt das Radio dynamisch am Gurt über der Schulter. Zudem blickt sie den Betrachter der Anzeige lächelnd an, was bereits auf die später gängige ikonographische Strategie der Vermarktung von Koffergeräten verweist, die uns im Weiteren begleiten wird: Die freudestrahlende Konsumentin dominierte bald die Werbebilder und wies das Kofferradio als eine Genuss bringende Konsumtechnik aus.[27]

---

27 | Das Bild der Frau demonstrierte zugleich die leichte Tragbarkeit, vgl. Weber, Heike:

Radios wurden nicht nur in Koffer, sondern auch in weitere Arten von Reise- und Transporttaschen „gepackt", und nicht immer war die Grenze zwischen Heimradio und tragbarem Gerät eindeutig. Dementsprechend wurden die Modelle von 1950/51 noch unter dem wenig spezifischen Dachbegriff des Batterie-Empfängers oder des Zweitgeräts geführt, ehe sich die Bezeichnung des Koffer- bzw. Reiseempfängers durchsetzte. Schlichte, mit einer Tragetasche versehene Batteriesuper oder netzbetriebene Einkreiser im Koffer waren leicht zu transportieren, stellten aber zugleich einen kostengünstigen und auf beengte Wohnverhältnisse zugeschnittenen Heimsuper-Ersatz dar. Außerdem wurden Batterie-Radios in die Hand- oder die Aktentasche und das Reisenecessaire integriert:[28] So war die mit 1,5 kg Gewicht superleichte *Lady* von Akkord (1952) äußerlich nicht von einer Damenhandtasche zu unterscheiden: Öffnete die Nutzerin diese, war auf der einen Seite das Radio zu finden und auf der anderen Seite konnten persönliche Utensilien untergebracht werden. Die *Heim- und Reise-VIOLETTA* von Tonfunk (1952/53) war als 6 kg schweres Batterie- und Allstrom-Gerät in einem „eleganten aparten Lederkoffer" untergebracht. Solche Designs mussten nach dem Transport stationär – sei es auf der Picknick-Decke der Ausflugsgesellschaft, im Hotel-Zimmer des Geschäftsreisenden oder in der Mansarde des Untermieters – hingestellt und ausgepackt bzw. aufgeklappt werden, ehe man sich dem Radiohören widmen konnte. Trotz der Umschreibung als „tönende Umhängetasche"[29] blieb das Radioportable also während der Zeit des Transports stumm. Ohnehin verhinderte aber auch die Aufwärmzeit, welche die Röhren nach dem Einschalten des Radios benötigten, ein nur kurzzeitiges „Zwischendurch"-Hören des Rundfunks.

Dreierlei ist für die frühen Portable-Modelle auffällig: erstens ihr relativ hohes Gewicht, zweitens die geschlechtsspezifische Ausführung und drittens die Tendenz, die Technik als zeitgenössisches Tragehilfsmittel zu kaschieren. Mit ihren für ein dauerhaftes Tragen völlig ungeeigneten Gewichten von rund 3 bis 7 kg kamen die Kofferradios nur teilweise jenen Vorstellungen nach, welche die *Funktechnik* 1949 als Pflichtenheft für die zukünftige Entwicklung zusammengestellt hatte.[30] Um auch „bei längerem Handtransport" nicht beschwerlich zu werden, war ein Gewicht von maximal 2 kg empfohlen worden. Das gegenüber dem reinen Batteriegerät wesentlich schwerere Netz-/Batteriegerät wurde daher tendenziell nur für jene Nutzer als sinnvoll erachtet, „die

---

Von „Lichtgöttinnen" und „Cyborgfrauen": Frauen als Techniknutzerinnen in Vision und Werbung. In: Heßler, Martina (Hg.): Konstruierte Sichtbarkeiten. Wissenschafts- und Technikbilder seit der Frühen Neuzeit. München 2006, S. 317 – 344.

28 | Vgl. zur *Lady*: HB, 1953/54, S. 111; Werbeanzeige in FT, 1952, H. 23, S. 648; für die Violetta: HB, 1952/53, S. 109; für das Necessaire-Radio: FS, 1950, H. 7, S. 104 („REISESUPER im Necessaire"). Solche Taschen-Designs erleichterten Herstellern den Einstieg in die Portable-Produktion, da keine speziellen Fertigungsanlagen für Gehäuse errichtet werden mussten.

29 | Vgl. FT, 1950, H. 10, S. 294f („…und weitere Portables").

30 | Vgl. FT, 1949, H. 21, S. 628f u. 652 („Grundsätze für Entwicklung und Konstruktion von Reiseempfängern kleiner Abmessungen").

viel in Hotelzimmern leben"; es sollte den westdeutschen Markt jedoch bald dominieren. Was Klangqualität und Hörkomfort betraf, erfüllten die Modelle das Pflichtenheft hingegen. So hatte die *Funktechnik* gefordert, Gewicht und Größe der Radioportables unbedingt mit der Wiedergabegüte, Lautstärke und Senderempfindlichkeit sowie der Batteriekapazität abzustimmen; keinesfalls solle auf ihre Kosten ein „Rekord an Kleinheit" aufgestellt werden. Denn der deutsche Radiokäufer wurde als ein anspruchsvoller Hörer konstruiert. Auch ein Portable dürfe, so die *Funktechnik*, „eine gewisse Mindestgüte der Wiedergabe" nicht unterschreiten. Die Endlautstärke sollte zudem ausreichen, um in durchschnittlich großen Innenräumen sowie bei einem „mittleren äußeren Geräuschpegel" im Freien Radio zu hören. Einen Bedarf nach Miniaturgeräten vermutete die *Funktechnik* hingegen nur bei einem eingeschränkten Interessentenkreis.

Mitte der 1950er Jahre produzierten die westdeutschen Hersteller schließlich auch eine 1 bis 2 kg schwere Kofferform, so dass sich nun drei Grundvarianten unterscheiden ließen: das bis zu 2 kg schwere Batterie-Radio für MW- und teils auch schon UKW-Empfang (Preis: ca. 100 bis 250 DM), der rund 3 kg schwere Batterie-/Netz-Empfänger für mehrere Wellenbereiche sowie das hochwertige, über 5 kg schwere UKML-Gerät (Preis: über 300 DM). Die kleinen Koffer galten als „ausgesprochene Portables" für einen Ausflug oder für das Tragen „von Damen".[31] Sie hatten das Ausmaß eines dickeren Taschenbuches und waren teils dem „Format ‚Damenhandtasche'"[32] nachgebildet, bei dem sich das Gehäuse trapezförmig nach oben verjüngte. Das geringe Gewicht ging mit technischen Abstrichen einher – neben der Beschränkung der Wellenbereiche, einer geringeren Lautsprecherleistung oder dem Verzicht auf Raffinessen wie die Tonblende des *Lido* sind etwa auch die kleineren Batterien zu nennen, die unwirtschaftlicher als die größeren Batterieblöcke waren. Frauen wurden mithin als Nutzergruppe definiert, die ein geringes Gewicht bevorzugte und dafür auf den Mehrbereichsempfang oder die „naturgetreue" Klangqualität zu verzichten gewillt war. Fehlte die feminine Gehäusegestaltung, so wurden mit den kleinen Geräten auch solche Käufer bedient, die ein schlichtes Radio für wenig Geld erwerben wollten. Die Geräte der Oberklasse hingegen waren an eine männliche, betuchte Käuferschicht gerichtet. Dabei stand der Radioindustrie vor allem der reisende Geschäftsmann vor Augen, der unterwegs nicht auf seinen Heimatsender verzichten wollte und der außerdem – als anspruchsvoller Hörer oder weil er über das Sendegebiet der regionalen Mittelwellen-Programme hinaus reiste – auf einen LW- oder KW-Sender zurückzugreifen wünschte.[33]

---

31 | Vgl. FT, 1950, H. 10, S. 294f („...und weitere Portables"), hier S. 295.
32 | Vgl. FT, 1952, H. 12, S. 319 („Kleinstsuper ‚Teddy'"). Ähnlich gestaltet waren 1952: *Offenbach 52 M* (von Akkord; ca. 150 DM, Allstrom und Batterie, 2 kg, MW, Rahmenantenne), *Kolibri* (von Schaub; 124 DM, nur Batteriebetrieb, unter 1,4 kg, MW, Ferritstabantenne).
33 | Vgl. z. B. FT, 1950, H. 9, S. 264 – 66 („Bemerkungen zum Reiseempfänger") oder auch eine Braun-Werbeanzeige für den *Commodore* (in: FT, 1952, H. 8, S. II), die das

Die Camouflage von Radios in – oft geschlechtsspezifischen – Taschenformen deutet an, dass ein Radioportable noch nicht als vorzeigbares Accessoire galt. Selbst die Kofferradio-Modelle wurden teils mit einer separaten Tragetasche ausgestattet, und viele Nutzer verstauten die Radioportables in ihrem Gepäck, „da die äußere Aufmachung fast aller Koffergeräte (...) einen betont technischen Eindruck" machte.[34] Entsprechend wurde der „Reisesuper im Necessaire", bei dem der Empfänger in einer Kulturtasche untergebracht war, von der Zeitschrift als eine „glückliche Synthese zwischen Rundfunkgerät und Reisetasche" gelobt.[35] Und die *Funktechnik* vermutete angesichts eines Radios „in der Damen-Handtasche", es sei für manche Frau sicher „(r)eizvoll und modisch (...), in unauffälliger Weise einen (nun wirklich eigenen) Empfänger spazierentragen zu können".[36] Das Modische war also keinesfalls die Technik, sondern deren unauffällige Integration in eine schicke Handtasche. Und auch die Skalenvisiere und Schiebetürchen, wie sie einige Modelle zum Verschließen der Bedienfront vorsahen, dienten nicht allein dem Schutz der Geräte, sondern ebenso der Camouflage, denn wenn sie geschlossen waren, ließ sich nicht mehr erkennen, „ob es sich um einen Rundfunkapparat oder um eine kleine, kofferförmige Handtasche" handelte.[37] War dem Heimempfänger in Gestalt eines Wohnmöbels ein Platz im Häuslichen eingeräumt worden, so wurde nun die mobile Radiovariante den Räumen des Unterwegsseins und des Reisens angepasst und als Gepäckstück kaschiert.

Engpass Energieversorgung:
Batterien und Hörkosten der Kofferradios

Die zentrale Schwachstelle der frühen Kofferradios lag in der Energieversorgung für ihren mobilen Gebrauch. Batterien waren nicht nur kostspielig, sondern zudem äußerst schwer: Sie machten ein Viertel bis zu einem Drittel des Gerätegewichts aus; beim *Lido* beispielsweise entfielen von den 3 kg Gesamtgewicht 700 g auf die Batterien, beim 7,4 kg schweren *Riviera* waren es 2,2 kg. Auf die Stunde netzunabhängiges Hören umgerechnet, betrugen die Batteriekosten rund 20 bis 25 Pf, bei kleinen Geräten sogar mehr. Weil Kofferradios immer auch zu Hause benutzt wurden, integrierten viele den Netzbetrieb oder besaßen ein anschließbares Netzteil. So konnten die Portables „am Strand und bei der Rast im Walde mit Batterie, und im Hotel oder der Pension am Netz" betrieben werden.[38]

Radio unterhalb der Zeichnung eines aufsteigenden Flugzeuges als Zeichen für Fortbewegung und den auf der Karriereleiter aufsteigenden Geschäftsmann platzierte.
34 | Vgl. FS, 1950, H. 7, S. 104 („REISESUPER im Necessaire").
35 | Ebd.
36 | Vgl. FT, 1950, H. 18, S. 565 („Ein Rundfunkempfänger in der Damen-Handtasche").
37 | So die *Funktechnik* über die Schiebetürchen des *Akkord Offenbach*, vgl. FT, 1950, H. 10, S. 294f („...und weitere Portables").
38 | Zitat aus: FT, 1951, H. 5, S. 115 („Ein Dutzend neuer Portables"); vgl. außerdem: FS, 1950, H. 13, S. II („Einsatz-Netzteile für Reisesuperhets"); zur Bevorzugung des

Als Batterien wurden Zink-Braunstein-Elemente, dann auch Manganchlorid-Batterien mit hochvoltigen Spannungen für die Anodenbatterie und einer 1,5 V-Spannung oder ein Vielfaches hiervon für die Heizbatterie verwendet.[39] Die Anodenbatterien der Mittelklasse-Empfänger wogen rund 1 kg und hielten 40 bis 50 Stunden. Geht man von einer ca. zwei- bis dreistündigen Nutzung am Wochenende aus, so waren sie also nach vier bis sechs Monaten – und damit nach einer Sommersaison – zu wechseln. Gegenüber den Zink-Braunstein-Elementen, die nicht länger als drei Stunden ohne Unterbrechung betrieben werden sollten, benötigten die Manganchlorid („EMCE")-Batterien keine solche „Ruhepause"; des Weiteren wiesen sie eine langlebigere und „röhrenschonende" Entladungskurve auf. Ein kombinierter EMCE-Block für Anode und Heizung (90 V/9V) hielt 150 Stunden und senkte die Kosten einer Hörstunde auf ca. 15 Pf; bei kleineren Blöcken konnten sie jedoch weiterhin bei über 20 Pf liegen.

Insgesamt gab es eine Vielzahl von Batterieformen und -stärken, die auf die jeweiligen Empfänger abgestimmt waren; der Besitzer eines Kofferradios musste also genau wissen, welche Batterievariante er für sein Gerät benötigte. Im *Handbuch des Rundfunk- und Fernseh-Großhandels* wurden 1953/4 rund 20 verschiedene Batterien von insgesamt drei Herstellern (Baumgarten/EMCE, Daimon, Petrix-Union) aufgelistet.[40] Sie reichten von der 67,5 bis 110 V starken Anodenbatterie für ca. 10 bis 22 DM über kombinierte Heiz-/Anoden-Blöcke für ca. 25 DM hin zu mannigfaltigen Heizbatterie-Ausführungen für 3 bis 10 DM.

Um die Batteriekosten zu verringern, sahen manche Kofferradios Vorrichtungen zur „Auffrischung" der Batterien vor, deren Effizienz freilich umstritten war: Stromimpulse an die Batterie sollten den Wasserstoff, der sich an der Elektrode sammelte, ablösen. Andere Geräte wiesen eine „Sparschaltung" auf, mit der einige Röhren-Heizfäden abgeschaltet werden konnten. Mitte der 1950er Jahre benutzten einige Hersteller außerdem Akkumulatoren auf Nickel-Cadmium-Basis, die so genannten „gasdichten Stahlsammler". Sie reichten für rund 20 Stunden Hörvergnügen,[41] lieferten jedoch meist nur den Heizstrom für die Röhren, da die Anodenstromversorgung einen zusätzlichen Zerhacker erforderte.[42] Im 7,5 kg schweren *Pascha* (Weltfunk/Krefft, 1953) wurde der Sammler für die Heizung der Röhren und die Anodenspannung benutzt; das Gerät kostete aber auch satte 400 DM und war mit weiteren Raffinessen wie einem klangregelbaren Lautsprecher und der Möglichkeit zum

---

Kombinationsgerätes durch die Käufer: FT, 1957, H. 5, S. 132 – 34 („Koffer-Empfänger 1957").
39 | Vgl. dies u. Folgendes: FT, 1951, H. 5, S. 120f („Batterien für Reiseempfänger"), FT, 1951, H. 5, S. 136f („Technische Randbemerkungen zu den deutschen Reiseempfängern").
40 | Vgl. dies und Folgendes: HB, 1953/54, S. 217 – 221.
41 | Vgl. FT, 1955, H. 6, S. 144 – 147 („Neue leistungsfähigere Koffersuper").
42 | Vgl. Radio-Magazin, 1955, H. 3, S. 67 – 70 („Die neuen Reiseempfänger 1955").

Anschluss eines Foto-Blitzlichtes ausgestattet.⁴³ Der Hobbyfotograf konnte es sich also sparen, unterwegs eine weitere, separate Energieversorgung für das Blitzlicht mitzunehmen. Der Akku des *Pascha* lud sich während der stationären Nutzung am Netz auf – dem ortsunabhängigen Einsatz des *Pascha* sollte also das häusliche Radiohören an der Steckdose folgen.

Erst der Transistoreinsatz reduzierte den Stromverbrauch der Radioportables erheblich. Da die Hörstunde im Batteriebetrieb nun nur noch wenige Pfennige kostete, verzichteten viele Hersteller in den Jahren um 1960 sogar gänzlich auf den Netzbetrieb im Portable. Mit den Transistorgeräten setzten sich außerdem die standardisierten Einzelzellen durch:⁴⁴ Die genormten Baby-, Mono-, Mignon- oder Mikrozellen wurden global verkauft, und um die nötige Betriebsspannung zu erreichen, wurden die Geräte mit der jeweils erforderlichen Anzahl von Einzelbatterien bestückt. Daneben wurden nur noch die 6 V-Kompaktbatterie, die 4,5 V-Flachbatterie sowie wenige Spezial-Transistor-Batterien benutzt.⁴⁵ Zum Einlegen der Batterien musste die ganze Rückwand abgenommen werden, ehe sich in den 1970er Jahren das separate Batteriefach durchsetzte.

„Hinaus ins Freie": Kofferradios als saisonale Reisebegleiter

Aus dem im Gepäckstück versteckten Radioportable war Mitte der 1950er Jahre der „moderne" Reiseempfänger geworden, der offen umher getragen wurde und ohne die zuvor üblichen Schutzklappen auskam. Als Hauptkäufergruppen galten nun neben den Geschäftsreisenden all jene, die ein Radio bei außerhäuslichen Freizeitaktivitäten mit dabei haben wollten, oder in den Worten der Fachpresse: „junge Leute, die an Sport und Spiel Freude haben".⁴⁶ Parallel zu den steigenden Konsummöglichkeiten der westdeutschen Gesellschaft konzentrierte sich die Portable-Vermarktung auf diese zweite, stetig wachsende Nutzergruppe. Mit dem Hinweis, „(s)olange es unternehmungslustige junge Leute gibt – solange die Junggebliebenen unter den älteren Semestern nicht aussterben – solange das Phänomen der Reisewelle anhält", würden sich Kofferradios weiterhin gut verkaufen, bemühte ein Portable-Hersteller 1957 sogar gegenüber dem Fachhandel die mobil werdende Freizeit als Verkaufsargument.⁴⁷ Mit Portable ausgestattete Ausflugsgesellschaften begannen nun auch die Freizeitkultur zu prägen, und so hatte die viel gelesene Radio-Zeitschrift *Hör-Zu* ihren Lesern bereits 1954 in der Pfingstausgabe nicht nur vergnügliche freie Tage gewünscht, sondern das *Hör-Zu*-Maskottchen Mecki

---

43 | Vgl. Werbeprospekt „Weltfunk Koffersuper Pascha 53 mit der ewigen Batterie!". In: DTMB, III.SSg.2 Firmenschriften, 13927.
44 | Vgl. FS, 1960, H. 23, S. 581f („Trockenbatterien für Taschensuper und Heimempfänger").
45 | Vgl. FT, 1961, H. 2, S. 52 („Welche Batterien wählt man für Transistorgeräte?").
46 | Vgl. FT, 1955, H. 6, S. 144 – 147 („Neue leistungsfähigere Koffersuper"), hier S. 144.
47 | Vgl. Schaub-Lorenz-Werbeanzeige in: FT, 1957, H. 4, S. 119.

dabei gezeigt, wie es den traditionellen Pfingst-Ausflug bequem im Gras liegend, Pfeife rauchend und dabei Radio hörend verbrachte. Allerdings blieb die Praxis, ein Radio im Grünen einzuschalten, nicht ohne Kritik:[48] So forderte eine Bastelanleitung für den Reisekoffer *tilly* dazu auf, „am Strand, im Park und auf dem Camping-Platz Rücksicht zu nehmen auf seinen Nachbarn, der Ruhe sucht und vielleicht nicht erbaut ist von unserer Musik"; gleiches gelte natürlich in gesteigertem Maße für das Hören in der eigenen Wohnung. Auch die *Funkschau* bemängelte kurz vor Beginn der „Reisezeit", dass die Laute der Natur vom Radioapparat als „Musikberieselungsanlage und Geräuschkulisse" verdrängt würden und kritisierte, dass „(v)iele heutige Menschen (...) in keiner Lebenslage auf den Radioapparat verzichten zu können" glaubten. Stattdessen wurde den Lesern geraten, „auch einmal still und andächtig dem Vogelgezwitscher am Morgen, dem Rauschen der Bäume, dem Plätschern der Wellen" zuzuhören. Diese Kulturkritik an einer Über- bzw. Ausblendung der Naturgeräusche zugunsten der eigenen Musik begleitete die Ausbreitung des Kofferradio-Gebrauchs, und sie sollte auch im Falle des Walkmans wieder auftauchen.

Ein typisches – und zugleich äußerst frühes – Beispiel der Vermarktung von Kofferempfängern als Begleiter der vergnüglichen Reise ist der Grundig *Boy*, der 1950 als 3 kg schwerer und rund 200 DM teurer MW-Empfänger auf den Markt kam. In der ersten Fassung hatte der *Boy* nur den Batteriebetrieb vorgesehen, der bei 60 Stunden Empfangszeit ca. 25 Pf pro Stunde kostete, was den Eindruck, dass Grundig vom mobilen Hörer ausging, verstärkt; allerdings wurde bald ein separater Netzanschluss nachgeliefert.[49] Selbst der *Boy*, der zu den leichtesten und robustesten Geräten des westdeutschen Markts gehörte, war allerdings nicht „auf Kleinheit gezüchtet".[50] Der Platz, der durch den Einsatz von miniaturisierten Röhren gewonnen wurde, wurde durch einen Lautsprecher mit ca. 12 cm Durchmesser aufgefangen. Schon bald gesellte sich im Übrigen zu dem nun als „kleiner" *Boy* bezeichneten Gerät der „große" *Boy*: ein ca. 5 kg schwerer KML-Empfänger für den Batterie- und Allstrombetrieb.

Der *Boy* wurde als „fröhliche(r) Begleiter bei Sport und auf Reisen" oder auch unter dem Werbeslogan „Hinaus ins Freie" vermarktet.[51] Zeichnungen in den Werbeanzeigen porträtierten Bade- und Strandurlauber, Besucher eines

---

48 | Ähnliche Beschwerden waren in den USA Ende der 1930er Jahre anzutreffen, vgl. Schiffer, S. 120 u. 121. Zu den folgenden Zitaten vgl.: Hobby, 1955, H. Oktober, S. 92 – 99 („Unser Kofferempfänger heißt tilly"), hier S. 99; FS, 1954, H. 7, S. 123 („Reisezeit").
49 | Auch die Schaltung war modifiziert worden, vgl. Vogel, Andreas: Konsolidierung und Innovation. Die Entwicklung der Rundfunkempfängertechnik in den Westzonen und der Bundesrepublik Deutschland zwischen 1945 und dem Ende der fünfziger Jahre. Erfurt 1997, S. 163f.
50 | Vgl. FT, 1950, H. 1, S. 6 („Der erste deutsche ‚Portable'").
51 | Vgl. Anzeige in: FT, 1950, H. 7, S. 223; für das Folgende vgl. die Werbeanzeigen in: FS, 1950, H. 4, Heftrückseite; FS, 1951, H. 12, S. 237.

Abb. 3: „Hinaus ins Freie" – Werbebild für den Grundig Boy, 1951 (FS, H. 12, S. 237).

Stadtparks oder Hotelreisende als Portable-Nutzer. Das Inserat in Abb. 3 griff auf die in der Folgezeit dann oft eingesetzte Bildformel der sonnenbadenden Frau im Bikini zurück, die mit ihrem Sex-Appeal den männlichen Blick einfangen sollte. „Bei der Eisenbahnfahrt, beim Sport und beim Wochenendausflug, nirgends wird man ihn mehr missen wollen, denn unabhängig von jeder Steckdose spendet er Unterhaltung und in seiner Gesellschaft gibt es keine Langeweile", priesen weitere Grundig-Werbetexte außerdem eine suggerierte enge Beziehung zwischen dem mobilen Nutzer und dem Technik-Gefährten an. Wie ein Boy, der einem den Transitaufenthalt im Hotel durch seine stete Verfügbarkeit erleichterte, sollten auch die Grundig *Boys* überall für das persönliche Wohlbefinden zu Diensten sein. Interessanterweise ging diese Gerätebezeichnung, die später auch auf Portables anderer Produktklassen übertragen wurde, auf einen Preiswettbewerb zurück: Rund 170.000 Leser hatten auf die Aufforderung Grundigs reagiert, Namensvorschläge einzusenden, wobei rund 300 von ihnen den Namen „Boy" aufgeschrieben hatten.[52] Grundig bediente sich früh solch populärer Aktionen, um die Kunden im Massenmarkt an sich zu binden,[53] und sollte im Laufe der 1950er Jahre zum marktbeherrschenden Hersteller von Radio-, Fernseh- und Tonbandgeräten werden.

---

52 | Vgl. die Anzeige von Grundig zur Bekanntgabe des Namens und der Preissieger in: FT, 1950, H. 7, S. 223.
53 | Vgl. auch den Aufruf zum Fotowettbewerb „Unterhaltsame Stunden", an dem sich alle Besitzer von Grundig-Radios beteiligen konnten, in: HB, 1950/51, S. 207.

Dabei verschwand im Laufe der 1950er Jahre das Bild des Geschäftsmannes weitgehend aus der Portable-Werbung, wie überhaupt männliche Nutzer selten und wenn, dann zusammen mit einer Partnerin beim Ausflug gezeigt wurden. Allerdings wurden in der ersten Hälfte der 1950er Jahre einige Radioportables bereits als Begleiter der sommerlichen Urlaubsreise beworben,[54] und schon die Blaupunkt-Modelle *Lido* und *Riviera* hatten zumindest den Traum vom Italienurlaub aufgegriffen. In der Realität war die Urlaubsreise jedoch noch ein Privileg der gehobenen, gutbürgerlichen Schicht. 1955 hatte erst die Hälfte der Bundesdeutschen seit der Währungsreform überhaupt je eine Urlaubsreise gemacht, wobei die meisten Reisenden im eigenen Land geblieben waren; 29 % waren noch nie verreist, und nur ca. ein Viertel konnte sich das Reisen wirklich leisten.[55] Beinahe die Hälfte der Urlauber nächtigte außerdem bei Verwandten oder Bekannten, um die Reiseausgaben gering zu halten.[56] Der Massentourismus setzte erst Ende der 1950er Jahre ein.

Als preiswerte Urlaubsmethode wurde seit Mitte der 1950er Jahre das Camping populär, das auch weniger Bemittelten das Reisen erlaubte. Ende der 1950er Jahre entschied sich ca. ein Zehntel der Urlaubsreisenden hierfür, und die rund 60.000 deutschen Campingplätze konnten ca. drei Millionen Camper beherbergen.[57] Damit blieb das Campen zwar hinter der Bedeutung des Übernachtens bei Bekannten oder Verwandten zurück. Es entstand jedoch ein spezifisches Sortiment an Gütern, das vom Instantkaffee zum Klappmöbel über das Reise-Radio reichte. Das Zelten im Freien verringerte also keinesfalls den Konsumbedarf, sondern ließ neue Produkte aufkommen, um auch auf dem Zeltplatz seinen üblichen Gewohnheiten – wenn auch in vereinfachter Form – nachgehen zu können: Der Campingurlaub verband einen Rest von „Romantik" mit den allerletzten „zivilisatorischen Raffinessen".[58] Mit der einsetzenden Massenmotorisierung in den 1960er Jahren sollten Zelten und Wandern außerdem mehr und mehr die Form des „Autowanderns" erhalten.

Auch tragbare Radios wurden gezielt auf die Bedürfnisse der Camper und Autowanderer abgestimmt. Beispielsweise integrierten die Radioportables Uhr, Reisewecker oder eine Taschenlampe, so dass der Camper sich die Mitnahme dieser Utensilien ersparte. Wer bereits mit dem eigenen Pkw zum Campingurlaub fuhr, der konnte sich außerdem ein Kofferradio wie den

---

54 | Telefunken versprach z. B. bereits 1950 „das große Ferienerlebnis", vgl. FS, 1950, H. 9, S. 149.
55 | Vgl. Schildt 1995, S. 189 (Quelle: Repräsentativerhebung des Allensbacher Instituts, 1955); Pagenstecher, Cord: Der bundesdeutsche Tourismus. Ansätze zu einer Visual History: Urlaubsprospekte, Reiseführer, Fotoalben 1950 – 1990. Hamburg 2003, S. 111 – 158.
56 | Vgl. Andersen, S. 179; dies war auch 1958 in dieser Größenordnung der Fall, vgl. Hachtmann, Rüdiger: Tourismus-Geschichte. Göttingen 2007, S. 155.
57 | Zahlen nach: Pagenstecher, S. 141, Andersen, S. 183.
58 | So der Konsumforscher Bergler 1957, vgl. Bergler, Georg: Verbraucher und Verbrauchsgewohnheiten. In: Ders.: Beiträge zur Absatz- und Verbrauchsforschung. Nürnberg 1957, hier S. 120.

Akkord *Pinguin U 55* anschaffen: Er war nicht nur auf den Empfang von vier Wellenbereichen hin ausgelegt, sondern konnte wegen des integrierten Zerhackers an die Autobatterie angeschlossen werden. Beworben wurde er mit Nutzungsszenen, die das Camping, das Baden am See und das Paddeln sowie die Autofahrt illustrierten.[59]

Solche Wunschbilder der Werbung, die Ausflug, Camping oder Sonnenbad zeigten, standen ohne Frage noch im Kontrast zur überwiegend von einer familiären Häuslichkeit geprägten Freizeitkultur: Die knappe freie Zeit wurde in den 1950er Jahren abgesehen von Spaziergängen oder Verwandtschaftsbesuchen am freien Sonntag vor allem zu Hause verbracht, und zwar mit dem zahlreiche Hobbys begleitenden Radiohören, mit der Lektüre von Illustrierten oder populärer Literatur, der Haus- und Gartenarbeit und in wenigen Haushalten auch schon mit dem Fernsehen.[60] Die Werbebilder wie auch Gerätebezeichnungen wie *Weekend* (Lorenz) und *Wochenend* (Bastelvorschlag der *Funkschau*)[61] verwiesen aber bereits auf jene Wochenend- und Ausflugskultur, die Ende der 1950er Jahre entstand, als die Fünftages-Arbeitswoche und zunehmend auch die Urlaubsreise üblich wurden. So stiegen die jährlichen arbeitsfreien Tage zwischen 1950 und 1960 von 74 Tagen auf 104 Tage; waren in der Industrie 1955 49 Stunden an sechs Arbeitstagen gearbeitet worden, so war nun bei einer durchschnittlichen Wochenarbeitszeit von 44 Stunden die Fünf-Tage-Woche üblich.[62] Dies ermöglichte es, über das pure Ausruhen hinaus in der freien Zeit zunehmend aktiven Freizeitbetätigungen nachzugehen.

Der Begriff der „Reise" in der Bezeichnung „Reiseempfänger" verwies also auf eine Kultur des Unterwegsseins in der Freizeit, die sich für die Mehrheit der Bundesbürger so erst am Ende des Jahrzehnts ergab. Das Kofferradio war dabei jedoch schon Mitte der 1950er Jahre ein Zeichenträger für ein Wertekonglomerat, das der Hochschätzung von „Mobilität" am Ende des 20. Jahrhunderts nahe kommen sollte: Es stand für den Wunsch nach einer Freizeit abseits des Hauses, für Dynamik und Beweglichkeit sowie für Jugendlichkeit und Unternehmungslust, aber auch für eine stete Einsatzbereitschaft. Mit dem zeitgenössischen Begriffsverständnis von Mobilität hatte dieses Wertekonglomerat freilich wenig gemein. Denn „Mobilität" bezog sich in dieser Phase auf die Wohnsitzverlagerung. Und die zeitgenössischen Erlebnisse einer solchen Mobilität waren welche des Verlusts: Prägend waren die Flucht- und anschließenden Fluktuationsbewegungen der vielen Flüchtlinge und Vertriebenen, die durch den Zweiten Weltkrieg ihre Heimat verloren hatten.

---

59 | Vgl. Anzeige in: Camping, 1955, S. 142.
60 | Vgl. Schildt 1995, S. 119.
61 | Vgl. FS, 1951, H. 9, S. 171f („Reisesuper ‚Wochenend'. 6-Kreis-4-Röhren-Universalsuper für den Selbstbau").
62 | Vgl. Andersen, S. 182 u. S. 210; Schildt, Axel: Die Sozialgeschichte der Bundesrepublik Deutschland bis 1989/90. München 2007, S. 24f. Zum Vergleich: 1980 hatten die Bundesbürger im Durchschnitt 143 arbeitsfreie Tage.

Leitlinien der Kofferradio-Gestaltung der 1950er Jahre

Wie für Heimradios, so bildeten sich auch für Portables Nutzungs- und Bewertungskriterien heraus, auf die Hersteller und Konsumenten besonderes Augenmerk legten. Beim Heimradio wurden bei Produktneuvorstellungen oder in der Werbung die Zahl der Röhren, der Schaltkreise und der Lautsprecher sowie teilweise auch diejenige der Tasten betont, obwohl dies keinesfalls eindeutige technische Qualitätsmerkmale waren.[63] Eckpunkte waren für die Portables ebenfalls Anzahl der Röhren und Kreise, außerdem Größe und Ausgangsleistung des Lautsprechers als Kriterien der Leistungsfähigkeit, des Weiteren die empfangbaren Wellenbereiche und die Tastenzahl als Zeichen für Hör- und Bedienkomfort; schließlich wurde Wert auf ein modebewusstes Gehäuse und auf möglichst geringe Batteriehörkosten gelegt. Das Gewicht wurde beachtet, ohne dass aber eine radikale Gewichtsreduzierung angestrebt worden wäre. Devise war vielmehr, eine „gute Klangqualität bei hoher Empfindlichkeit" zu liefern.[64] Dies entsprach auch dem Käuferverhalten: Die Konsumenten bevorzugten den Mittelklasse-Super, von dem sie laut *Funktechnik* einen „günstigen Preis, angemessene Empfangsleistung und einen noch guten Klang" erwarteten.[65] Betrachtet man die im *Handbuch des Rundfunk- und Fernseh-Großhandels* aufgeführten Radioportables, so waren 1955/56 der Braun *Exporter* und der Grundig *Mini-Boy*, die mit 850 bzw. 630 g Gewicht auch die leichtesten Geräte darstellten, die einzigen Nur-MW-Geräte; die weiteren Angebote waren Mehrbereichsempfänger, wobei die Ferritstab-Antenne inzwischen zum MW- und auch bereits zum LW-Empfang diente. Marktforschungsstudien hatten darüber hinaus gezeigt, dass die Nutzer auch im Koffergerät den UKW-Empfang sowie Drucktasten wünschten.[66]

Der UKW-Empfang wurde 1953 – als der kombinierte AM/FM-Empfänger im Heimgerätebau bereits üblich war[67] – erstmals in Kofferradios der Oberklasse realisiert. Im Produktangebot des *Handbuchs des Rundfunk- und Fernseh-Großhandels* von 1956/57 überwogen bereits die UKW-Modelle, die noch dazu sämtlich Drei- oder gar Vierbereichsempfänger darstellten. Der reine MW-Empfänger war verschwunden; er sollte aber im Zusammenhang mit dem Taschenradio-Boom in den folgenden Jahren wieder kurzzeitig aufkommen. Von den 27 Jahresmodellen von 1957 waren laut *Funktechnik* immerhin elf

---

63 | Daher persiflierte die *Funkschau* sie in einer so genannten „Beliebtheitsformel", welche die Anzahl von Röhren und Schaltkreisen, die Zahl der Lautsprecher sowie jene der Tasten und schließlich die Menge der Goldverzierung als Variablen formelhaft verrechnete, vgl. FS, 1957, H. 13, S. 332 („Im Vorbeigehen").
64 | Vgl. FT, 1960, H.7, S. 207 („Transistorisierte Empfänger des Auslands").
65 | Vgl. FT, 1955, H. 6, S. 144–47 („Neue leistungsfähigere Koffersuper"), hier S. 144.
66 | Vgl. FT, 1954, H. 16, S. 433 („Marktforschung, eine Grundlage des Fortschrittes").
67 | Den 153 Modellen mit UKW-Teil von 1951/52 standen bereits nur noch 22 reine AM-Empfänger gegenüber, vgl. Vogel, S. 141.

Geräte auf AM beschränkt; die Mehrheit hatte jedoch UKW.[68] In amerikanischen Portables wurde der UKW-Empfang erst in den 1960er Jahren üblich, was an der zeitlich späteren Einführung von UKW sowie an der Geographie des Landes lag, denn die Reichweite von UKW ist stark begrenzt und der amerikanische Reisende entfernte sich leicht aus der Nähe eines UKW-Senders.[69]

Trotz ihres wesentlich kleineren Ausmaßes imitierten die Koffergeräte den Bedienkomfort des Heimgeräte-Baus. Planetengetriebe oder stark vergrößerte Skalenräder erleichterten die Senderabstimmung. Seit 1953 hielt die Drucktaste auch im Kofferradio Einzug. Grundig vermarktete sogar ein Gerät von 1953/54 aufgrund seiner vier Tasten – je eine pro Wellenbereich (KML) sowie ein Ein-/Ausschalter – als *Drucktasten-Boy*.[70] Spezielle „Klangtasten" ermöglichten später auch im Portable die Wahl zwischen einer „Musik"- und einer „Sprach"-Wiedergabe; im Heimgerätebereich sahen solche Klangtasten allerdings wesentlich differenziertere Einstellungen wie Bass, Jazz, Solo oder Orchester vor. Unter den Portable-Jahresmodellen von 1957 kamen nur noch zwei Geräte ohne Drucktasten aus.

Die „zweckmäßige Anordnung der Bedienungsknöpfe" sowie „eine moderne und hübsche Außengestaltung" wurden 1958 von der *Funktechnik* sogar als Hauptgründe des Erfolgs der Kofferradios benannt.[71] Die Gehäuse der Portables sollten nicht nur robust sein, sondern es wurde auch ein „elegantes" Aussehen angestrebt.[72] Kofferradio-Gehäuse waren mehrheitlich aus Pressstoff bzw. Polystyrol; ca. ein Drittel der Gehäuse bestand aus Holz mit (Kunst-)Lederüberzug, dem ein besseres Resonanzverhalten unterstellt wurde. Das Gehäuse-Design wurde insbesondere im Falle von Frauen-Radios beachtet, denn Frauen galten als modebewusste Nutzergruppe. Fachhändler wurden in der Fachpresse sogar ausdrücklich darauf hingewiesen, die Freude einer Dame über ein Radioportable sei „doppelt so groß, wenn der Empfänger zur Farbe des Frühjahrskostüms oder zu der des Motorrollers oder des Wagens" passen würde.[73] Als modischer Reisebegleiter – Werbetexte benutzten auch stets die Rede vom „Begleiter" bzw. vom „Begleiten" – sollte das Portable nicht mehr in einer Tasche versteckt werden, sondern es sollte sich dem persönlichen Erscheinungsbild des Trägers ebenso fügen wie seinen Transportvehikeln. Entsprechend war das anfängliche Braun oder Schwarz der Gehäuse einer Vielfalt an Farben und teils extravaganten Überzügen im Schlangen- oder Krokodilleder-Look gewichen. So war insbesondere der Hersteller Akkord für seine kunstvollen, in der Offenbacher Lederwarentradition stehenden Lederüberzüge bekannt. Die Technik war eine Synthese mit der Kofferform eingegangen

---

68 | Vgl. FT, 1957, H. 5, S. 132 – 34 („Ein Querschnitt durch das Lieferprogramm"), hier S. 132.
69 | Vgl. Schiffer 1991, S. 151.
70 | Das Gerät hatte für alle drei Wellenbereiche eine Drucktaste sowie eine Ein-Aus-Taste. Vgl. HB, 1953/54, S. 114.
71 | Vgl. FT, 1958, H. 5, S. 131 („Neue Impulse im Reisesuperbau").
72 | Vgl. z. B. FT, 1957, H. 5, S. 132 – 134 („Kofferempfänger 1957").
73 | Vgl. FS, 1957, H. 8, S. 197 („Reiseempfänger – Winke für die Auswahl").

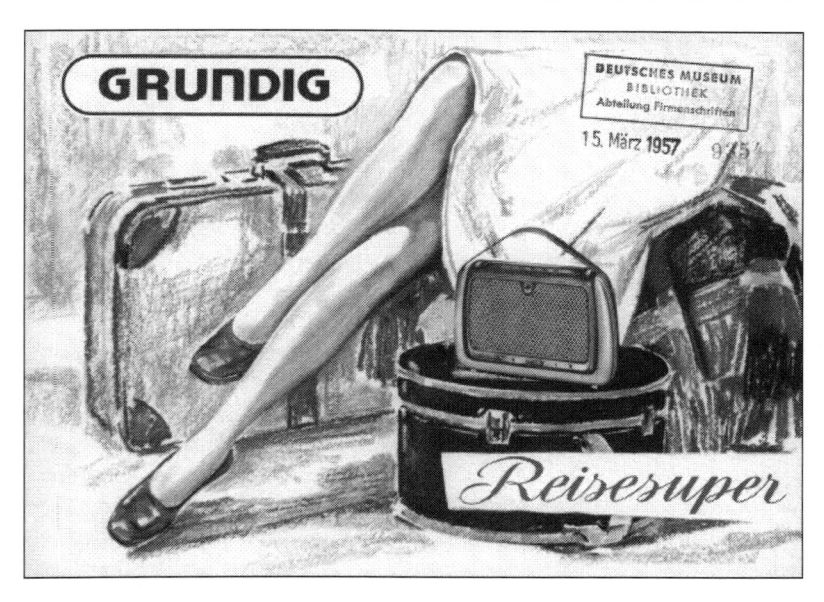

Abb. 4: Der Micky-Boy als Begleiter der Dame. Das 2,3 kg schwere Röhren-Gerät empfing MW und KW und kostete 146 DM (Werbebroschüre „Reisesuper", ca. 1957, in: Deutsches Museum, Archiv, FS 002253).

und wurde als modernes Konsumgut offen am Henkel transportiert und mit Stolz vorgezeigt. Die Werbung versuchte darüber hinaus sogar, eine emotionale Nähe zwischen Technik und Nutzer zu suggerieren. So konstatierte Grundig in seinen Werbetexten für den aparten, femininen *Micky-Boy* von 1956/7 (Abb. 4), diese „Handtasche voller Musik" bezaubere seine Besitzerin und sie sei ein „Chameur, der sich still und heimlich ins Herz" der Damen einschleiche.[74] Im Werbebild wurde der *Boy* von einer elegant gekleideten Reisenden mitgenommen, und er war deutlich sichtbar auf dem weiteren Reisegepäck platziert worden.

„Personal"-Designs vor dem Transistor-Taschenradio

Auch vor der Transistorisierung des Radios gab es miniaturisierte Empfänger, die auf den Transport in Kleidungstaschen abgestimmt waren. Ein erstes solches Design, das bald gängigerweise als „Personal" bezeichnet wurde, hatte die amerikanische Firma RCA 1940 mit dem *BP-10* 1940 auf den Markt gebracht. Hierzu hatte sie spezielle Miniaturröhren im eigenen Hause entwi-

---

[74] Vgl. für die Handtasche: Grundig Revue, 1957, S. 22 („1947 – 57 5 Millionen Geräte"); für den Chameur: Werbebroschüre von Grundig: „Reisesuper", ca. 1957, beides in: Deutsches Museum, Archiv, FS 002253.

ckeln lassen.⁷⁵ Zu dieser Zeit wurden auf dem amerikanischen Markt Subminiaturröhren allgemein verfügbar; sie wurden innerhalb des Konsumgüterbereichs allerdings vornehmlich in Hörprothesen eingesetzt.⁷⁶ Mini-Superhets mit Subminiaturröhren – 1945 hatte der auf Kopfhörer-Empfang beschränkte *Belmont Boulevard* von Raytheon bereits das Brusttaschenformat erreicht – blieben hingegen ein Nischenprodukt, zumal ihre Batterie-Betriebskosten enorm hoch waren.⁷⁷

Wie zunächst auch in den USA, so wurden die Personals aufgrund ihrer ungewohnten Größe und der neuartigen Trageweise mit dem Fotoapparat in Beziehung gesetzt, als die westdeutsche Fachpresse sie ihren Lesern in den 1950er Jahren vorstellte. Die wenigen, dann bald auch in der BRD gefertigten Personals waren sämtlich als Superhet ausgelegt; technisch der Superhet-Schaltung unterlegene Schaltweisen galten nämlich als „Spielerei".⁷⁸ Existierte im amerikanischen Massenmarkt für diverse Kleinstmodelle – sei es das Superhet oder das ebenfalls als Spielerei wahrgenommene schlichte Mini-Radio, das nur den Ortssender empfing – zumindest eine Nische, so scheiterte in der BRD selbst das Personal-Superhet, und andere Angebote fehlten gänzlich; eine „Pocketability" setzte sich erst mit dem Transistor-Taschenradio durch.

Das erste deutsche Personal war der MW-Superhet *Baby* von 1950 (Abb. 5), bei dessen Gestaltung der Produzent Metz sich an den amerikanischen Vorbildern orientiert hatte. Mit 1,8 kg Gewicht und einer Abmessung von 22 x 11 x 7 cm – in etwa das Format eines länglichen Briefkuverts, bei einer jede Kleidungstasche sprengenden Dicke von 7 cm – war es dennoch das zu dieser Zeit „leichteste und kleinste aller transportablen Geräte".⁷⁹ Es wurde als „tönende Zigarrenkiste" vorgestellt und mit der Trageweise und Größe eines Fotoapparats verglichen. Das Gerät kostete 150 DM (ohne Batterien) und war damit nur unwesentlich billiger als kleine Koffergeräte. Es wurde an- und ausgeschaltet, indem der Deckel geöffnet bzw. geschlossen wurde; ein Betrieb während des Tragens war mithin nicht angedacht. Das *Baby* benutzte vier jener Miniaturröhren der „91er Serie", die auch im *Boy* eingesetzt wurden und die immerhin noch über 5 cm lang waren. Auf der Skala waren 18 Sendernamen aufgelistet, und bei einem Test der *Funkschau* konnten bei Tage immerhin 6 bis 8 Sender gut empfangen werden. Die Rahmenantenne war im

---

75 | Vgl. Schiffer 1991, S. 95, S. 124.
76 | Zum Einsatz von Subminiaturröhren in Hörhilfen sowie in der Kriegstechnik vgl. Schiffer 1991, S. 161 – 163.
77 | Zum *Belmont Boulevard*, der fünf Subminiaturröhren verwendete und mit einem Verkaufspreis zwischen 30 und 65 USD recht viel kostete, vgl. Schiffer 1991, S. 162 – 169. Das Gerät wurde nicht weiter produziert bzw. weiterentwickelt.
78 | Auch ein Miniaturgerät müsse ein Superhet mit einem Mindestmaß an Empfindlichkeit sein, denn das tragbare Radio solle „keine Spielerei" darstellen, „sondern als Zweit- und Reiseempfänger eine Funktion erfüllen", hieß es bereits 1950 in der *Funktechnik*, vgl. FT, 1950, H. 7, S. 232 („Der interessante Zwergsuper").
79 | Dies und Folgendes aus: FT, 1950, H. 8, S. 231 („Eine Zigarrenkiste macht Musik"); FS, 1950, H. 6, S. 93f („Koffer- und Kleinstgeräte für REISE und SPORT"); FS, 1950, H. 8, S. 131f („METZ-Reisesuper ‚Baby'").

Abb. 5: Gemeinsames Picknick mit dem Baby, 1950 (Erb, 1998, S. 201).

Pressstoff-Deckel untergebracht; ausländische Personals benutzten teilweise auch den Tragegurt für das Unterbringen der Antenne. Viele miniaturisierte Bauteile wie Lautsprecher, Spulensätze, Drehkondensator und Potentiometer hatten die Metz-Ingenieure eigens für das *Baby* konstruiert. Für die Heizspannung wurde eine Monozelle (1,5V) benutzt, die laut Herstellerangaben bis zu 10 Stunden hielt, was auf Hörkosten von 55 Pf pro Stunde hinaus lief. Die Anodenbatterie war so ausgelegt, dass sie durch ein Netzteil ersetzt werden konnte und bei einem durchschnittlichen Einsatz nach drei Monaten zu wechseln war. Die Kompaktheit wurde auf Kosten der Klangfeinheit erreicht: So fehlten die Bässe in der Wiedergabe; zum Ausgleich wurden auch die Höhen beschnitten. Schon die Namensgebung verwies darauf, dass beim *Baby* nicht die Leistungen eines ausgewachsenen Kofferradios zu erwarten seien. Dennoch würdigte die Fachpresse die Leistungen der Miniaturisierung, und die *Funkschau* zählte das *Baby* sogar „zu den besten Nachkriegskonstruktionen der deutschen Radioindustrie".[80] Trotz angeblich guter Absatzzahlen sah Metz im Folgejahr jedoch von einer Fortführung des Modells ab; die Fachpresse gab diese Information mit Bedauern weiter, führte allerdings keinerlei Gründe für die Produktionseinstellung an.

Obwohl Subminiaturröhren auf dem westdeutschen Markt seit 1950 verfügbar waren und sich der Hörprothesen-Bau diese schnell aneignete,[81] wurden sie von der Radioindustrie erst mit dem Grundig *Mini-Boy* 1954 zur ge-

---

80 | Vgl. FS, 1950, H. 8, S. 131 („Metz-Reisesuper ‚Baby'").
81 | Vgl. FS, 1950, H. 12, S. 185 („Deutsche Subminiaturröhren DF 65 und DL 65"); Philips Valvo lieferte zu der Zeit Subminiaturröhren für den deutschen Markt.

zielten Miniaturisierung eingesetzt. Der *Mini-Boy* war ein MW-6-Kreis-Superhet mit vier Subminiaturröhren, einer Ferritstabantenne und verkleinerten Spezialbauteilen. Beispielsweise war der Kleinstlautsprecher auf 65 mm Durchmesser reduziert worden. Die Fachpresse bescheinigte ihm trotz der geringen Ausgangsleistung von 35 mW, für Zimmerlautstärke auszureichen. Die 45 V-Anodenbatterie hielt ca. 30, die 1,5 V-Heizzelle lediglich fünf Stunden. Das Gerät kostete knapp 120 DM. Mit seiner 16 x 9 cm großen Frontfläche war der *Mini-Boy* kaum größer als eine Handfläche; die Tiefe betrug 4 cm, das Gewicht 630 g. Damit war er „leicht in einer größeren Rocktasche oder in einer kleinen Damenhandtasche" unterzubringen; die *Funkschau* sprach vom „echte(n) ‚Personal'".[82] Auch dem *Mini-Boy* wurde von der Fachpresse bescheinigt, richtungsweisend zu sein. Wie das *Baby*, verschwand aber auch der *Mini-Boy* schnell vom Markt. Offensichtlich trafen die Personals nicht auf eine ausreichende Nachfrage. Wer ein tragbares Radio wünschte, griff vorzugsweise zum Kofferradio: Es war für das Hören in geselliger Runde besser geeignet, im Betrieb billiger und kostete nur wenig mehr als ein Personal. Beispielsweise konnte für knapp 140 DM der *Time-Boy* mit ML-Empfang und integriertem Reisewecker erstanden werden.

Das Taschen-Design fand allerdings in der Radiobastler-Bewegung großen Anklang. Insbesondere die *Funkschau* druckte Anleitungen für miniaturisierte Konstruktionen ab, die sie teils auch als Aufforderung an die Industrie verstand, mit einem entsprechenden Marktangebot aufzuwarten.[83] 1952 stellte sie eine Bastelanleitung für einen handlichen Kleinsuper „für die ersten Frühlingsausflüge" vor, 1953 war die Beschreibung des auf Kopfhörer-Empfang beschränkten *Bergkamerads* zu finden und 1954 der 640 g schwere *Mira-Mimikry*, der eine Anodenbatterie von Hörprothesen benutzte und dessen Heizbatterie nur 7 bis 8 Hörstunden vorhielt. Als potentielle Nutzer respektive Nachbastler solcher Konstruktionen galten Radioamateure sowie Wanderer, Skifahrer oder Bergsteiger, die mit den Mini-Radios unterwegs Wetternachrichten und im Quartier Unterhaltungsmusik empfangen könnten. Die Anleitungen stießen offensichtlich auf Interesse, und im Falle des *Bergkamerads* erhielt die *Funkschau* sogar viele Leserzuschriften und druckte im Folgenden auch eine Konstruktionsanleitung für ein Lautsprecher-Zusatzgerät ab.

---

82 | Vgl. FT, 1954, H. 8, S. 200 – 203 („Moderne Reiseempfänger"), hier S. 201; FS, 1954, H. 7, S. 124 – 127 („Technische Einzelheiten neuer Reise- und Autoempfänger"), hier S. 124. Vgl. des Weiteren: FS, 1954, H. 7, S. 124 – 27 („Technische Einzelheiten neuer Reise- und Autoempfänger"); FS, 1954, H. 7, S. 123 („Reisezeit").
83 | Für das Folgende: FS, 1952, H. 5, S. 85 („Hochwertiger Kleinst-Reisesuper"); FS 1953, H. 1, S. 9f („Taschenempfänger Bergkamerad"); FS, 1954, H. 7, S. 123 („Reisezeit"); FS, 1953, H. 3, S. 45 („Bergkamerad L"); FS, 1954, H. 11, S. 221 – 223 („Mira-Mimikry. Kleiner Taschensuper für Lautsprecherempfang. Wahlweise Batterie- oder Netzbetrieb").

3.2. Universal- und Taschenempfänger als Erst-, Zweit- und Drittgeräte

Ende der 1950er Jahre wurde der „Reise"- zum „Universalempfänger", der ganzjährig sowie als universell einsetzbares Zweit- oder gar Erstgerät vermarktet wurde. Auch das Taschenradio verbreitete sich nun als Drittgerät für den Nachrichtenempfang „zwischendurch" oder das gelegentliche Hören sowie als Erstausstattung für Jugendliche. Die zeitgleiche Transistorisierung der Radioportables forcierte diesen Wandel insofern, als dass der Transistor-Einsatz die Hörkosten deutlich reduzierte. Einst das Heimgerät in Reisesituationen ergänzend, löste das Portable dieses nun in seiner zentralen Stellung ab. 1963/64 war es zum Hauptumsatzträger der westdeutschen Radioindustrie avanciert,[84] die außerdem starke ausländische Konkurrenz erhalten hatte. Ende der 1960er Jahre war ein Radioportable Standard in westdeutschen Haushalten.

Im Folgenden werden zunächst einige Eckdaten der Portable-Produktion und -Verbreitung angegeben. Anschließend wird gezeigt, dass sich das Kofferradio-Design durch den Transistor nur marginal änderte; entsprechende Zusätze und Anschlüsse an den Koffergeräten ermöglichten allerdings den „universalen" Empfang zu Hause und unterwegs – was nun zunehmend den motorisierten Sonntagsausflug und die Urlaubsreise meinte. Dann werden die Transistor-Taschenradios und des Weiteren der „Teenagermarkt" betrachtet. Abschließend wird die räumliche Ausweitung der Portable-Nutzung verfolgt und als neues Raum-Zeit-Regime einer Zwischendurch- und Nebenbei-Hörkultur interpretiert.

Eckdaten zur Produktion und Verbreitung von Radioportables

1957 wurden in der BRD rund 300.000 Radioportables hergestellt. Dies entsprach ca. 10 % der Geräteproduktion der westdeutschen Radioindustrie (ohne Autoradios), und die Zahl lag nun über den Autoempfänger-Produktionszahlen (277.000 Stück).[85] Wenig später begann der Heimgeräte-Absatz zu stagnieren. Bereits 1958, als 87 % der Haushalte ein Radio angemeldet hatten und die schichtspezifischen und geographischen Verteilungsunterschiede weitgehend eingeebnet waren, dienten zwei Drittel der Radiokäufe dem Ersatzbedarf.[86] Daher wandte die Radioindustrie sich verstärkt dem Portable zu, das nun auch ganzjährig vermarktet wurde. Schon 1960 war jedes dritte in der BRD hergestellte Radio tragbar, wobei insgesamt rund 1,5 Mio. Koffer- und Taschenempfänger produziert wurden; bis 1970 stieg diese Produktionszahl auf 4 Mio. Stück.[87] Allerdings ist bei diesen Zahlen zu bedenken, dass die

---

84 | Vgl. FT, 1963, H. 1, S. 3 u. S. 169 („Reiseempfänger sind Hauptumsatzträger").
85 | Produktionszahlen nach: FT 1959, S. 164 u. S. 256; FT, 1963, H. 6, S. 169.
86 | Vgl. FT, 1957, H. 15, S. 504f („Zahlen sprechen für sich. Eine statistische Übersicht").
87 | Zahlen nach: FT, 1963, H. 6, S. 169; Test, 1970, H. 4, S. 166 – 172 („Laufend auf Empfang").

westdeutsche Radioindustrie auch für den Export fertigte und zudem mehr und mehr ausländische Geräte auf dem westdeutschen Markt erhältlich waren. 1959 lieferten elf westdeutsche Firmen 43 Modelle, darunter 25 Taschenempfänger; wer 1963 ein Taschenradio kaufen wollte, konnte bereits unter mehr als 100 verschiedenen Angeboten wählen.[88] Damit hatte sich eine starke Produktdiversifizierung vollzogen, die auch die entstehende Verbraucherpresse nur in einer begrenzten Auswahl an die Konsumenten vermittelte. Über eine ausdifferenzierte Produktpalette, die auf Farb-, Gestalt- oder andere recht spezifische Wünsche der Nutzer abgestimmt war, konnten sich die Hersteller als „marktgerecht" profilieren und zugleich gegenüber den Mitkonkurrenten abgrenzen.[89] Allerdings verdeutlicht die zeitgenössische Funkfachpresse auch, dass ein solch zunehmender Einfluss von Marktforschung auf das Produktangebot und die Produktgestaltung noch ungewohnt war. Denn regelmäßig wurde gegenüber dem Fachhändler betont, dass beispielsweise die Farbe eines Geräts kaufentscheidend sein könne, und deutlich wurde er darauf hingewiesen, dass die Käufer von Portables „ja keine homogene Schicht" bildeten, sondern „den Bogen vom so genannten Halbstarken über den Twen bis zum seriösen Geschäftsmann auf Reisen, zum Studenten, zum Journalisten usw." umspannten.[90] Angesichts des beschleunigten Modellwechsel wie auch sinkender Preise sollte das Radioportable bald auch das erste konsumelektronische Produkt darstellen, das als Modeartikel für nur noch kurze Lebenszeiten konzipiert wurde. Der steigende Konkurrenzdruck führte auch dazu, dass selbst höherwertige Modelle teils bereits mit Mängeln in die Regale kamen.[91] Radios wurden mehr und mehr zum Wegwerfartikel, während die Radio-Reparatur zuvor noch selbstverständlich gewesen war.

Drei Hauptgattungen lassen sich unterscheiden: die große Gruppe der Universalempfänger, die als Mehrbereichsgeräte das Koffer-Design fortführten, die Taschenempfänger und schließlich spezielle KW-Empfänger für das Hören deutscher Sender im Ausland bzw. für den heimischen Empfang ausländischer Sender. 1960 lagen die Preisempfehlungen[92] der Hersteller für ein Portable zwischen 100 DM und 300 DM; Mitte der 1960er Jahre war für ein Radioportable – mit Ausnahme von Weltempfängern der Oberklasse – zwischen 150 und 500 DM zu zahlen. Importgeräte waren zumeist preiswerter, vor

---

88 | Vgl. FT, 1959, H. 6, S. 163 („Tendenzen im Reiseempfängerbau"); DM, 1963, H. 4, S. 42 – 52 („Taschenradios").
89 | Für die Werbung über ein „marktgerechtes" Angebot vgl. z. B. FT, 1961, H. 10, S. 371; Prospekt „Volltransistorempfänger 1964/65. Nordmende", in: Deutsches Museum, Archiv, FS Nordmende.
90 | Vgl. FS, 1961, H. 7, S. 160 („Weitere neue und bewährte Reiseempfänger").
91 | Von 20 eingekauften Modellen waren im DM-Gerätetest 1964 beispielsweise sieben bereits bei Einkauf defekt. Vgl. DM, 1964, H. 25, S. 43 – 55 („Universalkoffer Test").
92 | Die so genannte Preisbindung der zweiten Hand war 1957 aufgehoben worden; Preisnennungen der Hersteller waren nun nicht mehr bindend, vgl. Reindl, Josef: Wachstum und Wettbewerb in den Wirtschaftswunderjahren. Die elektrotechnische Industrie in der Bundesrepublik Deutschland und in Großbritannien 1945 – 1967. München 2001, S. 230. Preise nach: HB, 1960/61, S. B2 – B18; HB, 1964/65, S. B2 – B34.

allem im Falle der Taschenradios. Wer ein Radioportable durchschnittlicher Qualität wollte, zahlte 1970 dafür 200 bis 250 DM. Demgegenüber waren die Verdienste der Bundesbürger deutlich gestiegen, und so hatten sich die Nettoeinkommen von Arbeitnehmern zwischen 1960 und 1970 auf durchschnittlich 890 DM im Monat verdoppelt.[93]

1960 wurde der Trend zum Zweitgerät auch vom Staat anerkannt, indem die bisher zu entrichtende monatliche Sondergebühr von 2 DM für neben dem Erstgerät betriebene Radios aufgehoben wurde.[94] Umfragen für das *Jahrbuch der öffentlichen Meinung* ermittelten 1962, dass 84 % der Haushalte ein stationäres und 16 % ein tragbares Radio besaßen.[95] 1965 lagen die Werte bei 80 % bzw. 28 %, und 1971 war die Verbreitung der stationären Radios auf 78 % zurückgegangen, während das Portable mit 56 % zum Standard geworden war.

Die Transistorisierung des Kofferempfängers (1956 – 1960)

Als Bardeen, Shockley und Brattain 1956 für die Entwicklung des ersten Transistors in den Bell-Laboratories den Nobelpreis erhielten, war die westdeutsche Rundfunkindustrie nach wie vor skeptisch, ob sich der soeben im Radioportable begonnene serienmäßige Einsatz von Transistoren bewähren würde.[96] Transistoren waren knapp und kosteten Ende der 1950er Jahre noch rund sechsmal so viel wie die entsprechenden Röhren; Erfahrungen zur Klangqualität fehlten, und eine transistorisierte KW- und UKW-Hf (Hochfrequenz)-Stufe konnte erst realisiert werden, als Valvo und Telefunken 1959 KW- und UKW-Transistoren auf den Markt brachten.[97] Noch in den frühen 1960er Jahren war der Transistor den Röhren allerdings bei diesen hohen Frequenzen unterlegen.

Da im westdeutschen Produktangebot die Mehrbereichsempfänger überwogen und noch dazu der Trend zur Integration von UKW vorherrschte, erfolgte der Einsatz von Transistoren in mehreren Stufen. Seit 1956 wurden Mehrbereichsempfänger teiltransistorisiert. Auf japanische Importe reagierend, wurden Ende der 1950er Jahre aber auch volltransistorisierte ML-Empfänger und Nur-MW-Taschenradios konzipiert. Zeitweilig fiel daher die Zahl der UKW-Modelle sogar unter die der reinen AM-Geräte.[98] Als Transistoren

---

93 | Vgl. Schildt 2007, S. 41.
94 | Vgl. FT, 1960, H. 2, S. 34; FT, 1960, H. 9, S. 268. Dadurch ging die Zahl der Rundfunkteilnehmer um 270.000 zurück. Allerdings sind für – tragbare wie für stationäre – Radiogeräte am Arbeitsplatz, in der Zweitwohnung oder im Wohnwagen bis heute zusätzliche Gebühren an die GEZ zu entrichten.
95 | Diese und folgende Zahlen nach: Jahrbuch der öffentlichen Meinung, Bd. 4, 1965/67, S. 275, Bd. 5, 1968/73, S. 400.
96 | Vgl. FT, 1956, H. 24, S. 703 (Leitartikel); der Skepsis versuchte entgegenzuwirken: FT, 1956, H. 5, S. 115 („Koffersuper – leistungsfähiger und rentabler").
97 | Vgl. Vogel, S. 173ff; Steiner, S. 284; Preisvergleich nach: FS, 1959, H. 2, S. 61 („Ein Produktionsproblem").
98 | Von den Jahresmodellen 1958 waren 15 mit UKW und 22 ohne, vgl. FT, 1958, H. 5, S. 132 – 35 u. 150 („Kofferempfänger 1958").

für die Hf-Stufe zur Verfügung standen, waren schließlich bis 1960 alle Radioportables volltransistorisiert.

Transistoren wurden 1956 zunächst in der Nf (Niederfrequenz)-Stufe sowie teils in Stromversorgungsteilen eingesetzt. Dadurch verringerte sich zwar das Batterie- und Röhrenvolumen; der Hauptvorteil des Transistors wurde aber in der Senkung der Batteriekosten gesehen, und am typischen Koffergehäuse-Design änderte sich nichts. Schon bei einer Transistorisierung der Nf-Stufe konnte man auf die schweren Anodenbatterien verzichten; die Geräte benutzten teils einen Akku in Kombination mit einem transistorbestückten Gleichspannungsumwandler für die Anodenspannung oder nur noch Trockenbatterien. So berechneten die Konstrukteure des gemischt bestückten Kofferradios *transistor 1* von Braun (KML, 1957), dass dessen Trockenbatterien ein Jahr lang vorhalten würden, wenn der Besitzer rund 250 Stunden – also knapp fünf Stunden pro Woche – abseits von Steckdose oder Autobatterie hören würde.[99] Der Batteriesatz kostete 16,50 DM, was weniger als 7 Pf pro Hörstunde bedeutete. Der *transistor 1* wies ein für Braun typisches funktionales Design auf:[100] Das Gehäuse war rechteckig, graugrün und sämtlich in Pressstoff; für den Lautsprecherausgang waren Parallelschlitze im Plastikgehäuse eingelassen. Zugleich führte das Gerät aber das Koffer-Design weiter. Es war ein rund 3,5 kg schwerer Mehrbereichsempfänger mit einer ca. DIN A 4-Format bemessenden Front bei rund 10 cm Tiefe. Grundig kopierte für die teiltransistorisierten Radios sogar erfolgreiche röhrenbestückte Modelle der Vorzeit:[101] So war der gemischt-bestückte *Transistor-Boy* von 1956 – das erste westdeutsche Radio mit einem Transistor – dem *Drucktasten-Boy* von 1953/54 nachempfunden, und der *Teddy-Boy T* von 1957 wies die „vollendete(n) Form" des Vorgängers *Teddy-Boy* auf. Es handelte sich um ein feminines, trapezförmiges Handtaschen-Design in allerdings ausgefallen großer und technisch raffinierter Bauweise: Der *Teddy* war ein UML-Empfänger für den Netz- und Batteriebetrieb, wog über 4 kg, und bei 12 cm Tiefe bemaß seine Front ungefähr die Größe eines DIN-A4-Blattes. Die gehobene Variante wies sogar einen Anschluss für die Autobatterie auf. Das Geräteinnere war sehr aufgeräumt gestaltet und hätte durchaus in einem kleineren Gehäuse Platz gefunden, hätte man auf den großen Oval-Lautsprecher (15,5 x 10,5 cm) verzichtet.

Als der westdeutschen Radioindustrie KW- und UKW-geeignete Transistoren bereit standen, vollzog sich die vollständige Transistorisierung der Radioportables innerhalb kürzester Zeit. 1959 wartete Neckermann mit einem von Südfunk produzierten UKW-Mehrbereichsempfänger auf; andere Firmen folgten, und zwar überwiegend mit gehobenen und tendenziell großen Kof-

---

99 | Vgl. FT, 1957, H. 9, S. 274 – 77 („Drei tragbare Empfänger mit Transistoren"); HB, 1957/58, S. B5.
100 | Vgl. Polster, Bernd: BRAUN. 50 Jahre Produktinnovationen. Köln 2005.
101 | Vgl. Werbebroschüre „Reisesuper", ca. 1957, in: Deutsches Museum, Archiv, FS 002253; Grundig Technische Informationen, H. 3/4, 1957, S. 2 – 5 („Teddy-Boy T. Der neue UKW-Reisesuper mit Transistoren"), Zitat S. 2; HB, 1957/58, S. B6; HB, 1958/59, S. B 8.

ferradio-Modellen in der Preisspanne von 280 bis 350 DM.[102] 1960 wies das *Handbuch des Rundfunk- und Fernseh-Großhandels* kein röhrenbestücktes Portable mehr aus. In der Euphorie über auf wenige Pfennige pro Stunde gesunkenen Batteriekosten wurden außerdem fast durchgängig reine Batterie-Portables konstruiert. Der Netzbetrieb wurde erst wieder Mitte der 1960er Jahre üblich und wurde nun zumeist über ein separates Netzteil realisiert, welches das Problem der international unterschiedlichen Netzspannungen aus dem Gerät auslagerte.

Den Konsumenten gegenüber wurde der Transistor zunächst als eine Hörkosten sparende Technik vorgestellt.[103] Keinesfalls jedoch war der Transistor ein Symbol für die Miniaturisierung. Erst um 1960 wurde er nicht mehr als „Sparbüchse", sondern als ein Symbol für Modernität und technischen Fortschritt beworben. Die Firma Graetz brachte zeitweilig sogar auf ihren Geräten den Schriftzug „TRANSISTOR" an, und Transistor-Gegentakt-Endstufen, welche die Ausgangsleistung enorm hoben, wurden als Garant einer hohen Klangqualität stilisiert.[104] Eine weitere Veränderung, die ebenso wie der Transistor erst später einer gezielten Miniaturisierung diente, wurde hingegen kaum an den Verbraucher vermittelt, nämlich die gedruckte Schaltung, welche die zuvor nötige separate Verdrahtung der einzelnen Bauteile durch aufgedruckte Leiterdrähte ersetzte. Sie erleichterte auf längere Sicht den Kundenservice, denn bei Defekten konnte, soweit die Radioportables zur Reparatur gegeben wurden, die ganze Platine ausgewechselt werden. Außerdem wurde der Produktionsprozess durch die bald mögliche automatische Bestückung der Platine und Verlötung der Bauteile weiter automatisiert.[105]

„1=3": Der „Universalempfänger" als Auto-, Reise- und Heimsuper

Durch den wachsenden Autobesitz befördert, entstand im Laufe der 1950er Jahre die Idee, Radioportables neben dem mobilen und dem häuslichen auch auf den automobilen Gebrauch abzustimmen.[106] Ende der 1950er Jahre wurden solche Geräte unter dem Begriff der „Universalempfänger" zusammengefasst. Die *Funkschau* begrüßte die Produktgattung euphorisch als nun

---

102 | Vgl. FS, 1959, H. 12, S. 277f („UKW-Transistor-Reisegeräte").
103 | Vgl. z. B. Werbeanzeige von Philips in: FS, 1960, H. 7, S. 165; Werbeprospekt „Grundig Reisesuper 1956", in: Deutsches Museum, Archiv, FS 002253; FT, 1958, H. 5, S. 131 („Neue Impulse im Reisesuperbau").
104 | Vgl. Graetz-Werbeanzeige in FS, 1960, H. 18, S. 469; Werbeprospekt „Radio hören – natürlich mit Schaub-Lorenz" (1960), in: DTMB, III.SSg.2 Firmenschriften, 14017.
105 | Zunächst wurden die Bauelemente jedoch einzeln von Hand auf den Plastiksteckkarten, die auch noch keinen Platzgewinn brachten, aufgebracht. Zur gedruckten Schaltung vgl. FS, 1957, H. 11, S. 281f („Die gedruckte Schaltung und ihre wirtschaftliche Begründung"); FS, 1959, S. 373 – 375 („Unsere Technik – heute und morgen").
106 | Frühe Beispiele waren der *Offenbach Universal* (1952) oder der *Universal-Konzertkoffer* von Schaub-Lorenz („Reise-Batteriekoffer. Heimrundfunkgerät. Autoempfänger – also drei Geräte in einem!", vgl. Anzeige in: FT, 1955, H. 5, S. 137).

Abb. 6: Auto-Super, Reise-Super und Heim-Super in Einem: Werbeanzeige für den Universal-Boy, 1961 (Grundig Revue, Sept. 1961, S. 20f. In: Deutsches Museum, Archiv, FS 002253).

wirklich „ständige(n) Begleiter des modernen Menschen", der ihn „überall am Zeitgeschehen teilnehmen" ließ.[107] Marktforschungsstudien bestätigten den Bedarf nach dem „universalen" Design, das schließlich zum Erfolgsprodukt der Radioindustrie der 1960er Jahre werden sollte.[108] Im Gegensatz dazu waren die „convertibles" des amerikanischen Marktes kaum nachgefragt worden, da amerikanische Neuwagen werksseitig häufig mit Autoradios ausgestattet waren.[109]

Die Werbeanzeige für Grundigs *Universal-Boy* von 1961 (Abb. 6) demonstriert, wie der Universalempfänger in den drei verschiedenen Orten Auto, Picknickplatz und häusliche Wohnung einzusetzen war. Im Auto wurde das Gerät ohne Tragegriff in eine spezielle Autohalterung eingeschoben, die den

---

107 | Vgl. FS, 1958, S. 150 – 154 („Reiseempfänger Jahrgang 1958").
108 | Vgl. FT, 1962, H.10, S. 341 („Reise- und Autoempfänger"); laut Fickers entfielen 1964 ca. 45 % der angebotenen Portable-Modelle auf diese Produktgattung, vgl. Fickers, S. 68.
109 | Vgl. Schiffer 1991, S. 219.

Super mit der Autobatterie und -antenne und, soweit vorhanden, mit einem separaten Außenlautsprecher verband. Weil der Radiolautsprecher nach Einschub in die Halterung nach unten hin abstrahlte, verbesserte sich der Klang durch einen solchen separaten Lautsprecher wesentlich. Beim im Werbebild gezeigten Picknick diente der *Boy* sogar als Verstärker- und Wiedergabekoffer für einen ebenfalls tragbaren Plattenspieler. Die sechs 1,5 V-Batterien hielten rund 250 Stunden; zu Hause angekommen, konnte das Gerät auf ein separates Netzteil aufgesetzt werden. Der *Universal-Boy* kostete knapp 300 DM, das dazugehörige Auto-Einsatzteil 38 DM und das – auf dem Markt selten gewordene – Netzteil 48 DM. Das 3 kg schwere Gerät war ein Vierbereichsempfänger und hatte getrennte Höhen- und Tiefenregler. Sämtliche Bedien- und Kontrollelemente waren an der Oberseite angeordnet, denn so blieben sie beim Autobetrieb für den Fahrer operabel. Auch bei den anderen Herstellern gelangten Bedienelemente und Skala von der Gerätefront an die Längsseite, um auch in der Autohalterung sicht- und bedienbar zu sein.

Das Auto änderte die Alltags- und Freizeitgewohnheiten fundamental. Anfang der 1960er Jahre besaß bereits über ein Viertel der westdeutschen Haushalte ein Auto,[110] und damit wurde der motorisierte Familienausflug am Wochenende zu einem Freizeitritual. Genau hierauf reagierte das Universalsuper-Design und die Vermarktung dieser Produktgattung: Der Universalsuper – stets ein großer Koffer für den Mehrbereichs- und UKW-Empfang – wurde als idealer Begleiter des motorisierten Ausflugs dargestellt, da er nach dem Gebrauch im Auto zum Spaziergang mitgenommen werden konnte. „Picknick im Grünen. Jetzt fehlt nur noch Musik... Moment – da ist sie schon! Aus dem Autosuper natürlich. Dabei braucht man sich nicht unmittelbar vor den Wagen zu hocken – PAGE de Luxe ist ja transportabel," beschrieb 1963 ein Werbeprospekt von Graetz den flexiblen Einsatz des *PAGE de Luxe*, der eben nicht nur ein Autoradio war, sondern als Universalgerät auch auf andere mobile Wege mitgenommen werden konnte.[111]

Diese räumliche Universalität wurde von vielen Herstellern mit der Werbeformel „1=3" umschrieben, denn ein Gerät sollte nun an den drei, jeweils als eigenständige Entität beschriebenen Sphären des eigenen Zuhauses, des Unterwegsseins und des automobilen Raumes benutzt werden. Der *Touring* und der *Weekend* von Schaub-Lorenz (1960), deren Namensgebung auf die wachsende Freizeitmobilität anspielte, wurden darüber hinaus als „elegante Lösung für kluge Leute, die mit der Zeit gehen", beworben.[112] Beide Portables konnten an die Autoantenne angeschlossen werden, aber nur der *Touring* auch an die Autobatterie. Bis 1962 hatten dann bereits nahezu alle größeren Kofferradios Anschlussbuchsen für die Autobatterie, und für viele waren außerdem modell-

---

110 | Vgl. Andersen, S. 159f.
111 | Vgl. Werbeprospekt „Frohe Fahrt mit Graetz" (1963), in: Deutsches Museum, Archiv, FS 002146, S. 7.
112 | Vgl. DTMB, III.SSg.2 Firmenschriften, 14017, Werbeprospekt „Radio hören – natürlich mit Schaub-Lorenz" (1960).

spezifische Autohalterungen erhältlich.[113] Und wie im Falle der Kofferradios der „Röhren"-Zeit, so wurde auch in der Werbung für den Universalsuper der modische Design-Stil betont, der sowohl zur eigenen Kleidung als auch zur Atmosphäre im Auto passen würde. So behauptete etwa Graetz, seine *Page*-Modelle würden „sich jeder modischen Kleidung anpassen und sich auch harmonisch der Innenausstattung aller Kraftfahrzeuge einfügen".[114]

Die Ausrichtung auf den flexiblen Einsatz veränderte die Formgebung der Radioportables: Das stromlinienförmige Kofferradio-Design mit runden Ecken oder auch großen Skalenrädern an der Front wurde vom rechteckigen, leicht in Autoeinschübe einzusetzenden Universalgerät abgelöst, das eine zentrale Bedienleiste aufwies und dessen Front gänzlich vom Lautsprecher eingenommen wurde. Es wurde weniger als schwungvolles Mode-Accessoire, sondern eher technisch-funktional gestaltet, was dem allgemeinen Stilwechsel der Zeit hin zur sachlichen Form folgte. Die Trägerbügel waren Mitte der 1960er Jahre aus Metall, eckig und schwenkbar, und die Gehäuse in zurückhaltenden Farben wie anthrazit, tabak oder schwarz gehalten. Dieser Trend hin zum Technisch-Funktionalen zeigte sich auch in der Namensgebung: Zu traditionalen Modell-Bezeichnungen, die auf die Rolle des Radios als Reisebegleiter oder bester Freund referierten (z. B. *Capri, Transeuropa de Luxe Automatic, Rosette, Percy*), traten technizistische Kürzel wie *Siemens Club RK 9204* oder *Loewe Opta TS 58*.

Der Universalsuper sollte an sich die Anschaffung zweier Geräte – eines tragbaren und eines automobilen Empfängers – ersparen. Das Angebot von Autohalterungen war außerdem eine Reaktion darauf, dass viele Autofahrer ihre Radios auf dem Nebensitz platzierten, wo sie dann beim Bremsen nicht gesichert waren. Vor dieser Praxis warnte die Verbraucherpresse noch Ende der 1960er Jahre.[115] Dennoch setzte sich im Laufe der 1960er Jahre parallel zum Universalgerät, das noch 1967 von der DM als „Verkaufsschlager der Industrie" dargestellt wurde,[116] ebenfalls das fest installierte Autoradio durch (vgl. Kapitel 3.4.). Sein Klang war überlegen, da es auf die fahrtspezifischen Empfangsbedingungen und die spezifische Autoakustik abgestimmt war. Außerdem waren die Universalsuper im Autobetrieb als „Kniespalter" in Verruf geraten, denn durch die Einschübe unter dem Armaturenbrett war es zu schweren Bein- und Knieverletzungen gekommen.[117]

---

113 | Vgl. FS, 1962, S. 109f („Weitere neue Reiseempfänger").
114 | Vgl. Werbeprospekt „Frohe Fahrt mit Graetz", 1963, S. 11. In: Deutsches Museum, Archiv, FS 002146. Auch die *Funktechnik* betonte, es sei den Herstellern gelungen, „die äußere Formgebung" den verschiedenen Einsatzorten anzupassen, vgl. FT, 1962, H. 10, S. 341.
115 | Vgl. DM, 1967, H. 14, S. 28 – 35 („Musik zum Mitnehmen. Test: Kofferradios"), hier S. 30.
116 | Vgl. DM, 1967, H. 14, S. 28 – 35 („Musik zum Mitnehmen. Test: Kofferradios"), hier S. 28.
117 | Vgl. DM. Jahrbuch '70. Das Lexikon für modernen Einkauf, S. 96 – 98 („Universal-Reiseempfänger"), hier S. 96.

Die „Brücke zur Heimat":
KW-Radios als Begleiter der Auslandsreise

Mit dem einsetzenden Massentourismus wurden Kofferradios auch als Begleiter des Urlaubs eingesetzt. Ende der 1950er Jahre unternahm ca. ein Drittel der Bundesdeutschen eine Urlaubsreise, und 1960 reiste – bezogen auf die Gesamtbevölkerung – jeder Zehnte ins Ausland, wobei Österreich das beliebteste Urlaubsland, gefolgt von Italien, war.[118] Bereits 1968 führten mehr Urlaubsreisen an ausländische als an deutsche Ferienziele.[119] Österreich und Italien rangierten nach wie vor oben auf der Beliebtheitsskala, und Spanien sollte erst im Laufe der 1970er Jahre an deren Beliebtheit heranreichen. Das Reisen der 1960er Jahre war stark einkommensabhängig: Die Tourismuskultur war vom Mittelstand und den Angestellten geprägt und außerdem ein Privileg der Städter. So fuhr 1961 fast jeder zweite Bewohner einer Großstadt in die Ferien; in kleinen Landgemeinden war es nur jeder Zehnte. 1961 löste außerdem das Auto die Eisenbahn als wichtigstes Reisemittel ab. Ihre Hauptreise unternahmen die bundesdeutschen Urlauber 1964 in 53 % der Fälle mit dem Auto; 3 % reisten mit dem Flugzeug, 10 % mit dem Bus und 34 % mit der Bahn.[120]

Abgestimmt auf diesen Tourismus, wurden Radioportables als unabkömmliche Urlaubsunterhaltung vermarktet. Zeigten bereits frühere Werbebilder das Portable in Verbindung mit Reisemitteln wie der Eisenbahn, so tauchten nun verstärkt sommerliche Urlaubsszenen auf; eher selten wurde der äußerst privilegierte Skiurlaub gezeigt.[121] Mit Blick auf die Auslandsurlauber wurde außerdem der KW-Empfang wieder zunehmend in die Radioportables integriert, so dass die Auslandsurlauber in der Ferne die deutschsprachigen KW-Programme empfangen konnten. Bei Graetz wurde der „Urlaubsgefährte" *Page K* von 1963 zum Garanten für ein „vollkommenes Feriengluck", und Grundig hatte 1960 sogar davon gesprochen, die KW-Koffer wollten „eine Brücke zur Heimat schlagen".[122] Des Weiteren wurde betont, dass die KW-Empfänger mit den international genormten und überall erhältlichen Monozellen betrieben wurden.[123]

Wenn damit die Portable-Nutzung weniger stark an regionale Spezifika – man denke etwa an die unterschiedlichen Netzspannungen und die mannig-

---

[118] | Diese und folgende Zahlen nach: Schildt 1995, S. 446, Pagenstecher, S. 125; Hachtmann 2007, S. 155.
[119] | Vgl. Schildt 1995, S. 200.
[120] | Zahlen nach: Pagenstecher, S. 137. Vgl. auch: Schildt 1995, S. 194.
[121] | Vgl. z. B. für ein Capri-Setting: Loewe-Opta-Kurier, 1960, H. 6, Titelbild; für den Ski-Urlaub: Grundig Technische Informationen, 1958, H. 2, S. 1. 1956 verreisten nur 5 % der Touristen überhaupt im Winter, vgl. Pagenstecher, S. 124.
[122] | Vgl. Werbeprospekt „Frohe Fahrt mit Graetz", 1963, S. 6. In: Deutsches Museum, Archiv, FS 002146; Werbeprospekt „Grundig", ca. 1960. In: Deutsches Museum, Archiv, FS 002253.
[123] | Vgl. z. B. das Werbeprospekt „Radio hören – natürlich mit Schaub-Lorenz" (1960). In: DTMB, III.SSg.2 Firmenschriften, 14017.

fachen Batterie-Formate von Anfang der 1950er Jahre – gebunden war, so verursachte der geographische Grenzübertritt bürokratischen Aufwand: Mitgeführte Reiseempfänger wurden in den Pass eingetragen und Autosuper in den Grenzübertrittspapieren vermerkt.[124]

Die Beschreibung des KW-Radioportables als „Brücke zur Heimat" spiegelte das Fremdheitsgefühl wider, das viele Auslandsreisende zu einer Zeit verspürten, in der das Reisen und landesfremde Kulturen noch keinesfalls zur Normalität gehörten. Reiseführer erklärten Italienurlaubern, wie Spaghetti korrekt zu essen seien, und Marktforscher berichteten von der Scheu mancher Reise-Novizen, sich auf die fremde Sprache, auf ungewohntes Essen und unbekannte Gewohnheiten einzulassen, was insbesondere die Arbeiterschaft von dem Durchführen einer Reise abhielt.[125] Mit Hilfe der KW-Portables konnten die Urlauber auch in fremden Ländern deutsche Programme hören und sich mit den vertrauten Klangkulissen so auch in Teilen den fremden Aufenthaltsort „heimisch" machen. Das Reise-Radio ermöglichte, „doch mal wieder einen Sender von daheim zu hören und eine informierende Nachrichtensendung in deutscher Sprache zu empfangen", so ein *Funkschau*-Autor 1970,[126] als Auslandsreisen bereits die Inlandsreisen überwogen. Neben den nationalen KW-Programmen waren im Ausland auch spezielle Urlaubssendungen und „Sonder-Ferien-Programme" zu empfangen. So strahlte der Bayerische Rundfunk die Freitagabendsendung „Ponte Radio" mit speziellen Informationen für Urlauber im Süden aus. Um am Ferienort schnell die spezifischen Auslandsprogramme der deutschen Sendeanstalten nutzen zu können, konstruierte Graetz sogar ein spezielles Reise-Radio mit einer „Feriensenderskala", auf der die deutschen Fernempfangssender eingetragen waren.[127]

KW-Portables begleiteten den Aufstieg des Massentourismus, der sich aus der steigenden Urlaubsdauer von zwei auf vier bis sechs Wochen in der zweiten Hälfte des 20. Jahrhunderts ergab, und sie blieben bis in die Gegenwart aktuell. 1974 unternahm erstmals mehr als die Hälfte der Bevölkerung mindestens eine jährliche Urlaubsreise, und zwar zumeist für zwei Wochen; weitere zwanzig Jahre später war diese Reiseintensität auf 80 % gestiegen, wobei nun viele mehrmals im Jahr eine Kurzreise machten.[128] In dem Maße, wie die Auslands- und Fernreise für mehr Bürger erschwinglich wurde – Mitte der 1990er Jahre gab es bereits fast doppelt so viele Auslandsreisen (42,5 Mio. im Jahr) wie Deutschlandurlaube (22 Mio.), und rund 10 % der Reisen entfielen auf Fernziele wie die Karibik oder Australien –, wurde das Urlaubsradio zu einem normalen Ausrüstungsgegenstand. Da mehr und mehr Reisen mit dem Flugzeug unternommen wurden – nur noch die Hälfte der Reisenden statt wie

---

124 | Vgl. FS, 1958, H. 7, S. 150 – 154 („Reiseempfänger Jahrgang 1958").
125 | Vgl. Andersen, S. 184f u. Pagenstecher, S. 130.
126 | Dies und Erforderte allerdings vom „Reise-Rundfunk" mehr Nachrichtensendungen ein, vgl. FS, 1970, H. 4, S. 93 („Radio auf Reisen: Unterhaltung oder Information?").
127 | Vgl. Werbeprospekt „Graetz Radio Fernsehen", ca. 1970, S. 25. In: Deutsches Museum, Archiv, FS 002146.
128 | Diese und folgende Zahlen nach: König 2000, S. 327; Pagenstecher, S. 122f.

einst rund 60 % benutzte Mitte der 1990er Jahre das Auto, und 29 % flogen –, wurden Reise-Radios auch als kompakte, leicht im Gepäck zu verstauende Geräte ausgeführt. Seit der Verbreitung des Walkmans, mit dem die eigene Lieblingsmusik gezielt gehört werden konnte, lag ihre Bedeutung allerdings zunehmend in der Informations- statt in der Unterhaltungsfunktion. „Egal ob im Dschungel von Borneo oder auf den Kapverdischen Inseln, in Feuerland oder Alaska, ein leistungsstarker Kurzwellensender liefert Nachrichten rund um die Uhr", hieß es beispielsweise in einem von *Hör-Zu* und dem *Globo*-Reisemagazin herausgegebenen Ratgeberhandbuch zum Radiohören im fernen Urlaubsland. Wetterdaten, politische Nachrichten und die Fußballergebnisse waren mit dem global verbreiteten Rundfunk zu erhalten.[129] Erst am Übergang zum 21. Jahrhundert erhielt das Radio in dieser Funktion Konkurrenz, und zwar durch das Internet.

Den umgekehrten Vernetzungsweg, nämlich das Anbinden an die Ferne vom häuslichen Sessel aus, realisierten so genannte „Weltempfänger" – hochwertige Transistorgeräte in Kofferform mit einem hochempfindlichen KW-Teil.[130] Der Fernempfang per Weltempfänger wurde zu einem spezifischen männlichen Hobby. Auf den Massenmedienkonsum hingegen, der in den 1960er Jahren einerseits vom häuslichen Fernsehen und andererseits vom ortsunabhängigen Hören vornehmlich der regionalen UKW-Sender geprägt war, hatte das Hören am Weltempfänger keinerlei Einfluss. Wie die Oberklasse der Kofferradios der 1950er Jahre, so strahlten auch die Weltempfänger einen High-Tech-Appeal aus. Noch dazu konnte der Besitzer sich als Weltbürger stilisieren. Bereits die Sendeskalen der Geräte verkündeten in ihrer Auflistung global verstreuter Radiostationen den Anschluss an die Welt, und Modellnamen wie *Weltempfänger* (Sony), *Globetrotter* (Nordmende), *Weltkoffer Intercontinental* (Neckermann), *Satellit* (Grundig) oder *Transall de Luxe* (Saba) wiesen den modernen „Wellenjäger"[131] als Mann von Welt aus.

Der Boom der Transistor-Taschenempfänger

Taschenempfänger waren auf eine gänzlich andere Nutzung als die Kofferradios hin zugeschnitten: Größe und Gewicht sollten eine Taschentragbarkeit ermöglichen; auf eine Drucktasten-Leiste oder eine Sendeskala wurde verzichtet, und die versenkt angebrachten, schlichten Rändelknöpfe waren am besten mit dem Daumen der das Gerät haltenden Hand zu bedienen. Die Gerätegattung wurde um 1960 zeitweilig zum Mode-Hit wie auch zum Experi-

---

129 | Vgl. Kuhl, Harald: Mit dem Radio unterwegs. Radiohören im Urlaub und auf Reisen. Meckenheim 1999, S. 5.
130 | Vgl. Spangenberg, Peter M.: ‚Weltempfang' im Mediendispositiv der 60er Jahre. In: Schneider, Irmela; Hahn, Torsten; Bartz, Christina (Hg.): Medienkultur der 60er Jahre. Diskursgeschichte der Medien nach 1945. Band 2. Wiesbaden 2003, S. 149–158.
131 | Vgl. DM, 1975, H. 11, S. 59 („Radio hören rund um den Globus").

mentierfeld der Miniaturisierung, und auf lange Sicht etablierte sie sich als Drittgerät sowie als Radio-Erstausstattung junger Konsumenten. Das weltweit erste Transistor-Taschenradio war das 300 g schwere Regency *TR-1* von 1954, das von der relativ unbekannten Firma I.D.E.A. im Auftrag des Transistor-Herstellers Texas Instruments produziert wurde.[132] In der BRD waren die ersten transistorisierten Taschenradios 1957 erhältlich: Das Importunternehmen Tetron Elektronik GmbH Nürnberg hatte mit dem knapp 200 DM teuren *TR-63* ein erstes Importgerät von Sony in den Fachhandel gebracht;[133] außerdem wartete Telefunken mit dem *Partner* und Akkord mit dem *Peggie* auf, die knapp 170 bzw. 190 DM kosteten.[134] Mit dem Ausmaß einer Handtasche (15,5 x 9 x 5,8 cm, 700 g) sowie dem roten, braunen oder sektfarbenen Lederüberzug und seinem Tragebügel glich der *Peggie* noch stark dem Koffer-Design. Im Gegensatz dazu war der *Partner*, in dem auch bereits gedruckte Schaltungen zur Verwendung kamen, an einer Handgröße orientiert. Im Werbebild (Abb. 7) lag das Gerät auf einer schematischen Hand, und weitere Bilder deuteten die Handlichkeit der Bedienung und das problemlose Verstauen im Damenhandtäschchen an.[135] Auffälligerweise wurde das Taschendesign also nicht mehr mit einer sportlichen Bewegungssituation verknüpft, sondern zum weiblichen Accessoire stilisiert.

Taschenradios wurden allerdings mehrheitlich weiterhin als unseriöse Gerätchen beurteilt, und der fehlende UKW-Empfang schien ein Verkaufshindernis darzustellen. Erst um 1958 – nun wurden in der BRD fünf, je unter 200 DM erhältliche Taschenradios produziert (*Peggie, Partner, Taschen-Transistor-Boy*, Braun *KT-3*, Philips *Fanette*) – vollzog sich ein Umschwung in dieser Bewertung:[136] Einige „optimistisch denkende" Firmen, so die *Funktechnik* 1958 im selber noch skeptischem Ton, sähen einen Bedarf bei reisenden Berufsgruppen wie Vertretern oder Kaufleuten, die „an jedem Ort" Nachrichten hören wollten, sowie bei Bergsteigern und den ebenfalls auf das Gepäckvolumen bedachten Urlaubsreisenden. Die *Funkschau*, die bereits dem mit Röh-

---

132 | Vgl. Schiffer 1991, S. 176, 178.
133 | Das Gerät war ein Nachfolger des ersten Sony-Taschentransistorgeräts *TR-55* von 1955. Vgl. FS, 1959, H. 17, S. 408f („Japanischer UKW-Transistor-Super"); FS, 1957, H. 17, S. 491 („Transistor-Taschensuper Sony").
134 | Dies u. Folgendes vgl. FT, 1957, H. 9, S. 274 – 77 („Drei tragbare Empfänger mit Transistoren").
135 | Telefunken arbeitete seit 1954 am kleinen Transistorgerät. Gegenüber dem Studienmodell, das Telefunken 1956 unter ausgewählten Händlern und Fachleuten zur Begutachtung verteilt hatte, wies der *Partner* einige Veränderungen auf: Ohrhörer- und Netzanschluss wurden weggelassen, die Empfindlichkeit und Ausgangsleistung verbessert. Vgl. FT, 1956, H. 5, S. 124 („Transistor-Vollsuper"), H. 22, S. 649 („Transistoren-Taschenempfänger"); FS, 1957, H. 9, S. 235f („Telefunken-Taschensuper ‚Partner'"); FS, 1956, H. 5, S. 174f („Der Transistor-Taschen-Super Telefunken TR 1").
136 | Vgl. zum Folgenden: FT, 1958, H. 5, S. 131 („Neue Impulse im Reisesuperbau"); FS, 1958, H. 5, S. 102 („Vom Kofferempfänger zum Taschensuper"); FS, 1958, H. 7, S. 259 („Empfänger für unterwegs", hier der „Abklatsch"); Hobby, 1958, H. Oktober, S. 20 – 24 („Taschenradios – die große Mode").

Abb. 7: Ausschnitt aus einer Werbeanzeige für den Telefunken Partner (15 x 8,2 x 3,8 cm; 500 g), 1957. Das Transistor-Taschenradio wies ein henkelloses Polystyrolgehäuse mit goldfarbigem Ziergitter auf (FS, 1957, H. 11, vorderer Anzeigenteil).

ren bestückten Taschenradio aufgeschlossen gegenüber gestanden hatte, sah hingegen im Transistor-Taschenradio den perfekten Begleiter „auf Reisen und Ausflügen und sogar im Alltag": Durch den Transistor sei das Taschengerät „zu einem wirklichen Gebrauchsgegenstand" geworden, das kein „Abklatsch des Heimempfängers" sein müsse. Zeitgleich feierte das konsumentennahe Technikmagazin *Hobby* die Produktgattung als „große Mode" und wertete sie als „ein echtes Instrument des Fortschritts und eine wirkliche Bereicherung unseres Lebens". Und laut *Hobby* war diese Bereicherung nicht auf Segeltörn, Bergsteigen oder Urlaubsreise beschränkt, sondern beinhaltete das Nachrichtenhören beim morgendlichen Rasieren ebenso wie beispielsweise die Mitnahme des Empfängers zum Fußballspiels, um während des Zusehens zeitgleich den Fußball-Radioreport verfolgen zu können. 1959 stellte die *Funkschau* fest, das Taschenradio führe sich „immer mehr als ‚Drittgerät'" ein, und die *Funktechnik* forderte sogar, der „ideale Taschensuper" müsse kleiner als die meisten vorhandenen Angebote sein, um ihn „etwa wie eine Brieftasche" einstecken zu können.[137] Drei Jahre später hatte sich der Taschenempfänger schließlich als „handliches Nachrichten-Empfangsmittel oder gelegentlicher

---

137 | Vgl. FS, 1959, H. 9, S. 378 („Erste Meldung von den Ständen: Taschen- und Reisesuper"); FT, 1959, H. 8, S. 235 („Offene Wünsche").

‚Alleinunterhalter' für den einzelnen" und „gute Informationsquelle im Büro, im Urlaub oder beim Camping" etabliert.[138] 1960 wurden im *Handbuch des Rundfunk- und Fernseh-Großhandels* 16 einheimische Modelle aufgelistet, deren Gewicht zwischen 300 und 500 g variierte; der UKW-*Partner* von Telefunken wog sogar 660 g, denn der hier zusätzlich integrierte UKW-Teil erforderte rund 50 weitere Bauteile.[139] 1963 waren in den Läden über 100 Modelle erhältlich, von denen ca. 20 bis 30 % japanische Importe waren; 1964/65 stellten die japanischen Taschenradios schon die Mehrheit des Angebots, und vor allem die Billigstgeräte hatten einen hohen Absatz.[140] Von den 47 „Klein-" und „Zwergsupern", die das Verbrauchermagazin *DM* 1963 in der mittleren bis gehobenen Preisspanne zwischen 60 DM und 220 DM testete, stammten sogar über 60 % aus Japan. Außerdem zeigte sich die Bedeutung der Versandhäuser: Fünf der von *DM* ausgewählten Modelle waren über Neckermann bzw. Quelle zu beziehen. Die Hörkosten der ausgewählten Taschenempfänger beliefen sich auf drei Pfennig bis hin zu einer Mark pro Stunde.

Auffällig am Taschenempfänger-Angebot sind drei Aspekte, die im Folgenden näher beleuchtet werden: Erstens wurden die Geräte nicht mehr nur an den Dimensionen von Kleidungstaschen, sondern explizit auch an denen der Hand ausgerichtet, und im Mediating wurde die resultierende, neuartige Einhand-Bedienung betont. Mit dieser Ausrichtung an der Hand einhergehend wurde zweitens die Superlative, das kleinste Gerät zu produzieren, zeitweilig zum Werbeargument. Drittens tauchte in den prospektiven Nutzerbildern erstmals der im Gehen hörende Portable-Nutzer auf, wobei jedoch selbst im Falle des Taschenempfängers der stationär-häusliche Einsatz wichtig blieb.

Werbebilder, aber auch die Fachpresse demonstrierten bzw. beschrieben immer wieder die Halte-, Trage- und Bedienweise der Taschenempfänger, die offensichtlich für den Konsumenten neuartig und ungewohnt waren. In Werbebildern wurde das Gerät auf einer Handfläche positioniert oder in der Fingerspanne gehalten. Werbetexte erläuterten, die Bedienung erfolge „mit dem Finger der gleichen Hand, denn Lautstärkeregler und Senderwählskala liegen nebeneinander."[141] Wie im Falle der Kleinstempfänger der frühen 1950er Jahre, diente der Fotoapparat als Vergleichsfolie für die Gerätekompaktheit; außerdem wurden einer Kamera-Umhängetasche ähnliche Tragetaschen mit Schulterriemen angeboten, mit denen sich das Gerät über die Schulter oder um den Hals hängen ließ. So erinnerten die Taschenradios den Fachexperten der

---

138 | Vgl. FS, 1962, S. 185 („Reiseempfänger"); FT, 1963, H. 6, S. 169 („Reiseempfänger sind Hauptumsatzträger").
139 | Zum UKW-Gerät vgl. FS, 1960, H. 8, S. 207 – 209 („UKW-Partner, ein Taschenempfänger für UKW und Mittelwelle").
140 | Vgl. DM, 1963, H. 4, S. 42 – 52 („Taschenradios"); DM, 1964, H. 50, S. 41 – 46 („Taschenradios"); FS, 1964, H. 7, S. 179 („Weitere neue Reiseempfänger").
141 | Zitat aus einer Werbung für den *Fleetwood*, vgl. FS, 1960, H. 22, S. 1138.

Funkschau auch noch 1957 „eher an eine Fotobox als an ein Rundfunkgerät".[142] Wer den *Siemens T 1* von 1959 nicht in Tasche oder Hand, sondern „lieber wie einen Photoapparat" tragen wollte, konnte eine passende Lederhülle erwerben, und der 600 g schwere Mehrbereichsempfänger *Siemens RT 10* (1960) konnte dank zweier Trageriemen unterschiedlicher Länge „entweder als Handtasche oder wie ein Fotoapparat getragen werden".[143]

Die Miniaturisierung wurde Anfang der 1960er Jahre zeitweilig zu einem Entwicklungsziel und Werbeargument. So bezeichnete Nordmende beispielsweise sein Produktangebot 1962 als „kleines Wunderwerk der Technik", und das Import-Gerät *Piccolo* (8,6 x 5,6 x 2,6 cm) der Süddeutschen Warenhandels GmbH wurde 1959 als „der kleinste 6-Transistor-Super der Welt" angepriesen.[144] Unter den westdeutschen Herstellern führte Grundig die Miniaturisierung an.[145] Wog der *Taschen-Transistor-Boy* von 1958 (14,5 x 9 x 4,5 cm) ca. 500 g, war das Gewicht des *Mini-Boys* (10,4 x 6,5 x 2,6 cm) von 1960 nur noch halb so groß. Grundig betonte, das Radio könne nun wirklich „unauffällig und bequem wie beispielsweise eine Brieftasche" getragen werden; ein Demonstrationsbild zeigte, wie der in der Handfläche liegende *Mini-Boy* mit dem Daumen bedient werden konnte. Nochmals kleiner war der *Solo-Boy* von 1961 (7,8 x 5,4 x 2,45 cm, 145 g), mit dem die Konstrukteure die Verkleinerung als beendet ansahen: Drifttransistoren, und zwar teilweise Miniatur-Drifttransistoren aus japanischer Fertigung, gedruckte Schaltungen, speziell entwickelte Miniaturfilter und ein lediglich 4,1 cm großer Lautsprecher kamen zur Anwendung; ein stärker miniaturisierter Lautsprecher, so die Meinung der Entwickler, würde nicht mehr in einem lohnenden Verhältnis zur Leistung stehen.

Taschenradios wurden als potentiell Schritt und Tritt begleitende, „persönliche" Begleiter angesehen.[146] War das Hören im Gehen bisher eine tendenziell als verschroben angesehene Praxis von Radiobastlern gewesen, so deuteten nun manche Werbebilder den Radio-Gebrauch von (jugendlichen) Fußgängern an.[147] Konstruktionsseitig waren die Geräte auf einen solchen mobilen Gebrauch hin ausgelegt: Durch Schulterriemen konnten die Geräte

---

142 | Vgl. FS, H. 8, 1957, S. 197 („Reiseempfänger – Winke für die Auswahl").
143 | Für den *T1* vgl. Werbeanzeige in: FS, 1959, H. 10, 463; zum *RT 10*: FS, 1960, H. 11, S. 276 („UKW-Taschensuper ohne Teleskopantenne"), H. 15, S. 399 („Siemens-UKW-Taschensuper RT 10").
144 | Vgl. Werbebroschüre „Nordmende Volltransistor-Empfänger", 1962. In: DTMB, III.SSg.2 Firmenschriften, 13929; Anzeige *Piccolo*: FS, 1959, H. 16, S. 403.
145 | Zum Folgenden vgl. Grundig Technische Informationen, 1960, H. Juli, S. 107f („Grundig Mini-Boy und *seine* Technik"), hier S. 107 sowie 1961, H. April, S. 170–172; zum *Solo-Boy* vgl. auch: FS, 1961, H. 6, S. 135–137 („Einige neue Taschen- und Reisesuper für 1961").
146 | So hieß es z. B. zum *Siemens Zwergtaschensuper* (ML, 1962), er sei „speziell als persönlicher Begleiter in der Damenhandtasche oder in der Sakkotasche des Herrn gedacht", vgl. FS, 1962, S. 162 („Weitere Empfänger für unterwegs").
147 | Vgl. z. B. Loewe-Opta-Kurier, 1960, H. 8, S. 16 („Urlaub mit Dandy. Erlebnisse einer Oberprimanerin mit einem Loewe Opta-Kleinempfänger").

umgehängt werden, und in UKW-Geräten wie etwa dem 600 g schweren Mehrbereichsempfänger *RT 10* von Siemens war die UKW-Teleskopantenne durch eine Resonanzantenne ersetzt worden, die im Trageriemen integriert wurde und damit keine Behinderung während des Gehens darstellte.[148] Auch wenn damit zunehmend mobile Anwendungssituationen in den Fokus der Konstrukteure gerückt waren, waren die Geräte-Designs zugleich auf den häuslich-stationären Gebrauch abgestimmt. Aufstellclips an den Gehäuse-Rückwänden oder umklappbare Tragebügel ermöglichten das Aufstellen der Geräte, sei es auf dem Bücherbord, dem Schreib- oder dem Nachttisch. Außerdem wurden Taschenempfänger mit häuslichen Zusatzlautsprechern aufgerüstet und so „salonfähig" gemacht:[149] Zu Hause angekommen, konnten die Empfänger in die Heimlautsprecher eingeschoben werden, um so die Ausgangslautstärke zu erhöhen. Auch gab es Bastelanleitungen, um solche Lautsprecher anzufertigen.[150]

Trotz der erstmaligen Popularität miniaturisierter Designs und der zeitgleichen Aufwertung des Transistors als Zeichen des Fortschritts blieb jedoch eine Skepsis gegenüber der Leistungsfähigkeit miniaturisierter technischer Geräte zurück. Daher wurde in Werbeprospekten regelmäßig betont, in den Kleinstradios stecke „viel mehr Leistung", als man es „auf den ersten Blick" vermute.[151] Auch ein Werbeprospekt aus der Mitte der 1960er Jahre stellte rhetorisch die Frage: „Kann ein Taschenempfänger überhaupt leistungsstark sein? Und klangrein? Und zuverlässig?"[152] Der Fachhandel nahm daher eine zentrale Rolle als Vermittlungsinstitution ein, denn skeptische Konsumenten konnten die Geräte hier zur Probe anhören.

Viele Billigst-Importgeräte klangen auch tatsächlich so schlecht, dass die Verbraucherpresse vom Kauf abriet. Sie waren laut *DM* letztlich „zum Wegwerfen gebaut", denn kaum ein Importeur sorgte für einen Kundendienst oder eine Ersatzteil-Beschaffung.[153] Japanische 2-Transistor-Taschenradios waren bereits für 20 bis 30 DM erhältlich; sie ließen aber lediglich den Empfang des nächsten Ortssenders zu.[154] Viele der Billigstgeräte wurden über diverse Versandhandelskanäle vertrieben, die außerdem Bausätze für Taschenradios

---

148 | Vgl. FS, 1960, H. 11, S. 276 („UKW-Taschensuper ohne Teleskopantenne") sowie H. 15, S. 399 („Siemens-UKW-Taschensuper RT 10").
149 | Vgl. FS, 1959, H. 7, S. 159 („Taschensuper des Jahrgangs 1959/60"). Ein solches System war 1958 bereits bei einem Hitachi-Gerät umgesetzt worden, vgl. Hobby, 1958, H. Oktober, S. 20 – 24 („Taschenradios – die große Mode").
150 | An die Ohrhörer-Schaltbuchsen konnten niederohmige Lautsprecher angeschlossen werden, sofern man einen Miniatur-Klinkenstecker verwendete. Vgl. FS, 1962, S. 206 („Heimlautsprecher-Zusatz für Transistor-Taschenempfänger").
151 | Vgl. Werbeprospekt „Grundig", ca. 1960, in: Deutsches Museum, Archiv, FS 002253.
152 | Vgl. Werbeprospekt „Graetz Radio Fernsehen überall im Gespräch", ca. 1966, S. 39. In: Deutsches Museum, Archiv, FS 002146.
153 | Vgl. DM, 1964, H. 50, S. 41 – 46 („Taschenradios").
154 | Sie gelangten massenhaft auf den Markt, da sie in der Exportstatistik als „Spiel-

anboten, die mit ihren Preisen von 30 bis 60 DM oft billige Einzelbauteile und primitive Schaltungen zu überhöhten Preisen anboten.[155] Wegen solcher Billigstimporte wurden japanische Radios generell mit mangelhafter Qualität assoziiert, auch wenn Hersteller wie etwa Sony eine den bekannten westdeutschen Marken ebenbürtige bis überlegene Qualität lieferten. Sony-Geräte kosteten dementsprechend auch ähnlich viel oder gar mehr als westdeutsche Angebote, und sie wurden nur über den Fachhandel abgesetzt. Um dem undifferenzierten Image der Imitat- und Billigstware zu entgehen, startete die japanische Konsumgüterindustrie Anfang der 1960er Jahre Kampagnen zur Imageverbesserung, und japanische Unternehmen führten groß angelegte Werbefeldzüge in den westdeutschen Medien und der Fachpresse durch.[156] „Sony verkauft den Fortschritt", warb beispielsweise das Sony-Unternehmen für sich und begründete seine relativ hohen Preise mit der „SONY-Qualität".[157] Matsushita unterstrich beim Markteintritt 1962/63 die „Qualität", „Präzision" und den hohen „Leistungsstandard" der unter dem Markennamen *National* vertriebenen Geräte. Gegenüber dem Fachhandel wurde betont, dass Matsushita der weltgrößte Radioproduzent war, die japanischen Arbeiterinnen besonders zuverlässig arbeiteten und die Produkte ein Resultat der Arbeit von über 100 Designern und der genauen Ermittlung der Kundenwünsche seien; der Gründer Konosuke Matsushita wurde sogar als „Japans Henry Ford" dargestellt. Die Konsumenten sollten außerdem mit dem Slogan „NATIONAL – ein Weltbegriff" beeindruckt werden.[158]

Durch die starke japanische Konkurrenz sahen sich die westdeutschen Radiohersteller veranlasst, die Taschenempfänger-Produktion entweder ganz aufzugeben bzw. gar nicht erst aufzunehmen oder sich auf die Herstellung hochwertiger Geräte zu konzentrieren, die dann als mondäne Lifestyle-Accessoires vermarktet wurden. So wurde der 500 g schwere UM-Taschenempfänger *Grazia* (1963) von Graetz mit dem Bild einer „sorgenfrei gen Süden" fliegenden Frau beworben – zu einer Zeit, als das Fliegen noch ein Privileg hochgestellter Schichten war.[159] „Erstaunte Blicke der Umstehenden.

---

zeug-Radios" geführt wurden. Vgl. FT, 1964, H. 15, S. 548 („Japanische Erzeugnisse auf dem deutschen Markt").
155 | Vgl. z. B. das Angebot des Versandhaus Heine QX aus Hamburg. Ein 2-Transistor-Radio kostete ca. 35 DM, eines mit 6 Transistoren 62 DM; das schlichte Taschenradio mit Nur-Ohrhörerempfang 19,50 DM, vgl. Werbeanzeige in: FT, 1961, H. 9, S. 310. Vgl. auch DM, 1964, H. 49, S. 48f („Radiobaukästen").
156 | Beispielsweise tourte ein Schiff mit hochwertigen japanischen Produkten durch Europa, vgl. FT, 1964, H. 15, S. 548 („Japanische Erzeugnisse auf dem deutschen Markt").
157 | Vgl. FS, 1959, H. 17, S. 408f („Japanischer UKW-Transistor-Super") und die Werbeanzeigen in FS, 1959, Rückseite H. 14, FS, 1962, H. 2, o.S.
158 | Vgl. die Werbekampagne „Die Matsushita Electric-Story", in: FT, 1963, H. 17, S. 590; FT, 1963, H. 18, S. 668; FT, 1963, H. 11, S. 407 (Titel: „Diese geschickten Hände kann keine Maschine ersetzen"); FT, 1963, H. 18, S. 668 (im Text u. a.: „Die japanische Frau ist berühmt für ihre Geschicklichkeit."); FT, 1963, H. 23, S. 881; FT, 1963, H. 5, S. 156.
159 | Diese Einbettung in den Lebensstil „urbaner Nomaden" fand sich bereits für den

Was ist das?", malte das Prospekt – gleichsam das drei Jahrzehnte spätere Reisen eines Yuppies mit Handy vorwegnehmend – den Statuseffekt aus, der sich ergeben würde, wenn die Umstehenden den Taschenempfänger im exquisiten Design erblickten. Das Gerät wurde den Lesern als bestaunenswertes modisch-elitäres Lebensstil-Accessoire sowie als technisch leistungsvoller und zudem „liebenswerter" Reisebegleiter vorgestellt.

Die Modewelle der Taschengeräte flaute auf dem westdeutschen Markt Mitte der 1960er Jahre ab.[160] Die meisten der verbliebenen Kleinstradios aus westdeutscher Produktion wurden nun weniger als „Taschen"-, sondern als Kleinstkoffer-Gerät konzipiert. So wurde das Modell *Grazia* als geschlechtsneutraler Empfänger im eckigen Plastikgehäuse mit Metallhenkel fortgeführt und als „Zweit- oder Drittgerät" „für unterwegs" oder „als ‚Nachttischradio'" beworben.[161] Taschengeräte hatten sich als billige Drittgeräte etabliert, welche leicht zwischen Nachttisch, Bad, Büro oder Jackentasche hin- und herbewegt werden konnten oder gleich mehrmals angeschafft wurden. Sie dienten dem gelegentlichen Zwischendurch-Empfang. Als Musikquelle zur längeren, begleitenden Unterhaltung einer Gruppe waren sie ungeeignet, weil die Töne bei wirklich lautem Hören verzerrt wurden. In der Industrie wurden Taschenempfänger daher ohne Umschweife als „Geräuschmühlen" tituliert.[162] Außerdem war ihre Batteriekapazität äußerst begrenzt. Für Teenager allerdings nahm der Taschenempfänger gänzlich andere Bedeutungen an...

Ein neuer Markt entsteht: Teenager und die Musik zum Mitnehmen

Mit der steigenden Kaufkraft der Jugendlichen entstand Ende der 1950er Jahre ein jugendspezifischer Konsummarkt, dem Hersteller und Marktforschung besonderes Augenmerk widmeten.[163] Zwischen 1953 und 1960 verdoppelten sich die Budgets der Jugendlichen beinahe, und in den 1960er Jahren stieg die Kaufkraft junger Leute zeitweise in höherem Maße an als die Reallöhne der

---

Röhrentaschenempfänger *exporter* von *Braun*, der von der führenden Designschmiede der Hochschule für Gestaltung Ulm gestaltet worden war: „Auf dem Schreibtisch junger Geschäftsleute in Ceylon, in Damenhandtaschen auf den Champs-Elysees oder auch in der Kabine eines Segelkreuzers auf der Alster" könne man den *exporter* finden. Vgl. Werbeanzeige in: Hobby, 1957, H. Juni, S. 118f. Für das Graetz-Gerät vgl. Werbebroschüre „Frohe Fahrt mit Graetz", 1963, S. 4. In: Deutsches Museum, Archiv, FS 002146.
160 | Vgl. DM, 1964, H. 50, S. 41 – 46 („Taschenradios").
161 | Vgl. Werbeprospekt „Graetz Radio Fernsehen überall im Gespräch", ca. 1966, S. 39. In: Deutsches Museum, Archiv, FS 002146.
162 | So der Braun-Pressechef Norbert Sakowski im *DM*-Testbericht, vgl. DM, 1963, H. 4, S. 42 – 52 („Taschenradios"), hier S. 44.
163 | Vgl. Schildt 1995, S. 161f; Scharmann, Dorothea-Luise: Konsumverhalten von Jugendlichen. München 1965; Heinig, Joachim: Teenager als Verbraucher. Erlangen-Nürnberg 1962 (Dissertation). Für die Ausrichtung von Philips auf den niederländischen Teenagermarkt vgl. de Wit, Onno; de la Bruhèze, Adri A.; Berendsen, Marja: Ausgehendelter Konsum: Die Verbreitung der modernen Küche, des Kofferradios und des Snack Food in den Niederlanden. In: Technikgeschichte 68, 2001, S. 133 – 155.

westdeutschen Haushalte insgesamt.[164] Jugendliche wurden jedoch nicht nur wegen ihres eigenen Geldes zu einer wichtigen Zielgruppe; vielmehr beeinflussten sie auch die Kaufentscheidung der Eltern und damit die technische Ausstattung des Gesamthaushaltes.[165] Allerdings lief dies nicht ohne Konflikte ab: Zwischen den Generationen wurde um den Musikkonsum ebenso wie um Kleidungsfragen gestritten, und das Phänomen des konsumierenden Teenagers wurde von Pädagogen, Psychologen und Jugendfunktionären kritisch hinterfragt.[166]

Erste speziell an Jugendliche gerichtete Radioportables wurden bereits Anfang der 1950er Jahre konzipiert, hielten sich jedoch nicht am Markt.[167] Zum einen gehörte das Radiohören noch nicht zur jugendspezifischen Identitätsformung: Als Lieblingsbeschäftigung nannten die Jugendlichen Sport und Lesen, auch wenn sie wie die Erwachsenen routinemäßig Radio hörten und z. B. viele Schüler ihre Hausarbeiten vor dem Radio erledigten; Mädchen hörten dabei tendenziell weniger als Jungen.[168] Zum anderen fehlte der jüngeren Generation zu diesem Zeitpunkt noch das nötige Geld für einen Radiokauf. Eine 1953 durchgeführte Befragung des NWDR ergab, dass 6 % der 15- bis 18-Jährigen des Einzugsgebiets ein eigenes Radio hatten; unter den 21- bis 22-Jährigen waren es immerhin 31 %.[169] Eine Marktforschungsstudie der Gesellschaft für Marktforschung von 1960 zeigte demgegenüber bereits wesentlich höhere Werte unter den Jüngeren: 29 % der hier befragten Teenager hatten ein eigenes Radio oder Kofferradio; derweil hatten nur 19 % einen Plattenspieler, auch wenn über 60 % Schallplatten besaßen und viele mithin die Geräte der Eltern oder der Geschwister mitbenutzten.[170] Die Hälfte der Teenager hatte außerdem kein eigenes Zimmer. Die steigende Geräteausstattung der Jugendlichen korreliert mit der Zunahme ihrer Budgets: Laut Befragungen jugendlicher NWDR-Hörer hatten 14- bis 25-Jährige 1954 immerhin durchschnittlich 61 DM für persönliche Zwecke zur Verfügung; allerdings war von dieser Summe beispielsweise auch Unterhalt an die Eltern zu zah-

---

164 | Vgl. Maase, S. 75f; Siegfried 2006, S. 45.
165 | Vgl. Andersen, S. 220; de Wit/de la Bruhèze/Berendsen; Münster, S. 48.
166 | Vgl. Siegfried, Detlef: Vom Teenager zur Pop-Revolution. Politisierungstendenzen in der westdeutschen Jugendkultur 1959 bis 1968. In: Schildt, Axel; Siegfried, Detlef; Lammers, Karl Christian (Hg.): Dynamische Zeiten. Die 60er Jahre in den beiden deutschen Gesellschaften. Hamburg 2000, S. 582 – 623.
167 | So z. B. der *Offenbach – Junior* (2 kg, ca. 180 DM) und der *Boy Junior* (1,3 kg; unter 130 DM) von 1952/53.
168 | Vgl. Schildt 1995, S. 165 u. S. 169; Blücher, Viggo: Freizeit in der Industriellen Gesellschaft. Dargestellt an der jüngeren Generation. Stuttgart 1956, Tabelle S. 32 (Repräsentativbefragung von ca. 1000 15- bis 24-Jährigen durch den NWDR, Abteilung Hörerforschung, vom Frühjahr 1953); Klausmeier, Friedrich: Jugend und Musik im technischen Zeitalter. Eine repräsentative Befragung in einer westdeutschen Großstadt. Bonn 1963, S. 13f u. S. 240 (Studie von 1955 bzw. 1958).
169 | Vgl. Scharmann, S. 261f.
170 | Vgl. Münster, Ruth: Geld in Nietenhosen. Jugendliche als Verbraucher. Stuttgart 1961, S. 53 u. S. 74.

len. Nach Abzug solcher Kosten verblieben 1959 jenen Heranwachsenden, die eigenes Geld verdienten, mindestens 50 DM; Taschengeld-Empfänger wiederum erhielten rund 20 DM, wobei Jungen mehr als Mädchen erhielten.[171] Eine 1961 veröffentlichte Studie unter *Bravo*-Lesern ergab, dass den 12- bis 16-Jährigen monatlich etwas über 20 DM und den älteren, bis zu 24-Jährigen über 100 DM zur freien Verfügung standen.[172] Zum Vergleich: Ein Industriearbeiter verdiente wöchentlich rund 120 DM. Mitte der 1960er Jahre verfügten laut Shell-Studie 14 bis 17 jährige Jungen über 54 DM, die Mädchen über 64 DM.[173] Allerdings schwankten die jeweiligen individuellen Werte enorm und waren abhängig davon, ob die Teenager bereits arbeiteten, was in den 1950er und 1960er Jahren für viele früh der Fall war – 1960 waren rund 80 % der 15- bis 24-Jährigen erwerbstätig und 1970 immerhin noch 66 % –,[174] wie viel Kostgeld sie zu Hause abgeben mussten oder in welchem Ausmaß sie Taschengeld erhielten. Außerdem waren Geldbudget und Gerätebesitz vom Geschlecht abhängig: Mädchen hatten weniger Geld und besaßen seltener ein Radio als Jungen, und den höchsten Gerätebesitz wiesen in obiger *Bravo*-Studie jene männlichen Teenager auf, die noch bei den Eltern wohnten und ein eigenes Zimmer hatten: 40 % der Jungen dieser Gruppe hatte ein eigenes Radio, 30 % einen Plattenspieler.

Bis gegen Ende der 1950er Jahre war es nur eine Minderheit der Jugendlichen, die an konsumorientierten Freizeitstilen partizipierte und sich an den Stars der aufkommenden Rock'n'Roll-Musik orientierte, die der „Halbstarken"-Bewegung auch dazu diente, rebellisch gegen die bürgerlich-familiären Normen der Zeit anzulaufen. Seit den 1960er Jahren jedoch stellten das Hören bestimmter Musikstile sowie das Reden über und der Austausch von Musik ein wichtiges Element der Teenager-Identität dar. Dabei rangierten in der ersten Hälfte der 1960er Jahre einheimische Stars und Songs noch vor internationalen Stars wie Elvis Presley oder die Beatles. Betrachtet man die von der *Bravo* aufgestellten Jahrescharts, so wurden dort fast ausschließlich deutsche Hits aufgelistet:[175] 1963 war unter den 20 Titeln nur ein amerikanischer Song zu finden, und zwar Elvis Presleys „Devil in Disguise" auf Nr. 11, während die Nr. 1 ein Beitrag des deutschen Sängers Freddy war. Seit Mitte der 1960er Jahre jedoch kehrte sich dieses Verhältnis um, und englischsprachige Pop- und Rockmusik dominierte seitdem die in ihrer wirtschaftlichen Bedeutung nun stark anwachsende Musikindustrie. Deren Angebote an Musik und Idolen wurden zentral für die jugendliche Sozialisation und die Suche der Heran-

---

171 | Vgl. Münster, S. 46f.
172 | Vgl. Ehrmann, Helmut; Landgrebe, Klaus (Hg.): Bravo Leser stellen sich vor. München 1961, S. 35 u. 37.
173 | Vgl. Jugendwerk der Deutschen Shell, S. 16.
174 | Vgl. Schildt 2007, S. 31.
175 | Vgl. Dussel, Konrad: The Triumph of English-Language Pop Music: West German Radio Programming. In: Schildt, Axel; Siegfried, Detlef (Hg.): Between Marx and Coca-Cola. Youth Cultures in Changing European Societies, 1960–1980. Oxford 2006, S. 127–148, hier S. 131.

wachsenden nach einer altersgemäßen Lebens- und Ausdrucksweise. Auch grenzte die junge sich damit explizit gegenüber der älteren Generation ab.

„Elvis Presley gegen meinen Vater", resümierte eine damalige Jugendliche im Rückblick dieses Konfliktpotential;[176] zugleich lässt sich aber auch sagen, dass die Jugendlichen durch ihre konsumistisch orientierte Abgrenzung zur Elternwelt zu Vorreitern der neuen Werte der Massenkonsumgesellschaft mit ihrer jugendlich geprägten Massenkultur wurden.[177] Im Falle des Radioportables hatten die Nutzungsweisen Jugendlicher zudem großen Einfluss auf die Geräteentwicklung.

Im Musikportable traf der Stellenwert, den Musik nun einnahm, nicht nur mit Kostengünstigkeit zusammen, sondern Portables boten den Jugendlichen auch eine Unabhängigkeit und Flexibilität, die den neuartigen jugendlichen Lebensstil überhaupt erst ermöglichten. Tragbare Geräte waren für Teenager erschwinglicher als die teureren stationären Varianten. Sie machten die Jugendlichen unabhängig von der elterlichen Ausstattung. Mit einem Henkelgerät konnte man nicht nur bei Freunden oder draußen hören, sondern auch zu Hause dem elterlichen Hörradius problemlos etwa in Richtung Keller oder Dachboden ausweichen.[178] Die „Musik zum Mitnehmen" kam also in mehrfacher Weise der jugendspezifischen Lebensweise entgegen. Deutlich strich dies etwa ein Artikel in der *Twen* hervor: Nachdem gegen die Klagen der Väter über die jugendliche Konsumkultur – wie die Mopeds, Radios oder Tonbänder, welche die Jüngeren nur noch in Betrieb setzen würden, statt selbst zu wandern oder zu singen – polemisiert worden war, wurde der Drang der Jugendlichen nach Bewegung betont, so dass fest installierte Geräte für Teenager an Wert verlören:[179] „Junge Leute möchten beweglich sein. Also sollten auch die Dinge und Gegenstände, die sie tagtäglich benutzten, möglichst transportabel sein. (...) Man möchte seine Musik mitnehmen können – zu einem Freund, auf eine Party, auf eine Reise oder auch nur ins Zimmer nebenan," beschrieb der Autor die jugendliche Mobilitätskultur. Phonokoffer oder das tragbare Radio wurden zum abendlichen Treffpunkt im Park oder Spielplatz des Wohnviertels mitgenommen, um dort – die Halbstarkenkultur imitierend – gemeinsam mit der Clique Musik zu hören.[180] Mit den Audioportables trugen vor allem männliche Teenager ihre spezifische Musik und damit einen wichtigen Teil ihres Selbstverständnisses als Akustikkulisse an öffentliche Plätze, was einem „Stück Eroberung von Öffentlichkeit" gleichkam.[181] Manches Mal ging es freilich auch darum, mit der „soundscape" zugleich die Erwachsenenwelt zu provozieren.

---

176 | Vgl. Andersen, S. 218; vgl. zum Folgenden auch: S. 212 – 228.
177 | Vgl. hierzu v. a. Siegfried 2006.
178 | Vgl. Baacke, Dieter: Beat. Die sprachlose Opposition. München 1968, hier S. 187 f.
179 | Vgl. Twen, 1961, H. 2, S. 30 – 33 („Ein Handliches Thema mit 14 Variationen"), hier S. 30.
180 | Vgl. zu dieser Straßenkultur: Maase, S. 77; Lindner, Werner: Jugendprotest seit den fünfziger Jahren. Dissens und kultureller Eigensinn. Opladen 1999, S. 42.
181 | Vgl. Marßolek, S. 231.

Unter den Musikportables der Jahre um 1960 war für Jugendliche das Radio, denn es wurde für mehr und mehr Teenager leistbar, das wichtigste Gerät. Taschenempfänger wurden um 1960 beispielsweise von vielen Herstellern im Paket mit Ohrhörern und einer „Bereitschaftstasche" für rund 100 DM angeboten. Eine Untersuchung zum „Teenager als Verbraucher" von 1962 kam sogar zu dem Schluss, dass die Jugendlichen aufgrund der niedrigen Preise der Transistorradios nicht selten zwei Empfänger besäßen.[182] Teenager nutzten dabei das Radioportable gänzlich anders als Erwachsene. Zum einen hörten sie andere Sender – in den 1950er Jahren waren beispielsweise die amerikanischen bzw. britischen Sender zur Versorgung der in der BRD stationierten Soldaten (AFN, BFN/American bzw. British Forces Network) beliebt. Jugendspezifische Programme gab es im öffentlich-rechtlichen Rundfunk zu der Zeit so gut wie gar nicht. Beispielsweise war im Programm des SWF 1959 lediglich eine solche Sendung („Teenager-Party! Rhythmus für junge Leute", mittwochs zwischen 21 und 22 Uhr) zu finden; erst 1970 wartete der SWF innerhalb seines dritten Programms mit zahlreichen Sendungen auf, die das Bedürfnis Jugendlicher nach neuen deutschen wie internationalen Hits der Populär- und Rock'n'Roll-Musik ernst nahmen.[183] Zuvor hingegen gingen die öffentlich-rechtlichen Rundfunkanstalten nur sehr eingeschränkt auf die Musikwünsche Jugendlicher ein, und die wenigen Jugendmusiksendungen verhielten nicht ihre erzieherische Absicht.[184] Originaltitel von Rock- und Popmusik konnten ohnehin erst von den Landesrundfunkanstalten vermehrt ausgesendet werden, als 1966 die Regelung aufgehoben worden war, zur Wahrung der Interessen der Schallplattenindustrie neben der selbstproduzierten Musik des Rundfunkorchesters nicht mehr als 35 Stunden Schallplattenmusik wiederzugeben.[185]

Zum anderen nahmen Heranwachsende für die Flexibilität und Unabhängigkeit, die sie mit einem Portable gewannen, die dem Heimgeräte unterlegene Tonqualität in Kauf. Ohnehin war Jugendlichen, wie es auch Marktforschungsergebnisse bei Schaub-Lorenz 1969 zeigten, der Empfang möglichst vieler Sender – womit die Optionen, Rock- und Pop-Programme zu empfangen, stiegen – wichtiger als der gute Klang.[186] Das Portable war für sie das „Erstgerät". Und selbst am Taschenempfänger hörten sie nicht nur allein sowohl stationär als auch mobil im Gehen Musik, sondern ebenso auch in der Clique. So zeigt ein Foto eines 23-Jährigen, das 1959 in einem Fotowettbewerb eingereicht wurde, eine Gruppe junger Leute, die sonnenbadend auf dem Rasen eines Freibads lagen (Abb. 8): Sie reckten ihre Köpfe um ein Taschenradio, das ein junger Mann in seinen Händen hielt. Das Foto verdeutlicht außerdem geschlechtsspezifische Verhaltensstereotype, denn der junge Mann dürfte es mit

---

182 | Vgl. Heinig, S. 71.
183 | Vgl. Dussel 2006, S. 129.
184 | Vgl. dies und Folgendes: Siegfried 2006, S. 320 – 332; Dussel 2006, S. 132.
185 | Vgl. Siegfried 2006, S. 323.
186 | Vgl. Siegfried 2006, S. 98.

Abb. 8: „Eine Handvoll Musik" – Fotobeitrag von Wilfried Kalde, prämiert im Wettbewerb „Jugend photographiert" (Franken, Klaus (Hg.): Jugend in Beruf und Freizeit. Dokumentarischer Bildband. Recklinghausen 1959, S. 139).

dem Taschenradio ebenso wie mit seiner Sonnenbrille darauf angelegt haben, das Mädchen der Clique zu beeindrucken.

Auf solche Verwendungsweisen der Teenager abgestimmt und sie zugleich stimulierend, wartete die Unterhaltungselektronik-Industrie seit Ende der 1950er Jahre mit zahlreichen Jugendprodukten auf. Neben Radios im Billigsegment wurden einfache, teils ohne Verstärker auskommende Phonokoffer hergestellt, denn mit 60 % der Plattenkäufe stellten Jugendliche die Hauptkäufergruppe am Schallplattenmarkt dar.[187] Mit der Phono-Radio-Einheit *TP 1* von 1959 kombinierte Braun diese beiden jugendspezifischen Geräte auf raffinierte Weise: Über ein Trageetui konnten die aufeinander abgestimmten Portables – ein Schallplattenspieler und der KML-Taschenempfänger *T 4* – nach Wunsch zeitweise zu einer transportablen Einheit miteinander verbunden werden, ohne ihre getrennte Nutzung auszuschließen.[188] Der *TP 1* kostete 215 DM; einzeln kostete der *T4* 150 DM. Braun hatte das Set sogar um eine Schaltuhr ergänzt,

---

187 | Vgl. Heinig, S. 106.
188 | Der Designer war Dieter Rams. Das Gerät spielte 17-cm-Platten mit 45 U/min ab, wobei der Tonarm die Platte von unten abtastete und in Ruhestellung im Gehäuse verschwand. Zum Gerät vgl. HB, 1960/61, S. B5; FS, 1959, H. 18, S. 433 – 437 („Phono- und Ela-Technik auf der Funkausstellung").

so dass von Schallplatten begeisterte Heranwachsende sich am Morgen von ihrer Lieblingsmusik wecken lassen konnten. Außerdem griff die Vermarktung von Portables die Jugendkultur auf. Phonokoffer beispielsweise hießen *teenager* oder wurden, wie etwa der *Mirastar S 15*, gezielt an junge Leute und für das Mitnehmen zur Party und ins Freie vermarktet.[189] Grundig präsentierte den *Taschen-Transistor-Boy* (1958) in einer PR-Fotografie in den Händen eines Mädchens, das ihn beschützend umfasste und bewundernd anblickte.[190] Damit visierte Grundig bereits zu einem Zeitpunkt den Teenagermarkt an, als viele in der Branche im Taschensuper nur ein Nothilfsmittel für solche Situationen sahen, in denen Erst- und Zweitgerät fehlten. Die Vermarktung des Loewe Opta-Taschenempfängers *Dandy* ließ sich dann allerdings 1960 sogar auf subversive Gebrauchsweisen der Jugendkultur ein, welche den bürgerlichen Normen öffentlichen Verhaltens zuwider liefen. Der als fiktiver Erlebnisbericht einer Oberprimanerin gestaltete Werbetext griff sämtliche Topoi der „Halbstarkenallüren" auf[191] und beschrieb mehrere Praxen, die der „stolze Besitzer" ausprobieren könne, um Eindruck zu schinden: So könne er mit dem laufenden Apparat in der Hintertasche seiner Jeans durch die Straßen schlendern, dabei „hinter sich die neuesten Tagesnachrichten herziehend und mit äußerst gespielter Lässigkeit scharf die Wirkung auf die Passanten beobachtend". Oder er könne den *Dandy* mit in die Schule nehmen, um ihn in den Pausen oder gar im Unterricht einzuschalten. Geschlechtsstereotype Skizzen zeigten außerdem, wie ein Junge den *Dandy* lässig dahin schreitend zum Entsetzen einer gutbürgerlichen Passantin plärren ließ und wie ein Mädchen den als Geschenk drapierten *Dandy* entzückt betrachtete. Indirekte Werbung erhielten die Portables auch dadurch, dass *Twen* und *Bravo* eine Rubrik zu „Geschenktipps" hatten, in der oft tragbare Radios vorgestellt wurden, und als in der *Bravo* Preisausschreiben üblich wurden, gab es hier regelmäßig Audioportables zu gewinnen.

Unter Jugendlichen bildete das Musik- bzw. Radiohören in den 1970er Jahren diejenige Freizeitbeschäftigung, der sie am häufigsten nachgingen. Die Aneignung des Rundfunkmediums weitete sich außerdem unter noch jüngeren Altersgruppen aus:[192] Am Ende der 1970er Jahre hörte über die Hälfte der unter 10-Jährigen täglich zwei Stunden oder mehr Radio. Die Popularität des tragbaren Radios blieb dabei ungebrochen, und weiterhin waren es mehrheitlich

---

189 | Vgl. FS, 1960, H. 22, S. 561f („Mirastar S15 – ein Plattenspieler für junge Leute").
190 | Vgl. Grundig Technische Informationen, 1958, H. 3, S. 29 („Unsere Reisesuper des Jahrgangs 1958").
191 | Vgl. Loewe-Opta-Kurier, 1960, H. 8, S. 16 („Urlaub mit Dandy. Erlebnisse einer Oberprimanerin mit einem Loewe Opta-Kleinempfänger").
192 | Vgl. für das Folgende: Eintrag „Musik" in: Bauer, Karl W.; Hengst, Heinz (Hg.): Kritische Stichwörter zur Kinderkultur. München 1978, S. 252–259; Schilling, Johannes: Freizeitverhalten Jugendlicher. Eine empirische Untersuchung ihrer Gesellschaftsformen und Aktivitäten. Weinheim, Basel 1977.

Jugendliche, welche wirklich mobil hörten und ihr Radio im Gehen laut laufen ließen. „Besonders junge Leute schätzen den laufenden Empfang aus dem Köfferchen – nicht immer zur Freude und Erbauung älterer Weggenossen", konstatierte der *Test* auch 1970 die Kluft zwischen dem jugendlichen Wunsch nach ständiger Musikbegleitung und den Normen des Erwachsenenlebens.[193] In den folgenden Jahren sollte es sich bei dem „Köfferchen" dann allerdings vornehmlich um einen Radiorekorder handeln.

Der Rundfunk als Alltagsbegleiter –
Zur Radiohörkultur der 1960er und frühen 1970er Jahre

Der Rundfunk wurde seit den 1960er Jahren als potentiell allgegenwärtiges Begleitmedium des Individuums, aber kaum mehr als der Hauptunterhalter einer geselligen Runde wahrgenommen. „Überall" und „jederzeit", so die Werbetexte, könne ein Portable benutzt werden. Und während die Nutzer ihr Portable zwar längst nicht an allen erdenklichen Orten und zu allen Zeiten bei sich trugen, so eigneten sie sich in mannigfachen häuslichen wie außerhäuslichen Situationen ein „Zwischendurch"- und „Nebenbei"-Hören an. Portables forcierten ein über den ganzen Tag verteiltes Radiohören, das weiterhin Spitzen, und zwar am Morgen, zur Mittagszeit und am frühen Abend, aufwies,[194] und ihre Verfügbarkeit erweiterte das längst übliche Nebenbeihören während der morgendlichen Körperpflege, des Frühstücks oder der Hausarbeit um das Hören während der Autofahrt, bei Freizeitaktivitäten oder auf der Arbeit. Die zeitlich sowie räumlich kaum mehr gebundene Hörkultur hatte sich weit vom einstigen Ideal des kontemplativ-aufmerksamen Hörens entfernt. Allerdings waren es nur wenige Nutzergruppen wie Autofahrer und Teenager, die wirklich „mobil" parallel zur eigenen Fortbewegung Radio hörten. Die Mehrheit hingegen schaltete das Gerät erst nach der Ortsverlagerung ein oder platzierte das Portable an einen relativ festen Standort wie das Küchenregal. Der Wandel zum tendenziell allgegenwärtigen Zwischendurch- und Nebenbei-Hören vollzog sich schleichend während der 1960er Jahre, als der Hörfunk noch dazu aufgrund der Konkurrenz durch das Fernsehmedium in einer Krise steckte. Um ihn verfolgen zu können, werden zunächst einige Eckpunkte des Medienkonsums der 1960er und frühen 1970er Jahre angeführt.

Während der Rundfunk zum paradigmatischen Begleitmedium wurde, übernahm das Fernsehen dessen Funktion als Leitmedium; es wurde zum häuslich-medialen Zentrum der Familienaktivitäten und dominierte die Gestaltung des Feierabends. Ein Fernsehgerät stand 1964 in 55 % der westdeutschen Haushalte, 1970 in 85 %, und die durchschnittliche tägliche Sehzeit

---

193 | Vgl. Test, 1970, H. 4, S. 166–72 („Laufend auf Empfang"), hier S. 166.
194 | Die Spitzen der Radio-Reichweite lagen 1968 zwischen 7 und 8 Uhr, zwischen 12 und 14 Uhr sowie zwischen 17 bis 20 Uhr, vgl. Franz, Gerhard; Klingler, Walter; Jäger, Nike: Die Entwicklung der Radionutzung 1968 bis 1990. In: Media Perspektiven, 1991, H. 6, S. 400–409, hier S. 408.

betrug fast zwei Stunden, was auch bedeutete, dass beinahe der gesamte Zuwachs an arbeitsfreier Zeit in der zweiten Hälfte der 1960er Jahre mit dem Fernsehschauen ausgefüllt wurde.[195] Demgegenüber sank der tägliche Radiokonsum auf zwei Stunden und lag 1970 bei nur noch 73 Minuten. Allerdings wurden mehr Sender als zuvor gehört: Laut Radio-Nutzungsstudien stellte Anfang der 1960er Jahre ein Viertel der Hörer mindestens einmal am Tag einen anderen Sender ein, während die meisten Geräte 6 bis 8 Programme empfangen konnten;[196] eingeschaltet wurde ohne den vorherigen Blick in die Programmzeitschrift.

Für die 1970er Jahre wird oftmals von einer „Renaissance" des Rundfunks gesprochen:[197] Nachdem neue Rundfunkkonzepte umgesetzt worden waren – dritte Programme sowie Nachtprogramme wurden eingeführt, es entstanden zielgruppenspezifische Servicewellen, Sendeformate und -inhalte wurden stärker profiliert, durch Moderatoren persönlicher und durch stündliche Nachrichten aktueller gestaltet, und insgesamt kam es zu einer Zunahme der durchschnittlichen Programmleistung einer Landesrundfunkanstalt von täglich 43 Stunden 1968 auf täglich 63 Stunden im Jahr 1980 –, konnten die sinkenden Hörzeiten gestoppt, ja sogar wieder gesteigert werden. Die Durchschnittshörzeit erhöhte sich bis Mitte der 1970er Jahre auf beinahe zwei Stunden, bis Ende des Jahrzehnts auf zweieinhalb Stunden. Am Ende des 20. Jahrhunderts schließlich lagen die Radiohörzeiten wieder bei über drei Stunden wie einst in den 1950er Jahren; außerdem sah der durchschnittliche Bundesbürger zwei Stunden fern.[198] Dabei hörten Frauen stets länger als Männer. Deutlich unterschieden sich zudem der Medienkonsum von Erwachsenen und derjenige von Jugendlichen: Für letztere war das Hören von Musik wichtiger als der Fernsehkonsum. Demgegenüber sahen die meisten Erwachsenen der 1970er Jahre das Radiohören bereits nicht mehr als eine eigenständige Freizeittätigkeit an. Denn gehört wurde nebenbei zu anderen Arbeits- wie Freizeittätigkeiten; am – für die Freizeit zentralen – Wochenende wurde weniger gehört als früher, derweil die Hörzeiten am Arbeitsplatz oder im Auto stiegen.[199]

Portables und Autoradios trugen zu dieser Renaissance des Hörfunks, die auf seiner Nutzung als Begleitmedium beruhte, entscheidend bei. Die Expansion der Hörzeiten zwischen Ende der 1960er und Ende der 1980er Jahre entfiel zum einen je zur Hälfte auf eine Steigerung des außerhäuslichen und des häuslichen Hörens; die Gesamthördauer von 1989/90 (156 Minuten) wurde zu

---

195 | Vgl. Berg, Klaus; Kiefer, Marie Luise (Hg.): Massenkommunikation IV. Eine Langzeitstudie zur Mediennutzung 1964 – 1990. Baden-Baden 1992, S. 21; Schildt 2007, S. 47.
196 | Vgl. Kursawe, S. 43, S. 85, S. 196.
197 | Vgl. Franz/Klingler/Jäger, S. 400f.
198 | Zahlen nach: Paschen, Herbert; Wingert, Bernd; Coenen, Christopher; Banse, Gerhard: Kultur – Medien – Märkte. Medienentwicklung und kultureller Wandel. Berlin 2002, S. 48.
199 | Vgl. Kursawe, S. 320.

einem Viertel vom außerhäuslichen Hören gespeist.[200] Zum anderen fand auch das häusliche Hören kaum mehr an einem zentralen Radiomöbel statt. Was die spezifische Nutzung von Portables betrifft, so lassen sich darüber hinaus einige – allerdings von unterschiedlichen Marktforschungsstudien stammende und daher nicht vergleichbare – Zahlen anführen: Eine 1972 durchgeführte Infratest-Studie zu hessischen Hörern verdeutlicht, dass das Radioportable immer auch stationär zu Hause verwendet wurde. Nach dieser Studie wurden nur 45 % der Portables außer Haus eingesetzt; als bevorzugte Hörgelegenheiten nannten – bei einer möglichen Mehrfachnennung – 60 % der befragten Portable-Besitzer den Urlaub, 38 % den Ausflug und je über 30 % den Freibad-Besuch und das Autofahren; auf der Arbeit schalteten zudem 14 % der Befragten das Gerät ein.[201] Sich auf Marktforschungsstudien berufend, nannte der *Test* 1974 einen auf 70 % angestiegenen Portable-Besitz; ein Drittel der Haushalte verfüge sogar bereits über zwei oder mehr tragbare Radios.[202] Über 90 % der Besitzer, so wurde außerdem ausgeführt, schalteten die Geräte in der Wohnung ein; 31 % hörten damit in der Küche, 12 % am Arbeitsplatz und 21 % nahmen sie auf Partys mit. Nach den Nennungen von Einsatzorten in Verbraucherzeitschriften geurteilt, war neben der Küche außerdem das Schlafzimmer ein beliebter Aufstellort für ein Kofferradio.[203] Das Portable forcierte mithin weniger eine „Enthäuslichung" des Radios,[204] sondern seine außerhäusliche, automobile sowie häusliche Allgegenwart.

Diese Ausweitung von Hörzeiten und Hörorten lässt sich, wie nachfolgend dargestellt wird, anschaulich in den prospektiven Nutzerbildern der Werbung und des Fachdiskurses aufzeigen, die teils auf die neue Hörkultur reagierten und sie teils vorwegnahmen. Außerdem wird die Wechselwirkung der neuen Hörpraxen mit den sich ändernden Medieninhalten und dem Wandel der Produktkultur thematisiert.

Hatten die Werbebilder der 1950er Jahre den Einsatz des Kofferradios im Wesentlichen auf Räume und Zeiten der Reise begrenzt, so weitete sich dies nach und nach aus. Das Schlagwort von einer „Überall und Jederzeit"-Verwendung wurde zur dominierenden Vermarktungsfloskel, die eine völlige Unabhängigkeit des Portable-Besitzers von räumlichen und zeitlichen Fixpunkten suggerierte. „Wo immer Sie auch sind – im Heim, im Garten, auf der

---

200 | Vgl. Franz/Klingler/Jäger, S. 403.
201 | Vgl. Infratest: Der Hessische Rundfunk und seine Hörer 1972. Bd I u. II, hier nach: Kursawe, S. 320
202 | Vgl. Test, 1974, H. 5, S. 252 – 58 („Preis und Leistung im Einklang"). 1978, als doppelt so viele Radiorekorder wie Kofferradios verkauft wurden, schrieb der *Test* zu den Kofferradios: „Beliebt sind sie nach wie vor als zweiter Heimempfänger, in der Küche oder auf dem Balkon, als Musikquelle auf der Gartenparty oder als Begleiter auf der Urlaubsreise." Vgl. Test, 1978, H. 5, S. 453 – 461 („Im Klang sind die Teuren besser"), hier S. 454.
203 | Vgl. z. B. DM, 1975, H. 11, S. 55f („Musik an jedem Ort: Kofferradios").
204 | Begriff von Fickers, S. 92.

Abb. 9: Beispiele der möglichen Mobilisierung von Portable und Radiohörer in einem Graetz-Werbeprospekt („Frohe Fahrt mit Graetz", 1963. In: Deutsches Museum, Archiv, FS 002146, S. 2f).

Reise oder im Urlaub –, zu jeder Zeit und an jedem Ort sind NORDMENDE-Volltransistorempfänger als stets frohgemute Unterhalter zur Stelle",[205] hieß es beispielsweise in einem Werbeprospekt Anfang der 1960er Jahre. Parallel zur Ausbreitung des Universalempfängers wurden zum einen die häuslichen Einsatzgebiete des Radioportables explizit benannt und illustriert: Neben der Küche als Arbeitsplatz der Hausfrau sah man nun auch intime Räume wie das Bade- oder das Schlafzimmer, außerdem auch weniger „wohnliche" Orte wie die – als männlich angesehenen – Räumlichkeiten der Garage oder des Werkraums. Nordmende beispielsweise pries seine Kofferradios als „Zweitgeräte für das Heim, für Garten, Kinderzimmer, Küche oder für das Arbeitszimmer des Hausherrn" an.[206] Zum anderen weiteten sich die prospektiven außerhäuslichen Verwendungssituationen aus, und explizit wurde nun auch der Arbeitsplatz als Einsatzort vorgeschlagen. So zeigte ein Graetz-Werbeprospekt um 1960 das Foto einer Sekretärin, die ihrer Kollegin ihren Universalkoffer präsentierte, den sie nun offensichtlich im Büro zu benutzen gedachte, ohne dass der Text allerdings näher auf das noch tabuisierte Hören während der Arbeitszeit eingegangen wäre.[207] Erst in den 1970er Jahren wurde in der Wer-

---

205 | Vgl. Werbebroschüre „Nordmende. Die große Freude für jedes Heim", ca. 1963. „Überall und immer" fiel als Floskel in: Werbebroschüre „Nordmende Transistorempfänger", o.J., ca. 1965. Beide in: Deutsches Museum, Archiv, FS Nordmende.
206 | Zitat aus: Werbebroschüre „Nordmende Transistorempfänger", o.J., ca. 1965. In: Deutsches Museum, Archiv, FS Nordmende.
207 | Es handelt sich um den UKW-Universalkoffer *JOKER*. Vgl. Werbeprospekt „Graetz Rundfunkgeräte mit gesenkten Preisen", o.J. (um 1960), Rückseite. In: Deutsches Museum, Archiv, FS 002146.

bung oder auch in der Verbraucherpresse selbstverständlich vom mobilen Radiohören „in der Freizeit, bei der Arbeit, auf der Reise" gesprochen.[208] Diese Multiplizierung der Einsatzorte von Radioportables demonstrierte eindrücklich ein Graetz-Werbeprospekt von 1963 (Abb. 9), in dem sieben beispielhafte Hörszenen in einer Bildreihe zusammengestellt waren: Ein auf der Ablage des Waschbeckens platziertes Koffergerät begleitete das morgendliche Rasieren eines Mannes; weiterhin sah man eine Frau in legerer Freizeitkleidung bei der Pflege von Blumenkästen; ohne weiteren Kontext wurden zwei Lifestyle-Kleinstradios von weiteren Frauen präsentiert; außerdem wurden die tradierten Nutzungsbilder der Eisenbahnreise, des Skiurlaubs und der Autofahrt aufgegriffen.

Auch wenn es keine feminin gestalteten Universalempfänger gab, blieben die prospektiven Nutzerbilder geschlechtsspezifisch. So hieß es in einer Loewe-Opta-Werbung zum Universalempfänger *Dolly*:[209] „Nach dem Rasieren gehört ‚Dolly' der Hausfrau. Denn ‚Dolly' ist eine ‚Perle' der besonderen Art, ein ‚dienstbarer Geist', der stets für gute Laune sorgt", und die könne eine Hausfrau schließlich immer gut gebrauchen. „Von morgens bis abends: Mit *Dolly* geht alles besser", betonte die Anzeige außerdem die stete Verfügbarkeit des *Dolly*, der ins Auto ebenso wie auf Reisen, ins Badezimmer, in die Küche, ins Kinderzimmer, ins Schlafzimmer oder gar in den Keller mitgenommen werden könne. Ein Nordmende-Prospekt bildete eine Gemüse putzende Hausfrau in Schürze ab, wie sie in der Küche an einem kleinen Zweitradio nebenbei hörte; der Hausherr hingegen war in Anzug und Krawatte im Lesesessel platziert, wie er parallel zur Zeitschriftenlektüre dem *Globetrotter*-Weltempfänger lauschte.[210] Wurde das Radiohören der Frau – mit Ausnahme der Hausarbeit – mit Freizeitspaß und passiver Unterhaltung assoziiert, so bildeten sich nebenbei hörende Männer mit dem Weltempfänger, waren als Autofahrer unterwegs oder gingen im Hobbyraum Do-it-Yourself-Tätigkeiten nach.

Auch Transistor-Taschenradios wurden sowohl mit einer häuslichen als auch mit einer außerhäuslichen Verwendung in Verbindung gebracht. „(D)aheim auf dem Nachttisch oder morgens beim Rasieren im Badezimmer" könne man mit ihnen, so beispielsweise die *Funkschau*, „schnell die Nachrichten oder den Wetterbericht" abhören.[211] Hatten Ende der 1950er Jahre erst 5 bzw. 11 % der in Hörerstudien befragten Männer und Frauen den Wunsch nach regelmäßigen Kurznachrichten geäußert,[212] so spielte das kurzzeitige Hineinhören

---

208 | Vgl. Werbeprospekt „Nordmende Programm-Illustrierte 77/78", S. 56. In: Deutsches Museum, Archiv, FS Nordmende; *DM* zeigte 1975 beispielsweise einen Maurer, der auf der Baustelle ein Kofferradio nutzte, vgl. DM, 1975, H. 11, S. 55f („Musik an jedem Ort: Kofferradios").
209 | Vgl. Werbeanzeige in: Hobby, 1965, H. 5, S. 1.
210 | Vgl. Werbebroschüre „Nordmende Transistorempfänger", o.J., ca. 1965. In: Deutsches Museum, Archiv, FS Nordmende.
211 | Vgl. FS, 1959, H. 7, S. 159 („Taschensuper des Jahrgangs 1959/60").
212 | Erhebungen des Süddeutschen Rundfunks, vgl. Eberhard, Kap. V.

in Nachrichtensendungen oder den Wetterreport, aber auch beispielsweise in den Fußballreport bei der Vermarktung der Taschenempfänger eine entscheidende Rolle. Hier deutete sich sogar schon die Rhetorik des Nichts-Verpassen-Wollens an, die später auch die Mobilfunk-Vermarktung gegenüber des am Puls der Zeit orientierten Städters verwenden würde: „Immer ‚up-to-date' sein – stets das Neueste hören", bewarb beispielsweise Nordmende um 1970 sein kompaktes *City-Radio*.[213] Die von den Herstellern prospektiv angenommene Funktion als technischer Begleiter artete dabei allerdings bisweilen in imperative Anweisungen aus, beispielsweise wenn Grundig schrieb, der Taschenempfänger solle „Sie immer begleiten" oder Nordmende das Gerät als „bezaubernde(n) Begleiterin, die man nie mehr missen möchte", beschrieb.[214] Für die Radio-Nutzer jedoch wurde nicht der tragbare Empfänger zum „persönlichen Begleiter", sondern das Rundfunkmedium als solches.

Auf die veränderte Radio-Nutzung reagierten die Landesrundfunkanstalten – verzögert und widerwillig, aber durch die rückgängigen Hörzeiten gezwungen – mit Programmformaten, die auf das beiläufige Hören abgestimmt waren. Vorreiter war Radio Luxemburg, das seit 1957 ein deutschsprachiges Programm sendete und zum Lieblingssender vieler Westdeutscher und insbesondere auch der Jugendlichen wurde. Anfänglich wurde nur nachmittags gesendet, Mitte der 1960er Jahre weckte Radio Luxemburg bereits die deutschen Hörer, und zwar „mit flotter Musik zum Munterwerden", und führte sie „mit Schlagermelodien, Tipps für Hausfrauen und Autofahrer, Schallplattenplaudereien oder Unterhaltungsmusik durch den Tag."[215] Dabei basierte die Programmgestaltung nicht auf einem die einzelnen Sprachbeiträge detailliert festlegenden Sendemanuskript, sondern vorab wurde nur die Abfolge der Musiktitel festgelegt; außerdem wurden Hörerbriefe im Programm beantwortet.[216] Teenager schätzten den Sender, weil er die neuen Schallplatten vorstellte. Bei Radio Luxemburg konnte man jederzeit zuschalten, ohne für das weitere Verfolgen des Programms das Vorangegangene kennen zu müssen. Zunächst hörten vor allem die Bewohner der nahe an Luxemburg gelegenen Bundesländer den Sender. Eine Marktforschungsstudie von Anfang der 1960er Jahre ergab, dass ca. ein Viertel der Hörer jünger als 29 Jahre waren und erstaunliche 20 % älter als 60 Jahre.[217] In einer Infratest-Studie von 1970 in Nordrhein-Westfalen wurde Radio Luxemburg als beliebtester Sender ausgemacht,

---

213 | Vgl. Werbeprospekt „Nordmende. Alles über Nordmende-Fernseher, HiFi- und Stereoanlagen, Rundfunkgeräte und Kofferradios", ca. 1970. In: Deutsches Museum, Archiv, FS Nordmende.
214 | Vgl. „Grundig Revue", ca. 1960, S. 27, in: Deutsches Museum, Archiv, FS 002253; Werbeprospekt „Nordmende. Volltransistor-Empfänger", 1962, unpaginiert (S. 2). In: DTMB, III.SSg.2 Firmenschriften, 13929.
215 | Zitat aus: Grundig-Revue, Herbst/Winter 1964/65, S. 17 („Fröhliches Team auf fröhlichen Wellen."). (Deutsches Museum, Archiv, FS 002253).
216 | Vgl. FS, 1962, H. 18, S. 467f.
217 | Vgl. FS, 1962, H. 18, S. 467f.

wobei der durchschnittliche Radio-Luxemburg-Hörer mit 155 Minuten täglich das Radio länger als der WDR-II-Hörer mit 139 Minuten einschaltete.[218] Nur jeder Fünfte informierte sich vorab über das Programm, ehe er Radio hörte. Die Popularität von Radio Luxemburg beeinflusste auch die Portable-Gestaltung. Da Radio Luxemburg zunächst auf KW ausgestrahlt wurde, beförderte sie ebenso wie das Aufkommen des Urlaubsportables die Integration von KW in großen wie kleinen Portables.[219] 1963 führte Grundig ein über die ganze Skala gespreiztes „49-m-Europaband" ein, durch das sich Radio Luxemburg leicht einstellen ließ, während auf andere KW-Bereiche verzichtet wurde. Wenige Jahre später wurde eine solche Spreizung in vielen Universalempfängern auch für den oberen MW-Bereich eingeführt und damit Sender wie Deutschlandfunk, Vatikan oder Monte Carlo als so genannte „Europa-Welle" leicht zugänglich gemacht.[220] Grundig kooperierte in den 1960er Jahren direkt mit Radio Luxemburg, was die Radiogestaltung wie auch die Radio-Vermarktung anging, und lud beispielsweise den Sprecher Camillo als Werbegag nach Fürth ein, um den neuen *Concert-Boy* einzuführen. Aber auch weitere Hersteller reagierten auf die Popularität des Senders aus dem Nachbarland. Neckermann wartete sogar mit dem Portable *Luxemburg* auf, bei dem sich der Sender per Druck auf die „Fixtaste Luxemburg" auswählen ließ.[221]

Rundfunkanstalten, die wie Radio Luxemburg oder aber auch der österreichische Sender Ö3 ganztägig Popmusik gesendet hätten, fehlten im öffentlich-rechtlichen Rundfunkspektrum der BRD, auch wenn sie von jugendlichen Mediatoren wie beispielsweise *Twen* eingefordert wurden.[222] Allerdings modifizierten die öffentlich-rechtlichen Sender ebenfalls ihre Programme und Programmkonzepte. Beim neuen Magazinformat wurden Kurznachrichten in einen dichten Teppich von Musik eingeflochten, was ein Hineinhören in die laufende Sendung ermöglichte. Während ein Programm als Kulturprogramm den „anspruchsvollen" Hörer versorgte, sollte das zweite Programm dem Wunsch nach Unterhaltung mit eingestreuten Informationsbestandteilen nachkommen. Die nun ebenfalls eingeführten dritten Programme wurden für spezielle Zielgruppen genutzt und sendeten beispielsweise am jugendlichen Musikgeschmack orientierte Popmusikprogramme, Gastarbeitersendungen oder Autofahrerprogramme.[223] Das dritte Programm des SWF war sogar aus-

---

218 | Vgl. Dussel, Konrad: Deutsches Radio, deutsche Kultur. Hörfunkprogramme als Indikatoren kulturellen Wandels. In: Archiv für Sozialgeschichte 41, 2001, S. 119 – 144, hier S. 139.
219 | Vgl. FS, 1962, H. 18, S. 467f („Kurzwellen wieder ‚im Kommen'"?). Für Grundig vgl. DM, 1964, H. 25, S. 43 – 55 („Universalkoffer Test"); Grundig-Revue, Herbst/Winter 1964/65, S. 17 („Fröhliches Team auf fröhlichen Wellen"), in: Deutsches Museum, Archiv, FS 002253.
220 | Vgl. FS, 1967, H. 12, S. 382 („Europa-Welle").
221 | Vgl. Neckermann-Katalog, Herbst/Winter 1964/65, S. 402.
222 | Vgl. Siegfried 2006, S. 324.
223 | Vgl. Dussel, Konrad: Vom Radio- zum Fernsehzeitalter. Medienumbrüche in sozialgeschichtlicher Perspektive. In: Schildt/Siegfried/Lammers, S. 673 – 694; Lersch, S. 118.

drücklich an Hörer gerichtet, die das Radio parallel zu anderen Tätigkeiten einschalteten.[224]

Mit der Zwischendurch- und Nebenbei-Hörkultur einhergehend veränderte sich auch die Produktkultur, die dem Hören als technische Basis diente. Das zentral aufgestellte und wohnlich gestaltete Heimgerät von zumeist hoher Klangqualität verlor im Laufe der 1960er Jahre seine Bedeutung zugunsten einer Vielzahl räumlich verteilter, teils mobiler, teils netzgebundener Empfänger von oft nur mäßiger Qualität.

Die Mehrheit der Radioportables war als Henkel-Koffer gestaltet. Diese Form blieb leitendes Designprinzip und wurde auch auf die neue Produktgattung des Radiorekorders übertragen, die das Kofferradio in seiner Popularität, Verbreitung und in seinen Nutzungsweisen im Laufe der 1970er Jahre ablösten. Kofferradios kosteten im Schnitt 250 DM.[225] Sie waren üblicherweise mit Buchsen für die Autoantenne und Ein- bzw. Ausgängen für Plattenspieler, Tonbandgerät, Außenlautsprecher, Zusatzantennen und Ohrhörer sowie einem Netzteil ausgestattet. Billiggeräte für 80 bis 100 DM wurden von der Verbraucherpresse als „ausreichend" oder „zufriedenstellend" für das gelegentliche Hören von Unterhaltungsmusik oder den Nachrichtenempfang angesehen. Wer das transportable Gerät als Erstgerät verwendete, dem wurden jedoch Geräte der Preisklasse um 300 DM empfohlen. Abgesehen von dem sich im Portable nur zögerlich durchsetzenden Stereoempfang, der hier ohnehin klanglich kaum zur Geltung kam, sowie dem Einsatz von integrierten Schaltkreisen und später von Mikrochips,[226] war die weitere technische Entwicklung im Wesentlichen von einer „Featuritis" geprägt: Radioportables wurden mit allen möglichen Zusatzfunktionen ausgestattet, die dem Nutzer nur über Sondertasten und leuchtende Kontrollanzeigen vermittelt wurden und manchen als Status- und Imponier-Symbole dienten; teils waren die Nutzer aber auch schlichtweg „vor lauter Tasten, Zeilen, Zahlen, Knöpfen" überfordert.[227] Geprägt war das Portable-Angebot letztlich von seiner Vielfalt und dem weiten Angebotsspektrum zwischen dem Hochleistungs-Weltempfänger und dem kaum besser als ein Telefon klingenden MW-Mini-Radio. Die Gestaltungsstile waren ebenso vielfältig, wobei sich auf Dauer das schwarze Polystyrolgehäuse mit einer Metall- und dann mit einer Plastik-Front durchsetzte. Es gab Radios im „military look", die Präzision und Robustheit suggerierten; es gab Radios im Pop-Look mit ausgefallenen Farben und Designs, etc. Beliebt war zudem der

---

224 | Vgl. Dussel 2006, S. 130.
225 | Vgl. dies und Folgendes: DM, 1967, H. 14, S. 28 – 35, hier S. 28 („Musik zum Mitnehmen. Test: Kofferradios").
226 | 1967 konzipierte Philips als erste europäische Firma einen Taschenempfänger mit integrierten Schaltkreisen (*IC 2000*); Mitte der 1970er Jahre wurde der erste Ein-Chip-Rundfunkempfänger realisiert, vgl. FS, 1975, H. 25, S. 78.
227 | *DM* berief daher einen Design-Wettbewerb für den „Super-Traum-Reiseempfänger" mit leichter Bedienung ein. Vgl. DM, 1967, H. 14, S. 36f („DM sucht: Das Superding"), Zitat S. 37.

„Holzlook": Teak- oder andere Holzbeschichtungen auf der Front machten das Gehäuse „wohnlich", damit es – so die Werbung – „auch zu Hause oder am Arbeitsplatz seinen Platz haben" könne.[228] Wie einst das „ortlose" Radio der Frühzeit, so wurden also auch die Henkelgeräte „verhäuslicht".

Außerdem gab es weitere Innovationen, die auf den Trend zum Radio-Mehrfachbesitz und der Mobilisierung des Radiohörens reagierten. So produzierten die westdeutschen Hersteller um 1960 so genannte „Schnurlose" bzw. „Transonetten": volltransistorisierte Nur-Batterie-Empfänger, die schaltungstechnisch wie Koffergeräte ausgelegt waren, deren Gehäusegestaltung aber am Heimradio angelehnt war, da sie im Haus, in der Garage oder der Werkstatt benutzt werden sollten. In die Geräte setzte die Branche hohe Markterwartungen und versprach sich sogar eine „neue Art, Radio zu hören", die den Trend zum Einschalten des Radios als Hintergrund-Geräuschkulisse unterlaufen sollte: Die Transonetten sollten an den Punkt des häuslichen Hörens mitgenommen werden und „am Frühstückstisch", „im gemütlichen Feierabendwinkel" oder „in die Handarbeits-Ecke" „wieder ein intensiveres intimeres Zuhören" ermöglichen.[229] Während die Transonetten am Markt scheiterten, setzten sich andere semi-mobile Radioformen sowie „Heimhalterungen" für die häusliche Installation durch. Analog zur Autohalterung stellten die Heimhalterungen an Wand oder Regal montierbare Einschübe für den Hausgebrauch des Universalsupers dar. Wurde mit der Halterung für die automobile Sphäre der Mann anvisiert – 1960 waren erst 24 % der Führerschein-Inhaber Frauen –,[230] so mit der Heimhalterung die Frau und das ihr zugewiesene Küchenrevier, wo das Radio nun nicht mehr hinderlich auf Arbeitsflächen herumstehen würde.[231] Tatsächlich werden solche Halterungen bis heute benutzt – allerdings nicht, um tragbare Geräte darin zu verankern, sondern um ein „festes" Küchen- oder Badezimmer-Radio zu installieren. Neben den Portables setzten sich nämlich weitere, oft raumspezifisch gestaltete Radioempfänger mit tendenziell schlichter Klangqualität durch: Die Konsumenten entschieden sich für eine Vielzahl billiger und leicht bedienbarer Radios, die teils tragbar, teils stationär waren und die in der Wohnung verteilt arrangiert wurden. Populär wurde insbesondere der Radiowecker,[232] der das Einschlafen und Aufwachen mit einem vorprogrammierten Radioprogramm erlaubte. Dem Radio lässt sich

---

228 | Vgl. Werbeprospekt „Graetz Radio Fernsehen 73/74". In: Deutsches Museum, Archiv, FS 002146.
229 | Vgl. Grundig Revue, September 1961, S. 22f („Grundig Transonetten. Die neue Art, Radio zu hören"). In: Deutsches Museum, Archiv, FS 002253; FS, 1960, H. 7, S. 151 („Beim Transistor stehen wir erst am Anfang").
230 | Vgl. Schildt 2007, S. 45.
231 | „Was für ‚SIE' die Heimhalterung, das ist für ‚IHN' die Autohalterung", so das Werbeprospekt „Loewe Opta Neuheiten-Programm 1964/65" (S. 18). In: Deutsches Museum, Archiv, FS Loewe; vgl. ebenfalls: FS, 1964, H. 5, 123f („Der Reiseempfänger bleibt zu Hause").
232 | Zu Radioweckern vgl. Test, 1972, H. 4, S. 158 – 165 („Nachtmusik und Morgenständchen."); zu Radios für Küche, Arbeits- oder Schlafzimmer: DM, 1975, H. 11, S. 64 („Beweglich und pünktlich: Heimradios"). Erste Radiowecker gab es bereits um 1960 mit

daher inzwischen kein eindeutiger „Platz" mehr zuweisen: Das Gerät wird an den unterschiedlichsten Orten, sei es im Keller, im Atelier, auf dem Schreibtisch oder im Eckladen, aufgestellt und dort überwiegend stationär benutzt.[233] Parallel zu diesem Wandel haben sich die Vorstellungen dazu geändert, wie ein Radio beschaffen sein soll: Gegenüber dem Radiomöbel mit hoher Empfangsreichweite, mehreren Lautsprechern und möglichst naturgetreuem Klang haben sich auf lange Sicht gesehen von der jugendlichen Nutzergruppe geprägte Radioformen durchgesetzt, die flexibel aufgestellt werden können und bei nur mäßiger Tonqualität möglichst viele Lokalsender empfangen. Dabei übernimmt das Rundfunkmedium mannigfaltige Funktionen, die von der Unterhaltung und der Information bis zur Berieselung und rituellen Strukturierung des Tagesablaufs reichen, und es verschafft Aufheiterung ebenso wie Ablenkung oder Gefühle der Sicherheit oder des Kontakts zu einer vertrauten Außenwelt.

3.3. Radios auf Rädern

„Wir haben uns heute so an das Radio gewöhnt, daß wir es auch im Kraftwagen nicht mehr entbehren wollen", begann 1955 ein Beitrag zum Autoradio in der Zeitschrift *Hobby*.[234] Zu dieser Zeit fertigte die westdeutsche Radioindustrie 200.000 Autoradios und damit noch mehr Auto- als transportable Empfänger; erst 1957 überholte die Zahl der produzierten Radioportables die der Autoradios. Im Folgenden wird zunächst das Radiohören im Auto für die 1950er und 1960er Jahre vorgestellt. Waren vorerst nur Omnibusfuhrbetriebe, Berufsfahrer und wenige vermögende Autobesitzer Käufer von Autoradios, so wurde das fest im Auto installierte Radio im Zuge der Massenmotorisierung üblich. Diese fand in der BRD wesentlich später als in den USA statt. Hatte in den USA bereits Mitte der 1920er Jahre die Hälfte der Haushalte ein Auto, so war der eigene Wagen in der BRD erst um 1971 Standard.[235] Über die Hälfte der westdeutschen Pkws war nun auch mit einem eigenen Radio ausgestattet, wobei im Gegensatz zu den USA allerdings die wenigsten Wagen direkt ab Werk damit ausgerüstet wurden.[236] Das Autoradio breitete sich mithin in der gleichen Zeitspanne im Auto wie das Portable im Haushalt aus, obgleich der

---

Hilfe von Batterieuhren; in den 1970er Jahren wurden Kofferradios mit Zeitschaltuhren ausgerüstet, vgl. DM, 1975, H. 11, S. 55f („Musik an jedem Ort: Kofferradios").
233 | Vgl. zu den unterschiedlichsten Plätzen, an denen Radiobesitzer ihre Geräte aufstellen, auch die unter dem Titel „Hörräume" veröffentlichten Fotografien von Heini Stucki, in: Du. Die Zeitschrift der Kultur, Juni 1994 (ohne Paginierung).
234 | Vgl. Hobby, 1955, H. August, S. 112 – 115 („Autoradio – durch nichts gestört"), hier S. 112.
235 | Vgl. Kellerman, S. 121.
236 | Dies und Folgendes: FS, 1970, H. 11, S. 341 („Musik auf der Autofahrerwelle"); DM, 1979, H. 6, S. 96 („Autoradios ab Werk. Bequem – aber zu teuer"); Test, 1969, H. 8, S. 3 – 11 („Beim Fahren auf dem laufenden").

Universalempfänger an sich ja diese doppelte Anschaffung hätte ersparen sollen. War noch in den 1950er Jahren vor dem begleitenden Radiohören als einer Ablenkung vom Verkehrsgeschehen gewarnt worden, so wurden Autoradios nun als Muntermacher des Autofahrers dargestellt. Außerdem verstärkte Radiomusik das Erlebnis der eigenen Fortbewegung; hier nahm das Autoradio kinästhetische Erlebnisse, wie sie spätere Walkman-Nutzer beschrieben, vorweg. Der zweite Abschnitt wird zeigen, dass den Autoradios mit dem Aufkommen des Verkehrsfunks eine weitere Funktion zugemessen wurde: Dem mit einem zunehmenden Verkehrsaufkommen konfrontierten Autofahrer halfen sie, kritischen Situationen und Verkehrshindernissen auszuweichen.

Der fahrende Hörer der 1950er und 1960er Jahre

Fest installierte Autoempfänger wurden seit den 1930er Jahren serienmäßig produziert und wiesen andere Konstruktionsmerkmale als die tragbaren Radios auf: Gewicht und Volumen spielten eine untergeordnete Rolle, für die Stromversorgung konnte die Autobatterie benutzt werden, während die Empfängertechnik zugleich Problemen wie Temperatur- und Feuchtigkeitsschwankungen, vorbeikommenden nicht entstörten Autos und Erschütterungen standhalten musste. Bei den frühen westdeutschen Autoradios handelte es sich um 6- oder 7-Kreis-Superhets mit leistungsfähigen Lautsprechern, wobei Empfänger- bzw. Bedieneinheit und Stromversorgungseinheit oft in getrennten Gehäusen untergebracht waren. Radioanlagen für Omnibusse wiederum hatten höhere Ausgangsleistungen und zudem Anschlüsse für Mikrophon oder auch Plattenspieler. Während amerikanische Autohersteller längst vereinheitlichte Armaturenbretter, die normierte Aussparungen für den Radioeinbau vorsahen, einsetzten oder ohnehin den werksseitigen Radioeinbau vorsahen, womit sie zum Vorbild der deutschen Fachpresse wurden,[237] waren die westdeutschen Autoradiomodelle noch auf den jeweiligen Wagentypen abgestimmt – die Firma Becker beispielsweise lieferte Radios für Mercedes-Wagen, Blaupunkt für einzelne Volkswagen- und Opeltypen.

Die Radiosuper konnten Mittel- und Langwelle sowie oft auch Kurzwelle, die bei der Auslandsreise sinnvoll war, empfangen. Sie waren für 300 bis 500 DM erhältlich, wozu allerdings noch weitere Kosten für die Antenne und für Entstörungsvorrichtungen kamen. Lediglich Grundig bot schon 1951/52 ein Billigmodell für 250 DM an. Mitte der 1950er Jahre hatte sich die Anzahl der Anbieterfirmen auf fünf Firmen konsolidiert, und ein schlichter MW-Empfänger war bereits für 150 DM zu haben.[238] Wegen der autotypischen

---

237 | Vgl. FT, 1950, H. 12, S. 356f („Parade der Autosuper"), hier S. 357.
238 | Anbieter 1950/51: Max Egon Becker Autoradiowerk Pforzheim, Blaupunkt-Werke GmbH (Berlin/Darmstadt), Hagenuk – Hanseatische Apparatebau-Besellschaft Neufeldt & Huhnke GmbH (Kiel), Loewe Opta (Berlin/Kronach), C. Lorenz (Berlin/Stuttgart), Messgerätebau GmbH (Memmingen), Philips Valvo Werke GmbH (Hamburg), Siemens & Halske AG (Berlin/Karlsruhe), Telefunken (Berlin/Stuttgart), Wandel & Goltermann (Reutlingen). 1955: Becker, Blaupunkt, Philips, Telefunken, Wandel & Goltermann.

Klanglandschaft wurden bei den Autoradios die höheren Frequenzen angehoben und die Bässe gedämpft, um damit die von außen eindringenden tiefen Frequenzen des Autoverkehrs und die Dämpfung der hohen Frequenzen durch Wagenpolsterung und Insassen auszugleichen. Im Stand wäre daher die Wiedergabe zu flach erklungen. Umschaltbare Fahrt-/Stand-Klangregler sorgten allerdings dafür, dass während des Standbetriebs – etwa beim Picknick oder auf dem Rastplatz – die Bässe zugesetzt werden konnten.[239] Die Nutzung des Radios im Auto forcierte die Einführung von Drucktasten sowie von Stationstasten, mit denen der Lieblingssender auf einen Tastendruck hin eingestellt werden konnte, eine übersichtliche Anordnung der Bedienelemente sowie die Beleuchtung der Skalen, um auch bei Nacht die Sendereinstellung erkennen zu können. Auch in der BRD setzte sich außerdem bald die fabrikseitige Maske im Armaturenbrett durch, um den Empfänger leicht installieren zu können. Ende der 1950er Jahre verbreiteten sich darüber hinaus Vorrichtungen zum automatischen Sendersuchlauf per Tastendruck.

1957 waren von den ca. 6 Mio. zugelassenen Pkws auf westdeutschen Straßen erst rund 275.600, und damit weniger als 5 %, mit Autoradios ausgestattet.[240] Dennoch war das Autoradio ein vieldiskutiertes Thema, dem beispielsweise ein Auto-Handbuch von 1953 ein ganzes Kapitel widmete. Einstimmig wurde darin festgestellt, das Rundfunkhören lenke den Autofahrer vom Verkehrsgeschehen ab. Auch suggeriere es falsche Gemütsempfindungen, und vor dem Gefühl, gemütlich mit Musikbegleitung „durch die Straßen (zu) rollen", wurde ausdrücklich gewarnt, denn es sei „ein Zeichen dafür, daß Sie nur noch halb am Lenkrad sind".[241] Jedoch setzte sich das parallele Radiohören und Fortbewegen genau aufgrund dieser Empfindung des Rollens bzw. Schwebens durch den Raum durch: Rhythmische Musik und die eigene Fortbewegung gingen im kinästhetischen Erleben von Bewegung und Beschleunigung eine symbiotische Beziehung ein. Selbst für Fahrräder, die vor der Massenmotorisierung das individuelle Transportmittel des „kleinen Mannes" darstellten, gab es spezielle Radioempfänger; für kleinere Koffergeräte wie beispielsweise das *Bambi* (Akkord, 1955) wurden Radhalterungen angeboten, und Bastler konstruierten sich Fahrrad-Radios.[242] Außerdem zeigte die Radioportable-

---

239 | Philips und Telefunken hatten Anfang der 1950er Jahre sogar separate „Picknick-Lautsprecher" im Angebot – Zweitlautsprecher, die in einer Transporttasche mit reichlich Kabel untergebracht waren, so dass das Auto nicht in unmittelbarer Nähe des Picknickplatzes geparkt werden musste. Vgl. FT, 1951, H. 9, S. 230 – 33 („Stetige Weiterentwicklung der Autoempfänger"); FT, 1951, H. 11, S. 293 („Picknick-Lautsprecher").
240 | Vgl. FT, 1957, H. 15, S. 504f („Zahlen sprechen für sich. Eine statistische Übersicht").
241 | Vgl. Spoerl, Alexander: Mit dem Auto auf du. Stuttgart, Hamburg 1953, S. 142 – 148 („Überschuss an Nerven: Über das Radio"), hier S. 147.
242 | Vgl. FT, 1949, H. 1, S. 23 („Ein Fahrradempfänger ohne Batterien"); FT, 1955, H. 6, S. 144 – 147 („Neue leistungsfähigere Koffersuper"); FS, 1951, H. 7, S. 132 („Auf dem Fahrrad Rundfunk hören...").

Werbung der 1950er Jahre die Geräte oft in Verbindung mit dem Moped oder dem Motorrad.[243] 1957 überholten die Zulassungszahlen für Pkw die der Krafträder (ohne Mopeds),[244] und das Auto begann, die Werbebilder für nicht-stationäre Radios zu dominieren. Die Anschaffung eines Autos durch die breite Masse setzte um 1960 ein; nun hatten bereits ein Viertel der Haushalte einen Pkw, und immerhin jeder fünfte davon wurde von einem Arbeiter gelenkt.[245] Um den über Zusatzanschlüsse auf den Autoeinsatz ausgerichteten Universalsuper auch klanglich auf die Autosphäre abzustimmen, wurden zum einen separate Autolautsprecher verwendet. Zum anderen kamen in den Autohalterungen integrierte Endstufen-Verstärker auf. Mit einer solchen 5-Watt-Endstufe versprach beispielsweise Graetz dem Hörer, eine „Musiktruhe im Auto" zu haben, die auch „bei höchster Fahrtgeschwindigkeit oder bei lauten Fahrgeräuschen" musikalischen Genuss garantieren würde.[246] Das Übertönen des Lärms von Motor, Reifen und Fahrtwind durch Musik war gewollt und sollte das Erleben der Geschwindigkeit steigern. Wer weder ein Autoradio noch einen automobiltauglichen Universalsuper hatte, platzierte sein Portable im Übrigen einfach auf dem Beifahrersitz. In der *Hobby* stellte ein Leser sogar eine Autofenster-Halterung für den Taschensuper vor, mit dem der für das Auto völlig ungeeignete Empfänger, dem auch die entsprechenden Antennen- und Batterie-Anschlüsse fehlten, dennoch für „den Wetterbericht oder ein paar flotte Schlager" im Auto herangezogen werden konnte.[247]

Dass der Autosuper sich parallel zu solchen Konstruktionen durchsetzte, dürfte daran gelegen haben, dass schlichte Autoradios schon für die Hälfte des Preises eines Universalsupers erhältlich waren.[248] 1960 wurden von der westdeutschen Industrie über 400.000 Autoradios produziert; bis 1965 stieg die Zahl auf eine Million an und sie legte auch in der Folgezeit kontinuierlich zu.[249] Ford und Daimler-Benz boten bereits seit Längerem in Kooperation mit der Radioindustrie den serienmäßigen Einbau von Autoradios an, und VW folgte Mitte der 1960er Jahre diesem Beispiel.[250] In den USA waren zu der Zeit schätzungsweise 70 bis 75 % aller Pkw mit Radios ausgestattet. 1967 schätzte die *Funkschau*, dass ein Drittel aller westdeutschen Pkw einen fest eingebauten Autoempfänger, und zwar oft auch mit UKW-Empfangsteil,

---

243 | Vgl. als Beispiel: Hobby, 1958, H. April, S. 121.
244 | Vgl. Andersen, S. 159.
245 | Vgl. Südbeck, Thomas: Motorisierung, Verkehrsentwicklung und Verkehrspolitik in der Bundesrepublik Deutschland der 1950er Jahre. Stuttgart 1994.
246 | Vgl. Werbebroschüre „Frohe Fahrt mit Graetz", 1963, S. 9. In: Deutsches Museum, Archiv, FS 002146.
247 | Vgl. Hobby, 1965, H. 16, S. 106f („Radio an der Windschutzscheibe").
248 | Vgl. FS, 1959, H. 22, S. 529 – 31 („Ist der Autosuper überholt?").
249 | Vgl. FS, 1967, H. 5, S. 319 („Autosuper heute"); Wiesinger, S. 111.
250 | Vgl. FS, 1966, H. 4, S. 97 („Auto und Funk"); FS, 1966, H. 21, S. 657 („VW-Autoempfänger jetzt serienmäßig eingebaut"). Ford baute bereits seit 1951 Radios ein, vgl. FT, 1951, H. 9, S. 230 – 233 („Stetige Weiterentwicklung der Autoempfänger").

habe; am Ende des Jahrzehnts waren 40 % damit ausgestattet.[251] Bis Mitte der 1960er Jahre waren auch die fest installierten Autoradios voll transistorisiert, wodurch ihr Volumen stark schrumpfte. Mit der Umstellung vom 6- auf das 12-Volt-Bordnetz wurde außerdem die Betriebsspannung der Autoradios erhöht und damit ihre Ausgangsleistung gesteigert.

Als sich der Verkehr in den 1960er Jahren intensivierte, wurde das Autoradio zunehmend als ein Muntermacher des Fahrers dargestellt: Werbung, Funk- und Verbraucherpresse konstruierten die Sicht, dass der Rundfunk den Fahrer durch seine Musik nicht nur wach halten und aktivieren, sondern auch aufheitern und bei guter Laune halten würde. Werbetexte versprachen eine „frohe Fahrt" mit Radio; Philips pries die Musikbegleitung als „Entspannung, Beruhigung und Anregung zugleich", und selbst im *Test* wurde das Autoradio als Stress abbauend dargestellt:[252] Es beruhige die Nerven im Urlaubsstau und wirke Ermüdungserscheinungen entgegen.

Außerdem half das Radio den Berufspendlern, die Fahrtzeit zu überbrücken und sich auf den Übergang zwischen den Lebenssphären der Arbeit und des eigenen Zuhauses einzustimmen. Schon 1962 berichtete die *Funktechnik*, das Autoradio habe neben den Berufsfahrern in erster Linie „die vielen Berufstätigen, die den Wagen für die Fahrten zur Arbeitsstätte und zurück und zu sonntäglichen Ausflügen benutzten", begeistert.[253] Das tägliche Fahren zur Arbeit wurde in den 1960er Jahren üblich. 1950 pendelten 14,5 % der Erwerbstätigen über die Gemeindegrenze hinweg zum Arbeitsplatz, 1961 waren es 24,1 %, 1970 28,1 % und 1987 dann 36,8 %.[254]

Verkehrsfunk: Das Autoradio als Sicherheitsfaktor

Die Massenmotorisierung beeinflusste nicht nur das Radioangebot. Die Landesrundfunkanstalten entdeckten nun die Autofahrer als „potentielle Hörerserve des Hörfunks".[255] Schon Mitte der 1950er Jahre wurde ein spezielles nationales Programm für Autofahrer diskutiert, das jedoch an der Wellenknappheit scheiterte.[256] Umgesetzt wurde der Verkehrsfunk schließlich über regionale, mit einer Frequenzcodierung ausgestattete Verkehrsprogramme, die von einem Autoradio-Decoder automatisch erkannt wurden. An der Ausformung dieses Verkehrsfunks wirkten die Rundfunksender ebenso wie die Radiohersteller und der ADAC als Vertreter der Autofahrer mit.

---

251 | Vgl. Test, 1969, H. 8, S. 3 – 11 („Beim Fahren auf dem laufenden"); FS, 1967, H. 5, S. 319 („Autosuper heute").
252 | Vgl. Philips-Werbeanzeige in: FT, 1960, H. 7, S. 205; Test, 1969, H. 8, S. 3 – 11 („Beim Fahren auf dem laufenden").
253 | Vgl. FT, 1962, H. 10, S. 341 („Reise- und Autoempfänger").
254 | Vgl. Ott, Erich; Gerlinger, Thomas: Die Pendler-Gesellschaft. Zur Problematik der fortschreitenden Trennung von Wohn- und Arbeitsort. Köln 1992, S. 79.
255 | Vgl. epd/Kirche und Rundfunk, Jg. 10, 1958, Nr. 10 vom 12.5.1958, S. 1f, hier zitiert nach Schildt 1995, S. 261.
256 | Vgl. Kursawe, S. 212f.

In 1960er Jahren begannen viele europäische Sender, aktuelle Verkehrsinformationen zu Stau, Baustellen oder Umleitungen in ihre Programme einzublenden; der Deutschlandfunk beispielsweise sendete an Werktagen 25 Mal im Anschluss an die Nachrichten solche Verkehrsdurchsagen.[257] Für jenen Autofahrer, der weite Strecken zurücklegte, waren die Verkehrsdurchsagen unterschiedlicher Sender relevant. Bei deren Auffinden halfen ihm Verkehrsfunk-Straßenkarten, in der die einzelnen Sender mit Verkehrsfunk verzeichnet waren, wie sie beispielsweise der Radiohersteller Graetz im Radiohandel auslegte.[258] Aufgrund dieser ersten Verkehrsfunksendungen wurde das Autoradio nun auch deswegen als Garant der Verkehrssicherheit dargestellt, weil es wichtige Verkehrsinformationen bereithielt. Diesen wurde außerdem höchste Wichtigkeit für die Bewältigung der zunehmenden Autoverkehrsströme zugeschrieben. „Nicht nur Unterhaltung und die Reportage eines spannenden Fußballspieles bietet das Radio im Auto, sondern vor allen Dingen Sicherheit", hieß es in einem Graetz-Prospekt, denn es vertreibe die Müdigkeit auf langen Fahrten und bringe „die in heutiger Zeit so wichtigen Verkehrsdurchsagen."[259] Der Bedeutungswandel des Autoradios hin zum Verkehrslotsen deutete sich sogar in einer Konstruktionsanleitung zum selbst gebastelten Autosuper an, in der ausgeführt wurde: „Der heutige starke Straßenverkehr ermöglicht zwar nicht immer einen Musikgenuß während der Fahrt; aber es ist von großem Vorteil, wenigstens die Nachrichten, Polizei-Durchsagen und Wetterberichte abhören zu können."[260] Im „zähen Stadtverkehr", so schrieb auch der *DM*-Verbrauchertest von Autoradios im Jahr 1970, baue „(...) flotte Musik beim Fahrer Aggressionen ab" und „lange Autobahnfahrten" seien „mit etwas Unterhaltung viel besser zu ertragen"; außerdem würden Verkehrshinweise Staus vorbeugen.[261] Das Autoradio sollte also weiterhin durch seine Musik emotional zur Entlastung der Fahrer und darüber hinaus durch seine Verkehrsfunknachrichten nun auch zur gezielten Steuerung des Verkehrsflusses beitragen.

1970 planten die Landesrundfunkanstalten, die auf den Autofahrer abgestimmten Programmangebote zu systematisieren und ein „nur für den Kraftfahrer" bestimmtes Hörprogramm zu etablieren; die „Autofahrerwelle" sollte zunächst entlang der Autobahnen unter Zuhilfenahme vorhandener UKW-Sender ausgestrahlt werden.[262] Die Sender sollten frequenzmäßig nahe

---

257 | Vgl. FS, 1966, H. 4, S. 97 („Auto und Funk"); der österreichische Rundfunk sendete das Programm „Autofahrer unterwegs", vgl. FT, 1963, S. 69 („Autofunk – nur ein Wunschtraum?").
258 | Vgl. FT, 1964, S. 535 („Verkehrsfunk-Straßenkarte").
259 | Vgl. Prospekt „Graetz Radio Fernsehen überall im Gespräch", ca. 1966, hier S. 45. In: Deutsches Museum, Archiv, FS 002146.
260 | Vgl. FS, 1961, H. 15, S. 395 – 398 („Transistor-Autosuper – selbstgebaut"), hier S. 395.
261 | Vgl. DM. Jahrbuch '70. Das Lexikon für modernen Einkauf, S. 100 – 103 („Autoradios").
262 | Vgl. FS, 1970, H. 9, S. 307 („Das 4. Hörfunkprogramm – nur für den Kraftfahrer").

beieinander liegen, so dass auf einer langen Fahrt das Wechseln von einem Senderbereich zum nächsten reibungslos verlaufen würde. Selbst in der Funkfachpresse wurde nun diskutiert, wie die Programminhalte zwischen den Verkehrsinformationen beschaffen sein sollten: Klavierstücke, Sinfoniekonzerte und „heiße Musik" seien ebenso deplatziert wie Werbung oder die Unterbrechung der Unterhaltungsmusik mit banalen Wortbeiträgen, äußerte beispielsweise ein Autor der *Funkschau*.[263]

Allerdings scheiterte die Idee eines gesonderten, überregionalen Autofahrerprogramms, derweil erste gesonderte, regionale Verkehrsfunk-Programme auf Sendung gingen. Den Start machte 1971 Bayern 3, um Autofahrern auf den Straßen Bayerns als zentraler Ferien- und Durchreise-Region und mit Blick auf die in München stattfindende Olympiade 1972 einen Servicefunk mit „leichter" Musik und aktuellen Verkehrsinformation zu liefern.[264] 1972 folgte der Hessische Rundfunk mit hr 3.[265] Außerdem richtete der ADAC ab 1971 so genannten „Infotheken" an Autobahnraststätten ein, an denen die Autofahrer während einer Rast aktuelle Verkehrsinformationen abhören konnten.[266] Hier wurden die vom Deutschlandfunk ausgestrahlten Straßenberichte in aufgezeichneter Form zeitunabhängig zur Verfügung gestellt und um regionale, eigene Verkehrsberichte ergänzt.

Die Infotheken waren als Übergangslösung hin zum Verkehrsfunk-System ARI (Autofahrer Rundfunk Informationen) gedacht. ARI war vom Autoradiohersteller Blaupunkt entwickelt und vom ADAC unterstützt worden und wurde 1974 eingeführt. Verkehrssender wurden nun mit einer 57-kHz-Trägerfrequenz gekennzeichnet. Die entsprechenden Autoradio-Decoder konnten diese Kennfrequenz erkennen, so dass regionale Durchsagen nicht verpasst wurden und auf langen Fahrten die nahtlose Versorgung mit Verkehrsinformationen gewährleistet war. Durch ARI wurden Radioportable und Autoradio endgültig entkoppelt. Die Weiterentwicklung der Autoradios blieb von der Verkehrslotsen-Funktion geprägt, die zunehmend automatisiert wurde. „Travel-ARI" blendete die Verkehrsmeldungen unabhängig vom eingestellten Sender ein und schaltete automatisch auf den Sender mit dem besten Empfang um.[267] Spätere mit RDS (Radio-Daten-System, 1988 bei UKW-Sendern eingeführt) ausgestattete Autoempfänger suchten ebenfalls nach der besten Frequenz und zeigten den Namen des Senders auf dem Display an. Sprachspeicher ermöglichten es außerdem, Verkehrssendungen aufzuzeichnen, um sie erst bei Bedarf zeitversetzt anhören zu können.

---

263 | Vgl. FS, 1970, H. 11, S. 341 („Musik auf der Autofahrerwelle").
264 | Gesendet wurde zunächst nur bis 17.35 Uhr, da die Frequenz anschließend von einem Gastarbeiterprogramm belegt war. Vgl. FS, 1971, H. 15, S. 1427 („Verkehrsfunk in Bayern bewährt sich") u. H. 6, S. 145 („Gute Fahrt mit Bayern 3").
265 | Vgl. Dussel 2006, S. 143.
266 | Vgl. FS, 1971, H. 7, S. 195 („Infothek mit ARI und AREG"); FS, 1974, H. 14, S. 535 – 538 („Grünes Licht für den Verkehrsfunk").
267 | Vgl. Wiesinger, S. 109.

Ende der 1970er Jahre waren rund drei Viertel der Pkw der BRD mit einem Autoradio ausgestattet, und jeder Autohersteller hatte Radios ab Werk im Angebot. Für die meisten Autofahrer, so war im *Test*-Verbrauchermagazin von 1980 zu lesen, sei „das Radio im Wagen fast unentbehrlich", denn es funktioniere „als Unterhalter und Muntermacher auf langen Fahrten, vor allem aber als Verkehrslotse".[268] Angesichts von Geisterfahrer-Warnungen wurde es nun sogar als „Lebensretter" stilisiert.[269] Als medialer Verkehrslotse sollte das Autoradio die Immobilität der automobilen Fortbewegung kompensieren. „Verbringen Sie Ihre Zeit nicht im Stau, sondern bei der Familie", warb Blaupunkt für ein mit einem Verkehrsfunkspeicher ausgerüstetes Gerät.[270] Darüber hinaus repräsentierte das Autoradio die gleiche Spannung zwischen dem Entdeckergeist des Reisenden und seinem Streben nach Sicherheit wie das Reise-Radio. So warb Philips mit dem Spruch „Auf den Straßen der Welt: Philips im Auto"[271] – die Ungewissheiten der eingeschlagenen fremden Wege des Weltreisenden würden, so suggerierte diese Werbung, durch die Verlässlichkeit der Technik und den damit möglichen Kontakt zu einer bekannten Welt abgesichert.

Radiomusik und das „Car-Cocooning"

1973 besaßen 55,3 % der westdeutschen Haushalte einen Pkw, 1983 65,3 %, 1993 76,2 % und 2003 78 %, wobei inzwischen schon viele Haushalte über mehrere Autos verfügten.[272] Autos breiteten sich nicht nur quantitativ aus; sie wurden auch stärker eingesetzt. War ein Autobesitzer Anfang der 1950er Jahre durchschnittlich jeden zweiten Tag einmal in seinen Wagen gestiegen, so fuhr jener von Mitte der 1980er Jahre zweimal am Tag mit dem Gefährt, und die zurückgelegten Kilometer hatten sich von 10 auf 20 Kilometer verdoppelt.[273] Bereits diese Zahlen verweisen darauf, dass dem Auto eine zentrale Rolle als individuelles Transportmittel zukam. Aber das Auto war zugleich stets mehr als ein Transportmittel: Es wurde zum mobilen Kommunikations- und Medienzentrum ausgerüstet, um dem Fahrer den Kontakt zur Außenwelt zu ermöglichen, um Kommunikationstechniken als Navigationsmittel und Sicherheitsgaranten bereitzustellen und die Fahrzeit mit Begleitmedien zu ästhetisieren. Autofahrer fühlen sich in ihrer Blechhülle auf Rädern wie zu Hause und wissen es zu schätzen, dort Verhaltensweisen wie Rauchen oder lautes Musikhören auszuführen, die in anderen Verkehrstechniken unange-

---

268 | Vgl. Test, 1980, H. 6, S. 21 – 27 („Test Autoradios (mono) mit Verkehrsfunk. Billige Lotsen durch den Verkehr"), hier S. 21.
269 | Vgl. KlangBild, 1981, H. 5, S. 44 – 48 u. S. 54 („Radiohören unterwegs"), hier S. 45.
270 | Vgl. Anzeige in: Jahrbuch der Werbung, 1996, S. 295.
271 | Vgl. die 1975 mehrmals in *Hobby* geschaltete Werbeanzeige, z. B. H. 11, Rückseite des Titels.
272 | Zahlen nach: EVP, Statistisches Bundesamt.
273 | Vgl. Andersen, S. 164.

passt wären. „Das Auto ist ja auch ein Stück Deine Welt. Sozusagen Dein zweites Sofa. Dein fahrbares Wohnzimmer", beschrieb ein Interviewpartner einer Mobilitätsstudie dieses Gefühl, im Auto zu Hause zu sein, und fügte an, auch der Stress im Auto ließe sich „anders abhalten".[274]

Insbesondere Musik, die sich besser als visuell gestützte Medien zur Begleitung des parallelen Fahrens eignet, da sie weniger perzeptive oder motorische Kapazitäten beansprucht als die Rezeption anderer Medien und sie noch dazu das Erlebnis der Geschwindigkeit intensiviert, unterstützt ein solches „Car Cocooning":[275] Über die Musik wird der eigene Gefühlshaushalt kontrolliert und das Auto zur heimischen, vertrauten Sphäre. Eine ähnliche Funktion sollte im Falle des sich ohne schützende Hülle bewegenden Fußgängers in den 1980er Jahren der Kopfhörer bzw. die Kopfhörer-Musik einnehmen. Auch wenn nach wie vor darüber diskutiert wird, inwieweit das Radiohören vom Verkehr ablenke und damit zu mehr Unfällen führe, hat sich das begleitende Hören vom Rundfunk im Auto bei nahezu allen Fahrern durchgesetzt.[276] Ende des 20. Jahrhunderts verfügten von den über 41 Mio. angemeldeten Pkw der BRD ca. 97,5 % über ein fest installiertes Autoradio.[277] Langzeituntersuchungen zum Radiohören haben gezeigt, dass das Autoradio wesentlich zu den seit Ende der 1960er Jahre wieder steigenden Hörzeiten beitrug.[278] Hörte der durchschnittliche Radioteilnehmer 1968 drei Minuten Radio im Auto, so waren es 1989/90 17 Minuten, wobei Männer mit 24 Minuten wesentlich längere automobile Hörzeiten aufwiesen als Frauen mit 11 Minuten. Damit entfiel ca. die Hälfte der außerhäuslichen Radiohörzeit auf die Rundfunknutzung im Auto.

Aufgrund seines Erfolges wurde das Autoradio zur Blaupause für spätere Portables, und selbst für den Mobilfunk am Ende des 20. Jahrhunderts wirkte es als Leitbild. Um 1970 wurden erste Stereo-Autoradios sowie Kombinationen mit Kassettenabspielgeräten eingeführt. 1977 war fast jedes fünfte im Wagen eingebaute Autoradio ein solches Radio-Kassetten-Kombinationsgerät.[279] Auch im Falle des Kassettenspielers sollte sich also das fest im Auto installierte Sondergerät durchsetzen. In den folgenden Jahrzehnten entwickelte sich die spezifische Produktschiene des „Car HiFi" als automobiles Audiosystem, deren Umsatz nicht zuletzt aufgrund der hohen Klanganspräche, welche die

---

274 | Vgl. Kramer, S. 372.
275 | Vgl. Bull, Michael: Soundscapes of the car: a critical ethnography of automobile habitation. In: Miller, Daniel: Car Cultures. Oxford 2001, S. 185 – 203; zum Car Cocooning vgl. auch Lyons/Urry.
276 | So wurde in einer empirischen Studie zur Verkehrssicherheit Ende der 1980er Jahre der Rat erteilt, Musik hören solle nur derjenige, der eine langweilige Stecke zu bewältigen habe. Weniger als 3 % der hier untersuchten 275 Versuchspersonen hörten keine Musik im Auto, weil sie sich dadurch gestört fühlten. Vgl. de la Motte-Haber, Helga; Rötter, Günther: Musikhören beim Autofahren. Acht Forschungsberichte. Frankfurt a. M. u. a. 1990.
277 | Vgl. BBE 2000, S. 152.
278 | Vgl. Franz/Klingler/Jäger, Tabelle 9 (S. 409).
279 | Vgl. Test, 1977, H. 4, S. 38 – 46 („Stereo-Empfang mit Tücken"), hier S. 38.

fahrenden Hörer stellen, inzwischen höher als der portable Audiobereich liegt.

3.4. Elektronik-„Wearables" der 1950er und 1960er Jahre

Die eigentlichen „Miniaturfanatiker"[280] der 1950er Jahre und 1960er Jahre waren die Radiobastler. Sie forcierten nicht nur die Verkleinerung ihrer Konstruktionen, sondern nutzten ihre Radios auch anders: Die Empfänger sollten auf Schritt und Tritt einsatzfähig sein, und sie wurden zugunsten der Gewichtsreduzierung und einer leichten Tragbarkeit auch über einseitige Ohr- oder zweiseitige Kopfhörer statt über Lautsprecher abgehört. Im Folgenden wird diese Bastlerkultur vorgestellt und die Ähnlichkeit zwischen Radio- „Wearable" und medizinischer Hörhilfe aufgezeigt. Der gehend über Ohrhörer lauschende Radio-Cyborg glich nicht nur dem mit Hörhilfe-Elektronik ausgerüsteten Schwerhörigen; die Kleinstradios profitierten auch unmittelbar von den Beiträgen der Hörhilfe-Industrie zur Miniaturisierung,[281] und Radiobastler nutzten oft Bauteile aus Hörgeräten. Der weitere Teil des Kapitels untersucht die Produktkultur der marktüblichen Ohrhörer und verdeutlicht abschließend, dass ein verkabeltes Hören im Gehen und die „Wearability" zwar das Leitbild von Bastlern und Entwicklungslaboren war, aber bei den Durchschnittskonsumenten keinen Rückhalt fand.

Miniaturisierte Bastler-Radios und Hörprothesen

In seinen Ursprüngen war das Radio ein von Bastlern geprägtes Medium, das am Detektorgerät über Kopfhörer abgehört wurde. Als typisch männliches, technikorientiertes Hobby lebte die Bastlerbewegung auch in den 1950er Jahren fort, und populäre Technikmagazine sowie die Funkfachpresse druckten nach wie vor Bastelanleitungen zum Nachbauen. Radios bastelten in den 1950er Jahren auch jene, die sich die Ausgaben für ein kommerzielles Angebot sparen wollten.[282] In den Jahren um 1960 waren die Bastelanleitungen

---

280 | Vgl. FS, 1959, H. 2, S. 59 („Reiseempfänger E 573"), wo es hieß, „Miniaturfanatiker" könnten die Größe des vorgeschlagenen Gerätes sicherlich weiter heruntersetzen.
281 | Kleinstbatterien, Subminiaturröhren, gedruckte Schaltungen und Transistoren wurden wesentlich früher in Hörhilfen als in der Radiogeräte-Industrie eingesetzt. Vgl. zu Subminiaturröhren in Hörprothesen: FS, 1950, H. 12, S. 185 („Deutsche Subminiaturröhren DF 65 und DL 65"); FS, 1950, H. 12, S. 180 („Blaupunkt-Hörgerät ‚Omniton'"); FT, 1951, H. 1, S. 6f („Psychologie und Technik der elektronischen Hörhilfe"); zum Einsatz gedruckter Schaltungen vgl. FS, 1952, H. 10, S. 177 („Bericht von Hannover"). Hörhilfen mit Transistoren waren 1952 auf dem amerikanischen Markt erhältlich, vgl. Schiffer 1991, S. 174.
282 | So schlug z. B. *Hobby* 1955 den Bau eines Einkreisers in der Zigarrenkiste mit billigen Magnet-Kopfhörern und einer 7 m langen Antenne vor, der für weniger als 20 DM nachzubasteln war, vgl. Hobby, 1955, H. Dezember, S. 101 – 103 („Auf Wellenjagd mit der Zigarrenkiste").

allerdings davon dominiert, die technische Machbarkeit der Empfängertechnik auszutesten, und zwar vor allem hinsichtlich der Miniaturisierung.

Oberster Grundsatz der frühen Miniaturisierungsanhänger war es zunächst, den Empfänger, der oft nur den nächsten Sender empfing, so klein zu halten, dass man ihn wie einen Fotoapparat in der Manteltasche oder bequem am Riemen mitführen konnte.[283] Untergebracht wurden die Kleinstradios in alltägliche Verpackungen wie die Seifendose oder die Zigarrenkiste, und den Größenvergleich gaben sonst in der Tasche getragene Dinge wie die Zigarettenschachtel oder die Brieftasche ab.

Die höchste Miniaturisierungsstufe war mit Kopfhörer-Radios ohne Lautsprecher-Wiedergabe zu erreichen. Dadurch wurden sowohl Batteriegewicht als auch die Endstufen-Verstärkung eingespart, und zugleich sanken die Hörkosten deutlich.[284] Allerdings ähnelte der Nutzer solcher Radiokonstruktionen jenen schwerhörigen Menschen, die eine Hörprothese trugen, um ihr körperliches Leiden auszugleichen. Nicht nur glichen sich die Bauteile von Kleinstradio und Hörprothese, zumal viele Bastler die Batterien oder andere Elemente aus Hörhilfen für den Radiobau verwendeten. Vielmehr kaschierte umgekehrt auch die Hörgeräte-Industrie ihre eigenen Produkte durch ein Design, das an ein Radio gemahnte: Die Hörprothesen-Verstärker wurden mitsamt Mikrofon und Batterien in einem als Radio getarnten Köfferchen bzw. mit fortschreitender Miniaturisierung in einem Taschengehäuse untergebracht, von dem aus das Kabel zum Ohr des Schwerhörigen geführt wurde (vgl. Abb. 10). Den schwerhörigen Personen sollte damit die Hemmschwelle des ständigen Tragens einer Prothese genommen werden, denn diese war stigmatisiert und wurde unmittelbar mit einer körperlichen Unzulänglichkeit assoziiert. Auch die Fachpresse verglich Kleinstradios regelmäßig mit Hörhilfen.[285] So wurde bei der Vorstellung entsprechender britischer oder amerikanischer kommerzieller Produkte von „‚personal radios' für die Westentasche im Hörhilfeformat" gesprochen, und der nur 200 g schwere Kopfhörer-Superhet *Auratone* von 1951 ähnelte laut *Funktechnik* durch sein kompaktes Kunststoffkästchen „etwas den Schwerhörigengeräten".

Während die westdeutsche Radioindustrie keine Kopfhörer-Radios produzierte, störten sich die Radiobastler wenig an der assoziativen Nähe zur Hörprothese. So hatte der Funktechniker Werner Diefenbach, zugleich Autor bei der *Funktechnik*, 1952 einen MW-Empfänger gebastelt und erprobt, mit dem

---

283 | Vgl. z. B. FT, 1949, H. 24, S. 738 („Taschenempfänger"); FT, 1951, H. 5, S. 128 – 132 („Schaltungen für Batterieempfänger").
284 | Vgl. folgende Anleitungen: FT, 1949, H. 24, S. 738 („Taschenempfänger"); FT, 1951, H. 5, S. 128 – 132 („Schaltungen für Batterieempfänger"; es handelte sich hier um ein Audion-Gerät mit Taschenlampenbatterie); FT, 1952, H. 2, S. 39 („Westentaschen-Miniaturradio"); FT, 1953, H. 11, S. 339 – 341 („Subminiaturempfänger im Brieftaschenformat"); FS, 1955, H. 7, S. 141 – 144 („Taschenempfänger in Subminiaturbauweise").
285 | Vgl. FT, 1953, H. 9, S. 260f („Kofferempfänger 1953"); FT, 1951, H. 5, S. 133 – 135 („Englische Kofferempfänger").

Abb. 10: Werbeanzeige für das Taschenhörgerät Fortiphon, 1951 (FT, 1951, H. 2, S. 59).

er im Rückblick betrachtet weniger einem Schwerhörigen, als einem Walkman-Hörer der 1980er Jahre glich.[286] Seinen immerhin noch 900 g schweren *Bambino* – die Hälfte des Gewichts entfiel auf die Batterien – hängte er sich mit Hilfe eines Schulterriemens als kompakte und in Hüfthöhe getragene Tasche um den Körper, so dass beide Hände frei blieben. Zum Hören benutzte er einen stethoskopartigen Kopfhörer, der in den Ohren des Bastlers hing. Der Kopfhörer-Empfang sei, so der Autor, „ganz aus der Mode gekommen"; man fände ihn lediglich „bei Schwerhörigenverstärkern, auf Funkstationen, im Labor oder gelegentlich auch für Zwecke des Rundfunkempfangs". Die Konstruktionen der Radiobastler benutzten zumeist nicht mehr die schweren Muschel-Kopfhörer der Vergangenheit, sondern leicht verstaubare Kristall-Kleinsthörer. Diese waren entweder – wie bei den Hörgeräten – als einseitige, in der Ohrmuschel zu tragende Hörolive ausgeformt oder hatten – wie beim *Bambino* – die Form einer Abhörgabel, die im medizinischen Bereich für das konzentrierte Abhören von Körpergeräuschen oder bei der Büroarbeit für das Abhören von Tonband oder Diktiergerät benutzt wurde. Die Kristall-Kleinsthörer wiesen eine Wiedergabequalität auf, die den zeitgenössischen permanent-dynamischen Kleinstlautsprechern entsprach und sie hinsichtlich der tiefen Frequenzen sogar übertraf. Kopfhörer-Radios waren also im Klang den Kofferradios der Zeit ebenbürtig, liefen aber auf ein privat-intimes Hören hinaus. Technische Herausforderung für das Radiohören im Gehen war jedoch die stete Lageveränderung der Geräte, die wegen der Richtwirkung der Antenne zu Lautstärkeschwankungen und Empfangsstörungen führte.

Mit ihren körpertragbaren Kleinstradios verbanden manche Radiobastler explizit das Ziel einer möglichst weitgehenden Mobilisierung: Der Empfänger

---

286 | Vgl. FT, 1952, H. 14, S. 376 – 378 („Bauanleitung: ‚Bambino' – ein Reisesuper für Kopfhörerempfang").

sollte griffbereit platziert werden können, ohne unbequem zu sein; die „Bewegungsfreiheit unterwegs" durch keinerlei Tragen in der Hand eingeschränkt werden.[287] Ein Niederländer, dessen Anleitung die *Funkschau* abdruckte und der sein Gerät nicht nur für das Hören in der Freizeit, sondern auch während der Arbeitspause anpries, strebte sogar danach, Lautstärke und Programmwahl bedienen zu können, ohne das Gerät aus der Jackentasche nehmen zu müssen.[288] Solche Bastler verkabelten sich über längere Zeit hinweg mit dem Radio, und als technikbegeisterte Cyborgs strebten sie danach, das Radio derart an sich tragen zu können, dass es seinen Träger möglichst nicht einschränkte und beengte.

Auch der Transistor wurde von der Bastelbewegung zügig eingesetzt, und zwar oft mit dem Ziel der Miniaturisierung.[289] Außerdem wurde versucht, in Kombination mit der Solartechnik von den lästigen Batterien unabhängig zu werden.[290] Die heikle Assoziation zwischen Kopfhörer-Radio und medizinischer Hörprothese bestand jedoch auch noch um 1960, und so hieß es in einer Anleitung für einen Transistor-Taschenempfänger mit Bügel-Kleinhörer von 1958, mit Transistoren und Miniaturbauteilen könnten einfache Kleinstempfänger gebaut werden, „die ähnlich wie elektronische Schwerhörigengeräte in der Brusttasche Platz finden können."[291]

Allerdings verlor die Radiobastelbewegung im Laufe der 1960er Jahre an Bedeutung. Radiobaukästen verkamen zu Spielsätzen für Kinder, in denen Bauelemente für eine schlichte Schaltungstechnik überteuert abgesetzt wurden.[292] Statt Radios zu basteln, wendeten sich viele Männer dem aufkommenden Hi-Fi-Hobby zu, das in hohem Maße eine Technik- und in Teilen auch eine Bastelkultur war, insofern die Bausteine der Anlage nicht nur zu einem Ganzen

---

287 | Vgl. z. B. den Bastelbericht in: FS, 1955, H. 7, S. 141 – 144 („Taschenempfänger in Subminiaturbauweise").
288 | Dabei handelte es sich um einen Geradeaus-Empfänger, dem die komplizierte Schaltung des Superhets fehlte und der daher auch nicht dessen Senderselektivität aufwies, vgl. FS, 1959, H. 6, S. 125 – 127 („Neue Bastelanleitung: Positron-Taschenempfänger"), übernommen aus *Radio Bulletin*.
289 | Vgl. für erste Bastelanleitungen mit Transistoren: FS, 1955, H. 17, S. 383 – 385 („Transistortechnik – stark vereinfacht (III)"; es handelte sich um einen einfachen Detektor-Empfänger mit Transistor als NF-Verstärker und Hörolive); Hobby, 1956, H. Juni, S. 95 – 99 („Kleinstempfänger ohne Röhren"; Transistorgerät mit Germanium-Flächentransistor und Hörhilfe-Knopfhörer), H. November, S. 93 – 97 („Taschenradio ohne Röhren"; Lautsprecher-Transistor-Radio). Für ein stark miniaturisiertes Design vgl.: FS, 1962, H. 20, S. 521 – 23 („Ein Mittelwellenempfänger in Kleinbauweise mit den Subminiatur-Transistoren AF 128 und AC 129").
290 | Vgl. FS, 1960, H. 21, S. 523 („Neue Bauanleitung. Lichtgespeister Mikro-Transistor-Empfänger"); FT, 1954, H. 21, S. 598 („Sie Sonnenenergie-Batterie").
291 | Vgl. Bastelanleitung für ein 2-Transistor-Radio mit Ferritstabantenne für den Empfang des Ortssenders, in: FS, 1958, H. 3, S. 61 – 63 („Neue Bauanleitung. Selbstbau von Transistor-Taschenempfängern"), hier S. 61.
292 | Vgl. DM, 1964, H. 49, S. 48 („Radiobaukästen").

zusammengefügt wurden, sondern manche Besitzer ihre Anlage auch um eigene Schaltungen ergänzten.

„Hören ohne zu stören" oder „schwer" hören? Ohrhörer für den Massenmarkt

Auch wenn Kofferradios vornehmlich für das gesellige Hören am Lautsprecher dienten, waren zahlreiche Modelle um 1960 mit Anschlussbuchsen für eine (einseitige) Hörolive ausgestattet; Transistor-Taschenradios sahen diese sogar gängigerweise vor. Damit sollte den Portable-Besitzern die Möglichkeit geben werden, in Sondersituationen, in denen der Lautsprecherempfang nicht möglich oder belästigend gewesen wäre, Radio zu hören. So beschrieb die *Funkschau* die diskret abzuhörenden Taschenempfänger als wertvolles Instrument, um „in lärmerfüllter Umgebung" wie beim Sturm auf der Bergwanderung oder beim Segeltörn Wetternachrichten erhalten zu können.[293] Das Technikmagazin *Hobby* sah 1958 in den Ohrhörern eine „praktische Neuerung", um Taschenradios auch in lärmenden Vehikeln wie dem Auto oder dem Flugzeug zu benutzen.[294] Ohrhörer wurden außerdem für das leise Hören im Bett oder im Krankenbett konzipiert, wozu es sogar auch spezielle, in Kissen eingebaute Radios oder unter das Kissen zu platzierende Lautsprecher gab.[295]

Auch die marktüblichen Ohrhörer hatten mit dem Stigma der Hörprothese zu kämpfen. So sah sich Grundig noch 1960 genötigt, in einer Werbeanzeige für das verkabelte Hören an einem Taschenempfänger darauf hinzuweisen, dass die im Werbebild gezeigte Radiohörerin, die gerade einen Milchshake an einem Café-Tisch genoss, keinesfalls „schwerhörig" sei – vielmehr habe die „reizende junge Dame", so klärte der Werbetext auf, „den Klang eines ganzen Orchesters im Ohr".[296] Im Weiteren wurden dann allerdings vornehmlich die Vorteile des Ohrhörers für den familiären (Reise-)Alltag erläutert: Der Ehemann könne nun ohne Weiteres das Nachtprogramm hören, während seine „bessere Hälfte" schliefe; umgekehrt könne er „ungestört" die Post beantworten, während die Ehefrau den „kleinen ‚Mann im Ohr'", wie die Ohrstöpsel genannt wurden, trage.

Das „Hören ohne zu stören" wurde in der Folgezeit zum Hauptargument des Einsatzes von Radio-Ohrhörern. So sprach die *Funktechnik* 1963 vom „diskreten Empfang im Eisenbahnabteil, im Restaurant und überall dort, wo der Lautsprecher stören könnte"; die *DM* empfahl auch 1975 den Ohrhörer-Anschluss für das Hören „ohne andere Leute zu stören", etwa in Eisenbahn,

---

293 | Vgl. FS, 1958, H. 7, S. 150 – 154 („Reiseempfänger Jahrgang 1958"), hier S. 150.
294 | Vgl. Hobby, 1958, H. Oktober, S. 20 – 24 („Taschenradios – die große Mode").
295 | Vgl. FS 1952, H. 17, S. 353 („Kissenlautsprecher"); FT, 1954, H. 10, S. 262f („Berichte von der Deutschen Industrie-Messe Hannover"). Kissenlautsprecher gab es auch im Quelle-Katalog Herbst/Winter 78/79 (S. 779).
296 | Vgl. Grundig Revue, Frühjahr 1960, S. 24f. In: Deutsches Museum, Archiv, FS 002253.

Bus oder Parkanlagen.[297] Außerdem wurden die Ohrhörer auch zu Hause eingesetzt, etwa wenn der Rest der Familie im Wohnzimmer Fernsehen schaute oder man auf dem Balkon Radio hören wollte, ohne dem Nachbarn das Mithören zumuten zu wollen.

Im Gegensatz zu den mannigfaltigen Kopfhörer-Formen, welche sich die Radiobastler zunutze gemacht hatten, waren die Ohrhörer der Koffer- und Taschenradios jedoch lange Zeit lediglich als einseitige Hörolive ausgeführt. Dies lag zum einen daran, dass der Stereo-Rundfunk überhaupt erst im Laufe der 1960er Jahre üblich wurde. Zum anderen dürften unterschwellig wirkende Annahmen zum Verhalten des Individuums in der Öffentlichkeit eine doppelseitige Ausführung verhindert haben. Das Verschließen beider Ohren durch Ohrhörer stellte noch um 1980 im Zuge der Walkman-Aneignung einen starken Affront gegen das gute Benehmen dar. Die einseitige Hörolive hingegen ermöglichte das intim-diskrete Hören und ließ zugleich das zweite Ohr für den auditiven Kontakt zur Umgebung offen.

Das intensive, beidseitige Hören per Kopfhörer war zwar in der Frühzeit des Rundfunkmediums praktiziert worden, um sich besser auf die oft nur schlecht zu empfangenden Medieninhalte konzentrieren zu können. Es war mit der Einführung des Lautsprechers jedoch unüblich geworden. Erst im Laufe der 1960er Jahre bürgerte sich das von der Umgebung auditiv abgeschottete häusliche Hören am Kopfhörer wieder ein. Der dynamische Kopfhörer der 1960er Jahre war den früheren magnetischen Muschel-Kopfhörern nachempfunden, wog aber wesentlich weniger als diese. Die Hörelemente waren über einen Kopfbügel miteinander verbunden und sie lagen dicht auf den Ohren auf oder umfassten diese sogar.[298] Dem Stethoskop nachempfundene Konstruktionen, die in den Gehörgang eingehängt wurden, wurden nur für Sonderfälle wie für den Fernseh-Kopfhörer für die Dame benutzt, deren toupierte Frisur für einen Bügel-Kopfhörer ungeeignet gewesen wäre.[299] Zunächst wurden auch die für den Hausgebrauch gedachten Kopfhörer für das rücksichtsvolle Hören – in diesem Falle im Familienkreise – vermarktet. Mit Kopfhörern könnten „die einzelnen Familienmitglieder unabhängig voneinander den Fernsehton, den Rundfunk, Schallplatten oder ein Tonband" im Wohnzimmer abhören.[300] Der Kopfhörer bedeutete also auch eine Atomisierung der häuslichen Gemeinschaft. Dazu trat im Zuge der Ausbreitung der Stereotechnik das neuartige Erlebnis des direkt am Kopf erzeugten Stereo-Klangs: Der Kopfhörer ließ nicht

---

297 | Vgl. FT, 1963, H. 6, S. 169 („Reiseempfänger sind Hauptumsatzträger"); DM, 1975, H. 11, S. 55f („Musik an jedem Ort: Kofferradios"), hier S. 56; für die Rede vom „Hören ohne zu stören" vgl. z. B.: Grundig Revue: Grundig Programm Frühjahr/Sommer 1972, hier S. 46. In: Deutsches Museum, Archiv, FS 002253.
298 | Vgl. FS, 1964, H. 12, S. 336 („Kopfhörer mit praktischen Anschlusssteckern"). Stereo-Kopfhörer haben ihren Ursprung in den Militärflugzeugen des Zweiten Weltkriegs, vgl. Kittler, Friedrich: Grammophon, Film, Typewriter. Berlin 1986, S. 154.
299 | Vgl. FS, 1972, S. 620.
300 | Vgl. FS, 1964, H. 12, S. 336 („Kopfhörer mit praktischen Anschlusssteckern").

nur ein ungestörtes und andere nicht störendes Hören zu, sondern er intensivierte als Stereo-Kopfhörer auch das Hörerlebnis. So bewarb die AKG (Akustische- und Kino-Geräte GmbH) den dynamischen Kopfhörer *K 50* Anfang der 1960er Jahre in fortschrittlicher Schreibweise als „eine neue art musik zu genießen ohne gestört zu werden oder selbst zu stören".[301] Der 90 g schwere Hörer (Frequenzbereich: 30 bis 20.000 Hz) wurde für das Hören von Rundfunk, Tonband oder Platte, und zwar sowohl für die Mono- als auch für die Stereowiedergabe, empfohlen. Unter dem Slogan „noch besser hören" wurde er zeitweilig sogar für den Anschluss an ein Taschenradio propagiert, da er „die klangliche Leistung moderner Kleinempfänger zu voller Entfaltung" bringen würde. Allerdings waren es in der Folgezeit vornehmlich die männlichen HiFi-Hörer, die sich den Kopfhörer aneigneten. Dem Radioportable hingegen wurde weiterhin standardmäßig nur der „kleine Mann im Ohr" – der billige, einseitige Hörknopf – beigefügt. Nur wenige teure Stereo-Kofferradios wie der Grundig *Stereo-Concert-Boy* erhielten zweiseitige, stereofone Kleinsthörer, und auch hieraus entwickelte sich keine Massenkultur eines mobilisierten Hörens von Stereomusik im Gehen.

Elektronik in Brille, Armbanduhr oder Kleidung – Zum Leitbild der Wearability

Auch wenn Wearbles kaum Chancen am Massenmarkt hatten, wurde das Leitbild einer Wearability von Bastlern und industrieseitigen Entwicklungslaboren aufrechterhalten. Zudem zeigte sich auch der populäre Technikdiskurs kleinsten, körpertragbaren Designs gegenüber stets aufgeschlossen, die teils als technische Spielerei und Kuriosum, in zunehmendem Maße aber auch als eigenständige technische Leistung und anzustrebende Zukunftsvision dargestellt wurden. Hier ist der kuriose Radio-Hut von 1950 ebenso zu nennen wie das futuristische Einweg-Transistorradio in Hörknopf-Form von Ende der 1950er Jahre.[302] Das populäre Technikmagazin *Hobby* berichtete darüber hinaus nicht nur kontinuierlich über Portables und Wearables der Arbeitswelt wie etwa über das im Gehörgang getragene UKW-Headset eines Opernbeleuchters, sondern auch über Miniaturisierungen in der Spionage.[303] Vor allem die Weltraumforschung beflügelte nun die Visionen künftiger Miniaturisierung. So hieß es 1964 überschwänglich, inzwischen hätten „die meisten Kreationen auf dem Gebiet der Mikro-Radioelektronik in einem Zigarettenetui Platz" und könnten bereits morgen „wie eine Armbanduhr am Handgelenk

---

301 | Vgl. Anzeige in: FT, 1962, H. 12, S. 429; für die folgenden Zitate aus K 50-Anzeigen vgl. FT, 1961, H. 17, S. 588 sowie FT, 1963, H. 17, S. 657.
302 | Das Radio-Hut-Design gab es bereits 1947, und zwar als Party-Gag, vgl. Schiffer 1991, S. 144; FT, 1950, H. 3, S. 94 („Der Radio-Hut"); zum Hörknopf: FT, 1957, H. 1, S. 2; Hobby, 1958, H. 5, S. 57.
303 | Vgl. Hobby, 1960, H. 7, S. 65 (unter der Rubrik „Hobby im Bild"); Hobby, 1958, H. Februar, S. 69ff.

getragen werden"; was vielen wie „eine Spielerei" erscheine, sei in Wirklichkeit ein von der Luft- und Raumfahrt vorangetriebener Technikfortschritt.[304] Für die Cyborg-Apparaturen der Entwicklungslabore gaben gängige Wearables, nämlich Brille, Kleidung und die Armbanduhr, deren unmittelbares Tragen am Körper selbstverständlich erschien, das Vorbild ab. Rundfunkempfänger wurden in Brillenfassungen montiert: Die Gestelle integrierten die Batterie- und Empfangstechnik, die Ohrbügel trugen die Höroliven. In Form von einer Sonnenbrille gelangten solche Radiobrillen seit den 1960er Jahren in regelmäßigen Abständen auf den Markt. Ein Modell der Elektro-Kadett-Apparate GmbH von 1962 wurde als „ideale Ergänzung des Urlaubsgepäcks" beschrieben und war in geschlechtsspezifischer Ausführung für jeweils 120 DM erhältlich.[305] Dabei hatte die Brille selbst erst kürzlich eine Umwertung erfahren: Noch Anfang der 1950er Jahre war sie als altmachende Unzierde und vermeidenswertes medizinisches Übel empfunden worden, während sie nun zunehmend – vor allem in Gestalt der Sonnenbrille – als modisch-schmückendes Accessoire galt.[306] Bekannt waren solche Konstruktionen abermals aus der Hörhilfe-Produktion, die seit Mitte der 1950er Jahre „Hörbrillen" serienmäßig mit Transistor und Röhre und bald nur noch mit Transistoren herstellte.[307] Die Hörbrille erfüllte den Wunsch der Schwerhörigen, ihr Hördefizit in möglichst unauffälliger Weise ausgleichen zu können. Hör- und Radiobrillen umgingen die irritierende Verkabelung zwischen Ohr und Radio durch das direkte Aufliegen der Geräte-Schnittstelle am menschlichen Hörorgan, ehe eine als Bügel hinter dem Ohr zu tragende Hörelektronik Anfang der 1960er Jahre erhältlich war. Die im Gehörgang platzierbare In-Ohr-Hörhilfe kam 1966 mit Hilfe der integrierten Schaltung auf;[308] außerdem wurden auch Radio-Hörknöpfe vermarktet.[309]

In Kooperation zwischen Radio- und Kleidungsindustrie war bereits Anfang der 1960er Jahre auch die Idee zum Radio-Sakko entstanden.[310] Ein Kleinstempfänger wurde samt Antennenfolie im Kleidungsstoff integriert, die Drehknöpfe für Sender und Lautstärke waren am Revers des Anzugs angebracht. Stärker noch als an Kleidung und Brille waren die Entwicklungsingenieure jedoch an der Armbanduhr orientiert.[311] Mussten bei den einzig per

---

304 | Vgl. Hobby, 1964, H. 1, S. 66 – 70 („Fernsehen in der Puderdose"), hier S. 66.
305 | Vgl. FS, 1962, H. 8, S. 208 („Neuerungen").
306 | Gegen eine solche Verunglimpfung ging die Brillenwerbung noch 1955 an, vgl. Werbeanzeige in: Hör-Zu, 1955, H. 30, S. 12.
307 | Vgl. FS, 1955, H. 15, S. 326 („Die Hörbrille"); FS, 1958, H. 11, S. 285 („Die Hörbrille – Musterbeispiel der Transistorisierung und Miniaturisierung"); FS, H. 18, 1955, S. 399 – 401 (Bericht zur Hörbrille WT 800).
308 | Vgl. FS, 1962, S. 134 („Kleinst-Hörgerät Auriculina"); FS, 1966, H. 9, S. 244 („Im-Ohr-Hörhilfe").
309 | Vgl. für einen frühen Radio-Hörknopf: Hobby, Mai 1958, S. 57 (Rubrik: Hobby im Bild).
310 | Vgl. FS, 1961, H. 19, S. 486 („Der Taschensuper in der Anzugtasche").
311 | Vgl. Schiffer 1991, S. 115, 174, 187; NYT, 25. Juni 1968, S. 53 („Electronic Marvels at Exhibits"); FS, 1982, H. 9, S. 18 („Musik aus der Armbanduhr").

Ohrhörer abzuhörenden Handgelenk-Radios der 1930er Jahre die Batterien noch am Gürtel getragen werden, so konnten diese in den 1950er Jahren in das Armband integriert werden. Die kommerzielle Massenvermarktung solcher Handgelenk-Radios blieb jedoch marginal. Das Image der „Musik aus der Armbanduhr" schwankte zwischen einem Spaßartikel für Jüngere – als solches trat beispielsweise das in poppigen Farben gehaltene Panasonic-Armreif-Radio von 1970 auf – und einem High-Tech-Gadget für Technikfreaks, dem nach wie vor entgegengehalten wurde, eine alltagsuntaugliche Spielerei darzustellen. So bemerkte die *Funkschau* zu einer 1982 vorgestellten Quarzuhr mit MW-Empfang, die Uhr zeige, „(d)aß sich mit modernen Halbleiter-Integrationstechniken nahezu alle sinnvollen und sinnlosen Wünsche der Elektroniker verwirklichen lassen", und die Radiouhr gehörte in der Sicht der Zeitschrift zweifellos zu den letzteren.[312] Die Wearables dienten der Industrie selbst vornehmlich dazu, die technische Machbarkeit immer kleinerer Designs und damit die eigene Kompetenz stetig unter Beweis zu stellen.

---

312 | Vgl. FS, 1982, H. 9, S. 18 („Musik aus der Armbanduhr").

4. Kassettenrekorder, Walkman und die Normalisierung des mobilen Kopfhörer-Einsatzes

Der Kassettenrekorder mit der leicht auswechselbaren Philips-Kassette ermöglichte es, auch selbst gewählte Musikaufnahmen stets griffbereit mit sich zu führen. Wie das Kofferradio, so wurde auch der Kassettenrekorder für ein ortsunabhängiges Nebenbeihören eingesetzt. Autofahrer lockerten ihre Fahrtzeiten mit der eigenen Lieblingsmusik auf, und Jugendliche schafften sich Radiorekorder als eine billige Erstausstattung an. Das häuslich-stationäre Musikhören wurde derweil von der HiFi-Hörkultur an der Stereoanlage geprägt, an der auch oft mit Kopfhörer gehört wurde. Erst mit dem *Sony Walkman* von 1979/80 wurde das Hören von Stereomusik wirklich „mobil". Sein schlagender Erfolg gründete paradoxerweise gerade in seiner radikalen Beschränkung der Multifunktionalität der gängigen Taschenrekorder auf die reine Kopfhörer-Wiedergabe. Erstmals wurden nun Kopfhörer massenhaft abseits des Hauses und sogar für ein Hören im Gehen, wie es die Bezeichnung vom „*Walk*man" auch implizierte, verwendet, wobei vor allem Städter – jeder dritte Bundesdeutsche wohnte in einer Stadt mit mehr als 100.000 Einwohnern – und Jugendliche den Walkman aufsetzten. Innerhalb einer Geschichte des mobilen Technikkonsums stellen die Walkmans, die auch als Pocket Stereos bezeichnet werden, um Sonys Markenname zu vermeiden, mithin den qualitativ bedeutsamen Übergang vom Portable zum Wearable dar.

Kapitel 4.1. verortet die Walkmans im zeitgenössischen Produktkontext weiterer Audiogeräte. Vorab skizziert es den Musikkonsum der 1960er und 1970er Jahre. Dann wird die Entwicklung der Kassettentechnik vom mobilen Kassettenrekorder bis hin zur Integration der Tonkassette in HiFi-Systeme verfolgt. Abschließend werden die frühen Walkman-Modelle betrachtet, die sich in einen allgemeinen Trend einfügten, das Hören von Musik zu mobilisieren. Am Walkman-Design wurden in der Folgezeit nur subtile Veränderungen vorgenommen – die Aushandlungen dieser Technik betrafen vornehmlich die Bedeutungsebene. Das „Walkman-Gefühl", die eigenen Bewegungen und Seheindrücke durch Kopfhörer-Musik überlagern zu können, begeisterte in der BRD zunächst vor allem Jugendliche. Dieses Erlebnis der Wahrnehmungserweiterung kontrastiert Kapitel 4.2. mit den mannigfaltigen, zeitgenössischen Befürchtungen, die gegen das Walkmanhören vorgebracht wurden. Sich in die zeitgenössische Kultur-, Medien- und Jugendkritik einfügend, wurde den Jugendlichen nämlich vorgeworfen, das soziale Miteinander zugunsten des eigenen, konsumistisch geprägten Hör- und Erlebnisraums aufzugeben. Der Frage, wie sich das mobile Verwenden eines Kopfhörers trotz einer solch massiven Kritik gegen Ende der 1980er Jahre normalisieren konnte, ja sogar zu einer urbanen Lebensstrategie wurde, um unterwegs für kurze Zeit „abschalten" zu können, geht Kapitel 4.3. nach. Die Fallstudie schließt mit einem Überblick über die Kassettenkultur der 1980er Jahre (Kapitel 4.4.), in dem auch auf deutsch-amerikanische Unterschiede in den Nutzungen und Bewertungen von Walkman und Stereo-Radiorekorder bzw. „Ghettoblaster" verwiesen wird. Denn trotz globaler Produktdesigns lassen sich entlang vorherrschender Normen zu „privatem" und „öffentlichem" Verhalten länderspezifische Aneignungskulturen ausmachen.

4.1. Der Walkman im Produktkontext der Zeit

Die Aneignung reproduzierter Musik war in der zweiten Hälfte des 20. Jahrhunderts von mannigfaltigen Geräten geprägt. In den Wohnzimmern der BRD breitete sich in den 1960er Jahren die Stereoanlage aus; weiterhin gab es den separaten Plattenspieler, den Phonokoffer sowie das Tonbandgerät, das von dem wesentlich erfolgreicheren Kassettenrekorder mit der Philips-Standardkassette von 1963 abgelöst wurde. Außerdem war eine breite Palette von Audio- und audiovisuellen Portables erhältlich – das Angebot reichte von diversen Radioformen über kassettenbasierte Taschenrekorder, Aufnahmegeräte oder „Musikboxen" bis hin zu Kombinationsgeräten, die im Urlaub das Fernsehen, Radio- und Musikhören an einem Gerät ermöglichen sollten. Von daher lässt sich nicht von einer homogenen Musikhörkultur sprechen. Vielmehr wurde das Hören gekaufter Musikaufnahmen über eine Vielzahl von Geräten und entlang unterschiedlicher Hörpraxen zu einem selbstverständlichen und identitätsbildenden Teil des Alltags. Am Ende des 20. Jahrhunderts lag die durchschnittliche Tonträger-Nutzung des Bundesbürgers bei 36 Minuten täglich und nahm damit mehr Zeit in Anspruch als die rund halbstündige tägliche Zeitungslektüre.[1]

Der Musikkonsum der 1960er und 1970er Jahre wird im Folgenden typisierend entlang zweier Hörkulturen beschrieben: der männlich geprägten, häuslichen HiFi-Hörkultur und des Musikkonsums Jugendlicher. Beide bestimmten die Weiterentwicklung der kassettenbasierten Audiogeräte, die anschließend verfolgt wird. Solange die für den mobilen Einsatz konzipierte Philips-Tonkassette den Klanganspüchen der HiFi-Adepten nicht genügte, wurden Kassettenrekorder von Erwachsenen zumeist nur für das Nebenbei-

---

1 | Vgl. Paschen et al., S. 48.

hören benutzt. Durch die kontinuierliche Verbesserung der Kassettentechnik einerseits und die Miniaturisierung von Bauelementen andererseits näherten sich mobiles Kassettengerät und stationäre Stereoanlage Ende der 1970er Jahre an: Die Kassette kam nun auch im HiFi-Turm oder in der Autoanlage zum Einsatz, und japanische Unternehmen vermarkteten Stereoanlagen am Henkel, die explizit als Ausdruck eines neuen, mobilen Lebensstils vermarktet wurden. Im Gegensatz zu solch hochgerüsteten Portables stellte der Walkman, der am Schluss des Kapitels vorgestellt wird, geradezu eine „technologische Devolution"[2] dar.

Zwischen „Musikbox" und HiFi-Turm: Musikhören in den 1960er und 1970er Jahren

Das Hören von Tonträgermusik war in den 1960er Jahren noch stark schichten- und altersabhängig und wies außerdem ein Stadt-Land-Gefälle auf. Eine 1962 durchgeführte Befragung unter Hamburger Haushalten ergab, dass 41 % einen – zumeist in einer Musiktruhe integrierten – Plattenspieler, 6 % einen Tonbandkoffer und 3 % ein stationäres Tonbandgerät besaßen.[3] Im bundesrepublikanischen Durchschnitt hatte jedoch nur rund ein Viertel der Haushalte einen Plattenspieler; dieser wurde erst im Laufe des Jahrzehnts zum Standard:[4] 1967 verfügten 45 % und 1971 55 % der Haushalte darüber. Dabei dürfte es sich, falls Kinder im Haushalt lebten, oftmals um deren Gerät gehandelt haben, das dann möglicherweise auch in deren Zimmer stand; 65 % der westdeutschen Jugendlichen hatten 1967 bereits ein eigenes Zimmer.[5] Teenager verfügten überproportional stark über einen Plattenspieler, und ein Viertel aller Plattenkäufe entfiel auf die junge Generation. Angesichts längerer Ausbildungszeiten vor dem Berufseintritt hatten Heranwachsende wesentlich mehr Zeit für den Musikkonsum als Erwachsene oder auch die Gleichaltrigen der 1950er Jahre. Platte und Plattenspieler ermöglichten den Jugendlichen einen selbst bestimmten, vom Rundfunkangebot unabhängigen Musikkonsum. Im westdeutschen Rundfunk war bis in die 1960er Jahre englischsprachige Populärmusik selten, und auch später wurden Musikgenres wie Rock'n'Roll, Beat oder Psychedelic Music, die für die jugendliche Selbstverortung zentral waren, kaum gesendet. Eine musikpädagogische Studie unter jugendlichen Schülern von 1972/73 ermittelte, dass 44 % einen eigenen Plattenspieler und 41 % einen Kassettenrekorder besaßen und die Schüler im Durchschnitt über ca. 16 Singles, acht Langspielplatten, drei oder vier Kassetten und drei Tonbänder verfügten.[6] Jugendliche, so schätzte das *Handelsblatt* 1970, seien für

---

2 | Vgl. Hosokawa, Shuhei: Der Walkman-Effekt. Berlin 1987, S. 14f.
3 | Vgl. FS, 1962, H. 24, S. 1481 („Zahlen zur Rundfunk-, Fernseh- und Phono-Ausstattung in den Haushalten").
4 | Vgl. zum Folgenden: Siegfried 2006; Zahlen: S. 99.
5 | Vgl. Siegfried 2006, S. 39.
6 | Vgl. Wiechell, Dörte: Musikalisches Verhalten Jugendlicher. Frankfurt a. M. 1977, S. 102f u. 148.

40 bis 50 % des Unterhaltungsgeräteumsatzes verantwortlich.[7] Heranwachsende kauften für ihren Musikkonsum eine eher schlichte Geräteausstattung, während sich Erwachsene die wohnliche Musiktruhe und die Stereoanlage anschafften, welche die Musiktruhe nach und nach ablöste: Die Stereoanlage bestand aus den einzeln oder kompakt gekauften Bausteinen von Steuergerät, Plattenspieler, Radioempfänger und Lautsprecherboxen und wurde möglicherweise auch durch ein Spulentonbandgerät erweitert. Laut einer Marktforschungsstudie von 1970 widmeten sich 30 % der Bundesbürger in ihrer Freizeit dem Schallplattenhören; zehn Jahre später waren es 45 %, wobei nach wie vor die jüngeren Leute, die auch die Hauptkäufergruppe von Schallplatten darstellten, überwogen.[8] Technische Basis für das Schallplattenhören war in den 1980er Jahren mehrheitlich die Stereoanlage: Sie war nun in rund 40 % der westdeutschen Haushalte zu finden; weitere 30 % hatten außerdem einen Plattenspieler.[9] Darüber hinaus hatten sich viele Haushalte einen Kassetten- oder einen Radiorekorder angeschafft; letzterer war bereits Ende der 1970er Jahre zum Standard geworden.[10] 1981 besaßen laut Marktforschungsstudien 55 % der westdeutschen Haushalte einen Radiorekorder, sechs Jahre später waren es 67 %.[11] Außerdem waren diverse kompakte Nur-Radios vorhanden: 60 % hatten 1981 ein Uhrenradio (1987: 69 %), 30 % ein Kofferradio (1987: 28 %). Dazu kam 1987 in 41 % der Haushalte ein Walkman, der also weniger stark als andere Audioportables verbreitet war.

Jugendliche definierten sich wesentlich über das Hören von Musik: Sie trafen sich zum Plattenhören bei Freunden, tauschten die Schallplatten gegenseitig aus und lebten mit ihren Audioportables eine von Musik geprägte Straßenkultur vor. Vor allem die männlichen Heranwachsenden fachsimpelten auch intensiv über die Musikstücke.[12] Laute Schallplattenmusik gehörte zur Party bei Freunden dazu;[13] sie bildete außerdem die Basis für die Diskothek, die als kommerzieller Treffpunkt und Tanzort junger Erwachsener entstand. Der Musikkonsum von Heranwachsenden gehörte mithin zu ihrem Lebensstil, und er war daher räumlich auch kaum eingrenzbar.

Im Gegensatz dazu wurde das Hören von Tonträgern von Erwachsenen als ein häusliches Hobby aufgefasst. Am markantesten war dies unter den erwachsenen HiFi-Hobbyisten der Fall. „High fidelity" führte das Paradigma der zuvor als „naturgetreu" bezeichneten Wiedergabe fort, ergänzt allerdings um den Stereoklang. Einzig dem HiFi-Hören wurde zugestanden, dem Hörerlebnis im Konzertsaal ebenbürtig zu sein. Überwiegend von Männern der

---

7 | Zitiert bei Siegfried 2006, S. 98 (Handelsblatt vom 26.11.1970).
8 | Vgl. Spiegel-Verlag (Hg.): Märkte im Wandel. Bd. 11: Freizeitverhalten. Hamburg 1983, S. 102.
9 | Nach: EVP, Statistisches Bundesamt.
10 | Vgl. Test, 1979, H. 12, S. 20 – 29 („Störungen in Stereo").
11 | Vgl. BBE 1984, S. 35, S. 39 (Quelle: Philips Marktforschung) sowie BBE 1988, S. 49.
12 | Vgl. Baacke 1968, S. 188.
13 | Vgl. ebd. Nur 5 % der 14- bis 19-Jährigen seien noch nie auf einer Party gewesen.

Ober- und Mittelschicht ausgeübt, verband das HiFi-Hobby musikalische mit technischer Kompetenz und war von der Idee geprägt, stereofone und zunächst vorwiegend „ernste", also klassische Musik in Muße und mit Konzentration anzuhören. Dies lief auf ein stationäres Hören hinaus, und Voraussetzung war eine hochqualitative Technikausrüstung, wie sie mit Stereoplatte, Stereorundfunk und der Stereoanlage bereit stand.[14] In der BRD legte sogar eine HiFi-Norm (DIN 45500 von 1966) fest, wann Geräte als HiFi-tauglich galten, und HiFi-Zeitschriften sowie das Deutsche High Fidelity Institut e.V. sorgten dafür, dass nicht nur technische, sondern auch praktische Normen des HiFi-Hörens aufrechterhalten wurden.[15] Selbst die Verbraucherpresse versuchte Ende der 1960er Jahre, das „richtige" Musikhören zu vermitteln. So beklagte die *DM* 1967 ein durch minderwertige Musikgeräte „verdorbene(s) Gehör" vieler Käufer, die sich dadurch wiederum mit schlecht klingenden Audiogeräten zufrieden gäben.[16] „Stereofonische Musik will aufmerksam gehört werden", wurde an anderer Stelle aufgeklärt; „transportable Geräte" würden dies jedoch bereits von ihrer Konstruktion her nicht ermöglichen.[17] Das Hören am qualitativ unterlegenen Portable, noch dazu möglicherweise auf der Picknickwiese und nebenbei praktiziert, wurde also schlichtweg als unverträglich mit einem „richtigen" Musikerlebnis angesehen.

Portables blieben bis gegen Ende der 1970er Jahre unkompatibel mit den Ansprüchen der HiFi-Hobbyisten; gleiches galt für die Musikkassette, die daher auch nur zögerlich in Stereoanlagen integriert wurde.[18] Den Kopfhörer eignete sich die HiFi-Bewegung hingegen zügig an. Der Stereokopfhörer ließ den Raumklang direkt am Ohr entstehen, was den Raumeffekt intensivierte: Die Musikwiedergabe wurde unmittelbarer und damit intimer und lebhafter als über Lautsprecher erlebt. Außerdem bedeutete der Kopfhörer-Gebrauch immer auch ein „Hören ohne zu stören": Die Familie bzw. die nähere Umgebung blieb von der eigenen Musik unbehelligt. Im Falle des männlichen HiFi-Hobbyisten bedeutete dies aber auch umgekehrt, sich vom Familienleben oder dem Kindergeschrei auditiv abschotten zu können, und der jugendliche Hörer wiederum konnte der elterlichen Kritik an der gewählten Lautstärke oder am gewählten Musikstil entgehen. Weil Kopfhörer das konzentrierte Hören beförderten, zumal die Verkabelung mit der Anlage das Ausüben von

---

14 | Vgl. Gauß. In den USA entstand das HiFi-Hobby bereits in den 1940er Jahren, vgl. Keightley, Keir: „Turn it down!" she shrieked: Gender, domestic space, and high fidelity, 1948 – 59. In: Popular Music 15, 1996, S. 149 – 177.
15 | Das Deutsche High-Fidelity-Institut gab Anfang der 1960er Jahre die Zeitschrift *Hi-Fi-Stereo-Phonie* heraus, die 1983 in der Zeitschrift *Stereoplay* (1978 als „internationales HiFi-Magazin") aufging. Weitere Magazine: *Stereo* (seit 1973), *Klangbild* (1975 – 1981), *Audio* (seit 1978).
16 | Vgl. DM, 1967, H. 8, S. 26 – 37 („DM Test Stereo Plattenspieler"), hier S. 27.
17 | Berichtet wurde über ein Portable für den Stereo-Rundfunkempfang, vgl. DM, 1967, H. 12, S. 43 („Neuheit. Touring-Stereo-Component").
18 | Vgl. zum ersten Einbau eines Kassettenrekorders in ein Steuergerät: FS, 1969, H. 4, S. 94 („Cassetten-Recorder im Rundfunk-Steuergerät").

Paralleltätigkeit weitgehend ausschloss, und hochwertige Kopfhörer-Modelle zudem einen größeren Frequenzbereich als Lautsprecher aufwiesen, wurden sie schnell zur unerlässlichen Zusatzausrüstung der HiFi-Hobbyisten.[19] Ende der 1970er Jahre verfügten Stereoanlagen-Verstärker an der Frontplatte üblicherweise über einen Anschluss für einen oder gar zwei Stereokopfhörer.[20] Gaben Kopfhörer in offener Bauweise den umgebenden Geräuschpegel noch gedämpft an den Hörer weiter, so umschlossen solche in geschlossener Bauweise die Ohren möglichst schalldicht. „Nichts sehen – nur hören. Abgeschirmt von störenden Geräuschen, befreit vom Druck des Alltags. Die Augen schließen und sich verlieren in der schönen Welt der Musik", beschrieb eine Kopfhörer-Werbung 1980 das ideale HiFi-Hörerlebnis einer „volle(n) Konzentration auf die Musik, die man liebt".[21] Selbst Fernbedienungen für die HiFi-Anlage wurden mit diesem Argument der vollen Konzentration auf die Musik vermarktet: Denn sie würden dem „Hin- und Her zwischen Sessel und Gerät" ein Ende bereiten.[22]

Letztlich war auch die Rock- und Beatmusik, die Jugendliche favorisierten, ebenfalls nur adäquat über die Stereoanlage zu hören. Denn es handelte sich um hochkomplexe, nur im Studio so zu produzierende Sounds, für die es also überhaupt kein „naturgetreu" wiederzugebendes Original mehr gab. Mitte der 1970er Jahre hatten 43 % der 15 bis 23 jährigen Männer, aber nur 17 % der gleichaltrigen Frauen eine Stereoanlage.[23] Die jugendliche Hörkultur und das anfänglich von den „ernsten" Musikliebhabern geprägte HiFi-Hobby – zu solchen Klassikmusikfreunden zählten um 1980 eher nur zehn bis maximal 20 % der Bevölkerung –[24] näherten sich nicht nur technisch gesehen an. Vielmehr wurden aus den jungen Rock- und Pophörern von gestern die erwachsenen HiFi-Hörer der 1970er und 1980er Jahre. Und diese standen einer Mobilisierung von Tonträgermusik wesentlich offener gegenüber, zumal sie mit Audioportables aufgewachsen waren. Ihr ausgeprägter Musikkonsum hatte dabei vor allem die Entwicklung des Kassettenrekorders in wesentlicher Weise mitbestimmt, wie der folgende Abschnitt verdeutlichen wird.

---

19 | Vgl. z. B. einen Testbericht von 1970, der einen seriös-intellektuellen, „ernsten" Musikfreund beim Hören mit Partitur zeigte, vgl. Test, 1970, H. 2, S. 87 – 91 („Lautstark hören ohne zu stören").
20 | Vgl. F.A.Z., 30.10.1978 („Hirn und Herz des HiFi-Klangkörpers").
21 | Werbeanzeige von Vivanco. In: Stereo, 1980, H. 10, S. 137.
22 | Vgl. Werbeanzeige in: KlangBild, 1979, H. April, S. 31 („ITT. Technik der Welt in deutscher Qualität. Klang und Bedienung perfekt").
23 | Vgl. Siegfried 2006, S. 435.
24 | Vgl. Allensbach Institut für Demoskopie: Die Deutschen und die Musik (1980), hier zitiert nach: Bontinck, Irmgard: Kultureller Habitus und Musik. In: Bruhn/Oerter/Rösing, S. 86 – 94.

Das Tonband für unterwegs: Von der *Compact-* zur *MusiCassette*

Die Philips-*Compact-Cassette* wurde 1963 im Verbund mit dem rund 1,5 kg schweren *taschen-recorder 3300* auf der Berliner Funkausstellung vorgestellt.[25] Das Tonband der zwei Mal 30-minütigen Kassette war mit 3,81 mm äußerst schmal, die Bandgeschwindigkeit mit 4,75 cm/s sehr langsam. Der knapp unter 300 DM teure *taschen-recorder* war für den multifunktionalen, (auto-)mobilen Einsatz als Player, Rekorder oder Diktiergerät gedacht, wozu er mit einer Ledertragetasche mit Umhängeriemen und Mikrofonfach ausgerüstet war; bereits bespielte Kassetten gab es noch nicht zu kaufen. Wegen des geringen Frequenzbereiches (120 bis 6000 Hz) wurde der Philips-Rekorder als „sprechendes Notizbuch" auf dem Markt eingeführt.[26] Wie der Tonband-Koffer, so sollte er dem „Ton-Jäger" auch mobile Aufnahmen ermöglichen; er war aber wesentlich einfacher als die zeitgenössischen Tonbandgeräte zu bedienen. Nach dem Einlegen der Kassette war das Gerät spiel- bzw. aufnahmebereit, und die Pflege beschränkte sich auf ein gelegentliches Reinigen und Justieren des Tonkopfes.

In Wechselwirkung mit den Konsumenten – und zwar vor allem den jugendlichen – und der Musikindustrie wurde aus dem sprechenden Notizbuch eine „Musikbox". Ende der 1960er Jahre waren auf dem westdeutschen Tonträger-Markt rund 1000 Musiktitel – vornehmlich Schlager, Musicals und „heiße Rhythmen" – als so genannte MusiCassetten (MCs) für je 10 bis 20 DM erhältlich.[27] Klassische Musik fehlte zunächst, weil das Bandrauschen in den leisen Klavier- oder Streicherpassagen störte. Den Kassettenrekorder benutzten laut *Test* „die technisch nicht Versierten, die an ständigem Musik-Konsum interessierte Jugend und mit ihr all jene (...), die keinen Wert auf teure technische Extras legen"; statt dessen ging es den Nutzern um ein flexibles Aufnahme- und Wiedergabegerät.[28] Philips selbst bewarb den Rekorder als die „moderne Art, Musik zu hören". Wie zuvor die Kofferradio-Werbung, so setzte Philips „modern" mit „mobil" und „mobil" wiederum mit „überall und jederzeit" gleich. „Überall kann man ihn benutzen", verkündete ein Werbeprospekt und nannte „zuhause, im Freien, im Büro, beim Camping – und sogar im Auto" als mögliche Nutzungsorte.[29] *Bravo* stellte die Fernsehschauspielerin Dagmar

---

25 | Zum tragbaren Philips-Rekorder vgl. auch: Bijsterveld, Karin: „What Do I Do with My Tape Recorder...?" Sound Hunting and the Sounds of Everyday Dutch Life in the 1950s and 1960s. In: Historical Journal of Film, Radio and Television 24, 2004, S. 613 – 634.
26 | Vgl. Bijsterveld sowie FT, 1963, H. 18, S. 677f („Neue Magnettongeräte auf der Großen Deutschen Funkausstellung"), FS, 1963, H. 4, S. 97 – 99 („Ein Tonbandgerät für Reportagen und akustische Notizen. Philips-Taschen-Recorder 3300").
27 | Vgl. Test 1968, H. 12, S. 27 – 33 („Musik zum Abspulen. Gute Noten für Kassetten-Recorder").
28 | Vgl. ebd.
29 | Vgl. Anzeige in: Twen, 1965, H. 9, S. 90f („Die moderne Art, Musik zu hören") und das Werbeprospekt „Cassetten Recorder" (o.J.). In: Deutsches Museum, Archiv, FS Philips.

Hank vor, die „mit Musik spazieren" ging, und als mündliches Notizbuch der Apollo-Astronauten reiste die Kompaktkassette sogar bis zum Mond.[30] Hauptnutzer der MC und des Kassettenrekorders waren Anfang der 1970er Jahre Teenager und Autofahrer.[31] Auf diese hatten auch die Hersteller ihre Vermarktung abgestimmt. Grundig beispielsweise pries die MC als „idealen Beifahrer" an und textete jugendspezifische Werbesprüche; daneben wurden die Rekorder aber auch wie das frühere Kofferradio als Begleiter für den Ausflug ins Grüne beworben.[32]

Durch intensives Marketing und eine geschickte Lizenzpolitik seitens Philips wurde die MC zum Standard für mobile Tonband-Abspielgeräte, die zuvor von Hersteller zu Hersteller unterschiedliche Kassettenformate aufgewiesen hatten. Lediglich in den USA, Kanada und Japan etablierte sich mit den Achtspur-Cartridges ein weiterer, klanglich überlegener Kassetten-Standard, der die Musikwiedergabe im Auto dominierte. Entscheidend für den Erfolg der Achtspur-Geräte war, dass der Autohersteller Ford seit 1966 in seine Oberklassen-Wagen einen solchen Player von Motorola einbaute, für den RCA wiederum ein breites Angebot bespielter Musikbänder bereithielt.[33] Hingegen konnten sich in der BRD alternative Kassetten-Systeme nicht durchsetzen. So scheiterte Saba mit dem *Sabamobil* – einem Abspielsystem für das Auto – ebenso wie der von Grundig, Blaupunkt und Telefunken in Konkurrenz zu Philips entwickelte *DC-International*-Standard.[34] Die internationale Konsumelektronikbranche einigte sich schließlich Ende der 1960er Jahre auf den MC-Standard, so dass der „Hitachi-Freund" endlich seine Kassetten mit dem „Schaub-Lorenz-Besitzer" austauschen konnte.[35] Bereits Anfang der 1970er Jahre wurde nahezu jeder neu produzierte Musiktitel sowohl als Schallplatte als auch als MC heraus gebracht.

Die Standardkassette bildete zudem die Grundlage für weitere, auf spezifische Funktionen hin zugeschnittene Geräte wie das Diavertonungsgerät, und sie diente später z. B. auch als Speichermedium für die ersten Computer. Und auch die Kassettenrekorder waren, dem Radioportable vergleichbar, in mannigfaltigen Formen erhältlich: Schon 1970 bot Neckermann beispielswei-

---

30 | Vgl. Bravo, 1965, H. 40, S. 45 („Keine Klagen über Langeweile"); New York Times, 24.8.1969, S. F7 („Stereo Tape Has Far-Ranging Uses"; bei der Apollo-Mission wurde der Sony-Kompaktkassettenrecorder *TC-K50* mitgenommen).
31 | Vgl. Rheinischer Merkur, 1.11.1974, S. 19 („Show aus der Schachtel. Kassetten auf dem Vormarsch").
32 | Vgl. für Grundig: Grundig Revue, Grundig Programm Frühjahr/Sommer 1972, hier S. 36f. In: Deutsches Museum, Archiv, FS 002253; für das Kassettenhören beim Picknick: Hör Zu, 1970, H. 23, S. 97 („Musical-Picknick").
33 | Vgl. Morton, S. 45.
34 | Vgl. FS, 1964, H. 6, S. 130 („Autosuper + Tonbandspieler = Sabamobil"); FS, 1965, H. 17, S. 467f („Tonband-Kassettengeräte. Versuch eines Überblicks"). 1972 versuchten ausländische Firmen, mit der Acht-Spur-Kassette auch in der BRD Fuß zu fassen, vgl. FS, 1972, H. 4, S. 112 („8-Spur-Stereo-Kassette im Kommen").
35 | Vgl. Test, 1968, H. 12, S. 27 – 33 („Musik zum Abspulen. Gute Noten für Kassetten-Recorder").

se einen *Minicorder* im Format eines dicken Taschenbuchs (17 x 5 x 11 cm) an, der, auf die Weltraum-Begeisterung abgestimmt, wegen seiner integrierten Schaltungen als „ein Stück Apollo-Computer" dargestellt wurde.[36] Darüber hinaus wurden Kassettenrekorder für multiple Zwecke genutzt: Besitzer machten Tonmitschnitte, probten Vorträge oder hörten Lernkassetten. „Mit dem kompletten Sprachkurs in der Tasche können Sie jede Gelegenheit ausnutzen, die Ihnen einige Minuten Zeit übrig lässt", bewarb Philips einen solchen Einsatz, und das Versandhaus Quelle verkaufte nicht nur Sprachkurs-Kassetten, sondern auch einen Rechtsratgeber, der „überall" angehört werden könne.[37] Außerdem wurden Kassettenportables im Ausstellungs- und Touristikbereich für die Informationsvermittlung eingesetzt.[38]

Für die professionelle Verwendung als Diktiergerät oder Gedächtnisstütze wurden auf Kleinheit und Einhandbedienung hin ausgelegte Taschengeräte hergestellt,[39] die teils spezielle Kleinstkassetten benutzten. Sie wiesen Kleinstlautsprecher mit geringen Verstärkerleistungen oder gar keinen Lautsprecher auf. Die anvisierten Nutzer waren Geschäftsleute, Journalisten, Ärzte, Anwälte oder auch Polizisten, die mit dem Gerät in die Lage versetzt werden sollten, überall ihre Ideen oder wichtige Ereignisse wie eine Konferenz auditiv festhalten sowie Diktate aufnehmen zu können, statt zu Papier und Stift zu greifen; abhören und transkribieren würde das Tonband dann die Sekretärin. Diktiergeräte wurden aber immer auch – wie ja bereits der *taschen-recorder 3300* – als hybride, Aufnahme und Wiedergabe und damit auch Arbeit und Vergnügen ermöglichende Geräte konstruiert. Wie heutige, mit Spielen ausgerüstete Business-Handys oder -Palmtops sollten solche Modelle eine vergnügliche Ablenkung oder Zeitüberbrückung ermöglichen. Vermarktet wurden sie mit dem Hinweis, unterwegs Musik hören zu können. Mit Frequenzbereichen von 100 bis 10.000 Hz hatten die Diktiergeräte Ende der 1970er Jahre eine Soundqualität erreicht, die auch die Walkmans um 1980 nicht übertrafen.[40] Explizit als ein solches multifunktionales Diktiergerät für das mobile Musikhören wurde beispielsweise der *Pearlcorder SD* von Olympus (1979) beworben, der sogar mit einem ansteckbaren Modul für den Rundfunkempfang ausgerüstet werden konnte.[41] Unter dem Motto „Für Beet-

---

36 | Vgl. Neckermann, Katalog 1970, S. 497.
37 | Vgl. Philips-Werbeprospekt „Cassetten Recorder", o.J., in: Deutsches Museum, Archiv, FS Philips; Quelle, Katalog 1977/78, S. 762f.
38 | Vgl. als frühes Beispiel einer Fremdenführung mit Tonkassette und Ohrhörer das Angebot „Kleiner Mann im Ohr" der Firma Audiotour, vgl. FS, 1965, H. 4, S. 78.
39 | Kompakte Diktiergeräte für die Reise gab es bereits in den 1950er Jahren mit den unterschiedlichsten Tonträgern, vgl. FS, 1959, H. 2, S. 37 – 39 („Telefunken-Traveller, ein Universal-Diktiergerät mit magnetischer Rillenplatte"). Für das weitere vgl. u. a.: Test, H. 2, 1976, S. 31 – 38 („Taschen- und Reisediktiergeräte: Keins ist perfekt").
40 | Die Fachhandelszeitschrift *ffh* hielt die Diktiergeräte daher durchaus für die Musikwiedergabe geeignet, vgl. ffh, 1979, H. 7, S. 20 („Schattendasein Minirecorder. Compact-Cassette steigert Nutzungswert"). Zu den Walkman-Werten vgl. Stereoplay, 1981, H. 12, S. 60 – 66 („Allzeit bereit"), hier S. 64.
41 | Die *Funkschau* bescheinigte dem Pearlcorder, „daß sogar Klavieraufnahmen mög-

hoven und die Börsenkurse" und „Für Beruf und Freizeit" wurde er an Geschäftsleute vermarktet.[42] Mit seinem extrem miniaturisierten Gehäuse und dem kernlosen Flachmotor mit Tonwellenantrieb nahm er sogar zentrale Konstruktionselemente späterer Walkmans vorweg.

Der Radiorekorder für den Nebenbei-Hörer und den „Hit-Jäger"

Zu einem „der größten Verkaufsschlager im Bereich Unterhaltungselektronik"[43] entwickelte sich in den 1970er Jahren der Radiorekorder. 1966 hatte Philips Kofferradios mit einem Kassettenrekorder ausgestattet (*Radio-Cassetta* und *Radio-Casetten-Recorder*),[44] woraus bald der Typus des Radiorekorders im Gehäusedesign des Universalempfängers hervorging. Ende der 1970er Jahre gehörte der Radiorekorder zur Standardausstattung westdeutscher Haushalte, und die automobilen Rundfunkempfänger waren inzwischen überwiegend Kombinationsgeräte.[45] Billige Mono-Radiorekorder waren ab 100 DM erhältlich, Geräte der Mittelklasse kosteten 130 bis 270 DM, und es herrschte ein scharfer Konkurrenz- und Preiskampf, auf den die westdeutschen Hersteller mit einer Auslagerung ihrer Produktion in Billiglohnländer reagierten.[46]

Radiorekorder waren billig, transportabel und vielseitig, aber einfach zu bedienen. Sie liefen mit Batterien oder mit Netzstrom; es ließ sich wahlweise Kassette oder Radio hören, und Rundfunksendungen konnten unmittelbar aufgezeichnet werden. Fest eingebaute Mikrofone und eine automatische Aussteuerung erleichterten das Aufnehmen. Empfang, Aufnahme und Wiedergabe waren allerdings nur von bescheidener Qualität, so dass die Geräte in den Tests der Verbrauchermagazine regelmäßig schlecht abschnitten. Dennoch wurden sie auch von den Konsumentenvertretern als eine Alltagstechnik konstruiert, die alle möglichen Situationen begleitete. So zeigte der *Test* 1975 eine Gruppe Männer, die ihre abendliche Trinkgesellschaft mit Musik aus dem Radiorekorder unterlegte; 1980 wurde eine Gruppe Kinder abgelichtet, die sich im Park um einen riesigen Radiorekorder herum versammelt hatte.[47] Laut einer GfK-Studie von 1978 schalteten 82 % der Besitzer von Kassettenrekordern ihr Gerät täglich oder mehrmals wöchentlich ein.[48] Ermittelt wurde

---

lich sind", vgl. FS, 1979, H. 12, S. 70 („Messebericht: Büro-Elektronik. Büro- und Datentechnik wachsen zusammen."); zum Gerät vgl. auch: ffh, 1979, H. 12, S. 17 („Made in Olympus").
42 | Vgl. Werbeanzeige in: *ffh*, 1980, H. 3, S. 9; *ffh*, 1979, H. 7, S. 2.
43 | Vgl. Test, 1977, H. 2, S. 35 – 42 („Kombis mit Schwächen"), hier S. 35.
44 | Vgl. FS, 1966, H. 23, S. 712 („Kassetten im Reiseempfänger").
45 | Vgl. Commission of the European Communities, S. 60 (Tabelle „EEC Total Car Radio Market Development").
46 | Vgl. Test, 1979, H. 12, S. 20 – 29 („Störungen in Stereo").
47 | Vgl. Test, 1975, H. 6, S. 320 – 327 („Schwächen im Kassettenteil. Test: Radiorecorder I"); 1980, H. 12, S. 21 – 27 („Billige Kombis für junge Hörer").
48 | Vgl. FS, 1978, H. 20, S. 5 („Eine Mark auf jede Leerkassette?").

eine Verbreitung des Kassettenrekorders in 62 % der Haushalte und eine des Plattenspielers in 63 % der Haushalte. 90 % der Besitzer eines Kassettenrekorders hatten schon einmal eine Leerkassette bespielt, wobei in über 80 % der Fälle Radiosendungen mitgeschnitten oder geliehene Tonträger kopiert worden waren. Es waren im Wesentlichen Jugendliche gewesen, die in den 1970er Jahren begonnen hatten, am schlichten Radiorekorder eigene Musikkompilationen herzustellen. Titel der Rock- und Popmusik, die nun vermehrt in Radiohitparaden ausgesendet wurden, ließen sich leicht während der Radioübertragung mitschneiden, und konnten dann zu einem individuellen Mixtape voll von der eigenen Lieblingsmusik zusammengestellt werden. Das technisch anspruchsvolle Hobby des männlichen „Ton-Jägers" der 1950er Jahre war zum Hobby junger „Hit-Jäger"[49] geworden, das einerseits von den Hits der Musikindustrie gespeist war, andererseits aber die Musikindustrie subversiv unterlief. Seitens der Musikindustrie bzw. der GEMA (Gesellschaft für musikalische Aufführungs- und mechanische Vervielfältigungsrechte) kam es daher zu wiederholten Diskussionen um das Urheberrechtsgesetz. Seit 1966 wurden die Urheberrechte über einen pauschalen Zuschlag auf den Tonbandgeräte-Kauf abgegolten, der also unabhängig von der – zunehmenden – Zahl der Musikkopien war. Die Anbieter von Kassettenrekordern hingegen forcierten das Jagen nach Songs sogar und ermunterten die Jugendlichen zum eigenen Aufnehmen. So riet Grundig 1972 den Teenagern, „zu Hause die neueste Hitparade selbst" zusammen zu stellen.[50] Beworben wurde hier ein Kassettenrekorder ohne Radioteil, der sich per Kabel an das Radio oder den Plattenspieler anschließen ließ, um ein Tape zu bespielen. „Das macht nicht nur Spaß, das spart auch Geld!", klärte Grundig auf, denn eine Leerkassette koste keine 5 DM. Die Werbeanzeigen der Hersteller gingen aber ebenfalls auf die Funktion des Kassettenrekorders als Hilfsmittel zum Lernen ein, mit der sich seine Anschaffung gegenüber den Eltern leichter rechtfertigen ließ.[51]

Eine Studie zu Kinder-Medienmärkten aus dem Jahr 1979 ermittelte, dass rund 40 % der betrachteten 8- bis 14-Jährigen einen Kassettenrekorder, etwas weniger ein Radio, 30 % einen Radiorekorder und ähnlich viele einen Plattenspieler besaßen, wobei die Jungen stets höhere Besitzraten als die Mädchen aufwiesen.[52] 70 % hatten also ein kassettenbasiertes Portable. In einer zeitgleichen, medienpädagogischen Studie betrachtete 6- bis 17-Jährige hatten zu 22 % persönlich oder gemeinsam mit ihren Geschwistern ein Netzradio; 22 % hatten ein tragbares Radio, 32 % einen Plattenspieler und 51 % einen Kassettenrekorder; 9 % besaßen eine Stereoanlage und immerhin 18 % ein

---

49 | Vom „Radio-Recorder für junge ‚Hit-Jäger'" sprach: Quelle, Katalog 1977/78, S. 763.
50 | Vgl. Grundig Revue, Grundig Programm Frühjahr/Sommer 1972, hier S. 37. In: Deutsches Museum, Archiv, FS 002253.
51 | Vgl. z. B. eine ITT-Anzeige in: Bravo, 1970, H. 38, S. 15.
52 | Vgl. Yps-Anzeigenabteilung (Hg.): Kinder, Märkte, Medien 1979. Hamburg 1979, S. 25.

Fernsehgerät.[53] Die von dieser Studie erfassten Jungen hörten mit 11,5 Stunden monatlich etwas weniger Tonträgermusik als die Mädchen mit 12,5 Stunden. Der zentrale Einflussfaktor auf den Musikkonsum war jedoch nicht das Geschlecht, sondern das Alter: Mit zunehmendem Alter stiegen Gerätebesitz und Nutzungszeiten. Jugendliche setzten dabei Musik sowohl für die Lenkung ihrer Gefühlswelt als auch für das Hören von Hintergrundmusik ein. Das Nebenbeihören von Musik bei Schularbeiten war gang und gäbe.[54] Selbst die Jüngsten wurden vom Tonträgermarkt bedient: Märchenkassetten setzten Ende der 1970er Jahre den Erfolg von Kinder-Schallplatten fort und überholten deren Verkaufszahlen bald angesichts der vergleichsweise niedrigen Preise von 5 bis 6 DM pro Kassettentitel.[55]

Car-HiFi und Stereo-Sound am Henkel für den „mobilen" Lebensstil

Gegen Ende der 1970er Jahre wurde auch die HiFi-Technik mobil. Anfang der 1980er Jahre begann der traditionelle, stationäre HiFi-Markt zu stagnieren,[56] so dass Car-HiFi und Audioportables als dasjenige Segment bedeutsam wurden, in denen eine Expansion des Geräteabsatzes weiterhin möglich war. Mit Chromdioxyd-Tonbändern, Verbesserungen im Gleichlauf sowie den Dolby-Rauschunterdrückungsverfahren hatten die Kassettengeräte- und Bandhersteller es geschafft, die MC auf HiFi-Norm zu heben, und in der Stereoanlage ersetzten Kassettenrekorder nun die Spulentonbandgeräte.[57] Obwohl der Schallplatte weiterhin die „klanggetreuere Wiedergabe" unterstellt wurde,[58]

---

53 | Vgl. Rogge, Jan-Uwe: Der Schallplatten- und Kassettenmarkt für Kinder oder ein Lehrstück über Billigproduktionen und Kommerz. In: Jensen, Klaus; Rogge, Jan-Uwe: Der Medienmarkt für Kinder in der Bundesrepublik. Tübingen 1980, S. 135 – 169, hier S. 166 u. 168.
54 | Über 80 % der innerhalb einer musikpädagogischen Studie befragten Jugendlichen gaben an, Musik während der Schularbeiten zu hören; lediglich rund 18 % der Gymnasiasten und 6 % der Berufsschüler hörten angeblich nie während der Hausarbeiten Musik. Die Werte dieser 1972/73 erhobenen Befragung waren gegenüber einer rund 15 Jahre zuvor erstellten Studie deutlich gestiegen. Vgl. Wiechell, S. 102f.
55 | Bereits 1978 hatte die Plattenserie „Biene Maja" (I bis IV) fünf goldene Schallplatten erhalten und lag damit vor den Absatzerfolgen von James Last oder Udo Jürgens. Vgl. Rogge; Eintrag „Schallplattte/Kassette", in: Bauer/Hengst, S. 272 – 282.
56 | Vgl. International Resource Development Inc. (Hg.): Personal Portable Consumer Electronics Markets. Norwalk, Connecticut, Report Nr. 587, Jan. 1984.
57 | Allerdings zahlten sich teure Bandsorten und Dolbysysteme nur bei Geräten des oberen Preissegmentes voll aus, und es war auf eine genaue Abstimmung zwischen Kassettenart und Gerät bzw. Tonkopfjustierung zu achten. 1977 entschieden sich 75 % der Käufer, welche ihre HiFi-Anlage um ein Tonbandgerät ergänzen wollten, für den Kassettenrekorder, vgl. Test, 1978, H. 8, S. 52 („Gute Mittelklasse auf HiFi-Spuren"). Zu den Dolby-Techniken vgl. auch: Morton, S. 48.
58 | Vgl. Test, 1981, H. 6, S. 32f („Die Platten blieben Sieger"). Allerdings konnten die Tester im praktischen Hörtest kaum Unterschiede zwischen Platte und MC wahrnehmen – erstere holperten wegen mangelhafter Fertigung und letztere rauschten trotz proklamierter Dolbysierung.

hatte sich die Bewertung der Kassette und ihrer Kompaktheit verändert. Die Kassette inkorporierte im Gegensatz zur Schallplatte eine vergleichsweise hohe Flexibilität, was, so eine Trendstudie von 1979, der Lust- und Freudeorientierung der Gesellschaft entspreche.[59] Selbst klassische Musik wurde inzwischen im MC-Format vertrieben. So gab der Musikproduzent Deutsche Grammophon 1975 eine MC-Serie „Klassik für unterwegs" heraus, die sich an Auto fahrende Klassikfans richtete. Dank der MC, so ließ die Werbung wissen, habe sich „auch die klassische Musik der modernen, d. h. mobilen Lebensform von heute anpassen" können.[60] In den 1980er Jahren schließlich machte sich der Erfolg der Kassette auch in rückläufigen Schallplatten-Absatzzahlen bemerkbar.

Ende der 1970er Jahre boten japanische Unternehmen wie Matsushita, Sanyo, JVC und Aiwa, das zu großen Teilen zu Sony gehörte, zahlreiche Kleinst-Stereoanlagen an. Durch den Einsatz von Mikroprozessoren wurden „Midi"- und „Mini"-Anlagen realisiert, die mit etwas über 1000 DM ähnlich teuer wie die traditionelle kompakte Stereoanlage waren, und nun teils mit einem Henkel ausgestattet wurden. Mit sinkenden Preisen wurden die Mini-Kompaktanlagen bereits im Laufe der 1980er Jahre sogar an Teenager vermarktet.[61] Die Miniaturisierung gelang den japanischen Firmen durch eine enge Zusammenarbeit zwischen Konsumelektronikherstellern und der Halbleiterindustrie, was sich in Unternehmen wie Matsushita und Hitachi ohnehin überschnitt. Sony, Pioneer oder der Uhrenhersteller Seiko produzierten ihre hochspeziellen, mit hohen Forschungs- und Entwicklungskosten verbundenen Chips in Eigenfertigung. In Japan nahm um 1980 die Konsumelektronikindustrie rund die Hälfte des Wertes der dort produzierten Halbleiter auf.[62] In den USA betrug dieser Wert lediglich zwischen 15 und 20 % und in Europa rund 30 %. In beiden Regionen hatten zuvor militärisch-industrielle Anwendungen, aber nicht die Konsumelektronik die Entwicklung bestimmt. Die vertikale Integration der japanischen Elektronikindustrie bestand auch am Ende des 20. Jahrhunderts, und nur sechs Unternehmen kamen nun für 85 % der japanischen Halbleiter-Produktion und 60 % der Konsumelektronik-Produktion auf.[63]

Es waren auch vornehmlich japanische Hersteller, die Mitte der 1970er Jahre mit vergleichsweise kostengünstigen Stereo-Radiorekordern aufwarteten, während diese zuvor wesentlich teurer als Monogeräte gewesen waren.[64]

---

59 | Vgl. FS, 1979, H. 2, S. 69f („4. Trend-Untersuchung").
60 | Vgl. Werbeanzeige in: Stereo, 1975, H. 22, S. 19 – 22 („Sonderausgabe Klassik. Die MusiCassette").
61 | So wurden sie in der *Bravo* regelmäßig beworben und außerdem als Gewinn verlost (z. B. in Bravo, 1984, H. 22, S. 36).
62 | Vgl. Business Week, 14.12.1981, S. 53 („Consumer Electronics provides the Foundation").
63 | Vgl. Nakayama/Boulton/Pecht, S. 60f.
64 | Vgl. Test, 1979, H. 12, S. 20 – 29 („Störungen in Stereo"); Test, 1972, H. 6, S. 237 – 246 („Programm nach Wunsch").

Durch die Mini-HiFi-Anlagen einerseits und durch die technische Aufrüstung von Stereo-Radiorekordern andererseits verschwamm die Grenze zwischen Stereoanlage und mobilem Gerät zunehmend. Stereo-Radiorekorder der oberen Preisklasse, die in den Jahren um 1980 bis zu 800 DM kosten konnten, wiesen aus dem HiFi-Bereich übernommene Features auf, wie Dolby im Kassetten-Teil, Bandsortenwahl sowie separate Tiefton- und Hochtonlautsprecher und Regler für Balance, Tiefen und Höhen. Die Gehäuse waren schwarz-silbrig, und die Front wurde gänzlich von den zwei oder vier Lautsprechern, den Einstellknöpfen und diversen Kontrollanzeigen dominiert, die teils bar jeder Funktion umherblinkten, aber eine High-Tech-Ästhetik vermittelten.[65]

Die teuren, voluminösen Stereo-Radiorekorder und die schrumpfenden HiFi-Anlagen am Henkel waren zwar tragbar, aber angesichts von hohem Stromverbrauch und Gewichten von rund 10 kg – durchschnittliche Radiorekorder wogen 2 bis 3 kg – am günstigsten stationär zu betreiben. Dennoch wurden sie in der Werbung als Zeichen eines „modernen" Lebensstils präsentiert, der als flexibel und sportlich-aktiv gekennzeichnet wurde. So hieß es zu einer JVC-Anlage, deren Einzelkomponenten sich über einen Henkel zu einem Ganzen zusammenfügen und über Batterie und Autobatterie betrieben ließen, sie zeige „einen weiteren Weg, modern zu leben" auf, der mit den Adjektiven „aktiv", „sportlich" und „mobil" beschrieben wurde.[66] Die stattliche Anlage war im Werbebild vor eine Palmen-Strandkulisse platziert worden; angesprochen wurde also der eher betuchte Urlauber, der auch „im Camper, in der Yacht oder im Ferienhaus" eine HiFi-Anlage nutzen wollte. JVCs Stereo-Radiorekorder wurden an ein weniger betuchtes, jüngeres Klientel vermarktet, denen eine „portable Musikfreude – für jede Zeit und jeden Weg" versprochen wurde.[67] Ein Werbebild zeigte beispielsweise eine junge Frau in Jeans und T-Shirt mit Rollschuhen. Auch die weiteren, meist aus asiatischer Produktion stammenden „Mini-Portables" der Zeit – die vom Fernsehkombinationsgerät bis hin zum flachen Taschenrekorder reichten – wurden den Konsumenten gegenüber als ein „Ausdruck eines neuen Lebensstiles" konstruiert.[68]

Solche Werbebotschaften reihten sich in den gesellschaftlichen Strukturwandel ein, der sich seit Ende der 1970er vollzog und traditionale Lebensformen dynamisierte:[69] Die Industrie- war zur Dienstleistungsgesellschaft geworden, und die Beschäftigungszahlen des tertiären Sektors hatten die der in der Produktion Tätigen überholt. Mit dem Abschied vom Industriearbeiter ging die Prägung der Alltagskultur durch Fabrik-, Familien- und Feierabendleben in pluralen Lebensformen auf. Traditionelle Bindungen lockerten sich zugunsten individualisierender Tendenzen. Die Konsumgesellschaft nahm

---

65 | Vgl. DM, 1982, H. 7, S. 62 – 65 („Signale aus der Plastik-Front").
66 | Vgl. Werbeanzeige in: Stereo, 1981, H. 6, Heftrückseite.
67 | Vgl. Werbeanzeige in: HiFi-Markt, 1980, H. 3, S. 2.
68 | Vgl. Anzeige in: ffh, 1979, H. 11, S. 43; Der Spiegel, 1980, H. 38, S. 286.
69 | Vgl. Doering-Manteuffel, Anselm: Brüche und Kontinuitäten der Industriemoderne seit 1970. In: Vierteljahrshefte für Zeitgeschichte 2007, S. 559 – 582; Rödder; Schildt 2007, S. 56.

einen abermaligen Aufschwung, und der Freizeitkonsum weitete sich – vor allem durch neue Medien und einen verstärkten Tourismus – aus. Die 1980er Jahre waren von einer durchschnittlichen Wochenarbeitszeit von oder unter 40 Stunden geprägt. Allerdings kam es nach der Rezession 1981/82 auch zu wachsender sozialer Ungleichheit.

Trotz der starken Betonung eines „mobilen" Lebensstils im Zusammenhang mit Audioportables wurde am Ende der 1970er Jahre jedoch selten parallel zur eigenen Fortbewegung gehört. Wie im Falle des Radios, so wurde ein wirklich „mobiles", simultan zur Ortsverlagerung stattfindendes Hören zunächst im Auto üblich. Eigens für das Auto miniaturisierte Tuner, Kassettendecks, Equalizer und Endverstärker ließen es Ende der 1970er Jahre zu, das Auto mit dem gleichen Equipment wie den HiFi-Turm im Wohnzimmer auszustatten. Das Multitasking des fahrenden Hörers führte dabei abermals zu Diskussionen. Allerdings ging es in diesem Diskurs kaum mehr um die Frage der Unfallgefährdung durch das begleitende Hören. Vielmehr sprachen einzelne Stimmen der HiFi-Szene dem mobilen und daher nicht mit vollster Konzentration ausführbaren Hören weiterhin ab, HiFi-würdig sein zu können. So polemisierte die vom HiFi-Institut herausgegebene Zeitschrift *HiFi-Stereophonie* gegen die aufkommende Verwendung des HiFi-Begriffes für Auto-Musikanlagen.[70] Denn das parallele Fahren verhindere nicht nur die unabdingbare Aufmerksamkeit für die Musik; vielmehr würde auch der Motor- und Straßenlärm eine „high fidelity"-Wiedergabe torpedieren. In dieser Sicht konnte selbst die hochgerüstete Musikanlage im Auto niemals HiFi-Ansprüche erfüllen.

Ganz im Gegensatz zu dieser tradierten Lehrmeinung sah die Audiozeitschrift *KlangBild* im Auto, in dem die Bundesbürger und vor allem Männer mehr und mehr Zeit verbrachten, ein mögliches „Musikzimmer auf Rädern". Mit Car-HiFi wurde das Auto nicht nur zu einer „Ersatzwohnung". Soweit der Fahrer alleine fuhr, wurde es zu einem personalisierten, von der Familie wie von der Umwelt abgekapselten Raum, den der Fahrer musikalisch ganz nach eigener Lust und Laune ausgestalten konnte. So konstatierte die *KlangBild* nicht nur, Autofahrer könnten hier ihre Musik so genießen, „wie sie es zu Hause gerne täten, aber mangels Zeit und geräuschempfindlicher Nachbarn nicht können".[71] Vielmehr wurde der Autoraum sogar als der gegenüber dem Wohnzimmer günstigere Ort des HiFi-Hörens dargestellt. Denn als „Mittelding zwischen Kopfhörer- und Lautsprecherwiedergabe" könne man sich der Musik im Auto, die einem „förmlich ins Ohr ‚geblasen'" werde, kaum entziehen, während man zu Hause doch gelegentlich aufstehen und seinen Hörplatz verlassen würde.

---

70 | Vgl. das Editorial folgender Sonderhefte: „Spezial-Mobil", 1981; „Mobil. Guter Klang für unterwegs", 1982.
71 | Vgl. KlangBild, 1979, H. April, S. 27f u. 34 – 36 („Hi-Fi im Auto: Das Auto als Musikzimmer auf Rädern"), hier S. 27 u. S. 34.

Der Walkman-Gebrauch der 1980er Jahre sollte solche Hörpraxen, bei denen es um das klanglich intensive, personalisierte und zugleich mobile Musikhören ging, vom Autoraum lösen. Stereokopfhörer für das Abhören von Audioportables waren aber in der zweiten Hälfte der 1970er Jahre ein Nischenprodukt. Im Neckermann-Katalog wurde im Angebot der Radiorekorder für diejenigen Käufer, die nicht am üblichen einseitigen Ohrhörer diskret hören wollten, ein schlichter, 10 DM teurer Muschel-Kopfhörer mit dem für Portables üblichen 3,5-mm-Klinkenstecker angeboten.[72] Erstaunlicherweise warb selbst Sennheiser, ein führender Hersteller hochwertiger Kopfhörer, für einen Kopfhörer in Leichtbauweise mit einem Werbebild, das diesen in Verbindung mit einem – allerdings stationär platzierten – Rekorderportable zeigte.[73] Unter der Bezeichnung „Stereobelt" hatte der deutsche Tüftler Andreas Pavel außerdem eine walkmanähnliche Vorrichtung patentieren lassen.[74] Auch steckten manche jungen Leute einen Rekorder oder – wer mehr investieren konnte – ein Autotapedeck in den Rucksack oder versahen die Geräte mit Trageriemen, um ihre Kassetten mobil über Kopfhörer hören zu können.[75] Seinen Durchbruch erlebte die mobile Kopfhörer-Musik aber erst mit dem *Sony Walkman*.

Sonys erster Walkman: Der *TPS-L2* von 1979

Im Februar 1980 führte Sony seinen ersten Walkman, den *TPS-L2* (Abb. 11), auf dem westdeutschen Markt ein. Das Modell war bereits seit Juli 1979 in Japan und wenige Monate später auch in den USA erhältlich gewesen. Der auf die Kopfhörer-Wiedergabe beschränkte Player wog 390 g und hatte die Größe eines Taschenbuchs (13,2 x 2,9 x 8,9 cm).[76] Zusammen mit dem rund 50 g schweren dazugehörigen Stereokopfhörer in offener Bauweise und einem Umhänge-Etui wurde er für ca. 400 DM verkauft. In den USA kostete er ca. 200 USD und in Japan lediglich 33.000 Yen (ca. 143 USD), was ein Werbegag war, um Sonys 33jähriges Bestehen zu feiern.[77]

---

72 | Vgl. Neckermann, Katalog 1975, S. 609.
73 | Werbeanzeige in: KlangBild, 1978, H. 4, S. 29.
74 | Und zwar 1977/78 in der BRD und in Italien. Vgl. Der Spiegel, 29.05.2004, S. 89 („In die Tasche gesteckt"); Kemper, Peter: Media Mobilis: Walkman, Discman, Watchman. In: Ders. (Hg.): Handy, Swatch und Party-Line. Zeichen und Zumutungen des Alltags. Frankfurt a. M., Leipzig 1996, S. 263 – 274.
75 | Vgl. für solche Praktiken in den USA: New York Times, 05.08.1999 („Sharing the Music"); Radio-Electronics, 1989, H. Oktober, S. 72f („Audio Update. Happy 10th anniversary, Sony Walkman!").
76 | Für folgende Gerätebeschreibung vgl. u. a.: DM, 1980, H. 12, S. 106 – 111 („Kleine Kisten, großer Klang"); Test, 1981, H. 11, S. 57 – 61 („Stereo an der Strippe"); KlangBild, 1981, H. 1, S. 88 – 95 („Die Disco in der Westentasche. Fünf tragbare Kassettenrecorder").
77 | Vgl. dies sowie die folgenden Angaben zum globalen Marketing: Ueyama, Shu: The selling of the „Walkman" (or, it almost got called „Sound-About"). In: Advertising Age, 22. März 1982, M-2, M-3, und M-37, teilweise abgedruckt in: du Gay et al., S. 131f.

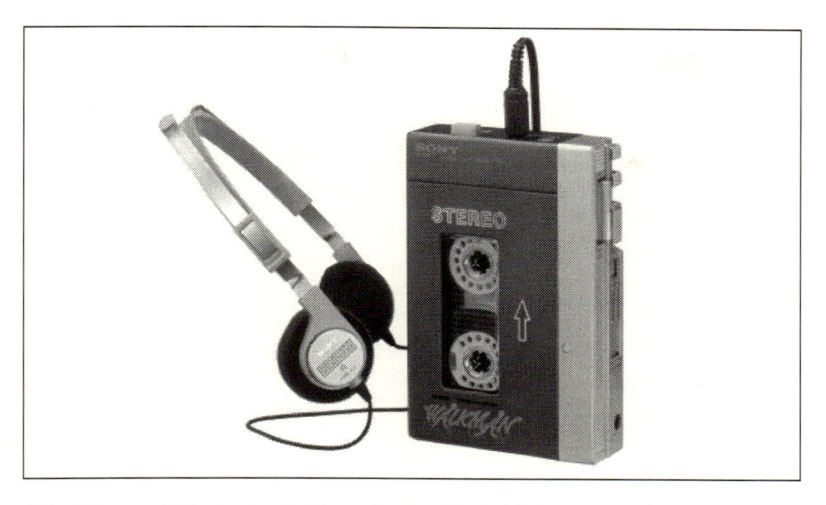

Die Normalisierung des mobilen Kopfhörer-Einsatzes | 177

Abb. 11: Sonys TPS-L2: Der Walkman für die MC (Bild: Sony Deutschland).

Sonys Einführungsmarketing betonte die Soundqualität des Geräts ebenso wie versucht wurde, dem Walkman einen Anstrich von Sportlichkeit, Freude und Jugendlichkeit zu verleihen. Auf der ersten Pressekonferenz in Tokio präsentierten Rollschuh fahrende Jugendliche das Gerät, und in Zweisamkeit hörende Pärchen – der Walkman hatte zwei Anschlüsse zum Hören – bummelten durch die zentrale Einkaufsstrasse Ginza. Durch ein demonstratives Verschenken des Geräts an international bekannte Musikstars der Klassik- und der Pop- und Rockmusikszene sowie an Herausgeber wichtiger Musikzeitschriften wurden erste Walkman-Fans gewonnen, über die in der Presse redlich berichtet wurde. So hörte laut *Stern* der Avantgarde-Komponist und Ring-Dirigent Pierre Boulez in Bayreuth beim Spaziergehen Wagner; der *Spiegel* nannte als Walkman-Nutzer Herbert von Karajan, Udo Jürgens, die Bee Gees, Udo Lindenberg und Cliff Richards.[78] Die *Bravo* stellte den Walkman als „Geheimtip der Musikfans" dar, der noch den Rockstars und deren Roadcrews vorbehalten sei. Die bestehenden Lieferengpässe feuerten den Kult um das Gerät zusätzlich an. Sonys Image-Erfolg sollte später so weit gehen, dass der Begriff „Walkman", der zunächst in Japan und Europa und seit 1981 global zur Vermarktung der Geräte verwendet worden war, zum Inbegriff der Produktgattung wurde.[79]

Schaut man sich den *TPS-L2* näher an, so fällt seine Ähnlichkeit mit den zeitgenössischen Diktiergeräten und Taschenrekordern auf. Wie bei diesen,

---

78 | Vgl. folgende Presseberichte: Stern, 18.09.1980, H. 39, S. 66 – 68 („Die neue Musik-Mode. Kleiner Mann im Ohr"); Der Spiegel, 8.6.1981, H. 24, S. 210 – 213 („High und fidel"); Bravo, 1980, H. 42, S. 18 („BRAVO verlost das kleine Ding, um das sich alle reißen!").
79 | Auf dem amerikanischen bzw. britischen Markt waren die Geräte als „Sound-About" bzw. „Stowaway" eingeführt worden. Vgl. du Gay et al., S. 55f.

waren die griffigen Tasten (Schiebeschalter für die Lautstärke, separat für linken und rechten Ausgang; Tasten für Stop/Eject, Vor- und Zurückspulen) auf einer Kante angeordnet. Die Tonrollen blieben durch ein Sichtfenster am Kassettenfach hindurch kontrollierbar. Auf der Schmalseite des Gerätes waren die beiden Kopfhörer-Buchsen sowie eine orange hervorgehobene, so genannte „Talk-Line"-Taste angebracht; daneben lugte das integrierte Mikrofon unter dem Gehäuse hervor. Die herausragenden Eigenschaften des Walkmans waren die pure Kopfhörer-Wiedergabe, die Mitlieferung eines Stereokopfhörers, die „Talk-Line" sowie die zwei Anschlussbuchsen für ein Hören zu Zweit. Mit der Talk-Line konnte man die auditive Umwelt einblenden, ohne den Kopfhörer abnehmen zu müssen: Wurde die orangene Taste gedrückt, senkte sich der Lautstärke-Pegel der abgespielten Musik, und über das eingebaute Kleinstmikrofon wurden die Außengeräusche eingespielt. Hörte man zu zweit an einem Gerät, dann konnte man sich über diesen Mechanismus auch unterhalten. Taste und Mikrofon waren bei Diktiergeräten an der gleichen Stelle zu finden, dienten aber dort der Aufnahme bzw. deren Start und Stopp. Der Stereohörer des Walkmans wog um die Hälfte weniger als vergleichbare Kopfhörer in offener Bauweise. Er wurde zusammen mit einem entsprechenden Steckeradapter (6,3-mm-Klinkenstecker) auch für die häusliche Anlage vermarktet.[80]

Laut Shu Ueyama, Verantwortlicher in Sonys Werbeabteilung, war die Entwicklung des Walkmans ein kollektiver Innovationsprozess der Rekorderabteilung. Nach einer internen Umstrukturierung im Oktober 1978 sah sich diese gezwungen, mit einer neuen Produktidee aufzuwarten, was schließlich der Walkman war; die Vorlage gab das Sony-Diktiergerät *Pressman* ab.[81] Innerhalb nur weniger Monate nach der Begutachtung des Prototyps sollte – passend zum japanischen Ferienbeginn im Juli – das Gerät erhältlich sein.[82] Um den Walkman zügig einführen zu können, wurde ein „Walkman-Team" mit Vertretern aus Produktion, Produktplanung, Design, Werbung, Sales sowie Export gebildet, an dessen Spitze Akio Morita – der zusammen mit Masaru Ibuka 1946 das Unternehmen gegründet hatte und der später zum genialen Erfinder des Walkmans stilisiert wurde[83] – stand.

Platziert man den *TPS-L2* in den zeitgenössischen Produktkontext, so wird deutlich, dass er seinem nachträglichen Ruf als technischer Durchbruch oder „Wunderding" der Technik kaum gerecht wird. Keines seiner Bestandteile – Philips-Kassette, Stereokopfhörer, Mikrophon, miniaturisierter Antrieb oder

---

80 | Vgl. u. a. Werbeanzeige in: KlangBild, 1979, H. 12, S. 2 („Open Ear-Festival"); Test in: KlangBild, 1980, H. 6, S. 83f („Hi-Fi – direkt ans Ohr").
81 | Vgl. Ueyama.
82 | Vgl. Kunkel; du Gay et al.
83 | Laut Morita war er selbst Urheber der Walkman-Idee sowie von Talk-Line und zweifachem Kopfhörer-Anschluss, vgl. Morita, Akio (mit Edwin M. Reingold und Mitsuko Shimomura): Made in Japan. Eine Weltkarriere. Bayreuth 1986, S. 139 u. S. 141. Zur Stilisierung als Erfinder durch die Presse vgl. z. B. People Weekly, 29.06.1981, S. 85 („Inventors. Akio Morita's Walkman lets everyone march – or boogie – to his own drummer").

Tonkopf – war neu. Jedoch durchkreuzte die Kombination von Kassette und Stereokopfhörer die in der westdeutschen Branche polar gedachten Produktkulturen vom klanglich mäßigen, aber multifunktionalen Kassettenrekorder für unterwegs und vom hochwertigen HiFi-Gerät für das intensive, stationäre Musikerlebnis zu Hause. Zeitgenössische Kassettenrekorder waren als aufnahmefähige und teils auch den Rundfunkempfang integrierende Lautsprechergeräte konzipiert; Diktiergeräte wiederum wurden eher selten auch für das Musikhören vermarktet. Der Walkman hingegen ermöglichte einzig das diskrete, verkabelte Hören, und gerade in dieser technischen Beschränkung lag sein Erfolg. Auch die Vermarktung des Geräts setzte auf das neue – und für viele Zeitgenossen völlig eigenartige – Nutzerbild des mobil-diskreten Hörers, der unterwegs Musik – egal ob Pop, Rock oder Klassik – hören wollte. Es verpflanzte das einst privat-häusliche HiFi-Hören am Kopfhörer in neue, außerhäusliche Nutzungsorte, womit der Walkman einer späteren japanischen Innovation glich: dem Karaoke, das ebenfalls technisch gesehen keine Neuheit darstellte, aber tradierte westliche Vorstellungen von „privat" und „öffentlich" transformierte.[84] Die von Sony regelmäßig angeführte Leitmaxime des „always do what has never been done before" (M. Ibuka),[85] die betonte, dass Sony nicht auf Imitation, sondern auf Innovation setzte, erfüllte der Walkman also kaum in technischer Hinsicht, aber im Hinblick auf das dahinter stehende Nutzerbild. Dem Unternehmen kam die Lesart vom technisch genialen Wurf jedenfalls sehr gelegen, denn der Konzern steckte Anfang der 1980er Jahre in einer Krise: Das hauseigene Beta-Videosystem verlor gegenüber VHS an Boden, das Trinitron-Farb-Fernsehen hatte einige Konkurrenten, und die investitionsintensive CD, die mit Philips zusammen konzipiert wurde, war noch nicht marktreif.

Die Pocket Stereos der Einführungsjahre

Bereits 1980 waren Pocket Stereos anderer asiatischer Hersteller erhältlich; dem folgten europäische Anbieter wie Grundig, Philips, Telefunken und Nordmende 1981. Beim Versandhaus Quelle waren 1982 zwei Geräte der Hausmarke UNIVERSUM für knapp 100 bzw. 150 DM erhältlich.[86] Durch den Erfolg des Walkmans verstummte der aus der Zeit der Taschenradios stammende Plagiatsvorwurf gegen japanische Hersteller. Wie bereits bei anderen HiFi-Portables der Fall, wurden die japanischen Designs nun in Europa nachgeahmt. Auch wurden die japanischen Portables nicht mehr als billige

---

84 | Vgl. Otake, Akiko; Hosokawa, Shuhei: Karaoke in East Asia. Modernization, Japanization, or Asianization? In: Mitsui, Toru; Hosokawa, Shuhei (Hg.): Karaoke around the World. Global Technology, Local Singing. London, New York 1998, S. 178-201, hier S. 196f.
85 | Für die Leitprinzipien von Ibuka vgl. Kunkel, S. 13f.
86 | Vgl. Quelle, Katalog 1982/83 (Herbst/Winter), S. 864 u. 861.

Massenware wahrgenommen, und Quelle pries eines seiner Pocket Stereos sogar als „(j)apanische Spitzenqualität" an.[87]

Die ersten in der BRD nach dem *Sony Walkman* eingeführten Geräte stammten von den japanischen Herstellern Toshiba, National Panasonic und Aiwa (*KT-S2, RX-2700/Stereomobil, TP-S 30/Stereoboy*). Sie kosteten zwischen 400 und 500 DM.[88] Die zügige Konzeption von Nachahmungen war auf der Grundlage vorhandener Taschenrekorder, Diktiergeräte und Kleinst-Radiorekorder möglich. Deutlich war dies etwa beim *Stereomobil* (National-Panasonic) zu erkennen: Ein multifunktionaler Radiorekorder (Gewicht ohne Batterien: 625 g, Ausmaße: 19 x 9,6 x 3,6 cm) wurde mit Gürtelclip und Kopfhörer ausgerüstet, aber mit dem prospektiven Nutzerbild des verkabelten, mobilen Hörers beworben: Eine Werbeanzeige in der *Bravo* zeigte einen Walkman hörenden Schlittschuhfahrer.[89] An der rechten Seite des Geräts befand sich, wie bei Radiorekordern üblich, ein Lautsprecher, darüber die Skala für den Radioempfang, und es gab allerhand LED-Kontroll-Leuchten; an der Längsseite waren die Bedienknöpfe und die Teleskopantenne angeordnet, und außerdem wurde ein externes Mikrofon mitgeliefert. Der Werbetext wies nicht nur auf die „brillante Wiedergabe über Kopfhörer" hin, sondern auch – das jugendliche Hit-Jagen vor Augen – auf die „Stereo-Aufnahmemöglichkeit direkt vom Radio". National-Panasonic hatte sich also entschieden, ein Hybridwesen zwischen Walkman und dem etablierten Dauerhit Radiorekorder zu vermarkten.

Die Pocket Stereos von Toshiba und Aiwa ermöglichten ebenfalls das Radiohören, wobei die Kopfhörerschnur als Hilfsantenne diente. Im Toshiba-Gerät war der Radiotuner als einlegbare Kassette gestaltet; Radioaufzeichnungen waren also nicht möglich. Der *Stereoboy* bzw. *TP-S 30* von Aiwa war für Radio- und eigene Aufnahmen in Stereoqualität gerüstet und hatte einen seitlichen Kleinstlautsprecher. In der Sicht des Aiwa-Pressesprechers handelte es sich um ein anspruchsvolles Spielzeug für Erwachsene:[90] Er eignete sich für Diktataufzeichnungen, hatte aber auch gehobene technische Features für das Musikhören wie Bandsortenschalter, Zählwerk und Musiksuchlauf („Cueing") für das leichte Auffinden eines Musikstücks aufzuweisen. Solche an Radiorekorder und HiFi-Portable angelehnten Walkman-Nachempfindungen verdeutlichen die Unsicherheit und Skepsis der Branche gegenüber dem reinen Kopfhörer-Abspielgerät. Der prospektive Nutzer des – gegenüber einem Radiorekorder ja wesentlich teureren – Hybrid-Walkmans konnte immer noch Kopfhörer und Tragevorrichtung beiseite lassen, das Gerät hinstel-

---

87 | Vgl. Quelle, Katalog 1982/83 (Herbst/Winter), S. 864 u. 861.
88 | Vgl. Stereoplay, 1981, H. 2, S. 12f („Der Klang im Ohr"). Als Objektsammlung vgl. das virtuelle Walkman-Museum: http://pocketcalculatorshow.com/walkman/ (Zugriff: 15.2.2006).
89 | Vgl. Bravo, 1980, H. 49, S. 76.
90 | Vgl. Stereoplay, 1981, H. 2, S. 12f („Der Klang im Ohr"), hier S. 13. „Mit zunehmendem Alter wächst der Anspruch ans Spielzeug", so der Aiwa-Pressesprecher über das Gerät.

len und es am Lautsprecher benutzen. Außerdem war der Entwicklungsaufwand für solche Geräte wenig zeitintensiv, so dass die Sony-Konkurrenten bereits an der ersten Walkman-Verkaufswelle partizipieren konnten. Der Walkman entwickelte sich schnell zum Mode-Hit. So ließ Karstadt Berlin beim Berliner Sechs-Tage-Rennen von 1980 weibliche Models mit einem umgeschnallten Aiwa-Gerät herumlaufen.[91] Auf den Walkman-Boom sprangen sogar branchenfremde Anbieter auf:[92] Eine Zigarettenmarke bot das Sony-Gerät für 376 DM an, und der Club der Zeitschrift *Hobby* lieferte 1981 per Coupon unter dem Stichwort „Stereowunder" ein Pocket Stereo für sensationelle 198 DM. Die Verbrauchermagazine reagierten auf die „Walkman-Welle" mit ersten Produkttests, und selbst die HiFi-Zeitschriften, die den Bereich der Audioportables bis dahin kaum unter die Lupe genommen hatten, testeten nun die Walkmans.[93]

1983 gab es im westdeutschen Handel 312 Walkman-Modelle, die unter 84 Markennamen vertrieben wurden und deren Anzahl in den folgenden Jahren weiter stieg.[94] Dabei schwankten die Gewichte zwischen 220 bis 400 g.[95] Nach wie vor integrierten einige Modelle Radios und – um den professionellen Erwachsenenmarkt mitzubedienen – auch Diktiervorrichtungen. In diesem Marktsegment gab es auch wenige Modelle mit Mikro-Tonbändern der Bandgeschwindigkeit von 2,4 cm/sec (z. B. 1982 von Aiwa, Fisher und Olympus). Zwischen 1982 und 1984 fielen die Durchschnittspreise der Pocket Stereos um die Hälfte und lagen dann bei rund 100 DM.[96] Allerdings weitete sich die Preisspanne zwischen billigem und – weit über 400 DM – teurem Gerät und die Qualitätsspanne zwischen Einsteigergerät und Top-Modell extrem aus.

Dennoch lassen sich bis 1983 folgende Ähnlichkeiten beschreiben: Fast alle frühen Modelle wiesen den zweifachen Kopfhörer-Anschluss für das gemeinsame Hören sowie das integrierte Mikrofon samt Talk-Line der *TPS-L2*-Vorlage auf. Die Talk-Line wurde durchgängig als sinnige technische Lösung für das Problem des auditiv ja von seiner Umgebung abgekapselten Kopfhörer-Cyborgs beschrieben. Talk-Line bzw. die entsprechende Taste benannte die Verbraucherpresse mit Begrifflichkeiten wie „Kommunikationstaste", „Verbindung-zur-Außenwelt-Taste", „Durchsagebetrieb" oder auch „heißer

---

91 | Vgl. Stern, 18.9.1980, H. 39, S. 66 – 68 („Die neue Musik-Mode. Kleiner Mann im Ohr").
92 | Vgl. ebd.; Hobby, 1981, H. 8, S. 97.
93 | Vgl. Stereoplay, 1981, H. 2, S. 12f („Der Klang im Ohr", hier eine erste Produktschau) sowie H. 12, S. 60 – 66 („Allzeit bereit", hier Produkte von Aiwa, Akai, Hitachi, Panasonic, Sony, Toshiba); Test, 1981, H. 11, S. 57 – 61 („Stereo an der Strippe").
94 | Vgl. Andresen, Thomas: Informationsgesellschaft und Werbung. In: Szallies, Rüdiger; Wiswede, Günter (Hg.): Wertewandel und Konsum: Fakten, Perspektiven und Szenarien für Markt und Marketing. Landsberg 1991, S. 185 – 213, hier S. 191 f (Quelle: GfK Handelsforschung 1989, Strukturanalyse Sortiment: RFP/Elektro-FachEH).
95 | Folgende Angaben basieren auf dem von den Verbrauchertests begutachteten Produktspektrum.
96 | Vgl. Winkler, S. 24, Abb. 3.3.

Draht", welche die kommunikativ-verbindende Funktion betonten.[97] „Über das Mikrofon haben Sie auf Tastendruck stets Kontakt zu Ihrer Umwelt", hieß es sogar im knappen Text des Quelle-Katalogs.[98] Erst der *Test* von Ende 1983 wies darauf hin, dass man den Kopfhörer auch einfach absetzen könne,[99] und schließlich verschwanden die Tasten für den technisch vermittelten Kontakt zur Außenwelt allmählich. Die Kopfhörer waren durchgängig in Leichtbauweise gefertigt, wodurch sie nicht nur leicht waren, sondern die Außengeräusche zumindest dumpf in den Hörraum vordringen ließen. 1983 hatten einige Modelle bereits eine Autoreverse-Funktion, spielten also automatisch ohne manuelles Umdrehen der Kassette die Rückseite ab. Erste Features aus der Stereoanlage hielten Einzug, womit sich der Walkman den Ansprüchen der audiophilen Erwachsenenwelt annäherte. Allerdings gab es auch Billigstgeräte, die nicht einmal am Ende des Tonbandes automatisch abschalteten. Die Batteriekosten schwankten zwischen drei Groschen und einer Mark, Ende der 1980er Jahre zwischen drei und fünf Groschen pro Hörstunde. Die Namensgebung der Geräte war überwiegend äußerst kryptisch und bestand aus Buchstaben- und Zahlen-Kombinationen wie *HS-PO 2*, *CP-2EX* oder *PH 45* (jeweils 1983). Im Gegensatz dazu kamen europäische Anbieter wie Siemens, Grundig und Philips mit Modellnamen wie *Melodie RC 803*, *Beat Boy 100* und *Skymaster Mark II* geradezu lautmalerisch daher und schlossen an die klangvolle Benennungstradition der Radioportables der 1950er Jahre an.

Der Walkman-Boom zeitigte weitere körpertragbare Audiodesigns. 1980 wurden so genannte *Roller-Phones*, Kopfhörer-Radios mit großen Muschelhörern, in denen die gesamte Technik integriert war, aus den USA importiert.[100] Taschenradios wurden auf den Kopfhörer-Empfang eingeschränkt, wobei die Antenne im Kopfhörerkabel untergebracht war.[101] Die aus den USA importierten *Bone Fones* gingen, was Körpernähe betraf, sogar noch einen Schritt weiter:[102] Das *Bone Fone* sollte wie ein Schal um den Nacken gelegt werden; die Lautsprecher des Musik-Wearables strahlten dabei direkt unter die Ohren ab, womit das taktil-körperliche Erleben der Lautsprecher-Vibration mobilisiert werden sollte. Im Gegensatz zum Walkman blieben solche Audio-

---

97 | Vgl. die Test-Berichte bis 1983 sowie DM, 1980, H. 12, S. 106 – 111 („Kleine Kisten, großer Klang").
98 | Vgl. Quelle, Katalog 1982/83, S. 864.
99 | Vgl. Test, 1983, H. 11, S. 34 – 41 („Guter Sound hat seinen Preis").
100 | Sie waren im Postversand für rund 80 DM (Mono) bis 170 DM (Stereo) zu beziehen und wurden als Werbegags verschenkt, vgl. Bravo, 1980, H. 24, S. 60 u. H. 47, S. 5; Mädchen, 1980, H.50, S. 5f; die Zigarettenmarke HB verloste solche Geräte, vgl. Hör-Zu, 1980, H. 35, S. 94f u. Hobby, 1980, H. 17, S. 32f. Als Leserprämie gab es Kopfhörerradios in: Hobby, 1980, H. 21, S. 130.
101 | Vgl. z. B. den *Radioman* von Telefunken (1982); selbst Koss hatte eine solche *Musikbox* genannte Konstruktion, vgl. Stereo, 1982, H. 4, S. 50 – 53 („Mit dem ‚Koss-Sound' auf Erfolgskurs").
102 | Vgl. HiFi Stereophonie, Sonderheft 1982 („Mobil. Guter Klang für unterwegs"; darin der Beitrag „Musik aus dem Schal").

Wearables ebensowie wie der wenig später realisierte Lautsprecher-Anorak[103] ein Modegag in einer Zeit der aufkommenden Begeisterung für das Musikhören im Gehen.

Sonys Produktmanagement

Bereits in den ersten acht Jahren hatte Sony 30 Mio. Walkmans gefertigt, die zu je einem Viertel im europäischen sowie japanischen und zu 39 % im amerikanischen Markt abgesetzt worden waren.[104] 1987 stellte Sony mit über 100 Modellen und weit vor den führenden Mitkonkurrenten Panasonic, Toshiba und Sanyo gelegen rund 30 % des weltweiten Walkman-Markts.[105] Zu diesem Dauererfolg trug nicht nur das positive Firmenimage bei. Sony verfolgte konsequent eine zielgruppenspezifische Ausdifferenzierung und Ästhetisierung der Modelle, eine Erhöhung der Tonqualität sowie schließlich auch eine Miniaturisierung, die durch verbesserte Motorkonstruktionen und leistungsfähigere Batterien (z. B. der Ni-Cd-Akku ab 1986) erreicht wurde. Die produktionstechnische Grundlage für das Management der Modell-Vielfalt bildeten so genannte Produktplattformen:[106] Bei einer Produktplattform handelt es sich um ein Gerät, das als Grundlage dient, um mit Hilfe von Marktforschung leicht modifizierte Varianten zu entwickeln, die dessen standardisierte Basiskomponenten enthalten, zugleich aber besondere Zusatzfeatures oder Gehäuse-Gestaltungen aufweisen. In den 1980er Jahren fungierten der *WM-2*, der *WM-DD* und der *WM-20* als solche Plattformen.

Der *WM-2* folgte dem *TPS-L2* und war in der BRD seit Mai 1981 für rund 300 bis 370 DM erhältlich. Die Werbekampagnen für den *WM-2* zeigten sowohl erwachsene als auch junge Nutzer mit Slogans wie „Na klar, Walkman" oder „Sauber, Walkman". Sie betonten Werte wie Jugendlichkeit, Fitness und Spaß im Freien und zeigten die Walkmanhörer oft in Gesellschaft mit anderen Menschen.[107] Firmenintern diente das Modell als Plattform für billige und eher auf den Jugendmarkt abgestimmte Modelle. Gegenüber seinem Vorgänger war der *WM-2* um knapp 100 g Gewicht, 1,5 cm Länge und 1 cm Höhe geschrumpft und konnte per Bandsorten-Schalter auf Chrom- und Reineisen-Band eingestellt werden. Reineisen-Kassetten waren erst seit Kurzem

---

103 | 1988 wartete Toshiba mit einem *Sonic Jacket* auf, vgl. Die Zeit, 19.2.1988, S. 68 („Musik in Kleid und Kissen").
104 | Für diese und folgende Zahlen vgl. F.A.Z., 22.6.1987, S. DII („Klein – aber oho"); F.A.Z., 27.7.1999. S. T1f („Als die Töne laufen lernten"); Markt & Technik, Nr. 22, 28.5.1999, S. 24 – 26 („SMT: Killerapplikation Walkman"); Sanderson/Uzumeri.
105 | Zahl nach: Business Week, 1.6.1987, S. 69 („How Sony keeps the copycats scampering").
106 | Vgl. dies und Folgendes: Sanderson/Uzumeri.
107 | Vgl. z. B. Bravo, 1981, H. 26, S. 26 („Astrein, Walkman"; ein junges, am Strand stehendes Pärchen neben weiteren Strandbesuchern); Titelrückseite von P.M., 1981, H. 7 („Sauber, Walkman"; ein Maler, der trotz Walkman-Verkabelung freudig mit seinen Kollegen agiert).

auf dem Markt und rauschten wesentlich weniger. Sonys Designer hatten den Konstruktionsingenieuren das Ausmaß des *WM-2* vorgegeben, das sich an der Größe einer Hemdtasche orientierte.[108] Außerdem entwickelten sie mit dem *WM-2* eine eigene Formsprache für den Walkman, die nicht mehr an ein Diktiergerät gemahnte. Das Sichtfenster war verschwunden, ebenso die rekordertypische Tasten-Leiste. Stattdessen wurden kleine Tipptasten verwendet, die auf der Vorderseite des Gerätes eingelassen waren. Die Volumenverringerung erzwang konstruktionstechnische Abänderungen. Der Tonkopf wurde im rückseitig angebrachten Kassettenfachdeckel einmontiert und klappte mit diesem beim Öffnen weg, während er sich beim *TPS-L2* unter der Schaltleiste befunden hatte. Mikrofon und Talk-Line wurden jedoch beibehalten, was angesichts der Miniaturisierungsbemühungen darauf schließen lässt, dass sie als unabdingbar erachtet wurden. Die oberste Leitlinie für die *WM-2*-Entwicklung war jedoch die Preiskalkulation: Das Gerät sollte für junge Konsumenten finanzierbar sein.[109] Um unabwägbare Preis- und Lieferverhandlungen zu umschiffen, wurden die wichtigsten Teile bei Sony selbst hergestellt, wobei der *WM-2* um die Hälfte weniger Teile als sein Vorgänger aufwies. Erstmals wurden oberflächenmontierbare Bauteile eingesetzt, die eine hochautomatisierte Fertigung erlaubten. Die Oberflächenmontage (SMT; surface-mounted technology) von Halbleitern und passiven Bauelementen war Ende der 1970er Jahre bei der Fertigung von Herzschrittmachern und Hörhilfen verbreitet. Sie setzte sich in der Unterhaltungselektronik im Zuge des Erfolgs der Pocket Stereos branchenweit durch und war eine wesentliche Voraussetzung für die Miniaturisierung fast aller tragbaren Geräte – vom Taschenrechner bis hin zur Videokamera.[110]

Die *DD*-Reihe – das erste Gerät der Produktlinie war der *WM-D6*, ein Profigerät mit allen Raffinessen eines guten Aufnahmegerätes – benutzten einen direkten Capstan-Antrieb (*Direct Drive*) für einen perfekten Gleichlauf. Diese Geräte wurden zum Prestigeobjekt von audiophilen Erwachsenen und von Joggern; aber auch unter Teenagern erreichten sie einen Kultstatus und wurden sogar in jugendspezifischen Medien beworben.[111] Der *WM-20* und die daraus abgeleitete Produktlinie setzten auf extreme Miniaturisierung. Als Größenvorgabe hatten die Hausdesigner nun eine Kassetten-Hülle festgelegt, wofür die Ingenieure in rund zweijähriger Entwicklungsarbeit einen besonders flachen Motor konzipierten, der mit nur einer 1,5 V-Batterie lief.

Mit Hilfe einer flexiblen Produktion, bei der bereits mit 30.000 verkauften Exemplaren der Break-even-Point erreicht wurde, schaffte es Sony, rund

---

108 | Vgl. du Gay et al.
109 | Vgl. du Gay et al., S. 53f.
110 | Vgl. Nakayama/Boulton, S. 123 u. 126; Markt & Technik, 1999, H. 22, S. 24 – 26 („SMT: Killerapplikation Walkman").
111 | Vgl. Bravo, 1984, H. 21, Heftrückseite: Es wurden zwei *DD*-Modelle und der *WM 7* gezeigt, und auf die Bewertung „sehr gut" durch die *Stiftung Warentest* wurde hingewiesen.

20 neue Modelle pro Jahr zu konzipieren.[112] Erfolgreiche Modelle verblieben trotz des parallel verfolgten schnellen Modellwechsels über Jahre hinweg auf dem Markt. Zur Modellausdifferenzierung wurden die Grundvarianten über inkrementelle Innovationen wie Autoreverse, Dolby, Equalizer, etc. verbessert; außerdem stellte Sony nun neben den reinen Wiedergabegeräten auch aufnahmefähige oder mit Radio ausgestattete Walkmans her. Darüber hinaus konstruierte Sony Walkmans, die ganz spezifische Lebensstile verkörperten.

1983 präsentierte Sony den wasserfesten *Sports-WM* (*WM-F5*) für den Strandurlauber:[113] Knöpfe, Kassettenfach und Buchsen waren mit Gummi versehen; statt wattierter Kopfhörer wurde auf Knopfhörer zurückgegriffen. Von Teenagern wurde das Gerät am Strand ebenso wie unter der häuslichen Dusche benutzt. Als „street wear" vermarktete Modelle sollten Urbanität, Sportlichkeit und Jugendlichkeit vermitteln, und seit 1987 wurden in der Produktlinie *My first Sony* sogar Walkmans für Kleinkinder konstruiert.[114]

Die globalen Designs modifizierte Sony für die einzelnen Großregionen leicht: Japanische Modelle waren kleiner, hatten weniger oft Radios, dafür aber zumeist in die Kabel integrierte Fernbedienungen, welche die Bedienung in überfüllten U-Bahnen erleichterten. Europäische Modelle hatten ein klassisch-seriöses Design, und in der Vermarktung wurde die Tonqualität betont. Sony schaffte es, über sein Netzwerk verstreuter Marktforschung die unterschiedlichen Nutzerpräferenzen der Großräume Amerika, Europa und Asien zu eruieren und in den zentral in Japan stattfindenden Design- und Entwicklungsvorgängen zu implementieren.[115] Entgegen der Firmenrhetorik des „always do what has never been done before" ist also ein Großteil von Sonys Erfolg auch auf das Feedback über Marktforschung und Konsumentenbeobachtung zurückzuführen. Nur so konnte Sony seinen Kultstatus für Walkmans festigen und fortführen, an den nur noch die – ohnehin teilweise zu Sony gehörende – Marke Aiwa heranreichte.

---

112 | Vgl. Sanderson/Uzumeri, S. 777.
113 | Wasserdichte Modelle wurden laut Sanderson/Uzumeri nicht in Japan angeboten, während sie in den USA beliebt für Strand und Outdoor-Aktivitäten waren (S. 766); der Sony Sports-Walkman sei in den USA bis Ende der 1980er Jahre konkurrenzlos geblieben. Auf dem westdeutschen Markt waren 1983/84 auch Modelle anderer Marken (z. B. Pioneer) erhältlich.
114 | Vgl. Harvey, Thomas A.: How Sony Corporation became first with kids, in: AdWeek's Marketing Week, 21.11.1988, S. 58f, abgedruckt bei du Gay, S. 133f.
115 | Vgl. Sanderson/Uzumeri, S. 780: „Japanese engineers led the development of generational platforms. Marketers carried requests for new models from the sales channels. Industrial designers in key markets around the world led the development of models that tapped into local lifestyles."

4.2. Zwischen Wahrnehmungserweiterung und Eskapismus – Deutungen des frühen Walkman-Gebrauchs

Mit einem Walkman verkabelte Musikhörer waren schnell im alltäglichen urbanen Straßenbild auszumachen. Bereits Anfang 1981 sprach die Audio-Zeitschrift *Stereoplay* von einem „äußerst ansteckenden Mini-Recorder-Fieber".[116] Allerdings war die Walkman-Nutzung kein kurzfristig vorübergehendes Fieber, sondern jugendliche, aber auch einige erwachsene Musikfans integrierten den Walkman schnell in ihren Alltag. Um das Walkmanhören entspannen sich Diskussionen um eine soziale, psychologische wie hörphysiologische Gefährlichkeit des Geräts. Sie wuchsen sich zu einer heftigen Gesellschafts- und Jugendkritik aus, die in keinerlei Verhältnis zur tatsächlichen Walkman-Verbreitung stand. 1982 entfielen lediglich 7 % der westdeutschen Audioportable-Verkäufe auf den noch teuren Walkman, aber 30 % auf den Radiorekorder und über die Hälfte auf Radiowecker und portable Rundfunkempfänger.[117] Im Falle des Walkmans standen sich jedoch begeisterte Anhänger und Gerätekritiker unvermittelt gegenüber. Das Gerät wurde „(v)on den einen geliebt, von den anderen belächelt",[118] und in der BRD vermischte sich diese polare Bewertung mit der teils noch bestehenden Kluft zwischen jugendlichem Pop-Hörer und erwachsenem HiFi- und Klassik-Hörer.

Im Folgenden wird zunächst herausgearbeitet, dass die Walkman-Träger in ihrer ersten Begeisterung für das neue Gerät an mannigfaltigen Orten diskret Musik hörten – und manche dieser Orte erschienen vielen Zeitgenossen hierfür als äußerst unpassend. Auf dem Weg in die zunehmend individualisierte, mobile Gesellschaft beinhaltete die dauerhafte Verkabelung zwischen Technik und Ohr ein radikal neues Körper- und Raumkonzept, das der Aushandlung bedurfte. Um die Brisanz des Walkman-Gebrauchs zu verdeutlichen, wird daraufhin zum einen das „Walkman-Gefühl" der veränderten Hör- und Sehwahrnehmung durch die Kopfhörer-Musik beschrieben. Zum anderen wird die breite Kritik der Walkman-Gegner dargestellt, die im Walkmanhörer einen verkabelten Cyborg sahen, der seine Ohren zugunsten des eigenen Musikkonsums gegenüber der ko-präsenten Umwelt verschloss. Galt das akustische Ausklinken aus der unmittelbaren Umgebung beim häuslichen HiFi-Hörer als Mittel der Konzentrationssteigerung, so wurde es im öffentlichen Raum als unsozial bewertet. An dieser Interpretation änderten weder die Talk-Lines, die ja als technische Lösung des Problems der akustischen Abkopplung gedacht waren, etwas, noch Sonys Werbeanzeigen, die den Walkman-Gebrauch in gesellige Situationen einbetteten. Der Walkman und mit ihm der Kopfhörer wurden zunächst zum Symbol der – negativ bewerteten – Atomisierung der Gesellschaft.

---

116 | Vgl. Stereoplay, 1981, H. 2, S. 12f („Der Klang im Ohr"), hier S. 12.
117 | Vgl. Commission of the European Communities, S. 54.
118 | Vgl. Stereo, 1982, H. 10, S. 70 – 72 („Er läuft ... und läuft ... und läuft").

Der Kopfhörer-Träger außer Haus: Erste Momentaufnahmen

In der ersten Welle der Begeisterung tauchten Walkmanhörer in allen erdenklichen Stadträumen und Freizeitorten auf. Erstaunt bis ungläubig berichtete der *Test* 1981, „Musikfans mit der kleinen Kiste am Gürtel, am Trageriemen oder in der Jackentasche und dem Kopfhörer am Ohr" begegne man überall: „beim Radfahren, Rollschuhlaufen oder Joggen, in den öffentlichen Verkehrsmitteln und selbst auf den Skipisten".[119] Dabei war der Walkman vor allem bei jungen Erwachsenen „in", und mit sinkenden Gerätepreisen – der Durchschnittspreis lag 1982 bei 200 DM – konnten sich auch Jugendliche den Walkman vermehrt leisten. Geurteilt nach der Medienberichterstattung, nahmen die frühen Walkman-Nutzer das Gerät vor allem zur Begleitung von Bewegungsereignissen mit auf ihre Wege. Das für die Zeitgenossen Ungewohnte und damit auch Berichtenswerte war zum einen diese neuartige Mobilität des Musikhörens, zum anderen aber auch die direkte Verkabelung der Walkmanhörer mit der „Musik vom Gürtel".[120]

Der Walkman begleitete das Spazierengehen, das Fahrradfahren sowie das Reisen und Pendeln in Bahn oder Flugzeug, Bus und U-Bahn, und wie im Falle des Autoradios kam es zu Diskussionen, inwieweit der aktiv am Verkehrsgeschehen Teilnehmende eine Gefährdung darstelle, wenn er Walkman höre. Selbst manche Autofahrer ließen den Walkman während der Fahrt auf. 1981 wies der ADAC darauf hin, dass ein Walkmanhören als Fahrzeugführer hinter dem Steuer – die gleiche Regelung galt für die Radfahrer – gegen die Straßenverkehrsordnung verstoße. 1983 wurde ein entsprechendes Verwarnungsgeld eingeführt.[121] Autofahrer gingen später dazu über, die Walkman-Musik über die automobile Stereoanlage per Lautsprecher abzuspielen. Der amerikanische Bundesstaat New Jersey ging sogar so weit, das Benutzen von Walkmans selbst Fußgängern und Joggern zu verbieten, sobald sie sich auf Wegen außerhalb eines Parks bewegten.[122] Während es in der BRD nicht zu einem derart weit reichenden Verbot des Walkmanhörens für Verkehrsteilnehmer kam, fanden sich in der Presse jedoch regelmäßig Warnungen vor der möglichen Unfallgefahr und auch Berichte über tödliche Verkehrsunfälle, bei denen ein – zumeist jugendlicher – Walkman-Träger die nahende Gefahr eines heranrollenden Autos oder Zuges wegen der eingeschränkten akustischen Wahrnehmungsfähigkeit nicht mehr erkannt hatte.[123]

---

119 | Vgl. Test, 1981, H. 11, S. 57 – 61 („Stereo an der Strippe").
120 | Vgl. Hobby, 1981, H. 23, S. 125 („Walkman. Musik vom Gürtel").
121 | Die geltende Straßenverkehrsordnung verpflichtete Autofahrer, für ausreichende Sicht und ein unbeeinträchtigtes Gehör zu sorgen. Vgl. Stereo, 1982, H. 12, S. 24 – 32 („Was ist dran – am ‚kleinen Mann'...?"); F.A.Z., 1.7.1981, Motor-Seiten („Taube Ohren"); F.A.Z., 24.8.1983, S. DII.
122 | Vgl. Washington Post, 14.7.1982, S. B1 u. B6 („Battle of The Ban").
123 | Vgl. z. B. den Bericht zu einem 19-Jährigen, der von einem Zug tödlich erfasst wurde, in: F.A.Z., 2.8.1989; auch spätere MP3-Hörer wurden vor dieser Gefahr gewarnt,

Musikfans nahmen den Walkman außerdem bei der sportlichen Bewegung mit. Auf den Skipisten setzten sich derart viele Skifahrer das Gerät auf, dass der Ski-Verband sich veranlasst sah, wegen der möglichen Unfallgefahr vor dem Walkman-Gebrauch zu warnen.[124] Außerdem liefen Jogger und Rollschuhfahrer mit Walkman umher. Beide Sportarten waren soeben en vogue. Das Rollschuh-Fahren war in den USA Ende der 1970er Jahre mit dem Film *Roller Fieber* populär geworden, und um 1980 übte angeblich eine halbe Million Bundesbürger den Rollschuh-Sport aus.[125] Noch wesentlich mehr, nämlich rund 1,5 Mio. Bundesbürger, joggten regelmäßig.[126] Während das Skaten als Modewelle wieder verebbte, wurde das Joggen in den folgenden Jahren zum urbanen Massenphänomen. Auch wenn die PR-Berichte zum Walkman regelmäßig den Jogger als Nutzer anführten, hielten zu Beginn der 1980er Jahre nur wenige, teure Walkmans den ruckartigen Lauf-Erschütterungen stand.

Die Kopfhörer-Träger waren aber auch in Kneipen oder beim Stadtbummel anzutreffen.[127] Der *Test* illustrierte einen Gerätebericht mit einem Nutzerfoto, das die Walkman-Euphorie ironisierte: Ein Single saß am häuslichen Esstisch und verspeiste seine Spagetti bei aufgesetztem Walkman. Der *Stern* brachte den Sony-Walkman sogar auf das Titelbild: Das barbusige Pin-Up-Girl badete in der Sonne und hörte mit geschlossenen Augen Walkman.[128] Damit knüpfte der *Stern* an das Bild der sonnenbadenden Bikini-Frau mit Kofferradio an, das einen genussvoll-passiven Musikgenuss versinnbildlichte. *Bravo* schilderte ihren jugendlichen Lesern, was sie mit dem Walkman alles anstellen könnten:[129] „Ihr werdet abschnallen, wenn Ihr den Sound dieses taschenbuch-kleinen Geräts hört: astreine Stereo-Qualität, wie sie sonst nur große Anlagen liefern", hieß es in fetzigem Ton. Dann wurden mögliche Nutzungen vorgeschlagen, wobei die Fotos allerdings nur das gemeinsame Hören am Walkman zeigten: Mit „Stereo-Sound" rolle es sich „noch mal so schön"; auf dem Schul- bzw. Arbeitsweg in Bus oder Bahn könne man abschalten und Langeweile vermeiden; zu Hause könne der Ärger mit den Eltern wegen zu lauten Musikhörens vermieden werden; außerdem könne man gemeinsam Walkman hören und dem Freund per Sprechtaste „etwas Liebes" zuflüstern. Wer bei der *Bravo*-

---

vgl. z. B. Frankfurter Rundschau, 30.4./1.5.2007, S. 1 („Laute Musik im Ohr überdröhnt Hupen und Klingeln").
124 | Vgl. Der Spiegel, 8.6.1981, H. 24, S. 210 – 213 („High und fidel").
125 | Vgl. Hobby, 1979, H. 16, S. 44 – 47 („Umsteigen auf acht Räder"); DM, 1979, H. 10, S. 7 („Büromenschen auf der Flitze"); DM, 1980, H. 2, S. 106 – 109 („Die Welle rollt und rollt und rollt"), dort S. 106: Zahl zu Skatern.
126 | Vgl. Batten, Jack: Laufschule – ein Antistressprogramm. Gesund und glücklich durch Jogging. München 1979; Zahl der Läufer nach: Wöllzenmüller, Franz: Jogging. Richtig Dauerlaufen. München u. a. 1979, S. 7.
127 | Vgl. Test, 1981, H. 11, S. 57 – 61 („Stereo an der Strippe"); F.A.Z., 1.7.1981, S. D II („Walkman").
128 | Vgl. Stern, 18.9.1980, H. 39, Titel u. S. 66 – 68 („Die neue Musik-Mode. Kleiner Mann im Ohr").
129 | Vgl. Bravo, 1980, H. 42, S. 18 („BRAVO verlost das kleine Ding, um das sich alle reißen!").

Redaktion eine weitere „originelle oder verrückte Situation" einsendete, nahm an der Verlosung von zehn *Sony Walkmans* teil. Teenager fanden in der Tat die von der *Bravo* eingeforderten „verrückten", jedenfalls dem Alltagsverständnis der Erwachsenen völlig „ent-rückten" Situationen, in denen sie den Walkman aufsetzten. Prompt zeigte der *Spiegel* 1981 zwei Freundinnen beim Kleiderkauf sowie zwei Freunde bei der Essenspause auf der Terrasse eines Fast-Food-Restaurants, die allesamt einen Walkman trugen und nicht mehr zu interagieren schienen, obwohl sie gemeinsam unterwegs waren.[130]

Schon in dieser Zeit der ersten Begeisterung unter Musikfans klang also eine ambivalente Bewertung des mobilen Stereohörens an, die den späteren Diskurs bestimmen sollte. Der *Spiegel* fragte provokant, ob „der Rest zwischenmenschlicher Kommunikation absterben" werde. Die *Stiftung Warentest* resümierte, die Klangqualität der meisten Modelle sei „für Unterhaltungsmusik durchaus akzeptabel, für klassische Musik und verwöhnte Ohren aber unzureichend" und empfahl, für 400 DM doch eher einen HiFi-tauglichen Kassettenrekorder anzuschaffen.[131] Die *DM* wies darauf hin, dass der Walkman zwar einen guten, aber keinen HiFi-Sound aufweise.[132] Im *Stern* hieß es zunächst im Tenor des „Hörens ohne zu stören", der Walkman belästige im Gegensatz zum plärrenden Transistorradio den Strand- oder Freibad-Nachbarn nicht mehr. Der Beitrag endete aber mit dem Hinweis, Walkmans seien ein Zeichen dafür, dass viele Menschen inzwischen nicht mehr miteinander reden, sondern allenfalls gemeinsam Musik hören wollten.[133]

Das „Walkman-Gefühl": Der Walkman als Wahrnehmungsprothese

„Als ich mir die erste dieser akustischen Zigarettenschachteln zulegte und mit Tschaikowskis voll aufgedrehtem Ersten Klavierkonzert durch den Hamburger Hauptbahnhof walkte, bekam ich Gleichgewichtsstörungen, weil ich den Eindruck hatte, nicht mehr auf Beton zu gehen, sondern auf Musik. Alles war Kino, klar. Die Musik der Soundtrack zu einem Film ohne Handlung, und ich der Held: das Walkman-Gefühl", beschrieb der Schriftsteller und Kolumnist Peter Glaser rückblickend sein erstes Walkman-Erlebnis.[134] Den *Stereo*-Fachredakteur Philipp Herschkowitz versetzte der Walkman mit seiner „Sound-Zauberei" „regelmäßig ins Traumland der Klänge", und beim Test des exklusiven Sony *WM-D 6* (1982) mit Musik von den Stones befand er, „daß Mick Jagger und seine Mannen sogar fetziger rocken als über meine Wohnzimmer-Anlage".[135]

---

130 | Das dritte ausgewählte Foto zeigte einen Radfahrer mittleren Alters mit Walkman. Vgl. Der Spiegel, 8.6.1981, H. 24, S. 210 – 213 („High und fidel").
131 | Vgl. Test, 1981, H. 11, S. 57 – 61 („Stereo an der Strippe").
132 | Vgl. DM, 1980, H. 12, S. 106 – 11 („Kleine Kisten, großer Klang").
133 | Vgl. Stern, 18.09.1980, H. 39, S. 66 – 68 („Die neue Musik-Mode. Kleiner Mann im Ohr").
134 | Vgl. Tempo, 1988, H. Juni („10 Jahre Walkman. Rock Around the Block").
135 | Vgl. Stereo, 1982, H. 10, S. 68 – 72 („Er läuft... und läuft... und läuft"), Zitate S. 69.

Das Walkman-Design mobilisierte nicht nur den stereofon Hörenden; vielmehr erlebte dieser, wie es in den obigen Beschreibungen von Walkman-Fans der 1980er Jahre zum Ausdruck kommt, ganz neuartige Wahrnehmungs- und Gefühlseindrücke. Zunächst einmal „verzauberte" der Walkman den Hörer über die direkt auf dem Ohr aufliegende Stereo-Klangkulisse, die noch dazu keinem Weiteren zugänglich war. Wer zuvor noch nie einen Stereokopfhörer benutzt hatte – und das waren fast alle, die keine Stereoanlage besaßen –, für den stellte bereits dies ein intensiviertes Hörerlebnis dar. Der Walkmanhörer blieb jedoch nicht im häuslichen Wohnzimmersessel sitzen oder schloss gar in seiner dortigen Muße und Zentriertheit auf die Musik die Augen, sondern er war zumeist unterwegs und musste dann auch seine Wege finden. Dadurch vermischten sich der akustische Sinn und die visuelle Wahrnehmung des Aufenthalts- bzw. des durchquerten Raumes auf bisher unbekannte Weise, und sie konnten nur durch die Technik derart ent- und neu verkoppelt werden. Lediglich der Musik hörende Autofahrer hatte ähnliche Eindrücke von dem durchkreuzten Raum; er jedoch war durch die Autohülle von der Umgebung abgegrenzt, während der Walkmanhörer ohne eine solche materiale Abgrenzung nach außen hin unterwegs war.

Um dieses neuartige Erlebnis zu schildern, formten die Nutzer Metaphern, die auf das Kinoerlebnis verwiesen: Um einen herum spulte sich die Welt visuell, als eine Bilderfolge oder ein „Film ohne Handlung", ab; spätere Nutzer operierten auch mit dem Verweis auf Videoclips. Während man an der Klangkulisse der Umgebung nur noch gedämpft oder gar nicht teil hatte, unterlegte man ihre Bildeindrücke mit der selbst ausgewählten Musik. Oft handelte es sich dabei nur um eine Handvoll Lieblingskassetten, die immer wieder gehört wurden. Für dieses die Wahrnehmung erweiternde „Walkman-Gefühl" war das Sehen also gleichermaßen wichtig wie das Hören.[136] Durch die technische Spaltung der Sinnesräume kam es auch zu einer anderen Raumwahrnehmung:[137] Das Gehör, das im Normalfall an der physisch-räumlichen Orientierung des Menschen beteiligt ist, wurde in dieser Orientierungsfunktion ausgeschaltet; die Welt rückte dadurch tendenziell auf Distanz. Diese wird durch das Ausblenden ihrer akustischen Botschaften entfremdet und dadurch auch visuell anders wahrgenommen. So fallen Walkmanhörern durch diese Entfremdung von der Alltagswahrnehmung sonst unbeachtete, nicht mehr „gesehene" Details ihrer Umgebung auf, der nun teils absurde Züge zugeschrieben werden. Umgekehrt kann die gehörte Musik wegen ihrer so nicht wiederholbaren visuellen Unterlegung zu einem einmaligen Klang- und Raumerlebnis werden. Dieses Erlebnis beschreibend, forderte ein – dem gängigen Stereotyp des jugendlichen Pophörers überhaupt nicht entsprechender – Walkman-Fan

---

136 | Als mobile „Wahrnehmungsmaschine" beschreibt den Walkman daher: Schätzlein, Frank: Mobile Klangkunst. Über den Walkman als Wahrnehmungsmaschine. Online unter: http://www.akustische-medien.de/texte/mobile1.htm (Zugriff: 6.12.2004).
137 | Vgl. Schönhammer, Rainer: Walkman. In: Bruhn, Herbert; Oerter, Rolf; Rösing, Helmut (Hg.): Musikpsychologie. Ein Handbuch. Reinbek bei Hamburg 1994, S. 181–187.

in der Wochenzeitung *Die Zeit* seine Kritiker auf: „Genießen Sie mal den herbstlichen Wald mit Chopin im Ohr oder eine Zugfahrt durch eine nächtliche Schneelandschaft zu den Klängen von Tschaikowskis Erster („Winterträume") – Natur fürs Auge, Musik fürs Ohr, wobei man fast *high* werden kann, ganz ohne Drogen".[138] Zum Rhythmus der Musik kam außerdem beim Fußgänger der Rhythmus seines eigenen Schrittes, und diese neuartige Verkopplung von Sinneseindrücken forderte bei einigen Nutzern den Gleichgewichtssinn heraus. Das Anhalten, Beschleunigen, Umdrehen etc. wurde nun von Rhythmen der Musik unterlegt. Wie das Musikhören des Autofahrers, dynamisierte dies zugleich das Bewegungserlebnis, sei es im Gehen, beim Rad- oder Skifahren oder als aus dem Fenster blickender Zugfahrer.

„Technik für eine Generation, die nichts mehr zu reden hat": Der Walkman als Inbegriff einer Atomisierung durch Konsumelektronik

Das mobile Walkmanhören trat in Westdeutschland zu einer Zeit auf, in der die Individualisierung der Gesellschaft und deren zunehmende postmaterielle Konsum- und Erlebnisorientierung kritisch diskutiert wurden.[139] Mit diesen Entwicklungen hinkte die BRD den USA hinterher, in denen eine individualisierte Freizeitgestaltung bereits in den 1970er Jahren die Oberhand über gemeinsame Aktivitäten und kommunales Engagement gewonnen hatte.[140] Dies mag auch dazu beigetragen haben, dass der Walkman in den USA keiner mit der westdeutschen Situation vergleichbaren Kulturkritik unterlag.

Viele Bundesbürger sahen in der Walkman-Nutzung zunächst eine überhand nehmende individualistische Konsumorientierung. Der Außerhaus-Gebrauch des Walkmans verletzte unausgesprochene Regeln dazu, wie sich der Einzelne unter anderen zu verhalten habe. So beschrieb ein *F.A.Z.*-Feuilletonist 1981 die – vor allem unter der jüngeren Generation ausgemachten – Walkman-Träger als Menschen, die „auf sich begrenzt, ja abgeschnitten von der Umwelt, von Passanten auf der Straße, von Kunden in den Läden, Gästen in den Kneipen" seien.[141] Was hier störte, war vor allem die „Sichtbarkeit privaten Hörens":[142] Auf sich bezogen, schienen die Walkman-Träger nur noch dem Gerät zu lauschen, ohne den ko-präsenten Menschen die angemessene Aufmerksamkeit zu widmen. Vergessen wurde dabei, dass die an einer Bushaltestelle oder in der Fußgängerzone zusammentreffenden Fremden ohnehin selten untereinander Kontakt aufnahmen, während der Walkman tragende

---

138 | Vgl. Die Zeit, 25.12.1981, S. 37 („Anflug mit Eroica. Ein Mensch mit Knopf im Ohr fordert: Mehr Toleranz für Walkmänner").
139 | Vgl. Schulze; zur Orientierung an postmateriellen Werten: Inglehart, 1977 u. 1997.
140 | Vgl. Putnam, Robert D.: Bowling Alone. The Collapse and Revival of American Community. New York u. a. 2000.
141 | Vgl. F.A.Z., 1.7.1981, S. D II („Walkman").
142 | Vgl. Schönhammer, Rainer: Der „Walkman". Eine phänomenologische Untersuchung. München 1988, S. 17.

Kneipengast schlichtweg die Regeln dieses Orts der Sozialität und Kontaktaufnahme unterlief. Der *Stern* bezeichnete die Walkmans gar als „(l)uxuriöse Spielzeuge für die Einsamkeit".[143] Solange Walkmans mehrere Hundert DM kosteten, waren seine Nutzer nämlich vornehmlich eine kleine Gruppe von jungen Erwachsenen, die als „Schicki-Micki"-Typ eingereiht wurden. Mitte der 1980er Jahre setzte sich für diese Bevölkerungsgruppe der aus dem angloamerikanischen Sprachbereich übernommene Begriff des Yuppies (young urban professional) durch: junge, großstädtische und karrierebewusste Menschen, die neuen Moden aufgeschlossen gegenüber standen und teure, neue Technik als Statussymbol anschafften. Hierzu eignete sich der leicht auf Fuß- wie Reisewege mitzunehmende Walkman ebenso hervorragend wie später – in der BRD ein Jahrzehnt später – das Handy. Jedoch wurde dieser Typus des konsumorientierten, urbanen Individualisten keineswegs positiv gesehen, sondern vielmehr als Auswuchs einer „Ellenbogengesellschaft" – der Begriff wurde zum Unwort des Jahres 1982 gekürt – gedeutet, in der die zunehmende Karriere- und Konsumorientierung des Einzelnen auf Kosten von Familien- und Gemeinschaftswerten ging. Der marxistisch orientierte Autor Volker Gransow setzte den Walkmanhörer sogar unmittelbar mit dem Yuppie gleich: Der Walkman sei nämlich „symptomatisch für jenen Narzißmus, den Freak und Leistungsfetischist gemeinsam" hätten.[144]

Ein *F.A.Z.*-Kolumnist brachte, um die zunehmende Erscheinung verkabelter und insbesondere auch weiblicher Walkmanhörer zu erklären, Stichworte wie die „neue Innerlichkeit der achtziger Jahre", die „Verewigung der Singles", eine Zurschaustellung von „Kontaktarmut" und gar eine „(feministische) Unabhängigkeit" ins Spiel.[145] Er versammelte damit zugleich zentrale und überwiegend eben kritisch bewertete gesellschaftliche Veränderungen der Zeit, die sich in der Sicht vieler Zeitgenossen im Walkman-Gebrauch zu treffen schienen. Der Anteil der Singlehaushalte stieg seit geraumer Zeit an: 1960 war rund jeder fünfte Haushalt ein Einpersonenhaushalt, 1970 ungefähr jeder vierte, und seit der zweiten Hälfte der 1980er Jahre wurde mehr als ein Drittel der westdeutschen Haushalte von nur einer Person geführt.[146] Jedoch

---

143 | Vgl. Stern, 18.9.1980, H. 39, S. 66 – 68 („Die neue Musik-Mode. Kleiner Mann im Ohr").
144 | Vgl. Gransow, Volker: Mikroelektronik und Freizeit. Politisch-kulturelle Folgen einer technischen Revolution. Berlin 1982, hier S. 47 u. S. 97; ders.: Der autistische Walkman. Elektronik, Öffentlichkeit und Privatheit. Berlin 1985. Vorauswesend war Gransows Begriff der „Technotronik", der auf die Verschiebungen im Verhältnis zwischen privat und öffentlich durch die neuen mikroelektronischen Möglichkeiten verwies: Für „Öffentlichkeit" seien Tätigkeiten wie Hören, Sehen und Sich-Begegnen konstitutiv, die nun auseinandergenommen und „technotronisch" vermittelt neu zusammengesetzt würden.
145 | Vgl. F.A.Z., 1.7.1981, S. D II („Walkman").
146 | Vgl. Hradil, Stefan: Die „Single-Gesellschaft". München 1995 (daraus die folgenden Zahlen, S. 17, S. 22); Borscheid, Peter: Von Jungfern, Hagestolzen und Singles. Die historische Entwicklung des Alleinlebens. In: Gräbe, Sylvia (Hg.): Lebensform Ein-

nahm vor allem die Zahl der von jungen Städtern geführten Single-Haushalte zu. 1980 lebten 6,8 % der 25 bis 55 jährigen Erwachsenen alleine, 1984 waren es 8,3 %, 1990 schließlich 10,9 % und bei den 25- bis 35-Jährigen sogar 18,5 %. In der Großstadt lebte Ende der 1980er Jahre jeder Fünfte Einwohner allein.[147] Der Single im heiratsfähigen Alter hatte sich bewusst zu einer neuen Lebensform des Alleinlebens statt zur Familiengründung entschieden und stand daher für Hedonismus, Kontaktunfähigkeit und Sozialschmarotzertum. Die gleiche Kontaktarmut und Flucht in die eigene Konsumwelt mutmaßte man bei den Walkman-Trägern. Walkman-Nutzerinnen wiederum signalisierten darüber hinaus – ob gewollt oder nicht –, keine Kontaktaufnahme seitens des anderen Geschlechts zu wünschen, was der *F.A.Z.*-Autor sogar in die Nähe der neuen sozialen Frauenbewegung rückte. Die Rhetorik von der Kontaktarmut reichte selbst bis in die HiFi-Presse hinein, und so schloss die Zeitschrift *Stereoplay* ihren ersten Walkman-Bericht mit den Sätzen: „Eine Menge Technik auf so kleinem Raum, Technik für eine Generation, die nichts mehr zu reden hat. Die Diskussion ist tot, es lebe die heile Musikwelt."[148]

Dabei war der Walkman nur eines von vielen konsumelektronischen Angeboten, mit welchen die Freizeit in den Jahren um 1980 technisch-medial überformt und zunehmend individuell bestritten wurde. An einem durchschnittlichen Werktag hörte der westdeutsche Bürger 1980 2 Stunden und 15 Minuten Radio, Ferngesehen wurde etwas über zwei Stunden, derweil Tonträger ca. eine Viertelstunde lang benutzt wurden. Zweitfernseher, die Ende der 1970er Jahre fast einem Fünftel der Heranwachsenden zur Verfügung standen, und ein über den Tag verteiltes Programm ließen die familiäre Fernsehunterhaltung zugunsten des individuellen Schauens erodieren. Auf das Abstatten bzw. Empfangen von Besuchen entfielen aber immerhin über 40 Minuten.[149] Jugendliche zeichneten sich vor allem durch ihren deutlich längeren Tonträger-Gebrauch aus, wozu sie längst das eigene Equipment hatten.

Dazu stießen in den 1980er Jahren neue Angebote: Das Duale System ließ private Fernseh- und Radiokanäle zu; es kam zu einer Kommerzialisierung und Vervielfachung der Fernsehprogramme, die nun auch über Satellit und Kabel verbreitet wurden. MTV Europe, ein in London angesiedelter Jugendsender mit Musik-Videoclips der globalen Musikindustrie, wurde ab 1987 ins deutsche Kabelnetz eingespeist.[150] Statt den Radiorekorder einzuschalten, ließen die Jugendlichen nun vermehrt Bilder und Sound von MTV im Hintergrund laufen. Videokonsolen und PCs gelangten in die Wohn- und Jugendzimmer und billige elektronische Handspielgeräte in die Finger der

---

personen-Haushalt. Herausforderung an Wirtschaft, Gesellschaft und Politik. Frankfurt a. M., New York 1994, S. 23 – 53.
147 | Vgl. Schildt 2007, S. 54.
148 | Vgl. Stereoplay, 1981, H. 2, S. 12f („Der Klang im Ohr"), hier S. 13.
149 | Zahlen nach: Lukesch, Helmut u. a. (Hg.): Jugendmedienstudie. Eine Multi-Medien-Untersuchung über Fernsehen, Video, Kino, Video- und Computerspiele sowie Printprodukte. Regensburg 1989, S. 23; Berg/Kiefer, S. 110 u. 308f.
150 | Vgl. Frankfurter Rundschau, 1.8.2007, S. 41 („Vom Videoclip zur Kuppelshow").

Jüngsten. 1988 stand in über jedem vierten Haushalt ein Videorekorder.[151] Dabei war der monetäre Spielraum für die Anschaffung von Konsumelektronik in den 1980er Jahren im Durchschnittshaushalt der BRD – wenn auch nicht in den zahlenmäßig zunehmenden untersten Einkommensschichten – wesentlich größer als zuvor.[152] Der Anteil der Unterhaltungselektronik-Ausgaben an den Gesamtausgaben der westdeutschen Haushalte hatte bis Mitte der 1970er Jahre vor allem durch Großanschaffungen wie Fernsehgerät und Stereoanlage zugenommen. Die konsumelektronischen Anschaffungen der 1980er Jahre jedoch gingen nicht mehr mit anteilig erhöhten Ausgaben für den Unterhaltungsbereich einher, zumal die Preise für neue Geräte nur wenige Jahre nach der Markteinführung rapide sanken.

Die Vermehrung der elektronischen Medien wurde unter dem Schlagwort der „Neuen Medien" diskutiert, und viele Zeitgenossen, ob vom konservativen oder linken Lager argumentierend, standen ihr gleichermaßen kritisch gegenüber: Heraufbeschworen wurde der Verfall der Familie, eine zunehmende Passivität, ein Erfahrungs- und Realitätsverlust aufgrund nur noch medial vermittelter Erlebnisse, eine Vereinsamung in der Freizeit und ein exzessiver Bildschirm-Konsum bis hin zur „Fernsehsucht".[153] Der Walkman-Gebrauch wurde in diese neuen elektronischen Freizeitvergnügungen eingeordnet und mit ähnlichen Argumenten kritisiert. Allerdings wurde der Walkman und nicht der neue häusliche Medienkonsum zum Inbegriff der zunehmenden Individualisierung und Konsumorientierung der Gesellschaft. Denn beim Walkman stand nicht nur die familiäre, sondern auch die weitere, außerhäusliche soziale Interaktion zur Debatte. Wurde das Fernsehgerät als „Droge im Wohnzimmer" bezeichnet,[154] so galt der Walkman als „akustische Droge", die den einzelnen isoliere und ihn vom Vogelzwitschern und Meeresrauschen ebenso wie von seinen Mitmenschen „abhänge".[155] Noch dazu irritierte einige Beobachter die direkte Verkabelung zwischen Mensch und Technik, die sie an eine medizinische „Transfusion" gemahnte.[156] Da der Gebrauch des Walkmans im Unterschied zu den neuen Bildschirm-Medien mobil stattfand, war er für jeden beobachtbar. Ob gewollt oder nicht, wurde der Walkman bei seiner mobilen Nutzung öffentlich inszeniert und daher auch zum Brennpunkt

---

151 | Vgl. EVP, Statistische Bundesamt.
152 | Vgl. Reckendrees, Alfred: Konsummuster im Wandel. Haushaltsbudgets und Privater Verbrauch in der Bundesrepublik 1952 – 98. In: Jahrbuch für Wirtschaftsgeschichte 2007, S. 31 – S. 61, hier S. 50.
153 | Vgl. z. B. Schorb, Bernd (Hg.): Familie am Bildschirm. Neue Medien im Alltag. Frankfurt a. M. u. a. 1982; erwähnt werden darin ebenso positive Folgen (z. B. Neue Medien als „Meilenstein auf dem Weg zum informierten, mündigen Bürger", S. 53).
154 | Vgl. Eurich, Claus: Das verkabelte Leben. Wem schaden und wem nützen die Neuen Medien? Reinbek 1983, S. 32.
155 | Vgl. Flößner, Wolfram: Forum: Homo Walkman. In: Schulpraxis, 1981, H. 5 (Oktober), S. 3.
156 | Vgl. ebd.

der Kritik, während Video-, Videospiel- und Fernsehkonsum sich zu Hause abspielten.

Die „Disco für unterwegs": Zum Klischee des jugendlichen Walkman-Autisten

In der BRD dominierten, kaum dass Walkmans billiger wurden, die Jugendlichen den Walkman-Gebrauch, und die Kritik am Gerät wuchs sich zu einer fundamentalen Jugendkritik aus. 1984 besaßen 30 % der 12- bis 15-Jährigen einen Walkman, während der Prozentsatz bis zur Gruppe der 25- bis 29-Jährigen kontinuierlich auf 5 % zurückging.[157] Damit besaßen die Jugendlichen allerdings weniger oft einen Walkman als andere Musikgeräte: 1984 hatten 39 % der 12- bis 15-Jährigen einen Kassettenrekorder und 36 % einen Plattenspieler; 20 % hatten außerdem eine HiFi-Anlage.[158] Billige – und oft mangelhafte – Walkmans waren für weit unter 100 DM erhältlich;[159] die *Stiftung Warentest* riet, mindestens 80 bis 100 DM auszugeben, wobei auch dann Gleichlaufeigenschaften und Rauschverminderung schlecht waren, was den Testern jedoch für das Hören von Pop und Rock hinnehmbar erschien. Den Preisen genaue Werte zum Ausgabenspielraum Jugendlicher gegenüber zu stellen, ist problematisch. Abhängig davon, ob sie schon berufstätig waren, und je nach finanzieller Situation des Elternhauses variierten die Summen enorm. Die Shell-Studie von 1985 ergab, dass 15- bis 17-Jährige meistens über maximal 50 DM im Monat verfügten (41 %); 5 % konnten aber auch mehr als 500 DM disponieren.[160] Allerdings nahm im Laufe der 1980er Jahre unter jungen Erwachsenen auch der Anteil derjenigen zu, die über kein oder nur ein geringes Einkommen verfügten.

Die vorherrschende Lesart des Walkman-Konsums als Kontaktarmut fügte sich nur allzu gut in das Bild der Jugend ein, welches um 1980 gezeichnet wurde. Es wurde von deren „Selbstausbürgerung" gesprochen; ihre stark an einem jugendspezifischen Konsum orientierte Identitätskonstruktion wurde als „autistisch" und „narzisstisch" kritisiert.[161] Teils waren dies Vorwürfe, welche die Erwachsenenwelt bereits der vorhergehenden Beat-Generation entgegen gebracht hatte, und schon in den 1970er Jahren wurde von einem

---

157 | Zahlen nach Schönhammer 1988, S. 64.
158 | Zahlen nach Bonfadelli, Heinz et al.: Jugend und Medien. Eine Studie der ARD/ZDF-Medienkommission und der Bertelsmann Stiftung. Frankfurt a. M. u. a. 1986, S. 64.
159 | Gängige Probleme waren laut *Stiftung Warentest* schlecht eingestellte Tonköpfe, unpräzise Bandgeschwindigkeiten, Kassettenfachdeckel, die abbrachen und Kopfhörerkabel mit Wackelkontakten.
160 | Diese und folgende Angaben nach: Vaskovics, Laszlo, A.; Schneider, Norbert F.: Ökonomische Ressourcen und Konsumverhalten. In: Markefka, Manfred; Nave-Herz, Rosemarie: Handbuch der Familien- und Jugendforschung. Band 2: Jugendforschung. Neuwied, Frankfurt a. M. 1989, S. 403 – 418, hier S. 407f.
161 | Vgl. für dies und Folgendes: Baacke 1968; Baacke, Dieter: Die 13- bis 18jährigen. Einführung in Probleme des Jugendalters. München u. a. 1979; Schildt 2007, S. 64.

neuen, narzisstischen, politisch uninteressierten und hedonistischen Sozialisationstyp gesprochen. Nun schien den Jugendlichen das soziale Engagement abhanden gekommen zu sein, und extrem ausdifferenzierte Subkulturen wie Punks, Hausbesetzer, Rocker, Popper oder Skinheads zelebrierten provokant den Ausstieg aus der Gesellschaft oder setzten sich vom Mainstream über ganz bestimmte Konsummuster ab.[162] Laut der Shell-Jugendstudie von 1981 schätzten 58 % der Jugendlichen die gesellschaftliche Zukunft als „eher düster" ein; wenig später wurde für sie das Etikett der „verunsicherten Generation" geprägt.[163] Viele Jugendliche identifizierten sich mit der Bezeichnung „Null-Bock"-Generation, welche für die vorherrschende Motivationskrise, aber auch für die Aussichtslosigkeit der Heranwachsenden stand. Die Jugendarbeitslosigkeit war seit der zweiten Hälfte der 1970er Jahre zu einem strukturellen Dauerproblem geworden, und sie lag zu dieser Zeit höher als im Durchschnitt der Bevölkerung.[164] 1970 waren in der BRD noch keine 150.000 Menschen arbeitslos gemeldet gewesen; 1982 betrug die Erwerbslosenquote aber bereits 7,5 %, 1985 schließlich 9,3 % und damit 2,3 Mio. Menschen.[165] Auch der Jugendbericht der Bundesregierung von 1982 thematisierte Jugendprobleme wie die hohe Arbeitslosigkeit und Drogenmissbrauch und sprach von zunehmenden Verunsicherungen und Selbstwertverlusten der Jugendlichen, die sich in „Privatismus, Resignation und Apathie" äußern würden; allerdings wurde auch die gesellschaftliche Grundstimmung als entmutigt beschrieben.[166] Dennoch gab es eine generationale Kluft: Wo sich Jugendliche als „eine verunsicherte Generation ohne Zukunft" sahen, deuteten Erwachsene sie als eine „verwöhnte Protestgeneration".[167]

Wie der Disko-Besuch, so wurde der Walkman-Gebrauch von Pädagogen und Gesellschaftskritikern als tranceartige Flucht in die eigene Musikwelt gedeutet, was in diesem Falle sogar im Kopfhörer seinen materiellen Ausdruck zu finden schien. Disko und Walkman, der auch als „Disco für unterwegs" bezeichnet wurde, wurden in einem Atemzug genannt und abgelehnt.[168] Die Diskothek als jugendlicher, kommerzieller Treffpunkt war bereits während ihrer Ausbreitung in den 1970er Jahren als „Narzissmus" gedeutet worden,

---

162 | Vgl. Bopp, Jörg: Trauer-Power. Zur Jugendrevolte 1981. In: Kursbuch 65, 1981, S. 151 – 168; Kramer, Inge; Zint, Günter: Null Bock auf Euer Leben. Momentaufnahmen aus der Jugendszene. Authentisch, drastisch, direkt. Braunschweig 1983; zum Punk vgl. Groos, Ulrike; Gorschlüter, Peter; Teipel, Jürgen (Redaktion): Zurück zum Beton. Die Anfänge von Punk und New Wave in Deutschland 1977 – '82. Köln 2002.
163 | Dies sowie die Shell-Studie zitiert nach: Lindner, S. 404.
164 | Zahl der arbeitslosen Jugendlichen 1975: 116.000; Winter 1982/83: ca. 200.000; Winter 1987/88: ca. 480.000, vgl. Schildt 2007, S. 64.
165 | Vgl. Doering-Manteuffel, S. 569; Schildt 2007, S. 57.
166 | Vgl. Hornstein, W. et. al.: Situationen und Perspektiven der Jugend. Fünfter Jugendbericht der Bundesregierung. Weinheim, Basel 1982, S. 31, zitiert nach: Lindner, S. 325.
167 | Vgl. Neubauer, Walter: Selbstbilder, Selbstwertgefühle und Lebensentwürfe junger Menschen. In: Markefka/Nave-Herz, S. 519 – 533, hier S. 519.
168 | Vgl. Mezger, Werner: Diskothek und Walkman. In: Bruhn/Oerter/Rösing, S. 390 – 394.

da die Diskogänger kaum in der festen Gruppe, sondern im lockeren Freundesverbund oder alleine dorthin gingen und sich über expressives Tanzen inszenierten.[169] Mit dem Walkman nun gingen Jungen wie Mädchen, wie die *Spiegel*-Fotografien es zeigten, sogar im Alltag gemeinsam, aber durch den jeweiligen Gerätegebrauch voneinander getrennt, umher. Jedoch waren es zugleich vor allem die Jugendlichen, die den Walkman gemeinsam abhörten und die sich dann auch durchaus über die Talk-Line „unterhielten", was die Erwachsenen gleichermaßen irritierte.[170] Allerdings wurde der doppelte Kopfhörer-Anschluss zunehmend seltener.[171]

Hinzu kam, dass die Jugend einen steigenden Musikkonsum aufwies und Musikrichtungen zur Identifikation benutzte, mit denen die Älteren wenig anfangen konnten. In einer Umfrage von 1982 nannten die 15- bis 17-Jährigen das Musikhören als wichtigste Freizeitbeschäftigung, und zwar die männlichen Heranwachsenden zu 67 % und die weiblichen zu 55 %.[172] Die Mediennutzung Jugendlicher wurde vom Kassetten- und Schallplatten-Hören angeführt, dahinter rangierte das Radio; der Fernsehkonsum lag an dritter Stelle, und keine andere Altersgruppe sah so wenig fern wie Teenager.[173] 13- bis 16-Jährige, die in einer medienpädagogischen Studie 1988 befragt wurden, hörten täglich rund 80 Minuten Tonträgermusik und eine Stunde Radio, wobei die Mädchen dieser Studie sogar noch länger hörten.[174] Dies legt eine drastische Ausweitung der Nutzung von Tonträgern nahe, da Ende der 1970er Jahre für die allerdings breiter gefasste Kohorte der 6- bis 17-Jährigen ein monatliches Pensum von ca. 12 Stunden ermittelt worden war. Der Walkman ermöglichte Teenagern, ihre Musik diskret zu hören und die eigene Lieblingsmusik als vertraute Klangkulisse mitzunehmen. Dabei nutzten Mädchen den Walkman weniger oft in mobilen, öffentlichen Situationen als Jungen, hörten dafür aber länger zu Hause.

---

169 | Vgl. Neißer, Horst F.; Mezger, Werner und Verdin, Günter: Jugend in Trance? Diskotheken in Deutschland. Heidelberg 1979; Pausch, Rolf: Diskotheken. Kommunikationsstrukturen als Widerspiegelung gesellschaftlicher Verhältnisse. In: Heister, Hanns-Werner u. a. (Hg.): Segmente der Unterhaltungsindustrie. Frankfurt a. M. 1974, S. 177 – 214.
170 | Als „Alltagsflip" wird dies beschrieben in: Vollbrecht, Ralf: Der Walkman und das Ende der Aufklärung. In: Gottwald, Eckart; Hibbeln, Regina; Lauffer, Jürgen (Hg.): Alte Gesellschaft – Neue Medien. Opladen 1989, S. 101 – 110, hier S. 106.
171 | Von den zwölf in *Stereoplay* 1985 vorgestellten Geräten waren beispielsweise nur zwei damit ausgestattet (*Grundig Beat-Boy 150*, *Toshiba RT-CS 1*), vgl. Steroplay, 1985, H. 12, S. 66 – 77 („Avantgarde. Test Taschenrecorder").
172 | Vgl. Jugend privat. Verwöhnt? Bindungslos? Hedonistisch? Ein Bericht des SINUS-Instituts im Auftrag des Bundesministers für Jugend, Familie und Gesundheit. Opladen 1985, S. 54f (Befragung von 1982).
173 | Vgl. Swoboda, Wolfgang H.: Jugend und Freizeit. Orientierungshilfen für Jugendpolitik und Jugendarbeit. Erkrath 1987, S. 64.
174 | Vgl. Lukesch et al.; Rogge; zur geschlechtsspezifischen Walkman-Aneignung: Baacke, Dieter; Sander, Uwe; Vollbrecht, Ralf (Hg.): Lebenswelten sind Medienwelten. Opladen 1990, S. 89f.

Oft verfolgten Teenager ihre Musik in hoher Lautstärke, so dass nicht mehr nur von einer „Musikberieselung" geredet wurde, sondern von einem an Rausch und Drogenkonsum erinnernden „sich Volldröhnen lassen". Die Rede vom „Dröhnen" spielte auf Musikrichtungen wie Punk und Heavy Metal an, in denen laute Bässe und Schlagzeugbeats zentral waren. Beim Walkman schien die Nähe des Musikkonsums zur Sucht erst recht gegeben, da die Musik ohne räumliche Distanz direkt auf den Gehörsinn wirkte, der daher nach immer mehr verlangen würde – Jugendliche schienen „sound junkies" zu sein, die nach dem Walkman süchtig waren, an dem sie ja auch sichtbar „hingen".[175]

Die Suchtdiskussion fand im Laufe der 1980er Jahre ein reales Gefahrenpotential zu ihrer Unterlegung, denn unter Jugendlichen wurden vermehrt Hörbeeinträchtigungen wie Tinnitus beobachtet, die bereits in den 1970er Jahren mit dem Discobesuch und lautem Rockmusikhören in Verbindung gebracht worden waren.[176] Bei einem Hörtest Mitte der 1980er Jahre gaben 5 % der untersuchten 15- bis 19-Jährigen an, unter Tinnitus zu leiden.[177] Auch der *Test* mahnte, sich zur Vermeidung von Hörschäden nicht mehrere Stunden am Tag mit dem Walkman „volldröhnen" zu lassen.[178] Untersuchungen über mögliche Gesundheitsgefahren kamen zunächst zu keinem eindeutigen Ergebnis.[179] Gefährlich schien, wenn Heranwachsende und junge Erwachsene nach dem Disko-Besuch keine Hörpause einhielten. 1989 untersuchte die Physikalisch-Technische Bundesanstalt (PTB) die Mini-Kassettengeräte:[180] Das Ergebnis machte amtlich, dass übermäßiges Walkmanhören den Hörsinn schädige. Mit den üblichen Zubehör-Kopfhörern wurden Ausgangsschalldruckpegel von 97 bis 103 Dezibel erreicht, für die am Arbeitsplatz ein Gehörschutz vorgeschrieben war. Fast jeder zehnte Jugendliche hatte inzwischen ein beeinträchtigtes Gehör, und die Zahlen stiegen weiter.[181] Die Feststellung

---

175 | Vgl. z. B. Die neue Ärztliche, 21.10.1987 („Berauschte Hörer"); *„sound junkies"* in: Berendt, Joachim-Ernst: Das Dritte Ohr. Vom Hören der Welt. Reinbek 1988, S. 155.
176 | Vgl. FS, H. 23, 1971, S. 762 („Gehörschäden durch Popmusik"); Irion, H.: Gehörschäden durch Musik – Kritische Literaturübersicht. In: Kampf dem Lärm 26, 1979, S. 91 – 100. Tinnitus selbst wurde als spezifisches Krankheitsphänomen gegen Ende der 1970er Jahre virulent.
177 | Vgl. Hellbrück, Jürgen; Schick, August: Zehn Jahre Walkman – Grund zum Feiern oder Anlaß zur Sorge? Oldenburg 1989 (Berichte aus dem Institut zur Erforschung von Mensch-Umwelt-Beziehungen Universität Oldenburg, FB 5 – Psychologie, Nr. 9, April 1989), S. 3.
178 | Vgl. Test, 1987, H. 7, S. 9 („Warnung vor hohen Lautstärken").
179 | Vgl. dies und Folgendes: Esser, Lothar: Hörgewohnheiten beim Benutzen von „Walkman"-Geräten. In: Fortschritte der Akustik: Plenarvorträge und Kurzreferate der 14. Gemeinschaftstagung der Deutschen Arbeitsgemeinschaf: für Akustik. Bad Honnef 1988, S. 613 – 16; Ising, H.; Babisch, W.; Gandert, J.; Scheuermann, B.: Hörschäden bei jugendlichen Berufsanfängern aufgrund von Freizeitlärm und Musik. In: Zeitschrift für Lärmbekämpfung 35, 1988, S. 35 – 41.
180 | Vgl. Test, 1989, H. 10, S. 6 („Gehörschäden befürchtet"); taz, 5.7.1989, S. 2 („Der Walkman macht taub").
181 | Mitte der 1990er Jahre hatten nach einer für das Umweltbundesamt durchgeführten Studie ein Viertel der jungen Männer zwischen 16 und 24 Jahren ein beeinträchtigtes

der hörphysiologischen Gefahr führte jedoch zu keinen wesentlichen, etwa vom VDE geforderten Änderungen im Gerätebau, und lediglich Gebrauchsanweisungen wiesen darauf hin.[182] Die vielen Ängste und negativen Zuschreibungen der 1980er Jahre trafen im Nutzerstereotyp des Walkman hörenden jungen U-Bahn- oder Bahn-Fahrers zusammen, der sich nicht nur per Kopfhörer abkapselte, sondern noch dazu durch das aus diesem hervordringende Zischen von Beats störte. Aufgrund der offenen Bauweise und der oft nur minderwertigen Konstruktionen, die den Taschenrekordern beigefügt wurden, ließen die Walkman-Kopfhörer bei lauter Musik die Umstehenden keineswegs unbehelligt, und vor allem erwachsene Bahngäste fühlten sich bei der Reise oder beim Pendeln durch das „metallene(s) Stampfen aus irgendeiner Ecke des Wagens" belästigt.[183] Der einst als Ermöglichung rücksichtsvollen Hörens vermarktete Kopfhörer wurde, mit einem laut hörenden Jugendlichen verkabelt, gleich doppelt asozial: Dieser kapselte sich nicht nur von der Außenwelt ab, sondern nervte sie noch dazu mit seinen Geräuschen. Gegen Ende der 1980er Jahre häuften sich die Klagen über das Walkmanhören in öffentlichen Verkehrsmitteln, auf die der *Test* beispielsweise reagierte, indem er die Abstrahlung der Kopfhörer nach außen maß.[184] 1970 war das Nutzen von „Tonwiedergabegeräten" in Fahrzeugen und Bahnhöfen in den bundesweit gültigen Beförderungsbedingungen öffentlicher Verkehrsbetriebe untersagt worden; nun starteten die ÖPNV-Verbünde Plakat-Aktionen, die zum rücksichtsvollen Walkmanhören aufforderten oder es ganz verboten.[185] Die Kölner Verkehrsbetriebe benutzten den Spruch „Walkman leise – gute Reise", während andere Betriebe, darunter die Münchner Verkehrsbetriebe, auf eine Karikatur von Ernst Hürlimann zurückgriffen (Abb. 12). Unter dem Titel „Aus dem Walkman tönt es grell – den Nachbarn juckt's im Trommelfell" verdichtete die Zeichnung das zeitgenössische Klischee des rücksichtslosen, jugendlichen U-Bahnfahrers. Ein nachlässig gekleideter junger Mann saß mit gleichgültigem Gesichtsausdruck neben einem ordentlichen Bürger. Während der eine mit geschlossenen Augen seinem Walkman lauschte, las der andere zur Fahrtüberbrückung seine Zeitung, wurde aber durch die abstrahlenden Laute des Walkmans so sehr behelligt, dass er sich

---

Hörvermögen, vgl. Fortschritte der Medizin 113, 1995, Nr. 27, S. 10 („Gehörschäden. Walkman kann mit Kreissäge konkurrieren").
182 | Der VDE regte Lautstärke-Begrenzungen an, die in wenigen Modellen umsetzt wurden, vgl. Test, 1991, H. 12, S. 8 („VDE fordert Lautstärkebegrenzung") u. S. 85 – 88 („Volle Dröhnung – frühe Schäden"); Test, 1997, H. 1, S. 40 – 44 („Meist klingt's nur mäßig").
183 | Vgl. F.A.Z., 4.9.1987, S. D II („Dorn im Ohr").
184 | Vgl. Test, 1989, H. 1, S. 20ff („Besser ohne Radioteil?").
185 | Vgl. für dies und Folgendes: F.A.Z., 23.2.1989, S. DII („Launige Sprüche gegen laute Musik"); Die Zeit, 19.2.1988, S. 68 („Musik in Kleid und Kissen"); Stelzer, Christian: Musik im Kopf. Der Walkman verändert Hörgewohnheiten. In: Medien und Erziehung 1988, H. 2, S. 68 – 74, hier S. 73. Ganz verboten wurde der Walkman z. B. 1988 bei den Hannoverschen Verkehrsbetrieben.

**AUS DEM WALKMAN TÖNT ES GRELL-
DEN NACHBARN JUCKT'S IM TROMMELFELL**

Abb. 12: Plakat des Münchner MVV, das im weiteren Text dazu auffordert, den Walkman so einzustellen, „daß andere Fahrgäste nichts hören" (MVV München/Ernst Hürlimann).

ein Ohr zuhalten musste. Noch übler erging es seinem Hund, der angesichts der schrägen Töne dicke Tränen weinte.

Die Zeichnung repräsentiert zugleich die problematischen, mit dem Walkman-Gebrauch einhergehenden Raumordnungen im Öffentlichen, die das Gefüge tradierter Verhaltensweisen der Interaktion durcheinander brachten und anders strukturierten. Die Lektüre wurde bereits vom Eisenbahnreisenden des 19. Jahrhunderts ausgeübt, um sich von den fremden Mitreisenden, mit denen man kaum mehr sprach, lesend abzukapseln.[186] In Massenverkehrsmitteln haben sich seitdem subtile Körperhaltungen und Blickordnungen herausgebildet, mit denen sich der Einzelne zumindest teilweise dem sozialen Kontakt mit den nahen, aber fremden Anderen entzieht: Man schaut aus dem Fenster heraus oder richtet den Blick auf den Boden und weicht sich kreuzenden Blicken nach gewisser Zeit aus. Die aufgeschlagene Zeitung lässt zu, was sonst nur das Dösen ermöglicht: Die großformatige Papierwand schützt den Zeitungsleser vor der Allgegenwart zudringlicher Blicke und schafft Privatheit. Im Bereich des Visuellen ist es einerseits schwer, solche geschützten Privaträume zu kreieren. Andererseits wird aber auch nur das wahrgenommen, was im Augen-

---

186 | Vgl. Schivelbusch, S. 40ff.

winkel liegt. Demgegenüber war der akustische Sinn vor der Verbreitung des Kopfhörers „überindividualistisch": „was in einem Raume vorgeht, müssen eben alle hören, die in ihm sind, und daß der Eine es aufnimmt, nimmt es dem Andern nicht fort", beschrieb Simmel diese kollektive Verfügungsgewalt über die akustische Sphäre.[187] Eben diese unterhebelte der Walkmanhörer: Er hörte, was andere nicht hörten, verschloss den eigenen Hörsinn für die zuvor stets kollektiv geteilte akustische Sphäre und mutete im Falle des zu laut eingestellten Walkmans den anderen auch noch das für diese unausweichliche Anhören unangenehmer Gerätegeräusche zu. Der Walkman-Nutzer des ÖPNV-Plakats kappte darüber hinaus auch die visuelle Kontaktschnur zur Außenwelt, so dass Umstehende mit ihm nicht mehr gemäß den Regeln der Höflichkeit – über längeres Anblicken oder höfliches Ansprechen – interagieren konnten. Interessanterweise brachten selbst jene Walkmanhörer, die ihre Augen offen hielten, Unordnung in die geltenden Blickregimes: Der Gesichtsausdruck des versunkenen Hörers, der im Wohnzimmersessel als ein Abschalten vom Alltag adäquat gewesen wäre, wurde in mobilen Situationen, die ja auch einen gewissen Aufmerksamkeitspegel erfordern, als paralysiert und ausdruckslos empfunden. Er unterstrich den Eindruck, dass der Walkmanhörer nicht angesprochen werden wollte – und war oft auch so gemeint, ebenso wie der personalisierte Hörraum dem Walkman-Nutzer dazu diente, die Nähe anderer fernzuhalten. Auch in Marc Augés berühmter ethnologischer Studie über die Pariser Metro-Fahrer fehlte der Typ des jugendlichen Walkman-Nutzers nicht, der verschleiert dreinblickte und nur mit Mühe sein rhythmisches Körperzucken unterdrückte.[188]

Solche Walkmanhörer gehörten seit den 1980er Jahren zur urbanen Kultur. In den heftigen Wogen während der Ausbreitung des Walkmans, als das Gerät als eine soziale wie psychologische Gefahr angesehen wurde, galten sie als Autisten, denen jeglicher Bezug zum Empfinden der Mitbürger fehlte. Das Stereotyp des jugendlichen Walkman-Autisten diente Intellektuellen, Pädagogen und erwachsenen Walkman-Gegnern dabei gleichermaßen dazu, die Jugendkultur zu kritisieren, den anwachsenden Medienkonsum anzuprangern und die Individualisierung der Gesellschaft als eine atomistische Abkapslung, gar einen autistischen Rückzug aus der Gesellschaft anzukreiden. Mit der Normalisierung des mobilen Kopfhörer-Gebrauchs seit Ende der 1980er Jahre blieb die Figur zwar – wie der spätere, an „unangemessener" Stelle telefonierende Handy-Besitzer – ein öffentliches Ärgernis, verlor aber die weiteren negativen Zuschreibungen.

---

187 | Vgl. Simmel 1992, S. S. 730.
188 | Vgl. Augé, Marc: Ein Ethnologe in der Metro. Frankfurt a. M., New York 1988, S. 51.

4.3. Vom „Autismus" zur „Autonomie": Der Kopfhörer als portabler Schutz- und Entspannungsraum

Seit der zweiten Hälfte der 1980er Jahre verlagerte sich die Bewertung des mobil getragenen Kopfhörers zunehmend vom Zeichen für eine asoziale Abkapselung hin zum Zeichen für die Autonomie des Einzelnen. Zum Nutzerstereotyp des jugendlichen Walkman-Autisten gesellte sich das positiv belegte Stereotyp des dynamisch-zielstrebigen, jung gebliebenen oder jungen Joggers. Ausschlaggebend hierfür waren neben einer veränderten Bewertung von Mobilität und Individualität die Ausdifferenzierung des Walkman-Angebots, die Re-Integration von Tuner- und Aufnahmefeatures in die Geräte, ihre zunehmende HiFi-Tauglichkeit sowie die 1985 aufkommenden portablen CD-Player bzw. „Discmans". Walkman-Nutzer verwirklichten mit ihren Geräten vielfältige und unvorhergesehene, stationäre wie mobile Verwendungen, und auf Dauer bürgerte sich der mobile Kopfhörer-Einsatz ein, um sich über den akustischen Eigenraum eine Entspannungspause im hektischen Alltag und eine emotionale Schutzhülle in der Fremde einzurichten. Dieser Wandel der Nutzerkulturen und der Bedeutungen des Walkmans wird im Folgenden verfolgt.

Die „feine Art des Musikhörens": Walk- und Discmans für Klangpuristen

„Das Blatt hat sich gewendet. Wegen der erstaunlichen Klangqualität der Taschenrecorder wagen sich zunehmend auch gesittete Erwachsene damit in die Öffentlichkeit, zumal diese feine Art des Musikhörens die Umwelt nicht belästigt",[189] proklamierte die HiFi-Zeitschrift *Stereoplay* 1985. Sie wertete damit das Walkmanhören gleich mehrfach um: Es entsprach HiFi-Ansprüchen und wurde nun sogar zur „feinen Art" des Hörens, die die Bedürfnisse der Mitmenschen respektiere. Viele Erwachsene mussten jedoch erst eine Hemmschwelle überwinden, ehe sie draußen einen Kopfhörer aufsetzten. „Zugegeben, es gehört schon ein bisschen Mut dazu, als nicht mehr Jugendlicher auf der Straße oder in einem öffentlichen Verkehrsmittel mit Kassettenplayer und Mini-Kopfhörer aufzutreten", meinte etwa ein *Funkschau*-Autor 1984 im ersten ausführlichen Walkman-Test dieser Zeitschrift.[190] Bei der Überwindung der Scheu halfen exklusive Walkman-Modelle, die seriös oder gar luxuriös wirkten.

Mitte der 1980er Jahre konnte der Käufer unter 388 Walkman-Modellen wählen, die unter 73 Markennamen vertrieben wurden, 1988 unter 568 Mo-

---

189 | Vgl. Stereoplay, 1985, H. 12, S. 66 – 77 („Avantgarde. Test Taschenrecorder"), hier S. 67.
190 | Vgl. FS, 1984, H. 16, S. 29 – 31 („Gebrauchstest: tragbare Kassettenspieler. Jeder ein Meister auf seine Art"), hier S. 29.

dellen bei 71 Marken.[191] Die Preisspanne reichte von 30 DM bis zu 850 DM, und nur jeder zwanzigste Käufer gab mehr als 200 DM aus.[192] In Oberklasse-Geräten waren schon Mitte der 1980er Jahre Features wie Autoreverse, Dolby-Schaltungen, Bandsortenwähler und Graphic Equalizer aus dem HiFi-Anlagenbau Standard. Die Gleichlaufschwankungen näherten sich den Festlegungen der HiFi-Norm an oder erfüllten diese. Fernbedienungseinheiten im Kopfhörerkabel ermöglichten das körpernahe Steuern des Geräts ohne ein umständliches Suchen in der (Kleidungs-)Tasche; dieses Feature war in Japan eingeführt worden, um das Bedienen in überfüllten U-Bahnen zu ermöglichen. Neben den Bügelkopfhörern wurden wieder im Gehörgang einzuhängende Knopfhörer, allerdings nun in Stereoausführung, angeboten, welche jenen Erwachsenen die Benutzung des Walkmans erleichterten, die vor der deutlichen Sichtbarkeit des Kopfhörers zurückschreckten. Da die Walkmans meist nur mit Kopfhörern minderer Qualität ausgeliefert wurden, schafften viele Nutzer sich einen separaten Kopfhörer an.

Die Oberklasse-Geräte wurden nicht nur als passende Geräte für „Klangpuristen" beschrieben; sie wurden sogar mit der häuslichen Anlage gleichgesetzt.[193] Hingegen hatte beispielsweise die HiFi-Zeitschrift *Stereoplay* in ihrem Test von 1983 Walkmans lediglich als Urlaubsbegleiter vorgestellt, mit deren Hilfe man in der Ferne nicht auf die Stereoanlage verzichten müsse.[194] Nun wurden sie als vollwertige Alternative für das häusliche HiFi-Hören konstruiert. Gehobene Modelle wie der *Sony WM-6* wurden mit einem Anschlusskabel für die stationäre Anlage geliefert, um dann über die häuslichen Boxen abgespielt zu werden.[195] Außerdem boten einige Produzenten ähnliche modulare Systeme wie für das frühere Taschenradio an, bei denen der Walkman für den stationären Gebrauch in ein Stereo-Lautsprechergehäuse eingeschoben wurde.

Die Audiopresse zeigte sich von der nun einsetzenden Miniaturisierung der Walkmans begeistert. So wie die Funkfachpresse der 1950er Jahre die Gehäuse der Radioportables für den fachkundigen Blick geöffnet hatte, präsentierte *Stereoplay* den Lesern Fotografien des vom Gehäuse freigelegten technischen Innenlebens des Walkmans, auch wenn dieses kaum mehr Einzelheiten erkennen ließ. Nichts eigne sich „für das Kind im Manne besser als

---

191 | Zahl nach: Andresen, S. 191f (Quelle: GfK Handelsforschung 1989, Strukturanalyse Sortiment: RFP/Elektro-FachEH). Sanderson/Uzumeri identifizierten durch eine Zeitungsanalyse von Werbeanzeigen für den Zeitraum 1980 bis 1991 mehr als 550 Walkman-Modelle auf dem amerikanischen Markt.
192 | Vgl. Test, 1985, H. 11, S. 62 – 67 („Manche lassen aufhorchen"); siehe auch DM, 1985, H. 6, S. 44 – 49 („Walkman. Musikalische Bo(o)tschaft").
193 | Für den Klangpuristen vgl. Stereoplay, 1985, H. 12, S. 66 – 77 („Avantgarde. Test Taschenrecorder"). Vergleich mit Heimanlagen in: Hobby, 1985, H. 9, S. 44 – 46 („Walkmen 85: Ein Klang – da legst' dich lang").
194 | Vgl. Stereoplay, 1983, H. 7, S. 38 – 47 („Urlaubsreif").
195 | Dem Modell bescheinigte Stereoplay, an die Stelle des häuslichen Tapedecks treten zu können, vgl. Stereoplay, 1985, H. 5, S. 40 – 45 („Puppenspieler"), hier S. 45.

die putzige Technik" der Walkmans, resümierte die Zeitschrift. Gleichzeitig wurde jedoch noch eingestanden, dass „HiFi-Puristen" über die Taschenrekorder „natürlich" die Nase rümpfen würden. Die Generationengrenze zwischen HiFi-Fans der Klassik- und solchen der Rockszene war inzwischen überwunden. In den praktischen Hörtests der Audiojournale wurde eine Kassette von Eric Clapton oder Sting ebenso eingelegt wie klassische Musikstücke, die sich vorzüglich für die Prüfung des Bandrauschens und Gleichlaufs eigneten. Die Aufweichungen der generationalen Hörkulturen usurpierend, leitete die *Stereoplay* einen Walkman-Test gar mit der rhetorischen Frage ein: „Der Sohn will Klassik hören, der Vater lieber Rockmusik?"[196] Im Beitrag selbst wurde der Walkman schließlich als Möglichkeit vorgestellt, die in einer Familie vorherrschenden individuellen Hörwünsche zu erfüllen, wobei die weiblichen Familienmitglieder – vor allem Mädchen hörten ja schließlich zu Hause Walkman – unerwähnt blieben. Die HiFi-Kultur war nach wie vor männlich geprägt und hob auf Technikkompetenz ab, wobei die Beschreibung der technischen Parameter hoch erotisch bis sexistisch aufgeladen war, wenn beispielsweise Tonhöhen als „scharf" und Bässe als „bumsig" beschrieben wurden.[197]

Ein „neues HiFi-Zeitalter" brach mit dem Discman an.[198] Die von Sony und Philips entwickelte Compact Disc, die ausreichend Speicherkapazität für eine große Symphonie hatte, war 1981 in einem als PR-Coup angelegten Konzert von Herbert von Karajan in Salzburg präsentiert worden. Sie galt aufgrund ihrer digitalen Technik als perfektes, naturgetreues Wiedergabemedium.[199] Stationäre CD-Player waren im Herbst 1982 erhältlich, und bereits mit der zweiten Geräte-Generation folgten auch tragbare Varianten. Sony hatte seinen Discman im Oktober 1984 in Tokio präsentiert, und auf der folgenden Internationalen Funkausstellung (1985) führten beinahe alle namhaften Hi-Fi-Gerätehersteller einen portablen CD-Player vor. „Da geraten selbst abgebrühte Männer ins Träumen", urteilte die *Stereoplay* 1985 über den *Sony D-50* und bestaunte die Miniaturisierung, die Klanggüte sowie den Preis von „bescheiden(en) 1000 Mark".[200] Das Gerät war 12,7 x 3,7 x 13,33 cm groß, hatte ein schwarz-silbriges Gehäuse, eine LCD-Anzeige für Titelnummer- und Laufzeit-Angabe und konnte über ein Netzteil an der Steckdose, über den automobilen Zigarettenanzünder an der Autobatterie sowie mit Monozellen betrieben werden, die allerdings in einem separaten Gehäuse untergebracht

---

196 | Vgl. Stereoplay, 1985, H. 12, S. 66 – 77 („Avantgarde. Test Taschenrecorder"), hier S. 66.
197 | Vgl. Stereoplay, 1985, H. 5, S. 40 – 45 („Puppenspieler"), hier S. 41.
198 | Vgl. Stereoplay, 1985, H. 2, S. 24 – 26 („Bahnbrechend").
199 | Vgl. Wolff; F.A.Z., 16.4.1981, S. 16 („Der Maestro ist dankbar für die neue Technik"). Allerdings kritisierten manche HiFi-Adepten sehr wohl die „digitale Klangästhetik" der CD; in den von mir durchgesehenen Audiomagazinen überwog die Gleichsetzung von digitaler mit perfekter Wiedergabe.
200 | Vgl. Stereoplay, 1985, H. 2, S. 24 – 26 („Bahnbrechend"), hier S. 24.

waren. Als Nutzer zeigte die Zeitschrift *Stereoplay* einen jungen Mann in Anzug und Krawatte, der im 1. Klasse-Zugabteil saß, offensichtlich ein viel reisender Yuppie war und den Discman in der Hand hielt. Im Gegensatz zu den zunächst angefeindeten Walkmans eigneten sich die Discmans von Beginn an ohne Probleme als Statussymbol für Yuppies ebenso wie für eingefleischte HiFi-Anhänger der älteren Generation. So urteilte das Magazin *HiFiVision*, die Discmans seien „Walkmans" für „gesetztere HiFi-Fans"; im Gegensatz zu den „Taschenplärrern der Teenies", bei denen die Markierungen eines Magnetbandes „erschnüffelt" würden, registriere „bei Zeitgenossen mit höheren Ansprüchen ein Laserstrahl die Vertiefungen hinlänglich bekannter Silberscheiben".[201] Der Discman hatte die technischen Schwächen des Walkmans gelöst, soweit diese den HiFi-Sound betrafen, und wurde sofort als vollwertiger Ersatz für den stationären CD-Player angesehen – ein entsprechendes Kabel für den Anschluss an die häusliche Anlage wurde von Anfang an mitgeliefert.[202] Als Käufer nannte die *Funkschau* 1987 die „betuchteren Fans und ‚Innovations-Freaks'",[203] die mit den Geräten immer auch ihren Sinn für das anspruchsvolle Hören markierten, denn die Lasertechnik wurde als Garant für die bestmögliche Wiedergabe gesehen.

Die Mobilisierung des Discmans blieb hingegen hinter dem Walkman zurück. Zwar wurde das anfangs rund 1,2 kg schwere Gerät – die Hälfte davon entfiel auf die Akkusätze – mit Tragegurten oder Kunststoff-Trageboxen transportabel gestaltet; er eignete sich aber keinesfalls für einen Schritt und Tritt begleitenden Einsatz. Aufgrund der stoß- und lageempfindlichen Laserabtastung vertrugen die Discmans allerhöchstens einen zaghaften Spaziergang – vorausgesetzt, man brachte das Gerät nicht in allzu große Schräglagen. Für das Joggen waren erst die Discmans der 1990er Jahre geeignet, in denen Fehler korrigierende Zwischenspeicher eingebaut wurden. Nichtsdestoweniger wurden die Geräte über PR-Fotos vermarktet, welche Fortbewegungssituationen zeigten, die nur bei großer Achtsamkeit mit der Technik kompatibel waren: So sah man Spaziergänger, aber auch alltägliche Fußgänger auf der Straße.[204] Außerdem wurden gänzlich unmobile Nutzungen vorgeschlagen, und zwar häusliche wie solche am Arbeitsplatz, die deutliche Parallelen zu den frühen Werbe- und PR-Bildern des Walkmans sowie des Radioportables aufweisen: Die Musik aus dem Discman begleitete das Briefeschreiben oder das Tippen an der Schreibmaschine, eine Frau nutzte den Discman am Büroarbeitsplatz, ein „gesetzterer HiFi-Fan" hörte Discman während des Kochens – was allerdings eher als ein Hobby denn als eine häusliche Pflicht, wie im Falle der Radio hörenden Hausfrau der 1960er Jahre, dargestellt wurde –, und schließlich hörte ein Paar über zwei Kopfhörer gemeinsam am Discman. Des Weiteren wurde der Betrieb im Auto geschildert, auch wenn die frühen

---

201 | Vgl. HiFiVision, H. 1, 1986, S. 44 – 50 („Völlig losgelöst."), hier S. 46.
202 | Vgl. Audio, 1985, H. 1, S. 6 – 9 („Budenzauber").
203 | Vgl. FS, 1987, H. 9, S. 32 – 34 („Discmänner contra Walkmänner"), hier S. 32.
204 | Vgl. dies und Folgendes: Stereo, 1986, H. 2, S. 6 – 8 („Universalgenie").

Discmans wegen der Erschütterungen im Auto der Kassette technisch unterlegen waren. Abgespielt wurde der Discman dann über die Lautsprecher der Auto-Musikanlage. Manche Modelle sahen für den automobilen Betrieb eigene Halterungen vor; der *Philips CD 10* unterbrach für Verkehrsfunkdurchsagen sogar die Musikwiedergabe. Häufig wurden auch Digital-Analog-Umwandler genutzt, die – zwischen Discman und Auto-Kassettenrekorder geschaltet – in Form einer Kassette in den Rekorder geschoben werden konnten und den digitalen Ton als analogen Kassettensound wiedergaben.

Schon Anfang der 1990er Jahre waren Discmans für unter 200 DM erhältlich. Die von *DM* 1991 getesteten Geräte kosteten zwischen 250 und 800 DM, die vom *Test* 1995 begutachteten Geräte zwischen 180 und 700 DM.[205] Allerdings verursachte die mobile Hörstunde rund 40 Pf Batteriekosten. Discmans ergänzten die häusliche Anlage, wenn diese keinen CD-Player hatte; viele Modelle hatten hierzu sogar eine separate Fernbedienung. Sie wurden für das HiFi-Hören im Urlaub, im Hotel oder im Wochenendhaus sowie für das mobile Hören in Flugzeug, Bahn oder Auto verwendet. 1987 wurden in der BRD mehr CD-Player als Plattenspieler abgesetzt (970.000 gegenüber 680.000 verkauften Exemplaren), und jeder dritte verkaufte CD-Player von Mitte der 1990er Jahre war ein tragbares Modell.[206]

Im Vergleich zu Walkmans blieben Discmans dennoch zunächst eine gehobene Ausstattung, worauf auch die seriösen, schwarz-silbrigen und kantigen Gehäusedesigns der 300 bis 600 g schweren Geräte verwiesen. Der „Reisende von Welt", der zwischen Europa, Tokio und den USA hin- und her jette, habe, so hieß es beispielsweise in der *DM,* seine Lieblingsplatte als CD im Gepäck, die „auf Tour wie zu Hause von der HiFi-Anlage im besten Sound" gehört werden könne.[207] Angebote für Jogger und Spaß-Designs für Heranwachsende folgten erst Mitte der 1990er Jahre,[208] wodurch der Discman sein männliches, gehobenes Image einbüßte. Im Jahr 2000 hatten laut Media Analyse 17,1 % der Haushalte einen tragbaren CD-Player, 68 % besaßen einen CD-Player in einer Stereoanlage; immerhin noch 10,8 % hatten einen Walkman mit einem Radioteil und weitere 27,5 % einen Walkman ohne Radio,[209] obwohl die Kassettentechnik inzwischen als überholt galt.

---

205 | Vgl. DM, 1991, H. 12, S. 58 – 61 („,Walk, Don't Run': tragbar CD-Player"); Test, 1995, H. 1, S. 48 – 51 („Schwachpunkt Kopfhörer").
206 | Zahl von 1987 nach Wiesinger, S. 84 (Quelle: GfK/gfu); Anteil Discmans nach Test, 1995, H. 1, S. 48 – 51 („Schwachpunkt Kopfhörer").
207 | Vgl. DM, 1991, H. 12, S. 58 – 61 („,Walk, Don't Run': tragbare CD-Player"), hier S. 58.
208 | Ein erster Schritt in diese Richtung wurde laut Kunkel mit dem *Sony Baby Discman* von 1994 gemacht, der mit einer Kleinst-CD (8 cm Durchmesser) betrieben wurde.
209 | Vgl. Mediendaten Südwest (Hg.): Basisdaten Medien. Baden-Württemberg 2000. Baden-Baden 2000, S. 5 (Quelle: Media-Analyse 2000).

Jugendlicher Walkman-Gebrauch am Ende der 1980er Jahre

In der zweiten Hälfte der 1980er Jahre wurde der Walkman zur Standardausstattung des westdeutschen Jugendlichen. Rund 40 bis 60 % der Teenager besaßen ein solches Gerät, und bald fiel derjenige auf, der keines hatte.[210] Allerdings war auch die Ausstattung mit weiteren Musikgeräten angestiegen und lag im Falle des Radiorekorders weiterhin höher als der Walkman-Besitz. Von den 1988 in einer südostbayerischen Studie untersuchten 13 bis 16 jährigen Schülern hatten 70 % einen Radiorekorder, 63 % einen Kassettenrekorder und rund 62 % ein Radio.[211] Einen Walkman, der die Wunschliste anführte, hatten 43,1 % und einen Plattenspieler 45,4 %, wobei die Mädchen häufiger einen Walkman als einen Plattenspieler besaßen. 28,5 % verfügten außerdem über ein Schwarz-Weiß- und 13,5 % über ein Farbfernsehgerät. Der Walkman-Gebrauch war fest im Jugendalltag verwurzelt, erfuhr zwar weiterhin Kritik, aber wurde von den Erwachsenen ausgewogener als zuvor bewertet. Dies lag zum einen daran, dass inzwischen auch mit einem Walkman ausgerüstete Erwachsene das Stadtbild prägten; zum anderen trugen auch veränderte Mentalitäten dazu bei: Agonie und Pessimismus waren ebenso wie ein vom individuellen Konsum bestimmter Lebensstil in den 1980er Jahren kein jugendliches Phänomen verblieben; außerdem reichte auch das Spektrum der Befindlichkeiten Jugendlicher vom pessimistischen „Null Bock"-Gefühl, dessen Auftauchen in neuen Subkulturen um 1980 die Erwachsenenwelt zunächst massiv irritiert hatte, bis hin zum karriereorientierten Optimismus. Erste medienpädagogische Nutzungsstudien sowie psychologisch-kulturwissenschaftliche Aufarbeitungen versuchten nun eine differenzierte Betrachtung und Interpretation sowohl der jugendlichen als auch der erwachsenen Walkman-Nutzung.[212]

Teenager fanden in solchen Studien ein Sprachrohr, um über ihre Erfahrungen mit dem Walkman, die über puren Musikgenuss und Abkapselung weit hinausgingen, zu berichten:[213] „Weil, ich hab' dann doch meine eigene Welt irgendwie, ich seh's anders und hör's anders und fühl' mich stärker", beschrieb beispielsweise die 16 jährige Schülerin Sandra ihr „Walkman-Gefühl". Sie nutzte den Walkman unter anderem auf dem morgendlichen Fußweg zur Schule, den sie ohnehin nicht mehr wie früher gemeinsam mit anderen Schulfreunden, sondern allein antrat. Das Stärkegefühl erklärte sie damit, dass sie nicht mehr auf potentielle, sie verunsichernde Ansprachen unterwegs reagieren müsse. Zugleich nutzte sie den Walkman, um sich zu entspannen,

---

210 | Vgl. Vollbrecht, S. 106.
211 | Vgl. Lukesch et al., S. 49 – 55.
212 | Vgl. z. B. Stelzer; Schnoor, Detlev: Wenn die Welt zum Stummfilm wird. Der Walkman und der Wunsch nach Bildern. In: Medien und Erziehung, 1988, H. 2, S. 75 – 77; Schönhammer 1988; Heinze, Theodor T.: Spektakel unterm Kopfhörer. Zur Psychologie collagierten Klanges. In: Psychologie und Geschichte 2, 1991, S. 150 – 158.
213 | Folgende Zitate aus: Weber, Klaus Heiner: Knopf im Ohr und Bässe im Bauch. Jugendkultur und Kultgegenstand: der Walkman. In: medien praktisch, 1992, H. 2, S. 33 – 35, hier S. 33, sowie Stelzer, S. 70f.

wenn sie genervt war, oder als Muntermacher, wenn sie „am Abbauen" war. Sonys eigene Marktforscher sprachen vom Walkman als Schmuse- oder Kuscheldecke,[214] um zu beschreiben, dass für Jüngere und Heranwachsende der Walkman eine emotionale Hülle darstellte, in der sie sich sicher und wohl fühlten. In der Adoleszenz half das Gerät dabei, die Unsicherheiten dieser Lebensphase abzufedern. Die Verlässlichkeit des Walkmans als emotionaler Stabilisator in treffenden Worten resümierend, stellte beispielsweise ein Junge fest: „Meine Freundin kann mich verlassen, mein Walkman nie", was zugleich die starke Integration des Walkmans in das Ich-Verständnis der Jugendlichen zeigte. Bernhard, ein Auszubildender von 18 Jahren, schilderte, das schönste am Walkman sei, „daß man halt die Musik immer mit hat und dadurch jede Situation interessant wird"; zudem sei der Sound besser als jener zu Hause und der Kopfhörer ermögliche ein besseres Hören der Klangeffekte. Andere beschrieben den Geschwindigkeitsrausch mit Walkman. Ein Student berichtete über das Radfahren: „Ich weiß, daß ich mit Walkman den Berg schneller runterfahre, weil die Geschwindigkeit zu einem Gefühl wird. Man sieht die Geschwindigkeit nicht mehr als Gefahr, sondern als Teil der Musik." Auch das Schaffen eines akustischen Eigenraums durch die Kopfhörer-Musik wurde von Jugendlichen gezielt betrieben, was ein Student mit der Knopfdruck-Metapher beschrieb: Das Ein- und Ausschalten des Walkmans sah er als ein „Ein- und Ausklinken" aus dem Alltag: „Ich geh' da in meine Welt hinein – und wenn ich mich ausklinke (gemeint war das Ausklinken aus der Musikwelt, H. W.), dann bin ich wieder da und kann mit den Leuten reden und mich unterhalten."

Walkman hörende Jugendliche waren deswegen keinesfalls Autisten, was die Nutzungsstudien nun herausarbeiteten. Sie suchten weiterhin Gesellschaft und verbrachten ihre Freizeit am liebsten mit dem Partner oder mit Freunden.[215] Eine an nordrhein-westfälischen Schulen 1987 durchgeführte Befragung verwies ausdrücklich darauf, dass die Walkman-Nutzer nicht zwangsläufig die passiveren Jugendlichen seien: Verglichen mit den Nicht-Walkman-Besitzern der Studie fotografierten sie etwas häufiger, schrieben eher Tagebuch und Briefe und trieben sogar mehr Sport. 62,6 % der in dieser Studie befragten Schüler hatten einen Walkman, wobei die Zahl für die Großstadtjugend höher lag als für die Landjugend (70,4 % und 61,2 %). Weiterhin hörten Teenager ab und an zu Zweit am Walkman, was, als doppelte Anschlüsse seltener waren, durch ein Teilen der Hörknöpfe praktiziert wurde. Das Teilen der Walkman-Musik bedeutete, dem Freund bzw. der Freundin Einlass in die eigene Gefühlswelt zu gewähren, wie es der Teenager-Kultfilm „La Boum" schon 1980 auf der Leinwand vorgeführt hatte:[216] Im Gewühl der Diskothek setzte ein

---

214 | Vgl. Stelzer.
215 | Vgl. Lukesch et al.; es wurden 13- bis 16 jährige Schüler untersucht.
216 | Vgl. La Boum (dt. Titel: Die Fete – Eltern unerwünscht), Frankreich 1980, Regie: Claude Pinoteau. Der Film lief auch im westdeutschen Fernsehen.

Junge der Angebeteten seinen Walkman auf, der nur ihr den Song „Dreams are my reality" zu Gehör brachte. Im Vergleich zu den Dekaden zuvor verbrachten Jugendliche allerdings weniger Zeit in den Gemeinschaftsräumen der Familie, sondern mehr Zeit außer Haus sowie im technisch gut ausgerüsteten eigenen Zimmer. Den Walkman benutzten sie dabei sowohl zu Hause wie unterwegs – und zwar in einer Vielzahl von Nutzungssituationen:[217] 59,9 % der in einer Nutzungsstudie Befragten stimmten der Aussage zu, sie würden ihr Gerät verwenden, um allein durch den Ort zu gehen; 33,1 % fuhren damit Fahrrad, 36 % hörten Walkman, wenn sie „auf der faulen Haut" lagen und 27,8 %, wenn sie „nichts" zu tun hatten. 23,1 % bestätigten, vor dem Einschlafen Walkman zu hören, und 16,6 % setzten das Gerät auf, wenn sie zu Hause allein sein wollten. Außerdem wurden die Walkmans wie zuvor die Kassettenrekorder für das Vokabelpauken oder das Memorieren von Prüfungswissen benutzt. Die Mädchen hörten auch in dieser Studie häufiger als Jungen zu Hause Walkman, was aber auch damit zusammen hing, dass sie seltener als Jungen eine Stereoanlage besaßen und der Walkman auch deren Funktion übernahm.

Walkman und Kopfhörer am Ende des 20. Jahrhunderts

In der Hand der Nutzer entwickelte sich der Walkman zu einem Gerät, das wesentlich mehr Zwecken diente als nur der Mobilisierung des einst häuslichen Stereohörens durch den Fußgänger. Die vielseitigen Nutzungsmöglichkeiten von Walkman und Kopfhörer-Musik, welche die Anwender praktizierten, klangen im *Test* erstmals 1983 an: Der Walkman wurde als „Alleinunterhalter" für unterwegs, als „Gedächtnisstütze" für den Büroalltag und als häuslicher „Stereoersatz" beschrieben.[218] Durch die Re-Integration von Radio- und Aufnahmefunktionen wurden auch seitens der Produzenten über die expliziten Musikliebhaber hinaus weitere Nutzergruppen angesprochen, die das Gerät ähnlich vielseitig wie zuvor den Radiorekorder verwendeten. Der Erfolg des multifunktionalen Walkmans bestätigte damit ex post die Skepsis der westdeutschen Branche gegenüber dem reinen Kopfhörerwiedergabe-Gerät.

Nach „Schicki-Micki"-Männern und Jugendlichen waren es die Jogger, die im Stadtbild als neue Walkman-Nutzergruppe auffällig wurden.[219] Das Jogging war als eine männliche, im städtischen Raum ausgeübte Sportart in den USA aufgekommen. Der allein laufende City-Jogger löste in der BRD im Laufe der 1980er Jahre den „Dauerlauf" ab, der im vorstädtischen Wald oder auf dort angelegten „Trimm-Dich"-Pfaden zumeist im Freundes- oder Familienkreis praktiziert worden war.[220] Dabei nahm seit den 1970er Jahren

---

217 | Vgl. Baacke et al., S. 89f.
218 | Vgl. Test, 1983, H. 11, S. 34 – 41 („Guter Sound hat seinen Preis").
219 | Vgl. z. B. F.A.Z., 22.6.1987 („Klein – aber oho").
220 | So bildeten die zeitgenössischen Laufratgeberbücher vornehmlich im Wald laufende Familien oder Freunde ab, vgl. z. B. Wöllzenmüller.

generell das Ausüben von Sport als Freizeitbetätigung zu, was auch daran lag, dass körperlich schwere Arbeiten zugunsten von Büro- und Servicearbeiten zurückgegangen waren.[221] Mitte der 1980er Jahre berücksichtigten auch die HiFi- und die Verbraucherpresse den Jogger als potentiellen Walkman-Nutzer; für *HiFiVision* beispielsweise testete ein durch den Münchener Englischen Garten trabender Läufer Geräte des oberen Preissegmentes von 300 bis 500 DM.[222] Walkman wie spezielle High-Tech-Sportbekleidung wurden für viele Sportler in der Folgezeit zur Grundausrüstung für die Körperbewegung. Musik gehörte in jedes Fitnesscenter. Der eigene Kopfhörer kann inzwischen an Hörstationen am Laufband eingeklinkt werden, und die mögliche Leistungsverbesserung durch den Einsatz von Musik als Sportanimateur ist sportwissenschaftlich bewiesen, da ein auf den Körper abgestimmter Takt den Jogger entspannter und gleichmäßiger laufen lässt.[223]

Spätestens Ende der 1980er Jahre war der Walkman ein normaler Bestandteil im Alltag der Bundesbürger. 1989 ersetzte das Statistische Bundesamt innerhalb des so genannten Warenkorbes, mit dem anhand ausgewählter Konsumprodukte der Preisindex der Lebenshaltung ermittelt wird, den Kassettenrekorder durch den Walkman.[224] Der *Test* stellte zur gleichen Zeit fest, dass Erwachsene den Walkman als „tönenden Weggefährten" beim Joggen schätzen, selbst „akkurat gekleidete Geschäftsleute" sich von der Kopfhörer-Musik berieseln ließen und manche Nutzer auch Lernkassetten oder Hörspiele in den Walkman legten.[225] Bereits ein Jahr zuvor hatte der *Test* seinen Gerätebericht mit einem Foto illustriert, das auf die Walkman-Nutzung vom Kleinkind bis zur Oma anspielte.[226] Geschäftsreisende nutzten das Gerät für das Diktat unterwegs, und der Spekulant wollte möglicherweise auch „per Radioteil über den jüngsten Börsenkrach" informiert sein.[227] Auch in Arbeitskontexten abseits der Geschäftsreise tauchte der Walkman auf. An lärmintensiven Arbeitsplätzen nutzten Arbeiter den Walkman, um den vorherrschenden Geräuschpegel mit der eigenen Musik zu übertönen.[228] Wie das Radiohören, so war auch das Tragen eines Walkmans am Arbeitsplatz in der BRD nicht per se

---

221 | Vgl. Schildt 2007, S. 42.
222 | Vgl. für das Nutzerbild des Joggers: Audio, 1988, H. 5, S. 66 – 70 („Mitläufer. Test: Tragbare Cassettenspieler"); HiFiVision, 1986, H. 6, S. 26 – 33 („Lauf-Werk. Der Minirecordertest").
223 | Das Ratgeberhandbuch „Go. Laufen mit Musik" wartete mit konkreten Musikbeispielen für ein solches „Music Pacing" auf, vgl. Stall, Joachim; Klumpp, Matthias: Go. Laufen mit Musik. München 2003.
224 | Vgl. taz, 1.11.1989, S. 4 („Billiger leben mit neuem Warenkorb").
225 | Vgl. Test, 1989, H. 1, S. 20ff („Besser ohne Radioteil?"), hier S. 20. Nachdem der *Test* für die praktische Prüfung von Walkmans über lange Zeit hinweg Teenager engagiert hatte, wurden Ende der 1980er Jahre auch wieder Erwachsene zum Testen herangezogen.
226 | Vgl. Test, 1988, H. 1, S. 19 – 23 („Mittelmaß ist tonangebend").
227 | Vgl. Audio, 1988, H. 5, S. 66 – 70 („Mitläufer. Test: Tragbare Cassettenspieler"), hier S. 66.
228 | Vgl. Esser.

verboten, sondern mitbestimmungspflichtig.²²⁹ Für professionelle wie Hobby-
„Ton-Jäger", die mit dem Walkman auf Geräuschejagd gingen, Vogelstimmen
aufzeichneten, akustische Dokumentationen ihrer Reisen anfertigten oder den
Begleit-Ton für Filme aufnahmen, standen hochgerüstete Walkmans mit Preisen bis zu 1000 DM zur Verfügung. Teenager schnitten mit billigeren Geräten
illegal Konzertbesuche mit. Zahnärzte verkabelten ihre Patienten während der
Behandlung mit Walkmans, um sie mit Musik von den beängstigenden Zahnbohrgeräuschen abzulenken.²³⁰ Paradoxerweise nutzten sogar unter Tinnitus
Leidende den Walkman, um über das Hören unterschwelliger, sanfter Hintergrundmusik das quälende Ohrsummen aus der bewussten Wahrnehmung
auszublenden.²³¹

Diese Vielfältigkeit der Walkman-Nutzung betont auch eine britische Studie,
die um 2000 unter rund 100 urbanen Walkman-Nutzern unterschiedlichen
Alters, verschiedener Herkunft und unterschiedlicher beruflicher Stellung
durchgeführt wurde.²³² Die Nutzungspraxen und Erlebnisse der Walkman-
Nutzer waren äußerst verschieden; motiviert war der Walkman-Einsatz jedoch zumeist durch die Absicht, mit der selbst ausgewählten oder sogar selbst
als Mixtape kompilierten Musik die eigene Gedanken- und Gefühlswelt zu
kontrollieren und die Einsamkeit oder Fremde im großstädtischen Alltag besser ertragen zu können. Außerdem gestalteten sich Walkmanhörer Transit-
und Pendelzeiten ebenso wie lästige Pflichtarbeiten oder Routineerledigungen
durch die Musik ein wenig sinnvoller oder angenehmer; manches Mal formten
sie solche Zeiten und Pflichten gar zu einem einmaligen, zumindest aber zu
einem in Teilen selbst bestimmten Erlebnis. Während die einen nur vier Kassetten im Jahr hörten, wünschten die anderen eine große Musikauswahl; manche Nutzer sprachen von einer gesteigerten Konzentration auf die Hauptaktivität durch das begleitende Musikhören, andere von tranceartigen Zuständen.
Manche Frauen benutzten den Walkman, um belästigenden Anmachsprüchen
zu entgehen. Viele Nutzer gebärdeten sich als Cyborgs: Manche benötigten die
Kopfhörer-Musik am Morgen, um in die Gänge zu kommen; andere nahmen
ihren Walkman auf jeden noch so kleinen Besorgungsgang mit, und einige
empfanden Stille als beunruhigend, weil ihnen dann die eigene Hörkulisse
fehlte. Eine Nutzerin verglich den Walkman sogar mit einem lebenserhaltenden Herzschrittmacher: „I wear it all the time, like a pacemaker! A life

---

229 | Vgl. taz, 23.3.1991, S. 4 („Handkäs mit Musik erlaubt").
230 | Vgl. Stereo, 1982, H. 12, S. 24 – 32 („Was ist dran – am ‚kleinen Mann'...?"), hier
S. 24.
231 | Es gab sogar Spezialkassetten für Tinnitus-Patienten, vgl. Kitahara, Masaaki: Combined Treatment for Tinnitus. In: Kitahara, Masaaki (Hg.): Tinnitus. Pathophysiology and
Management. Tokio, New York 1988, S. 107-117.
232 | Die Nutzer stammten aus London und Umgebung, aus Cambridge und Brighton.
Vgl. Bull, Michael: Sounding out the city: personal stereos and the management of everyday life. Oxford 2000.

support machine! It's like I'm a walking resource centre."²³³ Der Walkman war für sie zu einem lebenswichtigen Teil ihrer selbst geworden.

Schon Shuhei Hosokawa, der 1981 eine erste kulturwissenschaftliche Analyse des Walkmans vorlegt hatte, sah im Walkmanhörer eine „Autonomie-des-laufenden-Ich": ein autonomes und mobiles Selbst, bei dem Technik und Nutzer verschmolzen.²³⁴ Aufgrund seiner Intimität funktioniere der Walkman, so Hosokawa, wie eine „eingepflanzte Prothese". Manche Nutzer gaben diese intensive Verbindung zum Walkman, die sie erlebten, offen zu. Wie die Radioportables, so wurden auch die Walk- und Discmans in der Werbung als persönliche Begleiter sowie als Accessoires, die ihre Träger schmückten, vermarktet; im Unterschied zu den früheren Werbetexten wurde nun aber der unmittelbare Vergleich zur Kleidung gezogen. So forderte eine Philips-Werbung auf: „Ziehen Sie (...) zu Ihrem neuesten Outfit auch Ihr schickes, leichtes, kleines CD-Portable an. Jetzt können Sie endlich Rap beim Shopping hören. Reggae im Park. Und Mozart im Café."²³⁵ Ein Tester einer amerikanischen Audio-Verbraucherzeitschrift wies sogar ausdrücklich darauf hin, Discmans seien, ähnlich wie Schmuck oder Armbanduhr, direkt und äußerst eng mit ihren Trägern verkoppelt, weshalb man für die Geräteauswahl nur individuelle Bewertungsmaßstäbe heranziehen könne.²³⁶ Diesen individuellen Wünschen entsprach eine Walk- bzw. später dann auch eine Discman-Auswahl, die nicht nur mit geschlechts- und altersspezifischen, sondern noch weiter ausdifferenzierten, zielgruppenspezifischen Designs aufwartete.

Wie das Radioportable, so forcierten die tragbaren Musikplayer das Zwischendurch- und Nebenbeihören von Musik. Walkman-Nutzer hörten ihre Musik ebenso unterwegs wie auch stationär, zu Hause, auf der Arbeit oder auf dem Weg dorthin. Sie schmälerten das bildungsbürgerliche Ideal eines Hörens, bei dem der Hörer dem gesendeten Programm oder dem Tonträger über die gesamte Spieldauer hinweg seine ganze Aufmerksamkeit widmen sollte, nachhaltig. Auch das Hören von Stereomusik fand nun immer häufiger beiläufig statt – man reiste, pendelte, bummelte oder shoppte, trieb Sport, kochte oder erledigte die Hausarbeit –, und seine Dauer richtete sich nach den Zeiten solcher Tätigkeiten, also etwa nach der Zeit des Pendelns oder Joggens. Im Fall des umherreisenden Geschäftsmannes, der das musikfähige Diktiergerät oder den aufnahmefähigen Walkman für „Beethoven und die Börsenkurse" nutzte, vermischten sich Zeitspannen der Arbeit und des Vergnügens ebenso wie im Fall derjenigen, die bei der Arbeit Kopfhörer-Musik oder unterwegs Lernkassetten hörten. Der Walkmanhörer fügte zuvor räumlich oder zeitlich getrennte Aktivitäten und Sinneinheiten als Bricolage neu zusammen: „Russischunter-

---

233 | Vgl. Bull 2000, S. 17 (Interview-Nr. 13).
234 | Vgl. Hosokawa, S. 9 und – folgendes Zitat – S. 32. Auf Japanisch war das Essay bereits 1981 erschienen.
235 | Werbeanzeige in: FS, 1991, H. 11, S. 2 („Was trägt man diesen Sommer?").
236 | Vgl. Stereo Review, 1990, H. July, S. 56-62 („The best of the smallest"), hier S. 62.

richt im Supermarkt, Schönberg beim Umsteigen, der Wetterbericht beim Schlangestehen in der Kantine" oder „Tina Tuner im Wartezimmer" wurden normal.[237] In den Bildern und Texten des Mediating wurden solche Überlagerungen von den schon in der Vermarktung der Radioportables anzutreffenden Nutzerstereotypen der Hausfrau, der Sekretärin und des Autofahrers vorgeführt; zentral war aber die Leitfigur des reisenden Geschäftsmanns geworden. Im realen Nutzeralltag wiederum waren es Teenager und Jogger, welche eine extreme Mobilisierung des Musikhörens vorexerzierten. Für manche Erstnutzer bedeutete das Multitasking mit dem Walkman auf den Ohren eine Herausforderung der Sinne, denn im Gegensatz zum häuslichen HiFi-Hörer, aber gleich dem Musik hörenden Autofahrer kann der mobile Walkmanhörer seine Umgebung nicht völlig ausblenden; andere genossen es als „Walkman-Gefühl". Mit der Zeit wurde der Walkman gezielt dazu verwendet, Routinen und Wege des Alltags zu ästhetisieren, Bewegungserlebnisse zu intensivieren und die Fremde durch eine vertraute Hörkulisse zu domestizieren.

Mit der Normalisierung des Walkmans ging einher, dass die durch den Kopfhörer personalisierte Aneignung des öffentlichen Raumes anders bewertet wurde.[238] Ein Walkman-Tester der *DM* lobte die Möglichkeit, mit dem Walkman die Lärmquellen der Umgebung zugunsten der selbst ausgewählten Musik ausblenden und so autonom bestimmen zu können, was man höre: Den Walkman wisse derjenige zu schätzen, der schon einmal von Breakdancern mit ihren Stereorekordern von seiner Erholung im Münchener Englischen Garten abgehalten worden sei.[239] Mit der Aneignung des Walkmans durch Erwachsene wurde der Kopfhörer zur legitimen Technik, um sich den Zumutungen von Alltagshektik und urbaner Geräuschkulisse mittels einer akustischen Auszeit zu entziehen. So wurde in einem *DM*-Testbericht zu Discmans Martin Weyand, „(38), Computer-Systembetreuer und Musikfreund", zitiert, der nicht mehr ohne sein tragbares Musikgerät verreise, denn nirgendwo könne er sich so gut auf die Musik konzentrieren wie auf der Bahnreise.[240] Transitzeiten waren für den vielbeschäftigten und beruflich vielreisenden Karrieremann potentielle Entspannungspausen, in denen er beruflichen wie familiären Verpflichtungen entgehen konnte und Zeit für sich fand. Die gleiche Funktion hatten für Autofahrer die automobilen und ebenfalls oft ja musikalisch unterlegten Fahrtzeiten. Per Kopfhörer konnte der in öffentlichen Verkehrsmitteln Reisende nicht nur den Umgebungslärm ausblenden, sondern sich auch problemlos von den Mitfahrenden distanzieren, um ungestört zu bleiben. Außerdem ermöglichten die Audioportables es, auch unterwegs die eigene Lieblingsmusik zu hören und sich damit ein „angenehmes Hör-Klima"

---

237 | Vgl. Heinze, S. 153.
238 | Auf ein solches „privatized habitat in public spaces" wies bereits hin: Chambers, Ian: A miniature history of the Walkman. In: New Formations: a journal of culture/theory/politics, 1990, S. 1 – 4.
239 | Vgl. DM, 1988, H.5, S. 53 („Klassiker. Musik aus der Minibox").
240 | Vgl. DM, 1991, H. 12, S. 58 – 61 („,Walk, Don't Run': tragbare CD-Player"), hier S. 58.

zu verschaffen;[241] laut *DM* war der Reisende so beispielsweise nicht mehr auf die miserablen Airline-Hörangebote angewiesen, die Fluggästen inzwischen am Sitzplatz breit standen.

Das akustische Abschotten des „Hörens ohne zu Stören", mit dem sich bereits der häusliche HiFi-Liebhaber immer auch den häuslichen Verpflichtungen und der familiären Lärmkulisse entzogen hatte, wurde dabei kaum mehr in Frage gestellt. Das „Symbol der Entfremdung", so resümierte bereits eine Nutzungsstudie von 1988, erweise sich „allenfalls als eine Technik, mit gegebener Entfremdung umzugehen bzw. ihr ein wenig Lust abzutrotzen", indem Distanzen und Leerzeiten mit der eigenen Musik überbrückt würden.[242] Walk- und Discmans wurden im städtischen Alltag und in öffentlichen Transportmitteln – in Städten wie Berlin, Hamburg oder Bremen mit guter ÖPNV-Vorsorgung hatten zwischen 30 und 50 % der Haushalte 2002 keinen PKW[243] – zum pragmatischen Mittel, um Transitzeiten zu überbrücken, das Zusammentreffen mit Fremden abzufedern und um sich über den personalisierten Hörraum eine flexible Rückzugs- und Entspannungspause einzu„räumen". Wie der aus dem Bahn- oder Busfenster Blickende oder der Zeitungsleser, so schuf sich der Walkmanhörer über die personalisierte „soundscape" einen privaten Schutzraum in der Dichte öffentlicher Transportmittel. Pendler überbrückten ihre Wege zwischen Arbeit und Freizeit mit Musik, sei es, um „abzuschalten" oder sich auf die andere Lebenssphäre einzustimmen, und Frauen setzten den Walkman auf, um lästiger Anmache zu entgehen.

Ende des 20. Jahrhunderts war der Kopfhörer kein Zeichen mehr für Sucht und Abhängigkeit, Eskapismus oder Autismus. Vielmehr stand er – vor allem in der alten Form des Muschelkopfhörers – für die wohlverdiente Wellness-Pause zwischendurch und unterwegs:[244] Beispielsweise zeigte eine Lufthansa-Werbung eine Frau mit aufgesetztem Kopfhörer, geschlossenen Augen und einem Lächeln auf dem Gesicht, die allerdings nicht im Wohnzimmer-, sondern im Flugzeugsessel saß und offensichtlich ihren Alltag in völliger Entspanntheit zurück ließ. Entlang der massenhaft ausgeübten Praxis, einen Kopfhörer mobil zu tragen, wurde das akustische Abkapseln in der Öffentlichkeit als Recht des Individuums auf ein Stück Privatheit unterwegs umgedeutet – zumindest an jenen Orten des Zusammentreffens von Fremden, an denen man sich ohnehin nicht weiter unterhielt. Dass es unüblich geworden ist, beispielsweise die Bahnreise im Gespräch mit dem Sitznachbarn zu überbrücken, deutet auch die veränderte Innenraumgestaltung der Abteile an. Wo sich früher sechs Passagiere in Kleinstabteilen gegenübersaßen, deren Blicke sich früher oder später kreuzten, sind in IC- und ICE-Zügen – die in der amerikanischen Eisenbahngeschichte bereits länger üblichen – Großraumabteile zu finden,

---

241 | Vgl. ebd.
242 | Vgl. Schönhammer 1988, S. 62.
243 | Vgl. Bundesministerium für Verkehr, Bau- und Wohnungswesen: Mobilität in Deutschland. Ergebnistelegramm. Bonn 2004, S. 11.
244 | Vgl. Lufthansa-Werbeanzeige in: Süddeutsche Zeitung Magazin, 5.11.2004, S. 17.

deren Sitzreihen hintereinander angeordnet sind und die selbstverständlich am Platze auch eine Anschlussbuchse für die eigens kompilierte Zugmusik anbieten. In den Kopfhörern am Anfang des 21. Jahrhunderts ist folglich auch nicht mehr das über Knopfdruck zu bewerkstelligende Einklinken in die Umgebungsgeräusche technisch eingebaut, sondern deren restloses Ausblenden: Kopfhörer, die niederfrequenten Lärm durch ein phasenverschobenes Schallsignal kompensieren, werden für alle denkbaren Orte mit Lärmpotential – der Arbeitsplatz, die häusliche Umgebung, öffentliche Verkehrsmittel etc. – mit dem Hinweis auf die gesundheitsschädliche Lärmbelastung vermarktet: „Wer sich nach Ruhe sehnt, setzt den Hörer auf und genießt die Stille", preist beispielsweise Bose sein Produkt *Bose QuietComfort* an.[245]

4.4. Die Kassettenkultur der 1980er Jahre

Mobile Kassettengeräte gaben der Musikkultur der 1980er Jahre ihr spezifisches Gepräge. Musik aus dem – auch als Boombox oder „Ghettoblaster" bezeichneten – Stereo-Radiorekorder sowie nach außen dringende Car-HiFi-Geräusche wurden ebenso zum festen Bestandteil der urbanen Geräuschkulisse, wie der einen Walkman tragende Fußgänger nun zum Stadtbild gehörte. Entlang dieser mobilen Audiogeräte definierten die Nutzer die HiFi-Hörkultur um und demokratisierten diese: Das Hören von Stereomusik, zuvor ein Privileg technisch wie musikalisch versierter, männlicher HiFi-Hobbyisten, wurde zum normalen Bestandteil des Alltags. Im Folgenden werden die Bedeutung der Kassettentechnik und die Vielfalt der Medieninhalte und Nutzungsformen im Überblick zusammengestellt. Abschließend werden die für die BRD herausgearbeiteten Nutzerkulturen den amerikanischen Aneignungsformen gegenübergestellt. Während der kultur- und medienkritische Diskurs um den Walkman in den USA nie in seiner bundesrepublikanischen Massivität geführt wurde, wurde dort die Boombox zum politischen Sprachrohr der ghettoisierten, schwarzen Großstadtjugend und in den Augen der weißen Dominanzkultur zur Technik eines anmaßenden, rücksichtslosen Hörens.

Kassetten und Rekorder für zu Hause, unterwegs und zwischendurch

Die 1980er Jahre waren die Hochzeit der analogen Standardkassette, ehe die CD am Ende des Jahrzehnts zum dominierenden Tonträger wurde. Bereits 1987 überstieg in der BRD der Absatz von CD-Playern zahlenmäßig denjenigen von Plattenspielern (970.000 bzw. 680.000 verkaufte Exemplare).[246] 1980 wurden in der BRD 45 Mio. Singles, 109,5 Mio. Langspielplatten und

---

245 | Zitat aus dem Online-Kaufguide der Schweiz: http://www.avguide.ch/index.cfm/show/page.view/uuid/15671392-E402-3291-FBEF6FF3A4B79290 (Zugriff: 7.12.2004).
246 | Zahl nach Wiesinger, S. 84 (Quelle: GfK/gfu).

43,5 Mio. MCs (ohne Leerkassetten) abgesetzt.[247] 1985 waren es 49,6 Mio. Singles, 74 Mio. LPs und 49,4 Mio. MCs. Fünf Jahre später wies die CD mit 76,2 Mio. verkauften Exemplaren die höchste Verkaufszahl vor den einzelnen analogen Tonträgern (74,7 Mio. MCs; 43,9 Mio. LPs; 27,2 Mio. Singles) auf. In den USA setzte sich die Philips-Kassette in Verbindung mit dem Walkman und der Boombox durch und verdrängte nun das Achtspur-Tonband. 1982 hatte die Zahl der verkauften MCs die der Singles überholt, und bereits Mitte der 1980er Jahre wurden mehr MCs als Singles und LPs zusammengenommen abgesetzt.[248]

Die Tonträgerindustrie richtete ihre Inhalte gezielt auf die Walkman- und Rekorder-Nutzer aus. So produzierte die Musikindustrie Popsongs, deren Klangkulisse auf das direkt am Ohr erlebte Kopfhörer-Hören abgestimmt war.[249] An den Vielreisenden richteten sich Kassettentitel mit Managementkursen, Anleitungen zum Persönlichkeitstraining oder allgemeinen Bildungsinhalten, wie sie teils schon in den 1970er Jahren erhältlich waren. Hinter diesen in den USA recht erfolgreichen Hörtiteln stand die Annahme, dass Karrieremenschen wegen Zeitmangel nicht zum Buch greifen würden, mittels Hörkassetten aber simultan zu anderen Aktivitäten Neues hinzulernen könnten.[250] Entspannung auf Abruf versprachen Kassetteninhalte mit esoterisch-entspannender Musik oder Anleitungen zum Autogenen Training. Mit dem Buchtitel „Gesundheit aus dem Walkman" pries die Kanadierin Patricia Joudry sogar eine an den Walkman geknüpfte Klangtherapie zur Weckung der Lebensenergien an, bei der in das Hochfrequente verschobene und damit kaum mehr wahrnehmbare Klassikmusik diffus nebenbei gehört werden sollte.[251] Außerdem wurden Walkmans zur üblichen Technik, um Bildungsinhalte im Tourismus- oder Museumsbereich zu vermitteln.[252] Hör-Kurzfassungen von Literaturklassikern wurden gegen Ende der 1990er Jahre populär.[253] Solche Hörkassetten und -CDs richteten sich explizit an ein Publikum, das mit dem „Walkman im Ohr" aufgewachsen war. Walkman und Kassettenrekorder verhalfen außerdem der Kinderkassette zu medienspezifischen Stars: Benjamin

---

247 | Vgl. Test, 1981, H. 6, S. 32f („Die Platten blieben Sieger"); Wiesinger, S. 83.
248 | Die Zahlen betrugen 1982 182 Mio. MCs, 137 Mio. Singles und 244 Mio. LPs; 1984 wurden 332 Mio. MCs, 131 Mio. Singles und 205 Mio. LPs verkauft. Der MC-Verkauf stieg bis 1988 (450 Mio. Stück), um dann angesichts des Konkurrenten CD zu sinken. Vgl. Burnett, Robert: The global Jukebox. London, New York 1996, S. 110.
249 | Vgl. Millard, Andre: America on record. A history of recorded sound. Cambridge 1995, S. 326.
250 | Vgl. Handelsblatt, 30.9.1988, S. K1 („Wenn dem Manager das Lesen vergangen ist, soll er wenigstens hören und sehen").
251 | Vgl. Joudry, Patricia: Sound Therapy for the Walk Man. St. Denis 1984, auf Deutsch erschienen als: Gesundheit aus dem Walkman. Südergellersen 1986. Das Starterkit kostete 490 DM.
252 | Beispielsweise ließ die Stadt Hof in Zusammenarbeit mit dem örtlichen Rundfunk eine Kassette mit Informationen zur Stadt und markanten städtischen Lauten produzieren, vgl. F.A.Z., 3.9.1987 (Reiseblatt, Q9).
253 | Vgl. dies und Folgendes: Die Zeit, Nr. 11, 2002 („Beim Putzen ‚Effie Briest'").

Blümchen, eine Kreation von Ende der 1970er Jahre, hatte es bis Mitte der 1990er Jahre auf ca. 80 Folgen gebracht.[254] Um 1990 hatten 80 % der Teenager einen Rekorder, und selbst 3- bis 6-Jährige hörten durchschnittlich 15 bis 23 Minuten Kassette pro Tag.[255] In einer medienpädagogischen Studie unter 10- bis 13-Jährigen hatte jedes Kind im Durchschnitt 31 Kassetten und verwendete ein Drittel des Taschengeldes auf den Kassettenkauf; 78,4 % lebten im eigenen Zimmer, und die Hälfte besaß ein eigenes Fernsehgerät.[256]

Der eigentliche Kassettenhit der 1980er Jahre aber war die selbst bespielte Leerkassette. Ende der 1970er Jahre wurden in der BRD rund drei Mal mehr unbespielte als bespielte Kassetten abgesetzt. Eine Marktforschungsstudie ging sogar davon aus, dass, rechnete man die Spielzeiten von eigenen Aufnahmen und sämtlichen verkauften bespielten Tonträgern aus, mehr Musik kopiert als gekauft werde.[257] Nach langen Diskussionen und Forderungen setzte die GEMA 1985 schließlich eine Leerkassetten-Verordnung durch, die – zusätzlich zur inzwischen 2.50 DM hohen Pauschalabgabe pro Rekordergerät – eine Urhebervergütung von 12 Pf pro Stunde Band vorsah.[258]

Entlang des Mixtapes entwickelten Heranwachsende und junge Erwachsene eine eigenständige Kultur des Tauschens, Hörens und Kommunizierens. Sie stellten Mixtapes her, um ihre Lieblingsplatte auch unterwegs hören zu können, um eine ganz spezifische Kompilation zu kreieren oder auch, um anderen eine Kassette mit der eigenen Musik und damit einer Botschaft über sich selbst zu schenken. Im Unterschied zu den Radiobastlern, Tonbandamateuren oder HiFi-Adepten konzentrierte sich die jugendliche Kreativität und Identitätsfindung weniger auf die technische Seite der Geräte, sondern auf die Inhalte der zusammengestellten Musik, die die eigene popmusikalische Sozialisation dokumentierte. Ein Oral-History-Projekt zeigte, dass manche Rekorder-Besitzer nicht nur komplette Platten für Freunde kopierten, sondern auch eifrig Radiosendungen mitschnitten.[259] Einer der interviewten Hit-Jäger brachte es mit

---

254 | Vgl. Frankfurter Allgemeine Sonntagszeitung, 30.4.1995, S. 15 („Der Kassettenrekorder ersetzt die Großmutter"); Kübler, Hans-Dieter: Die eigene Welt der Kinder. Zur Entstehung von Kinderkultur und Kindermedien in den siebziger Jahren. In: Faulstich, Werner (Hg.): Die Kultur der siebziger Jahre. München 2004, S. 65 – 80.
255 | Besitzzahl nach: Baacke et. al., S. 64; Hörzeiten der Vorschüler nach: Schönbach, Klaus: Hörmedien, Kinder und Jugendliche: ein zusammenfassender Bericht über neuere empirische Untersuchungen. In: Rundfunk und Fernsehen 41, 1993, S. 232 – 242.
256 | Vgl. Treumann, Klaus Peter; Volkmer, Ingrid: Die Toncassette im kindlichen Medienalltag. Rekonstruktionsversuche parzellierter Lebensräume durch Medien. In: Zentrum für Kindheits- und Jugendforschung (Hg.): Wandlungen der Kindheit. Theoretische Überlegungen zum Strukturwandel der Kindheit heute. Opladen 1993, S. 115 – 162. Es handelt sich bei der Studie um eine standardisierte Befragung von 195 10- bis 13-Jährigen einer kleinstädtischen Gesamtschule in der Nähe von Bielefeld.
257 | Vgl. FS, 1979, H. 2, S. 69f („4. Trend-Untersuchung").
258 | Vgl. Wolff, Harry: Musikmarkt und Medien unter dem Aspekt des technologischen Wandels. Osnabrück 2002, S. 46f.
259 | Vgl. Herlyn, Gerrit; Overdick, Thomas (Hg.): Kassettengeschichten. Von Menschen und ihren Mixtapes. Münster 2003. Für das Folgende v. a. S. 27, S. 64.

einem kleinen Kassettenrekorder-Gerät auf über 100 mitgeschnittene Kassetten. Befördert wurde das Mitschneiden durch Hitparaden wie solche einzelner Sender vor Ostern, wenn tagelang die meistgewünschten Lieder ausgestrahlt wurden, wobei Titelliste und Sendezeit der Tagespresse zu entnehmen waren. Oft diente ein verschenktes Mixtape auch dazu, auf unverfängliche Weise einen Flirt anzubahnen; in dieser spezifischen Kommunikationsfunktion kann das Mixtape mit der SMS zu Beginn des 21. Jahrhunderts verglichen werden. War das Tonbandgerät der 1950er Jahre mit mannigfaltigen Nutzerbildern beworben worden, die vom Ton-Jagen über das Sprach- und Singtraining bis hin zum Anlegen eines Familien-Tonalbums reichten, aber kaum so benutzt worden, so wurden solche vielfältigen Nutzungsweisen schließlich mit dem schlichten Kassettenrekorder realisiert, und zwar vor allem durch Jüngere und Kinder. Auf das kreative Potential der Kassettentechnik ging auch die Industrie ein, etwa wenn Permaton seine „deutsche HiFi-Cassette" mit der Aufforderung bewarb, die Kassette „doch 'mal als Liebesbrief" zu verschicken.[260] Zur Vielseitigkeit der Kassette gehörte ebenso ihre Nutzung für einen subversiven, offenen oder gar illegalen Protest.[261] So konnten die Underground-Stile des (amerikanischen) Hip-Hops und des (britischen) Punks Ende der 1970er Jahre nur deswegen bekannt werden, weil die Musiker mit der billigen Kassettentechnik teure Aufnahmestudios und Schallplatten-Presswerke umgingen. Außerdem entstanden Kassettenlabels, die Bootlegs, also bei Konzerten mitgeschnittene Aufnahmen, vertrieben. Schließlich benutzten auch Demonstranten Kassettenmusik oder Kassettenportable, um in der Öffentlichkeit lautstark und die Anhänger mobilisierend auftreten zu können.

Spätestens Ende der 1990er Jahre galt die Kassette jedoch als „Technik von gestern": Der *Test* riet seinen Lesern vom Kauf eines Kassettengerätes ab und empfahl stattdessen ein MD- oder CD-Gerät.[262] Hatte die CD bereits seit langem die Schallplatte in ihrer Bedeutung für das häusliche Musikhören abgelöst, so hatte sie inzwischen auch die Kassette als mobiles, flexibles und selbst bespielbares Medium verdrängt. Allerdings wurde sie binnen weniger Jahre durch das MP3-Format abgelöst. MP3-Format wie MP3-Player waren von ihren Entwicklern und Produzenten stark auf das mobile Nebenbei-Hören und ein flexibles, schnelles Kompilieren von Musik hin ausgerichtet worden.[263] Während sich vorherige digital-mobile Musikgeräte (MD-, DAT- und

---

260 | Vgl. Werbeanzeige in: HiFi-Markt, 1981, H. 2, S. 2.
261 | Vgl. Millard, Andre: Audio Cassette Culture and Globalisation. In: Lyth, Peter; Trischler, Helmuth (Hg.): Wiring Prometheus. Globalisation, History and Technology. Aarhus 2004, S. 235 – 250. Zur Kassette als Underground-Medium in der BRD vgl. Hoffmann, Justin: Do it Yourself. In: Groos, Ulrike; Gorschlüter, Peter; Teipel, Jürgen (Redaktion): Zurück zum Beton. Die Anfänge von Punk und New Wave in Deutschland 1977 – '82. Köln 2002, S. 161 – 170.
262 | Vgl. Test 1999, H. 11, S. 32 – 35 („Oft kopiert – jetzt erreicht. Test Minidisc- und CD-Recorder"), hier S. 35.
263 | Vgl. Sterne, Jonathan: The Death and Life of Digital Audio. In: Interdisciplinary Science Reviews 31, 2006, S. 338 – 348.

DCC-Geräte) nicht auf breiter Basis durchsetzen konnten und nur im professionellen Bereich Anklang fanden,[264] verbreitete sich der MP3-Player schnell unter Jugendlichen. Laut der deutschen Jugendstudie JIM besaßen 2005 71 % aller Jungen und 61 % aller Mädchen zwischen 12 und 19 Jahren einen MP3-Player; 74 % der Mädchen und 58 % der Jungen hatten außerdem auch einen Walk- oder Discman. Demgegenüber lag die allgemeine Ausstattung der deutschen Haushalte mit einem MP3-Player bei 25,8 %, mit einem Discman bei 30,4 % und mit einem Walkman bei 32,6 %.[265]

Boombox und Walkman im deutsch-amerikanischen Kulturvergleich

Marshall McLuhan wies 1976 pointiert darauf hin, die nordamerikanische Bevölkerung strebe eine „privacy out-of-doors" an: Man ginge nach draußen, um allein zu sein und nach drinnen, um ein soziales Miteinander zu üben.[266] Der amerikanische Alltag war darüber hinaus auch bereits stärker von einer individualisierten und mit Elektronik verbrachten Freizeit geprägt als der bundesrepublikanische. Der durchschnittliche amerikanische Haushalt hatte Ende der 1980er Jahre fünf bis sechs Radios, und jeder zweite Haushalt besaß mehr als ein Fernsehgerät.[267] Audioportables wurden von den amerikanischen Musikhörern in das Alltagsleben integriert, ohne darin einen Widerspruch zum HiFi-Hören zu sehen, und selbst in der Audiopresse galten sie als „portable pleasures".[268] Die akustische Protestkultur afro-amerikanischer und afro-karibischer Ghetto-Bewohner, die sich mit der Boombox gegen Diskriminierung und Benachteiligung zur Wehr setzten, führte jedoch in den Jahren um 1980 dazu, dass der Stereo-Radiorekorder in der dominanten, weißen Kultur als lärmender Unruhestifter wahrgenommen wurde. War die bundesrepublikanische Walkman-Aneignung vom Konflikt und Unverständnis zwischen den Gene-

---

264 | Die Mini-Disc (MD) war für Tragbarkeit und jugendliche Nutzer konzipiert worden und wurde als ideales Audio-System „für den mobilen und portablen Einsatz" beworben, vgl. Anzeige für den Sony-MD-Walkman, in: Stern, 10.12.1992, H. 51, S. 118f sowie FS, 1992, H. 14, S. 9 („Markteinführung noch in diesem Jahr"). Die DCC (Digital Compact Cassette), die eine Abwärtskompatibilität zur Standardkassette gewährte, wurde von Philips Anfang der 1990er Jahre eingeführt. DCC und MD wurden auf die Tonwiedergabe bis 15.000 Hertz begrenzt. Die DAT (Digital Audio Tape) war jedoch der CD gleichrangig, vgl. F.A.Z, 10.2.1998, S. T6 („In Treue fest").
265 | Vgl. Medienpädagogischer Forschungsverbund Südwest (Hg.): JIM-Studie 2005. Jugend, Information, (Multi-)Media. Basisuntersuchung zum Medienumgang 12- bis 19-Jähriger. Stuttgart 2005, S. 12; allgemeine Ausstattung nach: Media-Analyse 2006, online unter: http://www.mediendaten.de (Zugriff: 7.6.2006).
266 | Vgl. McLuhan, Marshall: Inside on the Outside, or the Spaced-Out American. In: Journal of Communication, 1976, H. 4, S. 46 – 53, hier S. 46.
267 | Zahlen nach: Business Trend Analysts, Inc. (Hg.): Markets for home entertainment equipment. Commack 1989, S. 302 u. S. 300.
268 | Vgl. z. B. High Fidelity, 1968, H. Juli, S. 53 – 55 („Season for portables"); High Fidelity, 1970, H. Mai, S. 46 – 52 („Pleasures of portables").

rationen geprägt, so flossen in die amerikanische Aneignung die schwelenden Rassenkonflikte der Zeit ein. Afroamerikanische Heranwachsende nutzten die Boombox zur Ausformulierung der Straßenkultur des Hip-Hops, während in der weißen Sicht der Dinge die laute Boombox als aufrührerische Waffe und Affront gedeutet wurde, gegenüber der der Walkman als die respektvolle Variante des mobilen Hörens erschien.

Als afro-amerikanische, männlich dominierte und teils gewaltbereite Jugendkultur entstand Hip-Hop in den sozial benachteiligten Vierteln der amerikanischen Großstadtghettos, um der Ausweglosigkeit der sozialen Situation etwas entgegen zu setzen.[269] Zur Subkultur gehörte die Rap-Musik ebenso wie das Graffiti-Sprayen und der Break-Dance. Die ersten Rapper und DJs organisierten spontane Partys in Parks, Häuserblocks oder leer stehenden Wohnungen, wobei sie oftmals ihre Turntables und Lautsprecher illegal an das Stromnetz anschlossen oder eben eine Boombox benutzten. Bald liefen viele Jugendliche der afro-amerikanischen und karibisch-stämmigen Neighborhoods mit einem geschulterten Rekorder herum, womit sie den durchquerten Raum für sich reklamierten, teils an den Hip-Hop-Protest anknüpften, teils aber auch nur einem anderen Verständnis von einem gemeinschaftlichen Straßenleben und einer geteilten Nachbarschaft im Wohnviertel nachgingen. Schon 1980 berichtete die afro-amerikanische Zeitschrift *Ebony*, inzwischen laufe jeder zwischen 12 und 25 Jahren mit einem Radiorekorder umher, und zwar „on buses and subways, while shopping downtown, on the beach, and even while roller-skating and riding bikes."[270] Die Hersteller griffen diese Straßenkultur auf und bewarben ihre Geräte nicht nur mit bekannten Sport- und Musik-Stars der afro-amerikanischen Community, sondern versahen sie mit größeren Lautsprechern, stärkeren Bässen und höheren Ausgangsleistungen – eben mit „(e)nough power to bring the beat to the street", wie es eine Panasonic-Werbung formulierte.[271]

War das öffentliche Musikhören an Freizeitorten wie dem Urlaubsstrand Konsens,[272] so wurde mit der Nutzung der Boombox auf offener Straße oder in der U-Bahn eindeutig die Grenze des für den weißen amerikanischen Durchschnittsbürger Akzeptablen überschritten, zumal die abgespielte Musik zumeist als Protest verstanden wurde. In der urbanen Agglomeration von New

---

269 | Vgl. Rose, Tricia: Black Noise: Rap music and black culture in contemporary America. Hanover u. a. 1994. Auf die männliche Dominiertheit verwies: hooks, bell: Das Einverleiben des Anderen. Begehren und Widerstand. In: hooks, bell: Black looks. Popkultur – Medien – Rassismus. Berlin 1994, S. 33 – 56, hier S. 51.
270 | Vgl. Ebony, Juni 1980, S. 134 – 138 („Taking Your Music With You").
271 | Vgl. ebd., S. 137. Die Werbeanzeige zeigte die Gruppenmitglieder der schwarzen Band *Earth Wind and Fire* mit geschulterten Boomboxes. Zu einer JVC-Anzeige mit dem afro-amerikanischen Basketball-Team *Harlem Globetrotters* vgl.: Rolling Stone, 11.6.1981, S. 15.
272 | „Going to the beach without music is like watching a ball game without beer", meinte die *Rolling Stone*, vgl. Rolling Stone, 21.7./4.8.1983, S. 105f („Summer sounds to go").

York wuchs sich die Boombox-Kultur zu einem regelrechten „Radiokrieg" aus, bei dem Geräte von der Polizei konfisziert und musikfreie Zonen in Teilen des Central Park und des Strandes von Coney Island festgelegt wurden.²⁷³ Diese Brisanz um den „Ghettoblaster", wie Stereo-Radiorekorder mit besonders großen Lautsprechern bald bezeichnet wurden,²⁷⁴ fing später Spike Lee in seinem Film „Do the right thing" (1989) ein, in dem die interkulturellen Streitigkeiten über das laute Hören an der Boombox in einem destruktiven Aufruhr im Wohnviertel endeten.

Der Walkman wurde vor dieser Folie interpretiert. Der *New York Times* erschien er als „a civilized alternative to the portable radio-cassette players that blare on streets and subways", dem *Wall Street Journal* als „middle- and upper-class answer to the box", das sich zudem als Statussymbol eigne.²⁷⁵ Auch in einer amerikanischen Marktstudie zu tragbarer Konsumelektronik von 1984 wurden Walkman und Boombox stereotyp gegenübergestellt.²⁷⁶ Walkmans wurden laut der Studie von Jugendlichen und „upscale people over thirty" benutzt, die größtenteils zu den 32 % der Haushalte gehörten, die eine Stereoanlage hatten. Der Stereo-Radiorekorder hingegen habe in der Vergangenheit jungen Männern als Waffe „to infuriate the staid and proper" gedient. Von der Boombox abgegrenzt wurde der schlichte Kassettenrekorder, der von Geschäftsleuten ebenso wie von Studenten und all jenen benutzt werde, die keine High-Tech- oder HiFi-Ambitionen hegen würden. Während es hieß, Walkmanhörer würden die ko-präsenten Anderen im gegenseitigen Einverständnis, sich nicht weiter zu beachten und zu stören, respektieren, wurde der Boombox-Nutzer als jemand charakterisiert, der seiner Umwelt die eigene Lebenswelt aufdränge. Was in der BRD also als ein unsoziales Verhalten gegenüber den ko-präsenten Mitbürgern gedeutet wurde, wurde in den USA als rücksichtsvoll gedeutet.

Der Transfer der Hip-Hop-Kultur in die BRD fand verzögert statt, als diese in den USA bereits weitgehend kommerzialisiert war. Ohne globale Medienkanäle für Pop- und Subkulturen wie etwa MTV wurde sie vor allem über die Ausstrahlung von amerikanischen Schlüsselfilmen wie „Wild Style" (1982) rezipiert, der die Rap- und Graffitiszene der Bronx vorstellte.²⁷⁷ Junge Break-

---

273 | Vgl. Gumpert, Gary: Talking Tombstones & Other Tales of the Media Age. New York, Oxford 1987 (Chapter 4: Walls of Sound). Vgl. zu den Verboten: The Washington Post, 2.8.1985, S. A3 („American Journal: New York City Lowers the Boom").
274 | Die Bezeichnung wurde später ins Deutsche übernommen; sie tauchte möglicherweise als Eigenbezeichnung der Hip-Hopper auf, wurde aber ebenso als rassistisches Stereotyp verwendet.
275 | Vgl. New York Times, 17.4.1981, S. B 4 („Private Music and Public Silence"); Wall Street Journal, 23.6.1980, S. 25 („Hey, Man! New Cassette Player Outclasses Street People's ‚Box'").
276 | Dies und Folgendes vgl.: International Resource Development Inc., S. 78 u. S. 10.
277 | Vgl. Mager, Christoph; Hoyler, Michael: HipHop als Hausmusik: Globale Sounds und (sub)urbane Kontexte. In: Helms, Dietrich; Phleps, Thomas (Hg.): Sound and the City. Populäre Musik im urbanen Kontext. Bielefeld 2007, S. 45 – 63; Verlan, Sascha (Hg.): Rap-Texte. Stuttgart 2003.

Dancer tauchten 1983/84 mit „Ghettoblastern" in westdeutschen Fußgängerzonen auf.[278] Die Hip-Hop-Rezeption war jedoch größtenteils eine kommerzielle Modewelle: Beispielsweise wurden nun selbst Kassettenbänder mit dem Graffiti- und „Ghettoblaster"-Image beworben.[279] Erst Ende der 1980er Jahre entwickelte sich eine zunächst von Jugendlichen mit Migrationshintergrund getragene Rap-Musik, deren Texte in der Muttersprache, oft türkisch oder griechisch, gehalten waren. 1983 hatten ca. 8,15 % der 12- bis 25-Jährigen der BRD eine ausländische Nationalität, und beinahe in der Hälfte der Fälle war dies die türkische.[280] Die Rapper kreierten sich über ihre Musik eine transnationale Identität und eine Art neue Heimat; ihre Musik barg aber keinen vergleichbaren Zündstoff wie das amerikanische Vorbild. Auch war sie nicht in gleichem Maße auf eine subversive Nutzung der Kassettentechnik angewiesen: Rapmusik wurde oft mit Plattenspielern, Mikrofon und Samplern in gut ausgestatteten Jugendzentren produziert, wobei die Kassette allerdings einen kostengünstigen Austausch und Verkauf der Musik ermöglichte.

Auch in der BRD schulterten manche Teenager den Stereo-Radiorekorder in Hip-Hop-Manier durch die Straßen oder drehten ihn laut zum gemeinschaftlichen Breakdance auf.[281] Dennoch bedeutete der Stereo-Radiorekorder im bundesrepublikanischen Kontext vor allem, nebenbei, beim Picknick oder Sport, allein oder in der Gruppe, auf der Klassenfahrt oder der Party Musik hören zu können.[282] Außerdem galt das Gerät als typische „elektroakustische Erstausstattung" der Jugendlichen, die sie auch oft von ihren Eltern geschenkt bekamen.[283] Als das Meinungsforschungsunternehmen Allensbach 1990 der Frage nachging, wie viele Bundesbürger sich durch draußen plärrende Musik-Player gestört fühlten, bestätigten zwar 85 % der Befragten, das Problem zu kennen.[284] 57 % aller Befragten meinten jedoch, dies störe sie wenig oder nicht; 26 % fühlten sich gestört, darunter vor allem Ältere, die sich allerdings

---

278 | Vgl. Karlstetter, Paul: Breakdance, Rap und Graffiti: Ein expressiver Jugendstil? – Ursprung, Entwicklung, Rezeption in der BRD und sozialpädagogische Umsetzung. Landshut 1984. Als Bebilderung des Verbrauchertests von Stereorekordern sah man 1984 sogleich einen Teenager turnend auf dem Boden vor Publikum, vgl. Test, 1984, H. 11, S. 33 – 39 („Klangvoll auch für wenig Geld?"). Die Aufnahme der Hip-Hop-Kultur lässt sich auch an der *Bravo* ablesen: Im Dezember 1983 wurde ein „Breakdance Wettbewerb" initiiert (vgl. H. 1, S. 4f); in H. 14, 1984 wurde ein Interview mit Grandmaster Flash geführt.
279 | Vgl. Anzeige für Maxell-Kassetten, in: Audio, 1988, H. 4, S. 57.
280 | Vgl. Swoboda, S. 73.
281 | Das Schultern illustrierte: Test, 1989, H. 12, S. 22 – 29 („Mißtöne beim Kassettenbetrieb"); zum störenden Break-Dance vgl. DM, 1988, H.5, S 53 („Klassiker. Musik aus der Minibox").
282 | *DM* bebilderte z. B. den Gerätetest mit Fotografien von sich am Strand ertüchtigenden Erwachsenen, vgl. DM, 1982, H. 7, S. 62 – 65 („Signale aus der Plastik-Front"). Test zeigte Teenager, vgl. z. B. Test, 1981, H. 7, S. 24f („Nur ein Hauch von Stereo").
283 | Vgl. Test, 1980, H. 12, S. 21 – 27 („Billige Kombis für junge Hörer").
284 | Vgl. Allensbacher Berichte, 1990, Nr. 14 („Auch der Walkman ist keine Lösung. Jeder vierte fühlt sich durch Musikberieselung im Freien belästigt").

auch seltener mit dem Problem konfrontiert sahen. Jeder zweite der jüngeren Befragten benutzte im Übrigen einen Walkman; aber nur 6 % stimmten dem Nutzungsmotiv zu, so andere nicht zu stören. Das „Hören ohne zu stören", das den mobilen Kopfhörer-Einsatz in den 1960er Jahren dominiert hatte, war also für die wenigsten entscheidend.

Als sich die erwachsenen Bundesbürger allmählich getrauten, mit Kopfhörern herum zu laufen, war der Walkman in den USA bereits eine normalisierte Hörtechnik. So berichtete die Verbraucherzeitschrift *American Consumer Reports* 1983/84, Walkmans „are seen on countless people in innumerable pedestrian pursuits – from early morning joggers to weekend gardeners, from students between classes to messengers en route between destinations."[285] Umgekehrt traute sich nun der Mittelstandsamerikaner, eine Boombox anzuschaffen, und vor allem für die Hausfrauen wurden neue Designs mit schlanken, pastellfarbenen Gehäusen entwickelt.[286]

Später experimentierten die Designer mit neuen Gestaltungsweisen, um den lange Zeit technisch-funktional wirkenden Stereo-Radiorekordern eine Semantik von Spaß, Flexibilität und Bewegung – wie sie ja bereits das Radioportable der 1950er Jahre vermittelt hatte – zu verleihen.[287] Fast alle Stereo-Radiorekorder der 1990er Jahre sollten in solchen dynamischen Gehäusen mit abgerundeten Ecken untergebracht sein, auch wenn neutrale Farben wie schwarz und silbrig weiterhin dominierten. Außerdem wurde die CD-Technik in Stereo-Radiorekorder integriert, wodurch diese ihr Image als minderwertige Musikausrüstung vollends verloren. So urteilte ein amerikanischer Journalist über solche Kombinationsgeräte am Henkel, sie würden die Boombox vom „park to the parlor" befördern. Und nach jahrzehntelanger Bemängelung der Leistungsfähigkeit von Radiorekordern stellte auch der *Test* Ende der 1990er Jahre fest, dass sich der Kauf solcher CD-Radiorekorder trotz des fehlenden Raumklangs und tendenziell schlechter Kassettenteile lohne.[288]

---

285 | Vgl. Buying Guide, 1984, H. Dezember, S. 278 – 282 („Walkaround stereos"), hier S. 278.
286 | Vgl. International Resource Development Inc., S. 103.
287 | Ein frühes Beispiel hierfür ist das in bunten Farben produzierte *Roller Radio* (1982) von Philips, das in seiner Formgebung auf Rollschuhe anspielte. Vgl. Heskett, John: Philips. A Study of the Corporate Management of Design. New York 1989, S. 135 – 140.
288 | Vgl. Popular Mechanics, 1990, H. Januar, S. 52 – 55 („Hi-Fi To Go"), hier S. 52; Test, 1999, H. 1, S. 40 – 45 („Tragbar, auch im Klang. CD-Radio-Recorder Test").

5. Mobilfunk: Der lange Weg zum Westentaschentelefon

„Gertrud, hör mal, ich komme heute eine Stunde später zum Abendessen. Ich will vorher noch ins Laboratorium. Wiedersehen, Schatz", teilte 1932 ein Bewohner von Elektropolis, der vollautomatisierten Phantasiestadt einer Erzählung Erich Kästners, seiner Ehefrau über das Telefon mit, das er, vom rollenden Trottoir heruntersteigend, aus seiner Manteltasche gezogen hatte.[1] Die Idee der drahtlosen Fernkommunikation für „Jedermann" beherrschte seit der Erfindung des Funkens die populäre Phantasie. Erfüllen sollte sie sich jedoch erst am Ende des 20. Jahrhunderts über ein komplexes System von Netzbetreibern und Herstellern von Infrastruktur- und Endgerätetechnik, von Telefongesellschaften mit entsprechenden Kommunikationsdiensten und Content Providern, die Medieninhalte konzipierten. Die technische Grundlage bildete der so genannte „Zellularfunk", mit dem in den 1980er Jahren die Kapazitätsprobleme der frühen Mobilfunktechnik überwunden werden konnten und der die Miniaturisierung der Endgeräte ermöglichte.

Unter dem Begriff „Mobilfunk" wurden recht unterschiedliche Angebote der Fernkommunikation subsumiert: Neben der *Mobiltelefonie* waren dies *Funkrufdienste*, bei denen eine Botschaft unidirektional an einen Funkrufempfänger bzw. Pager gesendet wurde, sowie der *Sprechfunk*: die drahtlose Sprachübertragung innerhalb eines internen Netzes oder unmittelbar von Funkgerät zu Funkgerät. Außerdem wurden auch *schnurlose Telefone* zum Bereich des Mobilfunks bzw. der Mobilkommunikation gezählt. Diese Bereiche wie auch die Festnetztelefonie standen zunächst unter der Obhut der Bundespost, die sich vornehmlich am professionellen Bedarf orientierte. Die Postreform, die mit dem Poststrukturgesetz von 1989 und der Trennung von Postministerium und Deutscher Bundespost sowie deren Teilung in Telekom, Postdienst und Postbank einsetzte,[2] brachte hier zusammen mit der Einführung des pan-europäischen Mobilfunkstandards GSM (Global System for Mobile Telecom-

---

1 | Vgl. Kästner, Erich: Der 35. Mai oder Konrad reitet in die Südsee, zitiert nach: Herlyn, Gerrit: Die erreichbaren Abwesenden. Mobile Telefonie in der Schweiz. In: Stadelmann, Kurt; Hengartner, Thomas (Hg.): Telemagie. 150 Jahre Telekommunikation in der Schweiz. Bern 2002, S. 170 – 197, hier S. 170.
2 | Vgl. Sarkar, Ranjana S.: Akteure, Interessen und Technologien in der Telekommunikation. USA und Deutschland im Vergleich. Frankfurt a. M., New York 2001, S. 165 u. 200.

munications) die entscheidende Wende. Zwei miteinander konkurrierende GSM-Netze beendeten 1992 die Ära des staatlichen Telekommunikationsmonopols im Bereich des Mobilfunks; 1998 schließlich wurde auch der Festnetzsektor liberalisiert. Erst mit den – zunächst von zwölf europäischen Ländern in Angriff genommenen – Planungen für GSM begann in den 1980er Jahren auch eine Europäisierung der Telekommunikation. Zwar bestand mit der CEPT (Conférence Européenne des Administrations des Postes et des Télécommunications) seit 1959 eine Kooperationsinstanz der westeuropäischen Post- und Fernmeldeadministrationen, die nichtbindende Empfehlungen gab. Sie war allerdings außerhalb des institutionellen Rahmens der EG verortet, was lange Zeit auch eine Absage an eine gezielte Europapolitik im Post- und Telekommunikationssektor bedeutet hatte.[3]

Mit GSM als Mobilfunkstandard etablierte sich auch in der deutschen Mobiltelefonie das als „Handgerät" oder „Handheld" bezeichnete Handy, das in anderen Ländern bereits neben das Autotelefon und das so genannte „Porty" – ein Telefon im Koffer-Design – getreten war. Das GSM-Handy sollte sich ungeahnt schnell, ja schneller als jede andere Konsumtechnik zuvor ausbreiten.[4] 1993 hatten erst eine Million und damit etwas mehr als 1 % der in Deutschland Wohnenden ein GSM-Telefon, wobei dieses in den meisten Fällen ein fest im Auto integriertes Gerät war;[5] im Jahr 2000 waren bereits 59 % der Einwohner mit der Möglichkeit zum mobilen Telefonieren per GSM ausgestattet. Dabei fällt es schwer, den Gerätebesitz genau zu eruieren, denn nicht die vorhandenen Mobiltelefone, sondern die zu ihrem Betrieb nötigen, aktiven Telefonkarten (SIM-Karten), von denen einzelne Nutzer mehrere für ein Endgerät benutzt haben mögen, werden in den Statistiken zur Mobilfunkverbreitung ausgewiesen; vereinfachend wird im Folgenden dennoch vom „Gerätebesitz" gesprochen. Dabei war das benutzte Mobiltelefon bereits um 2000 mehr als der von Kästner vorhergesehene Taschen-Fernsprecher. Es beinhaltete mit der Mailbox einen Anrufbeantworter und mit der SMS-Funktion einen Pager für die asynchrone Sprach- bzw. Textkommunikation; weitere Zusatzfunktionen ersetzten althergebrachte Instrumente der Koordination wie Taschenkalender, Adressbuch oder Armbanduhr. Dieses Handy wurde außerdem nicht mehr nur zur spontanen Benachrichtigung eingesetzt, sondern der „Handymensch"[6]

---

3 | Die CEPT wurde von 23 Verwaltungen aus insgesamt 19 Ländern gegründet, vgl. Konrad, Wilfried: Politik als Technologieentwicklung. Europäische Liberalisierungs- und Integrationsstrategien im Telekommunikationssektor. Frankfurt a. M., New York 1997, S. 98.
4 | Nur in den USA hatte sich das Fernsehgerät zügiger verbreitet, das nach einem Jahrzehnt seiner Massenproduktion in 86 % der amerikanischen Haushalte zu finden war. Handys hingegen verbreiteten sich in den USA weniger zügig und weniger stark als in Europa. Vgl. Levinson, Paul: Cellphone. The Story of the World's Most Mobile Medium and How It Has Transformed Everything! New York u. a. 2004, S. 25, S. 69.
5 | Vgl. Booz-Allen & Hamilton: Mobilfunk. Vom Statussymbol zum Wirtschaftsfaktor. Frankfurt a. M. 1995, S. 68.
6 | Vgl. Test, 2000, H. 12, S. 24 – 27 („Harte Kerle"), hier S. 27.

loggte sich per Handy wie mit einer virtuellen Nabelschnur in sein soziales Netzwerk ein und realisierte eine Daseinsform, die als „connected presence" oder „perpetual contact" beschrieben wird.[7] Es bildeten sich wie im Falle vorheriger Portables außerdem neue Raumverhältnisse heraus, und die simultan zu anderen Aktivitäten verlaufende Handy-Nutzung spaltete Zeit„räume" in solche des Multitaskings auf. Im Ergebnis veränderten sich entlang der Aneignung des Handys die Praxen und Gepflogenheiten des technisch vermittelten Kommunizierens und Koordinierens.

Als Ausgangspunkt des langen Entwicklungsweges hin zum Handy werden in Kapitel 5.1. zunächst die Kulturen der fernmündlichen Kommunikation vor der Liberalisierung des Telekommunikationssektors behandelt: Nach einer Skizzierung der häuslichen Telefonkultur werden die öffentlichen, aber sämtlich auf eine elitär-professionelle Nutzung beschränkten Mobilfunknetze der Bundespost vorgestellt. Abschließend wird der Hobby-Sprechfunk betrachtet, der in den 1970er und 1980er Jahren die einzige Möglichkeit darstellte, abseits professioneller Anwendungen im privaten Alltag mobil zu kommunizieren.

Kapitel 5.2. behandelt mit den Telepoint- und Funkruf-Systemen der 1990er Jahre sowie der in der BRD seit Mitte der 1980er Jahre zugelassenen häuslichen Schnurlostelefonie drei an sich unterschiedliche Bereiche der Mobilkommunikation. Was sie eint, ist jedoch, dass sie – teils vor der Folie der geplanten bzw. sich vollziehenden Liberalisierung des Telekommunikationssektors – eine erste Mobilisierung der Fernkommunikation des Alltagsbürgers vorsahen.

Kapitel 5.3. schließlich widmet sich dem GSM-Mobilfunk bis um 2000 und stellt dar, wie aus der Wechselwirkung der weit auseinander liegenden Nutzervorstellungen von Anbietern und Konsumenten das Handy als multifunktionales Kommunikations- und Koordinationsgerät hervor ging. Das Kapitel schließt mit den Visionen zum Mobilfunk der so genannten dritten Generation (3G), in dem Sprachtelefonie, Datenaustausch und multimediale Unterhaltung konvergieren und die Mobilfunk-Nutzer „überall und jederzeit" per Handy konsumieren sollen.

5.1. Kulturen der fernmündlichen Kommunikation vor der Liberalisierung des Telekommunikationssektors

Wie in den meisten europäischen Ländern, gehörten auch in der BRD die Festnetztelefonie sowie der Bereich der Mobilkommunikation zur Zuständigkeit nationaler Postmonopole. Die Mobilfunkangebote der Deutschen Bundespost wurden in den 1950er Jahren in den „öffentlichen" und den „nicht-öffentlichen beweglichen Landfunkdienst" – den so genannten öbL und nöbL – aufgeteilt.

---

7 | Vgl. Katz, James E.; Aakhus, Mark A. (Hg.): Perpetual Contact, Private Talk, Public Performance. Cambridge 2002.

Der öffentliche Bereich umfasste das deutschlandweit errichtete Mobilfunknetz der Bundespost sowie später auch ein Funkrufsystem; zum im Folgenden nicht weiter betrachteten *nöbL* zählten firmen- und behördeninterne Mobilfunk- und Funkrufnetze, die nur bestimmte Institutionen und Betriebe gemäß den geltenden Postverordnungen betreiben durften.[8]

Im Folgenden wird zunächst die Aneignung des stationären Telefons und des Anrufbeantworters behandelt. Dann wird das (auto-)mobile Telefonieren im A-, B- und C-Netz der Bundespost beschrieben. Während dieses auf einen professionell-elitären Nutzerkreis ausgerichtet blieb, schuf der 1975 der Allgemeinheit zugänglich gemachte CB- bzw. „Jedermann-Funk" eine Nische für unterschiedlichste Nutzergruppen, die auch abseits der Berufswelt drahtlos kommunizieren wollten. Obgleich sich mit dem CB-Funk gerade einmal 10 km überbrücken ließen, tummelten sich hier zeitweise über 2 Mio. Hobbyfunker.

Häusliches Telefonieren vor der Verbreitung von Drahtlosgeräten

Das Telefon ist eine Erfindung des späten 19. Jahrhunderts, und es diente bis weit in das 20. Jahrhundert hinein vorwiegend dem formal-informativen Geschäftsgespräch. Erst die Konsumenten entdeckten das Telefon als ein Mittel der sozialen Kontaktpflege.[9] In den amerikanischen Haushalten der Nachkriegszeit war ein Telefon bereits Standardausstattung; es war 1957 in 75 % der Haushalte verfügbar und wies seit den Jahren um 1955, als es die Automobilverbreitung überholte, stets eine rund 10 % höhere Verbreitungsrate als das Automobil auf.[10] In den Haushalten der BRD verbreitete sich das Telefon hingegen wesentlich langsamer, und zwar auch im Vergleich zu anderen technischen Ausstattungsgeräten. 1962 besaßen erst 13,7 % der westdeutschen Haushalte ein Telefon, aber 34,4 % ein Fernsehgerät; 1969 hatten 31 % ein Telefon und bereits 72,7 % ein Fernsehgerät.[11] 1973 schließlich war das Telefon zur Standardausstattung geworden, während das Fernsehgerät mit 87,2 % Verbreitung längst Grundausstattung war. Mitte der 1970er Jahre – also rund zwei Jahrzehnte später als in den USA – überholten die Verbreitungsraten des Telefons jene des Automobils und lagen bis zum Ende des Jahrhunderts rund

---

8 | „Beweglicher Betriebsfunk" im Radius von 15 km war 1970 folgenden Gruppen erlaubt: Mietwagen- und Taxiunternehmen, Unternehmen oder Interessenverbände mit eingegrenztem geografischen Einsatzbereich, Industrie- und Nahverkehrsbetriebe, Energieversorgungsunternehmen, die Deutsche Lebensrettungsgesellschaft, Flughäfen, Unternehmen der Werttransportsicherung und Heilberufe. Vgl. FS, 1970, H. 16, S. 554 („Beweglicher Sprechfunkverkehr jetzt auch für Ärzte").
9 | Vgl. Fischer für die USA; für die deutsche Situation fehlt eine ähnlich gut aufgearbeitete Darstellung, vgl. als erste Studie: Forschungsgruppe Telefonkommunikation (Hg.): Telefon und Gesellschaft. Beiträge zu einer Soziologie der Telefonkommunikation (Band 1). Berlin 1989, darin v.a.: Beck, Klaus: Telefongeschichte als Sozialgeschichte: Die soziale und kulturelle Aneignung des Telefons im Alltag, S. 45 – 75.
10 | Vgl. Kellerman, S. 113 – 122.
11 | Zahlen nach: EVP, Statistisches Bundesamt.

20 % höher als letztere. 1983 dann hatten 88,1 % der westdeutschen Haushalte ein Telefon und 93,8 % ein Fernsehgerät.

Mit dem eigenen Haustelefon wurde die Telefonkommunikation „privat", insofern sie nur noch für die Familienmitglieder hör- bzw. beobachtbar war, währenddessen es zuvor üblich war, für ein Telefonat zu einem Nachbarn zu gehen, der bereits ein Telefon besaß. Ein eigenes Telefon bedeutete zum einen, für nicht anwesende Bekannte erreichbar zu sein; das eigene Telefon – das bis heute in seiner Festnetz-Variante keine gesonderte Taste für das Ausschalten besitzt – war also stets auch ein unkontrollierbarer Eindringling in die und potentieller Störenfried der Privatsphäre. Zum anderen spielte der Sicherheitsaspekt eine Rolle, im Notfall per Telefon Hilfe rufen zu können.[12]

Gegen Ende der 1980er Jahre wurde bereits vorrangig telefoniert, um Neuigkeiten auszutauschen und zu plaudern. Dabei benutzten Männer das Haustelefon eher für eine sachbezogene, Frauen für eine personenbezogene Kommunikation. Dies lag daran, dass es meist den Frauen oblag, die Verwandtschaftsbeziehungen zu pflegen, und in der Vergangenheit war das Telefon für viele Hausfrauen eine Möglichkeit gewesen, sich aus ihrer räumlich festgelegten Rolle heraus Kontakt zur Außenwelt zu verschaffen. Im Durchschnitt gab der westdeutsche Telefonhaushalt 90 DM im Monat für das Telefonieren aus, und zwar vor allem für Ortsgespräche, die im Übrigen in 90 % der Fälle weniger als sechs Minuten dauerten. Der Anteil von Ferngesprächen stieg erst seit Ende der 1980er Jahre in Verbindung mit der zunehmenden räumlichen Distanz von Familien- und Freundschaftsbeziehungen merklich an. Führte der westdeutsche Durchschnittsbürger Anfang der 1980er Jahre rund 300 Gespräche jährlich, so erhöhte sich diese Zahl bis zum Ende des Jahrzehnts auf über 500 Gespräche, derweil in den USA bereits 1800 Anrufe pro Jahr und Einwohner üblich waren. Dabei hatte das Telefon in der BRD einen zentralen Platz in der Wohnung und stand überwiegend im Wohnzimmer.[13] In den USA hingegen hatte sich seit den 1960er Jahren das System der Nebenstellenanlagen etabliert; so wurde neben einem zentral positionierten Telefon ein weiteres Endgerät etwa in Küche oder Schlafzimmer möglich, was mit dem Hinweis, das von simultaner Arbeit geprägte Hausfrauendasein zu erleichtern, beworben wurde.[14]

---

12 | Vgl. dies und Folgendes: Schabedoth, Eva; Storll, Dieter; Beck, Klaus; Lange, Ulrich: „Der kleine Unterschied" – Erste Ergebnisse einer repräsentativen Befragung von Berliner Haushalten zur Nutzung des Telefons im privaten Alltag. In: Forschungsgruppe Telefonkommunikation, 1989, S. 101 – 115. Folgende Zahlen und Angaben nach: Lange, Ulrich: Telefon und Gesellschaft – Eine Einführung in die Soziologie der Telefonkommunikation. In: Forschungsgruppe Telefonkommunikation, 1989, S. 9 – 44, hier S. 22, S. 28 u. S. 37; Maschke, Walter: Telefonieren in Deutschland. In: Ebd., S. 97 – 100, hier S. 98.

13 | Vgl. die empirischen Ergebnisse in: Forschungsgruppe Telefonkommunikation, 1989.

14 | So warb Bell 1962 etwa damit: „You can feed the baby ... check the grocery list ... fix a formula or seven-minute frosting ... and keep right at it when the Telefone rings", vgl.

Telefongespräche wurden bis in die 1980er Jahre hinein bei Klingeln des Apparates, der keinerlei Anzeichen über die Identität des Anrufers verriet, selbstverständlich entgegen genommen. Einen Anrufbeantworter, der technisch bereits früh zur Verfügung stand und der eine Kontrolle über eingehende Anrufe ermöglichte sowie die eigene Erreichbarkeit garantierte, schafften sich die Bundesbürger erst seit Ende der 1980er Jahre vermehrt an.

Viele standen der Idee, über hinterlassene Botschaften mit Freunden zu kommunizieren, zunächst reserviert gegenüber, und oft legten Anrufende auf, wenn sie am anderen Ende einen Anrufbeantworter erwischten.[15] Tendenziell galt der Anrufbeantworter als unhöflich oder gar unsozial, da er – ähnlich wie der Walkman – die individuelle Lebenswelt über die Sozialität mit anderen zu stellen schien, auch wenn das Herausfiltern von Anrufen über das Mithören der Bandaufzeichnung wohl noch kaum praktiziert wurde. Es waren schließlich vor allem die Singles der Jahre um 1990, die – konfrontiert mit langen häuslichen Abwesenheitszeiten und mangels Mitbewohnern, die einen Anruf hätten entgegen nehmen können – den Anrufbeantworter zu einem sozialen, gar kreativen Koordinationsmedium umdeuteten und flotte Begrüßungssprüche auf ihre Ansagebänder aufzeichneten. „Nichts verpassen und doch seine Ruhe haben können", beschrieb die *Funkschau* 1992 ihr Credo, die eigene Erreichbarkeit selbst bestimmen zu wollen, ohne dabei Nachrichten zu versäumen.[16]

Mit der Normalisierung von Anrufbeantwortern und Mailboxsystemen sowie der Praxis, mittels der Aufzeichnung des Anrufbeantworters oder der durch ISDN möglich gewordenen Nummernanzeige Anrufe zu filtern, setzte sich in den 1990er Jahren eine veränderte Einstellung zum klingelnden Telefon durch, und die eigene Erreichbarkeit wurde nun selbstverständlich über zeitversetzte Kommunikationstechniken (Mailbox, SMS, Anrufbeantworter) gesteuert. 1998 hatten 37,9 % der deutschen Haushalte einen Anrufbeantworter, 2003 47,1 %.[17] Laut europäischer Studien filterte am Anfang des 20. Jahrhunderts außerdem die Hälfte der Besitzer von Anrufbeantwortern bei Anwesenheit die Anrufe selektiv,[18] was eine subversive Verwendung des Anrufbeantworters darstellte, der nämlich hierfür nie explizit vermarktet wurde.

Werbeanzeige in: Hill, Daniel Delis: Advertising to the American woman, 1900 – 1999. Columbus 2002, S. 216.

15 | Vgl. Lange, Ulrich: Von der ortsgebundenen „Unmittelbarkeit" zur raum-zeitlichen „Direktheit" – Technischer und sozialer Wandel und die Zukunft der Telefonkommunikation. In: Forschungsgruppe Telefonkommunikation, 1989, S. 167 – 185; 57 % der hier befragten Berliner Haushalte schlossen es aus, nicht immer ans Telefon zu gehen, und 47,7 % fanden es unangenehm, auf den Anrufbeantworter zu sprechen (S. 171, 174). Vgl. außerdem: Pütz, Uwe: „Man sagt andere Dinge, wenn man auf Band spricht". Der automatische Anrufbeantworter im Alltag. In: Mettler-Meibom, Barbara; Bauhardt, Christine (Hg.): Nahe Ferne – fremde Nähe: Infrastrukturen und Alltag. Berlin 1993, S. 91 – 99.
16 | Vgl. FS, 1992, H. 2, S. 36 – 41 („Telefonkomfort. Anrufbeantworter für Jedermann"), hier S. 36.
17 | Zahlen nach: EVP, Statistisches Bundesamt.
18 | Vgl. Haddon, 2004, S. 59f. Allerdings hieß es in einem Ratgeberhandbuch für den

Diese häusliche Telefonkultur macht plausibel, warum die Bundesbürger überhaupt erst seit den 1980er Jahren ein Interesse am mobilen Fernsprechen und sogar erst später am mobilen Austausch asynchroner Nachrichten entwickelten. Dementsprechend waren auch die Mobilfunkangebote der Bundespost zunächst nur auf professionelle Anwender ausgerichtet; zudem galten sie als Randsegment. Erst auf dem deregulierten Telekommunikationsmarkt der 1990er Jahre entstand ein Massenmarkt für das mobile Telefonieren, und auch die häusliche Telefonkultur veränderte sich sowohl durch den Massenmobilfunk als auch durch die Deregulierungen im Festnetzbereich wesentlich. Schnurlosgeräte verschiedener Anbieter kamen im Laufe der 1980er Jahre auf den Markt, und mit der Freigabe des Endgerätemonopols auch für drahtgebundene Geräte 1990 wurde die Materialkultur des Haustelefons noch vielfältiger. So genannte „Komfort-Telefone" führten einen Bedienkomfort ein, wie er zuvor nur in professionellen Anwendungen zu finden gewesen war.[19] Außerdem wurde das Telefonieren durch den Wettbewerb der Telekom mit weiteren Telefongesellschaften auf dem Festnetzbereich seit 1998 wesentlich billiger:[20] Hatte der Minutenpreis für ein nationales Ferngespräch tagsüber zuvor noch über 30 Cent pro Minute betragen, so waren im Jahr 2000 dafür weniger als 5 Cent und im Jahr 2004 weniger als 2 Cent zu zahlen.

Zum Leitbild der elitären Autotelefonie im A-, B- und C-Netz

„Der Siegeszug des Radio-Telefons ist unaufhaltsam: in den letzten Jahren eroberte es sich immer neue Anwendungsgebiete, und gegenwärtig schickt sich dieses neue Nachrichtenmittel an, den Sprung vom technischen Gerät für Sonderzwecke bei Polizei, Feuerwehr und Eisenbahn zum Gebrauchsgegenstand des viel beschäftigten Geschäftsmannes zu tun", schrieb die *Funkschau* 1950 begeistert zu den Möglichkeiten des damals noch als „Radio-Telefon" bezeichneten (Auto-)Mobiltelefons. Das Beispiel des Autoradios vor Augen, prognostizierte der Autor auch dem Funktelefon, bald „zur selbstverständlichen Einrichtung eines großen Reisewagens" zu gehören.[21] Diese Orientierung am automobilen Geschäftsmann sollte im Falle des westdeutschen Mobilfunksektors bis in die GSM-Ära fortwirken: Mobiles Telefonieren war drahtlos, blieb aber – zunächst aus Gewichtsgründen, dann aufgrund einer Postverordnung –

Telefon-Gebrauch 1992 noch ausdrücklich, „daß es – zumindest beim Privatanschluß – immer noch viel, viel höflicher ist, selbst und rasch abzuheben." Vgl. Jörn, Fritz: Der Telefon-Ratgeber: Telefone, schnurlose Telefone, Anrufbeantworter, Faxgeräte und Funktelefone auswählen, anschließen und verstehen. München 1992, S. 49. Aufschlüsse zur Anrufbeantworter-Nutzung gibt außerdem: Hörning, Karl H.; Ahrens, Daniela; Gerhard, Anette: Zeitpraktiken. Experimentierfelder der Spätmoderne. Frankfurt a. M. 1997.
19 | Vgl. FS, 1991, H. 14, S. 3 („Telefone. Vormarsch der Komfortablen").
20 | Vgl. Statistisches Bundesamt (Hg.): IKT in Deutschland. Informations- und Kommunikationstechnologien 1995 – 2003. Computer, Internet und mehr. Wiesbaden 2004, S. 99.
21 | Vgl. FT, 1950, H. 14, S. 419 – 423 („Das Radiotelefon"), hier S. 419.

an den fahrbaren Untersatz gebunden. Innerhalb eines staatlich-industriellen Verbundes zwischen Bundespost und Herstellerindustrie produzierten nur wenige, ausgewählte Lieferanten in enger Abstimmung mit der Bundespost die entsprechenden Endgeräte, die über einen spezialisierten Funkfachhandel verkauft wurden. Kostspielige Geräte und hohe Bundespost-Gebühren trugen dazu bei, dass das Autotelefon ein Privileg der Wirtschafts- und Politikelite blieb.

Das erste, beinahe flächendeckende Mobilfunk-Netz der BRD entstand 1958 mit dem so genannten A-Netz; es wurde in den 1970er Jahren vom B-Netz und in der zweiten Hälfte der 1980er Jahre vom C-Netz abgelöst. Vor der Einführung der so genannten Zellulartechnik, die dem C-Netz zugrunde lag, war die Kapazität der Mobilfunknetze äußerst gering: Jedes Gespräch der Mobiltelefonie benötigte ein Funkfrequenzpaar (Duplex-Modus). Da Funkfrequenzen knapp waren, wurde versucht, mittels großer Antennen und hoher Senderleistung mit den wenigen Frequenzen eine möglichst große Funkzone abzudecken, um so auch die Versorgungsfläche in möglichst wenige Funkzonen aufteilen zu müssen. Verließ der Autofahrer eine solche Funkzone und damit die Reichweite der aktuell eingesetzten Landesfunkstelle, so wurde die Verbindung unterbrochen. Da das Autotelefon außerdem nicht netzseitig lokalisierbar war, mussten der Autofahrer sowie auch die von außen Anrufenden wissen, in welchem der so genannten „Vorwahlbereiche" sich der Autofahrer befand, und um ihn zu erreichen, musste die entsprechende Nummer vorgewählt werden.

Das B-Netz versorgte Anfang der 1980er Jahre – bei rund 20 Mio. zugelassenen Pkw – rund 20.000 Autos, die sich nun 74 Funkkanäle teilten. Auch in anderen Ländern sah die Situation nicht anders aus. So erreichte die amerikanische Autotelefonie ebenfalls nur ca. 0,1 % der Pkw, und in New York teilten sich 700 Teilnehmer 12 Kanäle.[22] Allerdings war der Mobilfunk in den USA gänzlich anders strukturiert: Angesichts der Weite des Landes betrieben die so genannten Radio Common Carriers (RCCs) statt eines flächendeckenden Netzes auf Städte und metropolitane Ballungsräume begrenzte Netze.

Erst mit der Zellulartechnik konnte die Nutzungskapazität der Mobiltelefonnetze von ihrer direkten Abhängigkeit zur Zahl der verfügbaren Frequenzen gelöst werden. Der zellulare Mobilfunk wurde in der BRD mit dem C-Netz der Bundespost 1986 eingeführt. Zellulare Netze unterteilen die zu versorgende Region in Funkzellen, um die zur Verfügung stehenden Frequenzen dann immer wieder in nicht unmittelbar benachbarten Funkzellen einzusetzen.[23] Jede Zelle ist mit einer ortsfesten Sende-Empfangsstation (Basisstation) aus-

---

22 | Vgl. Stone, Alan: How America got on-line. Politics, markets and the revolution in telecommunications. Armonk u. a. 1997, hier S. 143.
23 | Vgl. Garrard, Garry A.: Cellular Communications: Worldwide Market Development. Boston, London 1998, S. 23 – 62; für das C-Netz: Lobensommer, Hans: Die Technik der modernen Mobilkommunikation. Grundlagen, Standards, Systeme und Anwendungen. München 1994, S. 110 – 122.

gestattet und über Überleiteinrichtungen (Mobile Switching Centres) mit dem Festnetz verbunden. Sobald das Mobiltelefon eingeschaltet ist, werden ständig Daten zwischen diesem und der Netzinfrastruktur hin- und hergesendet, um das Mobiltelefon zu lokalisieren und an den Zellengrenzen an die funktechnisch günstigste, nächste Basisstation übergeben zu können („Handover"). Für Zellularnetze müssen Frequenzen von mindestens 400 MHz benutzt werden. Diese haben eine geringere Reichweite als die zuvor verwendeten Frequenzen. Das C-Netz verwendete beispielsweise den Bereich um 450 MHz, während das A-Netz auf 150 MHz funkte. Von der gewählten Frequenzhöhe hängen die maximal bzw. minimal mögliche Zellengröße und damit auch die Anzahl der zu errichtenden Basisstationen ab, die wiederum die Nutzungsdichte bestimmt: In einem engmaschigen Netz können mehr Telefonate abgewickelt werden als in einem grobmaschigen. Bei steigender Nachfrage kann das Netz in gewissen Grenzen auch nachträglich „engmaschiger" gestrickt werden. Welche Art von Endgerät für ein Netz benutzt werden kann, hängt von seiner Engmaschigkeit und Frequenzhöhe ab: Sendestarke Autogeräte sind günstig, wenn es um eine großräumige Flächenversorgung bei geringer Nutzungsdichte geht, also weite Distanzen in einem daher grobmaschigen Netz zu überbrücken sind; überwiegend wurde hierzu das 450 MHz-Band eingesetzt. Handgeräte eignen sich aufgrund ihrer niedrigen Sendeleistung und der geringen Reichweite für engmaschige Netze, die zunächst den 900 MHz-Bereich benutzten und die angesichts der notwendigen hohen Investitionen erst rentabel werden, wenn viel telefoniert wird.

Die Grundidee der zellulären Unterteilung der Versorgungsfläche wurde 1947 in den Bell Laboratories, einem Zentrum der amerikanischen Industrieforschung, entwickelt. Sie stand der üblichen Vorgehensweise entgegen, mit den begrenzten Frequenzen möglichst weite Distanzen zu überbrücken. Auch fehlte noch die Erfahrung mit hohen Funkfrequenzen, so dass rund drei Jahrzehnte bis zur Realisierung erster Zellularnetze verstrichen.[24] Motorola präsentierte 1973 die Machbarkeit eines Handgerätes für den Zellularfunk auf 900 MHz, und ab Ende der 1970er Jahre entstanden weltweit die ersten – im Gegensatz zur späteren GSM-Telefonie noch analogen – zellularen Netze, die im Nachhinein als Netze der ersten Generation (1G) bezeichnet wurden.

In der BRD wurde die Zellulartechnik mit dem für 200.000 Autofahrer ausgelegten C-Netz von 1986 eingeführt. Es wurde 1990 von 274.000 Teilnehmern genutzt,[25] und seine Kapazität wurde in der Folgezeit weiter erhöht. Auf dem Höhepunkt seiner Nutzung (1993) versorgte es 800.000 Teilnehmer in den alten und neuen Bundesländern.[26] Der Preis eines C-Netz-Gerätes sank bis 1990

---

24 | Vgl. Brown, Barry; Green, Nicola; Harper, Richard (Hg.): Wireless World. Social and Interactional Aspects of the Mobile Age. London u. a. 2002, hier S. 8f. Die Autoren nennen für die Innovationsverzögerung außerdem langwierige staatliche Regulierungsmaßnahmen und das geringe Image der Zellularfunk-Forschung.
25 | Vgl. Booz-Allen & Hamilton, S. 68.
26 | Das C-Netz war in den neuen Bundesländern 1992 für 80 % der Fläche verfügbar,

von rund 12.500 DM auf 5.000 DM. Es war damit fünf- bis sechsmal teurer als Mobiltelefone des britischen Markts, und auch die deutschen Gebühren lagen an der Spitze der europäischen Preisskala.[27] Durch die 1988 erfolgte Aufhebung der Postvorschrift, Mobiltelefone nur über eine Auto- oder Bootsbatterie betreiben zu dürfen,[28] hatte sich aber zumindest die Modellvielfalt der C-Netz-Geräte erhöht. 1991 waren bei der Zulassungsstelle der Post 80 Modelle genehmigt, die von fünf Herstellern stammten und unter 30 Markennamen vertrieben wurden.[29] Seit 1988 waren neben den Autotelefonen auch so genannte „Portys" erhältlich, die sich manche Tüftler – die Vorschriften unterlaufend – zuvor selbst gebastelt hatten:[30] Hier war das Telefon in einem mit Griff oder Umhängegurt ausgestatteten Kleinstkoffer von 4 bis 6 kg Gewicht untergebracht; wollte man die Geräte im Auto benutzen, so wurden sie – wie die Universal-Rundfunkempfänger um 1960 – dort vorübergehend installiert und über Autobatterie und -antenne versorgt. Abb. 13 (S. 235) zeigt ein solches Porty von 1990, wobei das PR-Foto das prospektive Nutzerbild des Jägers visualisiert, das bereits in der frühen westdeutschen Mobiltelefonie neben dem des Geschäftsmanns aufgetaucht war. 1989/90 waren außerdem erste, rund 700 g schwere Handgeräte zum stattlichen Preis von 9.000 DM erhältlich. Aufgrund ihrer vergleichsweise niedrigen Sendeleistung eigneten sie sich lediglich für das Telefonieren in Ballungsgebieten oder entlang der Autobahn, wo die Bundespost die Netzdichte erhöht hatte.

Durch seine – im Falle der nicht-zellulären Netze auch technisch bedingte – Exklusivität war das Mobiltelefon im A-, B- und C-Netz ein Privileg weniger, die so unabkömmlich waren, dass sie es sich leisten mussten, auch im Auto erreichbar zu sein. Der Nutzer eines Autotelefons war offensichtlich wichtig, weisungsbefugt und in der Hierarchie hoch stehend und damit jemand, der – so ein Werbespruch – „was zu sagen hat".[31] Dabei diente das Mobiltelefon seinen Nutzern von Anfang an nicht nur für Geschäftsgespräche, sondern erfüllte zugleich emotionale und soziale Bedürfnisse: Manager teilten sich vertrauten Personen mit, organisierten ihr Familienleben und fühlten sich durch

---

die nun in Betrieb genommenen GSM-Netze deckten jedoch nur 20 % der Fläche ab, vgl. DM, 1992, H. 4, S. 100 – 103 („Mobiltelefon. Mit dem Hörer in der Hand").
27 | Vgl. FS, 1992, H. 9, S. 79 (Tabelle „Entwicklung der Gerätepreise für Mobiltelefone: BRD-GB"); FS, 1990, H. 19, S. 62 – 66 („Mobilfunkmarkt Deutschland. Große Chancen trotz rückläufiger Preise"); FS, 1990, H. 23, S. 3 („Was kostet das Autotelefon"); FS, 1992, H. 9, S. 79 (Tabelle „Entwicklung der Gerätepreise für Mobiltelefone: BRD-GB").
28 | Vgl. FS, 1988, H. 17, S. 42 – 47 („Autotelefone: Die Portablen kommen"), hier S. 47.
29 | Vgl. DM, 1991, H. 8, S. 42 – 45 („Mobiltelefone. Immer erreichbar"), hier S. 44.
30 | Porty war nicht nur die Gattungsbezeichnung, sondern auch ein Modellname eines Philips- bzw. PKI-Gerätes. Laut Spiegel hatten vor der Aufhebung der Postvorschrift auch manche Fachhändler Autotelefone mit Akku, Netzteil und Antenne ausgerüstet und in Koffer gesteckt, vgl. Der Spiegel, 1988, H. 9, S. 207 („Telephon zum Wandern").
31 | Vgl. Telekom-Anzeige in: FS, 1990, H. 22, S. 8f.

den Draht nach draußen im Auto sicherer und weniger isoliert.³² Erst um 1990 tauchten im Mediating der C-Netz-Telefonie weniger elitäre Berufsgruppen wie Baustellenleiter oder Architekten sowie Businessfrauen als potentielle Nutzergruppen auf.³³ In seinen Nutzerbildern sowie den Verbreitungszahlen und auch der Handy-Nutzung hinkte das C-Netz damit den 1G-Zellularnetzen anderer Länder weit hinterher, wie Kapitel 5.3.1. zeigen wird.

„Jedermann-Funk": Zu den Nutzerkulturen des CB-Hobbyfunks

Das so genannte „Citizens' Band Radio" (CB), das im deutschen Diskurs auch als „Jedermann-Funk" bezeichnet wurde, bestand in den USA seit der frühen Nachkriegszeit, um jedem Bürger die Möglichkeit zum Sprechfunk einzuräumen. Die Teilnehmergeräte senden und empfangen ohne weitere Zentrale oder zusätzliche Sender, wobei CB eine Reichweite von 10 bis 15 km abdeckt; es muss also kein eigenständiges Netz errichtet werden. Die Funkkanäle stehen prinzipiell allen offen, die ein geeignetes Gerät besitzen, und die CB-Kommunikation erfordert keine besonderen technischen Kenntnisse. Sprechen und Gegensprechen sind nur abwechselnd möglich. Will man kommunizieren, wählt man einen Kanal aus und muss sich dann unter den Stimmen der weiteren Teilnehmer Gehör verschaffen.

In der BRD wurde der „Jedermann-Funk" erst 1975 ermöglicht. Zuvor war der Sprechfunk – abgesehen vom Betriebsfunk des *nöbLs* – nur Kurzwellenamateuren erlaubt, die im Gegensatz zu den späteren CB-Hobby-Funkern eine Lizenz beantragen mussten und angesichts der für den KW-Funk nötigen funktechnischen Kenntnisse sogar eine Prüfung ablegen mussten. KW-Amateurfunker waren daher Technikenthusiasten, die sich über ihr Wissen oft auch vom „Jedermann-Funk" abzugrenzen suchten. Protagonisten des CB-Funks hingegen verwiesen auf das amerikanische Vorbild und sahen seine Etablierung „für den allgemeinen Gebrauch" als dringlich an, zumal die Mobilfunkangebote des *nöbL* teuer waren und es erst ein offener Kanal vielen Unternehmen ermöglichen würde, den Sprechfunk zu nutzen.³⁴

Bereits vor der Lockerung der Bundespost-Vorschriften gelangte der Sprechfunk im Rahmen des Legalen über den Umweg der Betriebserlaubnis für Sportvereine in den privaten Alltag: Innerhalb der so genannten „Bedarfsgruppe IV" durften auf 27 MHz sendende Handsprechfunkgeräte, so genannte Walkie-Talkies, in Handel, Handwerk, Gewerbe sowie eben auch in sportlichen Vereinigungen betrieben werden. Solche Geräte wurden in den

---

32 | Vgl. manager magazin, 1986, H. 9, S. 178 – 186 („Ein Netz für große Beute").
33 | Vgl. z. B. Werbeprospekt für das C4 („Eine leichte Entscheidung. Die Siemens Mobiltelefone, die sich mit Leichtigkeit für Sie stark machen"), Werbeprospekt Philips porty („porty. Damit Sie einfacher erreichbar sind. In dreifacher Hinsicht"), jeweils in: Sammlung HNF („Netz C – Mobilgeräte").
34 | Vgl. FT, 1960, H. 23, S. 819 („Mobilfunk auch bei uns?"). Ebenso für die Genehmigung des Jedermann-Funks sprach sich aus: FS, 1960, H. 10, S. 527 („Warum kein Jedermann-Funksprechgerät?").

1970er Jahren sogar in Versandhaus-Katalogen zu erschwinglichen Preisen angeboten.[35] Allerdings wurden sie hier nicht für den Einsatz im Sportverein präsentiert, sondern so, wie sie vermutlich auch zumeist in subversiver Weise zum Einsatz kamen: nämlich als Kommunikationsgeräte für den Familienurlaub. Freilich schränkte im Verkaufstext ein Hinweis den Nutzungsraum der Geräte auf die „klassischen" Urlaubsländer wie „Italien und Frankreich" ein, wo Walkie-Talkies nämlich nicht zulassungspflichtig waren.

Im Sommer 1975 gab die Bundespost schließlich 12 Kanäle im 27 MHz-Bereich für den CB-Funk frei. Mobile Sprechfunk-Anlagen kleiner Leistung konnten nun ohne Bedarfsanmeldung betrieben werden, sofern sie ein offizielles Prüfkennzeichen hatten. Der CB-Funk kam daraufhin vor allem im Beruf, aber eben auch in der Freizeit zur Anwendung. Gegen Ende der 1970er Jahre wurde der CB-Bereich auf 49 MHz verlagert und auf 22, schließlich auf 40 Kanäle erweitert, wobei ein Kanal (Kanal 9) stets für die Notfall-Kommunikation freigehalten werden sollte. Zu dieser Zeit waren die CB-Nutzer in den USA bereits eine Massenbewegung: Vor allem Lkw- und Pkw-Fahrer – manche Zahlen sprechen davon, jeder siebte amerikanische Wagen sei mit CB ausgerüstet gewesen – machten sich den Nah-Sprechfunk zunutze, und in zahlreichen Filmen wurde er zum Kult stilisiert.[36]

CB-Geräte gab es als Auto- oder Handgeräte. Das Design der Autogeräte imitierte zunächst das der Autoradios; mit dem wachsenden Bekanntheitsgrad und Prestige der Autotelefone imitierten CB-Geräte gegen Ende der 1980er Jahre außerdem Autotelefone.[37] Die billigeren Handgeräte waren bereits für 100 bis 200 DM erhältlich und stammten im unteren Preissegment vornehmlich aus südostasiatischer Produktion. Wer mehr zum CB-Funk wissen wollte, konnte zur Spezialzeitschrift *CB Radio* sowie zu zahlreichen Ratgeber-Handbüchern greifen.[38] „Funken auf der Jedermannwelle scheint jetzt große Mode zu werden", stellte die *Stiftung Warentest* 1978 fest.[39] Bereits im Jahr zuvor hatte die Institution sich veranlasst gesehen, CB-Geräte zu testen, war aber zu dem Ergebnis gelangt, dass die Geräte eine teure Spielerei darstellten, die noch dazu für „ernsthafte Anwender" des CB-Bandes zum Problem werden würden. Denn zum einen hielten sich so manche neue Hobby-Funker nicht an die tradierten Benimmregeln des Sprechfunks, zum anderen waren die existie-

---

35 | Vgl. Neckermann, Katalog 1975, in dem die Geräte 90 bis 160 DM kosteten.
36 | Vgl. Agar, S. 132. Murray spricht von mehr als 50 Mio. amerikanischen CB-Nutzern, vgl. Murray, James B.: Wireless Nation: The Frenzied Launch of the Cellular Revolution. Cambridge 2001, S. 24.
37 | Vgl. für die Autoradioform: Hoffmann, Claus D.: ADAC Ratgeber. Funk im Auto. Jedermann-Funk (CB-Funk), Betriebsfunk, Autotelefon und Eurosignal. München 1977, S. 74f (Werbeanzeige für ein Quelle-Gerät); Hobby, 1979, H. 6, S. 46f („Mit der Mobilstation immer überall erreichbar"); für das Autotelefon-Imitat: F.A.Z., 5.11.1991, S. 33 („Scheingespräche"); FS, 1989, H. 25, Heftrückseite (dnt-Werbeanzeige).
38 | Vgl. Link, Wolfgang: CB. Funkspass für alle. Stuttgart 1977 und Zeitschriften wie *Hobbyfunk, CB-Radio, Jedermann-Funk*.
39 | Vgl. Test, 1978, H. 12, S. 45 – 47 („Chaos auf zwölf Kanälen"). Für Folgendes vgl.: Test, 1977, H. 7, S. 44 – 47 („Eine teure Spielerei"); FS, 1976, H. 4, S. 5 („Der 11-m-Funk: Des einen Freud'- des anderen Leid").

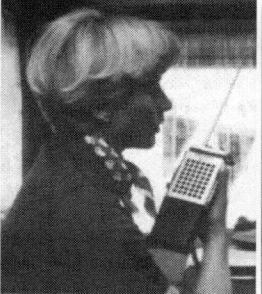

Abb. 13: Ausschnitt eines PR-Fotos zum Einsatz des Portys (F.A.Z., 5.6.1990, S. T1).
Abb. 14/15: CB im häuslich-weiblichen und automobil-männlichen Bereich (Eiselt, Josef: Funkhobby für jedermann: Praktikum des CB-Funks. München 1980, S. 10).

renden zwölf Kanäle schnell überfüllt. Um 1980 waren in der BRD vermutlich 2,5 Mio. Hobbyfunker tätig,[40] darunter auch zahlreiche „Schwarzfunker" mit modifizierten, leistungsstärkeren Geräten.

Das CB-Hobby war von der automobilen Nutzung geprägt und hatte trotz recht einfacher Bedienung den Anstrich des Männlich-Technischen.[41] Die Nutzerbilder der Presse, der Verbraucher- und der Hobby-Magazine porträtierten zumeist einen männlichen CB-Hobbyfunker hinter dem Steuer eines Autos, aber nicht mehr die mit Walkie-Talkies ausgestattete Familie beim Campingurlaub. Wenn Frauen gezeigt wurden, waren die Nutzerbilder geschlechtsstereotyp (vgl. Abb. 14/15): Während der Mann die automobile Station benutzte, war die Frau mit einem Handgerät im Häuslichen abgebildet; meist wurde suggeriert, dass der Ehemann vom Auto aus seine Frau über sein baldiges Eintreffen informierte.

Die CB-Bewegung selbst stilisierte ihre Anhänger in den zahlreichen Ratgeber-Handbüchern und CB-Magazinen als Helfer im Lokalen, die bei der Autopanne oder in Notsituationen älterer Mitbürger Hilfe herbei holten, sich als Verkehrslotsen für ortsfremde Autofahrer betätigten oder Staus und aktuelle Verkehrsmitteilungen meldeten, ehe sie im Verkehrsfunk zu hören waren. Oft diente CB aber auch schlichtweg dazu, um mit anderen CBlern Kontakt aufzunehmen, um zu hören, wer gerade in der näheren Umgebung auf Sendung war, um alle möglichen Informationen einzuholen oder einfach nur, um zu quatschen und anderen beim Quatschen zuzuhören. Insbesondere die Kritiker von CB hoben auf dieses als Unfug angesehene zwanglose Kommunizieren mit Fremden über alles und nichts ab, weil es die Kanäle für andere Nachrichten verstopfte.[42]

---

40 | Vgl. Der Spiegel, 10.11.1980, S. 90 f („Hobbyfunk. Heimlicher Piep").
41 | Vgl. für Folgendes: Quelle, Katalog 1977/78, S. 768; Quelle, Katalog 1983, S. 898; Der Spiegel, 10.11.1980, H. 46, S. 90f („Heimlicher Piep"); Hobby, 1981, H. 1, S. 75f („CB-Funk: Neuer Anfang schon das Ende?").
42 | Vgl. z. B. F.A.Z., 25.7.1984, S. 26 („CB-Funk zwischen Nutzen und Unfug").

Außerdem machten sich zwei weitere Nutzergruppen CB für ihre eigenen Zwecke zunutze, nämlich Personen mit Migrationshintergrund sowie Heranwachsende. Bereits in den 1970er und 1980er Jahren lag der Anteil der Ausländer an der Bevölkerung der BRD bei über 7 %, wobei der Anteil oft regional konzentriert höher war. CB war für Menschen mit nicht-deutscher Muttersprache ein ideales Medium, um mit Gleichsprachigen des Wohnumkreises Kontakt aufzunehmen.[43] Jugendliche wiederum konnten per CB-Gerät ihre lokalen Treffpunkte an der Straßenecke koordinieren, und Kinder hatten mit Walkie-Talkies, die teils das Design von Transistorradios imitierten, die perfekte Ausrüstung für Räuber- und Gendarm-Spiele gefunden.[44]

Im Zuge der Begeisterung für die noch allzu teure Handytelefonie wurde gegen Ende der 1990er Jahre abermals versucht, CB-Geräte an den Durchschnittskonsumenten zu vermarkten. Motorola als ein Anbieter von Sprechfunkgeräten ging dabei sogar von einem Marktpotential von drei Millionen Bundesbürgern aus.[45] Denn Marktstudien hatten zum einen gezeigt, dass viele Menschen auf ihren Alltagswegen den Wunsch verspürten, „jederzeit" erreichbar zu sein. Zum anderen wurde festgestellt, dass ihre fernmündliche Kommunikation mehrheitlich im Orts- und Nahbereich stattfand, also überwiegend innerhalb der Reichweite vom CB-Funk lag. Beworben wurden die CB-Geräte allerdings vornehmlich als Koordinationsgeräte für neue Outdoor-Aktivitäten wie Snowboarding und Mountainbiking.

Zusammenfassend betrachtet, diente der CB-Funk in Teilen bereits Anwendungen, die später so mancher Konsument als Anschaffungsgrund für ein Handy nennen sollte: Per CB konnte im Notfall Hilfe herbei geholt werden, und der Lebenspartner konnte über die Verspätung auf dem Heimweg informiert werden. Manche CB-Fans schalteten in ihrer Begeisterung für den Sprechfunk und im Wunsch, nichts zu verpassen, das CB-Gerät über lange Zeiträume hinweg auf Sendung, was der „connected presence" des späteren „Handymenschen" ähnelte. Auf Dauer blieb der CB-Funk jedoch aufgrund seines – für alle mithörbaren – Simplex-Modus und der fehlenden Möglichkeit, einen bestimmten Gesprächspartner selektiv „anzurufen", eine Nischentechnik. Für sie begeisterten sich einzelne Nutzergruppen wie Jugendliche, Sportler und CB-Fans, um auf den öffentlichen Kanälen je spezifische Kommunikationsformen zu pflegen, während das Handy später zur Massentechnik wurde. Dabei glich die Kommunikationskultur der CB-Fans am ehesten der

---

43 | Zwischen 1970 und 1980 war die Zahl der Ausländer von 3 auf 4,5 Millionen und damit auf 7,2 % der Wohnbevölkerung gestiegen, vgl. Schildt, 2007, S. 58. Die CB-Nutzungen durch Ausländer nennt: Jörn, Fritz: Kleiner Ratgeber für den CB-Funker. Technik, Gesprächsführung, Praxistips. München 1991, S. 37.
44 | 1979 bewarb z. B. die Firma Hansatronica eine Radio/CB-Kombination im Transistorradio-Format mit dem Bild eines Jungen auf dem Fahrrad, vgl. FS, 1979, H. 25, S. 4. In der Folgezeit wurden CB-Geräte in den Versandhaus-Katalogen zunehmend im Kinderspielwaren-Bereich angesiedelt.
45 | Vgl. FS, 1996, H. 25, S. 42 – 45 („FreeNet: Nischenmarkt für Motorola").

späteren Internet-Chat-Kultur: CB vernetzte eine zwar im Gegensatz zum Chat regional verankerte, aber dennoch in der Regel im Virtuellen angesiedelte Gemeinschaft. Innerhalb dieser wurde zwanglos geplaudert, aber auch gezielt geholfen; die Teilnehmer gaben sich oft fiktive Namen, und ihre Sprache war mit Akronymen und Eigenwilligkeiten durchsetzt.

5.2. Telepoint, Pager, Schnurlostelefon – Erste Mobilisierungen der Alltagskommunikation der 1990er Jahre

In der BRD zielten erstmals das Telepoint-System sowie der Funkruf auf eine wesentliche Erweiterung der professionellen Nutzergruppen des Mobilfunks und schließlich sogar auf den Konsumentenmarkt. Telepoint wurde in den Jahren um 1990 als eine billige, allerdings auf den Stadtraum begrenzte Alternative zu GSM gehandelt, mit der jeder Besitzer eines schlichten Schnurlostelefons in Ballungsräumen mobile Telefonate hätte absetzen können. Während solche Systeme in britischen und asiatischen Städten tatsächlich eingerichtet wurden, kam Telepoint in der BRD über die Testversuche der Telekom nicht hinaus. Der Funkruf wiederum, der in den USA längst eine gewisse Verbreitung gefunden hatte, wurde nach der Zulassung weiterer Paging-Anbieter Mitte der 1990er Jahre an den Massenkonsumenten vermarktet. Die diversen Funkruf-Angebote wurden allerdings binnen weniger Jahre von der SMS des GSM-Handys verdrängt. Das seit Mitte der 1980er Jahre zugelassene Schnurlostelefon schließlich, das mit den Radio-„Transonetten" der Zeit um 1960 verglichen werden kann, brachte das häusliche Telefonieren der Bundesbürger in Bewegung. Innerhalb des häuslichen Radius übten sie nun neue Praxen des „Nebenbei-Telefonierens" ein, die später auch für das Handytelefonat üblich werden sollten.

Telepoint: Das Scheitern der öffentlichen Schnurlostelefonie

Telepoint-Systeme wurden zunächst in Großbritannien, dann in weiteren Ländern und zwischen 1990 und 1992 auch in Deutschland getestet und teilweise in kommerzielle Angebote umgesetzt.[46] Die Grundidee glich dem gegenwärtigen W-LAN (Wireless Local Area Networks): Statt eines flächendeckenden Netzes sollten in urbanen Ballungsgebieten an betriebsamen Orten dezentrale Versorgungspunkte eingerichtet werden, um ein mobiles Telefonieren punktu-

---

46 | Vgl. für Folgendes: Zum britischen Telepoint: Garrard, S. 447 – 454; zu Birdie: Lobensommer, S. 87 – 91; Duelli, Harald; Pernsteiner, Peter: Alles über Mobilfunk. Dienste – Anwendungen – Kosten – Nutzen. München 1992, S. 124 – 129; F.A.Z., 5.6.1990, S. T 1 – 2 („Mobilfunk. Seid umschlungen, Millionen mobile Funker"); FS, 1989, H. 11, S. 22 – 29 („Schnurlose Telefone. Die mobile Invasion"); FS, 1990, H. 26, S. 30 – 34 („Birdie/CT2. Die englische Krankheit"); für die Münchner Versuche: FS, 1991, H. 12, S. 34 – 36 („Telepoint-Versuch München. Das Aus für Siemens-Endgeräte?"); FS, 1991, H. 24, S. 54 – 57 („Birdie-Feldversuch. Schnurlose Freiheit im zweiten Anlauf").

ell zu gewährleisten; der prospektive Nutzer von Telepoint war also nicht mehr der Autofahrer, sondern der mobile Städter. Besitzer von Schnurlostelefonen – schlichten Handhörern, die zu Hause oder im Büro mit dortigen Basisstationen zum vollwertigen Telefon geworden wären – würden im Umkreis von rund 200 Metern von solchen „Telepoints" Anrufe tätigen können; allerdings war es technisch nicht möglich, Anrufe zu empfangen. Jedoch hatten britische Untersuchungen gezeigt, dass ohnehin nur 20 % der Mobiltelefongespräche auf eingehende Anrufe entfielen. Zudem hätte das Erreichbarkeitsproblem durch einen zusätzlichen Pager gelöst werden können. Telepoint stellte damit ein mögliches Interimsystem auf dem Weg zu der noch allzu teuren zellularen Handytelefonie dar. Abgesehen von der Einschränkung auf abgehende mobile Anrufe nahm Telepoint die Idee eines universalen, handgroßen Telefongeräts vorweg, in dem – wie im Fall der Radio-Universalempfänger – die mobile und die stationäre Variante verschmelzen würden; ein solches „Universalgerät" sollte erst wieder im Zusammenhang mit den 3G-Netzen um 2000 propagiert werden. Aufgrund dieser potentiellen Verschmelzung von häuslicher, stationär-beruflicher und mobiler Telefonie erwarteten manche Experten daher auch eine hohe Marktdurchdringung von Telepoint-Schnurlosgeräten bei 20 bis 50 % aller Telefonkunden.

In der *Funkschau* wurde die Technik einerseits in die Nähe einer „Revolution in der mobilen Kommunikation" gerückt, auch wenn andererseits in manchen deutschen Fachdiskursen vom „Mobiltelefon des armen Mannes" die Rede war.[47] Die Bundespost bzw. spätere Telekom stand der Telepoint-Idee Ende der 1980er Jahre zunächst wenig aufgeschlossen gegenüber. Das lag auch an politisch-ökonomischen Gründen: Telepoint baute auf sehr leichten Schnurlosgeräten des britischen CT2-Standards (Cordless Telephone 2) auf, der als eigenständige Weiterentwicklung des europaweiten CT1-Analog-Standards die europäischen CEPT-Bemühungen um eine gemeinsame digitale Schnittstellendefinition unterlaufen hatte. 1990 aber testete die Telekom das System schließlich selbst, und zwar unter der Bezeichnung „Birdie". Würden sich die Tests als erfolgreich erweisen, so wollte die Telekom Birdie in allen größeren Städten anbieten; man ging von ca. 2 Mio. Anwendern im Laufe der Dekade aus.[48] Den potentiellen Anwenderkreis sah die Telekom in Privatkunden, Freiberuflern und Außendienstlern, für die ein Mobiltelefon noch zu teuer war und die mit Birdie beispielsweise von der Café-Terrasse aus „bequem während der Kaffeepause" Anrufe erledigen könnten.[49]

---

47 | Vgl. FS, 1989, H. 11, S. 22 – 29 („Schnurlose Telefone. Die mobile Invasion"), hier S. 22.
48 | Zahl der DBP Telekom, angegeben in: Kedaj, Josef: Entwicklungstrends bei den Mobilfunktechnologien. In: Garbe, Detlef; Lange, Klaus (Hg.): Technikfolgenabschätzung in der Telekommunikation. Berlin u. a. 1991, S. 143-152, hier S. 145; siehe auch: Duelli/Pernsteiner.
49 | Vgl. Duelli/Pernsteiner, S. 125.

Von 1990 bis 1992 fanden in Münster und München Testversuche statt. In Münster wurde als Standard eine Weiterentwicklung von CT1 zugrunde gelegt; es wurden 140 öffentliche Basisstationen für 1400 Schnurlosgeräte errichtet, die durch 1200 Heimstationen ergänzt wurden. In München wurde CT2 benutzt, nachdem dieser Standard nach viel Unklarheit in einem „Memorandum of Understanding" 1989 als europäischer Interim-Standard für öffentliche Schnurlos-Schnittstellen festgelegt worden war. Fast 200 Stationen wurden errichtet und über 2000 Schnurlostelefone an ca. 80 % private Nutzer und 20 % geschäftlich Telefonierende verteilt. Die mit „Birdie" gekennzeichneten Stationen wurden auf größeren Plätzen, in Fußgängerzonen, Einkaufszentren und an markanten Freizeitpunkten wie dem Olympia-Stadion errichtet. Sie konnten von bis zu sechs Personen gleichzeitig in Anspruch genommen werden. Die Schnurlosgeräte sollten 300 DM kosten oder auch gemietet werden können; dazu kam eine monatliche Grundgebühr von 8.90 DM. Wollte man das Birdie-Telefon auch zu Hause verwenden, musste zusätzlich eine häusliche Schnurlos-Basisstation für rund 500 DM angeschafft werden. Je Gesprächseinheit (Sechsminutentakt) waren 39 Pfennig und damit 9 Pf mehr als in Telefonzellen fällig. Damit war die Technik insgesamt zwar wesentlich kostengünstiger als beispielsweise ein C-Netz-Handy, zugleich aber wesentlich teurer als das Telefonieren aus der Telefonzelle.

Die Ergebnisse der Nutzertests fielen ambivalent aus und führten zu keinem kommerziellen Angebot. Zum einen dürfte sich die räumliche Überschneidung von per Telefonzelle und durch Birdie versorgten Gebieten negativ auf die Testergebnisse ausgewirkt haben. Denn die 160.000 öffentlichen Telefonzellen der BRD befanden sich überwiegend an eben jenen urbanen Knotenpunkten, die auch Birdie versorgt hätte;[50] teilweise waren die Birdie-Versorgungspunkte sogar direkt an den Telefonzellen angebracht worden, um die dortigen Telefonleitungen und Netzanschlüsse zu nutzen. Zum anderen scheiterten soeben einige der britischen Telepoint-Anbieter am Markt. Dies bestärkte die kritische deutsche Haltung gegenüber Telepoint, obwohl die Marktbedingungen nicht übertragbar waren, denn Telepoint-Schnurlostelefone waren in Großbritannien zum Teil teurer als die dort längst erhältlichen Mobilfunk-Handys. Zum Scheitern der Birdie-Versuche in der BRD trug außerdem eine kulturelle Hürde bei: Offensichtlich bestand nämlich bei den Bundesbürgern noch eine Scheu, Telefongespräche im öffentlichen Raum zu führen. Hatte sich die *Funkschau* in ihren ersten Berichten zu britischen Telepoint-Systemen gefragt, ob es überhaupt „jedermanns Sache" wäre, „sich vom Supermarkt aus mit der Freundin oder Schwiegermutter zu unterhalten", so kam sie auch bei einer Beobachtung der Münchner Tests zum Ergebnis, die neue Technik sei „etwas unangenehm", da die Birdie-Nutzer unter den Passanten Aufsehen erregten und die Reaktion der Umstehenden von „verdutzt" bis „ver-

---

50 | Vgl. zur Telefonzelle: Maschke, S. 98.

ständnislos" reichte.⁵¹ Bei Befragungen in Münster äußerten sich nur 29 % der interviewten Passanten dahin gehend, dass sie ein eigenes Schnurlostelefon mitnehmen würden, wenn sie damit öffentlich telefonieren könnten.⁵² Die Hälfte der Testnutzer fand es zudem unakzeptabel, keine Anrufe empfangen zu können, und Pager waren von der Telekom nicht als Birdie-Erweiterung angedacht worden.

Wie stark allerdings die Einstellungen zum mobil telefonierenden Fußgänger Anfang der 1990er Jahre im Fluss waren, verdeutlicht die Bewertung von Telepoint durch die *Funkschau*. Hatte man nämlich zunächst die Sinnhaftigkeit des öffentlichen Privattelefonats in Frage gestellt, so warf man der Telekom 1992 Fehler in der Umsetzung des – laut Marktforschungsstudien angeblich vom Nutzer gewünschten – Systems vor. Junge, als technikoffen und konsumfreudig angesehene Verbraucher waren nun als Trendnutzer definiert worden, und dem Einkaufsbummel mit dem Schnurlosgerät wurde ein positiver Imagewert eingeräumt.⁵³ Vorbild war dabei nicht das britische Telepoint, sondern die sich abzeichnende Telepoint-Aneignung in südostasiatischen Städten. Dort allerdings wurden die Schnurlostelefone als Zusatzgeräte zum Pager verwendet. War der Pager in der BRD, wie wir im Folgenden sehen werden, noch kaum verbreitet, so nutzten beispielsweise in Hongkong 1994 rund 180.000 Personen Telepoint, und zwar vor allem dazu, um einen eingegangenen Funkruf an Ort und Stelle beantworten zu können.⁵⁴ In der BRD verstummten die Telepoint-Diskussionen, als sich mit der Inbetriebnahme der ersten GSM-Netze 1992 eine zügige Ausweitung von GSM abzeichnete und bereits Lizenzierungen für Folgenetze in Vorbereitung waren, auch wenn eine markante Verbilligung des GSM-Mobilfunks noch nicht in Sicht war. 1996/97 wurden Schnurlos-Systeme in Kombination mit GSM-Netzen nochmals angedacht;⁵⁵ sie blieben aber ohne Bedeutung.

Ständige Erreichbarkeit als Fessel, Freiheit oder Fun?
Funkrufsysteme der 1980er und 1990er Jahre

Die dem Funkruf zugrunde liegende Netztechnik ist wesentlich einfacher als die unterschiedlichen Netzstrukturen für das mobile Telefonieren, denn es werden lediglich schlichte Codesignale über flächendeckend aufgestellte Funkmasten an Pager als Empfangsgeräte ausgesendet. Ein erstes öffentliches

---

51 | Vgl. Funkschau Spezial: Mobile Kommunikation, Okt. 1989, S. 18; FS, 1991, H. 24, S. 54 – 57 („Birdie-Feldversuch. Schnurlose Freiheit im zweiten Anlauf"), hier S. 57.
52 | Diese und folgende Zahl nach: FS, 1991, H. 12, S. 34 – 36 („Telepoint-Versuch München. Das Aus für Siemens-Endgeräte?").
53 | Vgl. FS, 1992, H. 7, S. 52 – 55 („Eine neue Chance für Telepoint").
54 | Vgl. Garrard, S. 455f.
55 | Beispielsweise gab es eine auf dem Schnurlos-Standard DECT basierende Infrastruktur in Gelsenkirchen; Dual-Mode-Handys konnten sich sowohl in DECT- als auch in GSM-Netze einbuchen, vgl. Stern, 26.6.1997, S. 102 – 104 („Frei-Sprecher. Weg von der Basis"); FS, 1996, H. 3, S. 22 – 27 („GSM und DECT in Dual-Mode-Handys").

Funkruf-System betrieb die Bundespost seit 1974 mit dem so genannten *Eurosignal*-Dienst, der auf Empfehlungen der CEPT zurückging und auch transnational in zahlreichen Nachbarländern eingesetzt werden konnte.[56] Die Funkrufsysteme, wie sie etwa kleinräumig mobile Berufsgruppen wie Hebammen oder Ärzte nutzten, waren hingegen Teil des der Allgemeinheit verschlossenen *nöbLs*. *Eurosignal*-Pager mussten stets angeschaltet sein, da keine Nachrichten zwischengespeichert wurden; die Nachricht selbst beschränkte sich auf die Übermittlung einer Nummernkombination. In der Praxis sprach daher der Pager-Besitzer die Nutzung einer Nummernkombination und deren Bedeutung mit demjenigen Personenkreis ab, für den er erreichbar sein wollte, wobei ihm bei *Eurosignal* je nach Gebührenhöhe bis zu vier Kombinationen zur Verfügung standen. Bei einer Gesamtkapazität von 300.000 Teilnehmern benutzten Mitte der 1980er Jahre 100.000 Kunden und Anfang der 1990er Jahre 180.000 Kunden diesen Dienst.

Im Zuge der Deregulierung des Mobilfunksektors erweiterte die Bundespost die Adressatengruppe des Funkrufs: Waren *Eurosignal*-Nutzer angesichts hoher Gebühren zumeist überregional reisende Geschäftsleute, so sollte der 1989 in Betrieb genommene *Cityruf* begrenzt mobilen Berufstätigen wie etwa dem mittleren Management, Handwerkern, Kurieren und Servicetechnikern ein Koordinationsinstrument an die Hand geben.[57] Die Bilder des Mediating zeigten zum einen Arbeiter in Bau und Handwerk, zum anderen aber auch gehobene Angestellte, die abseits des Büros für Beruf und Familie erreichbar bleiben wollten. *Cityruf* wurde in Städten mit über 30.000 Einwohnern eingerichtet und ermöglichte eine regional begrenzte und auch im Inneren von Gebäuden gegebene Erreichbarkeit für Ton- oder kurze alphanumerische Signale. Die Pager hatten inzwischen nur noch die Größe einer Zigarettenoder gar einer Streichholzschachtel und waren leicht in der Hosentasche oder am Gürtelclip zu verstauen. Akustische Pager, bei denen man lediglich „angepiepst" wurde, kosteten rund 450 DM bei einer Monatsgebühr von 44 DM; wollte man Schriftsignale (bis zu 15 Ziffern oder 80 alphanumerische Zeichen) empfangen, zahlte man wesentlich mehr. Bereits 1993 hatte *Cityruf* mehr Nutzer als *Eurosignal*, 1994 waren es 400.000. Die Möglichkeiten zur Nachrichtenabgabe waren vielfältig: Die alphanumerischen Mitteilungen konnten über

---

56 | Insgesamt wurden die CEPT-Länder in 50 Rufbereiche eingeteilt. Vgl. zum Dienst: Strunz, S. 92; siehe auch: FS, 1986, H. 10, S. 46f („Eurosignal-Funkrufdienst: Kommandos aus der Westentasche").
57 | Vgl. für dies und Folgendes: Strunz, Günther: Überall erreichbar sein: Die Entwicklung des öffentlichen Mobilfunks. In: Archiv für deutsche Postgeschichte, 1989, S. 85 – 94, hier S. 94; FS, 1987, H. 7 („SfuRD, Funkrufdienst auf kommunaler Ebene"); FS, 1988, H. 4, S. 40 – 43 („Stadtfunkrufdienst: Mehr als nur ein Rufsystem"); FS, 1989, S. 18 – 21(„Wenn die Stadt ruft"); FS, 1992, H. 20, S. 34 – 38 („Funkruf. Mit dem Piepser in der Tasche..."). Weiter unten genannte Preise nach: FS, 1990, H. 4, S. 24 – 29 („Paging. Wettlauf mit dem Götterboten"), hier S. 24; Teilnehmerzahlen nach: FS, 1995, H. 9 („Paging im Aufwind"), hier S. 62; FS, 1993, H. 10, S. 42 („Cityruf"). Zu den Mediating-Bildern vgl.: FS, 1990, H. 26, S. 28; Pager-Anzeigen in: Stern, 10.12.1992, S. 117; Funkschau Spezial, Okt. 1989, S. 5.

Fernschreiber, Bildschirmtext oder später auch über den Personal Computer per Modem abgegeben werden. Über das Telefon waren sie zunächst nur über einen Operator absetzbar, bis eigenständige akustische Signalgeber entwickelt wurden. Später standen auch ein spezielles Telefon (*Delegatic*) und schließlich die mehrfrequenzfähigen „MFV"-Tastentelefone für eine unvermittelte telefonische Eingabe zur Verfügung. Für manche professionellen Anwender war ein Pager eine Ergänzung zum Autotelefon oder (C-Netz-)Handy, um abseits des Autos, in Gebäuden oder sogar für eine Textnachricht während eines Meetings erreichbar zu bleiben. Für andere wiederum ersetzte der Pager das Mobiltelefon, denn *Cityruf* weitete sich zu einem über die Stadt hinausreichenden, regionalen Mitteilungsservice aus, bei dem auch mehrere Regionen abonniert werden konnten.

Während damit in der BRD eine berufliche Pflicht zur Erreichbarkeit im Vordergrund der Funkruf-Nutzungen stand, hatte das amerikanische Beispiel gezeigt, wie vielfältig und außerdem breitenwirksam die Funkruftechnik vermarktet und eingesetzt werden konnte. Um 1990 besaßen ca. 0,25 % der Deutschen einen Pager, während es in den USA 3 % waren.[58] Anfang der 1980er Jahre war es in den USA zu einer Welle von billigen Pagerangeboten gekommen, und die Zeitschrift *Time* vermutete sogar, „Beepers" könnten zu den „most popular portable electronic devices since the Sony Walkman" werden.[59] Über 1000 regionale Funkruf-Netze wurden von unterschiedlichen Radio Common Carriers (RCCs) betrieben, deren Angebote sich auch der Privatkunde leisten konnte:[60] So betrugen die Monatsgebühren vier bis acht USD, und das Versenden eines Ruftons war umsonst oder kostete maximal 20 Cent; ein billiger Akustikpager war zudem bei der Elektronik-Kette Radio-Shack bereits für knapp 100 USD erhältlich. Nachrichten für Numerik-Pager konnten oftmals am häuslichen Touch-Tone-Telefon eingetippt werden, und Ende der 1980er Jahre waren sogar erste Zwei-Wege-Pager für das Empfangen und Verschicken von Kurztexten erhältlich.

Die Billig-Pager wurden in den USA als Familiengeräte vermarktet, mit denen beispielsweise berufstätige Mütter in Kontakt mit ihren Kindern bleiben könnten und die Jugendliche als elterliches Kontrollmittel mitführen sollten.[61] Den Ehemännern schwangerer Frauen wurden Beeper als „Stork Alert" angepriesen, und die Telefongesellschaft MCI verteilte in einer PR-Aktion Pager an Menschen, die auf eine Transplantation warteten. Außerdem wurden Pager

---

58 | Zahl nach: FS, 1990, H. 4, S. 24 – 29 („Paging. Wettlauf mit dem Götterboten"), hier S. 26.
59 | Vgl. Time, 11.4.1983, S. 75f („Why So Many Are Going ‚Beep!'").
60 | Vgl. Frost & Sullivan, Inc.: Mobile Communications Service Markets. Enhanced Offerings Expand User Base. New York u. a. 1993, S. 6/16.
61 | Vgl. dies und Folgendes: Hagley Museum und Library, accession 2225: Records of the MCI communications Corporation. Series X: Corporate Communications and public relations, box 46 (zu Airsignals LifePager); box 425 (folder 2, „advertisements"); box 426 (folder „pager").

in kultverdächtige Designs verpackt. So imitierte der Motorola-„Wristwatch-Pager" von 1990/91, für dessen Signalsystem vorhandene UKW-Rundfunk-Sender genutzt wurden, eine Armbanduhr. Das Design war eine Referenz an Dick Tracy, den Detektiv-Helden eines seit 1931 verbreiteten Comics, der sich über die Jahrzehnte hinweg zu einer in allen Medien präsenten Figur entwickelt hatte und der eine „two-way radio wrist watch" trug.[62] 1993 sollte die Telekom in Kooperation mit Swatch ein solches Dick-Tracy-Handgelenk-Design für die deutschen Verhältnisse adaptieren.[63] Außerdem verbreiteten sich Pager in den USA parallel zum Mobiltelefon. Denn der amerikanische Mobiltelefonierende zahlte auch für eingehende Gespräche, so dass es üblich war, diese mit Pagern zu filtern und nur die wichtigsten Anrufe zu beantworten. Mitte der 1990er Jahre hatte jeder vierte amerikanische Mobiltelefon-Besitzer einen Pager.[64] Auch wenn um 1994 Privatkunden nur 4 % des amerikanischen Gesamtumsatzes mit dem Funkruf (Geräte und Gebühren) ausmachten,[65] wurden die Pager massiv an sie vermarktet. Am Ende der 1990er Jahre benutzte jeder fünfte Amerikaner, darunter auch viele Teenager, einen Pager. Die Geräte galten nun einerseits als eine Erreichbarkeitstechnik für hippe, junge Städter. Andererseits hatten sie aber auch den Anstrich des Illegalen und Kriminellen, da Drogendealer und Prostituierte ebenfalls Pager nutzten.[66]

In der BRD hingegen hatten die Pager zunächst – und dies sicherlich aufgrund ihrer bisher einseitig über den Beruf begründeten Funktionalität – das Image einer „elektronischen Hundeleine" oder „Fessel":[67] Pager wurden nicht als ein Gewinn von Bewegungsfreiheit interpretiert, der es dem Besitzer ermöglichte, unterwegs zu sein, ohne Anrufe zu verpassen, sondern sie wurden als ein Verlust von Freiheit gedeutet, denn Pager-Nachrichten drangen bis zu jedem

---

62 | Diese Uhr kam im Comic 1948 auf; ihr folgten weitere raffinierte Wearables wie eine im Ring integrierte Kamera oder eine Bildfunk-Uhr, vgl. Roberts, Garyn G.: Dick Tracy and American Culture. Morality and Mythology, Text and Context. Jefferson, London 1993, S. 288; Rogers, Richard A.: Visions dancing in engineers' heads: AT&T's quest to fulfill the leitbild of a universal telephone service. Berlin 1990 (WZB papers FS II 90 – 102), S. 40.
63 | Vgl. FS, 1990, H. 4, S. 28 („Piepser aus der Armbanduhr"); zum Swatch-Pager: FS, 1993, H. 6, S. 11 („Telekom mit Swatch-Pager"). Das so genannte RDS (Radio-Daten-System)-Paging über Rundfunksender wurde mit dem Service „Omniport" 1995 auch in Deutschland umgesetzt.
64 | Vgl. Garrard, S. 439.
65 | Vgl. Frost & Sullivan, Inc.: U.S. Cellular and PCS Telephone, Pager, and Accessory Markets. Time to Focus on Applications. New York u. a. 1994, S. 5 u. 9 (Hagley Museum and Library, accession 2225, box 358).
66 | Vgl. Robbins, Kathleen A.; Turner, Martha A.: United States: popular, pragmatic and problematic. In: Katz/Aakhus, S. 80 – 93; Katz, James E.: Connections. Social and Cultural Studies of the Telephone in American Life. New Brunswick, London 1999, S. 47.
67 | Vgl. F.A.Z., 30.3.1990, S. 11; FS, 1990, H. 12, S. 36 – 38 („Den Arzt an der Leine"); FS, 1990, H. 16, S. 32 – 33 („Paging. Piepser aus dem Orbit").

Ort, also auch in die Privatsphäre vor und verringerten damit die Rückzugsmöglichkeiten seines Besitzers. Dieser Freiheitsverlust wurde nur für wenige Berufe wie etwa der des Leben rettenden Arztes als der Berufspflicht angemessen akzeptiert.

Pager verloren die Konnotation der „Fessel" allmählich, als sich im Laufe der 1990er Jahre eine veränderte Einstellung zur Erreichbarkeit herausbildete, die nun nicht mehr nur als eine Pflicht ausgewählter Berufe angesehen wurde, sondern als eine selbst zu steuernde Größe. Zum einen sorgte die Aneignung des häuslichen Anrufbeantworters dafür, dass Anrufe bei Abwesenheit nicht mehr einfach verpasst und bei Anwesenheit nicht mehr in jedem Fall pflichtbewusst entgegen genommen wurden. Zum anderen sahen viele der neuen Funkrufsysteme, welche seit Mitte der 1990er Jahre neben der Telekom von weiteren Anbietern betrieben werden konnten, die Möglichkeit zur netzseitigen Zwischenspeicherung einer Nachricht vor – Pager mussten also nicht mehr ständig eingeschaltet sein, sondern konnten quasi als tragbarer Anrufbeantworter selbstbestimmt genutzt werden.

Zum *Cityruf* sowie dem 1990/91 eingeführten *Inforuf* (Telekom), der Börsen- und Wirtschaftsnachrichten an Alphanumerik-Pager schickte,[68] gesellten sich ab 1995 Funkruf-Systeme und darauf abgestimmte Pager, welche eine neuartige Erreichbarkeitskultur der jüngeren wie auch der Yuppie-Generation inkorporierten. Als Lifestyle- und Spaß-Geräte sollten die Pager jungen Leuten den flexiblen Empfang persönlicher wie auch allgemeiner Trendnachrichten ermöglichen; das jeweilige zielgruppenspezifische Informationsangebot erstellten dabei diverse „Content Provider".[69] *Quix* des Anbieters MiniRuf bot beispielsweise als *Quix-News*-Service dpa-Schlagzeilen an. *TeLMi* von der *Deutschen Funkrufgesellschaft* übermittelte zunächst nur Kurztexte, die fernmündlich auf einen – maximal 30 Sekunden aufzeichnenden – Anrufbeantworter aufgesprochen und von einem Operator in Text umgewandelt und verschickt wurden; für längere Nachrichten wurde eine abhörbare Mobilbox zur Verfügung gestellt. Später wurde auch *TeLMi* um einen Info-Dienst ergänzt, bei dem man beispielsweise Sportnachrichten beziehen konnte. Der *SKYPER*-Pager (1996, Telekom bzw. inzwischen „T-Mobil") war als „Infotainment-Pager" für junge, gut verdienende Leute konzipiert und versendete unter anderem regionale Szene- und Veranstaltungstipps des *Prinz*-Magazins.

Den größten Erfolg konnte der Telekom-Funkruf *Scall* verzeichnen. *Scall* versendete kostengünstig Ton- und Numeriknachrichten im Umkreis von

---

68 | Abnehmer waren Broker und Investmentbanker, vgl. FS, 1990, H. 20, S. 64 – 67 („Die Information in der Westentasche"); FS, 1991; H. 8, S. 28 – 35 („Neue Freiheit für den Broker").
69 | Für das Folgende vgl.: FS, 1995, H. 9, S. 62 – 65 („Paging im Aufwind"); FS, 1995, H. 1, S. 14 („Neuer Funkrufdienst. ‚Scall': Startschuß in ein neues Mobilfunk-Zeitalter"); FS, 1995, H. 12, S. 22 („Trend: ‚419= ich vermisse dich'"); FS, 1995, H. 14, S. 50f („Neue Funkruf-Dienste"); FS, 1996, H. 20, S. 34f („Paging entwickelt sich stürmisch"); FS, 1996, H. 23, S. 70 – 74 („Kaum Profianwendungen im Funkruf"); FS, 1997, H. 10, S. 24 – 29 („Paging mit Ermes und Flex").

50 km, wobei der Nutzer die Region seiner Erreichbarkeit über die Angabe einer Postleitzahl flexibel bestimmen konnte. Die Festlegung auf 50 km basierte auf Untersuchungen zu den Mobilitätsradien von Privatpersonen, die mehrheitlich unter 30 km lagen. Die Pager waren in bunten oder durchsichtigen Gehäusen verpackt und kosteten 200 bis 300 DM, ohne dass eine weitere Gebühr zu entrichten war. Stattdessen zahlte der Anrufer 1 bis 1,50 DM für das Senden einer Nachricht, die er von jedem Telefon aus absetzen konnte. Die prospektiven Nutzer von *Scall* waren junge Menschen unter 40 Jahren, die man laut *Funkschau* nur „mit dem gewissen Etwas, dem technischen Sex-Appeal" gewinnen würde.[70] Obwohl mit *Scall* nur kurze Nummernkombinationen empfangen werden konnten, wurde das Gerät zu einem Renner unter Jugendlichen, die sich für ihre Verständigung kuriose Numerik-Codes ausdachten; in nur fünf Monaten gab es bereits 150.000 Teilnehmer, 1996 ungefähr eine halbe Million.[71]

Angesichts dieses Pager-Booms um 1995 prognostizierten optimistische Marktforschungsstudien Funkruf-Verbreitungsraten, die sich an asiatischen Regionen wie Singapur orientierten, in denen beinahe jeder Dritte einen Pager besaß.[72] Als Eigenschaften der Zielgruppe wurden nun ihr Mobil-Sein, die Erlebnisorientierung, ihre Kommunikationsfreudigkeit und bei jungen Leuten der Wunsch nach ständiger Erreichbarkeit und dem „Nichts-Versäumen-Wollen" betont.[73] Jedoch erwiesen sich diese Prognosen als übertrieben. 1996 hatten rund 1,2 Mio. Deutsche einen Pager, was 1,4 % der Bevölkerung entsprach,[74] während die Verbreitung des GSM-Handys trotz wesentlich höherer Kosten bereits darüber lag. In den folgenden Jahren schafften sich die Bundesdeutschen in ungeahnter Zügigkeit ein Handy an, so dass es im Rückblick nicht erstaunt, dass sich die weitere Aushandlung der Funkruftechnik nicht mehr entlang eines Pagers, sondern entlang der SMS-Funktion des Handys vollzog. Auch wenn Teenager zwischen 1995 und 1997 das „Quixen" und „Scallen"[75] und deren äußerst kryptische Codes für ihre mobile Spaß- und Gruppenkommunikation entdeckten, wurde es wenig später um die Pager still.[76] Teenager bekamen nun ihre ersten Handys und begannen, SMS-Textbotschaften auszutauschen. Erstaunlicherweise realisierten die GSM-Anbieter allerdings

---

70 | Vgl. FS, 1995, H. 9, S. 62 – 65 („Paging im Aufwind"); hier S. 64; siehe auch: FS, 1996, H. 20, S. 34f („Paging entwickelt sich stürmisch").
71 | Vgl. FS, 1995, H. 12, S. 22 („Trend: ‚419= ich vermisse dich'"); FS, 1997, H. 10, S. 24 – 29 („Paging mit Ermes und Flex"); FS, 1996, H. 23, S. 70 – 74 („Kaum Profianwendungen im Funkruf").
72 | Vgl. z. B. FS, 1996, H. 20, S. 34f („Paging entwickelt sich stürmisch"), dort auch die Angabe für Singapur.
73 | Vgl. FS, 1996, H. 20, S. 34f („Paging entwickelt sich stürmisch"), hier S. 34.
74 | Zahlen nach: FS, 1997, H. 10, S. 24 – 29 („Paging mit Ermes und Flex"), hier S. 25; FS, 1996, H. 23, S. 70 – 74 („Kaum Profianwendungen im Funkruf"), hier S. 71.
75 | Vgl. FS, 1997, H. 10, S. 24 – 29 („Paging mit Ermes und Flex"), S. 25.
76 | Die Paging-Dienste restrukturierten nun ihr Angebot und konzentrierten sich auf professionelle Nischenanwendungen, vgl. FS, 1999, H. 25, S. 54f („Miniruf will Markt erschaffen").

trotz der subversiven Funkruf-Nutzung durch Teenager nicht, dass auch die SMS eine dem Scallen ähnliche Kommunikationskultur generieren könne.

„Schnurlose Freiheit" beim Haustelefon

Das häusliche Schnurlostelefon erlaubte ein nicht mehr an die Länge des Telefonkabels gebundenes Telefonieren im eigenen Zuhause und war schon verbreitet, ehe das GSM-Handy das mobile Telefonieren auch außer Hause ermöglichte. Zeitgleich mit der Schnurlos-Telefonie verbreitete sich außerdem die Praxis, mehrere Endgeräte oder auch mehrere Anschlüsse zu benutzen. Wie im Falle des Mehrfachbesitzes anderer Mediengeräte, trat also an die Stelle der gemeinsamen Technik-Nutzung durch alle Haushaltsangehörigen die personalisierte Verwendung.

In der BRD waren Schnurlostelefone durch amerikanische Fernsehserien wie Dallas und Denver, deren Protagonisten ohne Schnur telefonierten, zum Kult geworden, noch bevor die Bundespost Mitte der 1980er Jahre mit dem *Sinus* ein erstes Schnurlosgerät anbot (Preis: 2000 DM oder 38 DM monatliche Miete).[77] 1993 hatte bereits ein Drittel der amerikanischen Haushalte ein Schnurlostelefon, während es in Europa im Durchschnitt 6 % waren.[78] Im Bereich der Schnurlostelefonie durften erstmals postunabhängige Hersteller in Eigenregie Endgeräte anbieten, sofern die Geräte die Prüfung beim FTZ (Fernmeldetechnisches Zentralamt) bestanden. Für den Betrieb eines Schnurlostelefons wurden im Haushalt eine einmalige Anschlussgebühr (65 DM), eine monatliche Grundgebühr (27 DM) sowie die Gebühren für das stationäre Telefon, das parallel zu betreiben war, fällig. Neben den offiziell erhältlichen Schnurlostelefonen wurden außerdem über Import-/Export-Läden vertriebene illegale Geräte vorwiegend aus asiatischer Produktion benutzt, die daher auch als „Taiwan-Telefone" bezeichnet wurden. 1989, als der Anschaffungspreis für eine (legale) Schnurlos-Anlage bei ca. 1000 DM lag, besaßen rund 300.000 Postkunden eine legale und schätzungsweise mindestens ebenso viele eine illegale.[79]

Für die Schnurlostelefonie wurden in der BRD der CT1-Standard und Frequenzen um 900 MHz benutzt. Die Übertragungsqualität der rund 500 g schweren Schnurlosgeräte war der des Drahttelefons deutlich unterlegen. Nicht nur hörte man ein permanentes Hintergrundrauschen, sondern die Sprachübertragung setzte auch regelmäßig aus, und zwar in jenen kurzen Momenten,

---

77 | Der Dallas-Schnurloskult wird deutlich in: DM, 1985, H. 10, S. 14 („Funk-Telefon. Im Laden stumm"); Stern, 26.6.1997, S. 102 u. 104 („Frei-Sprecher. Weg von der Basis"). Zum Sinus (Hersteller: Hagenuk, Stabo, AEG, Siemens) und weiteren Schnurlosgeräten vgl. FS, 1986, H. 8, S. 52 – 54 („Schnurlose Telefone: Drahtlos am Draht"); FS, 1986, H. 12, S. 60 – 62 („Verbotene Telefonate"); Funkschau Spezial: Mobile Kommunikation, Okt. 1987, S. 12f („Schnurlose Telefone. Ein Markt wird legal").
78 | Zahl nach: Garrard, S. 447.
79 | Vgl. FS, 1989, H. 11, S. 22 – 29 („Schnurlose Telefone. Die mobile Invasion"); Jörn, 1992, S. 41.

in denen Basisstation und Hörer einen Sicherheitscode zur gegenseitigen Zuordnung austauschten. Dennoch lassen die Verbreitungszahlen darauf schließen, dass viele Nutzer es schätzten, im Umkreis von rund 20 m und auch im Freien in Basisstationsnähe ohne Kabelverbindung telefonieren zu können. In der Vermittlung hin zum Nutzer wurde vor allem diese neuartige, wenn auch auf den häuslichen Radius beschränkte Freizügigkeit betont. „Völlig frei telefonieren. Losgelöst, ungestört im eigenen Zimmer oder anderswo",[80] deutete 1988 etwa *Hagenuk* das mit dem Schnurlosgerät ebenfalls mögliche Ausweichen vor unerwünschten Mithörern an. In einem Bericht der *Funkschau* war eine Hausfrau abgebildet, wie sie mit einem Mobilteil am Gürtel die Wäsche im Garten aufhängte:[81] Hatte die Hausfrau bereits das parallel zur Arbeit stattfindende Radiohören personifiziert, so demonstrierte sie nun, wie das Telefon zu jedem häuslichen Arbeitsort mitgenommen werden konnte. Das „Freiluft-Telefon", so der Bericht, würde bald nicht mehr nur vom Chef auf seinen Wegen durch die Firma eingesetzt werden, „sondern mehr und mehr auch im kleinen Einfamilienhaus mit Garten und Hobbykeller." Noch allerdings waren die meisten Geräte in ihrer Ergonomie kaum auf ein komfortables Tragen in der Tasche abgestimmt. Das Design orientierte sich vielmehr an der traditionellen „Knochen"-Form des Telefons mit zum Ohr bzw. Mund hin gebogenen Hör- bzw. Sprechteilen. Erst im Wechselspiel mit dem Handy-Design wurden Schnurlosgeräte Ende der 1990er Jahre als kompakte, flache Riegel gestaltet.

Ende der 1990er Jahre hatten sich Schnurlosgeräte, die inzwischen für 200 bis 400 DM erhältlich waren, als Standard für den häuslichen Festnetzanschluss durchgesetzt.[82] Seit Beginn der 1990er Jahre durften sie von den Nutzern auch selbst an die TAE-Dose angeschlossen werden. Die teure Auflage, parallel ein stationäres Telefon zu betreiben, war entfallen. Da in den 1980er Jahren benutzte Frequenzbereich der Schnurlostelefone GSM zugeteilt worden war, operierten die Geräte der 1990er Jahre auf 1,6 GHz und auf Basis des DECT-Standards (Digital European Cordless Telecommunications, später: Digital Enhanced Cordless Telecommunication). Durch den neuen, digitalen Standard waren die früheren Sprachaussetzer verschwunden, und die Klangqualität kam jener des verdrahteten Geräts näher. Denn bei der DECT-Technik wurde das digitale Austauschsignal zwischen Basisstation und Hörer unter die ebenfalls digital übertragenen Gesprächsdaten gemischt. Allerdings kam es manchmal zu Störungen mit Stereoanlage, Hörgerät oder Satellitenempfang. Mit DECT wurde es auch möglich, an eine Basisstation bis zu acht Hörer anzuschließen. Mit dem so genannten GAP (Generic Access Profile)-Standard konnten schnurlose Telefonhörer unterschiedlicher Anbieter kombiniert werden; im Prinzip konnte also jedes Familien- bzw. Haushaltsmitglied einen

---

80 | Vgl. Anzeige in: Funkschau Spezial, Okt. 1988, Rückseite des Titelblatts.
81 | Vgl. Funkschau Spezial: Mobile Kommunikation, Okt. 1987, S. 12f („Schnurlose Telefone. Ein Markt wird legal").
82 | Preisangabe nach: Test, 1997, H. 7, S. 24 – 30 („Schnurlos glücklich?").

Hörer seiner Wahl anschaffen. Meist wurden die Hörer in unterschiedlichen Räumen wie z. B. Küche, Schlafzimmer und Wohnraum aufgestellt, so dass die Haushaltsgemeinschaft Telefongespräche des Einzelnen kaum mehr mitbekam. Außerdem wurde das Telefon nun auch für die haushaltsinterne Koordination benutzt, beispielsweise, um die Kinder zum Essen herbei zu rufen.[83]

Parallel zur Ausbreitung des Schnurlostelefons wurde mehr und mehr nebenbei telefoniert: Ferngesprochen wird inzwischen während des Kochens in der Küche ebenso wie während des Frühstücks auf der Terrasse oder gar, falls ein Vertrauter der Gesprächspartner ist, während des Badens oder des Toilettengangs.[84] Die Intimität, die man gegenüber dem Gesprächspartner hegt, entscheidet, in wie viele der häuslichen Routinen man diesem einen akustischen „Einblick" gewährt. Zudem wird teils auch im Lautsprecher-Modus telefoniert, was das gleichzeitige Erledigen von Tätigkeiten, soweit sie leise sind, erleichtert; das fernmündliche Gespräch gleicht in diesem Falle einem virtuellen Besuch, bei dem alle Anwesenden mitreden können.

Damit hat sich das häusliche Telefon vollends als sozial-emotionale Technik, um den Gesprächspartner an das eigene Leben akustisch heran zu „zoomen", etabliert. Dabei wird die „schnurlose Freiheit", die es ermöglicht, sich räumlich zurückzuziehen oder Anderes beiläufig zu tun, von den Nutzern höher geschätzt als der überlegene Klang des drahtgebundenen Telefons. Vollständig hat sich das Haustelefon außerdem von der Betrachtung als Notrufgerät gelöst. So stört niemanden die mit der „schnurlosen Freiheit" einhergehende Abhängigkeit von der Stromversorgung: Während nämlich das drahtgebundene Haustelefon auch dann noch für den Notruf eingesetzt werden konnte, wenn der Strom ausgefallen war, funktionieren Schnurlosgeräte nur dann, wenn der Akku noch voll ist und die Basisstation am Stromnetz hängt.

5.3. GSM und das multifunktionale Handy für „Jedermann"

GSM war seit den 1980er Jahren als digital-zellularer und pan-europäischer Mobilfunkstandard der so genannten „zweiten Generation" (2G) geplant worden. Nachdem die CEPT 1982 erste Schritte unternommen hatte, um den Mobilfunk Europas zu vereinheitlichen, stieg auch die EG-Kommission Mitte der 1980er Jahre in dieses Politikfeld ein.[85] GSM sollte zur Integration Europas beitragen und die europäische Wirtschaft ankurbeln; hierzu wurde die Einführung des neuen Mobilfunkstandards dazu genutzt, die noch bestehenden nationalen Telekommunikationsmonopole aufzulösen. Wie von der europäischen Politik und Wirtschaft erhofft, entwickelte sich die mittels GSM

---

83 | Vgl. Test, 1996, H. 6, S. 50 – 52 u. S. 63 – 65 („Schnurlose Telefone. Lange quasseln ohne Strippe").
84 | „Ob Frühstücksplausch von der Terrasse oder letzte Nachricht vom Klo", leitete der Test, solche Praxen polemisierend, einen Gerätebericht ein, vgl. Test, 1997, H. 7, S. 24 – 29 („Schnurlose Telefone. Schnurlos glücklich?").
85 | Vgl. hierzu Konrad 1997.

neu strukturierte Telekommunikationsbranche „zu einer Lokomotive der gesamten europäischen Wirtschaft".[86] Wenn es eine Konstante innerhalb des rasanten Wandels der Folgezeit gab, dann nur die ständige Unterschätzung der künftigen GSM-Teilnehmerzahlen. 1992 eingeführt, war das GSM-Mobiltelefon ein Jahrzehnt später in der BRD zum normalen Bestandteil des Alltags geworden. Nur vier Jahre nach seiner Einführung wurde der GSM-Standard bereits in 103 Ländern verwendet.[87] Nach Angaben der International Telecommunications Union (ITU) telefonierten 2003 ca. 69 % der weltweiten 1,162 Milliarden Handy-Nutzer mit GSM-Geräten,[88] was zugleich aber auch hieß, dass GSM kein „globaler" Standard war: Analoge Standards sowie die in den USA entwickelten Digitalstandards (TDMA, CDMA) spielten für die weltweite Handyausbreitung seit den 1990er Jahren ebenso eine große Rolle.

Markant in der Geschichte des Handys ist dabei dreierlei: Obwohl die Idee eines Westentaschentelefons für „Jedermann" einen festen Platz in der Populärkultur des 20. Jahrhunderts hatte und die zellularen Mobilfunknetze auch mit dem Verweis auf eine baldige „Jedermann"-Mobiltelefonie popularisiert wurden, überraschte die rasante Massenverbreitung von Handys am Ende des 20. Jahrhunderts Marktexperten ebenso wie die Anbieter oder auch die Konsumenten selbst. Letztere eigneten sich das zunächst als „Yuppie-Utensil" verschriene Handy in einer unglaublichen Schnelligkeit als persönlichen Technikbegleiter für ihre alltägliche Kommunikation, Koordination und emotional-soziale Vernetzung an, ohne dass sich die intensiven Elektrosmog-Debatten der Zeit, die offenbar bei jedem Vierten eine Angst vor den Strahlungen des Handys ausgelöst hatten, auf das eigene Anschaffungsverhalten auswirkten.[89] Schließlich erstaunt auch die Macht der Jugendlichen, entlang der SMS eine neue Kommunikationskultur im Alltag der jüngeren und mittleren Generationen zu verankern.

Als Ausgangspunkt werden in Kapitel 5.3.1. zunächst die Planungen für GSM vorgestellt und die Rolle des Handgerätes in den bestehenden und ange-

---

86 | Vgl. FS, 1993, H. 15, S. 42f, hier S. 42 („Glänzende Aussichten: mobile Systeme").
87 | Vgl. Edquist, Charles (Hg.): The Internet and Mobile Telecommunication Sectoral System of Innovation. Elgar 2003, S. 23.
88 | Zahlen nach: Ling, Rich: The Mobile Connection. The Cell Phone's Impact on Society. Amsterdam u. a. 2004, S. 9 u. 12.
89 | Die Elektrosmog-Debatte intensivierte sich seit 1993, als ca. 200 Bürgerinitiativen entstanden, um gegen den Bau von D-Netz-Funktürmen vorzugehen. In einer repräsentativen Untersuchung 2001 in Baden-Württemberg fühlten sich 73 % der Befragten nicht oder kaum bedroht vom Mobilfunk; in einer für das Bundesamt für Strahlenschutz 2002 durchgeführten Studie gaben 35 % der Befragten an, Angst vor einer schädlichen Auswirkung des Mobilfunks zu haben; die meisten fürchteten das Handy, gefolgt von den Sendeanlagen und der DECT-Schnurlostelefonie. Vgl. Zwick, Michael M.; Ruddat, Michael: Wie akzeptabel ist der Mobilfunk? Eine Präsentation der Akademie für Technikfolgenabschätzung in Baden-Württemberg in Zusammenarbeit mit der Universität Stuttgart. Stuttgart 2002; Grasberger, Thomas; Kotteder, Franz: Mobilfunk. Ein Freilandversuch am Menschen. München 2003, S. 10 u. 36.

dachten Mobilfunknetzen der Jahre um 1990 vorgestellt. Dem folgt in Kapitel 5.3.2. eine Betrachtung des GSM-Mobilfunks nach seiner Einführung am Markt. Nach einem Überblick über die deutschen GSM-Netze wird die nun auch in der BRD einsetzende Verbreitung von Handys und deren Aneignung durch den Massenkonsumenten beschrieben.

5.3.1. GSM-Planungen und die Rolle des Handys um 1990

Als pan-nationaler Standard entstand GSM in einer langjährigen Kooperationsarbeit verschiedenster europäischer Institutionen. Diese Planungsarbeiten sowie auch die Hauptmerkmale von GSM werden im Folgenden vorgestellt, und zwar vor dem Hintergrund der führenden Leitmärkte der 1G-Mobiltelefonie, um auszuloten, welche Ähnlichkeiten, Unterschiede und Neuerungen GSM beinhaltete. Außerdem wird herausgearbeitet, dass der prospektive Nutzer der GSM-Vorbereitungsphase, wie ihn die vorgesehenen Dienste konstruierten, dem professionellen, nun allerdings europaweit problemlos möglichen Mobilfunk zuzuordnen war.

Über die Zeit der GSM-Planungen hinweg heizten sich die Erwartungen an den Mobilfunk weiter auf. Der einst als Nische geführte Mobilfunk avancierte zum ökonomischen Hoffnungsträger, von dem erwartet wurde, im Verbund mit den weiteren Informations- und Kommunikationstechniken den Automobilbau in seiner volkswirtschaftlichen Bedeutung zu überholen.[90] Auf politisch-ökonomischer Ebene wurde soeben die Umwandlung der staatlichen Mobilfunkmonopole zu wettbewerbsbestimmten Märkten vorbereitet. Parallel dazu weitete sich der Nutzerkreis des 1G-Mobilfunks aus, wie es insbesondere an Skandinavien zu beobachten war, und Handys kamen verstärkt zum Einsatz. Dadurch wurde um 1990 weltweit intensiv darüber nachgedacht, wie eine Massentelefonie per Handy am effektivsten realisiert werden könne.

Daher wird in diesem Kapitel auch genauer erörtert, welche Verbreitung das Handy seit Ende der 1980er Jahre – also parallel zur Ausarbeitung des GSM-Standards – in unterschiedlichen 1G-Netzen gefunden hatte. Auch wird danach gefragt, welche Rolle das Handgerät in den GSM-Planungen hatte. Mit PCN („Personal Communications Networks") wird abschließend eine Netzvision der Jahre um 1990 thematisiert, die explizit das Westentaschentelefon für „Jedermann" forderte und zunächst als Alternative zu GSM gedacht war, ehe sie in spätere GSM-Netze inkorporiert wurde.

Der GSM-Standard: Planungsarbeit und Hauptmerkmale

Zwar bestanden durch die WARC (World Administrative Radio Conference) weltweite Abmachungen zur Koordination der Funkfrequenzverwendung für Rundfunk, militärische Nutzung und Mobilfunk. Dennoch wurden in

---

90 | Vgl. z. B. Die Welt, 14.9.1989, S. 16 („Zehn beim Mobilfunk am Drücker").

den 1980er Jahren in der EG fünf und in ganz Westeuropa acht verschiedene zellulare Netzstandards umgesetzt, die lediglich in Skandinavien und in den Benelux-Ländern ein pan-nationales Telefonieren erlaubten.[91] Noch dazu bestanden für den Grenzübertritt mit Autotelefon Sonderregelungen, die vom Verplomben des Geräts bis zur Zahlung von Kautionen reichten.[92] Keinesfalls hatte sich also im Mobilfunk eine „hidden integration"[93] Europas vollzogen, wie sie für andere Techniken oder für viele Konsumstile festgestellt werden kann. Auf diesen Missstand reagierten die Planungen für GSM. GSM sollte dem ökonomischen wie politischen Zusammenwachsen Europas dienen und das Innovationspotential steigern. Hierzu würde der Wettbewerb privater Anbieter auf dem Bereich des Mobilfunks eingeführt werden, um die als starr empfundenen nationalen Telekommunikationsmonopole aufzulösen. 1982 hatte die CEPT als europäischer Zusammenschluss der Post- und Fernmeldeadministrationen die Frequenzreservierung im 900-MHz-Band für einen geplanten gemeinsamen Zellular-Mobilfunkstandard empfohlen und die so genannte *Groupe Special Mobile*, von der die Abkürzung GSM ursprünglich stammt, als Planungsgruppe formiert.[94]

GSM war ein offener Standard, der mithin keine urheberrechtlich geschützten technischen Lösungen festlegte, sondern Spezifikationen, die eine jeweilige Funktion beschrieben. Deren konkrete Umsetzung in Systemkomponenten bzw. Endgeräte blieb den Herstellern überlassen. Damit wurde die zukünftige Technikentwicklung zwar strukturiert, zugleich aber die Konkurrenz von kompatiblen Eigenentwicklungen der Produzenten zugelassen. Um dieses Ziel umzusetzen, wurde angesichts der pan-europäischen Dimension von GSM ein hoher Koordinationsaufwand in Kauf genommen. Noch dazu überragte GSM im Laufe der Zeit sämtliche 1G-Netze an technischer Komplexität, so dass das Akronym GSM angesichts des riesigen Programmierungsaufwandes später auch in „Great Software Monster" umgetauft wurde. Um die Komplexität von GSM zu verdeutlichen, wird oft die Anzahl der Ordner angeführt, welche die Spezifikationen füllten. 1995 hatte der Dokumentationsstapel für GSM 8000 Seiten – eine Papierhöhe von einem Meter – erreicht, während der skandinavische 1G-Mobilfunkstandard lediglich 3 cm und der des C-Netzes 15 cm betragen hatte.[95]

---

91 | Vgl. Konrad 1997, S. 167. „There was not even any pretence at the global level, in the International Telecommunications Union, to seek a commontechnical standard for cellular mobile radio", stellt Temple für Vor-GSM-Zeiten fest, vgl. Temple, Stephen: The GSM Memorandum of Understanding – the Engine that Pushed GSM to the Market. In: Hillebrand, S. 36 – 51, hier S. 37.
92 | Vgl. FS, 1986, H. 13, S. 34 – 36 („Am Schlagbaum fängt der Ärger an").
93 | Zur These der „hidden integration" vgl. Oldenziel 2005.
94 | Vgl. dies und Folgendes: Hommen, Leif; Manninen, Esa: The Global System for Mobile Telecommunications (GSM): Second Generation. In: Edquist, S. 71 – 128; Garrard, S. 125 – 170, insbes. S. 128 – 140; Bender, Gerd: Technologische Innovation als Form der europäischen Integration. Zur Entwicklung des europäischen Mobilfunkstandards GSM. In: Zeitschrift für Soziologie, 1999, H. 2, S. 77 – 92; Funk.
95 | Vgl. Lobensommer, S. 146.

Der „technische Inhalt" von GSM und sein „sozialer Kontext" wurden koevolutionär entwickelt:[96] Entlang der technischen Problemstellungen wurden Organisationen und Regulierungsgremien etabliert, wissenschaftliche Forschungsaufträge vergeben und Akteurskonstellationen aus Wissenschaft, Industrie und Politik aufgebaut. Ob die gemeinsamen Anstrengungen zum Erfolg führen würden, war durchaus fraglich – das Beispiel Bildschirmtext zeigte, wie eine Technik trotz CEPT-Standard in den jeweiligen Ländern unterschiedlich umgesetzt wurde.[97] Der GSM-Bestimmungskatalog wurde in europäischen Gremien – neben CEPT war dies vor allem das European Telecommunications Standards Institut (ETSI), das 1987 von der CEPT als unabhängiges Standardisierungsinstitut initiiert wurde[98] – und unter Mitwirkung der Geräte- und Infrastruktur-Lieferanten sowie weiterer Gremien und Forschungseinrichtungen erarbeitet. 1987 hatte die GSM-Direktive Einigkeit über die technischen Basisparameter wie beispielsweise die digitale Sprachübertragung, die eine verbesserte Sprachqualität versprach, erreicht. Wenig später unterzeichneten die staatlichen Telekommunikationsunternehmen von zwölf Ländern und die zwei in Großbritannien agierenden privatwirtschaftlichen Mobilfunkanbieter das grundlegende „Memorandum of Understanding".

Hauptmerkmale von GSM waren seine europaweite Verfügbarkeit sowie ein hoher Sicherheitsstandard. So war von Anfang an klar, dass sowohl ländliche Regionen als auch Ballungsgebiete mit GSM abgedeckt werden sollten und ein nationale Grenzen überschreitendes „Roaming", also das Handover von einem Netz in das nächste, die Freizügigkeit des geeinten Europas auch im Mobilfunkäther verwirklichen sollte. Angesichts der bestehenden „Grenzen" im Mobilfunk wurde dieser Aspekt des europaweiten Roamings auch im späteren Mediating von GSM hervorgehoben, beispielsweise in Redewendungen wie dem nun möglichen mobilen Telefonieren „überall zwischen dem Nordkap bis Sizilien".[99]

Ein weiterer zentraler Punkt waren Sicherheitsüberlegungen: Das Netz sollte abhörsicher sein und sah Absicherungen gegen Diebstahl und Missbrauch vor. So sollte der Nutzer vor Inbetriebnahme des Mobiltelefons einen PIN-Code eingeben. Darüber hinaus war ein Gerät nur mit der so genannten

---

96 | Vgl. Bender.
97 | Dem deutschen Btx entsprach in Großbritannien Prestel, in Frankreich Minitel. Vgl. Danke, Eric: Die Entstehung eines neuen Mediums. Btx und die Anfänge der Online-Kommunikation. In: Oestereich, Christopher; Losse, Vera (Hg.): Immer wieder Neues. Wie verändern Erfindungen die Kommunikation? Heidelberg 2002, S. 45 – 54; Schneider, Volker H.; Hyner, Dirk: Innovation ohne Diffusion? Bildschirmtext. In: Ebd., S. 135 – 140; Schmidt, Susanne K.; Werle, Raymund: Coordinating Technology. Studies in the International Standardization of Telecommunications. Cambridge, London 1998 (Kap. 7: Interactive Videotext).
98 | Vgl. Konrad 1997, S. 120.
99 | Vgl. Frankfurter Rundschau, 14.10.1989, S. M 11 („Schon bald Millionen Autotelefone in Europa").

SIM (Subscriber Identity Module)-Karte zu betreiben, die auch die Serviceleistungen der Telefongesellschaften vom Endgerätemarkt entkoppeln und so einen hohen Wettbewerb garantieren würde. Die SIM-Karte ging auf die „Telekarte" des C-Mobilfunknetzes der Bundespost zurück: C-Netz-Geräte konnten, um Diebstahl und Missbrauch zu erschweren, nur mit einer Telefonkarte benutzt werden, die außerdem Basisinformationen zum Teilnehmer (Telefon-Nummer, Code-Abkürzungen für gespeicherte Telefonnummern etc.) speicherte.

Während das C-Netz darüber hinaus kaum Einfluss auf die GSM-Planungen hatte, diente der skandinavische 1G-Standard NMT 450 als Vorbild.[100] Im Gegensatz zum urheberrechtlich geschützten C-Netz-Standard war NMT 450 ein offener Standard, der in langen, von der Industrie und den (staatlichen) Telefongesellschaften getragenen Planungen entstanden war. Außerdem hatte NTM 450 bereits das Roaming realisiert. 1986 wurde NTM 450 als Überleitung zum 2G-Standard GSM um NMT 900 auf 900 MHz erweitert. Ende 1990 wies Schweden mit einer Penetrationsrate von rund 5,5 % der Bevölkerung die international höchste Mobilfunkverbreitung auf, und sämtliche NTM-Länder hatten eine Rate von 3 % oder mehr aufzuweisen.[101] Das Mobiltelefon wurde in Skandinavien zu dieser Zeit bereits – der egalitären Kultur entsprechend – von Beschäftigten im Bau- oder Transportgewerbe verwendet und von ersten Privatkunden als Telefonanschluss im Ferienhaus in den nur unzureichend vom Festnetz erschlossenen, abgelegenen Landesteilen benutzt.

Großbritannien und die USA wiederum gaben für das Ziel, auf dem Mobilfunkbereich private, konkurrierende Anbieter zuzulassen, Orientierungspunkte ab. In den USA hatte die Federal Communications Commission (FCC) Lizenzen für den Mobilfunk, der das Band zwischen 800 bis 900 MHz-Bereich benutzte, vergeben, und zwar pro so genannter „Metropolitan" bzw. „Rural Statistical Area" jeweils zwei.[102] Im Ergebnis entstand eine Vielzahl regionaler Netze, die den von AT&T (Illinois Bell Telephone) und Motorola entwickelten AMPS-Standard (Advanced Mobile Phone System) benutzten. Ende 1990 hatten 2 % der U.S.-amerikanischen Bevölkerung und damit ca. 5 Mio. Menschen ein Mobiltelefon, und zwar in 20 bis 40 % der Fälle bereits für eine private Nutzung.[103] Großbritannien, das zu der Zeit eine nur marginal darunter liegende Mobilfunk-Penetrationsrate aufwies, lieferte ein Paradebeispiel für die Deregulierung, denn die ersten privaten Mobilfunkanbieter

---

100 | Vgl. Edquist, S. 21 – 23; Garrard, S. 48f.
101 | Vgl. Garrard, S. 57 – 59.
102 | Eine ging an die aus der Zersplitterung von AT&T 1984 hervorgegangenen Baby-Bell-Companies, die zweite an einen privaten Mitbewerber, der wegen des hohen Bewerberandrangs bald per Lotterie ausgelost wurde, vgl. Garrard; Galambos, Louis; Abrahamson, Eric John: Anytime, Anywhere. Entrepreneurship and the Creation of a Wireless World. Cambridge 2002.
103 | Vgl. Garrard, S. 43 u. 46; FS, 1989, H. 19, S. 43f („USA. Mobiltelefone kaum noch zu bremsen"); FS, 1990, H. 8, S. 30f („US-Mobilfunk. Trendsetter im Handel"); Katz 1999, S. 13.

(Vodafone, Cellnet) hatten dort bereits Mitte der 1980er Jahre die Ära des staatlichen Telekommunikationsmonopols beendet. Ihre auf 900 MHz und mit TACS (Total Access Communications System) operierenden Netze deckten zuerst die Ballungsgebiete ab, ehe sie nach der Erschließung dieses lukrativen Markts auf weitere Regionen ausgedehnt wurden.

GSM-Dienste und ihre prospektiven Nutzer

In seiner Planungsphase blieb GSM vom Leitbild der Mobilisierung der komfortablen Geschäftstelefonie geprägt. Außerdem sollte der Standard flexibel bleiben, um zukünftige, in der langen Planungsphase noch nicht klar formulierbare, aber angesichts der digitalen Technik grundsätzlich mögliche Dienste unterbringen zu können. In dieser Hinsicht wurde auch eine Kompatibilität mit ISDN (Integrated Services Digital Network) angestrebt. ISDN wurde in der BRD als Integriertes Sprach- und Datennetz 1989 eingeführt; als digitales Telekommunikationsnetz bündelte es die Sprachtelefonie mit verschiedenen zeitgenössischen Datenübertragungsfunktionen und führte darüber hinaus neue Komfortmerkmale wie ein Display in das häusliche Telefonieren ein. Die Dienste von GSM, womit all jene Angebote und Funktionen gefasst wurden, die über die pure Sprachtelefonie hinausgingen, wurden in die so genannten „Teledienste" und die „Datendienste" unterteilt: Zu den Telediensten gehörten beispielsweise das Roaming oder auch der europaweit ohne SIM-Karte und PIN-Code-Eingabe unter 112 absetzbare Notruf. Weiterhin waren diverse „Zusatzdienste" wie Nummernanzeige, Rufsperre, Rufumleitung oder eine Mailbox vorgesehen, die ISDN-Leistungsmerkmalen glichen. Außerdem wurde seit ca. 1987 an einem neuartigen Service gearbeitet: der SMS, die als 160 Zeichen umfassende alphanumerische Nachricht festgelegt wurde. Vage Anregungen zur Ausgestaltung der SMS gaben Funkrufsysteme, während die Gestaltung der meisten anderen Dienste konkreter war, denn sie kopierten ISDN-Leistungen. Was die Datendienste betraf, so sollte in Deutschland außerdem der Zugriff auf die Datendienste der Post (Teletex, Datex, Btx) möglich sein.[104]

Das von Anfang an postulierte Ziel der drahtlosen Datenübermittlung verdeutlicht, dass GSM nicht nur in einen Hype um Mobilität und Mobilfunk eingebettet war, sondern auch um jenen der „Informationsgesellschaft". Die Datendienste wurden selbst dann nicht fallen gelassen, als sich Mitte der 1980er Jahre abzeichnete, dass GSM zunächst vorrangig ein Telefonsystem sein würde.[105] In den Spezifikationen war nun als Luftschnittstelle ein Sprachcodec festgelegt worden, der als Algorithmus zur Datenkompression – sprach-

---

104 | Vgl. Frankfurter Rundschau, 14.10.1989, S. M 11 („Schon bald Millionen Autotelefone in Europa").
105 | Vgl. Hillebrand, Friedhelm: The Early Years from mid-1982 up to the Completion of the First Set of Specifications for Tendering in March 1988. In: Hillebrand, S. 407 – 416, hier S. 409.

typische – Abweichungsverhältnisse übertrug, was auf die Sprach-, aber nicht auf die Datenübertragung abgepasst war; letztere würde nur noch mit einer Übertragungsrate von 9,6 kbit/sec möglich sein und Zusatztechniken erfordern. Auch wenn die digitale Sprachübertragung mit einer enormen Datenreduktion einherging, wurde sie im Vorfeld der GSM-Einführung als wesentliche Verbesserung angekündigt und teils sogar mit dem Klang einer digitalen CD verglichen, mit deren Klangqualität sie letztlich nichts gemein hatte.[106]

Datendienste wurden spät implementiert, und die PCMCIA-Karte von Nokia bildete 1994 das erste Daten-Interface für eine Datenübertragung per Mobiltelefon. Während die Datendienste bestimmende Elemente der anbieterseitigen Ideen zur Zukunft der Mobiltelefonie blieben, spielten sie im Konsumentenmarkt der 1990er Jahre noch keine Rolle. Erst in der 3G-Telefonie per UMTS nähert sich der Umsatz mit Datenverkehr inzwischen demjenigen durch die SMS.

Zusammenfassend betrachtet, konstruierten die GSM-Pläne der ersten Phase also einen Mobilfunk-Nutzer, der ein komfortables und europaweit einzusetzendes Arbeitsinstrument wünschte und der auch ein hohes Interesse an Datendiensten für die Geschäftskommunikation haben würde. Ein „Großteil der Teilnehmer", so berichtete auch die *Funkschau*, würde „GSM als ‚mobiles Büro' für berufliche Zwecke nutzen", was qualitätsvolle Zusatzfunktionen und Sicherheitsaspekte zu zentralen Nutzungsaspekten machte.[107] Da mit ISDN, Fax und Btx neue Telekommunikationsarten auf dem Vormarsch waren, sollte auch GSM um zusätzliche Dienste erweiterbar sein. Aufgrund der dadurch gegebenen Komplexität war auch davon auszugehen, dass GSM trotz des postulierten Strebens nach niedrigen Kosten zunächst teurer als z. B. NMT oder der amerikanische Mobilfunk sein würde. Daher lagen die Prognosen zu den GSM-Teilnehmern der Zukunft auch weit unter den sich später tatsächlich ergebenden Nutzerzahlen: Eine im Auftrag der Europäischen Gemeinschaft erarbeitete Marktforschungsstudie von 1988 ging von 14 Mio. europäischen Teilnehmern am Ende des Jahrhunderts aus;[108] in der westdeutschen Presse wiederum kursierte Anfang 1989 die Nutzerzahl von zehn Mio. europäischen Nutzern am Ende des Jahrhunderts, wovon die BRD zwei Millionen stellen würde.[109] Damit lag die prognostizierte westdeutsche Teilnehmerzahl einerseits rund acht- bis zehnmal höher als die Zahl der C-Netz-Teilnehmer; andererseits aber immer noch unter jener Zahl von Nutzern, die der CB-Hobbyfunk während der Phase seiner höchsten Popularität auf sich ver-

---

106 | Für die Assoziation von GSM-Netzen und CD-Player vgl. z. B. DM, 1992, H. 10, S. 58 („Mobilfunk. Kennzeichen D").
107 | Vgl. FS, 1988, H. 24, S. 46f („Mobilkommunikation. Das D-Netz nimmt Konturen an").
108 | Vgl. Garrard, S. 133.
109 | Vgl. Handelsblatt, 1.3.1989, S. 20 („Zwei Millionen Autotelefon-Teilnehmer sollen dem Investor großes Geld bringen"); Die Welt, 2.3.1989, S. 15 („Nach B und C hat die Post nun D gesagt"); F.A.Z., 5.6.1990, S. T 1f: („Mobilfunk. Seid umschlungen, Millionen mobile Funker").

sammelt hatte. Auch wenn GSM in der Presse und Fachpresse im Vorfeld der Netzeröffnungen als eine neue Ära der Mobilfunktelefonie dargestellt wurde und sogar vom Mobiltelefon für „Jedermann" gesprochen wurde,[110] blieb diese Rede vom „Jedermann" eine Floskel, die keinesfalls den Durchschnittskonsumenten als Nutzer mit einbezog.

Gefangen im Netz? Handys in 1G-Mobilfunknetzen

„Handys" wurden in Deutschland erst in den Jahren um 1990 allgemein bekannt. Die Geräte wurden zunächst mit Begriffen wie „Handheld", „Handtelefon", „Handfunktelefon", „Taschengerät", „Stadttelefon" oder „Fußgängertelefon" angesprochen, die plakativ beschrieben, worum es ging: nämlich um ein Gerät, welches ein gehender Mensch in der Tasche oder in seiner Hand haben würde. Mit dem Begriff „Handy" waren zuvor teils auch Handsprechfunkgeräte bezeichnet worden;[111] außerdem trug auch eines der C-Netz-Handgeräte den Modellnamen *Handy* (Bosch) – andere lauteten *Pocky* (Bundespost/Telekom), *Poctel* (Alcatel) oder *Teleport* (AEG). Die Machbarkeit eines Handgerätes für den Zellularfunk hatte Motorola – amerikanischer Hersteller von Autotelefonen, Sprechfunkgeräten und später auch Pagern – bereits 1973 unter Federführung von Martin Cooper bewiesen: In einem wirkungsvollen PR-Coup wurde das *DynaTAC* (Dynamic Adaptive Total Area Coverage) vorgeführt, das beinahe so groß wie ein Backstein war und in den Presseberichten mit den Walkie-Talkies der Radioamateure und CB-Funker verglichen wurde.[112] Als die ersten, räumlich auf Ballungsgebiete begrenzten AMPS-Netze eröffnet wurden, wartete Motorola 1983 mit dem rund 800 g schweren *DynaTAC 8000x* auf. Trotz der herausgehobenen Stellung des Autos im amerikanischen Lebensalltag war die dortige Mobilfunkbranche früh am Handgerät orientiert, und es war das Handy, aber nicht das Autotelefon, entlang dessen die Idee zum Zellularfunk und später auch die ersten in Betrieb genommenen Netze im amerikanischen Diskurs popularisiert wurden.[113] Manche Visionen beschrieben über das Handy hinaus sogar auf Armbanduhr-

---

110 | Vgl. u. a. FS, 1992, H. 15, S. 6 („Mobiles Telefonieren jetzt für jedermann").
111 | Vgl. z. B. FS, 1985, H. 5, S. 41f („VHF/UHF-Handsprechfunkgeräte für Amateure: Vorwiegend handlich."), wo ein altes Handsprechfunkgerät als erstes „industriell gefertigte(s) ‚Handy'" vorgestellt wird.
112 | Vgl. Popular Science, 1973, H. Juli, Titelbild sowie S. 60 – 62 u. S. 130 („New Take-Along Telephones Give You Pushbutton Calling to Any Number"); Popular Electronics, 1973, H. Juli, S. 6 („Editorial: An Advance in Personal Communications"); Interview mit Martin Cooper durch David Allison und Harold Wallace, 30.1.2003, NMAH, Smithsonian, Washington D.C.
113 | Vgl. z. B. Washington Post, 21.11.1982, S. H1 („Firms Big and Small See Gold in Phone Cells"); Rolling Stone, 13.9.1984, S. 63 u. 73 („Future phones: talk gets around. The race for the wrist phone is on"). Auch in der westdeutschen Presseberichterstattung wurde Mitte der 1980er Jahre der „Fernsprecher in der Manteltasche" erwähnt, mit dem man auf New Yorks Fifth Avenue Aufsehen erregen könne, vgl. F.A.Z., 11.4.1985, S. 14 („Den Fernsprecher in der Manteltasche").

Größe geschrumpfte Funktelefone, die – wie jener Pager von Motorola (vgl. S. 245) – von der Kult-Comicfigur Dick Tracy inspiriert waren.[114] Handys waren um 1990 in den jeweiligen 1G-Netzen unterschiedlich stark vertreten und stellten in manchen Netzen auch bereits die Mehrheit der Endgeräte: So waren 1991 im urbanen Hongkong 84 % der Funktelefone Handys, in Singapur und Japan rund 80 % und in Großbritannien 60 %; in Schweden entfielen 71 % und in Finnland 53 % der Endgeräte auf Handys.[115] In den USA machten Handgeräte 1990 28,9 % des Endgeräte-Umsatzes aus (Portys: 20,3 %, Einbaugeräte: 50,8 %) und 1993, als die meisten amerikanischen Mobilfunk-Nutzer bereits Privatkunden waren, die Hälfte.[116] Diese unterschiedliche Verbreitung hängt mit den technischen Merkmalen der Netze sowie den technischen Möglichkeiten der Handgeräte zusammen. Handgeräte eignen sich aufgrund ihrer begrenzten Sendeleistung und Reichweite nur für Mobilfunknetze mit kleinräumigen Zellen, die wiederum tendenziell hohe Frequenzen einsetzen. In den 1G-Zellularnetzen wurden Frequenzbänder um 450 MHz (C-Netz; NMT 450 in Skandinavien) und im 800 bis 1000 MHz-Bereich (NMT 900 in Skandinavien; Netze in den USA und Großbritannien) benutzt; im Laufe der 1990er Jahre wich man zusätzlich auf den 1,8 bis 2 GHz-Bereich aus.[117] Frequenzen im 450 MHz-Band können nicht für Zellen eingesetzt werden, deren Durchmesser unter 2 km liegen soll; im 1,8 GHz-Bereich wiederum reicht der mögliche Durchmesser einer Funkzelle nicht über 7 km hinaus. Die noch analogen 1G-Handgeräte konnten daher nur in jenen Netzen gegen Ende der 1980er Jahre das Autotelefon ablösen, die eine engmaschige Netzstruktur bei hohen Frequenzen aufwiesen.

In der BRD hingegen blieb das 1G-Handy völlig unbedeutend. Handys wurden von einer kleinen Elite als handliche Zusatzgeräte gekauft, um die letzte „Erreichbarkeitslücke" abseits des Autotelefons zu schließen. Wie die *Funkschau* später kommentierte, blieben Handys im C-Netz nachgeschobene „Lückenbüßer" und „ergänzendes Zubehör".[118] Sie sollten – ähnlich wie es die westdeutsche Radioindustrie für das Taschenradio der 1950er Jahre angenommen hatte – nur dort eingesetzt werden, wo das größere Mobilgerät nicht verfügbar war. Auch netzseitig wurde das C-Netz-Handgerät überhaupt erst durch ein nachträgliches „Enger-Stricken" des C-Netzes unterstützt, das wiederum auf Gebiete mit hoher Verkehrs- oder Einwohnerdichte konzentriert blieb. Aufgrund des technisch komplexen C-Netzes und des in jedem Endgerät erforderlichen „Telekarten"-Lesers waren C-Netz-Handys außerdem wesentlich schwieriger zu entwickeln gewesen als andere 1G-Handgeräte, und sie wogen mit 700 g teils doppelt so viel.[119]

---

114 | Vgl. Rolling Stone, 13.9.1984, S. 63 u. 73 („Future phones: talk gets around. The race for the wrist phone is on"); Rogers.
115 | Zahlen nach: FS, 1992, H. 23, S. 19.
116 | Vgl. Frost & Sullivan 1994, S. 4/13.
117 | Vgl. dies und Folgendes: Garrard.
118 | Vgl. FS, 1995, H. 24, S. 44f („C-Netz runderneuert").
119 | C-Netz-Handys waren wegen der notwendigen aufwändigen Entwicklungsarbeit

Zur Rolle des Handgeräts in den geplanten GSM-Netzen und in PCN

Es waren die NMT-Länder und Großbritannien gewesen, die Mitte der 1980er Jahre gefordert hatten, der GSM-Standard müsse neben dem Autotelefon und dem Porty auch das Handgerät unterstützen.[120] Allerdings kam dem Handy in den GSM-Planungen keine Schlüsselrolle zu, und als 1992 die ersten GSM-Endgeräte auf den Markt kamen, waren dies zunächst Autotelefone und Portys. Aufgrund der Digitalisierung des GSM-Netzes hielten die GSM-Planer aber prinzipiell eine Verkleinerung der Endgeräte für möglich – die steten Miniaturisierungserfolge der Digital- und Chiptechnik wurden schlichtweg in die Zukunft projiziert, auch wenn es unklar blieb, wann und in welcher Größe die digitalen Handys für GSM tatsächlich erhältlich sein würden. Bezeichnenderweise wurde in den deutschen Presse-Vorankündigungen zu GSM das Handgerät erst spät, und zwar in den Jahren 1989/90, erwähnt und nun mit der jedem Konsumenten bekannten kompakten Fernbedienung, aber nicht mit 1G-Handys verglichen.[121] Die ersten GSM-Handys brachten mehr als 500 oder gar 600 g auf die Waage und waren damit unwesentlich leichter als die C-Netz-, aber deutlich schwerer als etwa die britischen TACS-Handys. Dass die Industrie zunächst von voluminösen Geräten ausging, verdeutlicht auch Motorola, dessen erstes GSM-Handy, der so genannte „Knochen" (*International 3200*, ca. 20 cm Länge bei 640 g), entlang des *DynaTAC 8000x* von 1983 und nicht etwa entlang neuerer Modelle entwickelt wurde.[122]

Das „Fußgängertelefon" in Handgröße bildete die entscheidende Schlüsseltechnik auf dem Weg hin zum Massenmobilfunk. Abgesehen von Telepoint, das jedoch kein flächendeckendes Netz darstellte (vgl. Kapitel 5.2.), wurde ein solches Handgerät für „Jedermann" um 1990 von der PCN-Idee (Personal Communications Networks) forciert. Diese kam 1989 in Großbritannien auf und propagierte in wesentlich stärkerem Maße, als dies für GSM zu diesem Zeitpunkt absehbar war, das Westentaschentelefon für „Jedermann". Das für PCN grundlegende Strategiepapier „Phones on the move. Personal Communication in the 1990s" wurde Anfang 1989 vom britischen Department of Trade and Industry veröffentlicht. Darin wurde zur Einreichung von Vorschlägen aufgefordert, ein für den Durchschnittskonsumenten leistbares Taschentelefon umzusetzen.[123] Die einzig vorgegebene technische Festlegung war, dass die

---

von den Herstellern nur zögerlich konzipiert worden. Bereits für die Autogeräte von 1986 wurden kundenspezifische integrierte Schaltungen entwickelt, wobei bereits höchstintegrierte (VLSI) CMOS-Bausteine eingesetzt wurden; eine Weiterentwicklung der digitalen Schaltungstechnik und eine SMT-Montage ließen das kompakte Handgerät aber zumindest realisierbar erscheinen, vgl. FS, 1987, H. 9, S. 39 – 42 („C-Netz-Mobiltelefon: Hinter den Kulissen. Aufbaubeschreibung eines modernen Funkfernsprechers").
120 | Vgl. Temple, S. 40.
121 | Vgl. Die Welt, 2.3.1989, S. 15 („Nach B und C hat die Post nun D gesagt").
122 | Vgl. auch Funk, S. 154.
123 | Vgl. Garrard, Kap. 6.

neuen Handys auf dem – nur noch zur Verfügung stehenden – Frequenzband von 1,8 bis 2,3 GHz arbeiten sollten. Diese Offenheit des britischen Vorstoßes brachte angesichts der GSM-Bemühungen um einen europäischen Standard einiges an Verwirrung und Verärgerung mit sich, zumal in Großbritannien zeitgleich Lizenzen für Telepoint-Systeme ausgegeben wurden und die beiden Systeme angesichts der Offenheit von PCN und eines gleichen prospektiven Nutzerbildes vom per Westentaschentelefon telefonierenden Fußgänger nicht klar unterscheidbar waren. Jedoch barg PCN ein hohes Innovationspotential und zielte auf eine radikale Erweiterung des Nutzerkreises des Mobilfunks.

Initiiert durch ETSI und unter Mitwirkung der zukünftigen britischen PCN-Lizenzträger wurde das neue System 1991 allerdings schließlich als Standard DCS 1800 (Digital Cellular System), der auf GSM aufbaute, spezifiziert. Die technischen Unterschiede zwischen GSM und DCS, das ohnehin bald unter dem Akronym GSM subsumiert wurde, lagen nun in der Zellengröße, der verwendeten Frequenzhöhe und der Festlegung von DCS auf Handendgeräte mit einer maximalen Sendeleistung von 1 W. Als mikrozellulares Netz war der PCN-/DCS-Mobilfunk mit wesentlich höheren Infrastrukturkosten als die ersten GSM-Netze verbunden.[124] Die Netzbetreiber würden also zur Erreichung von Rentabilität hohe Teilnehmerzahlen rekrutieren müssen, weshalb DCS-Netze nicht flächendeckend, sondern ausgehend von regionalen Netzen in Ballungsgebieten starteten. Dabei war die Festlegung auf Handgeräte äußerst optimistisch. Denn nicht nur fehlten sämtliche digitalen Funkerfahrungen im 1,8 GHz-Bereich, sondern selbst für das bereits erforschte GSM-Spektrum und dessen Spezifikationen fehlten noch die Handgeräte. Mit One2One von Mercury startete 1993 ein erstes PCN/DCS-Netz in Großbritannien, dem 1994 Orange folgte.

Auch in den USA wurde PCN aufgegriffen und getestet, und zwar unter dem Schlagwort „Personal Communications Services" (PCS). Allerdings ging es in den amerikanischen Diskussionen nicht nur um ein persönliches Telefon, sondern um eine sowohl pager- als auch datendienstfähige, digitale Zellulartelefonie,[125] die in dieser Hinsicht der Multifunktionalität des europäischen GSM-Standards glich. Abermals spielten in der Popularisierung von PCS im Übrigen wieder futuristische Portables der Populärkultur eine Rolle: Neben Dick Tracys Funkarmbanduhr wurde der *Communicator* der Fernsehserie Star Trek (Starship Enterprise) erwähnt.[126] 1994/95 wurden in den USA

---

124 | Auch wenn kein direkter Vergleich gezogen werden kann, so benötigten die Netze rund vier bis sechsmal so viele Basisstationen wie GSM, vgl. Garrard, S. 182.
125 | Vgl. Garrard, S. 328 – 348. Von 1991 bis 1994 fanden über 100 PCS-Tests durch Mobilfunk- und Kabelnetzanbieter statt, bei denen sowohl im geschäftlichen als auch im privaten Bereich zu nutzende Handgeräte in hybriden Schnurlos-Zellularfunk-Variationen erprobt wurden, vgl. Frost & Sullivan 1994, Kap. 7.
126 | Vgl. z. B. NYT, 28. Jan. 1990, S. F10 („Beam Me Up, Scotty"); NYT, 23. Dez 1990, S. E6 („The age of the Electronic Nomad: Another Way to Get to the Global Village"); vgl. auch das dem Communicator nachgebildete *StarTac* von Motorola (vgl. S. 275).

PCS-Lizenzen auf 1,9 GHz versteigert, wobei die FCC den Lizenzträgern die Entscheidung über das technische System überließ.[127] Neben dem Wettbewerb der Netzbetreiber kam es so auch zu einer Konkurrenz unter den technischen Verfahren (D-AMPS; CDMA: Code Division Multiple Access, TDMA: Time Division Multiple Access).

5.3.2. D- und E-Netze und die Handy-Ausbreitung in der BRD

1992 wurden mit dem D1- und dem D2-Netz die ersten GSM-Netze der BRD in Betrieb genommen, denen im Laufe der 1990er Jahre zwei weitere folgten. Die damit einher gehende Neuordnung des Mobilfunksektors und die Entwicklung der Mobilfunk-Teilnehmerzahlen werden im Folgenden zunächst im Überblick dargestellt. Dann wird gezeigt, inwiefern die Nutzungsvorstellungen und Nutzungen des GSM-Funks zunächst von der professionellen Kommunikation per Autotelefon und Porty bestimmt waren. Erst nach 1994 wandelten sie sich hin zur Alltagskommunikation per „Westentaschentelefon". Dieser Wandel wird beschrieben, indem die erhältlichen Handys und Vertragspakete als Ausdruck der *user de-signs* der Anbieter vorgestellt und anschließend in Bezug zu den Praxen der Konsumenten gesetzt werden, wie sie in der Verbraucherpresse sowie in zeitgenössischen soziologischen Studien dokumentiert sind. Die SMS als ein prägnantes Beispiel einer teilweisen Ko-Produktion durch die Nutzer wird dabei gesondert betrachtet.

Überblick über die deutschen GSM-Netze (1992 – 2000)

1992 – und damit ein Jahr später als ursprünglich geplant – gingen die ersten GSM-Netze in Betrieb. In der BRD waren dies das D1-Netz der Telekom und das D2-Netz eines Konsortiums um Mannesmann, die zunächst jeweils nur rund 50 % der Fläche Deutschlands – vornehmlich Ballungsgebiete und Autobahntrassen – abdeckten.[128] Die Verzögerung resultierte aus dem nur langsam voranschreitenden Netzausbau und den langwierigen Verhandlungen zwischen den inzwischen 18 Teilnehmerländern über Abänderungen und Ergänzungen der GSM-Spezifikationen, auf die wiederum die Gerätehersteller angewiesen waren. 1992 wurde außerdem eine Funklizenz für ein PCN/DCS 1800-System ausgeschrieben, nicht zuletzt, um der desolaten Telekommunikationsinfrastruktur in den neuen Bundesländern entgegenzuwirken.[129] Lizenzträger wurde E-Plus, ein Konsortium um Veba, Thyssen und RWE, dessen Netz 1994 an den Start ging. Als mikrozellulares Netz zielte

---

127 | Vgl. Galambos/Abrahamson, S. 172; Garrard, S. 333f u. 338f.
128 | Vgl. Päch, Susanne: Die D2-Story: Mobilkommunikation. Aufbruch in den Wettbewerb. Düsseldorf u. a. 1994.
129 | Vgl. FS, 1991, H. 26, S. 34 – 38 („PCN-Lizenz. Das Warten auf den Startschuß"); DM, 1991, H. 4, S. 92 („Das Gebühren-Ärgernis: Ost").

E-Plus auf eine hohe Nutzungsdichte in einem Massenmarkt ab, so dass zunächst auch nur – nach dem britischen Vorbild der 1G-Anbieter der 1980er Jahre – Ballungsregionen versorgt wurden. Die Endgeräte des E-Netzes waren vorerst nur in diesem allein einzusetzen und auch für den Auslandseinsatz weitgehend ungeeignet, da DCS-1800-Netze noch kaum verbreitet waren. Die Dual-Band-Handys von 1997/8 lösten dieses Problem, da sie auf beiden Netzfrequenzen sendeten; außerdem hatte E-Plus inzwischen internationale GSM-Roaming-Verträge abgeschlossen.[130] Als viertes Netz nach D1, D2 und E-Plus wurde 1998 das E2-Netz (DCS 1800) von Viag Interkom, einem Unternehmen der British Telecom und Viag (heute E.ON), eröffnet. Da E-Plus der Start ohne nationale Flächendeckung länger als Manko anhaftete, startete E2 bundesweit, obwohl es nur regional über eigene Netze verfügte. Mit Dual-Band-Handys konnten E2-Kunden über den Umweg von Swisscom (Nachfolger der schweizerischen staatlichen PTT), mit dem E2 ein Roaming-Abkommen geschlossen hatte, die deutschen und ausländischen GSM-Netze benutzen.[131]

Paradoxerweise war im Falle des deutschen GSM-Markts die neue Technik bereits bei ihrer Einführung wesentlich kostengünstiger als die alte:[132] Ein GSM-Porty kostete anfangs rund 2.200 DM und damit nur halb so viel wie ein C-Netz-Gerät – britische TACS-Handys waren allerdings zu der Zeit bereits für 500 DM erhältlich. 1993 sanken die GSM-Gerätepreise unter 1000 DM. In den ersten Jahren kämpfte die D-Netz-Telefonie mit diversen Anfangsproblemen: Die Netze waren überlastet, Gespräche brachen ab, in ländlichen Gebieten herrschte Funkstille und die ersten Geräte wiesen gravierende Mängel auf.[133] D1 und D2 boten zunächst nur das mobile Fernsprechen an. Die monatlichen Gebühren lagen bei knapp unter 80 DM; für ein Gespräch musste über Tag ca. 1,50 DM pro Minute bezahlt werden. Die im Mediating von GSM stark popularisierten Tele- und Datendienste wurden erst nach und nach in Betrieb genommen. D2 stellte im Herbst 1992, D1 im April 1993 eine netzseitige Mailbox zur Verfügung, die für die Netzbetreiber eine Entlastung der Netze darstellte, denn sie verringerte den Blindverkehr. Das Einrichten einer Mailbox war im Gegensatz zu Diensten wie etwa der Rufumleitung kostenlos, aber für jedes Abfragen wurde eine Gebühr erhoben. Manche Teledienste wie die Konferenzschaltung wurden in die zweite Phase der Implementierung der GSM-Netze geschoben. Die SMS wurde 1994 ermöglicht.

Die Netzvermarktung übernahmen neben den Netzbetreibern so genannte Service Provider, deren Bedeutung im Massenmarkt der zweiten Hälfte der 1990er Jahre allerdings wieder sank: Telefongesellschaften, die zwischen

---

130 | Vgl. FS, 1998, H. 16, S. 52f („Dual-Band-Handys bringen E-Plus ins Ausland").
131 | Allerdings war dies zunächst mit einem umständlichen manuellen Einbuchen in die jeweiligen Netze verbunden. Vgl. FS, 1998, H. 21, S. 22 – 27 („Das neue Mobilfunknetz am Start").
132 | Vgl. DM, 1992, H. 12, S. 30 („Mobiltelefon. Boom im D-Netz"); FS, 1992, H. 9, S. 79 (Tabelle „Entwicklung der Gerätepreise für Mobiltelefone: BRD-GB").
133 | Vgl. Der Spiegel, 1993, H. 3, S. 85f („Mobilfunk: Sehr geschönt").

Netzbetreiber und Endkunde geschaltet waren und die, wie der folgende Abschnitt zeigt, auf eine gehobene Kundschaft abgestimmte zusätzliche Dienste anboten. Waren Autotelefone einst von speziellen Händlern in wenigen, mit dem Auto leicht ansteuerbaren Fachgeschäften verkauft und in die Autos installiert worden, so änderte sich die Absatzstruktur des Mobilfunks bald völlig. Noch 1993 wurden 70 bis 75 % der in Deutschland verkauften Mobiltelefone über diesen Weg abgesetzt, 6 bis 9 % über den Kfz-Handel, ca. 10 % über den Radio-, Büro- bzw. Computerfachhandel und 10 % über Massenvertriebskanäle wie Warenhäuser, Verbrauchermärkte und Elektronik-Discounter.[134] Auch Nokia beispielsweise vertrieb vor 1996 seine Mobiltelefone nur über den Fachhandel, der eine Beratung des Kunden sicherstellte. Die spätere Masse der Handys wurde hingegen von den neuen Telefongesellschaften in Geschäften der Fußgängerzone abgesetzt, und zwar als ein geschnürtes Paket aus Gerät, SIM-Telefonberechtigungskarte und einem meist zweijährig laufenden Vertrag mit speziellen Gebühren- und Tarifkonditionen. Dies koppelte die Telefongesellschaften und die Gerätehersteller stärker aneinander, als dies ursprünglich vorgesehen war, zumal später bestimmte Handy-Modelle nur zusammen mit bestimmten Telefonleistungen verkauft und die SIM-Karten hierzu mit so genannten SIM-Locks versehen wurden, so dass sie nicht mehr in jedem beliebigen Handygerät funktionierten. Angesichts dieser Veränderungen und neuartiger Angebote kam den Fach- und Verbraucherzeitschriften eine Schlüsselrolle als Vermittler zwischen Anbietern und Nutzern zu. Auch die *Funkschau* führte Gerätetests durch und nahm sogar die – noch oft mangelhaften – Verkaufsberatungen unter die Lupe; die *Stiftung Warentest* prüfte seit 1994 Geräte sowie Vertrags- und Tarifangebote. Ende der 1990er Jahre entstand mit der Mobilfunkpresse eine neue Sparte an Special-Interest-Magazinen.[135]

Abb. 15 zeigt die Entwicklung der Teilnehmerzahlen im deutschen Mobilfunk seit 1992. Die Verbreitungsgeschwindigkeit des Mobilfunks eilte derjenigen anderer Konsumtechniken weit voraus. Angesichts der raschen Zunahme von Teilnehmern wurden die bestehenden Prognosen zu den zukünftigen GSM-Nutzerzahlen bald nach oben korrigiert, und zwar zunächst auf 5 bis 6 Mio. erwartete Teilnehmer in der BRD am Ende des Jahrhunderts; Mitte der 1990er Jahre, als sich der „Sprung in den Massenmarkt" vollzog, schließlich auf 10 Mio.[136] Tatsächlich sollten es rund fünfmal so viele werden, denn zwischen 2000 und 2001 nutzten mehr als 50 Millionen Teilnehmer die GSM-Netze. Selbst optimistische Prognosen von 1997 hatten dies so nicht geahnt, als sie für 2002 von 23 Millionen mobil Telefonierenden in der BRD ausgingen, von

---

134 | Zahl nach Booz-Allen & Hamilton, S. 112.
135 | Vgl. FS, 1993, H. 4, S. 12 – 23 („Die D-Netz-Premiere: Alle Portables im Test"); zur neuen Rubrik „Kaufberatung-Telekommunikation": FS, 1993, H. 6, S. 14 – 18 („Kaufberatung. Handtelefone für die D-Netze"); als erstes Mobilfunk-Magazin entstand 1996 *Connect*.
136 | Vgl. FS, 1995, H. 6, S. 36f („Auf dem Sprung in den Massenmarkt"); Booz-Allen & Hamilton.

denen man allerdings annahm, dass sie nicht nur die GSM-Technik benutzen würden, sondern ebenfalls weniger aufwändige öffentliche DECT-Schnurlostelefon-Netze nach dem Telepoint-System.[137]

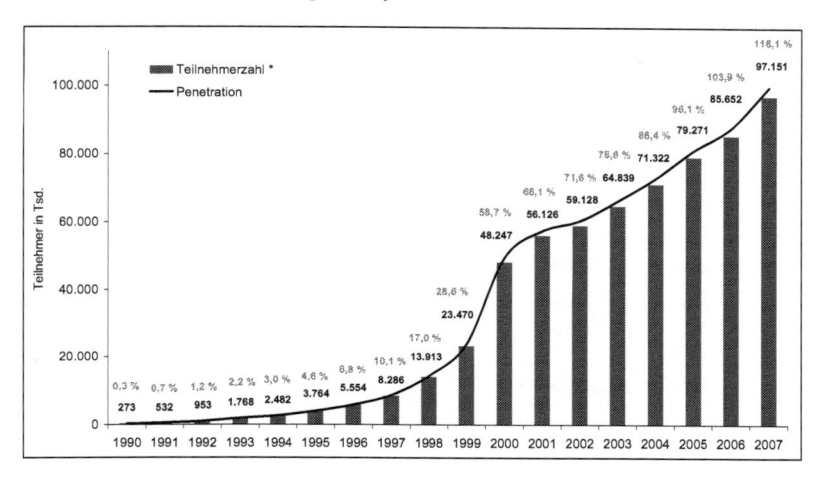

Abb. 15: Zahl der Verträge in deutschen Mobilfunknetzen und Penetration, 1990 – 2007 (Bundesnetzagentur).

Als erster Anbieter wandte sich E-Plus über ein gezieltes Marketing neuen Nutzergruppen zu und versprach – wie von der PCN-Vision einst angedacht – „federleichte Geräte im Westentaschenformat" sowie ein „Mobiltelefonieren für Jedermann".[138] Viag Interkom zielte mit dem E2-Netz wenig später darauf ab, Fest- und Mobil-Netz zu verschmelzen: Jedes Familienmitglied sollte ein Handy und nur noch eine einzige, individuelle Telefonnummer haben. Beide Netze profitierten um 1998 davon, dass die D-Netze den Kundenandrang kaum mehr bewältigten konnten und ihre Netzkapazitäten auf Kosten der Sprachqualität ausreizten: Die Gespräche wurden in den D-Netzen mit einer geringeren Datenrate übertragen, während E-Plus und E2 dies nutzten, um sich über ihre höhere Klangqualität zu profilieren.[139]

Bereits in der Zeitspanne bis etwa 2000 erfuhren die Telefonanbieter zahlreiche Übernahmen und Umbenennungen. Der Mobilfunkbereich der Tele-

---

137 | Vgl. FS, 1997, H. 15, S. 40f („Aufwind im Privatmarkt"), hier S. 40.
138 | Vgl. Der Spiegel, 1993, H. 3, S. 85f („Mobilfunk: Sehr geschönt"), hier S. 86; FS, 1995, H. 6, S. 36f („Auf dem Sprung in den Massenmarkt"); Test, 1994, H. 7, S. 25 („Mobilfunk (E-Netz). Start in Berlin").
139 | Es wurde zeitweise ein „Half Rate Codec" als Sprachalgorithmus verwendet, der die Datenrate der Sprache halbierte und so den stark ausgelasteten Netzen ermöglichte, den rapiden Teilnehmeranstieg zu bewältigen. Viag Intercom hingegen startete sein Netz mit dem so genannten „Enhanced Full Rate Codec", den auch E-Plus zügig einführte. Vgl. für eine Werbung von E-Plus über die Klangqualität: FS, 2000, H. 1/2, Titelrückseite („Nichts klingt so gut wie E-Plus").

kom wurde seit 1993 unter der Bezeichnung DeTeMobil, seit 1996 unter T-Mobil geführt; im Zuge der internationalen Ausweitung der Geschäftsfelder entstand daraus später das Unternehmen T-Mobile. Viag Interkom wurde im Jahr 2000 von der British Telecom übernommen, das E2-Netz 2002 in O2 umbenannt. Hauptgesellschafter von E-Plus ist seit 2000 der niederländische Konzern KPN; im gleichen Jahr wurde Mannesmann in einer später die Gerichte beschäftigenden Übernahmeaffäre vom britischen Vodafone-Konzern übernommen. 2000 stellte sich der deutsche Mobilfunkmarkt folgendermaßen dar: 39,7 % der Kundenanteile entfielen auf T-Mobile (einst: D1), 40 % auf Vodafone D2, 13,7 % auf E-Plus und 6,6 % auf O2 (einst: E2); betrachtet man die Marktanteile nicht nach dem benutzten Netz, sondern hinsichtlich der Kundenbetreuung, so entfielen nur 29,5 % auf die Service Provider, 27,9 % auf Vodafone D2, 27 % auf T-Mobile, 9 % auf E-Plus und 6,6 % auf O2.[140] Im Jahr 2000 überholte die Zahl der zur Verfügung stehenden Mobilfunkkanäle auch jene des Festnetzes, die bei 50,2 Mio. Anschlüssen lag.[141] 2006 gab es in der BRD 54,2 Mio. Festnetz- und 84,3 Mio. Mobilfunk-Anschlüsse. Dabei wurden in der BRD nach wie vor die meisten Gesprächsminuten über das Festnetz abgewickelt: So betrugen 2000 die Gesprächsvolumina im Festnetz 219 Mrd. Minuten und im Mobilfunk 25 Mrd. Minuten; 2006 waren es im Festnetz 230 Mrd. Minuten und mobil 57 Mrd. Minuten. Damit stand die BRD vor allem gegenüber skandinavischen Ländern zurück, was auch an den nach wie vor vergleichsweise hohen Gesprächspreisen im deutschen Mobilfunk und den erst spät eingeführten Flat-Rate-Angeboten lag.

GSM als europaweite professionelle Mobiltelefonie (1992 – 1994)

Während der ersten zwei, drei Jahre der GSM-Telefonie waren die prospektiven Nutzerbilder der deutschen Netzanbieter vom tradierten Leitbild aus A-, B- und C-Netz-Zeiten geprägt. Elitäre berufliche Nutzergruppen, wenn auch inzwischen aus so unterschiedlichen Bereichen wie der Transport-, Bau- oder Reparaturbranche, wurden angesprochen, derweil die Werbebilder vornehmlich Geschäftsmänner und vermehrt auch Geschäftsfrauen neben teuren Automarken oder Yuppies bei elitären Sportvergnügungen wie dem Segeln oder Golfspielen zeigten.[142] Auto und Mobiltelefon dienten, so die Bildbotschaft,

---

140 | Zahlen nach: Bundesnetzagentur.
141 | Vgl. diese und folgende Zahlen: Bundesnetzagentur für Elektrizität, Gas, Telekommunikation, Post und Eisenbahnen (Hg.): Jahresbericht 2006. Bonn 2007, hier S. 59 u. 66.
142 | Vgl. u. a. folgende PR-Fotografien und Werbeanzeigen: FS, 1992, H. 6, Spezial, S. 24 („GSM-Netze in Europa. Mobil in den gemeinsamen Markt"); S. 26 („D-Netz-Telefone"); FS, 1993, H. 7, S. 68 – 72 („D1 nach dem Start. Erste Erfolge sichtbar"); FS, 1992, H. 23, Werbebeilage der Telekom („Mobilfunk spezial"); FS, 1992, H. 15, S. 46f („Die Nase vorn. Typisch privat"); FS, 1992, H. 26, S. 24f („Eimerweise Aufträge. Typisch privat"). Vgl. außerdem: Tewes, Daniel; Stoetzer, Matthias-W.: Der Wettbewerb auf dem Markt für zellularen Mobilfunk in der BRD. In: Diskussionsbeiträge WIK, Nr. 151, Bad Honnef 1995, S. 46ff.

nicht nur der realen bzw. virtuellen Raumüberbrückung, sondern ebenso dem Prestige des Besitzers. Darüber hinaus strich die Werbung die europäische Dimension von GSM heraus:[143] So symbolisierten beispielsweise Bilder geöffneter Zollschranken oder von markanten Touristen-Zielen wie dem Stadtbild von Paris den vereinten europäischen Funkraum. D1 sprach gar von dem „Zauberschlüssel zum gemeinsamen europäischen Haus", den man mit einem GSM-Telefon in der Hand halte; Roamingverträge hatte D1 bis dahin mit Netzbetreibern aus 17 anderen Ländern abgeschlossen. Mannesmann stilisierte sich außerdem als ein Anbieter, der den Bedarf der freien Wirtschaft für eine effektive, flexible Kommunikation kenne.

An den Endkunden wurde der GSM-Mobilfunk über diverse Telefongesellschaften vermittelt. Dies waren in der BRD die zwei Netzbetreiber sowie 13 Service Provider. Sie profilierten sich über ihre so genannten „Mehrwertdienste": über den eigentlichen GSM-Mobilfunk hinausgehende Leistungen. Diese Mehrwertdienste waren auf eine exklusive Kundschaft ausgerichtet: Persönliche Operatoren und nicht etwa gespeicherte Sprachinformationen halfen dem Anrufer bestimmter Service-Nummern weiter:[144] Beim „Travel Service" konnte man Hotelbuchungen in Auftrag geben oder Fluginformationen einholen; im „Verkehrsinformations-Service" wurde einem die Verkehrslage auf der Grundlage von ADAC-Informationen erläutert; Lotsendienste erklärten Fahrtrouten. Beim „Sekretariats-Service" von D1 konnte man sogar Briefe verfassen und versenden lassen. Auch gab es auf Freizeitbedürfnisse ausgerichtete Dienste wie einen Theater-Ticketservice oder einen Blumen-Express, die allesamt recht kostspielig waren. So kostete eine Reservierung von Restaurant-Plätzen bei Axicon acht bis neun Mark. Damit stellten die Mehrwertdienste dem in der Berufshierarchie hoch stehenden Kunden eine „mobile" und selbst nach Büroschluss sowie für Freizeitaufträge einsetzbare Allround-Sekretärin zur Verfügung.

Die Zielgruppe des frühen GSM-Mobilfunks waren berufliche Vieltelefonierer, die nicht auf Gebühren achteten, solange der Service stimmte. Mannesmann beispielsweise rechnete mit jährlichen Gebühren pro Nutzer in Höhe von 2000 bis 3000 DM, und 1993 gaben die im C- bzw. D-Netz Telefonierenden im Durchschnitt auch 2600 DM aus.[145] Tendenziell überbewertete die Vermarktung jedoch den Prestigewert und die Exklusivität der Mobiltelefo-

---

143 | Vgl. für das Folgende: Werbebeilage „Mobilfunk Spezial. Die DeTeMobil". In: FS, 1993, H. 18, o.S.; DM, 1994, H. 2, S. 96f; DM, 1993, H. 7, S. 100f.
144 | Vgl. die Übersicht über die Mehrwertdienstangebote in Handelsblatt, 7.7.1993, S. 20; FS, 1993, H. 7, S. 80 – 88 („Service Provider. Wer bietet mehr?"); Werbebeilage „Mobilfunk Spezial. Die DeTeMobil", in: FS, 1993, H. 18, o.S.; FS, 1993, H. 7, S. 68 – 72 („D1 nach dem Start. Erste Erfolge sichtbar."); Schoblick, Robert: Autotelefonieren leicht gemacht. Geräteauswahl, Inbetriebnahme und Bedienung. München 1993, S. 159 – 162; Preis Axicon nach: DM, 1993, H. 2, S. 50 – 56 („Mobiltelefon. Volksfunk für Fern-Sprecher"), hier S. 55.
145 | Vgl. Tewes/Stoetzer.

nie, wie eine zeitgenössische Studie zur Mobilfunk-Aneignung feststellte.[146] Diese Studie zeigte aber auch, dass Mobilfunk nach wie vor ein Privileg der männlichen Berufswelt darstellte: 90 % der befragten Nutzer waren Männer, die den instrumentellen Charakter ihres überwiegend vom Arbeitgeber gestellten Mobiltelefons betonten.

Telefoniert wurde rund 110 Minuten pro Monat, also durchschnittlich nur wenige Minuten am Tag; die meisten Telefonate wurden angesichts hoher Gesprächskosten nach einer Minute beendet, und die Durchschnittsdauer betrug lediglich zwei Minuten.[147] Hauptnutzungsort des Mobilfunks war in der BRD auch Mitte der 1990er Jahre noch das Auto, während 1G-Handys in anderen Ländern bereits zum öffentlichen Stadtbild gehörten. Laut Erhebungen der DeTeMobil fanden ca. 8 % der Mobiltelefon-Gespräche im Freien statt, 16 % in Gebäuden, 75 % in Fahrzeugen und 1 % in anderen Verkehrsmitteln.[148]

Diesen – deutschen – Nutzungsverhältnissen entsprach die frühe GSM-Geräte-Basis:[149] Denn im GSM-Geräteangebot der internationalen Hersteller überwogen vorerst die Autotelefone und die auf den flexiblen Auto- und Unterwegsbetrieb ausgerichteten Portys, die leichter und schneller zu entwickeln waren als ein Handy. Da auch die D-Netze zunächst nur grobmaschig waren, wurden die größeren Gerätegattungen netzseitig begünstigt. Griff anfänglich nur jeder vierte Käufer eines GSM-Gerätes in der BRD zum Handy, so zeichnete sich allerdings schon im Laufe des Jahres 1993 der Trend zum Handgerät ab.[150] Da das Auto als Nutzungsort des Mobilfunks dominierte, gingen manche deutschen Beobachter nun von zwei Gerätesträngen für die Zukunft aus: vom leichten Handgerät und vom – in Analogie zum Autoradio gedachten – fest installierten Autotelefon.[151] Aber auch die Handys wurden mit dem Nutzerbild des Autofahrers vor Augen konzipiert, und Car Kits wie auch Handytastaturen waren auf die Bewegungen des Autofahrers abgestimmt.[152] Während sich das Handy durchsetzen sollte, stellten die Autotelefone 1997 bereits nur noch

---

146 | Vgl. Schenk, Michael; Dahm, Hermann; Sonje, Deziderio: Innovationen im Kommunikationssystem. Eine empirische Studie zur Diffusion von Datenfernübertragung und Mobilfunk. Münster 1996, S. 256, S. 267.
147 | Vgl. Tewes/Stoetzer, S. 70; Päch, S. 305.
148 | Vgl. Booz-Allen & Hamilton, S. 52 (Quelle: DeTeMobil).
149 | Hier wäre ein näherer Vergleich mit anderen Ländern Europas, vor allem mit Großbritannien, wo Handys bereits üblich waren, aufschlussreich. GSM-Geräte wurden zunächst auch verstärkt in den deutschen Fachhandel geliefert, da hier kein billiges Alternativ-Angebot bestand, vgl. FS, 1992, H. 19, S. 42 – 46 („Autotelefone: Die ersten vier D-Netz-Geräte im Vergleich").
150 | Vgl. DM, 1993, H. 7, S. 93 – 115 („Spezial. Mobilfunk"); FS, 1993, H. 6, S. 14 – 18 („Kaufberatung. Handtelefone für die D-Netze").
151 | Vgl. FS, 1993, H. 1, S. 12 („Zweigeteilte GSM-Geräte-Entwicklung").
152 | So war beispielsweise das Teleport 9020 (1994, AEG) in enger Kooperation mit der Autoindustrie entwickelt worden, vgl. FS, 1994, H. 9, S. 10 – 14 („D-Netz-Handy im Auto. Komfort und Sicherheit aus einem Guß").

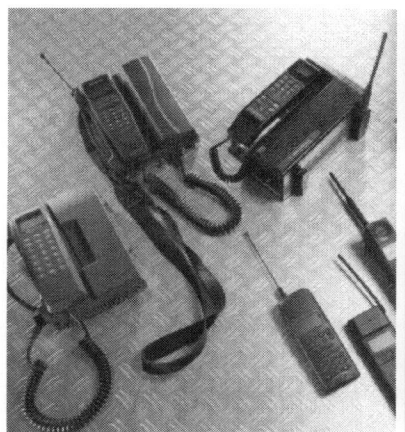

Abb. 16 und 17: Beispiele früher GSM-Geräte (1993): Zu sehen sind ein Orbitel-, ein Panasonic- und ein Motorola-Porty sowie das 520 g schwere Nokia-Handy 1011. Rechts ein Ausschnitt aus einem Werbebild von Panasonic, welches Porty und Auto als individuelle Techniken der Raumüberwindung gleichsetzt. Der Werbetext betonte die durch GSM gewonnene „Freiheit von Reisen und Handel im geeinten Europa" (FS, 1993, H. 4, S. 12; FS, 1992, H. 19, S. 25).

schätzungsweise 2 % der in der BRD abgesetzten Mobiltelefone.[153] Damit hatte die Vorbildfunktion, die das Autoradio bei deutschen Herstellern für die Mobilfunkkonzeption eingenommen hatte, ein Ende gefunden.

Abb. 16 zeigt einen Ausschnitt aus dem frühen Geräteangebot. An den über 2 kg schweren Portys fällt ihr schnittiges Design auf, das Assoziationen zum aerodynamisch bestimmten Autodesign weckte.[154] Auch die Gerätewerbung spielte mit dieser Parallelisierung von Auto und Mobiltelefon. So scheint der Betrachter der Panasonic-Anzeige (Abb. 17) quasi mit dem Porty als Auto durch eine Allee zu rauschen. Auto wie Mobiltelefon wurden als Mobilitätsmaschinen stilisiert, die ihrem Nutzer eine selbst gelenkte und im Falle von GSM nun Europa umfassende Raumüberwindung ermöglichten.[155]

---

153 | Vgl. FS, 1997, H. 20, S. 74f („Neuer Schwung für Festeinbautelefone").
154 | Lediglich Siemens führte das eckige, „konservative(n) C-Netz-Design" fort, vgl. FS, 1993, H. 4, S. 12 – 23 („Die D-Netz-Premiere: Alle Portables im Test"), S. 17.
155 | Ebenfalls den Bildvergleich zwischen Porty und Auto ziehen eine Bosch-Werbung (FS, 1991, H. 25, S. 2; DM, 1992, H. 3, S. 27) sowie eine Nokia-Anzeige von 1996 (FS, 1996, H. 8, S. 27).

Ein Massenmarkt entsteht: Vertragspakete, Tarife und Prepaid-Karten der zweiten Hälfte der 1990er Jahre

Eine 1995 erschienene Marktforschungsstudie von Booz-Allen & Hamilton verdeutlicht die fortbestehende Dominanz der Geschäftskunden in den deutschen Mobilfunknetzen, die auch noch für weitere Jahre gelten sollte: 80 % der befragten Funktelefon-Nutzer hatten das Gerät aus Berufsgründen. Die Hälfte dieser professionellen Nutzer war in der Geschäftsführung tätig; dem folgten Vertrieb, Transport, Kundendienst und Sonstige mit wesentlich geringeren Anteilen.[156] Dies bedeutete zugleich, dass auch noch Mitte der 1990er Jahre im deutschen Mobilfunk ein enormes Marktpotential im professionellen Bereich unterhalb der Führungsebene bestand. Erst um 1997 nahm die Bedeutung der Geschäftskunden zugunsten des Durchschnittskonsumenten ab. So gaben in einer Befragung 74 % der D1-Kunden und 65 % der D2-Kunden an, das Mobiltelefon überwiegend geschäftlich zu nutzen; bei E-Plus waren es hingegen nur noch 30 %.[157]

Im Gegensatz etwa zu Großbritannien oder den USA, wo bereits im 1G-Mobilfunk Endgeräte über Händlerprovisionen quersubventioniert worden waren, um sie für den Privatkunden attraktiv und finanzierbar zu machen,[158] wurden solche Methoden in der BRD daher erst spät praktiziert. Sie waren als „englische Krankheit" angefeindet worden,[159] und die Branche hegte allgemein ein Unbehagen, High-Tech-Produkte zu Niedrigstpreisen abzusetzen. In Großbritannien hingegen führte die Konkurrenz der Mobilfunksysteme (TACS, GSM und 1993 ein erstes PCN/DCS-Netz) dazu, dass das Handy 1993 von den TACS-Anbietern als eine bezahlbare Alltagstechnik für die ganz normale Familie am Markt positioniert wurde, und in Sonys britischer Telekommunikationsabteilung diente nun explizit der Walkman als Vorbild der Handy-Entwicklung.[160]

1994 wurden auch in der BRD Provisions- und Quersubventionierungsmethoden eingeführt, bei denen der Kauf eines Geräts an ein spezielles Vertrags- und Tarifangebot gekoppelt war. Gleichzeitig sank die Bedeutung der über gehobene Mehrwertdienste konkurrierenden Service Provider. 1995 waren Handys – zumeist Vorjahres-Modelle – dann in solchen Vertragspaketen bereits für unter 100 DM, ein Jahr später sogar zum symbolischen Preis von

---

156 | Vgl. Booz-Allen & Hamilton, hier S. 35 (Quelle: DeTeMobil).
157 | Angaben des Verbandes der Anbieter von Telekommunikationsdiensten VAT, nach: FS, 1997, H. 15, S. 40f („Aufwind im Privatmarkt").
158 | Vgl. Garrard, S. 103; Funk, S. 153; FS, 1993, H. 6, S. 49 – 51 („Großbritannien. Wird das Mobiltelefon zum Massenartikel?").
159 | Vgl. FS, 1991, H. 13, S. 34 – 40 („Digitaler Mobilfunk. Keine Endgeräte für das D-Netz"), hier S. 35; FS, 1990, H. 11, S. 34f („Mobiltelefone. Kostenlos für alle?").
160 | Vgl. FS, 1993, H. 6, S. 49 – 51 („Großbritannien. Wird das Mobiltelefon zum Massenartikel?").

einer DM erhältlich.[161] Außerdem wurden die Tarife, die zunächst nur in Tages-, Nacht- und Auslandstarife gegliedert gewesen waren, zielgruppenspezifisch fortentwickelt. 1995 gab es laut *Test* bereits 130 Tarifvarianten, 1998 dann 300.[162] Für die Netzbetreiber waren solche Tarife zugleich ein Instrument, die unausgewogene Netzauslastung, die zwischen 10 und 11 Uhr sowie 13 und 14 Uhr am höchsten war, zu steuern.[163]

Die Tarifstrukturen der E-Netze setzten bei der regionalen bis hin zur kleinräumigen Berufs- und Alltagsmobilität an. E-Plus wollte zum einen Gewerbebetriebe, Freiberufler und Handwerker erreichen und lockte die Kunden mit Grundgebühren, die 10 bis 20 DM unter denen der D-Netze lagen, sowie mit billigen netzinternen Gesprächen, die den Einsatz von E-Plus für die innerbetriebliche Mobilkommunikation und die Koordination mobiler Arbeitseinsätze attraktiv machten. Zum anderen konzipierte E-Plus auf den Privatkunden abgestimmte Tarifsysteme. Viag Interkom führte später den *Citynet-Tarif* ein, der für einen Anruf innerhalb der Stadt mit 29 Pf weniger als der Anruf aus der Telefonzelle kostete. Damit wurde das mobile Telefonieren vor allem für „nicht mobile Städter" – wie der *Test* es 1998 formulierte[164] – billiger: also für jene, die keine Reisen unternahmen, sondern auf ihren üblichen Alltagswegen telefonieren wollten.

Diese Massenvermarktungsstrategien verschleierten letztlich die Kosten des Mobilfunks, zumal dem Durchschnittskonsumenten das Prinzip eines Doppelprodukts aus Gerät und Dienstleistung noch weitgehend unbekannt war. Manche Erstkunden waren sich in der Tat nicht bewusst, worauf sie sich bei einem Mobilfunkvertrag einließen, denn die raffinierten Vertragspakete gingen mit einer hohen Rate an Kunden einher, die zahlungsunwillig waren oder den Vertrag aus Unzufriedenheit vorher kündigten. Auch bei den deutschen Service Providern und Netzanbietern wurde diese so genannte „Churn Rate" zu einem Problem: Wohl 20 % der Kunden verabschiedeten sich vorzeitig aus dem Vertrag, und 12 % wurde von den Vertragsanbietern gekündigt, weil sie ihre Rechnung nicht zahlen konnten oder wollten.[165]

Trotz gesunkener Gerätepreise war der Mobilfunk nämlich weiterhin ein teures Vergnügen: Bei zwei Gesprächen unter zwei Minuten pro Tag seien am Monatsende, so rechnete der *Test* 1994 vor, über 200 DM zu zahlen.[166] Und das scheinbar „geschenkte" Handy von 1998 kostete, berücksichtige man die vertraglichen Bedingungen, über 1000 DM – die Gesprächsgebühren nicht

---

161 | Vgl. Test, 1995, H. 1, S. 34 – 39 („Bei Anruf heiße Ohren"); Test, 1996, H. 1, S. 31 – 33 („Beraten und verkauft").
162 | Vgl. Test, 1998, H. 3, S. 35 – 39 („Mobilfunktarife. Maßgeschneidert sparen"), hier S. 35.
163 | Vgl. Tewes/Stoetzer.
164 | Vgl. Test, 1998, H. 12, S. 28 – 33 („Mobilfunktarife. So Sparen Sie"), hier S. 28.
165 | Vgl. FS, 1997, H. 15, S. 40f („Aufwind im Privatmarkt").
166 | Vgl. Test, 1994, H. 5, S. 16f („Handys-Preise im Sturzflug").

mitgerechnet.[167] Sowohl Vertragspakete als auch Tarifmodelle wurden daher zum Anlass von Kritik durch die Verbraucherverbände, die außerdem auf weitere versteckte Kosten wie teure Freischaltungsgebühren für Mailbox, SMS oder Roaming hinwiesen. Zudem kreideten sie die Gebühren-Abrechnungstakte als Verschleierungstaktik an, denn diese waren mal 8, mal 60 Sekunden lang und verhinderten so den direkten Preisvergleich. Zwar kostete die Minute Mobilgespräch 1996 theoretisch bei den meisten Anbietern zwischen 1,30 und 1,40 DM,[168] jedoch hing die Höhe der Mobilfunkrechnung entscheidend vom Telefonierverhalten ab, denn bei sehr kurzen Telefonaten wirkten sich lange Taktungen als „Groschengrab" aus.

Angesichts solcher Gebühren waren Mobilfunktelefonate Ende der 1990er Jahre weiterhin äußerst kurz und auf wenige Anrufe beschränkt. So stufte der *Test* Handy-Nutzer in die Wenigtelefonierer mit 20, die Normaltelefonierer mit 60 und die Vieltelefonierer mit 240 Gesprächen im Monat ein; diesen wurde 1997 der „Kaum"telefonierer hinzugefügt, der sich anrufen ließ oder in der Nebenzeit telefonierte. Zum Normaltelefonierer hieß es nun, er nutze das Handy einfach, wenn er es für nötig hielt und ohne auf die Gebühren zu achten – und zwar für rund 90 Minuten im Monat.[169]

Nach langem Warnen vor hohen Kosten urteilte der *Test* schließlich 1998, das mobile Telefonieren sei zwar nicht billig, aber mit dem „richtigen, maßgechneiderten Tarif" werde es erschwinglich; eine wirkliche Alternative zum Festnetz stelle es jedoch nur für Vielreisende dar.[170] Mit neuen Angeboten wie der *Home Zone* von Viag Interkom, in der im Umkreis der eigenen Wohnung zu Festnetzpreisen mobil telefoniert werden konnte, stellte der Mobilfunk jedoch schon um 2000 für manche Nutzergruppen wie z. B. Singles eine Alternative zum Festnetzgerät dar.

Die enormen Steigerungen der Teilnehmerzahlen von Ende der 1990er Jahre waren jedoch nur möglich, weil die Vermarktung über Vertragspakete und zielgruppenspezifische Tarife 1997 um das Prepaid-System erweitert wurde. Dabei wurde eine Telefonberechtigungskarte („Prepaid-Karte") mit einem bestimmten, vorweg bezahlten Gebührenaufkommen ohne Vertragsbindung verkauft; dafür waren die Gesprächskosten wesentlich höher als innerhalb eines Vertrages. Besaßen 1998 15 % der mobil Telefonierenden ein Prepaid-Gerät, waren es 1999 fast 24 %, 2000 beinahe 55 % und 2001 65 %; der Wert lag zwischen 2004 und 2006 dann zwischen 50 und 52 %.[171]

---

167 | Vgl. Test, 1998, H. 12, S. 28 – 33 („Mobilfunktarife. So sparen Sie"), hier S. 28.
168 | Vgl. Der Spiegel, 1996, H. 36, S. 123f („Mobiltelefone: Griff in die Trickkiste").
169 | Vgl. Test, 1997, H. 12, S. 37 – 41 („Mobilfunktarife. Verschenkt wird nichts").
170 | Vgl. Test, 1998, H. 3, S. 35 – 39 („Mobilfunktarife. Maßgeschneidert sparen"), hier S. 35; zu den Vielreisenden: Test, 1998, H. 12, S. 28 – 33 („Mobilfunktarife. So sparen Sie"), hier S. 28.
171 | Vgl. Grandjot, Thorsten; Kriewald, Monika: M-Commerce in Zahlen. In: Link, Jörg (Hg.): Mobile Commerce. Gewinnpotenziale einer stillen Revolution. Berlin u. a. 2003, S. 95 – 123, hier S. 109; Bundesnetzagentur, S. 71.

Die ersten Prepaid-Karten mussten bis zu einem sehr begrenzten Zeitpunkt wieder aufgeladen werden, um gültig zu bleiben.[172] Demgegenüber waren spätere Varianten bis zu einem Jahr gültig; wurden sie danach nicht mehr genutzt, wurde der Teilnehmer aus der Teilnehmerstatistik gestrichen. Die *CallYa*-Karte von D2 war an die Zielgruppe der unter 21-Jährigen gerichtet; die *Xtra*-Karte von T-Mobil wurde vor allem von 20- bis 34-Jährigen gekauft, während bei *Free&Easy* von E-Plus alle Altersklassen vertreten waren. 1999 bot E-Plus sogar eine *Kid-phone*-Karte an, mit der nur sechs festzulegende Rufnummern angerufen werden konnten. Prepaid-Karten wurden teils auch im Paket mit einem Handy, und zwar dann einem alten oder einem schlichten Modell, abgesetzt, und selbst hier wurden Händlerprovisionen gezahlt, obwohl klar war, dass Prepaid-Karten-Nutzer angesichts der hohen Gesprächspreise wenig telefonieren würden.

„Schick" und „handlich": GSM-Handys um 1995

Schneller als erwartet, war GSM 1994 ähnlich kostengünstig wie das britische TACS-System geworden, und auch die GSM-Handgeräte konnten erheblich miniaturisiert werden. In der Folgezeit überholten die GSM-Handys schließlich die Analoghandys, was ein geringes Ausmaß und die Akkuleistungen betraf, und die Miniaturisierung wurde zu einem zentralen Nutzungskriterium und Werbeargument.[173] Erleichtert wurde dies unter anderem durch folgende Neuerungen: Ab 1994 setzten GSM-Netze die so genannte „Power control" ein, bei der die Sendeleistung des Handys je nach Abstand zur Basisstation reguliert wurde. Außerdem wurde die Übertragung in Sprechpausen unterbrochen („discontinuous transmission"/„DTX"), wodurch die Endgeräte-Batterien geschont und die Netz-Übertragungsleistung gesteigert werden konnte; die sich ergebende „Funkstille" wurde durch ein netzseitiges, synthetisches Hintergrundrauschen überspielt. Des Weiteren wurde die SIM-Karte nicht mehr als eine flexibel in das Gerät einschiebbare Scheckkarte ausgeführt, sondern als Plug-in-Karte, die im Gehäuseinneren eingesetzt wurde. Dies stellte nicht nur eine Verkleinerung der Karte dar, sondern damit geriet auch die frühere Design-Idee ins Hintertreffen, den Nutzern und vor allem den Europareisenden über eine flexibel einschiebbare Karte den Wechsel zwischen Telefongesellschaften zu erleichtern.

1994 waren auf dem deutschen Markt rund 30 GSM-Handys, darunter ein erstes Gerät für das E-Plus-Netz und manche baugleiche Produkte,

---

172 | Vgl. für dies und das Folgende: Test, 1999, H. 5, S. 34 – 36 („Jetzt auch im D-Netz: Citygespräche ab 29 Pfennig"); FS, 1998, H. 14, S. 32 – 35 („Gratwanderung mit Prepaid-Karten").
173 | Vgl. z. B. folgende Größenvergleiche: Handylänge mit der Spanne zwischen Daumen und Zeigefinger: Nokia-Anzeige in: FS, 1994, H. 8, S. 13; Handy und Hemdtasche: Bosch-Anzeige in: FS, 1995, H. 15, S. 8f; Handy und Brille: Ericsson-Anzeige in: FS, 1997, H. 8, Heftrückseite. Die Mitführbarkeit in der Hosentasche betont auch: FS, 1994, H. 3, S. 20f („Mobiler Winzling").

erhältlich.[174] Ihr Gehäuse war schwarz und recht eckig (vgl. als Beispiel Abb. 18 und 19), die Displays waren schmal, und die fingerkuppengroßen Ziffern- und Funktionstasten waren in regelmäßigen Dreierblöcken angeordnet.[175] Die meisten Geräte hatten eine Buchstabenbelegung der Zifferntasten, was für Telefonbucheinträge oder auch das Tippen einer SMS Voraussetzung war. Die Antennen waren ausziehbar; wenig später setzten sich Stummelantennen durch. Die Displays dienten nicht nur der Nummernanzeige, sondern auch der Anzeige wichtiger Betriebsdaten. Solange es „Funklöcher" gab und die Akkuleistung allerhöchstens einen achtstündigen Arbeitstag durchhielt, waren der Akku-Ladezustand und die Empfangsfeldstärke wichtige Informationen, die teils automatisch im Display eingeblendet wurden, teils dort nur nach einer umständlichen Tastenabfrage erschienen. Außerdem zeigten manche Handys die Gesprächszeit an, oder es konnten akustische Minutentöne eingeblendet werden, um an die teure, verrinnende Zeit zu gemahnen.[176]

Das Gerätegewicht betrug zwischen 230 g und 430 g, wobei es wesentlich vom Akku und dessen Größe – benutzt wurden Nickel-Cadmium- sowie erste Nickel-Hydrid-Akkus – abhing; bei leichten Geräten war an der Akku-Betriebszeit gespart worden. Damit hatten die GSM-Handys weitgehend eine „Pocketability" verwirklicht. Sie waren 14 bis 18 cm lang, rund 5 cm breit und dabei so flach ausgeführt, dass sie von einer Hand umspannt werden konnten. Handys mit Klappmechanismus, die sich perfekt für den Taschentransport, aber kaum für den Gebrauch im Auto eigneten, waren allerdings auf dem deutschen Markt selten.[177] Um das unkontrollierte Tastendrücken beim Transport zu verhindern, setzten sich Tastensperren durch. Das Unterschreiten eines Gewichts von 300 g galt als markante Schwelle für das bequeme Tragen in einer Kleidungstasche, und viele Stimmen gingen auch davon aus, dass eine weitere Miniaturisierung nicht mehr zweckmäßig sei:[178] Denn bei geringgewichtigen

---

174 | So entsprachen dem *Nokia 2110* das *Philips PR 747* sowie das *Mannesmann D2 Handy 4031*. Folgende Gerätebeschreibungen beruhen auf: Sammlungsobjekte, HNF und Deutsches Museum; Test, 1995, H. 1, S. 34 – 39 („Bei Anruf heiße Ohren"); FS, 1994, H. 6, S. 16f („Praxistest: Nokia 2110. Extraleicht mit SMS und Faxoption"); FS, 1993, H. 17, S. 16f („Vergleichstest: D-Netz-Handy Microtac contra Ericsson GH 197. Kampf der Minis"); FS, 1994, H. 7, S. 10 – 12 („Klein, stark und leicht. Fünf neue Handies"); FS, 1993, H. 20, S. 24f („Test: Siemens D-Netz-Handy S1. Komfort inclusive").
175 | Alcatel-Geräte hatten zunächst Viererblöcke.
176 | Vgl. Test, 1994, H. 1, S. 26 – 31 („Ruf noch mal an"); Geräte, die 1996 noch keine Gesprächsdaueranzeige hatten, hatten oft eine zuschaltbare Piepston-Funktion, vgl. Test, 1996, H. 1, S. 26 – 30 („Kurzes Vergnügen").
177 | Motorolas *MicroTAC* sah beispielsweise eine kleine Klappe vor, die das Mikrofon enthielt und bei Nichtgebrauch schützend über den Tasten lag; auffälligerweise ließ das ansonsten baugleiche Bosch-Modell *Cartel SC* diese Klappe weg.
178 | Vgl. Lobensommer, S. 153; Test, 1995, H. 7, S. 24 – 29 („Anschluß gesucht"), hier S. 29. Ähnlich auch noch in: Berger, Andreas; Grigoleit, Uwe; Kretschmer, Bernd: Das Handy Praxisbuch. Düsseldorf u. a. 1999, S. 49 („Glücklicherweise ist den Herstellern durch den natürlich vorgegebenen Abstand zwischen Ohr und Mund hier eine untere Grenze gesetzt.")

Handys waren die Tasten bereits so klein wie die Fingerkuppe und die Länge des Gerätes überbrückte eben den Ohr-Mund-Abstand. Da Handys vor allem auch vom Autofahrer bedient wurden, sollte die „gute" Handytastatur so groß sein, dass die drei nebeneinander liegenden Tasten soviel Platz einnahmen wie drei aneinander liegende Finger.[179] Im Nachhinein wirken die frühen GSM-Handys wie eine klobige Kreuzung aus Taschenrechner und CB-Walkie-Talkie. Dem zeitgenössischen deutschen Betrachter hingegen, der kaum mit 1G-Handgeräten vertraut gewesen war, erschienen sie klein, leicht und „schick" zugleich:[180] „Ein kleines, schickes Handy schön auffällig am Ohr, das hat was", begann etwa der *Test* 1994 seinen ersten Beitrag zu den D-Netzen. Denn gegenüber den am Henkel oder Schultergurt zu transportierenden Portys erschien das Telefonieren am Handy ausnahmslos dynamisch. Eine solche Handlichkeit kannten die deutschen Konsumenten ansonsten nur von den häuslichen Schnurlosgeräten, mit denen sie die GSM-Handys daher auch manches Mal verwechselten.[181]

Mitte der 1990er Jahre dominierten Motorola, Nokia und Ericsson den europäischen GSM-Endgerätemarkt. Betrachtet man die Umsatzanteile am deutschen Handgerätemarkt, hatte hier auch Siemens eine starke Stellung inne: 1996 führte Motorola mit 32,4 %, gefolgt von Siemens mit 18,6 % und Nokia mit 17,2 % (Ericsson: 15,9 %; Hagenuk: 6,2 %; restliche Anbieter: 9,7 %).[182] Im GSM-Konsumentenmarkt entwickelte sich Nokia allerdings bald zum weltweit führenden Geräteanbieter.

Angesichts der Bedeutung von Nokia und Siemens für den deutschen Markt werden abschließend das finnische *Nokia 2110* (Abb. 18) und das deutsche *Siemens S1* bzw. das darauf basierende *Marathon* (Abb. 19) kurz vorgestellt. Diese beiden Modelle repräsentieren zugleich die zwei konträren Philosophien des Handy-Designs der zweiten Hälfte der 1990er Jahre: nämlich zum einen die Vorstellung vom sachlich-funktionalen und automobiltauglichen „Handy-Werkzeug", die bisher das Handy-Design bestimmt hatte und für deutsche Hersteller zunächst noch bestimmend blieb; zum anderen die Idee vom Handy als persönlichem Technikgefährten, die sich schließlich durchsetzen sollte und die erstmals im *2110* angestrebt wurde: Nokias Designer wollten das *2110* „(...) friendly, like a companion, not a little, square, hard box" gestalten.[183]

---

179 | Vgl. Everts, Volker: Handys: wie Sie telefonieren, wer die Geräte anbietet, Preise und Gebühren. Haar 1996, S. 23.
180 | Vgl. Test, 1994, H. 1, S. 34 – 37 („D1/D2 Netzuntersuchung. Kein Trumpf im Spiel"), hier S. 34; siehe auch: FS, 1993, H. 14, S. 78 – 83 („Vergleichstest Mobiltelefone. Für Sie getestet: Alle Handheld-D-Netz-Telefone").
181 | Beraterhandbücher sahen sich genötigt, den Unterschied der Produktgattungen zu erläutern, vgl. Jörn 1992 oder Schoblick, Robert: Alles über Handies: Kaufentscheidungshilfen, Geräteübersicht, praktische Anwendungen und Zubehör. München 1994.
182 | Zahlen nach: Frost & Sullivan 1997, S. 5 – 13.
183 | So Frank Nuovo, Kopf des 70 Leute umfassenden Nokia-Design-Teams, hier zitiert

Abb. 18 und 19: Das Nokia 2110 (17,3 x 5,7 x 2,4 cm, ca. 230 g) und das Siemens Marathon (18,5 x 5,8 x 2,9; ca. 380 g, hier im Car-Kit) mit einer Standby-Zeit von 24 Stunden (Deutsches Museum, München).

Das *2110* wie das *S1* fielen beide zunächst durch eine vergleichsweise leichte Bedienung auf, wobei Nokia die Funktionstasten bereits aus der starren, regelmäßigen Anordnung gelöst hatte. Während selbst alltägliche Funktionen wie das Speichern einer Rufnummer bei vielen Handys die Eingabe komplizierter Ziffernkombinationen erforderten und einem „Hindernislauf" gleichkamen,[184] hatten Siemens und Nokia erste Menüführungen über die so genannten „Softkeys" entwickelt, die sich an der Computerbedienung orientierten. Mit den Softkeys wurde eine Menüfunktion aktiviert, die im Display angezeigt wurde; zum Blättern zwischen den Punkten dienten weitere Pfeiltasten. Spezifische Merkmale, welche die Fachpresse darüber hinaus hervorhob, waren beim *2110* die auf Informationsarbeiter abgestimmte Möglichkeit, per Kabel- und Steckkartenverbindung Daten vom PC zu versenden; beim *S1* war es der problemlose Autobetrieb über einen Booster, der die Sendeleistung auf 8 Watt erhöhte.

Während das Display des *S1* wie bei den meisten Handys üblich als schmaler Streifen ausgeführt war – es konnten lediglich zwei Zeilen zu 16 Zeichen angezeigt werden –, hatte das *2110* ein ungewohnt großes Display. Nokia sah außerdem erstmals die Möglichkeit vor, den Klingelton unter einigen vorgegebenen Melodien selbst wählen zu können. Betrachtet man die Formgebung des Nokia, so fällt neben der außergewöhnlichen Displaygestaltung seine ergonomisch-dynamische Linienführung mit Rundungen auf. Selbst die Tasten waren abgerundet. Vor allem mit diesen Merkmalen wich Nokia deutlich vom traditionellen Handy-Design ab. Die Handy-Tester der *Funkschau* sahen daher

---

nach: Steinbock, Dan: The NOKIA Revolution. The Story of an Extraordinary Company That Transformed an Industry. New York u. a. 2001, S. 272.
184 | Vgl. Test, 1995, H. 1, S. 34 – 39 („Bei Anruf heiße Ohren"), hier S. 39.

im *2110* auch kaum mehr ein professionelles Mobiltelefon, sondern assoziierten es mit einem Telespiel.[185]

Lifestyle, Ästhetik, Fun: Handy-Designs am Ende der 1990er Jahre

1997 waren mehr als 60 Handy-Modelle auf dem deutschen Markt erhältlich.[186] Diese wiesen bereits eine deutliche Abstimmung auf die Bedürfnislagen und Lebensstile unterschiedlicher Nutzergruppen sowie eine zunehmende Ästhetisierung und Spaß-Orientierung auf. Wie im Falle des Walkmans reichte die Angebotsspanne vom schlichten Modell (Einsteiger-Handy/Low-End-Gerät) bis zum Top-Modell, das nur im Fachhandel vertrieben wurde und das wie die miniaturisierten Walkmans der 1980er Jahre der Imagepflege des Herstellers diente, der seine technische Kompetenz unter Beweis stellen wollte. Waren Top-Modelle zunächst an professionellen Bedürfnissen ausgerichtet, so setzte sich mit den ersten Fernseh-Handys seit 2000 auch hier eine Orientierung am Konsumentenmarkt durch. Da die Produktzyklen sich weiter in Richtung jährlicher Modellerneuerung verkürzten, ist es kaum möglich, einen Gesamtüberblick über die Handys der zweiten Hälfte der 1990er Jahre zu geben. Daher wird zunächst anhand jener Auswahl, die der *Test* 1997 für seine Produktprüfung getroffen hatte (vgl. Abb. 20), ein kurzer Überblick über die zeitgenössische Produktkultur gegeben.

Das Gewicht dieser *Test*-Geräte lag – bei einer enormen Spannbreite – im Durchschnitt bei 195 g, und ihre Größe kam dem Format eines kompakten Brillenetuis nahe.[187] Am leichtesten waren die Motorola-Geräte, wobei das superleichte Motorola *StarTAC* dem *Communicator* der Serie *Star Trek* nachgebildet war.[188] Die Gehäuse der Handys um 1997 waren überwiegend noch schwarz-grau, aber inzwischen – samt der Interface-Gestaltung – dynamisch geformt. Die Displays waren vergrößert, und für das Navigieren durch ein Menü waren Softkeys und Pfeiltasten Standard. Die Antennen waren teils ausziehbar, teils als Stummel gefertigt; erst in späteren Jahren wurden stattdessen Flachantennen rückwandig in die Gehäuse eingebaut. Das *Motorola Traveller* stellte ein Dual-Band-Handy dar, das für D- und E-Netze verwendet werden konnte, wozu zwei Hf (Hochfrequenz)-Elemente im Handy integriert werden mussten. Die meisten Geräte hatten einen Nickel-Metallhydrid-Akku mit einer Standby-Zeit von einigen Tagen; manche (z. B. das *SlimLite*) benutzten aber auch bereits einen Lithium-Ionen-Akku, der für die gesamte tragbare

---

185 | Vgl. FS, 1994, H. 7, S. 10 – 14 („Klein, stark und leicht. Fünf neue Handies"), hier S. 11.
186 | Vgl. FS, 1997, H. 17, S. 66 („Alle D-Netz-Handys im Überblick").
187 | Der auf die Profi-Kommunikation ausgerichtete *Nokia Communicator* ist in diesen Durchschnittswerten nicht berücksichtigt.
188 | Als „kleinstes GSM-Mobiltelefon der Welt" wurde es mit der Aufforderung beworben, „die Zukunft in die Hand" zu nehmen; im Werbebild war das Gerät vor den Sternen des Firmaments abgebildet. Vgl. FS, 1996, H. 26, S. 18 („StarTAC von Motorola. High-Tec in Kleinstform"); Werbeanzeige in: FS, 1997, H. 10, S. 4.

Konsumelektronik eine weitere Miniaturisierung und verbesserte Einsatzzeiten bedeutete. Durch solche Akkus und eine neue Mikrochip-Technologie, die mit 3 statt mit 6 Volt arbeitete, wurden 1998 bereits Gewichte, die unter 100 g lagen, realisiert.

Seit Ende der 1990er Jahre orientierte sich die anbieterseitige Handy-Entwicklung immer stärker an der Unterhaltungselektronik und Populärkultur sowie an den Regeln des Fashion- und Modemarktes. Auch in den Bildern der Mobilfunk- und Geräte-Werbung priesen nicht mehr Geschäftsmänner ihre „mobile Freiheit" an. Vielmehr lässt sich eine „Feminisierung",[189] gefolgt von einer „Verspaßung" und einer „Verjugendlichung" des Handy-Mobilfunks feststellen: Frauen und bald auch Jugendliche wurden als Handy-Nutzer gezeigt und die Technik um 2000 in jugendliche Spaß- und Sportkulturen wie jene des Snowboardens eingebettet, wodurch das Handy seine männliche Konnotation verlor. Dieser Wandel, der Handys von „technologisch orientierten Arbeitsgeräten" immer mehr „zu simpel bedienbaren Geräten des Alltags mit ‚Fun'-Charakter" werden ließ,[190] wird im Folgenden näher beschrieben.

Bereits das Sony *CMD-Z1* (vgl. Abb. 20) wies ein seitlich angebrachtes Drehrad („Jog-Shuttle") auf, wie man es von der Lautstärke-Regulierung in Taschenradios her kannte und mit dem das Menü nun in Einhandbedienung per Daumen bedient werden konnte. Nokia führte mit einem simplen Spiel namens *Snake* 1997 ein erstes Spiel fürs Handy ein. Mit dem *C 25*, das für 16 bis 25 jährige, weibliche Erstkäufer gedacht war, brach Siemens mit seiner konservativen Firmenkultur; die am Business-Kunden orientierte S-Linie ergänzend, sollte die C-Linie den Konsumentenmarkt erschließen und der neue Slogan „be inspired" (1998) betonte Erlebnis und Emotion der Mobiltelefonie.[191] Vorreiter für eine solche Betonung der sozial-emotionalen Vernetzungsfunktion des Handys waren Nokia mit dem Werbeslogan „Connecting people" (1994) und Motorola mit Anzeigentiteln wie „Je t'aime" (1995) gewesen.[192]

Ende der 1990er herrschten fünfzeilige Schwarz-Weiß-Displays vor, erste Farbdisplays kamen 1997 auf (*Siemens S10*), und sie wurden durch die Fotohandys von Anfang des 21. Jahrhunderts zum Standard. Aufgrund der Ausweitung der Klingeltöne schenkten die Anbieter schließlich auch der Akustik der Handys erstmals vermehrt Augenmerk. Bedieninterfaces wie das Tastenkreuz oder der Mini-Joystick, die in den Jahren um 2000 aufkamen, waren den Video-Handspielen abgeschaut. Sie erleichterten vor allem jenen Nutzern, die mit digitaler Unterhaltungselektronik aufgewachsen waren, das „intuitive"

---

189 | Vgl. z. B. FS, 1999, H. 6, Heftrückseite (Philips Genie); FS, 1999, H. 7, S. 41 (Motorola v3688).
190 | Vgl. FS, 1996, H. 9, S. 76 – 81 („Neue Handys für mehr Qualität"), hier S. 76.
191 | Vgl. Decurtins, Daniela: Siemens. Anatomie eines Unternehmens. Frankfurt a. M., Wien 2002, S. 181. Zur Zielgruppe vgl. Jahrbuch der Werbung, 2000, „Siemens C 25", S. 290f.
192 | Vgl. als Nokia-Anzeige z. B. FS, 1997, H. 12, Heftrückseite („Entfernung ist eine Illusion"); für Motorola vgl. FS, 1995, H. 15, Heftrückseite.

Abb. 20: Handy-Auswahl der Stiftung Warentest für den Test im Sommer 1997 (Test, 1997, H. 12, S. 32-34).

Durchforsten der Menüs und sparten Platz einnehmende Einfunktionstasten ein. Neben das Einsteiger- und das Top- bzw. Business-Handy traten zielgruppenspezifische, an Lifestyles und Moden ausgerichtete Handys wie das Frauen-, das Outdoor- oder das exklusive Fashion-Handy. Frauen-Handys hatten ein besonders geringes Gewicht, wiesen Formen und Farben auf, die an Puderdosen erinnerten, und integrierten Funktionalitäten wie Kalorienzähler und Menstruationskalender als High-Tech-Pendant zum Kosmetik-Fach der frühen Kofferradios.[193] Outdoor-Handys waren – hier mag der Sony *Sports-Walkman* ein Vorbild gewesen sein – gegen Spritzwasser, Staub und Erschütterungen

---

193 | So z. B. das *Samsung SGH-A400* (2001).

gewappnet, in kräftigen Farben gehalten und teils mit Gummi bestückt.[194] Als feminines „Edelhandy fürs Handtäschchen"[195] galt das *Nokia 8810* mit verchromter, nur 10 cm langer Hülle und Slider-Mechanismus. In den USA als Trimode-Handy *8860* (für AMPS, TDMA 800, TDMA 1900) eingeführt, wurde es zum Kult-Handy unter männlichen wie weiblichen Schauspielern in Hollywood.[196] Ohnehin wurden Top-Handys über ein geschicktes Product Placement in der Populärkultur öffentlichkeitswirksam inszeniert:[197] So zeigte der James-Bond-Film *Der Morgen stirbt nie* ein Ericsson Smartphone; in *Matrix* spielte ein Nokia-Gerät die Hauptrolle, in *Matrix Reloaded* ein Gerät von Samsung, und Lara Croft alias Angelina Jolie bewältigte ihre Abenteuer in *Tomb Raider* nur mittels eines Bluetooth-Headsets von Ericsson.

Neben solchen Versuchen der Hersteller, das Handy als emotionales Spaß- und Kultgerät zu stilisieren, führten sie Neuerungen ein, die eine zunehmende Personalisierung der Handys zuließen. Nokia führte auswechselbare Oberschalen ein, und bei mehr und mehr Handys konnten neben Klingeltönen auch Tastengeräusche und -drucksensibilitäten individuell eingestellt werden. Zusatzutensilien wie Handyhalter oder -taschen sowie Zusatzakkus und Freisprecheinrichtungen, mit denen das Handy weiter auf die eigenen Bedürfnisse abgestimmt werden konnte, waren bereits 1998 einträglichere Einnahmequellen des Fachhandels als die Geräte selbst.[198] Auch der in Taschenpagern bereits längst erprobte Vibrationsalarm, der sich in Handys Ende der 1990er Jahre durchsetzte, kann als eine Intimisierung des Mobiltelefons interpretiert werden. Denn zu seiner Erkennung musste das Handy zwingend nah am Körper getragen werden und der Nutzer konnte nun „fühlen", wenn ihn jemand erreichen wollte. Zugleich ermöglichte die Vibrationsfunktion es den Handy-Besitzern, sich selbst in solchen Situationen, wo ein klingelndes Handy als störend empfunden worden wäre wie etwa in der Konferenz oder bei der intimen Abendverabredung, dennoch nicht aus dem Netzwerk virtueller Gesprächspartner „offline" schalten zu müssen.[199]

Anfang des 21. Jahrhunderts wurden außerdem die Speicherkapazitäten der Handys und der SIM-Karten in dem Maße erhöht, wie sich Klingeltöne und Foto-Handys durchsetzten. Auf dem Handy wurden nun nicht mehr nur Adressen und SMS-Korrespondenzen gespeichert, sondern persönliche Töne

---

194 | Vgl. z. B. das *Siemens S10 D active* (1998) und das *Ericsson R250 PRO* (1999).
195 | Vgl. Test, 1998, H. 12, S. 35 – 39 („Kein Handy für alle"), hier S. 37, der das Handy allerdings wegen unpraktischer Eigenschaften bemängelte.
196 | Die amerikanische *Vogue* feierte Frank Nuovo, den leitenden Nokia-Designer, aufgrund dieses Handys gar als jenen Designer, „who made wireless technology a fashion statement", vgl. Vogue, April 2000, S. 234 – 244. Vgl. auch Steinbock 2001, S. 272f.
197 | Weitere Filme erwähnt Agar, S. 143 – 149. Auch C-Netz-Geräte waren bereits über Filmstars beworben worden, z. B. zeigte der Hersteller Storno Horst Tappert und Fritz Wepper aus der Filmserie Derrick mit seinen Portys, vgl. DM, 1991, H. 4, S. 90f.
198 | Vgl. FS, 1998, H. 16, S. 27 („Mobilfunk-Zubehör. Taschen sorgen für Umsatz").
199 | Mit solchen Situationen wurde die Vibrationsfunktion auch beworben, vgl. FS, 1996, H. 23, Heftrückseite; Konrad, H. Dezember/Januar 1998/99, S. 163.

und eigene Schnappschüsse. Die SIM-Karte hatte sich damit weit von ihrer einstigen Funktion als leicht entfernbare Sicherheitseinrichtung entfernt und ist seitdem eher ein persönlicher Datenspeicher für die multimediale Archivierung persönlich-intimer Inhalte.

Betrachtet man den *Test* als Stellvertreter der Konsumenten, so zeigt sich, dass die Miniaturisierung, Emotionalisierung und Ästhetisierung der Handy-Designs größtenteils auf die Wünsche der Handy-Nutzer abgestimmt waren. Denn in den Augen des *Tests* wünschte sich der Handy-Nutzer von Ende der 1990er Jahre ein Gerät, das klein war und möglichst gut zu seinem individuellen Erlebnishaushalt passte. Um die Miniaturisierung der Handys bewerten zu können, entwickelten die *Tester* sogar eigene, als objektiv intendierte Beurteilungsmaßstäbe. So setzte der „Westentaschen-Index" das Handygewicht in Verhältnis zur Betriebszeit. Dieser Index wurde in einem weiteren Schritt mit der Standby-Dauer, der Deutlichkeit der Display-Akkuanzeige und der Dauer der Akkuladezeit korreliert, um die „Mobilität" des Handys – und damit letztlich die erzielbare Mobilisierung von Handy und Nutzer – zu beurteilen.[200] Allerdings kritisierte der *Test* sehr wohl die teils durch die Miniaturisierung der Geräte, teils aber auch netzseitig bedingte mindere Klangakustik der Handytelefonie: Ließ das drahtgebundene Festnetztelefon das Heraushören von Emotionen und Schwankungen im Tonfall zu, so war das bei Handygesprächen Ende der 1990er Jahre noch kaum möglich, auch wenn Handys nun für die sozial-emotionale Kommunikation vermarktet wurden. „Schlechter Klang aus kleinen Kisten" und „akustisches Fast-food" lautete das ernüchterte Fazit der Warentester angesichts metallisch klingender Stimmen, was allerdings nichts an der gleichzeitigen Bewertung der Handys als „schick" und der Faszination für das darin realisierte „Hightech auf engstem Raum" änderte.[201]

Im Gegensatz zur Miniaturisierung waren Erlebniswert, Ästhetik und Haptik, die auch der *Test* nun zunehmend betonte,[202] kaum allgemeingültig zu bewerten. Das „richtige" Handy war laut *Test* letztlich eine persönliche Geschmackssache, denn man müsse sein Handy mögen und verstehen. Um Hilfestellungen für die individuelle Geräteauswahl zu geben, stellte der *Test* aber zumindest Fragelisten auf:[203] Hatten die Tasten den richtigen Abstand für die eigenen Finger? War das Handy „intuitiv" bedienbar? Passte der Ladezyklus des Akkus zu den eigenen Gewohnheiten? Lag das Handy „gut in der Hand

---

200 | Vgl. z. B. Test, 1998, H. 12, S. 35 – 39 („Kein Handy für alle").
201 | Vgl. Test, 1996, H. 1, S. 26 – 30 („Funktelefone. Kurzes Vergnügen"), hier S. 27 („Schlechter Klang..."); Test, 1998, H. 5, S. 71 – 73 („Mobiltelefone. Leicht wie Schokolade"), hier S. 71 („Hightech...") u. S. 72 („akustisches Fast-food").
202 | So wurde vom „Spaß haben" beim mobilen Telefonieren, den „optischen Reizen" eines Designs oder der „anschmiegsamen" Haptik gesprochen, vgl. z. B. Test, 1998, H. 12, S. 35 – 39 („Kein Handy für alle"), hier S. 35; Test, 1998, H. 5, S. 71 – 73 („Mobiltelefone. Leicht wie Schokolade"), hier S. 71.
203 | Vgl. dies und Folgendes: Test, 1998, H. 12, S. 35 – 39 („Kein Handy für alle").

und angenehm am Ohr"? Und passte der Handytarif zum eigenen Telefonverhalten? Der Käufer solle sein ausgewähltes Gerät, so der *Test*, „schön" finden, denn er würde mit diesem in Zukunft ständig herumlaufen. Was die Ausweitung der Handyfunktionen betraf, äußerte sich der *Test* jedoch skeptisch, denn im Alltag benutzte der Durchschnittskonsument laut Verbrauchermagazin nur wenige davon: 2000 wurden neben der Sprachtelefonie nur die SMS, eine Texteingabehilfe für die SMS, Vibrationsalarm und für den Autofahrer die Sprachwahl und eine Anschlussmöglichkeit an die Autoantenne als notwendig ausgewiesen.[204]

Exkurs: Nokias Produktmanagement zwischen globaler Produktion und regionaler Nutzerorientierung

Am Anfang des 21. Jahrhunderts wurde Nokia zum weltweit führenden Handyhersteller: Nokias Marktanteil lag 2006 zwischen 30 bis 35 %, dem folgte Motorola mit 21 %, Samsung – dessen Bedeutung am Weltmarkt um 2000 noch geringer gewesen war als die von Siemens – mit 12 % und Sony Ericsson sowie LG Electronics mit jeweils 6 bis 7 %.[205] Der Aufstieg Nokias wird üblicherweise damit begründet, dass der finnische Hersteller schnell auf die Bedürfnisse der Kunden reagiert habe, zu denen die neuen Telefongesellschaften wie E-Plus oder Orange ebenso zu zählen sind wie der eigentliche Handy-Nutzer.[206] Für die Erreichung der Marktführerschaft war jedoch ebenso relevant, dass diese Kundenorientierung mit einem effektiven Management globaler Produktplattformen verknüpft wurde, die in regional spezifische Produktlinien ausdifferenziert wurden. Hierzu wiederum war eine Abstimmung zwischen den global verstreuten Forschungs- und Entwicklungszentren – Nokia-Handys der 1990er Jahre wurden in Finnland, Großbritannien, den USA, Dänemark und Deutschland entwickelt und 2001 hatte Nokia 54 Forschungs- und Entwicklungszentren in 14 verschiedenen Ländern – sowie einer regional situierten Marktforschung vonnöten.[207] Im Folgenden wird dieses Agieren zwischen globaler Produktion und regionaler Nutzerorientierung anhand vorliegender Sekundärliteratur näher betrachtet.

Ähnlich wie Ericsson hatte Nokia davon profitiert, dass der skandinavische Mobilfunkstandard NMT das Vorbild für GSM abgegeben hatte. Außerdem hatte Nokia (damals noch „Mobira") bereits im 1G-Mobilfunk über den Eintritt in den amerikanischen und den britischen Markt die spätere Expansion vorbereitet.[208] Aufgrund der dadurch gewonnenen Erfahrungen in schnell

---

204 | Vgl. Test, 2000, H. 12, S. 24 – 27 („Harte Kerle"), hier S. 27.
205 | Vgl. Burkart 2007, S. 42.
206 | Vgl. Steinbock 2001, S. 125; zur Zusammenarbeit mit Providern wie E-Plus vgl. Häikiö, Martti: Nokia. The Inside Story. London u. a. 2002, S. 154.
207 | Vgl. dies und Folgendes: Funk, S. 180, S. 158 – 160; Steinbock 2001, S. 204 – 207; Häikiö, S. 116.
208 | Nokias Netto-Verkaufsbeträge lagen 1990 (in Klammern: 1999) zu 60 % auf dem europäischen Markt (52 %), zu 30 % in Finnland (2 %), zu 4 % im asiatisch-pazifischen

wachsenden Analogmärkten ging Nokia, vergleichbar mit Ericsson und Motorola, aber im Gegensatz etwa zu Siemens als Hauptlieferanten der Bundespost für den pan-nationalen GSM-Markt von einem abermals beschleunigten Absatzanstieg aus. Ende 1994 wartete Nokia daher bereits mit mehreren GSM-Modellen in unterschiedlichen Preissegmenten auf. Zwischen 1994 und 1998 entwickelte Nokia drei Plattform-Modelle für GSM-Handys (*2110, 8110, 6110*), von denen insgesamt acht Produktlinien abgeleitet wurden (*2010, 2110i, 1610, 1611i, 3110, 8110i, 5110, 8810*), wobei die Gewichte und Standby-Zeiten der Derivate zumeist kontinuierlich verkleinert bzw. verlängert wurden.[209] Motorola hatte in diesem Zeitraum ebenfalls drei Plattform-Modelle mit sogar zehn Produktableitungen aufzuweisen. Dass Nokia erfolgreicher agierte als Motorola, liegt laut Funk an den unterschiedlichen Firmenstrategien: Nokia setzte auf Design- und nutzerspezifische Kriterien, Motorola auf ein radikales Minimieren des Gerätegewichts und eine „economy of scale", die sich allerdings in der Massenproduktion von Handys bald nicht mehr kostenreduzierend auswirkte.[210] Die oft gezogene Parallele, dass Motorola dem Ford'schen System der Massenprodution gefolgt sei, während Nokia das Sloan'sche Prinzip des schnellen Modellwechsels im Konsumentenmarkt vertreten habe, trifft allerdings angesichts der Modellvielfalt von Motorola so nicht zu.

Zu Nokias Nutzerorientierung liegen einige Darstellungen aus der Feder verantwortlicher Produktentwickler vor, die allerdings schwerpunktmäßig Top-Modelle des Business-Marktes behandeln.[211] Als Methode, um nutzerspezifische Daten für den Designprozess fruchtbar zu machen, führen sie die so genannte „Contextual Inquiry" (CI) an. CI beobachtet die Nutzer mit ethnographischen Methoden in konkreten Alltagssituationen. Die gewonnenen Erkenntnisse werden in detaillierte „Mikro-Szenarien" übertragen, die in den Design-Prozess einfließen. Außerdem betreibt Nokia eine regional spezifische Marktforschung. Aber auch bei Nokia lassen sich zum einen stereotype Nutzerkonstruktionen finden, beispielsweise wenn die Ehefrau des Entwicklungsingenieurs als kritische Testperson fungiert. Wie Sony, so verschrieb sich zum anderen auch Nokia der Maxime des „Always do what has never been done before" und gestand dem Nutzer selbst in diesem Fall kaum visionäres Potential ein.[212]

Raum (21 %), zu 3 % auf dem amerikanischen Kontinent (25 %), vgl. Steinbock 2001, S. 150.
209 | Vgl. Funk, S. 158f.
210 | Es wurde früh jener Punkt erreicht, an dem die kostspielig zu entwickelnden Halbleiterelemente, die Nokia ohnehin von außen bezog, gegenüber Bauteilen wie Tasten oder Gehäusematerial nicht mehr ins Gewicht fielen; die Kosten für letztere ließen sich allerdings kaum über eine hohe Stückzahlproduktion reduzieren.
211 | Vgl. für das Folgende: Väänänen-Vainio-Mattila, Kaisa; Ruuska, Satu: Designing Mobile Phones and Communicators for Consumers' Needs at Nokia. In: Bergman, Eric (Hg.): Information Appliances and Beyond. Interaction Design for Consumer Products. San Diego u. a. 2000, S. 169 – 204; Lindholm/Keinonen/Kiljander.
212 | Zur Vorbildwirkung des Sony-Design-Centers vgl. Steinbock 2001, S. 271.

Nokia widmete vor allem der Gestaltung der Benutzerschnittstellen Aufmerksamkeit, da sie Schlüsselbereiche der Technik-Nutzer-Interaktion darstellen und zudem im digitalen Zeitalter zu frei gestaltbaren Oberflächen geworden sind. Die Softkeys und das Display des *2110* können als frühes Ergebnis des angestrebten „nutzersensiblen" bzw. „intuitiven" Designs gesehen werden; ihnen folgte der „Navi-Roller", ein mit dem Computer-Trackball vergleichbares Drehrad. Bei der Interface-Gestaltung achtete Nokia außerdem darauf, dass ein Handy parallel zu anderen Tätigkeiten bedient werden konnte, was auf eine Daumenbedienung, die Möglichkeit zur Spracheingabe und eine Headset-Benutzung hinauslief. Darüber hinaus wurde der Nutzer von den Entwicklungsingenieuren und Designern als eine Person konstruiert, die sich mit seinem Handy als persönlichem Objekt stark verbunden fühlen würde.

Jedoch bleibt kritisch zu fragen, welche Nutzer in solchen Vorstellungen jeweils das Vorbild abgeben. Oftmals schien auch in Nokias Leitbildern weniger ein regionaler als ein transnationaler Nutzer durch, der ein ästhetisches Lifestyle- oder Business-Gerät anstrebt. Was die Abstimmung auf lokal situierte Konsumkulturen betrifft, so handelt es sich größtenteils um Menüführungen in einheimischen Schriftzeichen[213] sowie um Abstimmungen auf der Ebene von regionalen Großmärkten (Amerika, Europa, Asien). Beispielsweise führte Nokia, um im chinesischen Markt Fuß zu fassen, die in Asien beliebten Klapp-Handys ein – ein Design, das unter deutschen Handy-Nutzern erst in den letzten Jahren unter dem Stichwort der „Asienhandys" populär wurde – und entwickelte in einem in Beijing errichteten Forschungs- und Entwicklungszentrum Handys mit Touchpad und Stylus für das SMS-Schreiben mit chinesischen Zeichen.[214]

Vom „Yuppie-Equipment" über die „Notrufsäule" zur „virtuellen Nabelschnur": Die Normalisierung des Handys um 2000

Nicht nur die Anbieter verkannten das Marktpotential des Handys. Auch viele Konsumenten betrachteten das Handy noch Mitte der 1990er Jahre als ein ihrem eigenen Alltag entrücktes Ausstattungsutensil gut betuchter Angeber. Zu Beginn der GSM-Ära galt das Handy als „Yuppie-Equipment für junge Workaholics und Wichtigtuer, die es auch im Café nicht lassen können, Geschäftsgespräche zu führen".[215] Die deutsche Wahrnehmung unterschied sich damit nicht wesentlich von derjenigen in anderen Ländern, in denen das Handy jedoch zu dieser Zeit schon sein Yuppie-Image verloren hatte. Der mit dem Handy protzende Yuppie, der offensichtlich die Umgangsformen im öffentlichen Raume vergaß, bildete quasi das Pendant zum rüpelhaften jungen Walkman-Hörer des Jahrzehnts zuvor. Dazu kam außerdem ein Unwohlsein, Telefongespräche vor den Ohren fremder Menschen zu führen – ein Gefühl,

---

213 | Vgl. Lindholm et al., S. 68f.
214 | Vgl. Steinbock 2005, S. 34.
215 | Vgl. FS, 1995, H. 18, S. 39 – 40 („Ungebremster Mobilfunkboom"), hier S. 40.

das auch im Rahmen der Telepoint-Versuche konstatiert worden war und das eine Folge der langzeitigen Verhäuslichung des Telefons war. Noch 1989 hatte sogar ein Kommunikationswissenschaftler bescheinigt, es gäbe „(f)ür die Anwendung mobiler Telefonapparate in öffentlichen Räumen (...) deutliche psychologische Hemmschwellen".[216] Im europäischen Vergleich schien diese Wahrnehmung in Deutschland stärker als in anderen Ländern zu sein: In einer 1996 durchgeführten Studie der Telecom Italia wurden europäische Bürger danach befragt, wie sie auf den Anblick eines Mobiltelefonierers reagieren würden.[217] Die Hälfte der befragten Deutschen stimmte der Antwort „Think what a show" zu, während es beispielsweise in Großbritannien weniger als ein Drittel waren. Allerdings war das Handy dort ebenfalls nach seiner Einführung in der zweiten Hälfte der 1980er Jahre als Yuppie-Gerät identifiziert worden.[218] Die Studie demonstriert daher vor allem auch, wie fremd den Deutschen das Mobiltelefon für „Jedermann" war: Keine 10 % der Befragten hielten ein Handy für nützlich, und weniger als 2 % äußerten einen Anschaffungswunsch. Binnen weniger Jahre änderten sich die Bedeutungszuschreibungen an das Handy fundamental, und es wurde von einer als unnütz zu einer als unentbehrlich bewerteten Technik. 1997 wurde das Handy in der Sicht der *Test*-Autoren von den einen noch als „Yuppie-Indikator Nummer eins", von den anderen bereits als der „wichtigste Begleiter" überhaupt angesehen, und nur wenig später berichtete der *Test*, selbst einstige Handy-Feinde würden sich nun „eines der neuen, schicken Funkdinger" zulegen.[219] Nur drei Jahre später gehörte der „Handymensch" zum Alltag, und die privaten Nutzer überwogen die professionellen.

Wie im Falle des Radiorekorders oder des Walkmans, wurde auch die Massenverbreitung des mobilen Telefons über Billigangebote erreicht. Entscheidend waren hierzu zum einen die bereits erwähnten Prepaid-Karten und zum anderen Vertrags- und Prepaid-Pakete, in denen so genannte „Einsteigergeräte" die Gerätebasis bildeten. Sie waren in der Anschaffung billig, gingen allerdings mit hohen Gesprächskosten einher. Prepaid-Angebote waren zudem für alle jene attraktiv, die – wie etwa Teenager aus Altersgründen – keinen Vertrag abschließen konnten oder die selbst kaum mobil telefonierten, aber erreichbar bleiben wollten. Betrachtet man nur die Neukunden, so gingen im Sommer 1999 noch ca. drei Viertel einen Vertrag ein; ein Jahr später – als die GSM-Telefonie der BRD ihre größte Teilnehmersteigerung erlebte – wählten hingegen drei von vier Neukunden die Prepaid-Karte.[220]

---

216 | Vgl. Lange 1989, S. 177.
217 | Es handelte sich um eine Fünf-Länder-Studie der Telecom Italia (insges. 6.613 Befragte, darunter 1.767 Deutsche), vgl. Fortunati, Leopoldina: Italy: stereotypes, true and false. In: Katz/Aakhus, S. 42 – 62, hier S. 52.
218 | Vgl. Agar, S. 70 – 89.
219 | Vgl. Test, 1997, H. 1, S. 28 – 32 („Funktelefone. Ernüchterung beim Klang"), hier S. 28; Test, 1997, H. 12, S. 30 – 36 („Mobiltelefone. Kleiner, leichter, besser"), hier S. 30.
220 | Vgl. Test, 2000, H. 9, S. 25 – 27 („Eine gute Wahl"), hier S. 25; FS, 2000, H. 14,

Typische „Einsteigergeräte" waren beispielsweise das *Philips diga* oder das *Siemens C 25*.[221] Manche Einsteigerhandys waren mit Blick auf Teenager konzipiert worden und wiesen nicht nur bunte Gehäuse auf, sondern integrierten angesichts des sich unter Jugendlichen verbreitenden „Simsens" spezielle SMS-Funktionen (z. B. das *Philips Savvy*, 1998).[222] Solche Einsteigergeräte wiesen stets mehr Funktionen als das reine Telefonieren auf, was weniger dem Wunsch der Konsumenten entsprach, die immer wieder für ein mobiles „Nur-Telefon" plädierten. Vielmehr lag dies an den Interessen der Provider, die letztlich die Hauptkunden der Geräteproduzenten darstellen: Multifunktionale Geräte sicherten ihnen zusätzliche Einnahmequellen.

Solche Angebote beförderten die Anschaffung eines Handys als mobile „Notrufsäule".[223] Vor allem Ältere, aber auch Autofahrer nahmen ein Billiggerät für unvorhersehbare Zwischenfälle – den Unfall, die medizinische Notlage oder das Melden von Verspätungen – mit. Manche ließen dabei das Handy ausgeschaltet, um es im Bedarfsfall für den Hilferuf anzuschalten; andere verwendeten das eingeschaltete Handy als eine Art Pager, um für den Partner oder die Familienmitglieder erreichbar zu bleiben. Der Gedanke vom Handy als Notrufsäule erinnert an die Transistorradios, die in Extremsituationen den Kontakt zur Außenwelt garantieren sollten, aber auch an das Festnetztelefon, das lange Zeit und vor allem von Älteren mit der Funktion des Notrufs verbunden wurde.[224] Manche Geräte-Hersteller hatten diese Idee auch in den frühen GSM-Handys aufgegriffen und in diesen eine gesonderte „SOS"-Taste für den europäischen 112-Notruf integriert; diese Sondertaste setzte sich jedoch nicht durch.[225] Bereits das Wissen darum, jederzeit anrufen zu können, ging bei vielen Nutzern mit einem erhöhten Sicherheitsgefühl einher. Noch stärker war dieser Sicherheitsaspekt in den USA:[226] Viele Nutzer, darunter vor allem auch Frauen, schafften sich ein Handy als Sicherheitsgaranten an, denn sie fühlten sich als Fußgänger in den oft unwirtlichen amerikanischen Innenstädten mit dem Handy in der Tasche oder – ein Gespräch imitierend – am Ohr sicherer.

Jedoch war sich so mancher Handy-Erstkäufer, wie es auch die hohen Churn-Raten nahe legen, weder über die genauen Kosten seines Gerätes, noch über seinen zukünftigen Umgang mit diesem bewusst. Laut *Test* verkalkulierte sich etwa die Hälfte der Prepaidkunden von 2000 bei der Auswahl des Ange-

---

S. 6 (Tabelle: „Entwicklung der Kartenverträge im Mobilfunk", Quelle: VIAG Interkom).
221 | Vgl. Test, 1997, H. 12, S. 37 – 41 („Verschenkt wird nichts").
222 | Vgl. FS, 1999, H. 6, S. 10 („Philips Consumer Communications (H12/C54). Zwei neue Handys").
223 | Der Begriff der „Notrufsäule" tauchte im Test 1997 auf, vgl. Test, 1997, H. 1, S. 33 – 39 („Drum prüfe, wer sich lange bindet"), hier S. 39.
224 | Vgl. zur Notruffunktion bei Älteren: Schabedoth/Storll/Beck/Lange, S. 103.
225 | So z. B. Alcatel-Geräte von Mitte der 1990er Jahre.
226 | Vgl. Katz 1999, S. 11f; Find/SVP: Winning the Wireless Wars. New Marketing Models for Technology. New York 1998, S. 29f.

bots und wäre mit einem Vertrag besser bedient gewesen.[227] Denn die hohen Prepaid-Gesprächsgebühren schlugen dann zu buche, wenn mehr als zunächst angenommen telefoniert wurde. 2000 kostete die Minute Mobilgespräch tagsüber mit Prepaid-Karte bis zu 1,89 DM, mit Vertragshandy lediglich 99 Pf oder im Citytarif 15 Pf. 1997 belief sich die monatliche Mobiltelefonrechnung im Durchschnitt auf 140 DM; 1999 waren es 99 DM, wobei die 30- bis 49-Jährigen mit 112 DM die höchsten Rechnungsbeträge aufwiesen.[228]

Auch soziologische Nutzerstudien bestätigten, dass der Handy-Kauf vieler Erstnutzer zwar zunächst mit ganz konkreten Verwendungszwecken verbunden gewesen war:[229] Man wollte ein Notfallgerät besitzen oder per Handy mit einer bestimmten Person in Verbindung bleiben können. Die Geräte wurden dann aber nach und nach entgegen des eigenen Vorsatzes für sämtliche mobilen Kommunikationssituationen eingesetzt, und sie erhielten dadurch auch zunächst nicht geahnte, neue Bedeutungen.

In der BRD überwogen Ende der 1990er Jahre weiterhin die männlichen Mobilfunkteilnehmer, während die weiblichen Nutzer in den USA 1997 die männlichen überholt hatten.[230] Dabei unterschieden sich die Gebrauchsweisen: Frauen telefonierten pro Gespräch etwas länger als Männer, die das Gerät wiederum häufiger und außerdem eher für die Business-Kommunikation benutzten.[231] Männer telefonierten eher auf der Straße, Frauen in Cafés.

2002 hatten 78 % der männlichen Bevölkerung und 61 % der weiblichen Bevölkerung der BRD einen Mobilfunk-Zugang.[232] Außerdem hing der Handybesitz zunächst stark mit der beruflichen Stellung und dem Einkommen zusammen. 1998 verfügten in der BRD die Mehrheit der Freiberufler sowie ca. 40 % der gut Verdienenden mit monatlichen Einkünften über 4000 DM über ein Handy, während dessen Verbreitung in der Bevölkerung allgemein bei 17 % lag.[233] 2003, als insgesamt 77 % der BRD-Bevölkerung ein Handy besaßen, hatten jene, die über 3600 EUR im Monat verdienten, zu über 90 % ein Handy. Aber selbst bei den unter 900 EUR monatlich Verdienenden hatte nun knapp die Hälfte ein Handy.[234] Selbst wenn damit der Handybesitz nicht von

---

227 | Vgl. dies und Folgendes: Test, 2000, H. 5, S. 18 – 22 („Viele Kunden im falschen Tarif"); Test, 2000, H. 12, S. 28 – 30 („Weniger zahlen, mehr telefonieren").
228 | Frühe Zahl nach: FS, 1997, H. 15, S. 40f („Aufwind im Privatmarkt"); spätere Zahl nach: BBE 2000, S. 479.
229 | Vgl. u. a. Burkart, Günter: Mobile Kommunikation. Zur Kulturbedeutung des „Handy". In: Soziale Welt 51, 2000, S. 209 – 232.
230 | 1993 waren bereits 39 % der amerikanischen Mobiltelefon-Nutzer Frauen. Für Zahlenangaben vgl.: BBE 2000, S. 84; Castells, Manuel; Fernández-Ardèvol, Mireia; Qiu, Jack Linchuan; Sey, Araba: Mobile Communication and Society: A Global Perspective. Cambridge 2007, S. 42.
231 | Vgl. Steuerer, Jakob; Bang-Jensen, Jørgen: Die Dritte Welle der Mobilkommunikation. Business-Visionen + Lebens-Realitäten. Wien, New York 2002, S. 87f.
232 | Vgl. Castells et al., S. 42.
233 | So die Ergebnisse einer Befragung im Auftrag der *DeTeMobil*, vgl. Burkart 2000, S. 214.
234 | Vgl. Statistisches Bundesamt 2004, S. 115.

der beruflichen Stellung entkoppelt war, war das Handy auch in den untersten Einkommensschichten zu einer individuellen Standardausstattung geworden. Wer am Anfang des 21. Jahrhunderts kein Handy besaß, galt schon bald, wenn er nicht zur Gruppe der älteren Menschen gehörte, als eigenwilliger „Handy-Verweigerer".

Dass das Handy zum normalen Alltagsbegleiter geworden ist, verdeutlichen zahlreiche zeitgenössische Studien.[235] Wurde die Anschaffung eines Handys oft über die Notfallkommunikation begründet, so fügte sich das Gerät nahtlos in die Alltagsabläufe jener Nutzer und Familien ein, die von tagtäglicher Koordinationsarbeit des Familienlebens, von Distanzbeziehungen sowie von langen, täglichen Unterwegs- und häuslichen Abwesenheitszeiten geprägt waren. Mit Handys wurden mehrheitlich nicht große Entfernungen überbrückt, sondern Beziehungen zu emotional nahe stehenden Menschen gepflegt, die sich in der Nahumgebung befanden. Spätestens in den 1990er Jahren waren Partner- und Freundesbeziehungen davon geprägt, dass die Zeitrhythmen und Aufenthaltsorte der Einzelnen divergierten.[236] Das Handy ermöglichte es, auch im Laufe des Tages trotz häufiger Abwesenheiten mit Familienmitgliedern oder dem Partner in Kontakt zu bleiben und vermittelte, auch wenn es nicht benutzt wurde, zumindest das Gefühl der Verbindung und Nähe zum anderen. Laut Sozioökonomischem Panel waren Ende der 1990er Jahre rund 4 bis 5 % der Erwerbstätigen zwischen 20 und 59 Jahren so genannte Fernpendler, die mehr als eine Stunde Hinweg zur Arbeit benötigen; ca. 3 % waren so genannte „Varimobile", die mit variierenden Mobilitätsanforderungen im Beruf konfrontiert sind; 2 % hatten aufgrund des Jobs andernorts eine Zweitwohnung und immerhin 9 % führten eine Fernbeziehung.[237] Aber auch Familien, die einen Haushalt führten, teilten im Vergleich zu früheren Jahrzehnten wesentlich weniger Zeit miteinander. Die einzelnen Familienmitglieder hielten sich vergleichsweise selten zur gleichen Zeit im Haushalt auf, was zu einem hohen Koordinationsaufwand führte, um Beruf und Familie unter einen Hut zu bringen. Vor allem in Haushalten mit Kindern, die im Vergleich zu früheren

---

235 | Vgl. Burkart 2000; Burkart 2007; Glotz, Peter; Bertschi, Stefan; Locke, Chris (Hg.): Thumb Culture. The Meaning of Mobile Phones for Society. Bielefeld 2005; Höflich, Joachim R.; Gebhardt, Julian (Hg.): Mobile Kommunikation. Perspektiven und Forschungsfelder. Frankfurt a. M. u. a. 2005. Für weitere Länder: Brown/Green/Harper; Katz/Aakhus; Katz, James E. (Hg.): Machines that Become Us. The Social Context of Personal Communication Technology. New Brunswick, London 2003; Ling; Kopomaa, Timo: The City in Your Pocket. Birth of the Mobile Information Society. Helsinki 2000; Ito, Mizuko; Okabe, Daisuke; Matsuda, Misa (Hg.): Personal, Portable, Pedestrian. Mobile Phones in Japanese Life. Cambridge, London 2005. Einen Überblick über die globale Situation geben: Castells et al.
236 | Vgl. Beck-Gernsheim, Elisabeth: Auf dem Weg in die postfamiliale Familie – Von der Notgemeinschaft zur Wahlverwandtschaft. In: Beck/Beck-Gernsheim, 1994, S. 115 – 138; Rerrich, Maria S.: Zusammenfügen, was auseinanderstrebt: Zur familialen Lebensführung von Berufstätigen. In: Beck/Beck-Gernsheim, 1994, S. 201 – 218.
237 | Vgl. Schneider/Hartmann/Limmer, S. 58f.

Jahrzehnten weniger in eine lokale Spiel- und Straßenkultur, sondern in entfernte Spiel-, Sport- und Förderaktivitäten eingebunden sind, ist der Koordinationsaufwand der Alltagsgestaltung gewaltig. Auto und Festnetztelefon waren schon um 1990 für Heranwachsende wichtig, um Treffen mit weiter entfernt wohnenden Freunden oder den Besuch jugendspezifischer Institutionen zu arrangieren;[238] inzwischen besitzen sie selbst ein Handy, um auch bei Abwesenheiten den Kontakt zu Eltern und Freunden zu ermöglichen. Dabei haben die Mobilitätszeiten und Wegstrecken, die für Freizeit und eigene Besorgungen anfallen, am Ende des 20. Jahrhunderts den Berufsverkehr in seiner Bedeutung überholt; Hauptverkehrsmittel ist nach wie vor der Pkw, über den 2003 78 % der deutschen Haushalte verfügten.[239] Die Wegzeiten des durchschnittlichen Bundesbürgers stiegen zwischen 1991/92 und 2001/02 von ca. 106 Minuten um eine weitere halbe Stunde, wobei die Erwerbstätigen darunter rund eine Stunde für den Weg zur Arbeit und zurück aufbrachten; über 40 Minuten entfielen auf Haushaltsbesorgungen, und wer Kinder hatte, war ebenfalls rund 40 Minuten pro Tag unterwegs, um deren Betreuung oder den Schulbesuch zu organisieren.[240] Über die Hälfte der Unterwegszeiten wurden im Auto verbracht, wobei Männer wesentlich mehr Transportzeiten im Automobil zurücklegten als Frauen. Auf den ÖPNV entfielen in der BRD aber immerhin je nach Geschlecht rund 13 (Männer) bis 17 % (Frauen) der Mobilitätszeiten, wobei Frauen sogar noch mehr Zeitanteile als diejenigen des ÖPNV auf das Zu-Fuß-Gehen aufbrachten.[241]

Das eingeschaltete Handy, das am Gürtel, in der Kleidungs- oder auch der Handtasche leicht auf alle Wege und in den unterschiedlichsten Transportmitteln mitgenommen werden kann, stellte innerhalb der Familien-, Eltern-Kind- oder Partnerschaftskommunikation zu Beginn des 21. Jahrhunderts angesichts hoher Abwesenheits- und Mobilitätszeiten das Versprechen dar, jederzeit für den anderen da zu sein. Es diente der emotionalen Stabilisierung, es erhöhte das Sicherheitsgefühl, in Notlagen eine vertraute Stimme erreichen zu können, und beruhigte Eltern, ihrer Aufsichtspflicht trotz der räumlichen Distanz zwischen Eltern und Kind nachkommen zu können.[242] Weil das Handy damit quasi als „virtuelle Nabelschnur" fungierte, wurde auch der Tagesablauf des

---

238 | Vgl. Büchner, Peter: Das Telefon im Alltag von Kindern. In: Forschungsgruppe Telefonkommunikation (Hg.): Telefon und Gesellschaft. Bd. 2, Berlin 1990, S. 263 – 274.
239 | Zahlen nach: EVP, Statistisches Bundesamt.
240 | Vgl. Kramer, S. 195, S. 205, S. 320; die hier angeführten Zahlen liegen deutlich höher als die von Küster angeführten Mobilitätszeiten von 74 Minuten für Männer und 64 Minuten für Frauen (vgl. Küster, S. 191 – 193).
241 | Vgl. Küster, S. 191 – 193.
242 | Vgl. dies und Folgendes: Selmer, Lena: „Nicht nah, aber immer für dich da!". Erreichbarkeit im Familienalltag. In: merz. medien + erziehung 2005, H. 3, S. 24 – 28; Feldhaus, Michael: Mobile Kommunikation in der Familie – Chancen und Risiken: Empirische Ergebnisse einer qualitativen Untersuchung. In: Höflich/Gebhardt, 2005, S. 159 – 177; Burkart 2007, S. 63 – 69.

telekommunikativen Gegenübers kontrollierbar und stärker überwacht. Bei Nichterreichbarkeit geriet der potentielle Gesprächspartner unter Legitimationsdruck, und bereits das ausgeschaltete Handy führte leicht zum Verdacht, der andere hintergehe einen.

Die Handykommunikation von Anfang des 21. Jahrhunderts hat damit kaum mehr etwas mit der frühen Handytelefonie gemein: Die Geste des sich Meldens ist überwiegend wichtiger als das eigentliche Führen des Gespräches; es geht bei einem solchen „Zwischendurch-Melden" vornehmlich um Emotionen, so dass die Handykommunikation oft auch eher einer Face-to-Face-, denn der früheren Festnetz-Kommunikation gleicht.

„Jeder braucht ein Handy, eigentlich!" – Teenager und Handys

Überdurchschnittlich verbreitet war das Handy um 2000 nicht nur in bestimmten Berufssparten, sondern auch unter Teenagern. Das Handy – und vor allem seine im nächsten Abschnitt betrachtete SMS-Funktion – spielte im Leben der Jugendlichen und deren Sozialisation eine besondere Rolle. „Jeder braucht ein Handy, eigentlich! ... Grad wenn man so 15, 16 ist, ist Technik wichtig", meinte etwa die 17 jährige Sonia in einer um 2000 durchgeführten Studie zu jugendlichen Mobilitätsbedürfnissen.[243] Die in den Shell-Studien befragten 12- bis 19-Jährigen besaßen 1999 zu 14 % ein Handy; 2002 waren es bereits 80 %, wobei überwiegend Prepaid-Karten eingesetzt und durchschnittlich 23 EUR im Monat für den Mobilfunk ausgegeben wurden.[244] Teils kursieren für den jugendlichen Handyumgang noch wesentlich höhere Zahlen. So gaben in einer Umfrage von „Telecom Handel" 1999 bereits 86 % der 14- bis 19-Jährigen und 91 % der 20- bis 29-Jährigen an, über ein Handy zu „verfügen", während der Wert in den höheren Altersgruppen stark absinkt.[245] Das Handy, so lässt sich jedenfalls feststellen, war bereits eine Grundausstattung der älteren Teenager, ehe es in der Gesamtbevölkerung diesen Stellenwert einnahm, und es wurde am Anfang des 21. Jahrhunderts sogar bereits von Kindern benutzt. Die in der Studie „Jugend und Geld" 2005 untersuchten 10- bis 17-Jährigen, denen durchschnittlich 893 EUR pro Jahr aus unterschiedlichen Einnahmequellen zur Verfügung standen, hatten in 70 % der Fälle ein eigenes Handy, wobei Mädchen einen leicht höheren Anteil als Jungen aufwiesen; die

---

243 | Vgl. Tully, Claus J.: Aufwachsen in technischen Welten. Wie moderne Techniken den Jugendalltag prägen. In: Aus Politik und Zeitgeschichte. Beilage zur Wochenzeitung das Parlament, April B 15/2003, S. 32 – 40, hier S. 35.
244 | Vgl. Deutsche Shell (Hg.): Jugend 2002. 14. Shell Jugendstudie, Frankfurt a. M. 2002, hier zitiert nach Tully, S. 38. Die so genannte Kids-Verbraucheranalyse, welche neben den JIM-Studien den Jugendmarkt analysiert, wies für die Gruppe der 6- bis 17-Jährigen wesentlich niedrigere Werte auf (1999 2 %; 2000 7 %; 2001 23 %).
245 | Studie angeführt bei: Burkart 2007, S. 35. Fraglich ist die Reliabilität solcher Daten, zumal, wenn nach der allgemeinen Verfügbarkeit nach einem Gerät gefragt wurde.

10- bis 12-Jährigen, die bereits im Schnitt rund 14 EUR pro Monat ausgaben, hatten zur Hälfte ein Handy.[246]

Das eigene Mobiltelefon erlaubte es den Jugendlichen nicht nur, sich der elterlichen Kontrolle ihres Anrufverhaltens stärker zu entziehen. Seit der breiten Handyaneignung in dieser Gruppe basieren ihre Gruppenkommunikation und auch die Sozialisation Jugendlicher wesentlich auf dem Mobilfunk. In der Gruppe, so die Ergebnisse der obigen Studie, stieg die Wertschätzung des Einzelnen mit der Zahl der geführten Telefonate und der eingehenden SMS; die Aufnahme in das Adressbuch des Handys oder das Gelöschtwerden hieraus wurden zum symbolischen Akt der Aufnahme in den bzw. des Ausschlusses aus dem Freundeskreis. Per Handykommunikation wurde die Peer Group von Moment zu Moment beobachtet. Zugleich schätzten die Jugendlichen die neuen spielerischen Möglichkeiten des Handys wie Fotofunktionen und Games, um Zwischendurch-Zeiten zu überbrücken.[247] Das Handy-Design sei, so eine *Bravo*-Studie um 2000, für Teenager „Ausdruck der individuellen Persönlichkeit"; gefragt nach dem eigenen Markenfavorit, nannte die Mehrheit der Jugendlichen in dieser Studie Nokia.[248] Klingeltöne und Handymarke waren ähnlich wichtig wie in den Jahrzehnten zuvor der gewählte Musikkonsum, und Teenager-Zeitschriften wie etwa die *Bravo* waren wichtige Vermittler von neuen Marktangeboten. Wer kein Handy besaß, war bald nicht nur „out", sondern wurde aus der Gruppenkommunikation weitgehend ausgeschlossen.[249]

Wie der Walkman, so half das Handy darüber hinaus dem Heranwachsenden, per Technikgefährtem Vertrautes mit auf die Wege zu nehmen. Für die Jüngsten, so der Jugendforscher Tully, fungiere das Handy dabei quasi als „Übergangsobjekt", um die Trennung von Eltern und der gewohnten häuslichen Umgebung abzufedern. Darüber hinaus hat das Handy inzwischen eine Initiationsfunktion, wie sie zuvor die Armbanduhr inne hatte: Kindern wird als Zeichen des Erwachsenwerdens ein Handy geschenkt, das eine eigenständige Partizipation an der Gesellschaft symbolisiert. Viele Eltern gehen inzwischen davon aus, ihr Nachwuchs benötige ab einem bestimmten Alter ein Handy, zumal dieses ihnen selbst die Familienkoordination erleichtert und ein Gefühl der Absicherung vermittelt: Über die virtuelle Nabelschnur des Mobilfunks bleiben Eltern mit ihren Kindern, auch wenn sie räumlich entfernt sind, in Kontakt und damit auch in Kontrolle. Das Prepaid-System ermög-

---

246 | Vgl. Fries, Karin R.; Göbel, Peter H.; Lange, Elmar: Teure Jugend. Wie Teenager kompetent mit Geld umgehen. Opladen, Farmington Hills 2007, S. 89 – 111, S. 58, S. 76.
247 | Vgl. Tully, Claus J.; Zerle, Claudia: Handys und jugendliche Alltagswelt. In: merz. medien + erziehung. zeitschrift für medienpädagogik, 2005, Nr. 3, S. 11 – 16.
248 | Vgl. die Studie Bravo – Faktor 3, angeführt bei: Feibel, Thomas: Die Internet-Generation. Wie wir von unseren Computern gefressen werden. München, Berlin 2001, S. 156f.
249 | Vgl. neben den zuvor genannten Studien Burkart 2007, S. 121.

lichte es den Eltern noch dazu, auch die Mobilfunkrechnung zu steuern, da die Guthabenkarte eine „automatische Kostenbremse"[250] darstellte. Manche Eltern tragen aber ohnehin die Mobilfunkkosten ihrer Kinder: So gaben rund 73 % der jungen Handy-Besitzer der Studie „Jugend und Geld" (2005) ihr eigenes Geld für die Telekommunikation aus; die anderen bekamen dies von den Eltern bezahlt.[251]

Zu der im Vergleich zur Walkman-Aneignung äußerst wohlwollenden Bewertung der Handy-Nutzung Jugendlicher mag passen, dass sich die Jugend der 1990er Jahre, also letztlich die Kinder-Generation der „No future"- und „Null-Bock"-Generation, deutlich von letzterer unterschied. Die Jugend um 2000 blickte optimistisch in die Zukunft und stellte sich mit einer deutlichen Leistungsorientierung auf einen flexiblen Lebensstil ein.[252] Erst in den letzten Jahren wurde der hohe Handybesitz der Teenager mit Problemen wie Handy-Schulden, der eigensinnigen Sprachverwendung beim „Simsen" oder der Furcht vor sich ändernden sozialen Beziehungen kritisch diskutiert:[253] Soziale Beziehungen könnten aufgrund einer zurückgehenden Face-to-Face-Kommunikation verarmen und die übliche Abnabelung von den Eltern während des Heranwachsens könnte durch die ständige Handyvernetzung unterlaufen werden.

Die SMS: Vom Kult zum Kommerz

Die SMS (Short Message Service, „Kurznachrichtendienst") wird oft als „Abfallprodukt" des GSM-Handys dargestellt, das erst Teenager und Europaurlauber als vielfältiges Kommunikationsmittel entdeckten.[254] Zwar halfen die Nutzer den Telefongesellschaften Ende der 1990er Jahre auf die Sprünge, die SMS als Instrument der asynchronen, persönlichen Fernkommunikation zu formen; aber bereits die GSM-Planer hatten mannigfaltige Ideen zum Nutzungspotential der SMS beschrieben. Allerdings waren diese allzu vielfältig, und es herrschte zudem kein Konsens unter den einzelnen nationalen GSM-

---

250 | Zitat aus: Test, 2000, H. 12, S. 28 – 30 („Weniger Zahlen, mehr telefonieren"), hier S. 30.
251 | Vgl. Fries/Göbel/Lange, S. 89 – 111.
252 | Vgl. Zinnecker, Jürgen; Behnken, Imbke; Maschke, Sabine; Stecher, Ludwig: null zoff & voll busy. Die erste Jugendgeneration des neuen Jahrhunderts. Ein Selbstbild. Opladen 2003, S. 17.
253 | Vgl. Döring, Nicola: Handy und SMS im Alltag. Ergebnisse einer Befragungsstudie. In: merz. medien + erziehung, 2005, H. 3, S. 29 – 34; Die Zeit, Nr. 13, 2001 („,Ich will 'n Handy!'").
254 | So schreibt Agar, die SMS sei „buried in the GSM specifications as little more than an afterthought" gewesen, vgl. Agar, S. 62. Dem steht auch der Bericht eines an den SMS-Planungen beteiligten Entwicklungsingenieurs entgegen, der feststellt: „The birth of SMS was definitely not due to a mishap or accident, even if the perception of SMS in 1987 was (...) not very clear." Vgl. Trosby, Finn: SMS, the strange duckling of GSM. In: Telektronikk, 2004, H. 3, S. 187 – 194, hier S. 193.

Delegationen,[255] so dass später ein klares Nutzerbild fehlte, das als Implementierungsauftrag an die Service Provider zu vermitteln gewesen wäre. Was jedoch niemand ahnte, war der Enthusiasmus der Durchschnittskonsumenten, mit dem diese an der kleinen Handytastatur sogar mehrmals täglich private Textbotschaften untereinander verschickten. Dieser Kult wurde allerdings schnell zum Kommerz, und Geräteanbieter sowie Telefongesellschaften und Netzbetreiber, denen die SMS unvorhergesehene Einnahmen verschaffte, bauten die SMS-Funktion zum multifunktionalen Kommunikationsdienst aus. Die Formung der SMS zum Massenkommunikationsmittel im Wechselspiel zwischen Anbietern und Nutzern wird im Folgenden dargestellt. Wurden 1996 in der BRD erst 41 Mio. SMS-Nachrichten verschickt, waren es 1998 636 Mio., 2000 bereits 11,4 Mrd., 2001 17,1 Mrd. und in den Jahren 2004 bis 2006 je um die 20 Mrd.[256] Dazu kamen 2005 rund 2 Mrd. SMS, die von den Kurzmitteilungszentralen der Telefongesellschaften verschickt wurden, während für die Jahre zuvor für diesen Teil der SMS keine Daten erhoben wurden.[257]

Die SMS war seit 1987 in den GSM-Planungen verfolgt worden. Bis dahin waren die Spezifikationen für die Sprachtelefonie bereits recht weit vorangeschritten, demgegenüber die Datendienste hinterher hinkten. In diesem Zusammenhang wurde eine Arbeitsgruppe gegründet, die sich unter anderem mit dem Themenfeld „Mobile Messaging" auseinander setzte.[258] Hier wurden nun drei Funktionen für mobile, textbasierte Botschaften, die letztlich den alphanumerischen Funkruf zum Vorbild hatten, festgelegt: der Empfang einer Nachricht, das Versenden einer Nachricht sowie der so genannte Zellenrundfunk (Cell Broadcast). Während die ersten beiden Fälle sich auf den Austausch von Botschaften zwischen zwei Endgeräten bezogen, war der Zellenrundfunk so gedacht, dass ein zentraler Sender spezifische Textinformationen wie regionale Wetterdaten oder aktuelle Verkehrsstau-Meldungen als Massenbenachrichtigungsmittel an alle Endgeräte in den betroffenen regionalen Zellen versenden könnte. Bidirektionalität, eine vergrößerte Nachrichtenlänge von bis zu 160 Zeichen sowie das Abwickeln der SMS über SMS-Center, die Nachrichten solange zwischenspeichern konnten, bis ein Teilnehmer erreichbar war, behoben dabei zentrale Nachteile des Pagers. Die Umsetzung des Zellenrundfunks wurde späteren proprietären Lösungen überlassen, wobei sich zu dieser Idee nun weitere gesellten, beispielsweise die Möglichkeit, wie bei Btx Textnachrichten individuell abrufen zu können. Damit war die SMS in der Sicht ihrer Protagonisten ein Hybrid zwischen interpersonalem Pager, „Information-on-Demand"-Gerät und textbasiertem „Radio". Auch wenn die meisten GSM-Experten inzwischen erwarteten, dass sich Daten- und Faxdienste, aber nicht die SMS zu den größten GSM-Erfolgen neben der Sprachtelefonie entwickeln

---

255 | Vgl. Trosby.
256 | Vgl. Grandjot/Kriewald, S. 111; für die Zahlen ab 2000: Bundesnetzagentur.
257 | Vgl. Bundesnetzagentur, S. 73.
258 | Vgl. Trosby.

würden,[259] spielte die SMS im deutschen Mediating von GSM eine erstaunlich große Rolle: Neben der Digitalität der Technik und den Datendiensten wurde die SMS stets als weitere zentrale Neuerung des GSM-Mobilfunks genannt.

Die erste SMS wurde 1993 verschickt – und zwar von Nokia zwischen den Netzen von NordicTel und Vodafone.[260] In der BRD war die Funktion schließlich ab 1994 verfügbar. Zunächst wurde sie analog zum Funkruf umgesetzt, wobei die Modalitäten für das Absetzen der Mitteilung unterschiedlich waren. Im *D1-Alpha-Service* nahm ein Operator die mündliche Nachricht entgegen, der sie verschriftlichte. Die Kosten hierfür betrugen 1,15 DM zuzüglich der jeweiligen Verbindungsgebühr. Solche Operatoren gab es auch bei den anderen Telefongesellschaften, bei denen die Teilnehmer ihre Nachricht aber auch selbst an der Mobiltelefontastatur eintippen und verschicken konnten. Außerdem konnten SMS, wie für den Funkruf üblich, über den PC oder über Datex-J (das frühere Btx) abgesetzt werden. Innerhalb des 1994 soeben gestarteten E-Plus-Netzes war die SMS von Anfang an verfügbar, und der SMS-Austausch zwischen zwei E-Plus-Geräten blieb bis 1996 kostenlos; von außen musste ein kostenpflichtiger Auftragsdienst benutzt werden.

Manche professionellen Mobiltelefon-Besitzer nutzten die SMS wie einen Pager. Solange Handys keinen Vibrationsalarm hatten, war sie eine Möglichkeit, diskret während Konferenzen den Informationsfluss aufrecht zu erhalten.[261] Außerdem wurde die SMS, wenn sie kostengünstig oder gar kostenlos war, statt eines teureren *Cityrufs* eingesetzt, um Außendienstmitarbeiter mit Informationen zu versorgen.[262] 1998 versuchten sogar eigenständige Unternehmen, die SMS in dieser Funktion an Großkunden zu vermarkten.[263] Die Netzbetreiber selbst benutzten die SMS wiederum, um ihren Teilnehmern Neueingänge auf der Mailbox zu melden.

In den Jahren zwischen 1995 und 1997 traten die neu konzipierten Pagerdienste (vgl. Kapitel 5.2.) und die SMS in Konkurrenz.[264] Denn viele Pagerdienste sahen inzwischen die Zwischenspeicherung der Funkruf-Nachrichten sowie Mailboxsysteme vor; umgekehrt hatten manche Telefongesellschaften erste SMS-Zellenrundfunk- und so genannte Info-Channel-Dienste etabliert, die Wetterdaten, Staumeldungen oder Börseninformationen anboten. Bei-

---

259 | Vgl. Trosby.
260 | Vgl. FS, 1993, H. 16, S. 39 („Short-Message-Service erstmals im GSM-Netz").
261 | Vgl. die Nutzungsempfehlungen in Handy-Ratgebern, z. B. Berger/Grigoleit/Kretschmer.
262 | Vgl. FS, 1996, H. 17, S. 50f („Kurznachrichten mit dem PC versenden").
263 | So bot ein Anbieter bei einer Abnahme von über 1000 monatlichen SMS einen Preis von 3,5 Pf pro SMS an; Anweisungen oder Termine, so die Werbung, könnten mit der SMS „präziser, diskreter und billiger" an mobile Mitarbeiter verschickt werden, vgl. Anzeige in: FS, 1998, H. 16, S. 27; vgl. auch die Anzeige eines weiteren Anbieters in: FS, 1999, H. 5, S. 54.
264 | Vgl. dies und Folgendes: FS, 1996, H. 23, S. 70 – 74 („Kaum Profianwendungen im Funkruf"); Everts S. 31 u. S. 65 – 67; Stern, H. 27, 26.6.1997, S. 89 („SMS-Dienst. Post vom Handy").

spielsweise sendete der *Brunet Informationsservice* für 13,80 DM Monatsgebühren täglich SMS-Nachrichten mit Aktienkursen aus; bei der Debitel *MessageLine*, die auch noch zu Beginn des 21. Jahrhunderts bestand, konnten per 55 Pf teurer SMS Wechsel- und Börsenkurse oder regionale Wetterdaten abgefragt werden.[265] Dadurch wurde die Idee vom GSM-Endgerät als Datenlieferant wiederbelebt. Es war die unterkomplexe SMS, aber nicht etwa die 1998 mit WAP (Wireless Application Protocol) eingeführten Mikro-Browser, die sich zur zentralen Plattform entwickelte, um Datendienste an die Kunden zu bringen.[266]

Ein hohes Nutzungspotential erreichte die SMS allerdings erst, als Teenager und Erwachsene mit der wachsenden Verbreitung des Handys im eigenen sozialen Netzwerk begannen, die SMS als billige Alternative der mobilen Fernkommunikation einzusetzen. Dies war zunächst in Skandinavien der Fall, wo die SMS zu diesem Zeitpunkt teils kostenlos war.[267] 1997, als über 10 % der Einwohner Deutschlands ein Handy hatten, kostete das Verschicken in der BRD innerhalb eines Mobilfunkvertrages zwischen 15 und 25 Pfennigen; die Minute Gespräch, die sich beim Telefonieren ohnehin nicht sekundengenau terminieren ließ, kostete hingegen in der Nebenzeit zwischen 40 Pfennig und einer DM, in der Hauptzeit sogar über eine Mark.[268] 1999 änderte sich das Preisverhältnis zwischen SMS und Gespräch für solche Handy-Nutzer, die City-Tarife für 0,19 DM die Minute in Anspruch nahmen, während eine netzinterne SMS mindestens 0,15 DM und eine externe bis zu 0,39 DM kostete.[269] Bei Prepaid-Handys, die vor allem auch von Jugendlichen genutzt wurden, blieb die SMS trotz des hohen Preises von 0,39 DM immer billiger als ein Anruf.

Außerdem war eine SMS dann günstiger als eine Gesprächsminute, wenn man sich im europäischen Ausland aufhielt. 1998 reisten rund 70 % der bundesdeutschen Touristen in ihrem Urlaub ins Ausland, und zwar vor allem innerhalb Europas, wobei Spanien, gefolgt von Italien an der Spitze der aufgesuchten Urlaubsländer lagen; ein Drittel aller Reisenden flog inzwischen per Flugzeug in den Urlaub.[270] Von Spanien aus kostete eine SMS in ein deutsches Mobilfunknetz im Jahr 2000 1,88 DM, während sich das europäische Gesprächsroaming leicht auf ein paar Mark belief.[271] Viele Europaurlauber mel-

---

265 | Vgl. Werbeanzeige in: Stern, H. 27, 26.6.1997, S. 89 („SMS-Dienst. Post vom Handy").
266 | Vgl. für solche neuen Dienste: FS, 1999, H. 10, S. 52f („Neue Dienste im Mobilfunk"); Wielage, Gunter: Allround-Talent Handy. Gewusst wie! München 2000, S. 74f u. 80.
267 | Vgl. Kopomaa, Kap. 4; Ling, S. 214.
268 | Tarife nach: Test, 1997, H. 12, S. 37 – 41 („Mobilfunktarife. Verschenkt wird nichts").
269 | Vgl. Test, 2000, H. 9, S. 24 („,Alles' über SMS").
270 | Vgl. Hachtmann, S. 168.
271 | Vgl. Test, 2000, H. 9, S. 23 („Teures Ausland").

deten sich daher nun per SMS zu Hause, vorausgesetzt, ihre Freunde bzw. die weiteren Familienmitglieder hatten ebenfalls ein Handy. Auch der *Test* empfahl ihnen 1999 nicht das Mobilgespräch, sondern die SMS und außerdem den bewährten „Urlaubsgruß aus der Telefonzelle", der nämlich nach wie vor das billigste Mitteilungsmittel war.[272] Die SMS blieb auch in den folgenden Jahren für Urlauber ökonomischer als das Telefonieren, denn für das Roaming wurden weiterhin hohe Preise verlangt. Erst 2007 wurden die Telefongesellschaften durch politischen Druck seitens der EU zu nutzerfreundlicheren Roamingtarifen (dem „Euro-Tarif") innerhalb der EU-Länder verpflichtet.

Nachdem die SMS vom *Test* erstmals 1995 erwähnt und damals nur knapp als neues GSM-Feature neben Fax und Datensendung aufgelistet worden war, wurde sie 1999 nicht nur als Urlaubspostkarte aus dem europäischen Ausland beschrieben, sondern auch als alltägliches, praktisches und billiges Kommunikationsmittel, um beispielsweise kurzfristig eine Verspätung zu melden oder Familienmitglieder zu koordinieren. Zudem wurde begonnen, die SMS-Eingabemöglichkeiten von Handys zu bewerten.[273] Immerhin jeder vierte Mobilfunkteilnehmer machte nun von der SMS Gebrauch, während es 1997 erst jeder zehnte gewesen war.[274]

Erst entlang solcher neuen, unvorhergesehenen Kommunikationspraxen realisierten die Anbieter das Marktpotential der interpersonalen SMS-Verwendung. Dies ist umso erstaunlicher, da ja bereits im Falle des Scall-Trends von 1995 (vgl. S. 246) kurze Zahlencodes zunächst zur billigen, dann zur jugendspezifischen Spaßkommunikation verwendet worden waren. Allerdings wurden Handy und Pager in der BRD Mitte der 1990er Jahre aufgrund der enormen Differenz hinsichtlich Kosten und Nutzergruppen nicht zusammen gedacht, und zur noch professionell geprägten Mobiltelefonie passte das „fummelige" Tippen am Handy zunächst nicht.

Ende der 1990er Jahre reagierten die Telefongesellschaften, Netzbetreiber und Geräteanbieter dann allerdings mit mannigfaltigen kommerziellen Angeboten auf den subversiven SMS-Kult. Geräteproduzenten boten neue Interface-Gestaltungen an:[275] T9, eine Hilfssoftware zum Tippen von Texten mit neun Tasten, die das vermutlich gemeinte Wort vorschlägt, wurde 1998 vom amerikanischen Softwareunternehmen Tegic entwickelt, 1999 unter anderem auf dem WAP-Handy *Nokia 7110* eingeführt, und bereits 2000 sah der *Test* diese und ähnliche Texteingabehilfen als unerlässlich an. Ericsson versuchte,

---

272 | Vgl. Test, 1999, H. 8, S. 56 – 59 („Telefonieren im Ausland. Abheben und sparen"), hier S. 56.
273 | Vgl. Test, 1995, H. 1, S. 34 – 39 („Bei Anruf heiße Ohren"), S. 35; Test, 1999, H. 12, S. 18 – 21 („Handys. Generationswechsel").
274 | Zahlen nach: Stern, H. 27, 26.6.1997, S. 89 („SMS-Dienst. Post vom Handy"); BBE 2000, S. 354.
275 | Vgl. für das folgende: F.A.Z., 28.12.1999, S. T 2 („Chatboard für Ericsson-Handys"); Test, 2000, H. 12, S. 24 – 27 („Harte Kerle"), hier S. 27; zum Chatboard von Ericsson auch: Byars, Mel: On/Off. New Electronic Products. Kempen 2001, S. 56f.

allerdings ohne Erfolg, eine miniaturisierte Schreibmaschinentastatur als Handy-Ergänzung am Markt zu positionieren. Die Telefongesellschaften wiederum bemühten sich, per SMS weitere Unterhaltungsangebote abzusetzen. Ohnehin bescherte ihnen der interpersonale SMS-Austausch angesichts kaum gesenkter und völlig überhöhter SMS-Preise unvorhergesehene Einnahmen. In den Jahren 2002 bis 2004 wurden über die schlichte SMS 14 bis 16 % der Serviceumsätze des Mobilfunks eingenommen, während auf die Datendienste lediglich 0,7 bis 1,9 % entfielen.[276] Um neue, per SMS erhältliche und dann per „Micropayment" über die Handyrechnung abgebuchte Unterhaltungsangebote offerieren zu können, wurde die „Premium-SMS" bzw. „enhanced SMS" geschaffen, deren Spezifizierung 2000 abgeschlossen war.[277] Nun konnten Klingeltöne, Horoskope, Screen Saver oder Spiele per SMS bestellt und empfangen werden, wobei vor allem das Klingelton-Geschäft mit neuen Portalen wie *Jamba!* boomte. Mit dem zwischen Motorrad-Geheul, Gitarren-Gekreische und wenigen Silben changierenden Klingelton *Der verrückte Frosch* von *Jamba!* schaffte 2005 sogar ein Handy-Klingelton den Sprung in die britischen Pop-Charts.[278] In gewisser Weise ist das Handy durch solche SMS-Angebote der Ursprungsidee der GSM-Mobiltelefonie vom konvergenten Medium für Sprache und Daten näher gekommen. Allerdings sind die per SMS abfragbaren Dienste hinsichtlich ihres Inhalts weit von jenen einst angedachten professionell-informierenden Diensten entfernt.

Die Praxis des interpersonalen „Simsens" haben medienwissenschaftliche und soziologische Arbeiten unter die Lupe genommen, nachdem sich ihre Verankerung in der Alltagskultur abzeichnete.[279] Die SMS dient und diente, so zeigen diese Studien, in erster Linie der Pflege bestehender Freundes-, Familien- und intimer Beziehungen. Per SMS werden anerkennende oder aufmunternde

---

276 | Zahlen nach: Dialog Consult/VATM (Verband der Anbieter von Telekommunikations- und Mehrwertdiensten e.V.): Siebte gemeinsame Marktanalyse zur Telekommunikation. Köln 2005, S. 25.
277 | Vgl. Holley, Kevin: The Development from Mid-1988 to 2000 (Kap. 6: Short Message and Data Services). In: Hillebrand, S. 417 – 424.
278 | Vgl. http://en.wikipedia.org/wiki/Crazy_Frog (Zugriff: 4.7.2005).
279 | Vgl. u. a.: Döring, Nicola: „Kurzm. wird gesendet" – Abkürzungen und Akronyme in der SMS-Kommunikation. In: Muttersprache – Vierteljahresschrift für deutsche Sprache, 2002, H. 2, online: http://www.gfds.de/muttersprache.html (Zugriff: 19.4.2005); Schlobinski, Peter; Fortmann, Nadine; Groß, Olivia; Hogg, Florian; Horstmann, Fraue; Theel, Rena: Simsen. Eine Pilotstudie zu sprachlichen und kommunikativen Aspekten in der SMS-Kommunikation. Networx 2001, Nr. 22, online: http://www.mediensprache.net/de/networx/docs/networx-22.asp (Zugriff: 19.4.2004); Höflich, Joachim R.: Das Handy als „persönliches Medium". Zur Aneignung des Short Message Service (SMS) durch Jugendliche. In: kommunikation@gesellschaft 2, 2001, S. 1 – 19, online: www.soz.uni-frankfurt.de/K.G/B1_2001_Hoeflich.pdf (Zugriff: 22.10.2004); Höflich, Joachim R.; Gebhardt, Julian (Hg.): Vermittlungskulturen im Wandel. Brief, E-mail, SMS. Frankfurt a. M. 2003.

Worte zwischendurch ausgewechselt oder kurzfristig Pläne koordiniert. Die SMS ist dabei nicht immer eine Alternative zum direkten Gespräch, sondern bietet gerade aufgrund ihrer Beschränkung auf 160 Zeichen manche Vorteile: Die Konventionen der telefonischen Gesprächskultur gelten hier nicht, und die Verfänglichkeiten eines direkten Gesprächs werden vermieden. Darüber hinaus ist eine SMS dann günstig, wenn nur wenig Zeit bleibt oder der eigene Aufenthaltsort eine Unterhaltung ausschließt.

Da eine SMS wie die Mailbox-Nachricht asynchron eingesetzt werden kann, entlastete sie die Handy-Besitzer einerseits dadurch, dass sie ihr Gerät nicht mehr ständig eingeschaltet haben müssen, um erreichbar zu bleiben. Andererseits erweiterte sie aber auch die Möglichkeiten zum Multitasking, denn nun wurde auch in Situationen, die wie etwa im Falle der Konferenz oder der Unterrichtsstunde Stille nahe legten, gesimst. Während des Transits in öffentlichen Verkehrssystemen überbrückt das Tippen nicht nur die Fahrzeit, sondern sie hält die Hände und Augen des Handy-Besitzers beschäftigt, wodurch das Handy wie zuvor der Walkman die stete Konfrontation der Städter mit einer fremden Masse abfederte. Hauptkommunikationspartner sind im Übrigen der Lebenspartner und einige wenige gute Freunde, also ein bereits geknüpftes Netzwerk. Danach gefragt, was ein Handy können müsse, gehörte die SMS bereits 2001 zu den mehrheitlich als notwendig angesehen Funktionen, und zwar weit vor der Mailbox, die lediglich von älteren Handy-Nutzern als wichtiger befunden wurde.[280] Ältere Menschen sind auch eher skeptisch, was die Praktikabilität der SMS angeht: Einige finden sie praktisch, um Termine und Informationen schnell auszutauschen, andere finden sie unpersönlich, umständlich oder zu teuer.[281]

Für Teenager hingegen ist das Handy längst vornehmlich eine SMS-Maschine.[282] Pro Tag verschickten 2002 laut einer Shell-Studie die 12- bis 19-Jährigen im Durchschnitt sechs SMS, in einer JIM-Studie von 2005 wurde für diese Altersklasse ein Wert von rund vier geschickten und fünf empfangenen SMS ermittelt, wobei Mädchen stärker an der SMS-Kultur partizipierten als Jungen.[283] Teenager schätzten dabei sowohl die mögliche Allgegenwart des „Simsens" als auch die gegenüber dem Anruf als unaufdringlicher empfundene Vernetzungsmöglichkeit. Darauf gehen auch die SMS-Ratgeberhandbücher für Jugendliche ein, z. B. wenn es heißt, SMS-Nachrichten könnten „ganz diskret" auch dort gelesen werden, „wo telefonieren mit dem Handy nicht so gern gesehen ist – z. B. im Kino, im Restaurant oder unter der Schulbank".[284]

---

280 | Vgl. Feibel, S. 162.
281 | Vgl. Schlobinski et al.
282 | Vgl. Höflich, Joachim R.: Vermittlungskulturen im Wandel: Brief – E-Mail – SMS sowie Höflich, Joachim R; Gebhardt, Julian; Steuber, Stefanie: SMS im Medienalltag Jugendlicher. Ergebnisse einer qualitativen Studie. Jeweils in: Höflich/Gebhardt, 2003, S. 39 – 61 bzw. S. 265 – 289.
283 | Vgl. Tully, S. 38; Burkart 2007, S. 108.
284 | Vgl. Rügheimer, Hannes: SMS- und Handy-Trix. Mehr Spaß für weniger Geld. Würzburg 2001, hier S. 56

Ort des SMS-Schreibens ist bei den Jugendlichen dennoch zumeist das häusliche Umfeld, und trotz der Asynchronität der SMS-Technik erwarten sie vom „angesimsten" Gegenüber, dass er gleich antwortet. Teenager schreiben im Gegensatz zu Erwachsenen auch Fremden eine SMS; zudem flirten sie per SMS. Die Sprache ihrer SMS-Botschaften ähnelt mit den verwendeten grapho-stilistischen Zeichen und der hybriden Wortwahl zwischen Schrift- und Umgangssprache jener der Chat-Kommunikation.

Es lässt sich also für die SMS einerseits eine Ko-Produktion durch die Nutzer behaupten, denn europäische Handy-Besitzer entwickelten eine neue „Sims"-Kultur, worauf Anbieter z. B. mit Eingabehilfen für die Texte reagierten. Andererseits warteten die Anbieter zugleich mit weiteren SMS-Angeboten auf, die kaum mehr etwas mit dem „fummeligen" und subversiv die hohen Mobilfunkkosten umgehenden Texttippen am Ende der 1990er Jahre gemein hatten. Vielmehr war die SMS-Funktion im rekursiven Spiel der Nutzerkonstruktionen von GSM-Planern, Anbietern und Konsumenten in der Sicht mancher Zeitgenossen Anfang des 21. Jahrhunderts zur „total überdrehte(n) Schreckschraube aus Klingeltonhitparaden, Display-Pin-Ups, Pausenhof-Witzchen und Telespielen in Briefmarkengröße" geworden.[285]

Um die Funktion, per SMS interpersonale Kurznachrichten auszutauschen, hat sich allerdings eine eigenständige, neuartige Kommunikationskultur entwickelt. Textbotschaften werden von den Nutzern weniger für die präzise, kurzfristige Koordination genutzt, für die sie einst konzipiert und vermarktet wurden, sondern eher als ein sozial-emotionales Austauschmedium, das wie ein Gabentausch funktioniert. Weniger der Inhalt, sondern die Aufmerksamkeit, die man dem anderen durch eine SMS schenkt, zählt.[286] Dies trifft für den jugendspezifischen SMS-Austausch ebenso zu wie für die per SMS geschickten aufheiternden „Zwischendurch"-Worte an den Partner oder die Urlaubsgrüße, welche die traditionelle Postkarte ersetzen.

Dabei ist die SMS-Kultur entlang des GSM-Mobilfunks entstanden, und sie hatte in manchen GSM nutzenden Ländern und insbesondere innerhalb politischer Protestbewegungen wesentlich andere Bedeutungen als im Alltag des durchschnittlichen bundesdeutschen Nutzers. Denn in anderen Ländern ist die SMS teils wesentlich billiger als das Gespräch oder gar kostenlos, und per SMS lassen sich nicht nur private Treffpunkte, sondern auch Demonstrationen flexibel und kurzfristig organisieren und koordinieren. Die SMS hatte daher 2001 etwa neben anderen digitalen Kommunikationsformen wesentlichen Anteil am Erfolg politischer Proteste auf den Philippinen, die zum Ausscheiden des Präsidenten Joseph Estrada führten;[287] mit durchschnittlich rund 2.000

---

285 | Vgl. Süddeutsche Zeitung, 30.4./1./2.5.2004, Beilage Wochenende, S. I („Sie haben eine neue Nachricht erhalten, Sie Irrer!").
286 | Vgl. Burkart 2007, S. 110.
287 | Vgl. Agar (Kap. 11: TXT MSGS + TXTPOWER, S. 105 – 110); Goggin, Gerard: Cell Phone Culture. Mobile technology in everyday life. London u. a. 2006 (Kap. 4); Castells et al., S. 25 u. S. 186 – 193.

geschickten SMS pro Jahr sind die philippinische Handy-Besitzer derzeit auch die weltweit führenden Handy-„Texter".

In den USA wurde die SMS überhaupt erst 2000 von einigen Anbietern eingeführt und ließ sich aufgrund inkompatibler Funkstandards nur mühsam versenden.[288] Die SMS wurde anschließend aber auch deswegen in den USA weniger genutzt, weil das Auto das dominante Transportmittel darstellt, während Europäer wesentlich stärker öffentliche Verkehrssysteme benutzen und dann parallel zum Fahren eine SMS schreiben. Ohnehin erfüllen in den USA andere Techniken SMS-ähnliche Funktionen: Während sich die jugendliche Subkultur die Zweiwege-Pager aneignete, begeisterten sich Yuppies für den emailfähigen BlackBerry, und in der Alltagskommunikation spielt außerdem das Instant Messaging per Computer eine wesentlich größere Rolle als in der BRD.[289]

Mit dem Handy unterwegs:
Zu den neuen Raum-Zeit-Regimes des „Handymenschen"

Die Allgegenwart des Mobilfunks wurde, anders als die des Rundfunks, nicht über eine Vielzahl von stationären wie portablen Geräten erreicht, sondern durch das Mitführen des einen, taschengroßen und oft höchst personalisierten Funktelefons. Der Mobilfunk kam dabei einerseits den veränderten Raum- und Zeit-Verhältnissen des Familien- und Alltagslebens am Ende des 20. Jahrhunderts entgegen; andererseits veränderte die neuartige Mobilkommunikation auch selbst die Raum-Zeit-Regimes der Gesellschaft.

Wie im Falle der Radioportables, so lässt sich auch für das Mobiltelefon, als es nicht mehr zwingend an das Auto gebunden war, eine graduelle Ausweitung der Orte seiner Nutzung feststellen. Seit 1993 wurden Handytelefonierer auch in der BRD verstärkt im öffentlichen Stadtbild ausgemacht.[290] Wie ungewohnt die Taschentragbarkeit eines Handys noch war, zeigt sich auch in den Ratgebern der ersten Hälfte der 1990er Jahre, die über den professionellen Einsatz des Mobilfunks informierten.[291] Ausgiebig wurden die neuen Einsatzorte des Handys geschildert: So könnten nun auch die Fahrzeiten in öffentlichen Verkehrsmitteln für Geschäftstelefonate oder das Melden von Verspätungen genutzt werden; das Handy könne außerdem den Radfahrer wie den Fußgänger begleiten und sei auch für die Freizeit ein Gewinn. Von einer allzu öffentlich-demonstrativen Nutzung wurde hier allerdings abgeraten, da sie einen Diebstahl provozieren könne. Allerdings ging erst mit dem sozialen „Vordringen" des Handys in nicht-professionelle Nutzerkreise seine räumliche

---

288 | Vgl. New York Times, 7.12.2000, S. G 9 („U.S. Is Lagging Behind Europe In Short Messaging Services").
289 | Vgl. FS, 1997, H. 6, S. 38f („Zweiweg-Paging in den USA"); Pager und E-Mail-Geräte der Henderson Wireless Collection, Acc. 2003.8001, NMAH; Rheingold, S. 23; Castells et al., S. 26.
290 | Vgl. DM, 1993, H. 2, S. 50 – 54 („Mobiltelefon. Volksfunk für Fern-Sprecher").
291 | Vgl. z. B. Schoblick 1994, v.a. S. 30 – 39.

Durchdringung des Alltagslebens einher. Hatte beispielsweise der Test in seiner Bebilderung der Handy-Tests 1994 noch eine Frau in Anzug mit Laptop, Zeitung und Handy gezeigt – Insignien, die sie als Managerin auswiesen – und 1995 die Handy-Nutzung eines Yuppies im Kino karikiert, so war 1996 bereits eine Feierabendgesellschaft an der Theke einer gehobenen Bar nachgestellt.[292] 1997 war eine Bildreihe zu sehen, die von der Architektin auf der Baustelle über den im Büro sitzenden Angestellten bis hin zum Pärchen beim Picknick reichte; im praktischen Test wurden außerdem die Handys erstmals auch in der Kneipe und auf offener Straße geprüft. 1999 wurde ein Mann im Badeurlaub gezeigt – hier griff man also bildlich auf, dass mehr und mehr Europaurlauber das Handy für den Anruf zu Hause zu nutzen begannen –, und 2000 sah man Teenager und junge Erwachsene mit Handy, ohne dass überhaupt ein konkreter Ort angedeutet worden wäre.

Wo ein Handy genutzt werden konnte und wo nicht, bedurfte der gesellschaftlichen Aushandlung. Hatte in der BRD um 1995 zunächst das öffentliche „Protzen" mit einem Handy Aufsehen erregt, so waren es später das laute Reden der Telefonierenden und schließlich das Klingeln, das zudem immer polyphoner wurde. Das Auto blieb ein Hauptort der Mobilfunk-Nutzung, zumal am Ende des Jahrhunderts die durchschnittliche Bundesbürgerin gut 30 Minuten pro Tag im PKW, der männliche Bundesbürger ca. 45 Minuten im PKW verbrachten.[293] Allerdings geriet das Multitasking des telefonierenden Autofahrers mit der Massenausbreitung des Mobilfunks in die Kritik: Das von einer Elite über Jahrzehnte hinweg praktizierte parallele Telefonieren und Steuern eines Wagens wurde nun als eine Verkehrsgefährdung in Frage gestellt. 1997 empfahl der ADAC, für das Telefonieren an den Straßenrand zu fahren; 2001 wurden Freisprecheinrichtungen zur Pflicht.[294] Auch in öffentlichen Verkehrsmitteln wurden Handys stark genutzt, und zwar oft, um die baldige Ankunft oder Verspätungen zu melden. Zugleich überbrücken Handy-Nutzer mit der Interaktion mit ihrem Gerät oder mit Telefonaten die Fahrzeit, schaffen sich so auch im Massentransportmittel einen Eigenraum und halten ihre Hände ebenso wie den eigenen Blick beschäftigt. Anfang des 21. Jahrhunderts richtete die Deutsche Bahn spezielle Ruheabteile in den Fernverkehrszügen ein, in denen die Handy-Nutzung untersagt ist, aber dennoch fleißig telefoniert wird. In der U-Bahn wurden als einem sonst vom Funknetz

---

292 | Vgl. für dies und Folgendes: Test, 1994, H. 1, S. 26 – 31 („Ruf noch mal an"); Test, 1995, H. 1, S. 34 – 39 („Bei Anruf heiße Ohren"); 1995, H. 7, S. 24 – 29 („Anschluß gesucht"); Test, 1996, H. 1, S. 34 – 39 („Mobilfunkzubehör. Zwischen Luxus und Komfort"); Test, 1997, H. 1, S. 28 – 32 („Ernüchterung beim Klang"); Test, 1999, H. 8, S. 56 – 58 („Abheben und Sparen").
293 | Vgl. Küster, Christine: Die Zeitverwendung für Mobilität im Alltag. In: Flade, A.; Limbourg, M. (Hg.): Frauen und Männer in der mobilen Gesellschaft. Opladen 1999, S. 185 – 206, hier S. 191f.
294 | Wegen oft umständlicher Vorrichtungen waren sie allerdings zunächst noch durchaus umstritten. Vgl. FS, 1999, H. 18, S. 28 – 31 („Autoeinbausätze für Handys"); Test, 2000, H. 1, S. 22f („414 Meter Blindflug").

abgeschirmten Ort eigens Basisstationen für das Mobiltelefonieren errichtet. Nur wenige Verkehrsbetriebe wie die Münchner MVV unterließen dies und verboten sogar in Bus und Tram die Handy-Nutzung. Denn in einer Befragung unter U-Bahnfahrern hatten sich 1997 zwei Drittel gegen das mobile Telefonieren während der U-Bahnfahrt ausgesprochen und drei Viertel gaben sogar an, sich dadurch belästigt zu fühlen. Dieses Verbot wurde später gelockert.[295] Andere Verkehrsbetriebe erproben inzwischen das Zusammenwachsen der Mobilitätstechniken Handy und Fortbewegungsmittel und ermöglichen den Fahrkartenkauf per Handy. Ausdrücklich verboten, und zwar wegen möglicher Störungen und Interferenzen mit der lokalen Elektronik oder Funkenschlag, ist das Mobiltelefonieren in den meisten Flugzeuglinien sowie in Krankenhäusern oder an Tankstellen.

Die Vielzahl der um 2000 aufkommenden „Handy-Knigges" und Handy-Verbotsschilder, die als angemessen empfundene Verhaltensregeln verschriftlichten, deuteten darauf hin, dass solche Regeln nun mannigfach übertreten wurden:[296] Der Filmvorspann im Kino mahnte, das Gerät auszuschalten. In Theatersälen, Bibliotheken oder Ruheräumen von Sauna- und Fitness-Anlagen und damit an Orten, wo tendenziell Stille vorherrscht, wurden Handy-Verbotsschilder aufgehängt. Handy-Knigges erläuterten, wenn man im Restaurant das Handy nutze, solle man dies zumindest leise tun, und werteten das demonstrative Ablegen eines Handys auf dem Restaurant- oder Bar-Tisch als Geste eines „Handy-Prolls". Außerdem wurde den Lesern erklärt, dass man aufgrund der stark verbesserten Mikrofon- und Übertragungstechnik auch bei hohem Umgebungslärm nicht ins Handy brüllen müsse.

Im Vergleich zum mobilen Walkman-Gebrauch ging die Ausweitung des Handy-Gebrauchs in der BRD mit weniger Irritationen und kulturkritischen Äußerungen einher, und sie verlief ohne generationsspezifische Konfrontationen. Dies mag auch daran liegen, dass das Handy als Werkzeug der zwischenmenschlichen Kommunikation wahrgenommen wurde, seine Nutzung also tendenziell eine soziale Integration nahe legt, während der Walkman nicht dazu dient, sich mit anderen Menschen zu vernetzen. Dennoch äußerten viele Zeitgenossen ein Unbehagen an den neuen Praxen des mobilen Handy-Gebrauchs und der damit einhergehenden neuen Lärmkulisse an öffentlichen Orten. So gaben in europaweiten Handystudien immerhin 60 % der Befragten an, sich vom Handy-Gebrauch gestört zu fühlen; nach konkreten Nutzungsorten präzisiert, fühlten sich allerdings nur weniger als 10 % gestört, wenn auf der Straße, im Park oder in der Fußgängerzone telefoniert wurde.[297] Der

---

295 | Vgl. FS, 1997, H. 5, S. 5 (Editorial: „Handy-freie U-Bahnhöfe"); Süddeutsche Zeitung, 8.7.2004, S. 34 („Noch herrscht Funkstille im Untergrund") sowie die Lobbyarbeit gegen das Verbot durch den Verein „Mobil in München": http://www.mobil.org/ (Zugriff: 29.6.2005).
296 | Vgl. für die Niederlegung solcher Regeln z. B.: Reischl, S. 109; Pott, Oliver: Handy total! Kilchberg 2000, darin: Kap. 6 („Handy-Knigge").
297 | Vgl. Ling, S. 123 (hier die Angabe der 60 %); für die Differenzierung der Orte:

im Gehen telefonierende Fußgänger wurde dabei zunächst – wie es ein im Gehen Lesender ebenfalls bewirken würde – mit Befremden wahrgenommen; er gehörte am Anfang des 21. Jahrhunderts aber längst zum Stadtbild.[298] Selbst die einst geschlossenen öffentlichen Telefonzellen sind in Anpassung an das öffentliche Mobiltelefonieren zu freistehenden Sprechsäulen geworden, die ohne schützende Außenhülle auskommen.[299] Zu irritieren scheint der mobil Telefonierende nur noch dann, wenn die ko-präsenten Anderen das Handy nicht wahrnehmen, denn dann scheint diese Person ohne Gesprächspartner vor sich hin zu reden.[300] Längst hat sich der „Handymensch" auch die Verdrahtung mit einem Headset angeeignet, das zunächst für das Telefonieren im Job konzipiert worden war und dann zur Vorschrift für den telefonierenden Autofahrer wurde. Die Verkabelung wurde allerdings kaum mehr mit einer medizinischen Prothese assoziiert, sondern Headsets wurden, sich in die frühere Rhetorik vom „schicken" Handy einfügend, ebenfalls als schick und modern bewertet.[301] Handys mit Radio- oder MP3-Funktionen sind selbstverständlich mit zwei Hörknöpfen ausgestattet und werden wie mobile Musikplayer benutzt.

Die Bewertungen der öffentlichen Handytelefonie hängen vom jeweiligen gesellschaftlichen Verständnis von Intimität, Öffentlichkeit und Gemeinschaft ab. Galt der Walkman in den USA tendenziell als Gerät der Rücksichtnahme, so galt für das Handy genau das Umgekehrte, denn der Handy-Nutzer schien seine Individualität auf Kosten der Allgemeinheit, welche die Gespräche halb mithören muss, auszuleben.[302] Um das mobile Telefonieren an bestimmten Orten zu verhindern, wurden sogar in manchen amerikanischen Kinos oder Cafés Störsender eingesetzt, so dass die Handys dort nicht funktionierten. 2003 folgte in New York ein offizielles Verbot von Handys in Broadway-Theatern,

---

Höflich, Joachim R.: The mobile phone and the dynamic between private and public communication: Results of an international exploratory study. In: Glotz/Bertschi/Locke, S. 123 – 135, hier S. 129.
298 | Zu diesem Befremden vgl. Burkart 2000, S. 218 – 220.
299 | Mit den offenen Telefonsäulen ersetzte die Telekom seit 2000 die früheren und in der Wartung teureren Zellen. Vgl. Bussemer, Thymian: „Das Pferd frißt keinen Gurkensalat mehr". Die *Telekom* demontiert die Telefonzellen. In: Ästhetik und Kommunikation 32, 2001, S. 93 – 96.
300 | So bereits Schoblick 1994, S. 126: „Wenn Sie jemandem begegnen, der angeregte Gespräche führt, obwohl weit und breit niemand in der Nähe ist, so muß diese Person nicht gleich verrückt sein." Vgl. auch Burkart 2007, S. 83, der den gehenden Telefonierenden nicht nur als „verrückt", sondern auch als asozial wirkend beschreibt.
301 | Vgl. F.A.Z., 22.10.2002, T 2 („Kode, Taste und Pieps"), wo es heißt: „Schöne neue Welt von Bluetooth: Drahtlose Sprechbügel, die funkend die Kurzstrecke vom Ohr zum Handy überbrücken, sind schick und modern."
302 | Vgl. Plant, Sadie: On the mobile. The effects of mobile telephones on social and individual life. Online: www.motorola.com/mot/doc/0/234_MotDoc.pdf (Zugriff: 2.3.2005); New York Times, 30.9.1999, S. F 4 („If the Phone Had a Cord, You Could Strangle the User").

Kinos, Galerien, Bibliotheken und Museen durch den City Council.[303] Ohnehin lag die Handyverbreitung in den USA weit hinter derjenigen in europäischen Ländern: 2001 hatten 45 % und 2003 54,6 % der US-Amerikaner ein Handy. Die höchste Penetrationsrate wiesen asiatische Staaten auf: So hatte 2001 in den vier „Tigerstaaten" Hongkong, Singapur, Südkorea und Taiwan durchschnittlich 72,4 % der Bevölkerung einen Mobilfunkvertrag; Westeuropa lag mit 72,1 % knapp dahinter; Japan und Nordamerika folgten mit deutlichem Abstand bei Penetrationsraten von 53,4 % und 42,7 %.[304]

Trotz der virtuellen Distanzüberwindung durch den Mobilfunk sind Raumbezüge nicht unbedeutend geworden. Denn der Aufenthaltsort spielt weiterhin eine gewisse Rolle. Anbieter erhoffen sich, im 3G-Mobilfunk lokale Informationen wie Ausgehmöglichkeiten oder Lotsendienste absetzen zu können; Handy-Besitzer wiederum telefonieren längst nicht an allen Orten. Die meistgestellte Frage zu Beginn eines Mobilfunk-Gesprächs war um 2000 die Frage nach dem Ort, von dem aus der Gesprächspartner telefoniere, denn man war sich den räumlich spezifischen Kommunikationsregeln durchaus bewusst. Viele Handy-Nutzer wendeten sich laut Selbstaussage auch leicht ab, um andere nicht zu stören, oder suchten bei intimen Gesprächsinhalten abseitige Räumlichkeiten auf.[305] Dies kann zugleich aber auch als eine Praxis interpretiert werden, den per Telefonat geschaffenen Eigenraum durch Körpergesten noch stärker zu markieren. Wie der Walkman-Hörer, so klinkte sich jedenfalls auch der Handy-Nutzer aus den üblichen, subtilen Regeln der Blickkontakte und Körpergesten unter Fremden zugunsten seines Eigenraums aus. Außerdem wurden Raumbedeutungen neu ausgehandelt, und so dienen Toilette und Garderobe inzwischen auch dem mobilen Telefonieren.

Durch den Handy-Gebrauch entstanden neuartige Überlagerungen zuvor zeitlich oder räumlich getrennter Rollen und Aktivitäten. Wird ein Handy jederzeit benutzt, so muss der Nutzer selbst die Grenze zwischen seiner Rolle als Privatperson, als Berufstätiger oder als Bekannter, Freund oder Elternteil ziehen. Berufs- und Privatleben vermischen sich, wenn die persönliche Erreichbarkeit für den Job durch das Handy bis in das Freizeitleben hinein reicht,[306] oder wenn umgekehrt auf der Arbeit private Anrufe geführt werden. Seitens der Geräte wird diese Vermischung forciert: Die neusten Multime-

---

303 | Vgl. Levinson, S. 67. Erste Hinweisschilder, die mobile Kommunikation zu unterlassen, waren in den 1980er Jahren im Zusammenhang der Pager-Nutzung aufgetaucht.
304 | Vgl. Burkart 2007, S. 33; Statistiken der ITU, online: http://www.itu.int/ITU-D/ict/statistics/ (Zugriff 2.11.2004).
305 | Vgl. Höflich 2005, S. 131.
306 | Diese Problematik wurde bereits früh diskutiert, vgl. Garbe, Detlef; Lange, Klaus: Zum Stand der Technikfolgenabschätzung in der Telekommunikation. In: Dies. (Hg.): Technikfolgenabschätzung in der Telekommunikation. Berlin, Heidelberg 1991, S. 3 – 20; Lange, Klaus: Zur Ambivalenz des Mobiltelefons. In: ebd., S. 153 – 163; Fock, Carsten: Leben stand-by. Mobiltelefon und Zeitverwendung. In: Schneider, Manuel; Geißler, Karlheinz A. (Hg.): Flimmernde Zeiten. Vom Tempo der Medien. Leipzig 1999, S. 91 – 104.

dia-Handys integrieren selbstverständlich Business- wie Freizeitfunktionen (z. B. Spiele) und werden explizit als „Allround-Talent für Büro und Freizeit" vermarktet.³⁰⁷ Durch die Art und Weise, wie Handys vom Massenkonsumenten genutzt wurden, hat sich auch das Zeitgefüge des Alltagslebens verändert. Multitasking, ein steter Standby-Modus, in den sich Handy-Nutzer für das Netz ihrer Gesprächspartner schalten, und die räumlichen wie zeitlichen Entgrenzungen durch die Zwischenwelten und -zeiten eines virtuellen Medienlebens sind hier die Stichworte, die inzwischen durchaus kritisch bewertet werden.³⁰⁸ Mobil telefoniert wurde „zwischendurch" und „nebenbei", sei es während des Autofahrens, des Gehens, des Shoppens; an Orten, wo ein Gespräch nicht angebracht wäre, wurde möglicherweise eine SMS-Korrespondenz geführt. Mit dem Handy ließ sich die Koordination im sozialen Netzwerk flexibler gestalten: Statt fester Absprachen wurden spontane Verabredungen getroffen oder auch abgesprochene Termine kurzfristig re-arrangiert – die Koordination wurde zu einem dynamischen, permanenten Prozess der Absprache zwischen den sozialen Partnern, die synchron über einen Anruf oder asynchron über Mailbox und SMS getätigt wurde. Feste, auf einem klaren Zeitpunkt und Ort basierende Absprachen wurden so zu einer flexiblen Koordinationsarbeit, in dem der endgültige Ort und Zeitpunkt eines Treffens der späteren Modifikation unterlagen. Voraussetzung für solche neuen Koordinationspraxen war jedoch auch, dass sich die Menschen am Ende des 20. Jahrhunderts stärker auf Spontaneität und eine flexiblere Synchronisation einließen. Denn längst geht der Handyeinsatz nicht mehr mit der lange proklamierten „Zeitersparnis" für die unterwegs getätigte Koordinationsarbeit einher. Zwar lässt er einerseits Spielräume für die eigenständige Zeitgestaltung zu; andererseits verschlingen die flexiblen, kurzfristigen Absprachen und Umdisponierungen Zeit und können leicht selbst zu Zeitverlusten führen. Da immer weniger die Uhrzeit, sondern das Mobiltelefon als soziales Koordinationsinstrument dient, haben sich außerdem die Normen für den Umgang mit Zeit, etwa was Pünktlichkeit sowie Annahmen dazu, welche Zeitspanne einer Verspätung akzeptabel sei, verändert. Durch Anrufbeantworter, Mailbox und SMS wurde außerdem die Fernkommunikation, die einst stets synchron und zweiseitig stattfand, um zeitversetzte Kommunikationsformen, bei denen die Gesprächspartner sich gegenseitig Nachrichten hinterlassen, erweitert.

Weil das Handy meistens körpernah und lange getragen wurde und das Gerät zudem wegen seiner sozial-emotionalen Vernetzungsfunktion stark gefühlsbeladen ist, haben sich Mensch und Technik hier so stark angenähert wie bei keinem Medienportable zuvor. Manche Nutzer platzieren das Handy sogar

---

307 | Vgl. Anzeige für das *Siemens* S 55. In: Süddeutsche Zeitung, 19.12.2002, S. 19 („Das Allround-Talent für Büro und Freizeit").
308 | Vgl. z. B. Meckel, Miriam: Das Glück der Unerreichbarkeit. Wege aus der Kommunikationsfalle. Hamburg 2007.

nachts in greifbare Nähe, so dass Handy-Ratgeber mahnten, wegen der Funkstrahlung das Gerät zumindest nicht unmittelbar am Kopfende des Bettes abzulegen. Umgekehrt erwarten auch jene, die eine Mobilfunknummer gewählt haben, stets eine ganz bestimmte Person am anderen Ende zu erreichen – ein Handy wird – zumindest in Europa – fast nie gemeinsam von mehreren Personen genutzt.[309]

Bereits am Ende des 20. Jahrhunderts erschien das Handy manchen Beobachtern „wie ein Organ, das bloß noch nicht implantiert worden ist".[310] Betrachtet man die Form- und Interfacegestaltung von Mobiltelefonen, so wurden Handys um 2000 nicht mehr auf das Habitat der Tasche, sondern auf dasjenige der Hand hin gestaltet. Sie sollen haptisch gut in der Handinnenfläche – die im Finnischen übrigens „Kännykkä" heißt und gleichermaßen die Gattung der Handys bezeichnet[311] – liegen, und durch den Trend des Simsens befördert, hat sich ihre Einhand-Bedienung durchgesetzt: Die Tasten werden nicht mehr mit dem Zeigefinger der zweiten Hand gedrückt, sondern mit der Daumenspitze der haltenden Hand bedient. Durch die Ausformung des Handys als „Einhandwerkzeug" begannen manche Nutzer auch, selbst während des Gehens am Handy herumzutippen. Außerdem entstand entlang der Handy-Nutzung und weiterer Portables wie etwa dem Gameboy in den letzten Jahren eine „Thumb Culture":[312] Vor allem Jugendliche bedienen inzwischen Drucktasten, sei es die Tastatur der Fernbedienung oder die Türklingel, nicht mehr mit dem Zeigefinger, sondern mit dem Daumen. Dabei unterschritt die Miniaturisierung des Handys teilweise sogar die anatomischen Körpermaße seines Nutzers. Der Handy-Cyborg passte sich, so könnte man sagen, den Bedingungen seines Technikbegleiters an und lernte neue Fingerfertigkeiten.

Wie Kleidung, so sollen Handys angenehm zu „tragen" und außerdem ästhetisch zugleich sein, da sie der Darstellung des eigenen Lebensstils dienen.[313] Handys werden darüber hinaus zu persönlichen Begleitern, weil einzelne Nutzer sie über Einstellungen wie Klingeltöne oder Screensaver ausgestalten und die Geräte noch dazu über die Zeit hinweg zu intimen Schatzkammern werden, in denen sich eine akkumulierte Datensammlung von Adressen, Telefonnummern, SMS-Korrespondenzen, Tönen und inzwischen auch Fotos befindet. Der Wert des Handys sowie die Identifikation mit dem Gerät steigen, je mehr Arbeit in eine solche Personifizierung investiert wurde.

Viele „Handymenschen" glaubten zu Beginn des 21. Jahrhunderts sogar, ohne den ständigen Begleiter nicht mehr auszukommen. Bei manchen Nut-

---

309 | In Indien hingegen ist das mobile Telefonieren ein Familien-Event, vgl. Castells et al., S. 64.
310 | Vgl. Selle, Gert: Siebensachen. Ein Buch über die Dinge. Frankfurt a. M., New York 1997, S. 115.
311 | In der Umgangssprache wird zumeist die informelle Verkleinerungsform, „känny", benutzt. Den Hinweis auf die finnischen Begriffe verdanke ich Petri Paju, Turku.
312 | Der Begriff wurde bei der Beobachtung japanischer Jugendlicher während der Manipulation ihrer Handys eingeführt. Vgl. Glotz/Bertschi/Locke, S. 12 (Einleitung).
313 | Vgl. Fortunati 2005; Tischleder/Winkler.

zern ersetzte die Zeitansage des Handys angesichts dessen steter Präsenz die altbekannte Uhr am Handgelenk, andere sahen im Handy quasi eine menschliche Grundausstattung.[314] Viele Handy-Besitzer berichten, sie fühlten sich unvollkommen, wenn sie ohne Handy vor die Tür gingen.[315] Personen, die 2005 in einer Studie gebeten wurden, ihr Handy für drei Tage abzugeben, berichteten von Nervosität und Unruhe, weil sie z. B. über keinen Wecker abseits des Handys verfügten oder sie das Handy am gewohnten Platz in der Hosentasche vermissten.[316] Während manche Befragte erst gar nicht bereit waren, mitzumachen, gab es allerdings auch Teilnehmer, welche die drei Tage „richtig entspannend" fanden. Die wenigsten Nutzer fühlen sich jedoch durch die stete Erreichbarkeit gestresst oder in ihrer Freiheit beraubt; vielmehr deuten sie diese als eine Vergewisserung ihrer sozialen Einbindung und damit auch ihrer eigenen Identität.[317]

Ausblick: „Any service, anywhere, at any time" im 3G-Mobilfunk

„Any service, anywhere, at any time"[318] lautet seit Ende der 1990er Jahre die Leitmaxime für den 3G-Mobilfunkstandard Universal Mobile Telecommunications System (UMTS), der die in den GSM-Plänen angedachte Konvergenz von Sprach- und Datenkommunikation schlussendlich verwirklichen soll. Darüber hinaus gingen die Nutzungsvisionen zum 3G-Mobilfunk davon aus, dass die Grenzen zwischen Mobil- und Festnetztelefonie verschwimmen würden und der zukünftige Handy-Nutzer nur noch eine, persönliche Telefonnummer haben würde, unter der er weltweit erreichbar sein würde. Das „Universale" des geplanten Mobilfunkstandards bezog sich allerdings nicht nur wie im Falle des Rundfunk-Universalempfängers auf den Ort, sondern auch auf die Funktionen, für die ein Handy zukünftig genutzt werden würde: Der prospektive Nutzer der UMTS-Planungsvisionen und -Prognosen würde ein restlos mobilisierter Konsument sein, der überall und vor allem als Pausenfüller zwischendurch mobile Dienste in Anspruch nehmen würde. Dass solche prospektiven Nutzerkonstruktionen der Telekommunikationsindustrie vornehmlich dazu dienten, die technischen Erwartungshorizonte für den 3G-Mobilfunk in ihrem Sinne zu steuern, wird abschließend erörtert.

---

314 | Vgl. z. B. VDI Nachrichten, 29.6.2001, Nr. 26, S. 25 („Nur beim Sex schalten Youngster noch ihr Handy aus"); Burkart 2007, S. 130f.
315 | Vgl. Larsen/Urry/Axhausen, S. 113.
316 | Studie an der Universität Lüneburg, vgl. Burkart 2007, S. 130f.
317 | Vgl. eine GfK-Marktforschungsstudie, angeführt in: Focus, 2002, H. 11, S. 129 (Tabelle „Kontaktmaschine"): 74 % der Befragten stimmten mit der Aussage „Die ständige Erreichbarkeit beruhigt mich" überein, 26 % mit der Aussage „Auch wenn ich nicht telefoniere, fühle ich mich meinen Freunden enger verbunden"; nur 14 % sagten, sie seien durch die stete Erreichbarkeit gestresster als früher.
318 | Vgl. beispielsweise FS, 1997, H. 4, S. 68 – 71 („Das Mobilfunknetz der Zukunft"), hier S. 68.

Erste Konzeptionen für UMTS wurden bereits Ende der 1980er Jahre in den Europäischen Gemeinschaften erarbeitet.[319] Angesichts des Erfolges von GSM wurde der 3G-Standard aber erst Ende der 1990er Jahre konkretisiert. Als technische Basis legte das ETSI 1998 das Verfahren W-CDMA (Wireless CDMA) des japanischen Telekommunikationsanbieters NTT DoCoMo fest, der 1999 mit *i-mode* das erste erfolgreiche mobile Internet-System in Japan eingeführte: *i-mode*-Handys sind dauernd online und stellen über die Sprachtelefonie hinaus ein abgespecktes Internetangebot, Email, mobiles Banking etc. zur Verfügung.[320] Waren die USA für den analogen 1G-Mobilfunk und Europa für den digitalen 2G-Mobilfunk entscheidend gewesen, so war es nun Japan.[321] Mit UMTS sollten die damaligen Boommärkte – das Internet und der Mobilfunk – im neuen Feld des „Mobile Commerce" zusammen geführt werden, so dass als technische Basis eine breitbandige 5 MHz-Funkverbindung, die eine mobile Datenübertragung ermöglicht, zugrunde gelegt wurde. Die deutschen UMTS-Lizenzen wurden im Jahr 2000 kurz vor dem Platzen der Dotcom-Blase versteigert und brachten der Bundesregierung rund 100 Mrd. DM ein.[322] Wenig später erlebte der Mobilfunk seine erste Krise, es wurde still um UMTS und erst 2005 – bis dahin mussten die Lizenzträger 50 % der Bevölkerung mit ihren UMTS-Netzen abdecken – wurden die neuen UMTS-Angebote wieder stärker vermarktet. Ende 2006 nutzten rund 4,5 Mio. Teilnehmer regelmäßig UMTS-Dienste.[323]

Bereits seit Mitte der 1990er Jahre versuchte die Mobilfunkbranche wirkmächtige Nutzerbilder auszubuchstabieren. So brachte Nokia 1996 erste Entwürfe eines futuristischen 3G-Mobiltelefons in Umlauf, das in zahlreichen Presseberichten zu UMTS übernommen wurde.[324] In gewisser Weise eigneten sich die Unternehmen mit solchen Zukunftsvisionen an, was zuvor in der Populärkultur – von Dick-Tracy-Comics bis hin zu James-Bond-Filmen – verortet war. Aber auch Marktforschungs-, Trend- und Zukunftsstudien wirkten an der Ausformulierung von Zukunftsszenarien für den 3G-Mobilfunk kräftig mit. Um das ubiquitäre Potential des 3G-Handys zu unterstreichen, berief man sich auf vorherige Portables: Wie der Walkman, so werde auch das Video-Handy bald selbstverständlich sein; wie die Armbanduhr, so werde ein Handy kaum mehr von seinem Träger abgelegt; die Multifunktionalität eines

---

319 | Vgl. Konrad 1997, S. 177 – 180; die UMTS-Standardisierung wurde später dem Komitee zugeordnet, das auch GSM spezifizierte.
320 | Vgl. Ito/Okabe/Matsuda.
321 | Vgl. Funk, S. 206 – 245, der aufzeigt, dass die führenden Anbieter von Mobilfunktechnik daher bemüht waren, in den Standardisierungsgremien dreier Kontinente beteiligt zu sein.
322 | Die Lizenzträger waren Vodafone, Telekom, Viag Interkom (seit 2002 O2), E-Plus, Quam, Mobilcom – die beiden letzteren sind inzwischen ausgeschieden. Vgl. Grandjot/Kriewald.
323 | Vgl. Bundesnetzagentur, S. 72.
324 | So z. B. in: FS, 1999, H. 7, S. 24 – 30 („Mobilfunk der dritten Generation"), hier S. 30. Vgl. zu dem 3G-Handy: Väänänen-Vainio-Mattila/Ruuska, S. 200f.

3G-Handys sei so clever wie ein Schweizer Messer.[325] Dabei würde der zukünftige 3G-Mobilfunk-Nutzer sämtliche Zeiten des Wartens und sämtliche, nicht seine volle Konzentration erfordernde Aktivitäten – von der Busfahrt bis zum Babysitten – mit mobilen Medienangeboten begleiten wollen.[326] Anzumerken bleibt, dass die enormen Kosten des 3G-Netzaufbaus nur über solche mobile Dienste einzuspielen sind,[327] denn die beiden im 2G-Mobilfunk zentralen Bereiche der Sprachtelefonie und der interpersonalen Text-SMS fallen innerhalb der auf Daten fixierten mobilen Breitbandtechnik kaum mehr ins Gewicht. Schon Ende der 1990er Jahre war außerdem absehbar, dass der Markt der Sprachtelefonie und der interpersonalen Text-SMS bald ausgeschöpft sein würde. UMTS war so gesehen keine technische Notwendigkeit, sondern die einzige Möglichkeit für die Anbieter, ihre Umsätze zu steigern. Dass der Nutzer die mobilen Dienste möglicherweise gar nicht wünschen könnte – wie es der schleppende Start von UMTS am Anfang des 21. Jahrhunderts ebenso nahe legte wie der Misserfolg eines *i-mode*-Pendants von E-Plus –, wurde dabei weder von Marktforschern noch von den Anbietern in Frage gestellt. So verdichteten beispielsweise jene Berater und „Information-Broker", die im Entscheidungsfeld der GSM-Weltkonferenzen zwischen 2000 und 2003 den UMTS-Standard an die Wirtschaftsvertreter und späteren Anbieter vermittelten, den prospektiven 3G-Mobilfunk-Nutzer auf schlichte, eindimensionale Zahlen wie Gesamtteilnehmer und Umsatz pro Nutzer, wobei dieser Nutzer ganz selbstverständlich mit dem Handy mobile Games spielte oder fernsah.[328] Wären reale Nutzer zu Wort gekommen, welche die frühen Datendienste des 2 bzw. 2,5G-Mobilfunks kaum nutzen und WAP zum Flop werden ließen, so hätte dies vermutlich die Euphorie gedämpft.

Während die Anbieter am Anfang des 21. Jahrhunderts bereits provokant vom Handy als „device formerly known as the cellphone"[329] sprachen, war das Handy für die Konsumenten mehrheitlich noch die sozial-emotionale Nabelschnur zum persönlichen Netzwerk. Waren es die Konsumenten, welche das als pannational einsetzbares, komfortables Arbeitsgerät geplante GSM-Mobiltelefon als Instrument einer sozialen Sprach- und Textkommunikation im Nahbereich

---

325 | Vgl. z. B. Steuerer/Bang-Jensen, S. 77; Ahonen, Tomi T.: m-Profits. Making Money from 3G Services. Hoboken 2002; BBE 2000, S. 33.
326 | Vgl. z. B. Ahonen, S. 12 u. Kap. 3; Steuerer/Bang-Jensen, S. 67.
327 | Das Netz besteht aus sich überlagernden Zellen verschiedener Größe – von der sechs Kilometer großen Makro- bis hin zur nur noch hundert Meter bemessenden Picozelle – und wird sich erst über die Jahre amortisieren. Die durchschnittliche Investitionssumme für den Netzaufbau wurde auf 4,5 Mrd. EUR geschätzt. Vgl. Granjot/Kriewald, S. 98.
328 | Vgl. Pantzar, Mika; Petteri Repo: Envisioning and Forecasting 3G. Arbeitspapier, Proceedings of the International Conference on Foresight Management in Corporations and Public Organisations, Helsinki 2005. Online: http://webct.tukkk.fi/conference2005/articles/a_fm_pantzar_repo.pdf (Zugriff: 17.6.2006).
329 | Zitat von Motorolas Marketing-Verantwortlichem Geoffrey Frost, vgl. Steinbock 2005, S. 163.

des Alltags entdeckten, so werden sie letztlich auch mitentscheiden, wie das Handy der Zukunft aussieht. Studien von 2002 zeigten, dass SMS, Mailbox, Vibrationsalarm, ein Adressbuch zur Telefonnummern-Speicherung und die Auswahl von Klingeltönen Funktionen waren, die von rund 80 % (SMS) bis ca. einem Drittel der Nutzer verwendet wurden; Spiele, Taschenrechner und Rufumleitung wurden immerhin von ca. 17 bis 30 % genutzt.[330] Fotohandys sind in den Jahren darauf üblich geworden und während ihrer Aneignung hat sich auch die Bedeutung des Fotografierens enorm verändert: Fotos dienen der Kommunikation, demgegenüber ihre ästhetische Bewertung zurück tritt.[331] Handys mit MP3-Playern ersetzen bei manchen Nutzern das zuvor verwendete Audioportable. Mit dem Klingelton-Geschäft hat die Popmusik-Branche einen neuen Markt gefunden – die 2004 in der BRD verkauften Klingeltöne kamen für immerhin 10 % des Gesamtumsatzes im hiesigen Phonomarkt auf.[332] Ob wir in Zukunft aber auch mit dem Handy fernsehen, unsere Bahn-Fahrscheine damit kaufen und auch sonst nicht mehr mit Kreditkarte oder Kleingeld, sondern mit dem Handy bezahlen und wie sich die jeweiligen Tätigkeiten dadurch verändern werden, ist längst noch nicht ausgemacht.

---

330 | Vgl. Grandjot/Kriewald, S. 104f.
331 | Vgl. Rivière, Carole: Mobile Camera Phones: A New Form of "Being Together" in Daily Interpersonal Communication. In: Ling, Rich; Pedersen, Per E. (Hg.): Mobile Communications. Re-negotiation of the Social Sphere. London 2005, S. 167 – 185. Zum Fotohandy siehe auch: Goggin, S. 147f.
332 | Zahl nach: F.A.Z., 20.3.2008, S. 37 („Lad' dir Ligeti als Klingelton direkt auf dein Handy").

6. Zusammenfassung und Ausblick:

„Mobil sein" in einer „Überall-und-Jederzeit"-Kultur

Hinter der Entwicklung und Verwendung von tragbarer Konsumelektronik steht die Nutzeridee, einem Gerätebesitzer den Technikgebrauch auch abseits der örtlich gebundenen Steckdose oder Anschlussbuchse zu ermöglichen. Für die Geräte „ohne Schnur" war auf Seiten der Technik ihre Miniaturisierung Voraussetzung; betrachtet man die Nutzung, so wurden Portables zunehmend individuell, gar personalisiert und cyborgartig verwendet. Weil Portables kostengünstiger als die stationären Geräte waren, forcierten sie den Gerätemehrfachbesitz der Haushalte sowie den Technikbesitz von Teenagern und Kindern. Durch die Nutzung „unterwegs" kam es zu einer weiteren Technisierung der „Zwischenorte" des Transits und öffentlicher Stadt- und Naturräume. Gleichzeitig re-definierten die Portable-Nutzer durch ihre neuen – mobilen wie stationären – Verwendungspraxen die zuvor häuslich geprägten Technikkulturen, also im Falle von Kofferradio, Walkman und Handy das Hören von Rundfunk und Musik sowie das Telefonieren. In der Geschichte der Portables treffen steigende Mobilitätsmöglichkeiten, der Wunsch nach einer steten Verfügbarkeit von Technik und deren körpernahe Verwendung zusammen. Dies führte zu einer neuartigen Mobilitäts- und Konsumkultur. Sie ist von neuen Formen der Bewegung und Beweglichkeit, von sich wandelnden sozialen Umgangsformen beim Zusammentreffen mit Anderen und schließlich von veränderten Vorstellungen zu Raum und Zeit, Körper und Identität geprägt. Die Ergebnisse der einzelnen Fallstudien hierzu werden im Folgenden zusammenfassend dargestellt sowie gemeinsame Entwicklungen benannt. Daran anschließend werden die Portables als Mobilitätsikonen des späten 20. Jahrhunderts interpretiert, die weniger für das Fortbewegen an sich, sondern für eine Kultur des „Überall-und-Jederzeit"-Konsums standen. Zunächst soll jedoch abschließend und vor dem Hintergrund der empirischen Ergebnisse auf den Erklärungswert der gewählten Forschungsperspektive verwiesen und ein Ausblick auf sich daraus ergebende Forschungsfragen der Zukunft gegeben werden.

Erklärungswert der *user de-signs* und Forschungsausblick

Die vorstehenden Fallstudien rekonstruierten die Geschichte der Portables entlang von Nutzerbildern und Nutzungen, wie sie auf Seiten der Anbieter, der Konsumenten und im Mediating entworfen wurden. Langzeitige Technisierungsprozesse hochentwickelter Konsumgesellschaften sind kaum mehr über eine akteurszentrierte Perspektive zu beschreiben:[1] Innovationsprozesse sind vielschichtig und werden von Entwicklungsingenieuren ebenso wie von Marketingexperten, Designern oder gar Ethnologen, welche den Konsumentenalltag erforschen, getragen. Der Massenkonsum verbleibt überwiegend anonym und ist von einer nur mittelbaren Aushandlung zwischen Konsument und Produzent gekennzeichnet. Der *user de-sign*-Ansatz beschreibt daher nicht die einzelnen Akteure in ihren Handlungen, sondern die Wechselwirkung zwischen prospektiven Nutzerbildern der Technikhersteller und den Nutzerkulturen der Technikanwender. Die Perspektive reagiert aber auch darauf, dass die Entwicklung einer Technik nicht von technikinternen Faktoren determiniert, sondern wesentlich von Nutzerbildern und den Nutzerpraxen geleitet wird. So war es beispielsweise nicht der Transistor, welche die Mobilisierung des Radios herbeiführte, sondern die Hörweisen der Nutzer bestimmten die Radioentwicklung und beeinflussten den Grad der Miniaturisierung der Portables. Die Innovation des *Sony Walkman* lag nicht in seiner angeblichen technischen Genialität, sondern darin, dass er das Nutzerbild des mobil-diskret und stereofon hörenden Musikliebhabers durch die Kreuzung eines Diktiergeräts mit einem Kopfhörer materialisierte. Das Beispiel des Funkrufs wiederum verdeutlicht, dass für eine Technik unterschiedliche Nutzerkonstruktionen bestehen können, die in diesem Fall vom Erreichbarkeitstool für europaweit reisende Geschäftsmänner bis hin zum Spaß-Pager für jugendliche Städter reichten, und dass unterschiedliche *prospektive user de-signs* zu je unterschiedlichen Technikentwicklungen führen. Die „mobile Revolution" schließlich, von der derzeit viel geredet wird, ist keinesfalls einseitig durch die digitalen Funktechniken der 1990er Jahre in Gang gesetzt worden, sondern ist das Ergebnis eines langen Prozesses der Aneignung mobiler Mediengeräte.

Wie jede Aushandlung, so vollziehen sich auch die Wechselwirkungen der *user de-signs* nicht im machtfreien Raum. Es sind die Produzenten, welche ihre – allerdings in der hochentwickelten Konsumgesellschaft über mannigfaltige Mediatoren an den Konsum rückgekoppelten – prospektiven Nutzervorstellungen durch ihr Angebot vorgeben; aber auch der einzelne Konsument hat durch seine Konsumhandlungen Macht und trägt Mitverantwortung am technischen Wandel. Wirkmächtig sind prospektive Nutzerbilder nicht nur über das aktuelle Technikangebot. Oftmals werden sie wegen ihrer langen Geltung von den Produzenten kaum mehr hinterfragt: etwa im Falle der Vorstellung vom automobil telefonierenden Geschäftsmann, neben dem in der BRD das Nutzerbild des telefonierenden Fußgängers lange Zeit keinen Platz fand.

---

1 | Vgl. ausführlich hierzu: Kapitel 2.

Außerdem knüpfen die Nutzervorstellungen der Produzenten recht unreflektiert an Erfahrungen mit vorherigen Techniken an: Das Mobiltelefon wurde in der deutschen Funkbranche lange Zeit in Analogie zum Autoradio gedacht; inzwischen wiederum gilt das Handy als Blaupause zukünftiger drahtloser Techniken. Oftmals werden prospektive Nutzerbilder weniger als Prognose, denn als nicht hintergehbare Zukunftsentwicklung präsentiert, wie etwa im Falle der UMTS-Planungen.

Das Beispiel des Mobilfunks zeigt jedoch zugleich, dass die Nutzerbilder der Technikhersteller auf die Praxen der Technikverwender reagieren müssen, soll eine Technik erfolgreich am Markt platziert werden: Als den GSM-Anbietern die lange Verkennung des Marktpotentials eines Westentaschentelefons klar wurde, änderten sich die Vorstellungen zum Nutzer und damit einhergehend die Technikdesigns und -angebote innerhalb weniger Jahre. Umgekehrt hat sich die von den UMTS-Planern verkündete Schlüsselvision des total mobilisierten, überall konsumierenden Handynutzers bisher nicht bewahrheitet. Anfang 2008 nutzten lediglich 10 Mio. Bundesdeutsche einen UMTS-Anschluss, derweil es insgesamt in der BRD inzwischen mehr Mobilfunkanschlüsse als Einwohner gibt.[2] Das Spektrum der möglichen Wirkungsmacht der Konsumenten lässt sich an den Beispielen CB-Funk und SMS aufzeigen: Im Falle des CB-Funks nutzten Hobby-Funker, teils sogar illegal, Nischen, um mobil zu kommunizieren, aber ihre Praxen blieben – im Unterschied zur USA – ohne Auswirkungen auf die noch staatsmonopolistisch bestimmte Mobilfunkentwicklung der BRD. Mit der SMS umgingen zunächst Jugendliche und teils auch erwachsene Europaurlauber die teuren Mobilfunkgebühren; die Mobilfunkanbieter nahmen in diesem Fall den subversiven Kult schnell in ihre kommerziellen Angebote auf, und zu Beginn des 21. Jahrhunderts war die SMS zu einer wichtigen Einnahmequelle für sie geworden.

Die Machtfrage zwischen Konsument und Produzent stellt sich spätestens im letzten Drittel des 20. Jahrhunderts im Bereich von technischen Konsumgütern auf neue Weise: Zum einen wurden sowohl innerhalb der HiFi-Elektronik als auch im Mobilfunkmarkt wenige Unternehmen zu marktbestimmenden Global Players. Zum anderen werden deren Produktangebote fernab ihrer späteren Nutzungsorte hergestellt, teils auch in fernen Metropolen konstruiert und entwickelt und gelangen möglicherweise auch in Regionen, für die sie nicht gedacht waren. Die Beispiele von Sony und Nokia haben gezeigt, dass eine in Großregionen situierte Marktforschung zumindest der Abstimmung der Designs auf regionale Konsumeigenheiten dient, wobei die vorgenommenen Modifikationen oft jedoch nur marginal sind. Dennoch führen global beinahe gleiche Designs aufgrund der Interpretationsoffenheit der Dinge nicht zwangsläufig zu einer global homogenen Konsumkultur, sondern Nutzerkulturen sind lokal situiert. Der Frage nachzugehen, wie sich die globalen Produktdesigns zur lokal situierten Konsumtion im Einzelnen verhalten, bleibt eine Herausforderung zukünftiger Technikstudien.

---

2 | Zahlen nach Angaben der BITKOM, vgl. www.bitkom.de (Zugriff: 1.4.2008).

Das Fallbeispiel des Mobilfunks verweist nicht nur darauf, wie zentral die Marktforschung für die Technikentwicklung geworden ist, sondern es demonstriert auch die Macht eines neuen Agenten des technischen Wandels: der Trend- und Zukunftsforschung, die am Ende des 20. Jahrhunderts angetreten ist, die Marktforschung zu ergänzen. Nach einem langen Verkennen der Möglichkeiten und Eigenheiten des Massenmarktes stützten sich die Mobilfunkanbieter gegen Ende der 1990er Jahre in gesteigertem Maße auf Marktforschung sowie Zukunftsprognosen, um das kommende Konsumentenverhalten auszuloten, aber auch, um neue und Ertrag versprechende Nutzerbilder zu etablieren. Der reale Nutzer wurde also stärker in den Blick genommen – dass „der Nutzer" die entscheidende Größe für die Technikentwicklung darstelle, gehörte schnell zum „ökonomischen Einmaleins" der Anbieter. Oft ist dies aber auch nur Standardrhetorik. Denn gleichzeitig werden die Instrumente von Markt- und Trendforschung dazu genutzt, um mit dem Verweis auf angebliche „Nutzer" und das Postulieren angeblicher Zwangsläufigkeiten die zukünftige Technikentwicklung aktiv zu steuern, worauf vor allem die Technikforschung kritisch hingewiesen hat.[3]

Technikhistorische Studien haben inzwischen Werbung, produzentenseitige Beratungsstellen und Verbraucherzusammenschlüsse in ihrer Rolle des Mediatings beleuchtet; die Vermittlungs- und Mitgestaltungsfunktion von Marketing, Markt- und Trendforschung sind jedoch – konträr zu ihrer steigenden Bedeutung für die neuere Technikentwicklung – noch unterbeleuchtet. Gleiches gilt für die Designer, die im Falle der körpernah getragenen Portables wesentlichen Einfluss auf die konkrete Formung der Technik hatten.

Technische Konsumgeräte – von der Waschmaschine bis zum Handy – sind über das 20. Jahrhundert hinweg zu hochkomplexen Artefakten geworden, deren technisches Innenleben weitgehend unter durchgestylten Gehäusen „versteckt" und damit aus dem Sichtfeld der Konsumenten genommen wird. Demgegenüber werden manche Nutzungsaspekte als haptisch-ästhetisch gestaltete Bedien-Interfaces – seien es die Luxemburg-Taste der Kofferradios, die HiFi-Features der Stereo-Radiorekorder oder die „Kommunikations-Taste" der Walkmans – hervorgehoben. Es sind die vorherrschenden Nutzerbilder und Nutzerkulturen, die bestimmen, was im Design der Produkte sowie im Mediating gegenüber dem Konsument betont wird, während die Nutzer kaum Einfluss auf das „versteckte" Innenleben der Technik nehmen. Auch deswegen sollte statt der recht allgemeinen Rede von einem *mutual shaping* von Technik und Gesellschaft und einer *Ko-Produktion* der Nutzer präziser von einem *mutual shaping* von *user de-signs* gesprochen werden.

---

3 | Vgl. Brown/Rappert/Webster.

Spezifika der Mobilisierung von Rundfunk, Musik und Ferngespräch

Rundfunk und Musik

Nimmt man eine längere Zeitspanne in den Blick, so sind Radio, Kassettenrekorder und Walkman Teil einer Verschiebung des Hörens von Live-Musik hin zum Hören reproduzierter Musik. War das Hören von Musik einst an Veranstaltungen wie Konzert, Straßenumzug oder Volksfest sowie an das eigene Musizieren gebunden, so ließen Radio, Schallplattenspieler oder Rekorder jeden zeitlich variabel an der Musikkultur teilnehmen. Bereits Paul Valéry sprach angesichts dieser Entwicklung von einer „Eroberung der Allgegenwärtigkeit" durch die Töne, denn Musik könne inzwischen herbeigerufen werden, „wann und wo es uns gefällt", während sich der Musikgenuss zuvor „einer Gelegenheit, einem Ort, einem Zeitpunkt, einem Programm" habe anbequemen müssen.[4] Musik war nicht mehr an eine Aufführungssituation gebunden, sondern sie drang über die technische Ausstattung von Haushalten, Kneipen oder Cafés zunehmend in den Alltag der Menschen ein. Im letzten Drittel des 20. Jahrhunderts durchdrangen Rundfunkprogramm und Tonträgermusik die häusliche Sphäre bis hinein in das intime Schlaf- und Badezimmer, und immer mehr Menschen definierten sich in entscheidender Weise über ihre Musikpräferenzen. Musik diente schon immer zur Mobilisierung und Stimulierung der Massen; auch wurde sie stets zur Begleitung von Arbeit oder vergnüglichen Anlässen eingesetzt. Das Ausmaß einer solchen Verwendung ist in der zweiten Hälfte des 20. Jahrhunderts allerdings einmalig. Weil Musik ein diffuses Zuhören zulässt und zugleich stimulierend wirkt, wurde sie schließlich auch in Form von tragbaren Musikgeräten zum idealen Begleiter des reisenden Menschen. Mit den Musikportables änderte sich die vorherrschende Radio- und Musik-Hörkultur also abermals in entscheidender Weise.

Radioportables wurden entwickelt, um das populäre Rundfunkmedium auch abseits des stationären Erstgeräts hören zu können. Entlang der Normalisierung von Portables – sie wurden im Laufe der 1960er Jahre zur Standardausstattung der westdeutschen Haushalte – entstanden aber nicht nur neuartige Weisen des „mobilen" Hörens. Auch die häusliche Radiohörkultur veränderte sich weiter in Richtung eines Nebenbei- und Zwischendurch-Hörens. Radioportables wurden Anfang der 1950er Jahre unter dem Dachbegriff des „Reiseempfängers" subsumiert und nur saisonal während der warmen Jahreszeit vermarktet. In den prospektiven Nutzerbildern der Hersteller dominierte der Einsatz des Kofferradios zur Untermalung einer geselligen Freizeit im Freien etwa während eines Picknicks, eines Wochenendausflugs oder beim Camping. Dennoch waren die Nutzungen vielfältiger: Die Kofferradios begleiteten den

---

4 | Vgl. Valéry, Paul: Die Eroberung der Allgegenwärtigkeit. In: Werke. Frankfurter Ausgabe, Bd. 6: Zur Ästhetik und Philosophie der Künste. Frankfurt a. M., Leipzig 1995, S. 479-483, hier S. 481.

Ausflügler ebenso wie den Geschäftsreisenden, und zu Hause dehnten sie den Hörradius über das Erstgerät hinaus aus. Außerdem sollten tragbare Radios im Kontext des Kalten Kriegs immer auch für die Evakuation in den Schutzkeller bereit stehen. Das als Reisebegleiter konzipierte Kofferradio wurde von seinen Nutzern also nicht nur in immer mehr öffentlichen Räumen eingeschaltet, womit Musik gleichzeitig auch wieder an vorherige Orte ihrer Aufführung wie den Park oder den zentralen Platz „zurück"getragen wurde. Radioportables wurden vielmehr auch zuhause und auf der Arbeit benutzt und hatten dadurch Ende der 1950er Jahre ihre Bedeutung als „Reisempfänger" zugunsten eines „Universalempfängers" verloren. Dieser wurde ganzjährig und explizit für den Einsatz unterwegs, zuhause wie im Auto, vermarktet. Der Rundfunk wurde mit der Ergänzung des Erstgeräts durch Zweit- und Drittgeräte wie den Universalkoffer, das Auto- und das Taschenradio zum ganztägig zwischendurch und nebenbei genutzten Medium, auch wenn das Nebenbeihören als passives „Berieseln lassen" einer steten Kulturkritik unterlag. Dabei dominierte innerhalb der Radioportables das Design des kofferförmigen Geräts am Henkel, das – am Einsatzort angekommen – tendenziell stationär und über Lautsprecher benutzt wurde. Die westdeutsche Industrie war ebenso wie die meisten hiesigen Radiohörer an einer hohen Klangqualität und guten Empfangseigenschaften orientiert: Die zunächst durchaus 5 kg, später 2 bis 3 kg schweren Koffergeräte wiesen voluminöse Lautsprecher und Klangkörper auf, außerdem komfortable Bedientasten sowie eine große Senderauswahl. An diesem Kofferdesign änderte sich auch mit der Transistorisierung der Geräte Ende der 1950er Jahre nichts. Mini-Radios galten als Spielzeug oder Bastlersache, und der Nutzung von Ohr- und Kopfhörern standen gesellschaftliche Vorbehalte entgegen: Die einseitig ausgeführten Ohrhörer der Zeit erinnerten an die Verkabelung mit einer Hörprothese, während der Stereokopfhörer der 1960er Jahre als häusliches Instrument wahrgenommen wurde, und ein mobiler Einsatz nicht nur unzweckmäßig, sondern auch kurios und unsozial erschienen wäre.

War bereits das Heimradio der 1930er Jahre als ein „Freund" der Hausfrau konstruiert worden, so wurde das Radioportable in der Werbung der 1950er Jahre vornehmlich als unterhaltsamer, persönlicher Begleiter der Dame, die reiste oder sich im Grünen erholte, dargestellt. Dabei vollzog sich abermals eine Feminisierung und Ästhetisierung der Technik. Erst um 1960 tauchten auch in den Werbebildern Situationen auf, in denen das Portable am Arbeitsplatz oder auch von männlichen Nutzern nebenbei gehört wurde – Hausfrau und Autofahrer, die Radio hörten, wurden nun zu paradigmatischen Nutzertypen für das simultan zu einer Haupttätigkeit ausgeführte Radiohören: Die eine lockerte ihre ohnehin von zahlreichen Nebenbei- und Zwischendurch-Aktivitäten geprägten Arbeiten in Haus und Küche mit Radiomusik auf, der andere das ermüdende und gleichzeitig eine hohe Konzentration erfordernde Autofahren. Mit dem Verkehrsfunk der 1970er Jahre, der die steigenden Automassen auf den Straßen steuern sollte, wurde das Autoradio nicht nur zum Muntermacher, sondern auch zum Lotsen des Autofahrers.

Das einzelne Radioportable der 1950er und 1960er Jahre wurde von seinem Nutzer jedoch nicht als wirklich „ständiger", „persönlicher Begleiter" mitgeführt, auch wenn die Radioproduzenten dies in ihrer Werbung suggerieren und über vermenschlichende Modellnamen wie *Baby*, *Boy* oder *Partner* forcieren wollten. Im alltäglichen Gebrauch war das Radioportable zwar sehr wohl Mode-Accessoire; die Allgegenwart des Rundfunkmediums realisierten die Radiohörer jedoch durch eine Vielzahl von mobilen, semi-mobilen (Autoradio) und stationären, oft raumspezifisch gestalteten (Küchen- oder Badezimmerradio etc.) Empfängern. Die meisten Radios standen inzwischen der Qualität und Komfortausstattung des Radio-Wohnmöbels der 1950er Jahre weit nach. Der Wunsch eines „naturgetreuen" Hörens von Musik wurde von den nun aufkommenden HiFi-Geräten aufgefangen, und das HiFi-Hobby war stark über technische Parameter definiert. Durch die neuartige Allgegenwart wurde das Radiohören weitgehend aus häuslich-kollektiven Sozialstrukturen herausgelöst und stattdessen in die Abläufe des persönlichen Alltags eingefügt. Im Falle des Radioportables war es mithin das Medium des Rundfunks, das zum alltäglichen und persönlichen Begleiter wurde, und nicht – wie im Falle des Handys – das individuelle, körpernah und über längere Zeit hinweg getragene Endgerät. Das Nebenbei- und Zwischendurchhören, sei es im Wald oder auf der Arbeit, wurde normal, aber eine Mobilisierung in Richtung Cyborg blieb auf die Gruppe der Radiobastler beschränkt, die sich Kopfhörer-Radios bauten, ohne sich an deren Ähnlichkeit zur stigmatisierten Hörprothese zu stören. Einem Hören während des Gehens fehlte offensichtlich die nötige Popularität, und die mit den Radioportables oft mitgelieferten einseitigen Ohrhörer wurden eher selten – als eine Technik für ein „Hören ohne zu Stören" – eingesetzt. Lediglich Teenager nahmen plärrende Taschenradios, die unter Erwachsenen als Notlösung für besondere Situationen wie die Wanderung oder das Fußballfeld galten, auf Schritt und Tritt mit. Ohnehin waren es die Teenager, die die räumliche Flexibilität des Radioportables besonders schätzten. Mit ihrem lauten Radiogebrauch an für Erwachsene ungewohnten Hörorten schufen sie sich zum einen einen jugendspezifischen Raum im Öffentlichen; zum anderen provozierten sie die Normen der älteren Generation. Auf Dauer wurden Radiogeräusche zu einem normalen Teil der urbanen Lautkulisse, und zwar vornehmlich an Orten des Transits wie der Straßenecke oder der Fußgängerzone und an Plätzen der Rekreation. „Elvis Presley schluchzt von links, Willi Schneider schmalzt von rechts, und Heintje knödelt in den höchsten Tönen: Kofferradio-Geräuschkulisse in der Badeanstalt", hieß es etwa im *DM*-Verbrauchertest 1970 recht selbstverständlich zu den sich überlagernden Klängen eines Schwimmbads.[5]

Die (Stereo-)Radiorekorder der 1970er und 1980er Jahre wurden in ähnlicher Weise wie das Kofferradio benutzt, ließen aber zusätzlich die eigene Kontrolle des Musikkonsums sowie das Gestalten von eigenen Aufnahmen zu. Das

---

5 | Vgl. DM, 1970, H. 7, S. 51 („Draußen auf Empfang").

männliche Tonband-Hobby wurde ebenso wie später das des anspruchsvollen und ebenfalls männlich dominierten HiFi-Hörens entlang der Kassettentechnik demokratisiert. Mit der Kassette wurde nun auch die selbst gewählte Musik zu einem Begleitmedium, um Gefühle zu steuern, sich zu entspannen oder aufzumuntern, um langweilige Routinen aufzulockern und Phasen der Einsamkeit in der Fremde besser zu ertragen. Wie zuvor die Radiohörkultur, so entfernte sich auch das Hören von Tonträgern durch die Aneignung von Walk- und Discmans, von Car-HiFi und Stereoanlagen am Henkel weit vom Anspruch des konzentriert-stationären Verfolgens von Musik hin zu einem allgegenwärtigen und überwiegend nebenbei ausgeübten, diffusen Hören. Aber erst mit dem Walkman wurde massenhaft im Gehen Musik gehört, und zwar über den Kopfhörer. Nicht die technischen Bestandteile des *Sony Walkman* waren neu – auch andere Rekorder hatten bereits Taschengröße erreicht und im Vergleich zu den multifunktionalen Taschen-Radiorekordern stellte der Walkman sogar eine Art Devolution dar. Neu war jedoch die Fokussierung des Nutzerbildes auf den Fußgänger oder Sportler, der mit dem Taschengerät unmittelbar verkabelt war und so diskret während seiner Tätigkeit Musik hörte. Durch den mobilen Kopfhörer-Gebrauch wurde ein personalisierter, anderen nicht zugänglicher Hörraum im Öffentlichen geschaffen. Außerdem wurden dadurch der akustische und der visuelle Wahrnehmungssinn technisch neu verknüpft: Die weitgehend nur noch als Bilderfolge wahrgenommene Außenwelt wurde mit der eigenen Musik unterlegt – eine Erfahrung, wie sie zuvor nur Autofahrer annähernd gemacht hatten, die allerdings über eine materiale Hülle von der Außenwelt abgeschirmt waren.

In der BRD verwendeten neben wenigen Yuppies und erwachsenen Musikfans zunächst nur Jugendliche den Walkman, um ihre Lieblingsmusik überall dabei zu haben. Die meisten Erwachsenen sahen im Walkman bzw. dem mobil getragenen Kopfhörer eine a-soziale Technik, die gegen ungeschriebene Regeln des öffentlichen Verhaltens und das Ideal eines kollektiv geteilten öffentlichen Raums verstieß. Der häusliche Kopfhörer-Gebrauch dagegen galt als ein rücksichtsvolles „Hören ohne zu Stören", auch wenn sich der Hörer damit gleichzeitig von familiären Lärmkulissen und Ansprachen abschottete. Die Kritik am Walkman vermischte sich zum einen mit einer vorherrschenden Medienkritik, die angesichts der Zunahme elektronischer Medien eine Atomisierung der Gesellschaft befürchtete, zum anderen mit einer Jugendkritik, die unter Teenagern einen Rückgang des sozialen Engagements konstatierte. Die akustische Abkapselung in öffentlichen Räumen wurde daher als ein Ausstieg der Jugend aus der Gesellschaft interpretiert, auch wenn man sich an zahlreichen Orten des Walkman-Einsatzes wie in der U-Bahn oder an der Haltestelle ohnehin nicht weiter unterhielt. In den USA hingegen galt der Walkman als eine „respektvolle", die Bedürfnisse der ko-präsenten Anderen berücksichtigende Variante des mobilen Hörens. Er wurde nicht vor der Folie einer Jugend- und Medienkritik interpretiert, sondern vom weißen Amerika mit der marginalisierten afro-amerikanischen „Ghettoblaster"-Kultur kontrastiert. Westdeutsche Erwachsene eigneten sich die Praxis des mobil-diskreten Stereohörens seit Mitte der 1980er Jahre an, als HiFi-taugliche Walkmans und tragbare CD-Player erhältlich waren. Zugleich waren Individualität und Mobilität nun vermehrt positiv besetzt, so dass der joggende Walkmanhörer zum Symbol für Flexibilität und Jugendlichkeit werden konnte. Aufgrund der selbst ausgewählten, unmittelbar auf dem Ohr aufliegenden und möglicherweise sogar als Mixtape selbst kompilierten Klangkulisse stellte das Walkmanhören nicht nur eine personalisierte, sondern auch eine höchst intime Variante des Hörens dar. Wie die Radioportables, so wurden Walkmans als persönliche und auf den jeweiligen Lifestyle abgestimmte Gefährten gestylt und vermarktet – und für manche Walkman-Fans wurden sie auch zu intimen, unerlässlichen Lebensbegleitern. Eine Vielzahl von Walkman-Nutzern betrachtete den Taschenrekorder als eine Art „Kuscheldecke", welche in allen möglichen Situationen Zuflucht und Halt gab, und manche Walkman-Nutzer sahen in dem Gerät analog zum Herzschrittmacher eine Prothese, die den Takt des täglichen Lebens vorgab. Die spezifische Kopplung von Hör- und Sehsinn ließ das Gerät zudem zur Wahrnehmungsmaschine werden. Als Fußgänger oder aus dem Fenster blickender Bahnfahrer ließen sich die Walkman-Cyborgs von der Stereomusik beim kinästhetischen Erleben von Fortbewegung und Beschleunigung ebenso (an)treiben wie Rad- und Rollschuhfahrer oder Jogger bei der eigenen sportlichen Betätigung. Das stereofone Musikerlebnis am Kopfhörer wurde für Städter, Pendler und Reisende zu einer Möglichkeit, sich unterwegs für eine private Erholungspause aus der Hektik des Alltags und dem steten Zusammentreffen mit Fremden ausklinken zu können. Der Kopfhörer auf den von Natur aus nicht verschließbaren Ohren signalisierte den Wunsch nach Privatheit im Öffentlichen; Frauen setzten den Walkman auch gezielt auf, um belästigenden Kontaktversuchen zu entgehen. Andere nutzten das „Walkman-Gefühl", um simultan ausgeführte Tätigkeiten zu ästhetisieren oder durchkreuzte Räume über eine vertraute Hörkulisse zu domestizieren. Insgesamt setzten die Nutzer von Walkmans ihre Geräte für wesentlich mehr Situationen als das Zu-Fuß-Gehen oder die sportliche Bewegung mit Musik ein, und ein Multitasking war gang und gäbe: Gehört wurde während des Kochens, des Shoppens oder der Busfahrt ebenso wie vor dem Einschlafen. Andere schnitten mit Walkmans, die aufnehmen konnten, Konzerte oder Vogelstimmen mit; die nächsten beruhigten ihre Nerven mit ruhiger Musik. Am Ende des 20. Jahrhunderts hatte der mobil getragene Kopfhörer seine negative Konnotation als Eskapismus weitgehend verloren und war zum Zeichen für eine flexibel durchführbare Entspannungspause geworden.

Das Handy

Der drahtlos per Handtelefon Kommunizierende gehörte bereits Anfang des 20. Jahrhunderts zur fixen Idee der Populärkultur, und zwar in Bezug auf die Frage, wie die funktechnischen Errungenschaften jener Zeit bald angewendet werden könnten. Dennoch blieb das Telefonieren vergleichsweise lange stationär. Als das Handy schließlich durch den Zellularfunk – eine Technik, welche seit den 1980er Jahren verfügbar war und die vorherigen Kapazitätsengpässe der Mobilfunktechnik bewältigte – zu einem Massenkonsumgut wurde, beendete es die Intimität des häuslichen Telefonierens. Das Telefon war in westdeutschen Haushalten ohnehin erst Anfang der 1970er Jahre zum Standard geworden. Dabei durchlief das Handy ähnliche Nutzungsstufen wie zuvor das Festnetztelefon: Zunächst wurde es im Beruf eingesetzt, dann galt es als Kommunikationsinstrument für Notfälle und dringende Informationen, ehe die Nutzer es für ihre alltägliche, sozial und emotional geprägte Kommunikation einsetzten. Allerdings wurde mit dem Handy anders als mit dem Festnetztelefon kommuniziert; umgekehrt war aber auch die häusliche Telefonkultur am Ende des 20. Jahrhunderts durch die Aneignung von Anrufbeantworter und Schnurlostelefon im Wandel. Am Handy wurden kurze Gespräche geführt; dafür rief man aber öfters und zwischendurch an, oft einfach um der Geste des sich Meldens willen. Mit dem Handy hat sich das Fernkommunizieren in Pausen, während Warte- und Transitzeiten oder während des Stadtbummels eingebürgert. Nachdem neue Tarifangeboten eingeführt worden waren, wurde am Anfang des 21. Jahrhunderts auch zunehmend zu Hause mit dem Handy telefoniert. Dort wurde ohnehin von jedem Winkel aus – das Essen, Kochen oder Blumengießen begleitend – ferngesprochen.

Entgegen der derzeitigen Rhetorik von der „mobilen" Revolution, die das digitiale Funktelefon ausgelöst habe, vollzog sich die Entwicklung des Mobilfunks evolutionär über Jahrzehnte hinweg. Von einer „Revolution" kann nur insofern gesprochen werden, als dass die Konsumenten das Handy binnen kurzer Zeit zu einem integralen und kaum mehr wegdenkbaren Bestandteil ihres Alltagslebens formten. In Deutschland vollzog sich diese Entwicklung auch deswegen in nur wenigen Jahren, weil die hiesigen Mobilfunkanbieter den Massenkonsumenten vergleichsweise spät als Nutzer angepeilt und bezahlbare Vertragspakete aus Endgerät, Tarif und Vertrag sowie Prepaid-Angebote konzipiert hatten. Einer Verwirklichung des Massenmobilfunks standen jedoch zunächst die technischen Parameter des nicht-zellularen Mobilfunks entgegen: Mit nicht-zellularen Mobilfunknetzen, die stets Autotelefon-Netze waren, konnten nur wenige Teilnehmer versorgt werden. Die im Auto verankerten Mobiltelefone waren daher ein Privileg einer beruflichen Elite, die es sich leisten konnte und musste, unterwegs im Autoverkehr erreichbar zu bleiben. Zudem wurde der Mobilfunk von den staatlichen Telefonmonopolen – und darin war die Bundespost kein Einzelfall – nur als ein Randbereich ihres Agierens betrachtet. Wer als Durchschnittsbürger mobil kommunizieren wollte, dem blieb nur der CB-Hobbyfunk. Allerdings fielen die Entwicklungen in der BRD im internationalen Vergleich weit zurück, nachdem in den 1980er Jahren hier wie andernorts analoge Zellularnetze errichtet worden waren: Zeichnete sich in anderen Ländern Ende der 1980er Jahre der Schritt hin zur Massenmobiltelefonie per Handy ab, so war das Netz der Bundespost recht ungeeignet für ein Handgerät. Die an sich billige Pagertechnik blieb im Angebot der Bundespost eine Nische, während amerikanische Funkanbieter sie an den Durchschnittsbürger vermarkteten, um regional erreichbar zu bleiben.

Zusammenfassung und Ausblick | 321

Das Leitbild einer elitär-professionellen Autotelefonie wirkte in der BRD bis in die GSM-Ära fort, die mit der Einführung des pan-europäischen GSM-Mobilfunkstandards 1992 begann. Sie beendete die Zeit der staatlichen Telefonmonopole und weitete den Mobilitätsraum der Funktelefonbesitzer über die nationalen Grenzen hinweg auf Europa aus. Aber auch GSM war zunächst, als es in den 1980er Jahren entwickelt worden war, an professionellen Bedürfnissen ausgerichtet worden. Niemand rechnete mit der späteren explosionsartigen Zunahme der Teilnehmerzahlen.

In der BRD wurde das Handy schließlich gegen Ende der 1990er Jahre in Wechselwirkung zwischen den GSM-Mobilfunkanbietern und den Nutzern zu einem personalisierten, emotionalen Kommunikationsgerät für jedes Alter und Geschlecht geformt. Obwohl zunächst als Yuppie-Utensil verschrien, wurden Handys massenhaft als „Notrufsäule" angeschafft, und schließlich für die mobile Alltagskommunikation – zusammen mit der von Jugendlichen hierfür entdeckten SMS – eingesetzt. Handys wurden nun in Bussen, an der Haltestelle, während des Gehens, im Café und andernorts genutzt. Anfang des 21. Jahrhunderts diente das Handy der emotional-sozialen Vernetzung mittels der direkten Sprachtelefonie; weitere Funktionen wie die SMS erlaubten es, immer wieder zwischendurch zu dem Gerät zu greifen und damit in Interaktion zu treten.

Die Nutzer gewöhnten sich an das zunächst für viele befremdliche Führen privater Gespräche vor den Ohren anderer ebenso, wie diese umgekehrt an die neue Form der Raumaneignung durch das öffentliche Telefonat. Mit der zunehmenden Handykommunikation änderten sich zahlreiche Formen des sozialen Miteinanders: Das früher übliche langfristige Verabreden wurde durch das kurzfristige oder spontane Durchrufen oder „Simsen", um Treffen zu arrangieren oder re-arrangieren, abgelöst. Von sich Verspätenden wurde erwartet, dass sie sich telefonisch meldeten; Gruppentreffen wurden von kurzen, telefonischen Durchrufen unterbrochen. Im Job wurden Privat- und in der Freizeit Arbeitsgespräche geführt, und die Handy-Nutzer mussten nun die Grenzen zwischen ihren ansonsten über die Ausübungsorte getrennten Sozialrollen ziehen. Die asynchrone Telekommunikation per Mailbox und SMS hat die Fernkommunizierenden von der zeitlichen Synchronisierung mit dem Gesprächspartner entbunden. Außerdem wurde es normal, dass Handy-Nutzer zwischen der sozialen Situation ihres jeweiligen Aufenthaltsraums und fernen Personen hin- und her-„switchten". Die neuen Kommunikationspraxen korrespondierten mit dem Lebensstil der 1990er Jahre: Kurzfristige Abstimmungen wurden im Berufs- wie im Familien- und Freundesleben üblich. Der Einzelne war aber auch stärker als zuvor bereit, sich als mobile, flexible und spontan agierende Person zu konstruieren und nahm dafür auch gesteigerte Koordinationsarbeit in Kauf. Ein auffallender Unterschied zum öffentlichen Konsum kaum mithörbarer Walkman-Musik Anfang der 1980er Jahre ist dabei, dass das öffentliche Führen lauter Telefongespräche in der BRD nicht per se als unsozial und atomistisch bewertet wurde. Für die USA lässt sich tendenziell das umgekehrte Verhältnis feststellen: Das ungewollte Mithören halber Telefongespräche am Handy wurde als Belästigung und Beschneidung des Freiraums der ko-präsenten Anderen erfahren, und Störsender wurden eingesetzt, um die ungewollte Handy-Nutzung zu unterbinden.

Da das Handy erstens eine virtuelle Nabelschnur zum jeweiligen persönlichen Netzwerk seines Besitzers darstellt und damit auch emotionale Sicherheit gibt, dieser sich zweitens mit dem Einschalten des Handys für die Ansprache durch dieses Netzwerk „frei" schaltet und drittens Handys fast nie von mehreren Personen geteilt werden, sondern über diverse Funktionen – wie Klingelton, persönliches Adressbuch oder SMS-Speicher – auf den jeweiligen Nutzer hin zugeschnitten sind, ist die Beziehung zwischen dem Portable und seinem Nutzer im Falle des Handys besonders eng, es sei denn, es wird nur als Notfallsäule eingesetzt. Mit dem Handy setzte sich die Vorstellung von tragbarer Konsumelektronik als ständiger, persönlicher Technikbegleiter, wie es zuvor einzig die Armbanduhr erfüllte, vollends durch. Sobald die Mobiltelefone Handgröße erreicht hatten – was in einigen analogen Zellularfunknetzen weit vor dem digitalen GSM-Netz der Fall war –, wurde ihre Miniaturisierung zum eigenständigen Wert. Das Handy gelangte so in Kleidungs- oder Handtaschen oder wurde am Gürtel getragen; die Funktion des Vibrationsalarms beruht sogar darauf, das Gerät möglichst in Körpernähe mitzuführen. Handys sollten nicht mehr nur auf den Kleidungs- und Lebensstil der Besitzer, sondern auch auf deren jeweiliges haptisches Sensorium abgestimmt sein. Wie bei den Portables zuvor ist diese enge Bindung zwischen Mensch und Technik nicht an ein bestimmtes Gerät gebunden; Imagewerte sowie herstellerspezifische Menüführungen, die ein Zeitinvestment verlangen, bis sie routiniert beherrscht werden, lassen jedoch viele Nutzer zu einer bestimmten Marke greifen. Selbst nachts legen einige Handy-Nutzer das Gerät noch in Reichweite ab; andere lassen sich vom Handy wecken, wozu ja auch der Rundfunk genutzt worden war. Im Unterschied zu vorherigen Portables ist der Handygebrauch wegen seiner Vernetzungsfunktion sogar zur regelrechten sozialen Norm geworden: Wer kein Handy hat oder trotz Handy unerreichbar bleibt, hält den bestehenden Mobilitätsanforderungen bereits nicht mehr stand, kann an spontanen Verabredungen nicht partizipieren oder macht sich gar gegenüber dem Partner oder den Eltern suspekt.

In ihrer derzeitigen Ausformung bündeln Mobiltelefone Funktionen verschiedener vorausgehender – elektronischer wie mechanischer – tragbarer Utensilien wie Kamera, Musikbox, Radio, und manche weisen Internet- und Fernsehfunktionen auf. Ob sich diese Konvergenz, die UMTS als 3G-Mobilfunkstandard verfolgt, durchsetzen wird, werden die Nutzer der Zukunft bestimmen. Jedoch verdeutlicht die Geschichte vorheriger Portables, dass sich – würde mobil gesurft oder ferngesehen – die jeweiligen Inhalte und Tätigkeiten enorm von der vorherigen stationären Kultur unterscheiden werden.

Die langzeitige „Evolution" der „mobilen Revolution"

Betrachtet man die drei Fallstudien im Überblick, so sind für die Geschichte der Portables folgende, auf fünf Punkte hin zuzuspitzende Charakteristika markant, die bereits für das Radioportable auszumachen sind und auch die derzeitige Technikentwicklung prägen. Sie verdeutlichen mithin, dass die für den Übergang zum 21. Jahrhundert konstatierte „mobile Revolution" längst ihren Vorlauf in vorherigen „mobilen" Gestaltungen von Technik hatte.

Erstens wurden tragbare Geräte zunächst als Begleiter einer konkreten Ortsverlagerung konzipiert; sie wurden aber dadurch, dass ihre Nutzer sie in den verschiedensten Örtlichkeiten und selbst zu Hause verwendeten, zu allgegenwärtigen, „überall und jederzeit" verfügbaren Alltagsbegleitern umgeformt. Dabei kam die Rhetorik des „Überall und Jederzeit" bereits im Zusammenhang mit dem Radioportable auf, und sie sollte fortan der Vermarktung sämtlicher Portables dienen.

Zweitens kam es durch die Massenaneignung von Portables zu steten Neuaushandlungen von räumlichen und zeitlichen Ordnungskriterien und sozialen Verhaltensregeln, die freilich an die bereits eingeübten Routinen des mobilen Technikkonsums anknüpften. Längst durch die Musikportables an die Schaffung eines Eigenraums im Öffentlichen gewöhnt, erschien auch das öffentliche Führen privater Telefongespräche am Ende des 20. Jahrhunderts weniger fremd. Dass ein Stressratgeber Anfang des 21. Jahrhunderts dazu raten kann, sich ein Schnurlos-Telefon für das Multitasking anzulegen – damit „können Sie durch Ihr Haus laufen und andere Dinge tun, während Sie telefonieren", so lautete der Tipp –[6] ist nur über die Geschichte vorheriger mobiler Technikverwendungen zu verstehen. Bereits mit dem Radioportable, dem Kassettenrekorder und dem Walkman wurde eingeübt, parallel in unterschiedlichen Sozialbezügen – dem konkreten Aufenthaltsort und dem hinzu geschalteten, virtuellen Kommunikationsraum – zu agieren. Es kam zu einer Entdifferenzierung zuvor zeitlich oder räumlich getrennter Tätigkeiten: Nebenbei- und Zwischendurch-Aktivitäten wurden normal, privat und öffentlich oder Arbeit und Freizeit überlagerten sich in unterschiedlicher Weise. Auch kam es zu Verschiebungen von nah und fern: Die nahen Menschen, Dinge und Ereignisse des Aufenthaltsortes bilden die Hintergrundkulisse, zu der ferne Medieninhalte bzw. ferne Personen hinzugeschaltet werden. Diese Ausweitung vom und Vermischungen durch den mobilen Technikgebrauch blieben nicht ohne Kritik. So wurden beispielsweise die mobilen Hörweisen – wie auch die vorherige „Verhäuslichung" von Musik – als passive „Musikberieselung" kritisiert. Angesichts des Vordringens von Portables in Naturräume wurde der Verlust einer genuinen Naturerfahrung gefürchtet, und die Nähe zwischen dem Walkman bzw. Handy und seinem Nutzer verglichen einige Zeitgenossen mit einer abhängig machenden Sucht. Dennoch wurde der Portable-Gebrauch

---

6 | Vgl. Elkin, Allen: Erfolgreiches Stressmanagement für Dummies. Weinheim 2007, S. 131.

trotz der „Überall und Jederzeit"-Rhetorik nicht ort- und zeitlos. So unterliegt das Musikhören ebenso wie das Mobiltelefonieren nach wie vor räumlichen und zeitlichen Grenzen, die sich wesentlich aus gesellschaftlichen Konventionen ergeben. In Situationen, die stark ritualisiert sind und formalisierte Kommunikationsstrukturen aufweisen wie der Schul-, Kirch- oder Bibliotheksbesuch, gilt der Portable-Gebrauch als deplatziert. Bei Musikhörern, die sich nicht an die Konventionen halten und ihre Geräte an diesen Orten dennoch laut aufdrehen, handelt es sich zumeist um Heranwachsende oder um Obdachlose. Im Gegensatz zum „urbanen Nomaden" leben letztere in der Tat nomadenhaft, aber am anderen Ende der sozialen Skala. Dem „urbanen Nomaden" dienen sie angesichts ihrer Macht- und Besitzlosigkeit daher auch keinesfalls zum Vorbild.

Drittens veränderten sich über die zweite Hälfte des 20. Jahrhunderts hinweg die Bewertungen von Miniaturisierung und körpertragbarer Technik. Trotz einer stets vorhandenen Faszination für das Kleine galten die Kleinstportables der 1950er und 1960er Jahre als unseriöse Spielerei; skeptische Radiokäufer konnten daher die Kleinsttransistorkoffer im Laden austesten, sich von ihrer Leistungsfähigkeit zu überzeugen. Erst seit den 1970er Jahren und vor allem dann mit der digitalen Technik, wie sie etwa der Discman von Mitte der 1980er Jahre darstellte, wurde die Miniaturisierung nicht mehr mit einem Qualitätsabstrich gleichgesetzt, sondern zu einem eigenständigen Wert. Nach einer „prometheischen Expansionsperiode", in der die Technik zur Eroberung der Welt und des Weltalls ausgezogen sei, konstatierte etwa auch Jean Baudrillard für die 1970er Jahre eine „Verkleinerungssucht".[7] „Größer ist nicht mehr besser", stellte ein Report zur Konsumelektronik 1979 fest.[8] Zwar kehrte das Abwerten von Kleinstgeräten rituell wieder, etwa wenn Erwachsene über die „Taschenplärrer der Teenies" oder die kleinen Schwarz-Weiß-Screens der Gameboys die Nase rümpften. Jedoch wurden neue Bewertungskriterien wichtig: Portables, die näher an die Körper der Menschen rückten, wurden nach Modeempfinden, „intuitivem" Verstehen und taktilen Werten wie einem angenehmen Körpergefühl ausgewählt. Die technische Perfektion stand demgegenüber zurück. Dies legen zumindest Schnurlostelefone und Handys, deren Übertragungsqualität dem Drahttelefon unterlegen ist, ebenso nahe wie Taschenradio oder MP3-Player, denen HiFi-spezifische Einstellmöglichkeiten fehlen. War das Hör- oder Seherlebnis an den häuslichen Geräten stark von technischen Leistungsparametern mitbestimmt, so liegt der Mehrwert der Portables in ihrer steten Verfügbarkeit, in ihrem kleidsamen Accessoire-Charakter und in ihrer Haptik. Damit einher ging eine zunehmende Cyborgisierung, die nach der massenhaften Aneignung von Walkman, Handy oder MP3-Player kaum mehr kritisiert wird. Viele Handy-Nutzer haben kein Problem mehr damit, zu betonen, dass sie sich ein Leben ohne Handy nicht mehr vorstellen können. Hatte der Astronaut im Weltall, der sein Leben er-

---

7 | Vgl. Baudrillard, S. 68.
8 | Vgl. Die Zeit, 31.8.1979, S. 51 („Größer ist nicht mehr besser").

haltendes Versorgungssystem als Kleidung an sich trug, verdeutlicht, dass der Mensch-Technik-Cyborg ungeahnte Leistungen vollbringen konnte, so diente auf Erden bald der Walkman als Leitbild für körpertragbare Technikdesigns, die kaum mehr stigmatisiert sind. Insbesondere in der amerikanischen Gesellschaft wurde die Faszination für Wearables dabei stark von der Populärkultur und deren Helden wie Dick Tracy und Captain Kirk und deren futuristischen Gadgets (Funkuhr, Communicator) gespeist. Heutige Entwicklungslabore experimentieren mit anschmiegsamen, in die Textilien integrierten Wearables,[9] die letztlich Fortführungen des Sakko-Radios oder des Musikschals von einst sind. „Anstatt Ihren Laptop im Koffer zu tragen, ziehen Sie ihn an", popularisiert Nicholas Negroponte bereits den digitalen Anzug von morgen, und andere Technikutopisten lassen sich bereits Elektronik unter die Haut pflanzen.[10]

Viertens nahmen Jugendliche in der Verbreitung des mobilen Technikkonsums eine zentrale Stellung ein: Sie wertschätzten die Portabilität ihrer „objets nomads", weil sie ihnen eine kostengünstig zu erstehende Unabhängigkeit von der elterlichen Technikausstattung gewährten und sie die Geräte noch dazu zu Freunden, in die Schule oder zu öffentlichen Treffpunkten mitnehmen konnten. Entlang der Portables kreierten sie jugendspezifische Konsumkulturen, in der teils subversiv – und eher von Jungen als von Mädchen – die geltenden Normen der Erwachsenenwelt überschritten wurden. Portables waren nicht nur identitätsstiftendend, sondern sie konnten in der unsicheren Zeit des Heranwachsens als „Übergangsobjekte" wie ein Stück vertraute Lebenswelt mitgenommen werden.[11] Jugendliche traten durch ihre spezifischen Aneignungen wesentlich stärker als „Mobilitätspioniere"[12] auf als die reisenden Geschäftsmänner. Sie nahmen die Anfeindungen gegen das mobile Kopfhörer-Tragen ebenso in Kauf wie die minderwertige Tonqualität des Taschenradios oder die Mühseligkeit des SMS-Tippens. Sie setzten das Handy für die emotionale und gruppenspezifische Kommunikation ein, als es unter vielen Erwachsenen noch als Businesstool und Notrufsäule galt. Das Multitasking ist der Walkman- und Gameboy-Generation so selbstverständlich wie der Nachkriegsgeneration das Radiohören während des Autofahrens, und kaum ein Teenager erleidet noch Gleichgewichtsstörungen, wenn er mobil per Kopfhörer Musik hört. Die Rolle von Heranwachsenden als Technikkonsumenten, die mit der Entdeckung des „Teenagers" um 1960 einsetzte, ist am Ende des 20. Jahrhun-

---

9 | Vgl. Tao, Xiaoming (Hg.): Wearable electronics and photonics. Cambridge u. a. 2005; Baxter, Andrew et al. (Hg.): Vision of the future. Eindhoven (Philips Design) 1998.
10 | Vgl. Negroponte, Nicholas: Total digital. Die Welt zwischen 0 und 1 oder: Die Zukunft der Kommunikation. München 1995, S. 254; zur Implantation von Mikrochips vgl. Rheingold, S. 201.
11 | Vgl. Tully 2003, S. 33.
12 | Zu den „Mobilitätspionieren" der Berufswelt am Ende des 20. Jahrhunderts vgl. Bonß, Wolfgang; Kesselring, Sven; Weiß, Anja: „Society on the move". Mobilitätspioniere in der Zweiten Moderne. In: Beck, Ulrich; Lau, Christoph (Hg.): Entgrenzung und Entscheidung. Was ist neu an der Theorie reflexiver Modernisierung? Frankfurt a. M. 2004, S. 258 – 280.

derts kaum zu überschätzen. Bereits Kinderzimmer sind so stark mit Technik ausgerüstet, dass Medienstudien von einer „media-rich bedroom culture" der Jüngsten sprechen.[13] Betrachtet man die 6- bis 17-Jährigen in der BRD, so hatten diese Ende der 1990er Jahre in über 80 % der Fälle ein eigenes Zimmer. In 52 % aller Kinderzimmer war ein Walk- bzw. Discman vorhanden, in 42 % ein Gameboy und in 21 % ein Tamagotchi.[14] Haushalte mit Kindern zeigen eine überdurchschnittlich hohe Ausstattung mit Konsumelektronik, und der Besitz technischer Konsumgüter korreliert inzwischen weniger mit dem Einkommen als mit dem Alter.

Fünftens und letztens handelte es sich bei der tragbaren Konsumelektronik um einen Bereich technischer Konsumgüter, der wesentlich von global vermarkteten Produkten vornehmlich asiatischer Unternehmen bestimmt war. Die ersten, massenhaft aus Japan eingeführten Produkte waren Ende der 1950er Jahre die Taschenradios. Westliche Hersteller warfen den japanischen Firmen lange Zeit und teilweise ungerechtfertigt das Imitieren von Produktdesigns vor; spätestens mit dem *Sony Walkman* wurden jedoch umgekehrt japanische Designs international kopiert. Hergestellt wurden die meisten Portables und ihre Bestandteile in einem Beziehungsgeflecht von rund um den Globus verteilten Fabriken. Aber auch der Portable-Gebrauch wurde als ein transnationales Phänomen wahrgenommen. Bereits in Günther Anders' Medienkritik tauchten die Pärchen auf, die „mit einem sprechenden ‚portable' am Ufer des Hudson, der Themse oder der Donau" spazieren gingen.[15] Walkmans wurden zuerst in Tokio-Innenstadt, im New Yorker Central Park oder auf dem Campus von Princeton gesichtet.[16] Transnationale Konsumkulturen wie die der Teenager, der mondänen Vielreisenden oder die der Yuppies entstanden; gleichzeitig blieb die Konsumtion des Durchschnittsbürgers lokal situiert und regional bestimmt. So standen beispielsweise die Bundesbürger der Mobilisierung von Technik wesentlich verhaltener gegenüber als ihre amerikanischen Zeitgenossen. Dennoch kann man im Falle der Musikportables von einem schon Jahrzehnte währenden Import einer südostasiatischen Produktkultur sprechen, und im Falle des Mobilfunks wurden schließlich auch südostasiatische Konsumkulturen – nämlich die Handyverwendung der Japaner – zur Orientierungsfolie für die Planer des 3G-Mobilfunks. Studien zum jüngsten Technikkonsum müssten mithin in wesentlich stärkerem Maße, als die vorliegende Untersuchung dies erfüllen konnte, die Beeinflussung der westlichen

---

13 | Vgl. Livingstone, Sonia; Bovill, Moira: Bedroom Culture and the Privatization of Media Use. In: Dies. (Hg.): Children and Their Changing Media Environment. A European Comparative Study. Mahwah, London 2001, S. 179-200.
14 | Vgl. Krotz, Friedrich; Hasebrink, Uwe; Lindemann, Thomas; Reimann, Fernando; Rischkau, Eva: Neue und alte Medien im Alltag von Kindern und Jugendlichen. Deutsche Teilergebnisse einer europäischen Studie. Hamburg 1999, S. 23. Es handelt sich um eine repräsentative Befragung von 6- bis 17-Jährigen (1269 Fragebögen, Dez. 1997).
15 | Vgl. Anders, Günther: Die Antiquiertheit des Menschen. Über die Seele im Zeitalter der zweiten industriellen Revolution. München 1956, S. 107.
16 | Vgl. Der Spiegel, 8.6.1981, H. 24, S. 210-213 („High und fidel"), hier S. 211.

Technikkultur nicht nur durch amerikanische, sondern auch durch asiatische Produkt- und Konsumkulturen thematisieren.

Portables als Ikonen einer neuen Mobilitätskultur

Tragbare Konsumelektronik und Mobilität sind mehrfach miteinander verzahnt. Mobile Medientechniken wurden für Verkehr und Tourismus entwickelt und in deren mobile Räume wie Zug, Auto oder Flugzeug zur Vernetzung nach außen oder zur Unterhaltung eingebaut. Im Falle von tragbaren Geräten wurde es Menschen auf der Reise oder im Urlaub möglich, auch fernab von zu Hause den häuslichen Konsumgewohnheiten nachzugehen. In der späteren Ausweitung der Nutzung vom Reise- zum Alltagsbegleiter, der „jederzeit und überall" verfügbar sein sollte, spiegelt sich eben jene Ausweitung wider, der auch die Bedeutung von „Mobilität" – von der konkreten Ortsverlagerung zum „Mobil-Sein" im Sinne von allgemeiner Flexibilität und steter Einsatzbereitschaft – unterlag. Die Geschichte der Portables zeigt dabei jedoch zugleich die mannigfachen Immobilitäten auf, die mit der steigenden Mobilität einhergingen, aber zumeist ungenannt blieben. Abschließend sollen die Geräte daher als „Leitfossilien" einer sich wandelnden Mobilitätskultur interpretiert werden.

Es war zunächst das individuelle Verkehrsmittel des Autos, das in der zweiten Hälfte des 20. Jahrhunderts zur Ikone für Unabhängigkeit, Emanzipation und frei wählbare Mobilität wurde. Auch für die Portable-Entwicklung hatte das Auto eine Leitfunktion inne: Kaum gab es erste Rundfunksender, wurden Empfänger in Autos montiert; ebenso schnell hielten Kassettenrekorder oder Discmans Einzug, und mobile Telefone blieben aufgrund ihrer hohen Gewichte über Jahrzehnte hinweg diesem Privatraum auf Rädern vorbehalten. Angesichts der hohen Anteile der Fortbewegungszeiten, welche auf die Autofahrt entfallen, hat das Auto nichts an dieser Leitfunktion eingebüßt. Es bildet das Testfeld zur Erprobung von GPS-Anwendungen und stellt ebenso ein Transportmittel wie ein mobiles Kommunikationszentrum dar.[17]

Die Portables der zweiten Hälfte des 20. Jahrhunderts wurden bei ihrer Einführung zumeist in Verbindung mit Verkehr und Tourismus gebracht – die Bilder des Mediating zeigten beispielsweise Tonbandkoffer auf dem Autositz oder Kofferradios im Zugabteil. Der Portable-Gebrauch verweist daher auch auf die jeweils vorherrschenden Bewegungsformen: Kofferradios begleiteten, der Mobilitätskultur der Nachkriegszeit entsprechend, den sonntäglichen Ausflug oder das Camping; tragbare Kurzwellenradios wurden vermarktet, als die Auslandsreise in den 1960er Jahren immer üblicher wurde. Der Discman wurde vom vielreisenden Geschäftsmann der 1980er Jahre mit ins Flugzeug genommen, und tragbare DVD-Spieler dienen Urlaubs- wie Geschäftsreisenden am Anfang des 21. Jahrhunderts dazu, die Wartezeit am Flughafen un-

---

17 | Vgl. Sheller, Mimi: Mobile Publics: Beyond the Network Perspective. In: Environment and Planning D: Society and Space 22, 2004, S. 39 – 52.

terhaltsam zu gestalten. Während ihrer Normalisierung wurden die Portables jedoch nach und nach von solchen Bewegungssituationen entkoppelt, und mit Walkman und Handy war es schließlich nur noch der einzelne Nutzer, der – sei es als Fußgänger oder als Rollschuhfahrer – die mobile Einheit darstellte.

Im Zuge dieser Entkopplung wurden die Portables selbst zum Symbol für Freiheit und Mobilität. Teils wurde dabei noch auf das Auto als Metapher zurückgegriffen. So stellte beispielsweise ein Microsoft-Buch zu Smartphone, PDA und Notebook in der Einleitung klar: „In many ways, mobile technology is like a car. It gives you some freedom"; sämtliche Funktionen der Drahtlostechniken wurden dann im Folgenden mit Sinnbildern aus der Autowelt veranschaulicht.[18] Vor allem das Handy substituierte zu Beginn des 21. Jahrhunderts das Auto als neue Ikone der Mobilität, ohne noch solcher Parallelisierungen zu bedürfen. Solange Mobiltelefone im Auto installiert werden mussten, gingen die Verkehrs- und die mobile Kommunikationstechnik eine symbiotische Beziehung ein und repräsentierten Geschwindigkeit, Dynamik, Mobilität und Freiheit. Auch die Portys und Handys der 1990er Jahre wiesen Designs auf, die auf die Symbolsprache des Autos verwiesen. Zugleich wurde das GSM-Handy von Beginn an als eine Freiheitstechnik dargestellt: „Freiheit hat einen Namen", lautete beispielsweise der Slogan für die ersten GSM-Handgeräte von Ericsson.[19] Motorola fragte in einer frühen Werbeanzeige: „Wie frei möchten Sie sein?" Das Werbefoto zeigte kein Auto mehr, sondern eine surrealistische Szene: eine Frau im roten, engen Sommerkleid war als vogelhafter Übermensch mit großen, grellbunten Flügeln ausgestattet und genoss die Aussicht ins weite Blau des Sees und des Himmels, in den sie sich jederzeit erheben können würde. Ein Vogel war auch das Markenlogo des Netzanbieters E-Plus. Der Vogel – Sinnbild für Freiheit, Unabhängigkeit und den alten Menschheitstraum des Fliegens – entgeht dem Stau, kennt keine Parkprobleme und bewegt sich mit Leichtigkeit und autonom durch den Raum.

Diese Aufladung von Portables als neue Vehikel der Freiheit blendete abermals aus, dass jede Freiheit mit Unfreiheiten erkauft wird. Aber auch diese Kehrseite der Mobilität prägt die Geschichte der Portables. Einerseits sollten Portables Immobilitäten auffangen oder sie gar vermeiden. Die Verkehrsmeldungen des Autoradios sollten Staus verhindern; mit Lern- und Hörbuchkassetten ließen sich Warte- und Reisezeiten effektiv verbringen; CB-Hobby-Funker meldeten ihr verspätetes Eintreffen vom Auto aus den Wartenden; das Autotelefon ermöglichte es außerdem, im Stau wichtige Telefonate zu erledigen. Andererseits wurden die Portables selbst auch gänzlich unmobil eingesetzt, und zwar im physischen wie im übertragenen Sinne. Tragbare Radiorekorder standen auf Küchenborden oder Wohnzimmerregalen bereit und

---

18 | Vgl. Bogue, Robert L. (Hg.): Mobilize yourself! The Microsoft Guide to Mobile Technology. Redmont 2002.
19 | Vgl. Werbeanzeigen in: FS, 1992, H. 6, S. 22f; FS, 1993, H. 7, S. 89.

wurden von dort kaum wegbewegt; Walkmans wurden im Bett aufgesetzt; Discmans substituierten den CD-Player der Stereoanlage.

Wurden Portables unterwegs eingesetzt, so dienten sie oftmals dazu, den Herausforderungen der Ortsverlagerung zu entgehen und sie mit gewohnten Routinen zu kompensieren. Der Reise-Empfänger verband den im Reisen noch unerfahrenen Auslandsurlauber der 1960er Jahre mit der vertrauten Sprache eines deutschen Kurzwellen-Programms; das Handy wird heute auch mitgenommen, wenn nur geringe Distanzen zurückgelegt werden, um die virtuelle Nabelschnur zum Freundes- und Familienkreis nicht abreißen zu lassen. Selbst in der Werbung für Batterien, dem globalen Rückgrat des mobilen Technikkonsums, kam diese Funktion zum Ausdruck: So sollten Varta-Pertrix-Batterien es ermöglichen, „auch im entferntesten Winkel der Erde" das Radiogerät einschalten zu können, so dass Musik einen begleite, egal wie weit man „der Zivilisation ‚entfliehen'" würde.[20] Der mobile Technikgebrauch ließ „die Strasse zur Stube" werden, stellte ein Journalist bereits Ende der 1970er Jahre für die „(i)mmer kleiner und immer feiner" werdenden Portables fest.[21] Heimisch ist man dort, wo man auf Vertrautes und Bekanntes stößt.[22] Mit Portables ließ sich die eigene Lebenswelt mit auf fremde Wege nehmen, um sich dort heimisch zu machen; die Langeweile der Wege der alltäglichen Mobilität wiederum ließ sich auflockern, und in der urbanen Mobilität halfen Ende des 20. Jahrhunderts Walkman und Handy dabei, Hände und Blick mit dem Halten und Bedienen eines Portables beschäftigt zu halten und sich über die Vernetzung mit Medienwelten leichter von der Nähe der fremden Menschenmassen distanzieren zu können. Eine besondere Rolle nahm dabei der Kopfhörer ein: Ohne die materiale Hülle eines Autos zu benötigen, konnte man sich unterwegs mit der akustischen Hülle auf den Ohren einen intimen und vertrauten Schutzraum schaffen. Portables sind über die zweite Hälfte des 20. Jahrhunderts hinweg zu wichtigen Instrumenten geworden, physische Mobilität und die damit einhergehenden Befremdungen und Unsicherheiten emotional zu bewältigen. „Wer viel unterwegs ist, braucht eine Konstante", beschrieb dies plakativ eine Werbeanzeige für mobile Medieninhalte für das Handy.[23]

Zugleich ist mit der Normalisierung der Portables der Anspruch einhergegangen, eine Technik möglichst „jederzeit und überall" so wie zu Hause oder im Büro nutzen zu können. „Jederzeit" und „Überall" waren bereits die zentralen Schlagworte der Vermarktung des tragbaren Radios, und sie scheinen geeignet, die neue Mobilitätskultur zu umschreiben, die seit den 1960er Jahren nach einer noch stark häuslich-familiär geprägten Nachkriegsphase

---

20 | Vgl. Werbeanzeige in: Hobby, 1965, H. 1, S. 15.
21 | Vgl. Weltwoche, 24.7.1986, S. 42 („Den Fernseher in der Hose, das Radio in der Jacke").
22 | „Home is taken-for-grantedness", so Hannerz, vgl.: Hannerz, Ulf (1990): Cosmopolitans and Locals in World Culture in: Mike Featherstone (Hg.): Global Culture: Nationalisation, Globalization, and Modernity. Theory, Culture and Society, London, S. 237-251, hier S. 248.
23 | Vgl. F.A.Z.-Werbeanzeige in: F.A.Z., 20.3.2008, S. 14.

entstand. In dieser wurden weniger die steigenden Bewegungsmöglichkeiten von Verkehr und Tourismus hervorgehoben – die Verkehrsinfrastrukturen wurden als selbstverständlich vorausgesetzt – , sondern im Vordergrund stand das Potential, überall sein und dabei Gewohntes ausüben zu können. „Mobil-Sein" und „Mobilität" wurden von den Verkehrstechniken entkoppelt. Über physische Mobilität befragt, äußerte entsprechend eine Interviewpartnerin einer um 2000 durchgeführten Verkehrsstudie, der Mobilitätsbegriff dehne sich dahingehend aus, „dass Du immer, überall alles machen kannst."[24] Dies unterschied die sich ausformende Mobilitätskultur auch fundamental von jener der Jahrzehnte um 1900, als vor allem die städtische Bevölkerung angesichts massiver Bevölkerungsfluktuationen, hoher Verkehrsdichten sowie steter Veränderungen des Alltagslebens durch technische Neuerungen in vielerlei Hinsicht „bewegtere" Zeiten erlebte als die westdeutsche Gesellschaft nach 1945: Der aufkommende Massentransport führte Anfang des 20. Jahrhunderts zu einer populären Faszination für die Überwindung des Raumes, für Fortbewegung und Tempo, und ein Geschwindigkeitsrekord brach den nächsten.[25] Waren zunächst die Eisenbahn und dann das Automobil die Mobilitätsikonen dieser Ära gewesen, so wurden sie gegen Ende des 20. Jahrhunderts von den Portables und insbesondere dem Handy abgelöst. Der Begriff „mobil" entwickelte sich, darin seinem Vorgänger „modern" folgend,[26] zu einem vielschichtigen Schlagwort, um das sich ein emotionales und normatives Bedeutungsfeld entspann, das im Allgemeinverständnis äußerst positiv besetzt war und ist. Der Walkman der späten 1980er Jahre wurde mit Fitness und Jugendlichkeit assoziiert; Werbeanzeigen für portable Musikanlagen forderten den Käufer der Jahre um 1980 auf, einem aktiv-sportlichen Lebensstil nachzugehen, und Klassik-Musikkassetten waren Mitte der 1970er Jahre als eine Möglichkeit dargestellt worden, eine „mobile" Lebensform zu realisieren. Aber bereits mit dem Radioportable wurden Ende der 1950er Jahre Dynamik, Jugendlichkeit und Unternehmungslust assoziiert – und damit eben jene Werte, die auch das heutige positive Verständnis von Mobil-Sein prägen. Für diese neue Form des Mobil-Seins zählten nicht mehr nur Geschwindigkeit und die Überwindung einer Distanz. Vielmehr scheint die Überlagerungsmöglichkeit von Räumen und Zeiten – das Gleichzeitige des „Fernab und Mittendrin" – die zentrale neue Erfahrung darzustellen. Der Raum erhält dadurch eine andere Bedeutung, als er sie im Zusammenhang mit den modernen Verkehrstechniken zu Beginn des 20. Jahrhunderts hatte: Ging es dort um die Raumdurchquerung, deren Maß und ihre Geschwindigkeit, so geht es nun darüber hinaus um die Vernetzung und die selbst bestimmte Bricolage von Räumen und Sozialbezügen. Das City-Radio half dabei, stets und überall „,up-to-date' (zu) sein"; auch

---

24 | Vgl. Kramer, S. 389.
25 | Vgl. Radkau, Joachim: Das Zeitalter der Nervosität. Deutschland zwischen Bismarck und Hitler. München 2000; Borscheid 2004.
26 | Vgl. zum Begriff „modern" im Zusammenhang mit den Konsummöglichkeiten der 1950er Jahre: Schildt 1995, S. 351 – 397.

wer „fernab vom Alltag" war, blieb mit dem Handy „mittendrin", und wer sich kurzerhand aus seinem Aufenthaltsort „ausklinken" wollte, klinkte sich mit dem Radioportable ebenso wie mit dem Walkman in eine vertraute Hörkulisse ein. Hatten Geschwindigkeit und Beschleunigung das Alltagsleben und die Mentalität der Zeitgenossen um 1900 geprägt und zu dem neuartigen und vieldiskutierten Symptom der Nervosität geführt,[27] so lässt sich in ähnlicher Weise für die Zeit gegen Ende des Jahrhunderts eine „Überall- und Jederzeit"-Kultur konstatieren. An die Stelle der vorherigen Nervosität scheinen Stress und Hyperaktivität als physiologische Reaktion auf die Simultanität und das Multitasking getreten zu sein. Den postmodernen Inbegriff der „Überall- und Jederzeit"-Kultur bildet jedoch weniger das Sinnbild des Vogels, sondern der Sportler auf dem Laufband, der sich, ausgerüstet mit Funktionskleidung, Pulsmesser und Musik-Wearable, physisch bewegt und fit hält, ohne auch nur einen Schritt voran zu kommen.

---

27 | Vgl. Radkau.

Literatur- und Quellenverzeichnis

1. Unveröffentlichte Quellen

Deutsches Museum, München, Archiv:
Firmenschriften (FS) 002146 (Graetz); FS 002253 (Grundig); FS Nordmende; FS Philips; FS Schaub-Lorenz

Deutsches Technikmuseum (DTMB), Berlin, Archiv:
III.SSg.2 Firmenschriften

Hagley Museum und Library, Wilmington, Archiv:
Accession 2225: Records of the MCI communications Corporation. Series IX: Marketing and Sales: Subseries B: Marketing/Commercial Studies and Analyses:
Frost and Sullivan, Inc.: Equipment and Services for the Virtual Office market. Changing American Work Habits Spur Growth of New End – User Demand. New York u. a. 1992 (box 359);
Dies.: Mobile Communications Service Markets. Enhanced Offerings Expand User Base. New York u. a. 1993 (box 360);
Dies.: U.S. Cellular and PCS Telephone, Pager, and Accessory Markets. Time to Focus on Applications. New York u. a. 1994 (box 358);
Dies.: European Personal Communications Service (PCS) Markets. Silicon Valley u. a. 1997 (box 359);
Dies.: U.S. Consumer Telephone Equipment and Associated Product Markets. New York u. a. 1998 (box 358);
Dies.: European Cordless Telephony Markets. New York u. a. 1998 (box 359);
Dies.: Global System for Mobile Communications Digital Cellular Infrastructure Markets. New York u. a. 1998 (box 359).
Accession 2225: Records of the MCI communications Corportation. Series X: Corporate Communications and public relations: box 46, box 425, box 426.

HNF – Heinz Nixdorf MuseumsForum, Paderborn:
Sammlungen zu Mobiltelefonen

Loewe, Kronach, Archiv:
Firmenzeitschrift *Loewe – Opta Kurier*

National Museum of American History (NMAH), D.C.:
Henderson Wireless Collection, Acc. 2003.8001

2. Verwendete zeitgenössische Periodika

Vollständig eingesehene Periodika:

Funkschau (FS), 1950 – 2000
Funktechnik (FT), 1948 – 1965, 1975, 1980 – 82
Handbuch des Rundfunk – und Fernseh – Großhandels (HB; zunächst unter dem Titel Katalog des Rundfunkgroßhandels erschienen), 1950/51 – 1968
Test, 1968 – 2000
Zeitungsindex, 1974ff

In Stichproben eingesehene Periodika:

Audio, Bravo, Camping, DM, DM. Jahrbuch. Das Lexikon für modernen Einkauf, Grundig Technische Informationen, HiFi-Stereophonie, Hobby, Hör-Zu, Jahrbuch der Werbung, KlangBild, Neckermann-Katalog, Quelle-Katalog, Stereo, Stereoplay, Twen

3. Literatur

Abele, Günter F.: Historische Radios. Eine Chronik in Wort und Bild. Bd. 1 – 5. Stuttgart 1996 – 1999.

Adam, Barbara; Geißler, Karlheinz A.; Held, Martin (Hg.): Die Nonstop-Gesellschaft und ihr Preis. Stuttgart, Leipzig 1998.

Agar, Jon: Constant touch. A global History of the Mobile Phone. Duxford, Cambridge 2003.

Ahonen, Tomi T.: m-Profits. Making Money from 3G Services. Hoboken 2002.

Akrich, Madeleine: Beyond Social Construction of Technology: The Shaping of People and Things in the Innovation Process (1992). In: Dierkes, Meinolf; Hoffmann, Ute (Hg.): New Technology at the Outset. Social Forces in the Shaping of Technological Innovations. Frankfurt a. M. 1992, S. 173 – 190.

Akrich, Madeleine: The De-Scription of Technical Objects. In: Bjiker/Law, 1992, S. 205 – 244.

Akrich, Madeleine: User Representations: Practices, Methods and Sociology. In: Rip, Arie; Misa, Thomas, J.; Schot, Johan (Hg.): Managing Technology in Society. The Approach of Constructive Technology Assessment. London 1995, S. 167 – 184.

Akrich, Madeleine; Latour, Bruno: A Summary of a Convenient Vocabulary for the Semiotics of Human and Nonhuman Assemblies. In: Bijker/Law, 1992, S. 259 – 264.

Anders, Günther: Die Antiquiertheit des Menschen. Über die Seele im Zeitalter der zweiten industriellen Revolution. München 1956.

Andersen, Arne: Der Traum vom guten Leben. Alltags- und Konsumgeschichte vom Wirtschaftswunder bis heute. Frankfurt a. M., New York 1997.

Andresen, Thomas: Informationsgesellschaft und Werbung. In: Szallies, Rüdiger; Wiswede, Günter (Hg.): Wertewandel und Konsum: Fakten, Perspektiven und Szenarien für Markt und Marketing. Landsberg 1991, S. 185 – 213.

Attali, Jacques: Bruits. Essai sur l'économie politique de la musique. Paris 2001.

Attwood, David: sound design. classic audio & hi-fi design. London 2002.

Augé, Marc: Ein Ethnologe in der Metro. Frankfurt a. M., New York 1988.

Augé, Marc: Orte und Nicht-Orte. Vorüberlegungen zu einer Ethnologie der Einsamkeit. Frankfurt a. M. 1994.

Baacke, Dieter: Beat. Die sprachlose Opposition. München 1968.

Baacke, Dieter: Die 13- bis 18jährigen. Einführung in Probleme des Jugendalters. München u. a. 1979.

Baacke, Dieter; Sander, Uwe; Vollbrecht, Ralf (Hg.): Lebenswelten sind Medienwelten. Opladen 1990.

Barthes, Roland: Die Sprache der Mode. Frankfurt a. M. 1985.

Barthes, Roland: Mythen des Alltags. Frankfurt a. M. 1988.

Batten, Jack: Laufschule – ein Antistressprogramm. Gesund und glücklich durch Jogging. München 1979.

Baudrillard, Jean: Das Ding und das Ich. Gespräch mit der täglichen Umwelt. Wien 1974.

Bauer, Karl W.; Hengst, Heinz (Hg.): Kritische Stichwörter zur Kinderkultur. München 1978.

Baumann, Margret (Hg.): Mensch Telefon. Aspekte telefonischer Kommunikation. Heidelberg 2000.

Baumeler, Carmen, Kleider machen Cyborgs. Zur Geschichte der Wearable Computing-Forschung. In: Orland, Barbara (Hg.): Artifizielle Körper – lebendige Technik. Technische Modellierungen des Körpers in historischer Perspektive. Interferenzen. Zürich 2004, S. 221 – 237.

Bausinger, Hermann: Volkskultur in der technischen Welt. Frankfurt a. M. 1986.

Baxter, Andrew et al. (Hg.): Vision of the future. Eindhoven (Philips Design) 1998.

BBE (Hg.): BBE-Branchenreport. Unterhaltungselektronik. Marktvolumen und -Prognosen, Distributionswege und Marktanteile, Handels-Szene, Kooperations-Szene. Bearbeitet von Peter Clevenz. Köln 1984.

BBE (Hg.): BBE-Branchenreport. Unterhaltungselektronik. Marktvolumen und -prognosen, Distributionswege und Marktanteile. Handels-Szene. Kooperations-Szene. Bearbeitet von Peter Clevenz. Köln 1988.

BBE (Hg.): Multimedia II/Consumer Electronics. BBE-Trend- und Zukunftsforschung. Chancen und Perspektiven für die Neupositionierung der Konsumelektronik-Branche im 21. Jahrhundert. Köln 2000.

BBE (Hg.): Consumer Electronics. BBE-Branchenreport. Bearbeitet von Peter Clevenz. Köln 2001.

Beck, Klaus: Telefongeschichte als Sozialgeschichte: Die soziale und kulturelle Aneignung des Telefons im Alltag. In: Forschungsgruppe Telefonkommunikation, S. 45 – 75.

Beck, Stefan: Umgang mit Technik. Kulturelle Praxen und kulturwissenschaftliche Forschungskonzepte. Berlin 1997.

Beck-Gernsheim, Elisabeth: Auf dem Weg in die postfamiliale Familie – Von der Notgemeinschaft zur Wahlverwandtschaft. In: Beck, Ulrich; Beck-Gernsheim, Elisabeth (Hg.): Riskante Freiheiten. Individualisierung in modernen Gesellschaften. Frankfurt a. M. 1994, S. 115 – 138.

Bender, Gerd: Technologische Innovation als Form der europäischen Integration. Zur Entwicklung des europäischen Mobilfunkstandards GSM. In: Zeitschrift für Soziologie, 1999, H. 2, S. 77 – 92.

Berendt, Joachim-Ernst: Das Dritte Ohr. Vom Hören der Welt. Reinbek 1988.

Berg, Klaus; Kiefer, Marie Luise (Hg.): Massenkommunikation IV. Eine Langzeitstudie zur Mediennutzung 1964 – 1990. Baden-Baden 1992.

Berger, Andreas; Grigoleit, Uwe; Kretschmer, Bernd: Das Handy Praxisbuch. Düsseldorf u. a. 1999.

Berghoff, Hartmut (Hg.): Marketinggeschichte. Die Genese einer modernen Sozialtechnik. Frankfurt a. M. 2007.

Bergler, Georg: Verbraucher und Verbrauchsgewohnheiten. In: Ders.: Beiträge zur Absatz- und Verbrauchsforschung. Nürnberg 1957.

Betts, Paul: The Authority of Everyday Objects. A Cultural History of West German Industrial Design. Berkeley u. a. 2004.

Bijker, Wiebe E.: Of bicycles, bakelites, and bulbs: toward a theory of sociotechnical change. Cambridge M. A. u. a. 1995.

Bijker, Wiebe; Hughes, Thomas P.; Pinch, Trevor (Hg.): The Social Construction of Technological Systems: New Directions in the Sociology and History of Technology. Cambridge 1987.

Bijker, Wiebe; Pinch, Trevor: The Social Construction of Facts and Artifacts. In: Bijker/Hughes/Pinch, S. 17 – 50.

Bijsterveld, Karin: „What Do I Do with My Tape Recorder...?" Sound Hunting and the Sounds of Everyday Dutch Life in the 1950s and 1960s. In: Historical Journal of Film, Radio and Television 24, 2004, S. 613 – 634.

Bingle, Gwen; Weber, Heike: Mass Consumption and Usage of 20th Century Technologies – a Literature Review. Working paper, Aug. 2002, online: http://www.zigt.ze.tu-muenchen.de/users/papers/literaturbericht08-16-2002.pdf (Zugriff: 18.05.2005).

Blücher, Viggo: Freizeit in der Industriellen Gesellschaft. Dargestellt an der jüngeren Generation. Stuttgart 1956.

Bogue, Robert L. (Hg.): Mobilize yourself! The Microsoft Guide to Mobile Technology. Redmont 2002.

Bonacker, Kathrin: Hyperkörper in der Anzeigenwerbung des 20. Jahrhunderts. Marburg 2002.

Bonfadelli, Heinz et al.: Jugend und Medien. Eine Studie der ARD/ZDF-Medienkommission und der Bertelsmann Stiftung. Frankfurt a. M. u. a. 1986.

Bonß, Wolfgang; Kesselring, Sven; Weiß, Anja: „Society on the move". Mobilitätspioniere in der Zweiten Moderne. In: Beck, Ulrich; Lau, Christoph (Hg.): Entgrenzung und Entscheidung. Was ist neu an der Theorie reflexiver Modernisierung? Frankfurt a. M. 2004, S. 258 – 280.

Bontinck, Irmgard: Kultureller Habitus und Musik. In: Bruhn, Herbert; Oerter, Rolf; Rösing, Helmut (Hg.): Musikpsychologie. Ein Handbuch. Reinbek bei Hamburg 1994, S. 86 – 94.

Booz-Allen & Hamilton: Mobilfunk. Vom Statussymbol zum Wirtschaftsfaktor. Frankfurt a. M. 1995.

Bopp, Jörg: Trauer-Power. Zur Jugendrevolte 1981. In: Kursbuch 65, 1981, S. 151 – 168.

Borscheid, Peter: Von Jungfern, Hagestolzen und Singles. Die historische Entwicklung des Alleinlebens. In: Gräbe, Sylvia (Hg.): Lebensform Einpersonen-Haushalt. Herausforderung an Wirtschaft, Gesellschaft und Politik. Frankfurt a. M., New York 1994, S. 23 – 53.

Borscheid, Peter: Das Tempo-Virus. Eine Kulturgeschichte der Beschleunigung. Frankfurt a. M. 2004.

Bourry, Thomas: Wie die Zeit im Flug vergeht. Stillstand und Beschleunigung beim Reisen in Jetgeschwindigkeit. In: Rosa, Hartmut (Hg.): fast forward. Essays zu Zeit und Beschleunigung. Hamburg 2004, S. 101 – 114.

Braun-Thürmann, Holger: Innovation. Bielefeld 2005.

Breunig, Christian: Mobile Medien im digitalen Zeitalter. Neue Entwicklungen, Angebote, Geschäftsmodelle und Nutzung. In: Media Perspektiven 2006, H. 1, S. 2 – 15.

Brown, Barry; Green, Nicola; Harper, Richard (Hg.): Wireless World. Social and Interactional Aspects of the Mobile Age. London u. a. 2002.

Brown, Nik; Rappert, Brian; Webster, Andrew (Hg.): Contested Futures. A sociology of prospective techno-science. Aldershot u. a. 2000.

Bubik, Roland: Geschichte der Marketing-Theorie. Historische Einführung in die Marketing-Lehre. Frankfurt a. M. 1996.

Buchholz, Kai; Wolbert, Klaus (Hg.): Im Designerpark. Leben in künstlichen Welten. Darmstadt 2004.

Büchner, Peter: Das Telefon im Alltag von Kindern. In: Forschungsgruppe Telefonkommunikation (Hg.): Telefon und Gesellschaft. Bd. 2, Berlin 1990, S. 263 – 274.

Bull, Michael: Sounding out the city: personal stereos and the management of everyday life. Oxford 2000.

Bull, Michael: Soundscapes of the car: a critical ethnography of automobile habitation. In: Miller, Daniel: Car Cultures. Oxford 2001, S. 185 – 203.

Bull, Michael: Sound connections: an aural epistemology of proximity and distance in urban culture. In: Environment and Planning C: Society and Space 22, 2004, S. 103 – 116.

Bundesministerium für Verkehr, Bau- und Wohnungswesen: Mobilität in Deutschland. Ergebnistelegramm. Bonn 2004.

Bundesnetzagentur für Elektrizität, Gas, Telekommunikation, Post und Eisenbahnen (Hg.): Jahresbericht 2006. Bonn 2007.

Burkart, Günter: Mobile Kommunikation. Zur Kulturbedeutung des „Handy". In: Soziale Welt 51, 2000, S. 209 – 232.

Burkart, Günter: Handymania. Wie das Mobiltelefon unser Leben verändert hat. Frankfurt a. M. 2007.

Burke, Peter: Augenzeugenschaft. Bilder als historische Quellen. Berlin 2003.

Burnett, Robert: The global Jukebox. London, New York 1996.

Business Trend Analysts, Inc. (Hg.): Markets for home entertainment equipment. Commack 1989.

Bussemer, Thymian: „Das Pferd frißt keinen Gurkensalat mehr". Die *Telekom* demontiert die Telefonzellen. In: Ästhetik und Kommunikation 32, 2001, S. 93 – 96.

Byars, Mel: On/Off. New Electronic Products. Kempen 2001.

Carlson, Bernhard W.: Artifacts and Frames of Meaning: Thomas A. Edison, his Managers, and the cultural construction of Motion Pictures. In: Bijker, Wiebe E.; John Law, John (Hg.): Shaping Technology, Building Society. Studies in Sociotechnical Change. Cambridge, London 1992, S. 175 – 198.

Castells, Manuel; Fernández-Ardèvol, Mireia; Qiu, Jack Linchuan; Sey, Araba: Mobile Communication and Society: A Global Perspective. Cambridge 2007.

Cawson, Alan; Haddon, Leslie; Miles, Ian: The Shape of Things to Consume. Delivering Information Technology into the Home. Aldershot u. a. 1995.

Certeau, Michel de: The Practice of Everyday Life. Berkeley u. a. 1984.

Chambers, Ian: A miniature history of the Walkman. In: New Formations: a journal of culture/theory/politics, 1990, S. 1 – 4.

Chandler, Alfred D.: Inventing the Electronic Century: The Epic Story of the Consumer Electronics and Computer Science Industries. New York 2001.

Cohen, Lizabeth: A Consumers' Republic. The Politics of Mass Consumption in Postwar America. New York 2003.

Commission of the European Communities (Hg.): The European Consumer Electronics Industry. Luxemburg 1985.

Coombs, Rod; Green, Ken; Richards, Albert; Walsh, Vivien (Hg.): Technology and the Market. Demand, Users and Innovation. Cheltenham, Northampton 2001.

Cowan, Ruth Schwartz: The Consumption Junction: A Proposal for Research Strategies in the Sociology of Technology. In: Bijker/Hughes/Pinch, S. 261 – 280.

Cresswell, Tim: On the Move. Mobility in the Modern Western World. New York, Milton Park 2006.

Crossick, Geoffrey; Jaumain, Serge (Hg.): Cathedrals of Consumption: The European Department Store, 1850 – 1939. Aldershot u. a. 1999.

Dai, Xiudian: Corporate strategy, public policy, and new technologies: Philips and the European consumer electronics industry. Oxford u. a. 1996.

Danke, Eric: Die Entstehung eines neuen Mediums. Btx und die Anfänge der Online-Kommunikation. In: Oestereich, Christopher; Losse, Vera (Hg.): Immer wieder Neues. Wie verändern Erfindungen die Kommunikation? Heidelberg 2002, S. 45 – 54.

Daston, Lorraine (Hg.): Things that talk. Object Lessons from Art and Science. New York 2004.

Decurtins, Daniela: Siemens. Anatomie eines Unternehmens. Frankfurt a. M., Wien 2002.

Di Falco, Daniel; Bär, Peter; Pfister, Christian (Hg.): Bilder vom besseren Leben. Wie Werbung Geschichte erzählt. Bern u. a. 2002.

Dialog Consult/VATM (Verband der Anbieter von Telekommunikations – und Mehrwertdiensten e.V.): Siebte gemeinsame Marktanalyse zur Telekommunikation. Köln 2005.

Dicken, Peter: Global Shift. Industrial Change in a Turbulent World. London 1988.

Dierkes, Meinolf; Hoffmann, Ute; Marz, Lutz (Hg.): Visions of Technology. Social and Institutional Factors Shaping the Development of New Technologies. Frankfurt a. M., New York 1996.

Doering-Manteuffel, Anselm: Brüche und Kontinuitäten der Industriemoderne seit 1970. In: Vierteljahrshefte für Zeitgeschichte 2007, S. 559 – 582.

Döring, Nicola: „Kurzm. wird gesendet" – Abkürzungen und Akronyme in der SMS-Kommunikation. In: Muttersprache – Vierteljahresschrift für deutsche Sprache, 2002, H. 2, online: http://www.gfds.de/muttersprache. html (Zugriff: 19.4.2005).

Döring, Nicola: Handy und SMS im Alltag. Ergebnisse einer Befragungsstudie. In: merz. medien + erziehung, 2005, H. 3, S. 29 – 34.

Douglas, Mary; Isherwood, Baron: The World of Goods. Towards an Anthropology of Consumption. London 1996.

Duelli, Harald; Pernsteiner, Peter: Alles über Mobilfunk. Dienste – Anwendungen – Kosten – Nutzen. München 1992.

Dussel, Konrad: Wundermittel Werbegeschichte? Werbung als Gegenstand der Geschichtswissenschaft. In: Neue Politische Literatur 42, 1997, S. 416 – 430.

Dussel, Konrad: Vom Radio- zum Fernsehzeitalter. Medienumbrüche in sozialgeschichtlicher Perspektive. In: Schildt, Axel; Siegfried, Detlef; Lammers, Karl Christian (Hg.), Dynamische Zeiten. Die 60er Jahre in den beiden deutschen Gesellschaften. Hamburg 2000, S. 673 – 694.

Dussel, Konrad: Deutsches Radio, deutsche Kultur. Hörfunkprogramme als Indikatoren kulturellen Wandels. In: Archiv für Sozialgeschichte 41, 2001, S. 119 – 144.

Dussel, Konrad: Deutsche Rundfunkgeschichte. Konstanz 2004.

Dussel, Konrad: The Triumph of English – Language Pop Music: West German Radio Programming. In: Schildt, Axel; Siegfried, Detlef (Hg.): Between Marx and Coca-Cola. Youth Cultures in Changing European Societies, 1960 – 1980. Oxford 2006, S. 127 – 148.

Eberhard, Fritz: Der Rundfunkhörer und sein Programm. Ein Beitrag zur empirischen Sozialforschung. Berlin 1962.

Eco, Umberto: Einführung in die Semiotik. München 1994.

Edquist, Charles (Hg.): The Internet and Mobile Telecommunication Sectoral System of Innovation. Elgar 2003.

Eisendle, Reinhard; Miklautz, Elfie (Hg.): Produktkulturen. Dynamik und Bedeutungswandel des Konsums. Frankfurt a. M., New York 1992.

Ehrmann, Helmut; Landgrebe, Klaus (Hg.): Bravo Leser stellen sich vor. München 1961.

Elkin, Allen: Erfolgreiches Stressmanagement für Dummies. Weinheim 2007.

Englisch, Gundula: Das Ende der Sesshaftigkeit. In: Grosz, Andreas; Witt, Jochen (Hg.): Living at Work. München, Wien 2004, S. 186 – 191.

Erb, Ernst: Radios von gestern. Luzern 1989.

Erb, Ernst: Radio-Katalog. Luzern 1998.

Esser, Lothar: Hörgewohnheiten beim Benutzen von „Walkman"-Geräten. In: Fortschritte der Akustik: Plenarvorträge und Kurzreferate der 14. Gemeinschaftstagung der Deutschen Arbeitsgemeinschaft für Akustik. Bad Honnef 1988, S. 613 – 616.

Eurich, Claus: Das verkabelte Leben. Wem schaden und wem nützen die Neuen Medien? Reinbek 1983.

Everts, Volker: Handys: wie Sie telefonieren, wer die Geräte anbietet, Preise und Gebühren. Haar 1996.

Featherstone, Mike: Postmodernism and the Aesthetization of Everyday Life. In: Lash, Scott; Friedman, Jonathan (Hg.): Modernity and Identity. Oxford, Cambridge, 1992, S. 265 – 290.

Featherstone, Mike: Automobilities. An Introduction. In: Theory, Culture & Society 21, 2004, S. 1 – 24.

Feibel, Thomas: Die Internet-Generation. Wie wir von unseren Computern gefressen werden. München, Berlin 2001.

Fickers, Andreas: Der „Transistor" als technisches und kulturelles Phänomen. Die Transistorisierung der Radio- und Fernsehempfänger in der deutschen Rundfunkindustrie 1955 bis 1965. Bassum 1998.

Fickers, Andreas: Design als ‚mediating interface'. Zur Zeugen- und Zeichenhaftigkeit des Radioapparates. In: Berichte zur Wissenschaftsgeschichte 30, 2007, S. 199 – 213.

Find/SVP: Winning the Wireless Wars. New Marketing Models for Technology. Technology, Information and Communications Practice, Strategic Consulting and Research Group. New York 1998.

Fischer, Claude: America calling: a social history of the telephone to 1940. Berkeley 1992.

Fischer, Richard; Mikosch, Gerda: Anzeichenfunktionen. Grundlagen einer Theorie der Produktsprache. Offenbach 1984.

Fleming, E. McClung: Artifact Study. A Proposed Model. In: Winterthur Portfolio 9, 1974, S. 153 – 173.

Flichy, Patrice: Tele. Geschichte der modernen Kommunikation. Frankfurt a. M., New York 1994.

Flößner, Wolfram: Forum: Homo Walkman. In: Schulpraxis, 1981, H. 5 (Oktober), S. 3.

Flusser, Vilém: Durchlöchert wie ein Emmentaler. In: Ders.: Vom Stand der Dinge. Göttingen 1993, S. 79 – 82

Fock, Carsten: Leben stand-by. Mobiltelefon und Zeitverwendung. In: Schneider, Manuel; Geißler, Karlheinz A. (Hg.): Flimmernde Zeiten. Vom Tempo der Medien. Leipzig 1999, S. 91 – 104.

Focus (Hg.): Der Markt der Unterhaltungselektronik. Auf dem Weg in digitale Welten. München 1998.

Focus (Hg.): Der Markt der Unterhaltungselektronik. Daten, Fakten, Trends. München 2001.

Forschungsgruppe Telefonkommunikation (Hg.): Telefon und Gesellschaft. Beiträge zu einer Soziologie der Telefonkommunikation (Band 1). Berlin 1989.

Fortunati, Leopoldina: Italy: stereotypes, true and false. In: Katz/Aakhus, S. 42 – 62.

Fortunati, Leopoldina; Katz, James E.; Riccini, Raimonda (Hg.): Mediating the Human Body. Technology, Communication, and Fashion. Mahwah, London 2003.

Fortunati, Leopoldina: Der menschliche Körper, Mode und Mobiltelefone. In: Höflich/Gebhardt, S. 223 – 248.

Franz, Gerhard; Klingler, Walter; Jäger, Nike: Die Entwicklung der Radionutzung 1968 bis 1990. In: Media Perspektiven, 1991, H. 6, S. 400 – 409.

Friedel, Robert: Some Matters of Substance. In: Lubar/Kingery, S. 41 – 50.

Friemert, Chup: Radiowelten. Stuttgart 1996.

Fries, Karin R.; Göbel, Peter H.; Lange, Elmar: Teure Jugend. Wie Teenager kompetent mit Geld umgehen. Opladen, Farmington Hills 2007.

Funk, Jeffrey L.: Global Competition Between and Within Standards. The Case of Mobile Phones. Houndsmill, New York 2002.

Galambos, Louis; Abrahamson, Eric John: Anytime, Anywhere. Entrepreneurship and the Creation of a Wireless World. Cambridge 2002.

Garbe, Detlef; Lange, Klaus: Zum Stand der Technikfolgenabschätzung in der Telekommunikation. In: Dies. (Hg.): Technikfolgenabschätzung in der Telekommunikation. Berlin, Heidelberg 1991, S. 3 – 20.

Garrard, Garry A.: Cellular Communications: Worldwide Market Development. Boston, London 1998.

Gauß, Stefan: Das Erlebnis des Hörens. Die Stereoanlage als kulturelle Erfahrung. In: Ruppert, Wolfgang (Hg.): Um 1968. Die Repräsentation der Dinge. Marburg 1998, S. 65 – 93.

du Gay, Paul; Hall, Stuart; Janes, Linda; Mackay, Hugh und Negus Keith: Doing Cultural Studies. The Story of the Sony Walkman. London 1997.

George, Robert St.: The Truth of Material Culture. In: Lubar/Kingery, S. 1 – 19.

gfu/GfK: Der Markt für Consumer Electronics. Deutschland 2006. Nürnberg, Frankfurt a. M. 2006.

Gibson, James J.: The Theory of Affordances. In: Shaw, Robert; Bransford, John: Perceiving, Acting, and Knowing. Toward an Ecological Psychology. Hillsdale 1977, S. 67 – 82.

Giedion, Sigfried: Die Herrschaft der Mechanisierung. Ein Beitrag zur anonymen Geschichte. Frankfurt a. M. 1987.

Gielens, Jaro: Electronic Plastic. Berlin 2000.

Gjøen, Heidi; Hård, Mikael: Cultural Politics in Action: Developing User Scripts in Relation to the Electric Vehicle. In: Science, Technology, & Human Values 27, 2002, S. 262 – 281.

Glotz, Peter; Bertschi, Stefan; Locke, Chris (Hg.): Thumb Culture. The Meaning of Mobile Phones for Society. Bielefeld 2005.

Goffman, Erving: The Presentation of Self in Everyday Life. New York 1959.

Goffman, Erving: Behavior in Public Places. Notes on the Social Organization of Gatherings. New York 1963.

Goggin, Gerard: Cell Phone Culture. Mobile technology in everyday life. London u. a. 2006.

Gorenstein, Shirley (Hg.): Knowledge and Society. Research in Science and Technology Studies: Material Culture (vol. 10). Greenwich, London 1996.

Grandjot, Thorsten; Kriewald, Monika: M-Commerce in Zahlen. In: Link, Jörg (Hg.): Mobile Commerce. Gewinnpotenziale einer stillen Revolution. Berlin u. a. 2003, S. 95 – 123.

Gransow, Volker: Mikroelektronik und Freizeit. Politisch-kulturelle Folgen einer technischen Revolution. Berlin 1982.

Gransow, Volker: Der autistische Walkman. Elektronik, Öffentlichkeit und Privatheit. Berlin 1985.

Grasberger, Thomas; Kotteder, Franz: Mobilfunk. Ein Freilandversuch am Menschen. München 2003.

Gray, Chris Hables (Hg.): The Cyborg Handbook. New York, London 1995.

Gries, Rainer; Ilgen, Volker; Schindelbeck, Dirk (Hg.): „Ins Gehirn der Masse kriechen!": Werbung und Mentalitätsgeschichte. Darmstadt 1995.

Gries, Rainer: Produkte als Medien. Kulturgeschichte der Produktkommunikation in der Bundesrepublik und der DDR. Leipzig 2003.

Gronow, Jukka; Warde, Alan (Hg.): Ordinary Consumption. London, New York 2001.

Groos, Ulrike; Gorschlüter, Peter; Teipel, Jürgen (Redaktion): Zurück zum Beton. Die Anfänge von Punk und New Wave in Deutschland 1977 – '82. Köln 2002.

Großklaus, Götz: Medien-Zeit, Medien-Raum. Zum Wandel der raumzeitlichen Wahrnehmung in der Moderne. Frankfurt a. M. 1995.

Guice, Jon: Designing the Future: the Culture of new Trends in Science and Technology. In: Research Policy 28, 1999, S. 81 – 98.

Gumpert, Gary: Talking Tombstones & Other Tales of the Media Age. New York, Oxford 1987.

Hachtmann, Rüdiger: Tourismus-Geschichte. Göttingen 2007.

Haddon, Leslie: Domestication and Mobile Telephony. In: Katz 2003, S. 43 – 55.

Haddon, Leslie: Information and Communication Technologies in Everyday Life. A Concise Introduction and Research Guide. Oxford, New York 2004.

Haddon, Leslie; Paul, Gerd: Design in the IT industry: the Role of Users. In: Coombs/Green/Richards/Walsh, S. 201 – 215.

Häikiö, Martti: Nokia. The Inside Story. London u. a. 2002.

Hamel, Gary; Prahalad, C. K.: Competing for the Future. Boston 1994.

Hannerz, Ulf: Cosmopolitans and Locals in World Culture. In: Mike Featherstone (Hg.): Global Culture: Nationalisation, Globalization, and Modernity. Theory, Culture and Society. London 1990, S. 237 – 251.

Haraway, Donna J.: A Cyborg Manifesto: Science, Technology and Socialist Feminism in the 1980s. In: Dies., Simians, Cyborgs, and Women. The Reinvention of Nature. New York 1991, S. 149 – 181.

Harvey, David: The Condition of Postmodernity. An Enquiry into the Origins of Cultural Change. Cambridge, Oxford 1990.

Haug, Christine: Reisen und Lesen im Zeitalter der Industrialisierung. Die Geschichte des Bahnhofs- und Verkehrsbuchhandels in Deutschland von seinen Anfängen um 1850 bis zum Ende der Weimarer Republik. Wiesbaden 2007.

Hausen, Karin: Die Polarisierung der ‚Geschlechtscharaktere' – eine Spiegelung der Dissoziation von Erwerbs- und Familienleben. In: Conze, Werner (Hg.): Sozialgeschichte der Familie in der Neuzeit Europas. Stuttgart 1976, S. 363 – 393.

Heesen, Anke te; Lutz, Petra (Hg.): Dingwelten. Das Museum als Erkenntnisort. Köln u. a. 2005.

Heinig, Joachim: Teenager als Verbraucher. Erlangen-Nürnberg 1962 (Dissertation).

Heinze, Theodor T.: Spektakel unterm Kopfhörer. Zur Psychologie collagierten Klanges. In: Psychologie und Geschichte 2, 1991, S. 150 – 158.

Hellbrück, Jürgen; Schick, August: Zehn Jahre Walkman – Grund zum Feiern oder Anlaß zur Sorge? Oldenburg 1989 (Berichte aus dem Institut zur Erforschung von Mensch – Umwelt – Beziehungen Universität Oldenburg, FB 5 – Psychologie, Nr. 9, April 1989).

Hellige, Hans Dieter (Hg.): Technikleitbilder auf dem Prüfstand: Leitbild-Assessment aus Sicht der Informatik- und Computergeschichte. Berlin 1996.

Hellmann, Kai-Uwe: Soziologie der Marke. Frankfurt a. M. 2003.

Herlyn, Gerrit: Die erreichbaren Abwesenden. Mobile Telefonie in der Schweiz. In: Stadelmann, Kurt; Hengartner, Thomas (Hg.): Telemagie. 150 Jahre Telekommunikation in der Schweiz. Bern 2002, S. 170 – 197.

Herlyn, Gerrit; Overdick, Thomas (Hg.): Kassettengeschichten. Von Menschen und ihren Mixtapes. Münster 2003.

Herrwerth, Thommi: Partys, Pop und Petting. Die Sixties im Spiegel der BRAVO. Marburg 1997.

Heskett, John: Philips. A Study of the Corporate Management of Design. New York 1989.

Heßler, Martina: ‚Mrs. Modern Woman'. Zur Sozial- und Kulturgeschichte der Haushaltstechnisierung. Frankfurt a. M., New York 2001.

Heßler, Martina: Bilder zwischen Kunst und Wissenschaft. Neue Herausforderungen für die Forschung. In: Geschichte und Gesellschaft 31, 2005, S. 266 – 292.

Heßler, Martina: Forschungen im Schnittfeld von Design- und Technikgeschichte. In: NTM 16, 2008, S. 243 – 256.

Hill, Daniel Delis: Advertising to the American woman, 1900 – 1999. Columbus 2002.

Hillebrand, Friedhelm (Hg.): GSM and UMTS. The Creation of Global Mobile Communication. Chichester u. a. 2002.

Hillebrand, Friedhelm: The Early Years from mid-1982 up to the Completion of the First Set of Specifications for Tendering in March 1988. In: Ders., S. 407 – 416.

Hippel, Eric: Democratizing Innovation. Cambridge, London 2005.

Hoffmann, Claus D.: ADAC Ratgeber. Funk im Auto. Jedermann-Funk (CB-Funk), Betriebsfunk, Autotelefon und Eurosignal. München 1977.

Hoffmann, Justin: Do it Yourself. In: Groos/Gorschlüter/Teipel, S. 161 – 170.

Höflich, Joachim R.: Das Handy als „persönliches Medium". Zur Aneignung des Short Message Service (SMS) durch Jugendliche. In: kommunikation@gesellschaft 2, 2001, S. 1 – 19.

Höflich, Joachim R.: Vermittlungskulturen im Wandel: Brief – E-Mail – SMS. In: Höflich/Gebhardt, S. 39 – 61.

Höflich, Joachim R.: The mobile phone and the dynamic between private and public communication: Results of an international exploratory study. In: Glotz/Bertschi/Locke, S. 123 – 135.

Höflich, Joachim R.; Gebhardt, Julian (Hg.): Vermittlungskulturen im Wandel. Brief, E-mail, SMS. Frankfurt a. M. 2003.

Höflich, Joachim R.; Gebhardt, Julian (Hg.): Mobile Kommunikation. Perspektiven und Forschungsfelder. Frankfurt a. M. u. a. 2005.

Höflich, Joachim R; Gebhardt, Julian; Steuber, Stefanie: SMS im Medienalltag Jugendlicher. Ergebnisse einer qualitativen Studie. In: Höflich/Gebhardt, S. 265 – 289.

Hörning, Karl H.: Vom Umgang mit den Dingen. Eine techniksoziologische Zuspitzung. In: Weingart, Peter (Hg.): Technik als sozialer Prozeß. Frankfurt a. M. 1989, S. 90 – 127.

Hörning, Karl H.; Ahrens, Daniela; Gerhard, Anette: Zeitpraktiken. Experimentierfelder der Spätmoderne. Frankfurt a. M. 1997.

Holley, Kevin: The Development from Mid-1988 to 2000 (Kap. 6: Short Message and Data Services). In: Hillebrand, S. 417 – 424.

Hommen, Leif; Manninen, Esa: The Global System for Mobile Telecommunications (GSM): Second Generation. In: Edquist, S. 71 – 128.

Hoogma, Remco; Schot, Johan: How innovative are users? A critique of learning-by-doing and -using. In: Coombs/Green/Richards/Walsh, S. 216 – 233.

hooks, bell: Das Einverleiben des Anderen. Begehren und Widerstand. In: hooks, bell: Black looks. Popkultur – Medien – Rassismus. Berlin 1994, S. 33 – 56.

Horowitz, Roger; Mohun, Arwen (Hg.): His and Hers: Gender, Consumption, and Technology. Charlottesville, London 1998.

Horx, Matthias; Wippermann, Peter: Was ist Trendforschung? Düsseldorf 1996.

Hosokawa, Shuhei: Der Walkman-Effekt. Berlin 1987.

Hradil, Stefan: Die „Single-Gesellschaft". München 1995.

Hughes, Thomas P.: The Evolution of Large Technological Systems. In: Bijker/Hughes/Pinch, 1987, S. 51 – 82.

Imhof, Kurt; Schulz, Peter (Hg.): Die Veröffentlichung des Privaten – Die Privatisierung des Öffentlichen. Opladen 1998.

Inglehart, Ronald: The Silent Revolution. Changing Values and Political Styles among Western Publics. Princeton 1977.

Inglehard, Ronald: Modernization and Postmodernization. Cultural, Economic, and Political Change in 43 Societies. Princeton 1997.

International Resource Development Inc. (Hg.): Personal Portable Consumer Electronics Markets. Norwalk, Connecticut, Report Nr. 587, Jan. 1984.

Irion, H.: Gehörschäden durch Musik – Kritsche Literaturübersicht. In: Kampf dem Lärm 26, 1979, S. 91 – 100.

Ising, H.; Babisch, W.; Gandert, J.; Scheuermann, B.: Hörschäden bei jugendlichen Berufsanfängern aufgrund von Freizeitlärm und Musik. In: Zeitschrift für Lärmbekämpfung 35, 1988, S. 35 – 41.

Ito, Mizuko; Okabe, Daisuke; Matsuda, Misa (Hg.): Personal, Portable, Pedestrian. Mobile Phones in Japanese Life. Cambridge, London 2005.

Jäger, Jens: Photographie: Bilder der Neuzeit. Einführung in die Historische Bildforschung. Tübingen 2000.

Joerges, Bernward (Hg.): Technik im Alltag. Frankfurt a. M. 1988.

Jörges, Christel (Hg.): Telefone 1863 – 2000. Aus den Sammlungen der Museen für Kommunikation. Heidelberg 2001.

Jörn, Fritz: Kleiner Ratgeber für den CB-Funker. Technik, Gesprächsführung, Praxistips. München 1991.

Jörn, Fritz: Der Telefon-Ratgeber: Telefone, schnurlose Telefone, Anrufbeantworter, Faxgeräte und Funktelefone auswählen, anschließen und verstehen. München 1992.

Johnstone, Bob: We were burning. Japanese entrepreneurs and the forging of the electronic age. New York 1999.

Joudry, Patricia: Sound Therapy For The Walk Man. St. Denis 1984.

Joudry, Patricia: Gesundheit aus dem Walkman. Südergellersen 1986.

Jugend privat. Verwöhnt? Bindungslos? Hedonistisch? Ein Bericht des SINUS-Instituts im Auftrag des Bundesministers für Jugend, Familie und Gesundheit. Opladen 1985.

Jugendwerk der Deutschen Shell (Hg.): Jugend. Bildung und Freizeit, dritte Untersuchung zur Situation der Deutschen Jugend im Bundesgebiet. Bearb. von Viggo Blücher. Hamburg, o. J. (um 1965).

Julier, Guy: The culture of design. London 2000.

Junge, Matthias: Individualisierung. Frankfurt a. M. 2002.

Kaiser, Walter: Die Weiterentwicklung der Telekommunikation seit 1950. In: Teuteberg, Hans-Jürgen; Neutsch, Cornelius (Hg.): Vom Flügeltelegraphen zum Internet. Geschichte der modernen Telekommunikation. Stuttgart 1998, S. 205 – 226.

Karlstetter, Paul: Breakdance, Rap und Graffiti: Ein expressiver Jugendstil? – Ursprung, Entwicklung, Rezeption in der BRD und sozialpädagogische Umsetzung. Landshut 1984.

Karmasin, Helene: Produkte als Botschaften. Was macht Produkte einzigartig und unverwechselbar? Die Dynamik der Bedürfnisse und die Wünsche der Konsumenten. Die Umsetzung in Produkt- und Werbekonzeptionen. Wien 1993.

Kaschuba, Wolfgang: Die Überwindung der Distanz. Zeit und Raum in der europäischen Moderne. Frankfurt a. M. 2004.

Katz, Barry M.: Review essay: technology and design – a new agenda. In: Technology and Culture 38, 1997, S. 452 – 466.

Katz, James E.: Connections. Social and Cultural Studies of the Telephone in American Life. New Brunswick, London 1999.

Katz, James E. (Hg.): Machines that Become Us. The Social Context of Personal Communication Technology. New Brunswick, London 2003.

Katz, James E.; Aakhus, Mark A. (Hg.): Perpetual Contact, Private Talk, Public Performance. Cambridge 2002.

Keightley, Keir: „Turn it down!" she shrieked: gender, domestic space, and high fidelity, 1948 – 59. In: Popular Music 15, 1996, S. 149 – 177.

Kellerman, Aharon: Personal Mobilities. London, New York 2006.

Kemper, Peter: Media Mobilis: Walkman, Discman, Watchman. In: Ders. (Hg.): Handy, Swatch und Party-Line. Zeichen und Zumutungen des Alltags. Frankfurt a. M., Leipzig 1996, S. 263 – 274.

Kitahara, Masaaki: Combined Treatment for Tinnitus. In: Kitahara, Masaaki (Hg.): Tinnitus. Pathophysiology and Management. Tokio, New York 1988.

Kittler, Friedrich: Grammophon, Film, Typewriter. Berlin 1986.

Kleinschmidt, Christian: Konsumgesellschaft, Verbraucherschutz und Soziale Marktwirtschaft. Verbraucherpolitische Aspekte des „Modell Deutschland" (1947 – 1975). In: Jahrbuch für Wirtschaftsgeschichte 1, 2006, S. 3 – 28.

Klemp, Horst: Die Käufermentalität als Element der Wirtschaftsstruktur dargestellt am Strukturwandel der Radionachfrage. Köln 1956 (Dissertation).

Ketterer, Ralf: Funken – Wellen – Radio. Zur Einführung eines technischen Konsumartikel durch die deutsche Rundfunkindustrie 1923 – 1939. Berlin 2003.

Kingery, David W. (Hg.): Learning from Things. Method and Theory of Material Culture Studies. Washington, London 1996.

Klausmeier, Friedrich: Jugend und Musik im technischen Zeitalter. Eine repräsentative Befragung in einer westdeutschen Großstadt. Bonn 1963.

Kleinen, Günter: Zeitschriften und Zeitungen als Werbeträger. In: Helms, Siegmund (Hg.): Schlager in Deutschland. Wiesbaden 1972, S. 315 – 326.

Kline, Ronald; Pinch, Trevor: Users as Agents of Technological Change: The Social Construction of the Automobile in the Rural United States. In: Technology and Culture 37, 1996, S. 763 – 95.

Kline, Ronald: Consumers in the Country. Technology and Social Change in Rural America. Baltimore 2000.

König, Wolfgang: Geschichte der Konsumgesellschaft. Stuttgart 2000.

König, Wolfgang: Das Automobil in Deutschland. Ein Versuch über den homo automobilis. In: Reith, Reinhold; Meyer, Torsten (Hg.): Luxus und Konsum. Eine historische Annäherung. Münster, New York, München, Berlin 2003, S. 117 – 128.

König, Wolfgang: Mythen um den Volksempfänger. In: Technikgeschichte 70, 2003, S. 73 – 102.

Koetzle, Michael: Twen – Revision einer Legende. München 1995.

Konrad, Kornelia: Prägende Erwartungen. Szenarien als Schrittmacher der Technikentwicklung. Berlin 2004.

Konrad, Wilfried: Politik als Technologieentwicklung. Europäische Liberalisierungs- und Integrationsstrategien im Telekommunikationssektor. Frankfurt a. M., New York 1997.

Kopomaa, Timo: The City in Your Pocket. Birth of the Mobile Information Society. Helsinki 2000.

Kotro, Tania; Pantzar, Mika: Product Development and Changing Cultural Landscapes − Is Our Future in "Snowboarding"? In: Design Issues 18, 2002, S. 30 − 45.

Kramer, Caroline: Zeit für Mobilität. Räumliche Disparitäten der individuellen Zeitverwendung für Mobilität in Deutschland. Stuttgart 2005.

Kramer, Inge; Zint, Günter: Null Bock auf Euer Leben. Momentaufnahmen aus der Jugendszene. Authentisch, drastisch, direkt. Braunschweig 1983.

Kriegeskorte, Michael: Werbung in Deutschland 1945 − 1965. Die Nachkriegszeit im Spiegel ihrer Anzeigen. Köln 1992.

Krotz, Friedrich; Hasebrink, Uwe; Lindemann, Thomas; Reimann, Fernando; Rischkau, Eva: Neue und alte Medien im Alltag von Kindern und Jugendlichen. Deutsche Teilergebnisse einer europäischen Studie. Hamburg 1999.

Kübler, Hans-Dieter: Die eigene Welt der Kinder. Zur Entstehung von Kinderkultur und Kindermedien in den siebziger Jahren. In: Faulstich, Werner (Hg.): Die Kultur der siebziger Jahre. München 2004, S. 65 − 80.

Küster, Christine: Die Zeitverwendung für Mobilität im Alltag. In: Flade, Antja; Limbourg, Maria (Hg.): Frauen und Männer in der mobilen Gesellschaft. Opladen 1999, S. 185 − 206.

Kuhl, Harald: Mit dem Radio unterwegs. Radiohören im Urlaub und auf Reisen. Meckenheim 1999.

Kunkel, Paul: Digital Dreams: the Work of the Sony Design Center. Kempten 1999.

Kursawe, Stefan: Vom Leitmedium zum Begleitmedium. Die Radioprogramme des Hessischen Rundfunks 1960 − 1980. Köln 2004.

Lange, Klaus: Zur Ambivalenz des Mobiltelefons. In: Garbe, Detlef; Lange, Klaus (Hg.): Technikfolgenabschätzung in der Telekommunikation. Berlin u. a. 1991, S. 153 − 163.

Lange, Ulrich: Von der ortsgebundenen „Unmittelbarkeit" zur raum-zeitlichen „Direktheit" − Technischer und sozialer Wandel und die Zukunft der Telefonkommunikation. In: Forschungsgruppe Telefonkommunikation, S. 167 − 185.

Langer, Susanne K.: Philosophie auf neuen Wegen. Das Symbol im Denken, im Ritus und in der Kunst. Frankfurt a. M., Mittenwald 1979 (2. Auflage), S. 86 − 108.

Larsen, Jonas; Urry, John; Axhausen, Kay (Hg.): Mobilities, Networks, Geographies. Aldershot 2006.

Latour, Bruno: Technology is society made durable. In: Law, John (Hg.): A Sociology of Monsters: Essays on Power, Technology and Domination. London, New York 1991, S. 103 − 131.

Latour, Bruno: Der Berliner Schlüssel: Erkundungen eines Liebhabers der Wissenschaften. Berlin 1996.

Latour, Bruno: Über technische Vermittlung. In: Rammert, Werner (Hg.): Technik und Sozialtheorie. Frankfurt a. M.1998, S. 29 − 81.

Latour, Bruno: On recalling ANT. In: Law, John; Hassard, John (Hg.): Actor Network Theory and After. Oxford 1999, S. 15 – 25.

Lenk, Carsten: Das Dispositiv als theoretisches Paradigma der Medienforschung. Überlegungen zu einer integrativen Nutzungsgeschichte des Rundfunks. In: Rundfunk und Geschichte 22, 1996, S. 5 – 17.

Lenk, Carsten: Die Erscheinung des Rundfunks. Einführung und Nutzung eines neuen Mediums 1923 – 1932. Opladen 1997.

Lenoir, Timothy: Was the Last Turn the Right Turn? The Semiotic Turn and A.J. Greimas. In: Biagioli, Mario (Hg.): The Science Studies Reader. New York, London 1999, S. 290 – 301.

Lersch, Edgar: Ändert Technik das Rundfunkprogramm? Zu einigen Aspekten des Wechselverhältnisses von technischen Grundlagen und der Programmentwicklung im Hörfunk 1923 – 1990. In: Handel, Kai (Hg.): Kommunikation in Geschichte und Gegenwart. Freiberg 2002, S. 97 – 119.

Levinson, Paul: Cellphone. The Story of the World's Most Mobile Medium and How It Has Transformed Everything! New York u. a. 2004.

Lie, Merete; Soerensen, Knut H. (Hg.): Making Technology Our Own? Domesticating Technology into Everyday Life. Oslo u. a. 1996.

Lindenberger, Thomas: Vergangenes Hören und Sehen. Zeitgeschichte und ihre Herausforderung durch die audiovisuellen Medien. In: Zeithistorische Forschungen/Studies in Contemporary History 1, 2004, S. 72 – 85.

Lindholm, Christian; Keinonen, Turkka; Kiljander, Harri (Hg.): Mobile usability: how Nokia changed the face of the mobile phone. New York u. a. 2003.

Lindner, Werner: Jugendprotest seit den fünfziger Jahren. Dissens und kultureller Eigensinn. Opladen 1999.

Ling, Rich: The Mobile Connection. The Cell Phone's Impact on Society. Amsterdam u. a. 2004.

Link, Wolfgang: CB. Funkspass für alle. Stuttgart 1977.

Lipartito, Kenneth: Picturephone and the Information Age. The Social Meaning of Failure. In: Technology and Culture 44, 2003, S. 50 – 81.

Livingstone, Sonia; Bovill, Moira: Bedroom Culture and the Privatization of Media Use. In: Dies. (Hg.): Children and Their Changing Media Environment. A European Comparative Study. Mahwah, London 2001.

Lobensommer, Hans: Die Technik der modernen Mobilkommunikation. Grundlagen, Standards, Systeme und Anwendungen. München 1994 .

Löfgren, Orvar: Consuming Interests. In: Culture & History 7, 1990, S. 7 – 36.

Lösenbeck, Hans-Dieter: Stiftung Warentest – ein Rückblick. Berlin 2002.

Löw, Martina: Raumsoziologie. Frankfurt a. M. 2001.

Lubar, Steven; Kingery, David W. (Hg.): History from things. Essays on Material Culture. Washington, London 1993.

Lüdtke, Alf: Geschichte und Eigensinn. In: Berliner Geschichtswerkstatt (Hg.): Alltagskultur, Subjektivität und Geschichte. Zur Theorie und Praxis von Alltagsgeschichte. Münster 1994, S. 145 – 153.

Lukesch, Helmut u. a. (Hg.): Jugendmedienstudie. Eine Multi-Medien-Untersuchung über Fernsehen, Video, Kino, Video- und Computerspiele sowie Printprodukte. Regensburg 1989.

Lyons, Glenn; Urry, John: Travel time use in the information age. In: Transportation Research Part A: Policy and Practice 39, 2005, S. 257 – 276.

Mager, Christoph; Hoyler, Michael: HipHop als Hausmusik: Globale Sounds und (sub)urbane Kontexte. In: Helms, Dietrich; Phleps, Thomas (Hg.): Sound and the City. Populäre Musik im urbanen Kontext. Bieldefeld 2007, S. 45 – 63

Maase, Kaspar: BRAVO Amerika. Erkundungen zur Jugendkultur der Bundesrepublik in den fünfziger Jahren. Hamburg 1992.

Mackay, Hughie; Gillespie, Gareth: Extending the Social Shaping of Technology Approach: Ideology and Appropriation. In: Social Studies of Science 22, 1992, S. 685 – 716.

Märki, Christoph Maria: Der holprige Siegeszug des Automobils, 1895 – 1930. Zur Motorisierung des Straßenverkehrs in Frankreich, Deutschland und der Schweiz. Köln 2002.

Magnus, Kurt: Der Rundfunk in der Bundesrepublik und West-Berlin. Entwicklung, Organisation, Aufgaben, Leistungen. Eine Materialsammlung. Frankfurt a. M. 1955.

Makimoto, Tsugio; Manners, David: Digital Nomad. Chichester 1997.

Maquet, Jacques: Objects as instruments, objects as signs. In: Lubar/Kingery, S. 30 – 40.

Marchand, Roland: Advertising the American Dream: Making Way for Modernity, 1920 – 1940. Berkeley, L.A. 1985.

Marßolek, Inge: Radio in Deutschland 1923 – 1960. Zur Sozialgeschichte eines Mediums. In: Geschichte und Gesellschaft 27, 2001, S. 207 – 239.

Marzano, Stefano: New nomads: an exploration of wearable electronics. Rotterdam 2000.

Maschke, Walter: Telefonieren in Deutschland. In: Forschungsgruppe Telefonkommunikation, S. 97 – 100.

McLuhan, Marshall: Inside on the Outside, or the Spaced-Out American. In: Journal of Communication, 1976, H. 4, S. 46 – 53.

Mediendaten Südwest (Hg.): Basisdaten Medien. Baden-Württemberg 2000. Baden-Baden 2000.

Meckel, Miriam: Das Glück der Unerreichbarkeit. Wege aus der Kommunikationsfalle. Hamburg 2007.

Medienpädagogischer Forschungsverbund Südwest (Hg.): JIM-Studie 2005. Jugend, Information, (Multi-)Media. Basisuntersuchung zum Medienumgang 12- bis 19-Jähriger. Stuttgart 2005.

Meffert, Heribert: Marketing. Grundlagen marktorientierter Unternehmensführung. Wiesbaden 2000.

Meikle, Jeffrey L.: Ghosts in the Machine. Why It's Hard to Write about Design. In: Technology and Culture 46, 2005, S. 385 – 392.

Meyer, Michael: Hauptsache Unterhaltung. Mediennutzung und Medienbewertung in Deutschland in den 50er Jahren. Münster 2001.
Meyrowitz, Joshua: No Sense of Place. The Impact of Electronic Media on Social Behavior. New York, Oxford 1985.
Mezger, Werner: Diskothek und Walkman. In: Bruhn, Herbert; Oerter, Rolf; Rösing, Helmut (Hg.): Musikpsychologie. Ein Handbuch in Schlüsselbegriffen. München 1985, S. 390 – 394.
Michael, Mike: Reconnecting Culture, Technology and Nature: From Society to Heterogeneity. London u. a. 2000.
Millard, Andre: America on record. A history of recorded sound. Cambridge 1995.
Millard, Andre: Audio Cassette Culture and Globalisation. In: Lyth, Peter; Trischler, Helmuth (Hg.): Wiring Prometheus. Globalisation, History and Technology. Aarhus 2004, S. 235 – 250.
Miller, Daniel (Hg.): Material cultures. Why some things matter. Chicago 1998.
Morita, Akio (mit Edwin M. Reingold und Mitsuko Shimomura): Made in Japan. Eine Weltkarriere. Bayreuth 1986.
Morton, David: A History of electronic entertainment since 1945. IEEE History Center 1999 (http://www.ieee.org/organizations/history_center/research_guides/ entertainment/toc.html, Zugriff: 4.4.2005).
Morton, David L.; Gabriel, Joseph: Electronics. The Life Story of a Technology. Baltimore 2004
de la Motte-Haber, Helga; Rötter, Günther: Musikhören beim Autofahren. Acht Forschungsberichte. Frankfurt a. M. u. a. 1990.
Münster, Ruth: Geld in Nietenhosen. Jugendliche als Verbraucher. Stuttgart 1961.
Murray, James B.: Wireless Nation: The Frenzied Launch of the Cellular Revolution. Cambridge 2001.
Nakayama, Wataru; Boulton, William; Pecht, Michael: The Japanese Electronics Industry. London u. a. 1999.
Negroponte, Nicholas: Total digital. Die Welt zwischen 0 und 1 oder: Die Zukunft der Kommunikation. München 1995.
Neißer, Horst F.; Mezger, Werner und Verdin, Günter: Jugend in Trance? Diskotheken in Deutschland. Heidelberg 1979.
Neubauer, Walter: Selbstbilder, Selbstwertgefühle und Lebensentwürfe junger Menschen. In: Markefka, Manfred; Nave-Herz, Rosemarie: Handbuch der Familien- und Jugendforschung. Band 2: Jugendforschung. Neuwied, Frankfurt a. M. 1989, S. 519 – 533.
Nickl, Markus: Gebrauchsanleitungen: Ein Beitrag zur Textsortengeschichte seit 1950. Tübingen 2001.
Norman, Donald A.: The Design of Everyday Things. New York 1988.
Norman, Donald A.: Dinge des Alltags. Gutes Design und Psychologie für Gebrauchsgegenstände. Frankfurt a. M., New York 1989.

Nöth, Winfried: The language of commodities. Groundwork for a semiotics of consumer goods. In: International Journal of Research in Marketing 4, 1988, S. 173 – 186.

Oldenziel, Ruth: Man the Maker, Woman the Consumer: The Consumption Junction Revisited. In: Angela N.H. Creager, Elizabeth Lunbeck and Londa Schiebinger (Hg.): Feminism in the Twentieth-Century Science, Technology, and Medicine. Chicago 2001, S. 128 – 148.

Oldenziel, Ruth; de la Bruhèze, Adri A.; de Wit, Onno: Europe's Mediation Junction: Technology and Consumer Society in the 20th Century. In: History and Technology 21, 2005, S. 107 – 139.

van Oost, Ellen: Materialized Gender: How Shavers Configure the Users' Femininity and Masculinity. In: Oudshoorn/Pinch, S. 193 – 208.

Otake, Akiko; Hosokawa, Shuhei: Karaoke in East Asia. Modernization, Japanization, or Asianization? In: Mitsui, Toru; Hosokawa, Shuhei (Hg.): Karaoke around the World. Global Technology, Local Singing. London, New York 1998, S. 178 – 201.

Ott, Erich; Gerlinger, Thomas: Die Pendler-Gesellschaft. Zur Problematik der fortschreitenden Trennung von Wohn- und Arbeitsort. Köln 1992.

Oudshoorn, Nelly; Pinch, Trevor (Hg.): How Users Matter. The Co-Construction of Users and Technologies. Cambridge M.A., London 2003.

Oudshoorn, Nelly; Rommes, Els; Stienstra, Marcelle: Configuring the User as Everybody: Gender and Design Cultures in Information and Communication Technologies. In: Science, Technology, & Human Values 29, 2004.

Päch, Susanne: Die D2-Story: Mobilkommunikation. Aufbruch in den Wettbewerb. Düsseldorf u. a. 1994.

Pagenstecher, Cord: Der bundesdeutsche Tourismus. Ansätze zu einer Visual History: Urlaubsprospekte, Reiseführer, Fotoalben 1950 – 1990, Hamburg 2003.

Pandel, Hans-Jürgen: Bildinterpretation. Die Bildquelle im Geschichtsunterricht. Bildinterpretation I. Schwalbach 2008.

Pantzar, Mika: Domestication of Everyday Life Technology: Dynamic Views on the Social Histories of Artifacts. In: Design Issues 13, 1997, S. 52 – 65.

Pantzar, Mika; Petteri Repo: Envisioning and Forecasting 3G. Arbeitspapier, Proceedings of the International Conference on Foresight Management in Corporations and Public Organisations, Helsinki 2005. Online: http://webct.tukkk.fi/conference2005/articles/a_fm_pantzar_repo.pdf (Zugriff: 17.6.2006).

Partner, Simon: Assembled in Japan. Electrical goods and the making of the Japanese consumer. Berkeley u. a. 1999.

Paschen, Herbert; Wingert, Bernd; Coenen, Christopher; Banse, Gerhard: Kultur – Medien – Märkte. Medienentwicklung und kultureller Wandel. Berlin 2002.

Pater, Monika; Schmidt, Uta C.: „Vom Kellerloch bis hoch zur Mansard' ist alles drin vernarrt" – Zur Veralltäglichung des Radios im Deutschland der

1930er Jahre. In: Röser, Jutta (Hg.): MedienAlltag. Domestizierungsprozesse alter und neuer Medien. Wiesbaden 2007, S. 103 – 116.

Paul, Gerhard (Hg.): Visual History. Ein Studienbuch. Göttingen 2006.

Pausch, Rolf: Diskotheken. Kommunikationsstrukturen als Widerspiegelung gesellschaftlicher Verhältnisse. In: Heister, Hanns-Werner u. a. (Hg.): Segmente der Unterhaltungsindustrie. Frankfurt a. M. 1974, S. 177 – 214.

Putnam, Robert D.: Bowling Alone. The Collapse and Revival of American Community. New York u. a. 2000.

Pearce, Susan M. (Hg.): Interpreting Objects and Collections. London 1994.

Pellegram, Andrea: The message in paper. In: Miller, S. 103 – 120.

Pfaffenberger, Bryan: Technological Dramas. In: Science, Technology and Human Values 17, 1992, S. 282 – 312.

Plant, Sadie: On the mobile. The effects of mobile telephones on social and individual life. Online: www.motorola.com/mot/doc/0/234_MotDoc.pdf (Zugriff: 2.3.2005).

Polster, Bernd: BRAUN. 50 Jahre Produktinnovationen. Köln 2005.

Pott, Oliver: Handy total! Kilchberg 2000.

Prown, Jules: Mind in Matter. In: George, Robert St. (Hg.): Material Life in America, 1600 – 1860. Boston 1988, S. 17 – 37.

Pursell, Carroll W.: The History of Technology and the Study of Material Culture. In: American Quarterly 35, 1983, S. 303 – 315.

Pütz, Uwe: „Man sagt andere Dinge, wenn man auf Band spricht". Der automatische Anrufbeantworter im Alltag. In: Mettler-Meibom, Barbara; Bauhardt, Christine (Hg.): Nahe Ferne – fremde Nähe: Infrastrukturen und Alltag. Berlin 1993, S. 91 – 99.

Radkau, Joachim: Das Zeitalter der Nervosität. Deutschland zwischen Bismarck und Hitler. München 2000.

Raffée, Hans; Silberer, Günter (Hg.): Informationsverhalten des Konsumenten. Ergebnisse empirischer Studien. Wiesbaden 1981.

Raffée, Hans; Silberer, Günter: Warentest und Unternehmen. Nutzung, Wirkungen und Beurteilung des vergleichenden Warentests in Industrie und Handel. Frankfurt a. M., New York 1984.

Reckendrees, Alfred: Konsummuster im Wandel. Haushaltsbudgets und Privater Verbrauch in der Bundesrepublik 1952 – 98. In: Jahrbuch für Wirtschaftsgeschichte 2007, S. 31 – 61.

Reindl, Josef: Wachstum und Wettbewerb in den Wirtschaftswunderjahren. Die elektrotechnische Industrie in der Bundesrepublik Deutschland und in Großbritannien 1945 – 1967. München 2001.

Reinhardt, Dirk: Von der Reklame zum Marketing. Geschichte der Wirtschaftswerbung in Deutschland. Berlin 1993.

Reischl, Gerald; Sund, Heinz: Die mobile Revolution. Das Handy der Zukunft und die drahtlose Informationsgesellschaft. Wien, Frankfurt a. M. 1999.

Rerrich, Maria S.: Zusammenfügen, was auseinanderstrebt: Zur familialen Lebensführung von Berufstätigen. In: Beck, Ulrich; Beck-Gernsheim,

Elisabeth (Hg.): Riskante Freiheiten. Individualisierung in modernen Gesellschaften. Frankfurt a. M. 1994, S. 201 – 218.

Retallack, Bruce G.: Razors, Shaving and Gender Constructions: An Inquiry into the Material Culture of Shaving. In: Material History Review 49, 1999, S. 4 – 19.

Reubel-Ciani, Theo: Der Katalog. Konsumkultur, Zeitgeist und Zeitgeschichte im Spiegel der Quelle-Kataloge 1927 – 91. Dokumentation zum 80. Geburtstag von Frau Grete Schickedanz. Fürth 1991.

Rheingold, Howard: Smart Mobs. The Next Social Revolution. Cambridge 2002.

Rivière, Carole: Mobile Camera Phones: A New Form of "Being Together" in Daily Interpersonal Communication. In: Ling, Rich; Pedersen, Per E. (Hg.): Mobile Communications. Re-negotiation of the Social Sphere. London 2005, S. 167 – 185.

Robbins, Kathleen A.; Turner, Martha A.: United States: popular, pragmatic and problematic. In: Katz/Aakhus, S. 80 – 93.

Roberts, Garyn G.: Dick Tracy and American Culture. Morality and Mythology, Text and Context. Jefferson, London 1993.

Rödder, Andreas: Wertewandel und Postmoderne. Gesellschaft und Kultur der Bundesrepublik Deutschland 1965 – 1990. Stuttgart 2004.

Rogers, Everett M.: Diffusion of Innovations. New York, London 1962.

Rogers, Richard A.: Visions dancing in engineers' heads: AT&T's quest to fulfill the *leitbild* of a universal telephone service. Berlin 1990 (WZB papers FS II 90 – 102).

Rogge, Jan-Uwe: Der Schallplatten- und Kassettenmarkt für Kinder oder ein Lehrstück über Billigproduktionen und Kommerz. In: Jensen, Klaus; Rogge, Jan-Uwe: Der Medienmarkt für Kinder in der Bundesrepublik. Tübingen 1980, S. 135 – 169.

Rosa, Hartmut: Beschleunigung. Die Veränderung der Zeitstrukturen in der Moderne. Frankfurt a. M. 2005.

Rose, Tricia: Black Noise: Rap music and black culture in contemporary America. Hanover u. a. 1994.

Rössler, Beate: Der Wert des Privaten. Frankfurt a. M. 2001.

Rügheimer, Hannes: SMS- und Handy-Trix. Mehr Spaß für weniger Geld. Würzburg 2001.

Ruppert, Wolfgang (Hg.): Fahrrad, Auto, Fernsehschrank. Zur Kulturgeschichte der Alltagsdinge. Frankfurt a M. 1993.

Ruppert, Wolfgang: Plädoyer für den Begriff der industriellen Massenkultur. In: Siegrist/Kaelble/Kocka, S. 563 – 582.

Sanderson, Susan; Uzumeri, Mustafa: Managing product families: the case of the Sony Walkman. In: Research Policy 24, 1995, S. 761 – 782.

Sarkar, Ranjana S.: Akteure, Interessen und Technologien in der Telekommunikation. USA und Deutschland im Vergleich. Frankfurt a. M., New York 2001.

Schabedoth, Eva; Storll, Dieter; Beck, Klaus; Lange, Ulrich: „Der kleine Unterschied" – Erste Ergebnisse einer repräsentativen Befragung von Berliner Haushalten zur Nutzung des Telefons im privaten Alltag. In: Forschungsgruppe Telefonkommunikation, S. 101 – 115.

Schätzlein, Frank: Mobile Klangkunst. Über den Walkman als Wahrnehmungsmaschine. Online unter: http://www.akustische – medien.de/texte/mobile1.htm (Zugriff: 6.12.2004).

Schafer, Murray R.: Our sonic environment and the soundscape. The tuning of the world. Rochester 1994.

Scharmann, Dorothea-Luise: Konsumverhalten von Jugendlichen. München 1965.

Schenk, Michael; Dahm, Hermann; Sonje, Deziderio: Innovationen im Kommunikationssystem. Eine empirische Studie zur Diffusion von Datenfernübertragung und Mobilfunk. Münster 1996.

Schiffer, Michael Brian: The Portable Radio in American Life. Tucson, London 1991.

Schiffer, Michael Brian: Indigenous theories, scientific theories and product histories. In: Graves-Brown, P.M. (Hg.): Matter, Materiality and Modern Culture. London, New York 2000, S. 72 – 96.

Schildt, Axel: Hegemon der häuslichen Freizeit: Rundfunk in den 50er Jahren. In: Schildt, Axel; Sywottek, Arnold (Hg.): Modernisierung im Wiederaufbau. Die westdeutsche Gesellschaft der 50 Jahre. Bonn 1993, S. 458 – 476.

Schildt, Axel: Moderne Zeiten. Freizeit, Massenmedien und „Zeitgeist" in der Bundesrepublik der 50er Jahre. Hamburg 1995.

Schildt, Axel: Das Jahrhundert der Massenmedien. Ansichten zu einer künftigen Geschichte der Öffentlichkeit. In: Geschichte und Gesellschaft 27, 2001, S. 177 – 206.

Schildt, Axel: Die Sozialgeschichte der Bundesrepublik Deutschland bis 1989/90. München 2007.

Schilling, Johannes: Freizeitverhalten Jugendlicher. Eine empirische Untersuchung ihrer Gesellungsformen und Aktivitäten. Weinheim, Basel 1977.

Schivelbusch, Wolfgang: Geschichte der Eisenbahnreise. Zur Industrialisierung von Raum und Zeit im 19. Jahrhundert. München u. a. 1977.

Schlobinski, Peter; Fortmann, Nadine; Groß, Olivia; Hogg, Florian; Horstmann, Fraue; Theel, Rena: Simsen. Eine Pilotstudie zu sprachlichen und kommunikativen Aspekten in der SMS-Kommunikation. Networx 2001, Nr. 22, online: http://www.mediensprache.net/de/networx/docs/networx–22.asp (Zugriff: 19.04.2004).

Schmidt, Susanne K.; Werle, Raymund: Coordinating Technology. Studies in the International Standardization of Telecommunications. Cambridge, London 1998.

Schmidt, Uta C.: Vom „Spielzeug" über den „Hausfreund" zur „Goebbels-Schnauze". Das Radio als häusliches Kommunikationsmedium im Deutschen Reich (1923 – 45). In: Technikgeschichte 65, 1998, S. 313 – 327.

Schmucki, Barbara: Cyborgs unterwegs? Verkehrstechnik und individuelle Mobilität seit dem 19. Jahrhundert. In: Technik und Gesellschaft 10, 1999, S. 87 – 119.

Schneider, Norbert F.; Hartmann, Kerstin; Limmer, Ruth: Berufsmobilität und Lebensform. Bamberg 2001.

Schneider, Volker H.; Hyner, Dirk: Innovation ohne Diffusion? Bildschirmtext. In: Oestereich, Christopher; Losse, Vera (Hg.): Immer wieder Neues. Wie verändern Erfindungen die Kommunikation? Heidelberg 2002, S. 135 – 140.

Schnoor, Detlev: Wenn die Welt zum Stummfilm wird. Der Walkman und der Wunsch nach Bildern. In: Medien und Erziehung, 1988, H. 2, S. 75 – 77.

Schoblick, Robert: Autotelefonieren leicht gemacht. Geräteauswahl, Inbetriebnahme und Bedienung. München 1993.

Schoblick, Robert: Alles über Handies: Kaufentscheidungshilfen, Geräteübersicht, praktische Anwendungen und Zubehör. München 1994.

Schönbach, Klaus: Hörmedien, Kinder und Jugendliche: ein zusammenfassender Bericht über neuere empirische Untersuchungen. In: Rundfunk und Fernsehen 41, 1993, S. 232 – 242.

Schönhammer, Rainer: Der „Walkman". Eine phänomenologische Untersuchung. München 1988.

Schönhammer, Rainer: Walkman. In: Bruhn, Herbert; Oerter, Rolf; Rösing, Helmut (Hg.): Musikpsychologie. Ein Handbuch. Reinbek bei Hamburg 1994, S. 181 – 187.

Schorb, Bernd (Hg.): Familie am Bildschirm. Neue Medien im Alltag. Frankfurt a. M. u. a. 1982.

Schot, Johan; Bruheze, Adri Albert de la: The Mediated Design of Products, Consumption, and Consumers in the Twentieth Century. In: Oudshoorn/ Pinch, S. 229 – 245.

Schroer, Markus: Räume, Orte, Grenzen. Auf dem Weg zu einer Soziologie des Raums. Frankfurt a. M. 2006.

Schulze, Gerhard: Die Erlebnisgesellschaft. Frankfurt a. M., New York 1992.

Schwartz-Clauss, Mathias: Das bewegte Wohnen der Moderne. In: Schwartz-Clauss, Mathias; Vegesack, Alexander von (Hg.): Living in Motion. Design und Architektur für flexibles Wohnen. o. O. 2002, S. 79 – 131.

Schwender, Clemens (Hg.): Zur Geschichte der Gebrauchsanleitung: Theorien – Methoden – Fakten. Frankfurt a. M. u. a. 1999.

Selle, Gert: Siebensachen. Ein Buch über die Dinge. Frankfurt a. M., New York 1997.

Selle, Gert: Design im Alltag. Vom Thonetstuhl zum Mikrochip. Frankfurt a. M., New York 2007.

Selmer, Lena: „Nicht nah, aber immer für dich da!". Erreichbarkeit im Familienalltag. In: merz. medien + erziehung 2005, H. 3, S. 24 – 28.

Sheller, Mimi; Urry, John: Mobile Transformations of ‚Public' and ‚Private'. In: Theory, Culture and Society 20, 2003, S. 107 – 125.

Sheller, Mimi: Mobile Publics: Beyond the Network Perspective. In: Environment and Planning D: Society and Space 22, 2004, S. 39 – 52.

Sheller, Mimi; Urry, John (Hg.): Mobile Technologies of the City. London, New York 2006.

Shove, Elizabeth; Southerton, Dale: Defrosting the Freezer: From Novelty to Convenience. A Story of Normalization. In: Journal of Material Culture 5, 2000, S. 301 – 319.

Siegfried, Detlef: Vom Teenager zur Pop-Revolution. Politisierungstendenzen in der westdeutschen Jugendkultur 1959 bis 1968. In: Schildt, Axel; Siegfried, Detlef; Lammers, Karl Christian (Hg.): Dynamische Zeiten. Die 60er Jahre in den beiden deutschen Gesellschaften. Hamburg 2000, S. 582 – 623.

Siegfried, Detlef: Time Is on My Side. Konsum und Politik in der westdeutschen Jugendkultur der 60er Jahre. Göttingen 2006.

Siegrist, Hannes; Kaelble, Hartmut; Kocka, Jürgen (Hg.): Europäische Konsumgeschichte. Zur Gesellschafts- und Kulturgeschichte des Konsums (18. bis 20. Jahrhundert). Frankfurt a. M., New York 1997.

Silberer, Günter; Raffée, Hans: Warentest und Konsument. Nutzung, Wirkungen und Beurteilung des vergleichenden Warentests im Konsumentenbereich. Frankfurt a. M., New York 1984.

Silberer, Günter; Büttner, Oliver: Geschichte und Methodik der akademischen Käuferforschung. In: Berghoff, S. 205 – 230.

Silverstone, Roger; Hirsch, Eric (Hg.): Consuming Technologies. Media and information in domestic spaces. London, New York 1992.

Silverstone, Roger; Hirsch, Eric; Morley, David: Information and communication technologies and the moral economy of the household. In: Silverstone/Hirsch, S. 15 – 31.

Simmel, Georg: Die Großstädte und das Geistesleben. In: Die Großstadt. Vorträge & Aufsätze zur Städteausstellung. Jahrbuch der Gehe-Stiftung Dresden, Bd. 9, 1903, S. 185 – 206.

Simmel, Georg: Exkurs über die Soziologie der Sinne. In: Ders.: Soziologie. Untersuchungen über die Formen der Vergesellschaftung. Frankfurt a. M. 1992, S. 722 – 74

Skibo, James M.; Schiffer, Michael Brian: Understanding Artifact Variability and Change: A Behavioral Framework. In: Schiffer, Michael Brian: Anthropological Perspectives on Technology. Albuquerque 2001, S. 139 – 149.

Spangenberg, Peter M.: ‚Weltempfang' im Mediendispositiv der 60er Jahre. In: Schneider, Irmela; Hahn, Torsten; Bartz, Christina (Hg.): Medienkultur der 60er Jahre. Diskursgeschichte der Medien nach 1945. Band 2. Wiesbaden 2003, S. 149 – 158.

Spiegel-Verlag (Hg.): Märkte im Wandel. Bd. 11: Freizeitverhalten. Hamburg 1983.

Spoerl, Alexander: Mit dem Auto auf du. Stuttgart, Hamburg 1953.

Stall, Joachim; Klumpp, Matthias: Go. Laufen mit Musik. München 2003.

Statistisches Bundesamt (Hg.): Von den zwanziger zu den achtziger Jahren. Ein Vergleich der Lebensverhältnisse der Menschen. Wiesbaden 1987.

Statistisches Bundesamt (Hg.): IKT in Deutschland: Informations – und Kommunikationstechnologien 1995 – 2003. Computer, Internet und mehr. Wiesbaden 2004.

Steffen, Dagmar: Design als Produktsprache. Der „Offenbacher Ansatz" in Theorie und Praxis. Frankfurt a. M. 2000.

Steinbock, Dan: The NOKIA Revolution. The Story of an Extraordinary Company That Transformed an Industry. New York u. a. 2001.

Steinbock, Dan: The mobile revolution. The making of mobile services worldwide. London, Sterling 2005.

Steiner, Kilian J. L.: Ortsempfänger, Volksfernseher und Optaphon. Die Entwicklung der deutschen Radio- und Fernsehindustrie und das Unternehmen Loewe 1923 – 1962. Essen 2005.

Stelzer, Christian: Musik im Kopf. Der Walkman verändert Hörgewohnheiten. In: Medien und Erziehung 1988, H. 2, S. 68 – 74.

Stephens, Carlene; Dennis, Maggie: Engineering time: inventing the electronic wristwatch. In: British Journal for the History of Science 33, 2000, S. 477 – 497.

Stern, Barbara B. (Hg.): Representing Consumers. Voices, views and visions. London, New York 1998.

Sterne, Jonathan: The Audible Past. Cultural Origins of Sound Reproduction. Durham, London 2003.

Sterne, Jonathan: The Death and Life of Digital Audio. In: Interdisciplinary Science Reviews 31, 2006, S. 338 – 348

Steuerer, Jakob; Bang-Jensen, Jørgen: Die Dritte Welle der Mobilkommunikation. Business-Visionen + Lebens-Realitäten. Wien, New York 2002.

Stone, Alan: How America got on-line. Politics, markets and the revolution in telecommunications. Armonk u. a. 1997.

Stucki, Heini: Hörräume. In: Du. Die Zeitschrift der Kultur, Juni 1994 (ohne Paginierung).

Südbeck, Thomas: Motorisierung, Verkehrsentwicklung und Verkehrspolitik in der Bundesrepublik Deutschland der 1950er Jahre. Stuttgart 1994.

Swoboda, Wolfgang H.: Jugend und Freizeit. Orientierungshilfen für Jugendpolitik und Jugendarbeit. Erkrath 1987.

Tanner, Jakob: Historische Anthropologie zur Einführung. Hamburg 2004.

Tao, Xiaoming (Hg.): Wearable electronics and photonics. Cambridge u. a. 2005.

Temple, Stephen: The GSM Memorandum of Understanding – the Engine that Pushed GSM to the Market. In: Hillebrand, Friedhelm (Hg.): GSM and UMTS. The Creation of Global Mobile Communication. Chichester u. a. 2002, S. 36 – 51.

Tenner, Edward: Our Own Devices. The Past and Future of Body Technology. New York 2003.

Tepper, August: Controlling Technology by Shaping Visions. In: Policy Sciences 29, 1996, S. 29 – 44.

Tewes, Daniel; Stoetzer, Matthias-W.: Der Wettbewerb auf dem Markt für zellularen Mobilfunk in der BRD. In: Diskussionsbeiträge WIK, Nr. 151, Bad Honnef 1995.

Tischleder, Bärbel; Winkler, Hartmut: Portable Media. Beobachtungen zu Handys und Körpern im öffentlichen Raum. In: Ästhetik und Kommunikation 32, 2001, S. 97 – 105.

Treumann, Klaus Peter; Volkmer, Ingrid: Die Toncassette im kindlichen Medienalltag. Rekonstruktionsversuche parzellierter Lebensräume durch Medien. In: Zentrum für Kindheits- und Jugendforschung (Hg.): Wandlungen der Kindheit. Theoretische Überlegungen zum Strukturwandel der Kindheit heute. Opladen 1993, S. 115 – 162.

Trosby, Finn: SMS, the strange duckling of GSM. In: Telektronikk, 2004, H. 3, S. 187 – 194.

Tully, Claus J.: Aufwachsen in technischen Welten. Wie moderne Techniken den Jugendalltag prägen. In: Aus Politik und Zeitgeschichte. Beilage zur Wochenzeitung das Parlament, April B 15/2003, S. 32 – 40.

Tully, Claus J.; Zerle, Claudia: Handys und jugendliche Alltagswelt. In: merz. medien + erziehung. zeitschrift für medienpädagogik 2005, Nr. 3, S. 11 – 16.

Ueyama, Shu: The selling of the „Walkman" (or, it almost got called „Sound – About"). In: Advertising Age, 22.März 1982, M – 2, M – 3, und M – 37.

Umiker-Sebeok, Jean (Hg.): Marketing and semiotics. New directions in the study of signs for sale. Berlin 1987.

Urry, John: Sociology beyond societies. Mobilities for the twenty-first century. London, New York 2000.

Urry, John: Mobilities. Cambridge 2007

Väänänen-Vainio-Mattila, Kaisa; Ruuska, Satu: Designing Mobile Phones and Communicators for Consumers' Needs at Nokia. In: Bergman, Eric (Hg.): Information Appliances and Beyond. Interaction Design for Consumer Products. San Diego u. a. 2000, S. 169 – 204.

Valéry, Paul: Die Eroberung der Allgegenwärtigkeit. In: Werke. Frankfurter Ausgabe, Bd. 6: Zur Ästhetik und Philosophie der Künste. Frankfurt a. M., Leipzig 1995, S. 479 – 483.

Vaskovics, Laszlo, A.; Schneider, Norbert F.: Ökonomische Ressourcen und Konsumverhalten. In: Markefka, Manfred; Nave-Herz, Rosemarie: Handbuch der Familien- und Jugendforschung. Band 2: Jugendforschung. Neuwied, Frankfurt a. M. 1989, S. 403 – 418.

Verlan, Sascha (Hg.): Rap-Texte. Stuttgart 2003.

Virilio, Paul: Rasender Stillstand. Essay. Frankfurt a. M. 1997.

Vogel, Andreas: Konsolidierung und Innovation. Die Entwicklung der Rundfunkempfängertechnik in den Westzonen und der Bundesrepublik Deutschland zwischen 1945 und dem Ende der fünfziger Jahre. Erfurt 1997.

Vollbrecht, Ralf: Der Walkman und das Ende der Aufklärung. In: Gottwald, Eckart; Hibbeln, Regina; Lauffer, Jürgen (Hg.): Alte Gesellschaft – Neue Medien. Opladen 1989, S. 101 – 110.

Voß, Günter G.; Rieder, Kerstin: Der arbeitende Kunde. Wenn Konsumenten zu unbezahlten Mitarbeitern werden. Frankfurt a. M. 2005.

Waidacher, Friedrich: Handbuch der Allgemeinen Museologie. Wien u. a. 1996.

Weber, Heike: Von „Lichtgöttinnen" und „Cyborgfrauen": Frauen als Techniknutzerinnen in Vision und Werbung. In: Heßler, Martina (Hg.): Konstruierte Sichtbarkeiten. Wissenschafts- und Technikbilder seit der Frühen Neuzeit. München 2006, S. 317 – 344.

Weber, Heike: Taking Your Favorite Sound Along: Portable Audio Technologies. In: Bijsterveld, Karin; van Dijck, Jose (Hg.): Sound Souvenirs (im Erscheinen, Amsterdam University Press).

Weber, Klaus Heiner: Knopf im Ohr und Bässe im Bauch. Jugendkultur und Kultgegenstand: der Walkman. In: medien praktisch, 1992, H. 2, S. 33 – 35.

Weingart, Peter: Differenzierung der Technik oder Entdifferenzierung der Kultur. In: Joerges, S. 145 – 164.

Weintraub, Jeff: The Theory and Politics of the Public/Private Distinction. In: Weintraub, Jeff; Kumar, Krishan: Public and private in thought and practice: perspectives on a grand dichotomy. Chicago 1997, S. 1 – 42.

Weiß, Ralph; Groebel, Jo (Hg.): Privatheit im öffentlichen Raum. Medienhandeln zwischen Individualisierung und Entgrenzung. Opladen 2002.

Wengenroth, Ulrich: Technischer Fortschritt, Deindustrialisierung und Konsum. Eine Herausforderung für die Technikgeschichte. In: Technikgeschichte 64, 1997, S. 1 – 18.

Wengenroth, Ulrich: „Gute Gründe". Technisierung und Konsumentscheidungen. In: Technikgeschichte 71, 2004, S. 3 – 18.

Wiechell, Dörte: Musikalisches Verhalten Jugendlicher. Frankfurt a. M. 1977.

Wielage, Gunter: Allround-Talent Handy. Gewusst wie! München 2000.

Wiesinger, Jochen: Die Geschichte der Unterhaltungselektronik. Daten, Bilder, Trends. Frankfurt a. M. 1994.

Wikström, Solveig: The customer as co-producer. In: European Journal of Marketing 30, 1996, S. 6 – 19.

Wildt, Michael: Konsumbürger. Das Politische als Optionsfreiheit und Distinktion. In: Hettling, Manfred; Ulrich, Bernd (Hg.): Bürgertum nach 1945. Hamburg 2005, S. 255 – 283.

Williamson, Judith: Decoding Advertisements: Ideology and Meaning in Advertising. London 1978.

Winkler, Werner: Innovationen bei Consumer Electronics: Technik Top – und was bringt der Markterfolg? In: Wildner, Raimund: Innovationen – Top oder Flop? Der Konsument entscheidet! Hrsg. von der Gesellschaft für Konsum-, Markt- und Absatzforschung e.V. Nürnberg. Nürnberg 2003, S. 22 – 35.

de Wit, Onno; de la Bruhèze, Adri A.; Berendsen, Marja: Ausgehandelter Konsum: Die Verbreitung der modernen Küche, des Kofferradios und des Snack Food in den Niederlanden. In: Technikgeschichte 68, 2001, S. 133 – 155.

Wolff, Harry: Musikmarkt und Medien unter dem Aspekt des technologischen Wandels. Osnabrück 2002.

Wöllzenmüller, Franz: Jogging. Richtig Dauerlaufen. München u. a. 1979.

Yps-Anzeigenabteilung (Hg.): Kinder, Märkte, Medien 1979. Hamburg 1979.

Zinnecker, Jürgen; Behnken, Imbke; Maschke, Sabine; Stecher, Ludwig: null zoff & voll busy. Die erste Jugendgeneration des neuen Jahrhunderts. Ein Selbstbild. Opladen 2003.

Zwick, Michael M.; Ruddat, Michael: Wie akzeptabel ist der Mobilfunk? Eine Präsentation der Akademie für Technikfolgenabschätzung in Baden-Württemberg in Zusammenarbeit mit der Universität Stuttgart. Stuttgart 2002.

4. WWW-Links:

http://en.wikipedia.org/wiki/Crazy_Frog (Zugriff: 4.7.2005).
http://www.destatis.de/ (Zugriff: 30.11.2005).
http://www.gfu.de (Zugriff: 27.8.2002).
http://www.itu.int/ITU-D/ict/statistics/ (Zugriff: 2.11.2004).
http://www.lancs.ac.uk/fss/sociology/esf/papers.htm (Zugriff: 18.5.2005).
http://www.mediendaten.de (Zugriff: 7.6.2006).
http://www.metrogroup.de/servlet/PB/menu/1000080_11/index.htm (Zugriff: 22.9.2004).
http://www.mobil.org/ (Zugriff: 29.6.2005).
http://www.mobile-clubbing.com (Zugriff: 5.8.2004).
http://www.pocketcalculatorshow.com (Zugriff: 4.4.2005).

Abbildungsverzeichnis

Abb. 1: Gwen Bingle/Heike Weber
Abb. 2: Funktechnik, 1951, S. 136 u. 137
Abb. 3: Funkschau, H. 12, S. 237
Abb. 4: Werbebroschüre „Reisesuper", ca. 1957, in: Deutsches Museum, Archiv, FS 002253
Abb. 5: Erb, Ernst: Radio-Katalog. Luzern 1998, S. 201
Abb. 6: Grundig Revue, Sept. 1961, S. 20f. In: Deutsches Museum, Archiv, FS 002253
Abb. 7: Funkschau, 1957, H. 11, vorderer Anzeigenteil
Abb. 8: Franken, Klaus (Hg.): Jugend in Beruf und Freizeit. Dokumentarischer Bildband. Recklinghausen 1959, S. 139
Abb. 9: Graetz-Werbeprospekt „Frohe Fahrt mit Graetz", 1963. In: Deutsches Museum, Archiv, FS 002146, S. 2f
Abb. 10: Funktechnik, 1951, H. 2, S. 59
Abb. 11: Sony Deutschland
Abb. 12: MVV München/Ernst Hürlimann
Abb. 13: F.A.Z., 5.6.1990, S. T1
Abb. 14 u. 15: Eiselt, Josef: Funkhobby für jedermann: Praktikum des CB-Funks. München 1980, S. 10
Abb. 16: Funkschau, 1993, H. 4, S. 12
Abb. 17: Funkschau, 1992, H. 19, S. 25
Abb. 18 u. 19: Objekte des Deutschen Museums, München; eigene Aufnahmen
Abb. 20: Test, 1997, H. 12, S. 32 – 34

Dank

Bei dem vorliegenden Buch handelt es sich um meine überarbeitete und stark gekürzte Dissertation, die 2006 an der TU München eingereicht und verteidigt wurde. Wie jede längere Arbeit, so hätte auch die vorliegende nicht ohne die Hilfe, Kritik und Anmerkungen zahlreicher Personen, Kollegen und Freunde entstehen können. An erster Stelle ist Gwen Bingle zu nennen. Erst im Laufe unserer vielen Gespräche und unserer intensiven Zusammenarbeit am Münchner Zentrum für Wissenschafts- und Technikgeschichte formierte sich sowohl unser Konzept der *user de-signs*, als auch die Idee, damit in meinem Teilprojekt die Geschichte der Portables genauer unter die Lupe zu nehmen. Dank schulde ich vor allem auch meinem dortigen Betreuer, Ulrich Wengenroth; denn er hatte oft mehr Vertrauen in das Werden der Arbeit als ich selbst, und von seiner konstruktiven Kritik habe ich sehr profitiert. Ebenso wie die Zusammenarbeit mit Gwen Bingle, so ging auch der stete Austausch mit Martina Heßler, Anne-Katrin Ebert und Christine Ketzer weit über das wissenschaftliche Arbeiten hinaus; ohne die dauerhafte Unterstützung durch ihre Freundschaft hätte sich manch unsichere Phase, wie sie jede Promotion mit sich bringt, weniger leicht durchleben lassen. Vor allem aber hat mich Sonia Al-Kass in solchen Fällen nie im Stich gelassen und stand mir mit Aufmunterung, Rat und Tat zur Seite, wofür ich ihr herzlich danken möchte.

Zu nennen sind auch die weiteren, frühen Leser des noch werdenden Buchs, die neben den bereits Genannten Entwürfe kommentiert oder gar das fertige Manuskript in Gänze gelesen haben: Von den Anmerkungen von Oskar Blumtritt, Caroline Derouet, Lena von Gartzen, Alexander Gall, Jochen Hennig und Anne Nill hat der Text außerordentlich profitiert. Dies gilt gleichermaßen für die scharfsinnigen Kommentare und Korrekturen von Susanne Schregel, die dem Endmanuskript den letzten Schliff gegeben haben. Viel verdankt dieses Buch außerdem den Anregungen, die ich bei Vorträgen auf SHOT- und 4S-Konferenzen sowie innerhalb von Workshops, zu denen mich Karin Bijsterveld, Mika Pantzar und Elizabeth Shove einluden, erhalten habe.

Die Arbeit entstand im Rahmen einer am Münchner Zentrum für Wissenschafts- und Technikgeschichte (Deutsches Museum, München) basierten DFG-Forschergruppe zu Wechselwirkungen zwischen Naturwissenschaft und Technik, und sie hätte ohne ein sich daran anschließendes Stipendium der Frauenförderung der TU München nicht beendet werden können. Für diese finanzielle Unterstützung möchte ich mich ebenso bedanken wie für die Druckkostenzuschüsse, die mir das Graduiertenkolleg Topologie der Technik (TU Darmstadt), an dem ich 2007/08 als PostDoc sein konnte, sowie die Frauenförderung der TU Darmstadt zur Verfügung gestellt haben. Ein DAAD-Stipendium hat es mir 2003/04 außerdem ermöglicht, für mehrere Monate als Visiting Scholar am Smithsonian/National Museum of American History sowie an der University of Maryland zu forschen und meine Arbeit dort vorstellen zu können. Stellvertretend für die vielen amerikanischen Kollegen, die mir diesen Aufenthalt ermöglicht haben und die vor Ort stets für mich ansprechbar waren, möchte ich an dieser Stelle Robert Friedel meinen ausdrücklichen Dank für seine wahrlich umfassende Unterstützung in Washington D.C. aussprechen.

Gewidmet ist dieses Buch schließlich meinen Eltern – für all das andere, was sie mir mit auf den Weg gegeben haben und das kein Buch und keine Konferenz aufwiegen kann.

Science Studies

Gabriele Gramelsberger
Computerexperimente
Zum Wandel der Wissenschaft
im Zeitalter des Computers
Dezember 2008, ca. 296 Seiten,
ca. 29,80 €,
ISBN: 978-3-89942-986-2

Christian Filk
**Episteme der
Medienwissenschaft**
Systemtheoretische Studien
zur Wissenschaftsforschung
eines transdisziplinären
Feldes
November 2008, 394 Seiten,
kart., 30,80 €,
ISBN: 978-3-89942-712-7

Bernd Hüppauf,
Peter Weingart (Hg.)
Frosch und Frankenstein
Bilder als Medium
der Popularisierung
von Wissenschaft
November 2008, ca. 460 Seiten,
kart., zahlr. Abb., ca. 32,80 €,
ISBN: 978-3-89942-892-6

Falk Schützenmeister
Zwischen Problemorientierung und Disziplin
Ein koevolutionäres Modell
der Wissenschaftsentwicklung
Oktober 2008, 282 Seiten,
kart., 29,80 €,
ISBN: 978-3-8376-1008-6

Kai Buchholz
**Professionalisierung
der wissenschaftlichen
Politikberatung?**
Interaktions- und
professionssoziologische
Perspektiven
Oktober 2008, 240 Seiten,
kart., 25,80 €,
ISBN: 978-3-89942-936-7

Sabine Eggmann
»Kultur«-Konstruktionen
Die gegenwärtige Gesellschaft
im Spiegel volkskundlich-
kulturwissenschaftlichen
Wissens
Oktober 2008, 360 Seiten,
kart., 30,80 €,
ISBN: 978-3-89942-837-7

Heike Weber
**Das Versprechen
mobiler Freiheit**
Zur Kultur- und
Technikgeschichte
von Kofferradio,
Walkman und Handy
Oktober 2008, 368 Seiten,
kart., 29,80 €,
ISBN: 978-3-89942-871-1

Philippe Weber
Der Trieb zum Erzählen
Sexualpathologie und
Homosexualität, 1852-1914
September 2008, 382 Seiten,
kart., 29,80 €,
ISBN: 978-3-8376-1019-2

Leseproben und weitere Informationen finden Sie unter:
www.transcript-verlag.de

Science Studies

Gesine Krüger, Ruth Mayer,
Marianne Sommer (Hg.)
»Ich Tarzan.«
Affenmenschen und
Menschenaffen zwischen
Science und Fiction
Juli 2008, 184 Seiten,
kart., zahlr. Abb., 22,80 €,
ISBN: 978-3-89942-882-7

Katja Patzwaldt
Die sanfte Macht
Die Rolle der wissenschaftlichen Politikberatung bei
den rot-grünen Arbeitsmarktreformen
Juni 2008, 300 Seiten,
kart., 29,80 €,
ISBN: 978-3-89942-935-0

Axel Philipps
BSE, Vogelgrippe & Co.
»Lebensmittelskandale«
und Konsumentenverhalten.
Eine empirische Studie
Juni 2008, 224 Seiten,
kart., 25,80 €,
ISBN: 978-3-89942-953-4

Renate Mayntz,
Friedhelm Neidhardt,
Peter Weingart,
Ulrich Wengenroth (Hg.)
**Wissensproduktion
und Wissenstransfer**
Wissen im Spannungsfeld
von Wissenschaft, Politik
und Öffentlichkeit
Mai 2008, 350 Seiten,
kart., 29,80 €,
ISBN: 978-3-89942-834-6

Gerlind Rüve
Scheintod
Zur kulturellen Bedeutung
der Schwelle zwischen Leben
und Tod um 1800
März 2008, 338 Seiten,
kart., 31,80 €,
ISBN: 978-3-89942-856-8

Sandro Gaycken,
Constanze Kurz (Hg.)
1984.exe
Gesellschaftliche, politische
und juristische Aspekte
moderner Überwachungstechnologien
Januar 2008, 310 Seiten,
kart., 29,80 €,
ISBN: 978-3-89942-766-0

**Leseproben und weitere Informationen finden Sie unter:
www.transcript-verlag.de**